面向新工科的电工电子信息基础课程系列教材

教育部高等学校电工电子基础课程教学指导分委员会推荐教材

数字图像处理

禹　晶　肖创柏　廖庆敏　编著

清華大學出版社
北　京

内 容 简 介

本书详细介绍数字图像处理的基本理论和主要技术，内容包括数字图像基础、空域图像增强、频域图像增强、图像复原、几何校正、图像压缩编码、图像分割、二值图像形态学、特征提取等。本书融入多位作者数十年的教学与科研成果，对空域滤波、图像复原、几何校正、二值图像形态学、特征提取等内容进行重新梳理，使得初学者更加容易入门。

本书理论和实践相结合，理论分析深入浅出，方法介绍详细具体，实例演示清晰明了，可作为高等学校计算机类、自动化类、电子信息类等专业的本科生、研究生教材，也可供相关科研人员、工程技术人员参考。

图书在版编目（CIP）数据

数字图像处理 / 禹晶，肖创柏，廖庆敏编著. 一北京：清华大学出版社，2023.8（2025.5 重印）
面向新工科的电工电子信息基础课程系列教材
ISBN 978-7-302-63754-7

Ⅰ. ①数… Ⅱ. ①禹… ②肖… ③廖… Ⅲ. ①数字图像处理—高等学校—教材 Ⅳ. ①TN911.73

中国国家版本馆 CIP 数据核字（2023）第 104029 号

责任编辑：文 怡
封面设计：王昭红
责任校对：韩天竹
责任印制：宋 林

出版发行：清华大学出版社
网 址：https://www.tup.com.cn, https://www.wqxuetang.com
地 址：北京清华大学学研大厦 A 座 邮 编：100084
社 总 机：010-83470000 邮 购：010-62786544
投稿与读者服务：010-62776969, c-service@tup.tsinghua.edu.cn
质 量 反 馈：010-62772015, zhiliang@tup.tsinghua.edu.cn
课 件 下 载：https://www.tup.com.cn，010-83470236
印 装 者：三河市君旺印务有限公司
经 销：全国新华书店
开 本：185mm×260mm 印 张：22.25 字 数：517 千字
版 次：2023 年 9 月第 1 版 印 次：2025 年 5 月第 3 次印刷
印 数：2101 ～ 2900
定 价：79.00 元

产品编号：102676-01

前言

数字图像处理是利用数字计算机通过算法处理数字图像。数字图像处理的产生和发展主要受三个因素的影响：电子计算机的发展、基础学科的发展以及应用需求的广泛增长。

20 世纪 50 年代，现代数字计算机发展起来，采用存储程序和程序控制的结构，以数据的方式存储程序，使得编程更加容易，人们开始利用计算机处理图形和图像数据。基础学科是数字图像处理发展的前提。例如，透镜成像原理涉及几何光学，数字信号处理为理解图像频域以及频域滤波奠定理论基础，图像复原中用到微积分、概率论与数理统计、矩阵论、最优化、数值分析、高等代数和随机过程等数学工具，信息论是图像压缩编码的理论保证，集合论是形态学图像处理的数学语言，概率论、数理统计和随机过程是图像表示与描述的数学基础。数字图像处理技术最早应用于太空项目和医学成像。第一个成功的图像处理应用是 20 世纪 60 年代美国喷气推进实验室对航天探测器“徘徊者 7 号”传输回来的月球照片进行几何和误差的校正。20 世纪 70 年代，计算机断层成像是数字图像处理在医学诊断领域最重要的应用之一。随着多学科的交叉融合，数字图像处理学科逐步向其他学科领域渗透。如今数字图像处理已成为一门重要的计算学科，广泛应用于工程学、信息科学、统计学、物理学、化学、生物学、医学等学科领域，以及环境、农业、军事、工业和医疗等行业领域。人工智能和大数据的兴起与广泛应用推动了数字图像处理技术应用需求的与日俱增。

数字图像处理的理论与技术包含广泛的内容，本书主要参考 Rafael C. Gonzalez 和 Richard E. Woods 著的《数字图像处理》的知识体系和内容架构，融入多位作者数十年教学与科研的实践经历，并参考大量相关刊物和文献，从结构性和逻辑性对直方图均衡化、直方图规定化、空域线性滤波、逆滤波、维纳滤波、最小二乘复原、图像去噪、几何校正、Otsu 阈值法、区域生长法、特征提取等章节进行重新梳理。本书的主要贡献在于：

（1）对直方图均衡化、直方图规定化、自适应中值滤波、逆滤波、维纳滤波、差分相关等方法进行修正。

（2）按照最优性准则对图像复原方法进行分类，划分为最小均方误差估计、最大后验估计/极大似然估计和最小二乘估计方法三类。

（3）二值图像形态学中从集合角度描述膨胀和腐蚀不易理解，本书从空域滤波角度对膨胀和腐蚀进行描述。

（4）图像分割中增加一类基于模式分类的图像分割方法，将图像分割方法划分为四类。

（5）特征提取中增加局部特征检测和描述方法，以及基于滤波器组的纹理描述方法，将边界描述子归入二值图像分析。

全书分为 10 章，按照数字图像处理的语义阶段，对数字图像处理的研究内容进行全面

前言

系统的论述。第 1 章介绍数字图像处理的概况和发展，第 2 章介绍与数字图像相关的基本概念和基础知识。第 3~7 章属于图像处理范畴。第 3、4 章的空域图像增强和频域图像增强，第 5 章的图像复原，以及第 6 章的几何校正，讨论图像质量改善方法，通常用于图像的预处理；第 7 章讨论图像数据压缩的编码方法，是图像存储和传输的关键。第 8~10 章属于图像分析的范畴。第 8 章将图像中待分析的目标从背景中分离出来，输入为图像，输出为目标区域，是特征提取的前提和基础；第 9 章讨论二值图像形态学处理，通常用于图像分割的后处理；第 10 章将图像或区域转换为机器可识别的特征向量，这是图像分类与识别的必要前提，是后续图像理解的基础。本书介绍数字图像处理的基本原理和方法，概括地描述了数字图像处理理论与技术所涉及的各个分支，使读者对数字图像处理的理论与技术有全面的了解，为读者在数字图像处理及相关领域进一步学习和研究奠定基础。

本书是《数字图像处理》（ISBN: 9787302607717）的简明版，参考市面上主流教材和部分学校的教学大纲，组织教材内容，筛选基础且常用的方法，并简化相关描述。在不影响本书整体理解的前提下，将部分内容放入电子文档中作为纸质教材的辅助，包括：① 定理、结论、公式的推导过程，如直方图均衡化、维纳滤波等；② 先修课程中已学习的基础内容，如正交变换、信息论基础、熵编码等；③ 更高阶的拓展算法，如正则化最小二乘复原、超像素、Zhang 和 Suen 的细化算法、主成分分析等；④ 更多的图例、实例，如更多颜色空间的彩色图像分割、8 连通区域生长示例等；⑤ 基础但不常用的方法，如区域分裂合并法、链码、傅里叶描述子、纹理描述的直方图矩分析等；⑥ 补充说明、公式，如卷积神经网络的描述、颜色空间的转换公式、正交变换的矩阵形式等。

本书注重分析几何意义、物理意义和直观解释，简化推导和计算过程，深入浅出、通俗易懂地进行讲解；注重图形直观说明，图文并茂，清晰直观，便于入门学习；注重理论结合实际，书中配有大量实例，通过从算法理论到实际应用的具体过程，有助于对理论知识的理解以及到实际应用的认知；提供实例的 MATLAB 代码，既可通过重复实验过程深入理解算法，又可用于实际项目开发。

本书是面向高等学校计算机类、自动化类、电子信息类专业的本科生、研究生教材。作为新形态教材，书中通过二维码的形式提供课件、源代码、微课、动图、导图，以及扩展阅读的电子文档。

书中插图的收集历时很长，个别图片的出处已经不可考，如有侵权请联系删除。作者水平有限，敬请各位读者指正和反馈，作者将在本书的后续版本中进行修正和修订。

廖庆敏

2023 年 8 月于清华大学

目录

资源下载

目录

目录

目录

目录

目录

第1章 绪论

导图
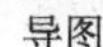

微课

现代数字计算机的问世推动了数字图像处理技术的迅速发展。由于数字成像仪器几乎可以覆盖从伽马射线到无线电波的整个电磁波谱，因此，数字图像处理具有广泛的应用领域。数字图像处理技术发展至今，其理论体系基本完善，已经形成一门具备完整体系的学科，涉及数学分析、高等代数、概率论与数理统计、随机过程、数值分析、矩阵论、最优化、集合论、几何光学、数字信号处理、信息论、统计信号处理等多门基础学科。

导图

1.1 数字图像处理的概念

数字图像处理（digital image processing）是指将图像信号转换成数字信号并利用计算机对其进行处理的技术和方法。存储程序奠定了现代数字计算机的体系结构，自此现代数字计算机开始了它的发展历程，电子计算机推动了数字图像处理技术的迅速发展。数字图像处理作为一门学科大致形成于 20 世纪 60 年代初期。早期的数字图像处理是以人的视觉效果为目的改善图像质量。

数字图像处理分为广义图像处理和狭义图像处理，实际应用中提到的图像处理概念通常是指广义图像处理。如图 1-1 所示，根据语义从低级到高级，可将广义图像处理分为 3 个阶段：图像处理、图像分析和图像理解。

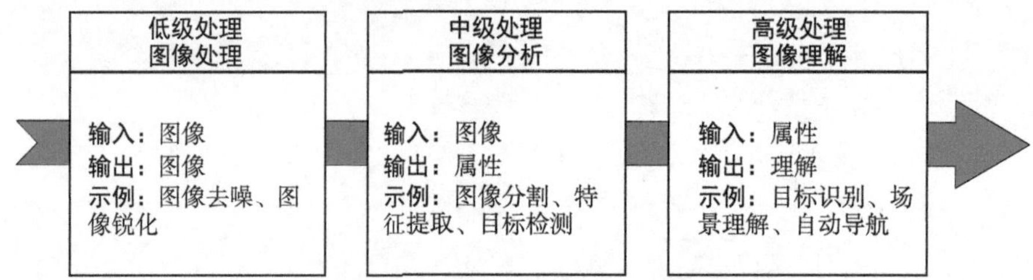

图 1-1　数字图像处理的 3 个阶段

图像处理是图像的低级处理阶段，即狭义图像处理。一方面，图像处理着重强调改善图像的质量。通常有两个不同的目的，一是人类的视觉解释，二是机器的识别理解。将图像应用于不同目的时，图像质量的含义不同。当人眼观看图像时，更注重图像的视觉效果；而当机器观看图像（计算机视觉）时，更注重物体的可辨识性。另一方面，图像压缩编码的任务是通过减少图像表示的数据量来降低所占用的存储空间和传输带宽，满足存储和传输信道的要求。

图像分析是图像的中级处理阶段，主要任务是对图像中目标区域进行检测、表示和描述。图像处理是从图像到图像的过程，而图像分析是从图像到数据的过程。图像分析的处理对象是目标区域，通过目标分割、目标表示和特征提取等方式，将以像素表示的图像变成用符号、数值对目标区域的描述。

图像理解是在图像分析的基础上更高一级的处理阶段，进一步研究图像中目标的分类、姿态识别、行为分析以及目标之间的交互关系，从而得出对图像语义的解释。图像理解的处理对象是从描述中抽象出来的特征，其处理方式类似于人类的思维模式。图像理解领域处于图像处理、模式识别与计算机视觉之间。

与数字图像处理相关的学科包括数字信号处理（digital signal processing）、人工智能（artificial intelligence）、深度学习（deep learning）、机器学习（machine learning）、模式识别（pattern recognition）、计算机视觉（computer vision）、多媒体技术（multimedia）、自然语言处理（natural language processing）和计算机图形学（computer graphics）等。这些相关学科间的关系如图 1-2 所示，数字图像处理在相关课程中起到交通枢纽的作用。信号定义为随时间、空间或其他自变量而变化的物理量。数字信号处理是研究将模拟信号转换为数字信号，并使用数学方法对信号进行采样、分析、变换、滤波、重建、检测以及统计估计的学科。数字信号处理的研究对象是一维数字信号，而数字图像可以看成二维数字信号，可见，数字信号处理是数字图像处理的基础。多媒体技术是指通过计算机对文本、图形、图像、动画、声音等多种媒体信息进行综合处理和管理，使用户可以通过多种感官与计算机进行实时信息交互的技术，数字图像处理仅专注于研究图像的处理、分析和理解方法。计算机图形学研究由计算机将参数形式的数据绘制生成（逼真的）图形，数字图像处理研究利用外部设备获取实际景象，并强调对图像进行处理、分析和理解等工作。图形经光栅化显示就是图像，因此计算机图形学和数字图像处理中涵盖相关的方法与技术。

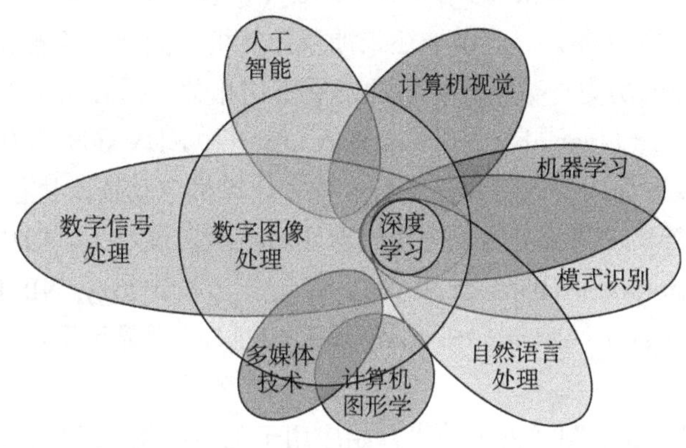

图 1-2　数字图像处理与相关学科间的关系

人工智能是一门关于知识的学科，研究如何表示、获取并使用知识。当下人工智能时代广泛提及的人工智能与其说是一门学科，不如说是一个领域，该领域研究如何应用计算机来模拟人类某些智能行为的基本理论、方法和技术，包括计算机视觉、机器学习、语音识别、模式识别、自然语言处理和专家系统等。模式识别是研究如何使计算机具备类似于人类对事物、行为等模式进行分析、决策、判别的理论和方法。图像分类与识别利用模式识别方法分析图像数据，将目标转换为一组可辨识的特征，根据这些特征对目标进行分类和识别。机器学习是指从标注样本中学习其中隐含的规律，并用于对未知数据的预测或者分类。模式识别和机器学习是两个密切相关的概念，模式识别专注于研究模式的分类和聚类任务，使用标注样本训练分类器的过程是机器学习的过程。深度学习是一种人工神经网络方法，属于机器学习的范畴。深度学习自适应地从标注样本中学习可辨识的特征，具体来说，通过组合具体的低阶特征形成抽象的高阶语义特征进行图像表示。近年来，深度学习迅速发展并广泛应用于图像分类与识别中。计算机视觉是用计算的方法模拟人类视觉对视觉信息进行表示、分析和理解，属于图像理解的范畴。自然语言处理研究人与计算机之间用自然语言进行通信的各种理论和方法，与数字图像处理的共同之处在于所用的工具有重合，不同之处是自然语言处理的研究对象是文本，而数字图像处理的研究对象是图像。综上所述，数字图像处理与模式识别、计算机图形学、计算机视觉以及人工智能等相关学科有着密不可分的关系，相互促进彼此的发展。

导图

1.2 数字图像处理发展简史

数字图像最早的应用之一是报纸业中数字化新闻照片的有线传输。Bartlane 电缆图像传输系统（Bartlane cable picture transmission system）是一项通过伦敦和纽约之间的海底电缆有线传输数字新闻照片的技术。Bartlane 系统于 1921 年第一次横跨大西洋传送了一张新闻照片，它将图像减少到 5 个灰度级（图像中不同的灰度阶数），使用打孔带记录，传输电脉冲，在另一端重新打印。正是由于早期的数字化形式，报纸照片才可以通过 Bartlane 系统在三小时内传送到大西洋对岸，而不必直接运送胶卷。早期的 Bartlane 系统对图像通过 5 级亮度曝光进行编码，到 1929 年增加至 15 个灰度级。

这个例子与数字图像有关，但由于还未涉及计算机，因此并不被认为是数字图像处理技术。数字图像处理的历史与数字计算机的发展密切相关。1951 年，离散变量自动电子计算机（electronic discrete variable automatic computer, EDVAC）开始运行，其采用存储程序的体系结构，以数据的方式对程序进行存储，计算机自动依次执行指令。随着 20 世纪 50 年代现代数字计算机的进展，数字图像处理领域不断发展起来。1957 年，美国国家标准与技术研究院（National Institute of Standards and Technology, NIST）的标准东方自动计算机（standards eastern automatic computer, SEAC）上显示了第一张以数字像素扫描和存储的图片。

20 世纪 60 年代，数字图像处理技术开始应用于卫星图像、医学成像、有线传真标准转换、照片增强、可视电话和字符识别。早期数字图像处理的主要目的是提高图像质量，改善视觉效果。数字图像处理要求大规模的存储能力和高效的计算能力，因此数字图像处理技术的发展必须依靠数学计算、数据存储、图像显示和打印传输等相关支撑技术的发展。由于 20 世纪 60 年代或更早的计算机处理系统和显示系统的成本相当高，因此数字图像处理技术最早仅实际应用在太空项目上。1964 年，美国 NASA 喷气推进实验室（Jet Propulsion Laboratory, JPL）在考虑太阳位置和月球环境的情况下，对航天探测器“徘徊者 7 号”（Ranger 7）传输回来的月球照片采用几何校正、灰度变换、去噪等图像处理技术，校正电磁波在传播过程中受到大气折射、地形起伏等影响带来的传感器接收信号与地表实际发射或反射信号的偏差。数字图像处理技术在医学成像中的应用开始于 20 世纪 60 年代末。1972 年，计算机断层成像（computed tomography, CT）技术正式发布，由于不同组织以不同程度吸收 X 射线（骨骼比软组织吸收更多的 X 射线），X 射线的总衰减量是不同组织衰减量的累加，因此，X 射线能够对人体内部组织结构进行成像。X 射线计算机断层成像（X-ray computed tomography, X-CT）的工作原理为，X 射线源和检测器位于同一圆环上，并关于轴心对称，X 射线源和检测器绕轴心旋转，X 射线源发射的 X 射线透过轴心处的人体由对面的检测器接收，通过轴心带动 X 射线源和检测器旋转，获取多个轴向的投影数据，由这些投影数据生成人体切片图像，称为断层图像，进一步由这些断层图像能够重建出人体内部的三维图像。威廉·康拉德·伦琴（Wilhelm Conrad Röntgen）于 1895 年发现 X 射线，荣获 1901 年度诺贝尔物理学奖，高弗雷·豪斯费尔德（Godfrey Newbold Hounsfield）和阿兰·麦克莱德·科马克（Allan MacLeod Cormack）因发明计算机断层成像技术而共同荣获 1979 年度诺贝尔医学或生物学奖，这与 X 射线的发现相距 80 余年。

20 世纪 60 年代金属氧化物半导体（metal oxide semiconductor, MOS）集成电路和 70 年代初期微处理器推动了数字半导体图像传感器的发展。1971 年，第一个半导体图像传感器——电荷耦合器件（charge-coupled device, CCD）诞生。1975 年，美国柯达公司开发了第一台数字照相机，以磁带作为存储介质，拥有 1 万像素。与此同时，计算机处理能力、内存存储、显示技术和数据压缩算法也取得了进展。

20 世纪 70 年代后期，数字图像处理技术快速发展，开始应用于遥感监测、气象观测和天文数字分析，各种专用和特殊用途的硬件和设备发展起来。此后，数字图像处理的理论和方法进一步完善，形成了较完整的学科体系。20 世纪 80 年代，图形工作站出现，通用计算机的处理器速度提升（PC-386），具有了更强的计算能力，同时集成显卡问世，解决了图像显示的问题。数字图像处理技术逐渐向更高、更深层次发展，人们探索计算机系统模拟人类视觉系统解译图像，称为图像理解、计算机视觉。依据人类解译图像内容的视觉特性，以计算机处理的形式从图像中提取语义信息。

如今数字图像处理已成为一门重要的计算学科，广泛应用于各种学科领域。在医学及生物科学等领域中，数字图像的对比度增强和伪彩色映射技术用于 X 射线、超声波以及其他图像判读。在地理学领域中，利用图像分析技术从航空和卫星图像中研究污染模式。在考古学领域中，利用数字图像增强和复原方法修复不可复制的艺术作品、稀有珍贵物品的唯一现存记录等。在物理学及相关领域中，数字图像技术用于增强高能等离子、电子显微镜等获取的实验图像。典型的机器视觉应用有工业产品装配线检测、军事识别、生物特征识别、医疗血样分类处理、气象和资源环境卫星的天气预报和环境评估等。视频和图像是人类获取信息的重要来源及利用信息的重要手段，随着计算机处理器和存储技术、数学、科学计算、可视化和网络通信带宽的迅速发展，数字图像处理技术将会广泛地应用于更多的科研和工程领域。

1.3 数字图像处理研究内容

数字图像处理已经形成完整的学科体系，其方法主要可归纳为下述四方面的研究内容：

（1）以人类观察为目的，从视觉上改善图像的质量，包括图像增强、图像复原和几何校正等研究内容，例如图像去噪、图像去模糊、对比度增强等。图像增强是主观过程，以提高人类视觉效果为目的；而图像复原是客观过程，以图像降质模型为基础。几何校正是校正图像的几何失真，恢复像素的原空间位置。

（2）以机器模拟人类视觉为目的，对图像进行分析和理解，包括图像分割、特征提取以及图像分类（识别）等研究内容。图像分割和特征提取是从输入图像中分割出图像中有意义的目标，并对目标进行表示和描述的过程，属于图像分析的范畴。图像分类与识别是对目标特征进行决策和判别，属于图像理解的范畴。

（3）对图像数据进行表示、存储和传输，包括图像变换和图像压缩编码。图像变换通常利用正交变换将图像从像素表示的空域转换到正交基张成的特征空间，正交变换本质上是信号在正交空间上的投影。通过研究不同的变换域，能够更好地表示信号的特征。常用的正交变换有离散傅里叶变换（discrete Fourier transfer, DFT）、离散余弦变换（discrete cosine transform, DCT）、小波变换（wavelet transform, WT）、沃尔什-哈达玛变换（Walsh-Hadamard transform, WHT）、哈尔变换（Haar transform, HRT）、斜变换（slant transform, SLT）和 K-L 变换（Karhunen-Loeve transform, KLT）等。除了 K-L 变换外，其他正交变换都是行列可分离的，且具有快速算法。

（4）对物体进行成像、对图像进行输出，包括图像获取、图像显示或绘制。图像获取是传感器接收电磁波或其他信号，转换为电信号，并通过模/数转换生成数字图像的过程，例如，计算机断层成像将 X 射线转换为电信号，并通过一维的轴向投影数据重建出二维的切片图像。图像显示或绘制关注数字图像的输出，图像显示是在屏幕上输出图像，典型的图像显示技术如伽马校正、色调映射（tone mapping）；而图像绘制通常指由打印机或绘图仪将图像印刷在纸上，也称为硬拷贝，典型的图像绘制技术如半色调（halftone）、抖动（dither）技术。

若以人类视觉观察为目的，则仅涉及第一个研究内容。若以机器模拟人类视觉为目的，则一个基本的图像识别系统通常由第一和第二个研究内容共同组成，对图像进行校正和改善，并进行图像分割和特征提取，然后利用模式识别方法进行决策和判别。如图 1-3 所示，图像识别系统的基本流程包括图像获取、预处理（图像增强、复原、几何校正）、图像分割、后处理（二值形态学处理）、特征提取和图像识别等步骤。以光学字符识别（optical character recognition, OCR）为例，OCR 是指将字符图像转换为可编辑字符的技术。其基本过程为：首先获取字符图像，通过预处理抑制图像失真并增强特定的图像特征，提高成功识别字符的可能性；然后从背景中分割出字符，转换为字符的二值图像，通过形态学处理去除噪声，对字符进行切分，提取各个字符目标的特征向量，选择分类器对字符目标进行分类与识别。

插图

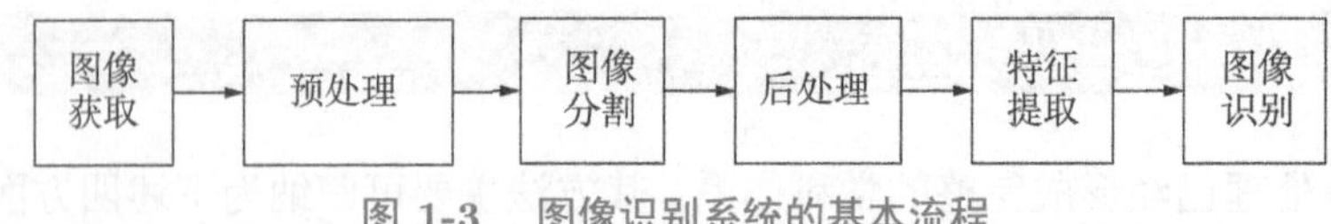

图 1-3　图像识别系统的基本流程

全书分为 10 章。为了帮助读者厘清本书的结构安排，按照数字图像处理的阶段，对后续各章的研究内容进行系统性说明。

第 2 章介绍与数字图像相关的基本概念和基础知识，包括成像模式、图像类型、凸透镜成像、图像数字化、图像的颜色以及像素空间关系等。

第 3~7 章属于图像处理范畴。第 3、4 章的空域图像增强和频域图像增强，第 5 章的图像复原，以及第 6 章的几何校正，讨论图像质量改善方法，通常用于图像的预处理。图像增强是主观过程，根据视觉解释有选择地突出图像中感兴趣的特征或者抑制图像中不需要的特征。图像复原是客观过程，考虑图像降质的原因，根据降质过程建立降质模型，通过求解逆过程估计原图像。几何校正是对图像的几何失真进行校正或者对多幅图像进行配准。第 7 章讨论图像数据压缩的编码方法，是图像存储和传输的关键。图像压缩编码是图像处理技术中发展最早且比较成熟的技术。

第 8~10 章属于图像分析的范畴。第 8 章将图像中待分析的目标从背景中分离出来，输入为图像，输出为目标区域或其边界，是特征提取的前提和基础。第 9 章讨论二值图像形态学处理，通常用于图像分割的后处理。数学形态学应用于图像处理领域形成的一个独特的分支。第 10 章依据同类特征具有相似性、不同类之间特征具有相异性的准则，将图像或区域转换为机器可识别的特征向量，这是进一步图像分类与识别的必要前提。图像分类与识别是根据目标特征对目标的类别进行区分，属于图像理解的范畴。本书的研究内容止于图像分析，不涉及图像理解的相关内容。

1.4 数字图像处理的应用领域

随着各种通用和专用成像设备的迅速发展和数字图像的广泛普及，数字图像处理的应用领域深入人类生活和工作的各个方面。从卫星遥感在全球环境气候监测的应用，到指纹识别技术在安全领域的应用，再到图像视频检索、Adobe Photoshop 图片编辑、光学字符识别等日常生活领域的应用，数字图像处理技术已经融入科研和工程的各个领域。

1. 遥感中的应用

遥感的一般任务是从人造卫星或飞机对地面观测，通过电磁波的传播与接收，感知目标的某些特征并进行分析。实际应用中，遥感技术广泛应用于资源调查、地表环境监测、人类活动监测、军事目标识别、农作物估产等多个方面。根据遥感平台分类，遥感可分为机载（airborne）遥感和星载（satellite-borne）遥感，机载遥感是飞机搭载成像传感器对地面的观测，星载遥感是指传感器安装在大气层外的卫星上。卫星遥感通过卫星对地球上感兴趣的地区进行空中拍摄，在太空中将所拍摄的图像通过数字化和编码处理转换成数字信号存入磁带中，在卫星运行至地面站上空时将信号高速传输到地面站，然后由地面站对采集的图像进行处理和分析。在遥感图像的成像、存储、传输、显示和分析过程中，都需要利用数字图像处理技术。

2. 天文学中的应用

天文学是一门研究天体和天文现象的自然科学，观测地球大气层之外的事物。伽利略首次利用望远镜观察天体，牛顿发明了反射望远镜。观测天文学可以依据电磁波谱的不同区域分类，由于地球的大气层对许多波段天文观测的影响，天文观测包括地面观测和空间观测。伽马射线、X 射线、紫外线会被地球大气上层吸收，可见光在大气层中容易发生失真，红外线会被大气中的气体吸收，所以观测需要在太空中进行。无线电波可以用从地面观测，射电天文学观测的是天空中波长超过 1mm 的无线电波。

3. 生物医学中的应用

在生物医学领域中，数字图像处理技术的主要应用包括：计算机 X 放射成像（computerized radiography, CR）、磁共振成像（magnetic resonance imaging, MRI）、计算机断层成像、超声波成像和光学相干断层成像（optical coherence tomography, OCT）等医学影像成像技术，如图 1-4 所示；X 射线肺部图像增晰、血管造影、肿瘤分割、细胞分类、染色体分析、癌细胞识别等医学图像处理和分析。

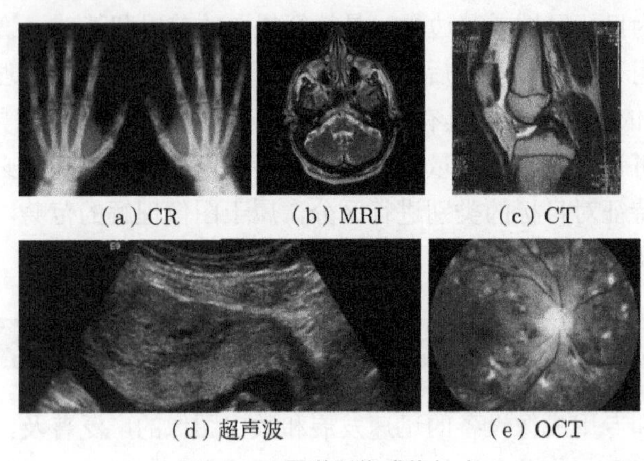

（a）CR （b）MRI （c）CT

（d）超声波 （e）OCT

图 1-4 医学影像成像技术

4. 通信中的应用

数字视频和图像在无线通信、互联网等网络通信中占据越来越大的比重。数字图像和视频的数据量很大，一幅分辨率为 1024×768 像素、24 位真彩色图像的数据量约为 2.26MB；1 分钟分辨率为 320 × 240 像素、24 位真彩色、25 帧/s 的 PAL 制式彩色电视信号的数据量约为 329.6MB；监测卫星采用 4 波段，按每天 30 幅的频率传输分辨率为 2340 × 3240 像素的图像的数据量约为 2.5GB。为了以高速率实时传输如此大的数据量，采用数据压缩编码技术减少视频和图像的数据量。国际标准化组织（International Standard Organization, ISO）、国际电信联盟（International Telecommunication Union, ITU）和国际电工委员会（International Electrotechnical Commission, IEC）针对视频会议、可视电话等实时视频通信、广播电视和视频流的网络传输等应用制定了一系列视频和图像压缩编码的国际标准，视频和图像压缩编码广泛应用于图像通信中。

5. 军事公安中的应用

在军事方面，数字图像处理技术主要应用于导弹的精确制导、各种侦察照片的判读分析、军事自动化指挥以及飞机、坦克和军舰模拟训练等。在公共安全方面，数字图像处理技术主要用于生物特征识别和视频智能分析等。在生物特征识别和视频智能分析方面的具体应用详见电子文档。

文档

6. 公路交通中的应用

公共道路环境实现智能驾驶已成为当前研究的热点。智能驾驶具有降低交通事故、提高交通运输能力的意义及广阔的市场前景，引领汽车工业未来的发展。自从 Google 公司于 2012 年第一次对外界公布研发智能驾驶车辆起，国内外开展了智能驾驶的广泛研究。智能驾驶车辆通过激光雷达、全球定位系统（global position system, GPS）及图像分析与理解等技术感知周围环境，图像分析与理解技术对环境进行语义理解，为智能驾驶车辆提供道路行驶环境的数据基础。在图像分析与理解层面上，智能驾驶车辆的任务由感知周围的环境、处理环境中的信息、预测环境中其他人的行为，以及根据信息做出驾驶决策构成，具体的描述详见电子文档。

文档

7. 文化艺术中的应用

数字图像处理技术在文化艺术中的应用主要包括视频画面的数字编辑、动画制作、电子视频游戏、纺织工艺品设计、服装设计与制作、绘画和照片修复、全景图像拼接等。在文艺复兴时期，油画、书籍等作品损坏、侵蚀的现象普遍存在，数字图像修复技术最初就起源于艺术作品的修复，通过扫描仪等设备将艺术作品数字化，利用图像修复算法恢复作品的原貌，将其作为参照再进行实体修复，避免直接手工修复造成珍贵艺术品毁损的风险。

8. 信息安全中的应用

数字图像处理在信息安全领域中最为广泛的应用是数字水印技术，包括版权保护、信息隐藏、数字签名、信息加密等应用。数字水印是指在数字图像、音频和视频等数字化的数据内容（载体）中嵌入隐藏信号来证实图像版权归属和保证数据的完整性。所嵌入的数字水印通常具有不可见性和不可察觉性，只能通过算法检测、提取嵌入的数字水印。数字水印紧密结合并隐藏于载体数据中不影响载体数据的使用。

9. 工业与工程中的应用

在工业和工程领域，数字图像处理技术的应用主要包括弹性力学图像的应力分析、流体力学图像的阻力和升力分析、邮政信件的自动分拣、放射性环境中的工件形状和排列状态识别、工业视觉检测中的灌装合格检测、包装完整性检测、外观缺陷检测、标签检测、附件缺失检测、自动装配线中零件质量检测、零件分类、印制电路板的缺陷检查等。工业视觉检测是利用工业相机取代人眼完成识别、测量、定位等功能，提高生产流水线的检测速度和准确度，提高产量和质量，剔除不符合质量标准的物品，降低人工成本，同时防止视觉疲劳而产生的误判。

10. 摄影与印刷中的应用

在摄影与印刷领域，数字图像处理技术的主要应用包括原稿的数字化采集、设计与排版、印刷质量的检测与控制、色彩管理等。本书虽未专门安排图像显示的相关内容，但是图像显示很重要，色调映射、抖动、半色调、伽马校正是常用的图像显示技术。

1.5 小结

数字图像处理是用计算机对图像信号进行处理的技术和方法。随着数字成像仪器及其相关学科的发展，各种各样的应用领域中广泛涉及数字图像技术。本章简要介绍了数字图像处理的基本概况，包括数字图像处理的概念、发展历程、研究内容，并简要列出了数字图像处理的主要应用领域。

习题

1. 举例说明数字图像处理的研究内容。
2. 举例说明数字图像处理在各个领域中的应用。
3. 列出数字图像处理与计算机图形学的区别。
4. 解释印刷领域中的抖动和半色调技术，并比较它们的不同。
5. 解释摄影领域中色调映射的作用，并举例说明哪些场景的成像需要色调映射技术。

第2章 数字图像基础

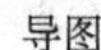
导图

微课

视觉是人类最高级的感知，图像是信息传达的主要途径，图像的表现力胜过文字和语言，承载着更加丰富、直观的信息。人类的视觉感知仅限于电磁波谱的可见光波段，成像仪器则几乎可以覆盖从伽马射线到无线电波的整个电磁波谱。电子成像是指各种电或非电的物理量经过一定转换和处理生成数字图像的过程。感光器件是数字照相机中最核心、最关键的技术，其发展推动了数字照相机的发展。伴随着电子成像感光器件在各个学科中的普及以及快速发展，数字图像广泛地延伸到各种应用领域。本章介绍数字图像的一些基本概念和基本概况，为后续各章中数字图像处理方法的学习奠定基础。

2.1 数字图像的概况

数字图像是二维数字信号，其光照位置和强度都是有限、离散的数值，通常用数组或矩阵表示。数字图像由模拟图像数字化形成，可以用数字计算机或数字电路存储和处理。

2.1.1 数字图像的基本概念

一幅单色图像可以定义为二维的亮度信号 $f(x,y)$，$f(x,y)$ 在空间位置 (x,y) 的取值与成像于该点的光强成正比。对于一幅彩色图像，$\boldsymbol{f}(x,y)=\left[f_R(x,y),f_G(x,y),f_B(x,y)\right]^{\mathrm{T}}$ 表示一个向量，$f_R(x,y)$、$f_G(x,y)$ 和 $f_B(x,y)$ 分别表示彩色图像的红色、绿色和蓝色分量，每个颜色分量表示在点 (x,y) 处相应颜色通道中的亮度值，与相应单色波段内成像于该点的光强成正比。当空间位置 (x,y) 和亮度值 $f(x,y)$ 都是有限的、离散的数值时，称这幅图像为数字图像。数字化的空间位置称为像素（pixel），数字化的亮度值称为灰度值。数字图像是像素的二维排列，可以用一个或一系列二维整数数组表示，每个二维数组表示一个颜色分量。

电子成像通过成像传感器形成数字图像。成像传感器由感光元组成，传感器阵列上的一个感光元对应数字图像中的一个像素，数字图像的存储方式一般以像素为单位，每个像素值反映了自然场景中相应成像点的亮度。如图 2-1 所示，当数字照相机采集自然图像时，左侧表示一幅自然场景，取景范围由取景器的视野决定；右侧表示正方形采样网格，成像传感器的感光元阵列决定了图像的空间分辨率。

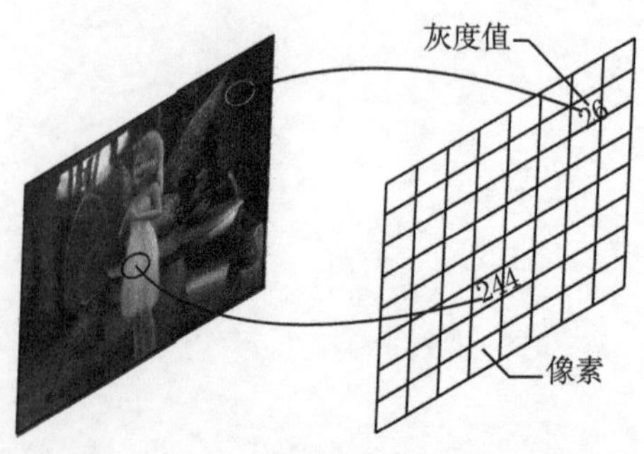

图 2-1　自然场景及其对应的数字图像

数字图像的空间分辨率是决定图像质量的重要因素。从硬件角度，提高分辨率需要增加传感器的感光元数量，直观上有两种方法：减小感光元尺寸和增大传感器尺寸。第一种方法是减小各个感光元的尺寸，但是，光圈决定了有限的光量进入传感器，感光元面积的减小使得可接收的光子数减少，感光度的降低导致成像的信噪比下降，以及各像素间抗干扰性减弱，因此，单位面积的感光元数量不能无限地增加。第二种方法是增大传感器的总尺寸，但是，这将导致电容增加，从而使成像速率降低。目前，更大尺寸传感器的制造工艺较困难，制造成本也较高。

2.1.2 数字图像的多样性

数字图像处理成为当今研究的热点，主要原因在于数字图像的成像多样化，电子成像的种类很多，如合成孔径雷达、红外热感成像、数字照相机、摄像机、紫外线成像、计算机断层成像。成像的多样性使数字图像处理技术广泛地应用在各个领域中。

电子成像几乎可以通过任何一种电磁波辐射转换成电信号形成数字图像。电磁波是以波动形式传播的电磁场，是由相同方向且相互垂直的电场和磁场在空间中传播形成的振荡粒子波。电磁波的传播不依赖于介质，在真空中传播的速率为光速。电磁波具有波粒二象性，粒子以波的形式传播，以光的速度运动。将电磁波按照各个波段波长或频率的递增或递减顺序依次排列形成电磁波谱，如图 2-2 所示。按照波段的波长递减或频率递增的顺序依次是无线电波、微波、红外线、可见光、紫外线、X 射线和伽马射线（γ 射线），波长的单位从 nm（纳米）到 km（千米）。电磁波谱的各个波段之间并没有明确的界线，而是由一个波段平滑地过渡到另一个波段。几乎每门学科都有数字图像处理的分支，诸多学科使用专用成像设备或传感器采集图像数据，成像仪器几乎可以覆盖从 γ 射线到无线电波的整个电磁波谱。

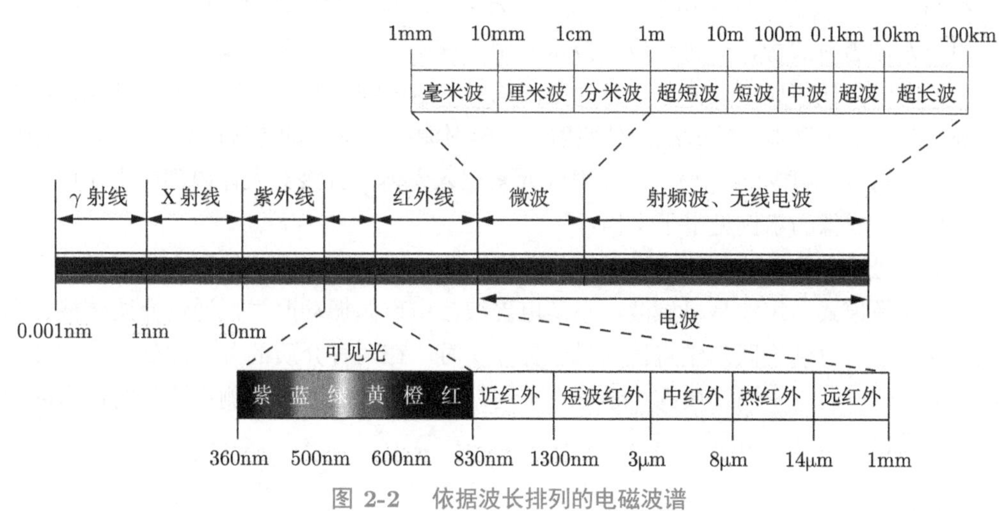

图 2-2 依据波长排列的电磁波谱

按照各种电磁波产生的方式，可将电磁波谱划分成三个区域：

1. 中间区（中能辐射区）

中间区的电磁波称为光辐射，包括红外线、可见光和紫外线。光是一种电磁波，可见光是电磁波谱中人类视觉可感知的波段，波长为 360~830nm，仅占整个电磁波谱中很窄的波段。在可见光光谱中，红色光的波长最长，紫色光的波长最短。在可见光光谱的波段之外，比红色光波长更长的电磁波称为红外线，比紫色光波长更短的电磁波称为紫外线。紫外线和红外线中的“外”，是可见光之“外”的意思，特殊的胶卷或光敏器件可以感知红外线和紫外线。多光谱遥感成像在可见光、红外线等多个离散的波段上获取多维光谱数据，利用多个波段从不同角度更好地反映地物的光学特性。电磁波谱中间区成像的示例见电子文档。

文档

2. 长波区（低能辐射区）

长波区的电磁波称为电波，包括微波和无线电波[①]，它们与物质间的相互作用更多表现为波动性。自然界中的无线电波主要是由闪电或者宇宙天体发射。导体中电流强弱的改变会产生无线电波，电波引起的电磁场变化又会在导体中产生电流。微波和无线电波常用于无线通信。微波通常直向传播，微波通信的发射者和接收者需在视线之内，适合于点对点通信，由于微波能够穿过电离层，可用于卫星通信。无线电波能够衍射绕过建筑物和山丘，并能够由电离层反射，将信号远距离发送至接收者，适合于电台和电视广播。电磁波谱中长波区成像的示例见电子文档。

文档

3. 高频区（高能辐射区）

高频区的电磁波为各种射线，由带电粒子轰击某些物质产生，包括 X 射线和 γ 射线。它们的量子能量高，当与物质相互作用时，波动性弱而粒子性强。X 射线是由原子核外电子的跃迁或受激等作用产生的，产生于原子核外的电子轨道。γ 射线是原子核的衰变或裂变等产生的，由原子核内放射出来。两者均具有穿透力，γ 射线的穿透能力比 X 射线强。X 射线和 γ 射线成像主要应用于工业检验、天文观测和医学检查中。在医学成像中，X 射线常用于人体透射成像，γ 射线成像技术常用于核医学中。电磁波谱中的 X 射线和 γ 射线几乎可以电离任何原子或分子，称为电离辐射。电磁波的频率越高，能量越强，电离能力越强。在医学成像中，X 射线为外照射，即辐射源在人体外的电离辐射对人体产生作用；而核医学中的 γ 射线为内照射，即放射性元素进入人体，直接对人体内部产生作用。电磁波谱中高频区成像的示例见电子文档。

文档

除了电磁波谱各种波段的成像之外，声波成像（acoustic imaging）也是图像处理技术中常用的成像模式。声波是机械波，不是电磁波，由声源振动产生，通过介质传播。当声波从一种介质入射到不同声学特性的另一种介质时，在两种介质的分界面处，一部分入射声波发生反射。利用不同物质的声学特性不同，通过声波反射可探测不透光物体内部的结构。声波成像的示例见电子文档。

文档

① 微波的波长为 1mm~1m，无线电波的波长为 1m 以上。有些刊物简单地将微波当作无线电波的一种，根据这样的定义，无线电波的波长为 1mm 以上。

2.1.3 数字图像的类型

根据图像的数据量，可将数字图像主要分为四类：二值图像、灰度图像、索引图像和真彩色图像。

2.1.3.1 二值图像

二值图像是一种简单的图像格式，其像素值只有黑和白两个灰度级。二值图像中每个像素仅占用 1 位，灰度值为 0 或 1，其中，0 表示黑色，1 表示白色。图 2-3 直观给出了二值图像的数据表示，左侧为一幅二值图像，右侧显示出白色框标出的 10×10 区域内的像素值。由图中可见，二值图像中只有 0 和 1 两种像素值，像素值为 1 对应白色像素，像素值为 0 对应黑色像素。在 8 位灰度级表示下，二值图像仅使用 0 和 255 两个灰度值，0 表示黑色，255 表示白色。

二值图像在数字图像处理中起着重要的作用，在计算机视觉系统中，通常对灰度图像进行目标的二值化处理，再使用模式识别方法进行后续的图像分析和理解任务。二值图像形态学的处理对象是二值图像，尽管二值图像形态学的基本运算简单、直接，却可以组合出复杂的实用算法。第 9 章将对二值图像形态学展开讨论。

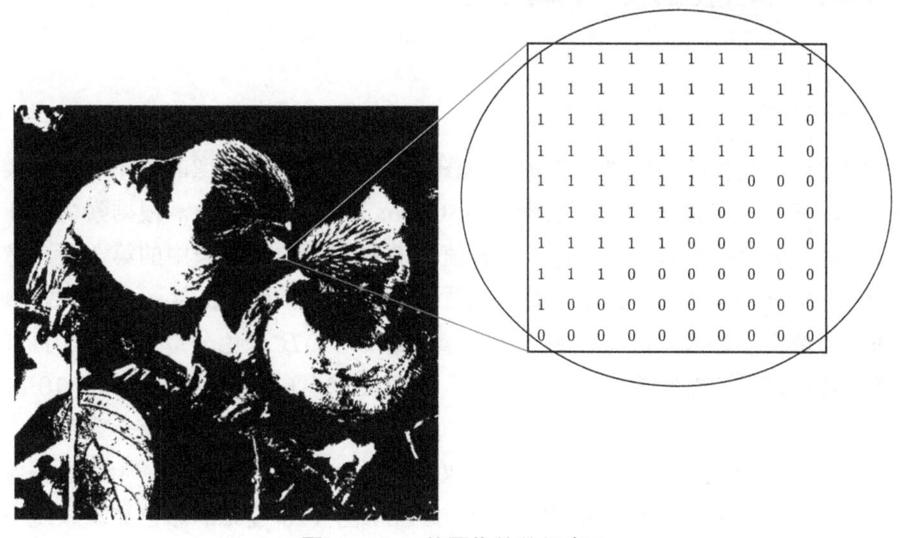

图 2-3 二值图像的数据表示

2.1.3.2 灰度图像

灰度图像是黑与白之间具有多阶灰色深度的单色图像。在常用的成像和显示设备中，灰度图像中每个像素的灰度值通常采用 8 位表示，具有 $2^8 = 256$ 个灰度级，每个灰度像素占用 1 字节。这样的灰度级数正好能够避免可见的条带失真，并且与计算机中的字节形式一致，易于编程处理。图 2-4 直观给出了灰度图像的数据表示，左侧为一幅灰度图像，右侧显示出白色框标出的 10×10 区域内的像素值，对于 256 级灰度图像的像素，灰度值范围为 $0 \sim 255$，0 表示黑色，255 表示白色。灰度图像通常是在一定波段范围（如可见光波段）内成像所形成的亮度。在一些关于数字图像的刊物中单色图像[①]等同于灰度图像。在医学成像和遥感成像的应用中经常采用更多的灰度级数，每个采样的传感器精度可以达到 10 位或 12 位，甚至 16 位精度，即 65 536 个灰度级。

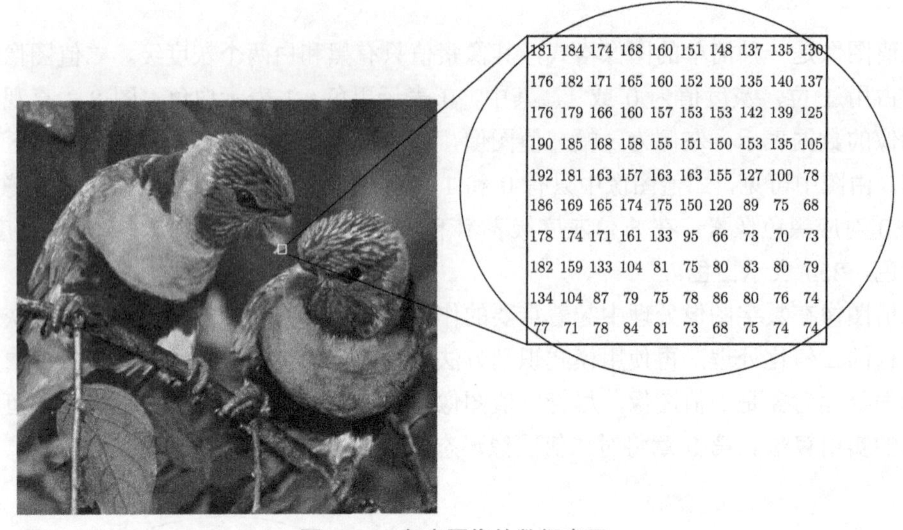

图 2-4　灰度图像的数据表示

2.1.3.3　索引图像

索引图像通过查找映射的方法表示彩色图像的颜色。索引图像的每个像素值实际上是整数索引值，索引值直接映射到颜色查找表（color look-up table），根据索引值在颜色查找表中查找每个彩色像素对应的颜色。像素值为 0 指向颜色查找表中的第 1 行，像素值为 1 指向颜色查找表中的第 2 行，以此类推。颜色查找表通常用维数为 $n \times 3$ 的数组表示，n 为索引图像的像素值总数，每一行的 3 维向量为 R、G、B 颜色分量。图 2-5 直观给出了索引图像的数据表示，左侧为一幅索引图像，右侧显示出白色框标出的 10×10 区域内的像素值，以及一段颜色查找表。由图中可见，索引图像的像素值实际上是索引值，指向颜色查找表中的 R、G、B 颜色分量。若每个像素占用 1 字节，即 8 位，则索引图像最多只能显示 256 种颜色。索引图像一般用于小于 65 536 色（16 位）的彩色显示系统中。伪彩色图像的存储和显示一般用索引图像。

2.1.3.4　真彩色图像

真彩色图像中每个彩色像素用一个 3 维向量表示，由 R、G、B 颜色分量组成。每个彩色像素占用 3 字节，即 24 位，R、G、B 颜色分量各占用 8 位表示相应颜色分量的亮度，每个颜色分量各有 256 个灰度级，这 3 字节组合可以产生 $2^{24} \approx 1677$ 万种不同的颜色。尽管自然界拥有的丰富色彩是不能用任何数字归纳的，然而，对于人眼的识别能力来说，1677 万种颜色基本反映了自然图像的真实色彩，因此称为真彩色图像。

① 单色图像是在窄波段（单一波段）内成像所形成的亮度。

图 2-5　索引图像的数据表示

真彩色图像没有颜色查找表，直接存储 R、G、B 数据。真彩色图像用 $M \times N \times 3$ 的三维数组存储，其中，每个颜色通道的尺寸为 $M \times N$。图 2-6 直观给出了真彩色图像的数据表示，左侧为一幅真彩色图像，右侧显示出白色框标出的 10×10 区域内彩色像素的数值，真彩色图像的数据包括 R、G、B 三个颜色通道，每个像素值由相应的 R、G、B 颜色分量表示。

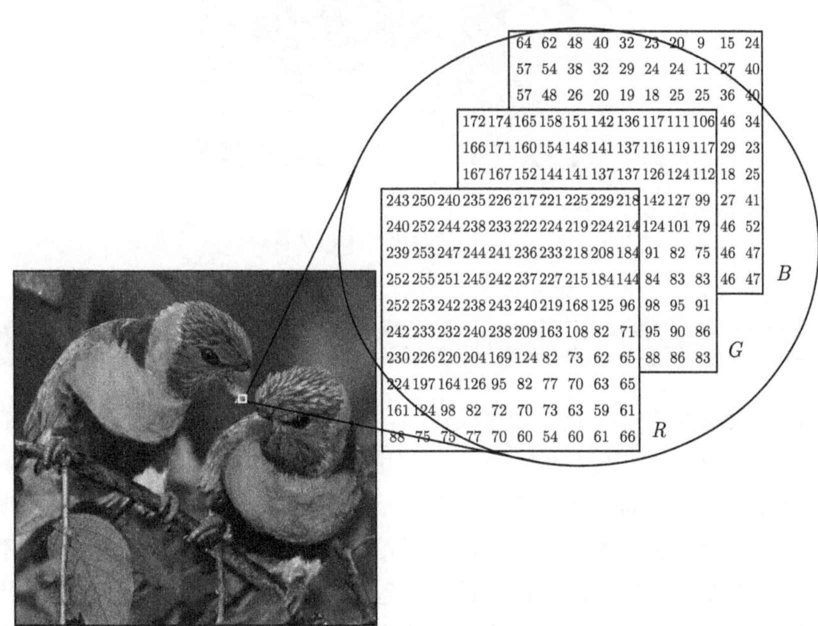

图 2-6　真彩色图像的数据表示

2.1.4 数字图像的矩阵表示

本书中统一规定用二维序列 $f(x,y)$ 表示数字图像。在像素空间坐标 (x,y) 处的取值 $f(x,y)$ 表示该像素的灰度值，$x=0,1,\cdots,M-1; y=0,1,\cdots,N-1$，其中 M 和 N 分别表示数字图像的高和宽。数字图像用矩阵表示为

$$\boldsymbol{f}=\begin{bmatrix} f(0,0) & f(0,1) & \cdots & f(0,N-1) \\ f(1,0) & f(1,1) & \cdots & f(1,N-1) \\ \vdots & \vdots & \ddots & \vdots \\ f(M-1,0) & f(M-1,y) & \cdots & f(M-1,N-1) \end{bmatrix} \in \mathbb{R}^{M\times N} \tag{2-1}$$

$\boldsymbol{f}$ 为 $M\times N$ 维的矩阵，矩阵中的元素表示图像中像素的灰度值。在数字图像中，空间坐标 (x,y) 和灰度值 $f(x,y)$ 都是有限的、离散的数值。图 2-7 显示了本书中表示数字图像的坐标约定，左上角为原点，记原点的坐标为 $(0,0)$。图像坐标的空间通常称为空域。

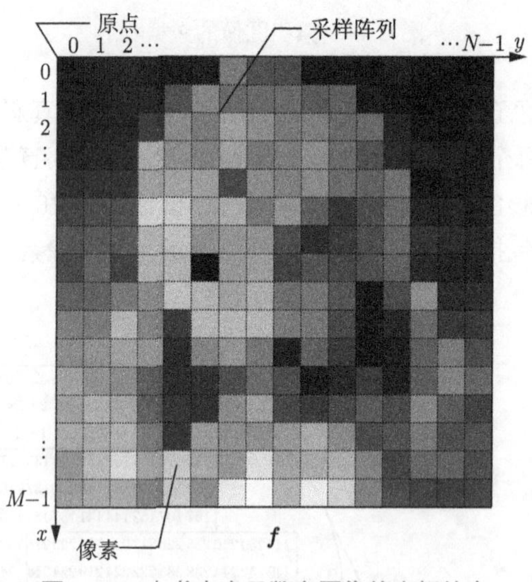

图 2-7　本书中表示数字图像的坐标约定

2.2 数字成像与视觉感知

物体发出、反射或透射的光，沿直线传播，在成像平面上形成图像。早期的针孔照相机利用针孔成像原理。13 世纪，欧洲出现了利用针孔成像原理制成的映像暗箱。光沿直线传播，通过针孔在成像平面形成倒立的实像。一般而言，针孔越小，影像越清晰，但针孔太小，光会发生衍射，造成影像模糊。针孔照相机没有镜头，不受景深限制，不论景物远近都有相同的清晰度。但是，由于进光量少，需要长时间曝光。16 世纪 50 年代，针孔成像发展为凸透镜成像。现代照相机利用凸透镜成像原理，通过会聚光线增加进光量，但是需要对焦。人眼和照相机的成像原理都是光经过凸透镜投影到成像平面上。

2.2.1 凸透镜成像原理

凸透镜是一种常见的透镜，中间厚、两端薄，至少有一个表面制成球面，或两个表面都制成球面，能够会聚光线。平行于主光轴的光线入射到凸透镜时，凸透镜将所有的光线聚集于轴上的一点，再以锥状形式扩散开来，所有光线的会聚点称为**焦点**，与透镜的距离称为**焦距**。由光学可知，凸透镜运用光的折射原理和光的直线传播原理成像。凸透镜成像原理如图 2-8 所示，物体的位置不同，凸透镜会成不同的像。当物体与凸透镜的距离大于凸透镜的焦距时，物体成倒立的像，这个像是光线经过凸透镜会聚而成的，是实际光线会聚成的像，能用光屏接收，是实像，实像有缩小、等大、放大三种。物体与凸透镜的距离大于凸透镜的 2 倍焦距时，物体成倒立、缩小的实像。当物体从较远处向凸透镜靠近时，物像逐渐变大，物像到凸透镜的距离也逐渐变大。当物体与凸透镜的距离在焦距与 2 倍焦距之间时，物体成倒立、放大的实像。当物体与凸透镜的距离小于焦距时，物体成放大的像，这个像不是实际折射光线的会聚点，而是它们反向延长线的交点，用光屏接收不到，是虚像，只能由眼睛看到。

人眼内部视网膜上所成的像是实像还是虚像？人眼的结构相当于一个凸透镜，且外界物体一定在焦距之外，根据凸透镜的成像原理，它在视网膜上的物像一定是倒立的实像。但是，由于大脑皮层的调整作用以及生活经验的影响，就看到了正立的物体。

在成像平面上，若点光源的光线经过凸透镜后会聚于一点，则所成的像是清晰的，这种现象称为**聚焦**。若点光源的光线经过凸透镜后不能会聚于一点，而是形成一个圆斑，称为弥散圆（circle of confusion），则所成的像是模糊的，这种现象称为**散焦**，如图 2-9 所示。距离焦平面越近，弥散圆越小。

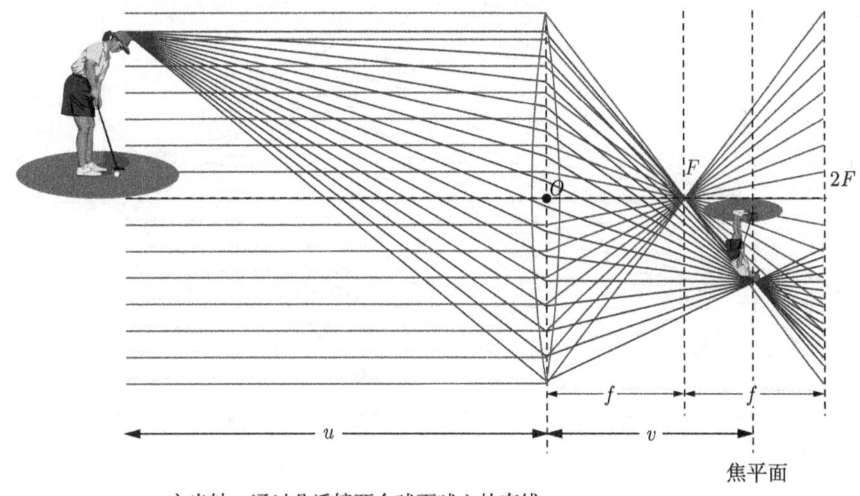

主光轴：通过凸透镜两个球面球心的直线。
光心 O：凸透镜的中心。
焦点 F：平行于主光轴的光线经凸透镜会聚于主光轴上的点。
焦距 f：焦点到凸透镜光心的距离。
物距 u：物体到凸透镜光心的距离。
像距 v：物体经凸透镜所成的像到凸透镜光心的距离。

图 2-8 凸透镜成像原理示意图

插图

插图

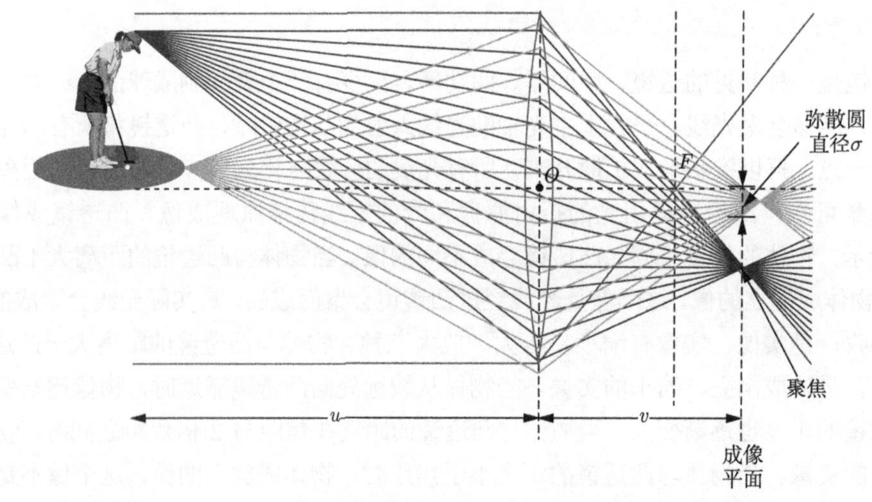

图 2-9　散焦与聚焦示意图

当弥散圆的直径恰好小于人眼的辨认能力时，称为容许弥散圆。图 2-10 说明了凸透镜成像只能对一定物距范围内场景清晰成像。在对焦点前后一定范围内，在像平面产生的弥散圆都在容许范围。在对焦点前面景物所能清晰成像的距离范围称为前景深 ΔL_1，对焦点后面景物所能清晰成像的距离范围，称为后景深 ΔL_2。前景深 ΔL_1 小于后景深 ΔL_2，这个前后距离的总和称为景深。景深实际上是指沿着主光轴所测定的能够清晰成像的场景距离范围。

插图

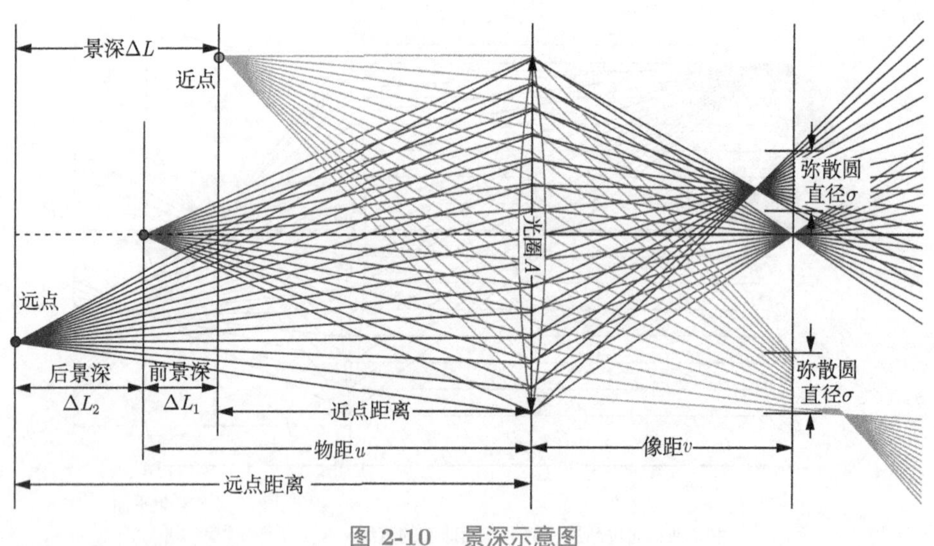

图 2-10　景深示意图

2.2.2　数字照相机的结构

传统的光学照相机使用 35mm 胶片作为记录信息的载体，光信号通过光学镜头投射到感光胶片上，成像是化学变化过程，然后在暗室中对感光胶片进行显影、定影等过程。数字照相机使用电子感光器件成像，当光信号到达成像传感器时，感光元感应光线，将光信号转换成电信号，通过模/数（analog/digital, A/D）转换器将模拟信号转换成数字信号，记录在存储器中，也可以直接显示在液晶屏上。

图 2-11(a) 显示了数字单镜头反光照相机[①]的结构图。数字照相机主要包括三个部分：光圈、镜头和成像传感器。光圈控制进光量，光圈越大，进光量越多。镜头相当于一个凸透镜，由一系列透镜组成，其作用是会聚光线，通过移动镜片来实现光学变焦。成像传感器实现光电转换，记录每个像素值。

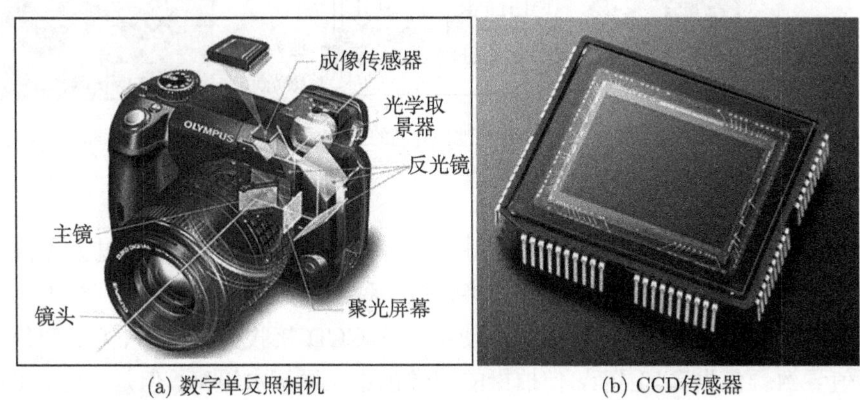

(a) 数字单反照相机　　(b) CCD传感器

图 2-11　数字单反照相机结构图及 CCD 传感器

目前有两种广泛使用的感光器件，一种是电荷耦合器件（charge-coupled device, CCD）图像传感器 [图 2-11(b)]，另一种是互补金属氧化物半导体（complementary metal-oxide semiconductor, CMOS）图像传感器。两者均是高感光度的半导体器件，由排列整齐的电容感光元构成，每个感光元对应一个像素。CCD 图像传感器的成像质量更好，而 CMOS 图像传感器的成像速度更快。

如图 2-12(a) 所示，单 CCD 数字照相机的成像传感器本身是一个单色电子元件，只能感受光强度，不能感受颜色信息。对于彩色成像，将 R、G、B 滤光片排列在传感器前形成彩色滤波阵列（color filter array, CFA）。如图 2-12(b) 所示，传感器表面的每个滤光片只允许对应颜色的单色光透过，而滤除其他颜色的光，因此每个感光元只接收 R、G、B 颜色分量之一，将这种每个像素仅包含一种原色的图像称为马赛克图像。

Bayer 模式滤波阵列是目前商业上应用最为广泛的彩色滤波阵列，它以发明者 Bryce E. Bayer 命名。如图 2-12(c) 所示，Bayer 模式交替排列一组红色（R）和绿色（G）滤光片以及一组绿色（G）和蓝色（B）滤光片，由于绿色在可见光光谱中占据最重要的位置且具有最宽波段，人眼对绿色比蓝色和红色更为敏感，因此，为了能够分辨更多的图像细节，绿色（G）滤光片是红色（R）滤光片和蓝色（B）滤光片数量的 2 倍。换句话说，绿色像素数占像素总数的 1/2，红色和蓝色像素数各占像素总数的 1/4。Bayer 模式彩色滤波阵列输出的存储格式为 Bayer 模式图像，即 Raw 格式图像。利用彩色插值（color interpolation）方法为每个像素恢复出其他两个颜色分量，将 Bayer 模式图像转换为每个像素都包含红、绿、

① 数字单镜头反光照相机（digital single lens reflex camera）简称数字单反照相机。

蓝三个分量的全彩色图像，也称为彩色去马赛克（color demosaicing）。彩色插值算法可以嵌入数字照相机内部，生成 JPEG、TIFF 格式图像，或者对传感器直接获取的 Raw 格式数据进行处理。

插图

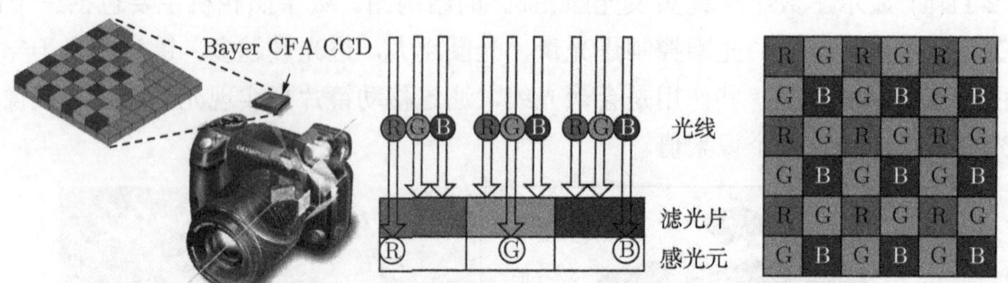

（a）单CCD数字照相机成像原理　（b）彩色滤波阵列的工作原理　（c）Bayer模式的彩色滤波阵列

图 2-12　单 CCD 数字照相机的 Bayer 模式成像传感器

三 CCD 数字照相机是指数字照相机中使用了三片 CCD。光信号通过分光棱镜分解为 R、G、B 三原色光，使用三片 CCD 分别接收这三种原色光并转换为电信号。与单 CCD 数字照相机相比，由于三 CCD 数字照相机使用三片 CCD 接收并转换 R、G、B 信号，不会因彩色插值导致颜色失真，因而，使拍摄的图像色彩还原更加逼真。但是，与单 CCD 数字照相机相比，三 CCD 数字照相机的成本更高。CMOS 和 CCD 采用类似的彩色还原原理。

2.2.3　人眼视觉模型

人眼通过对光的作用作出响应而产生视觉。人眼是一种具有复杂结构的器官，但是本质上人眼对景物的成像符合凸透镜成像原理。

2.2.3.1　人眼成像结构

人眼的成像原理与数字照相机的成像原理基本一致。图 2-13(a) 给出了简化的人眼结构剖面图，人眼由瞳孔、晶状体和视网膜三个主要部分构成。瞳孔的大小由虹膜控制，瞳孔的作用类似于数字照相机的光圈。外界物体的光通过晶状体聚焦，晶状体的作用类似于数字照相机的镜头。会聚的光线在视网膜的感光细胞上成像，视网膜的作用类似于数字照相机的成像传感器。

人眼内部视网膜上分布着两类感光细胞，如图 2-13(b) 所示：一类是锥状的，称为视锥细胞；另一类是杆状的，称为视杆细胞。视锥细胞是负责彩色视觉的明视觉感光细胞，对光谱频率敏感，且能够充分分辨图像细节。视锥细胞位于视网膜上称为中央凹的中间部分，人眼观察物体时，为了看得清楚，眼球会不断转动，并调节瞳孔的大小，使物体成像落在中央凹处。视网膜上分布着 600 万 ~700 万个视锥细胞，可分为长波（L）、中波（M）和短波（S）三种主要的感知类别，分别对红色光、绿色光和蓝色光敏感。约 65%的视锥细胞对红色光敏感，33%对绿色光敏感，仅有 2%对蓝色光敏感。图 2-14 显示了人类视觉三种视锥细胞的光谱敏感函数，这是以 Stiles 和 Burch10° 观察视角的 RGB 颜色匹配函数

(1959) 为基础定义的，L、M 和 S 这三种视锥细胞的敏感度峰值分别在 569nm、541nm、448nm 处，横轴表示波长，以 nm 为单位。在照度充分高的条件下，视锥细胞才会对光的刺激作出响应，这样人类视觉才能分辨颜色，这个现象称为明视觉。视杆细胞是负责亮度的暗视觉感光细胞，没有色彩感知，其分布面积较广，约有 1.25 亿个，且几个视杆细胞连接到一个神经末梢，不能很好地感知细节。视杆细胞的光谱敏感度峰值在 490~495nm 波段，在低照度下对蓝绿色更为敏感。例如，在白天呈现鲜明色彩的物体，在月光下都没有颜色，这种情况下只有视杆细胞对光的刺激作出响应，这个现象称为暗视觉。

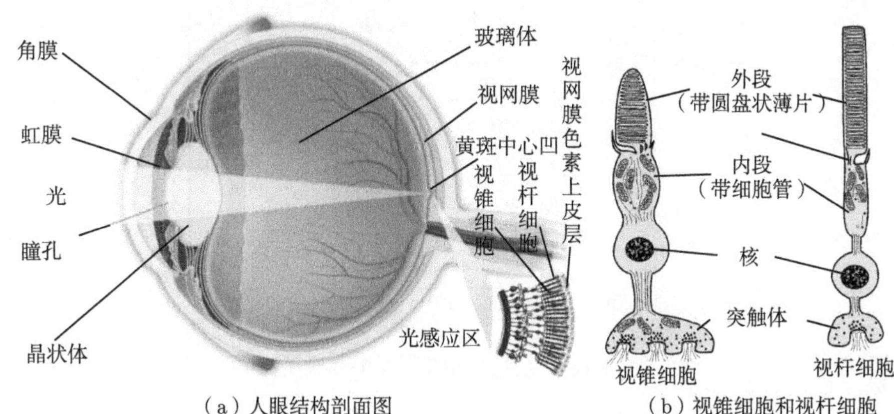

（a）人眼结构剖面图　（b）视锥细胞和视杆细胞

图 2-13　人眼成像结构

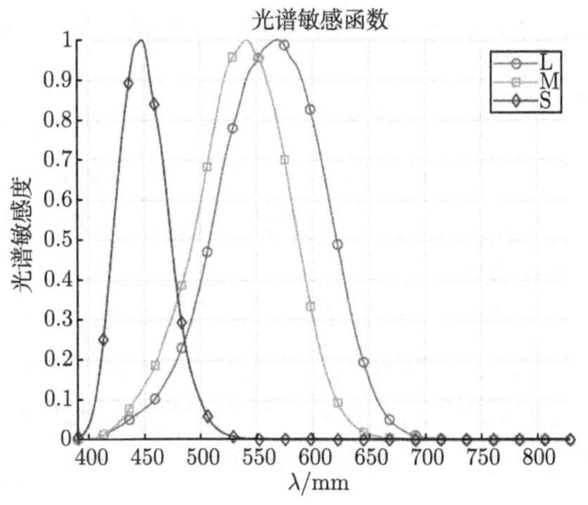

图 2-14　红、绿和蓝三种视锥细胞的光谱敏感曲线

光度函数（发光效率函数）描述人眼对不同波长光的平均视觉敏感度，它能很好地表示人眼的视觉敏感度。国际照明委员会（International Commission on Illumination, CIE[①]）制定了标准光度函数。图 2-15 中，实线为 CIE 1924 明视觉标准光度函数曲线，虚线为 CIE 1951 暗视觉标准光度函数曲线，横轴表示波长，以 nm 为单位。明视觉和暗视觉光度函数

① CIE 是法语 Commission Internationale de l'Éclairage 的缩写。

描述了人眼视网膜上视锥细胞和视杆细胞的感知特性。对于中高亮度级，人眼的视觉响应取决于视锥细胞，人眼视觉感知近似明视觉函数，峰值在 555nm 波长处，而对于低亮度级，人眼的视觉响应取决于视杆细胞，暗视觉函数描述人眼视觉感知，整体向紫光偏移，峰值在 507nm 波长处。

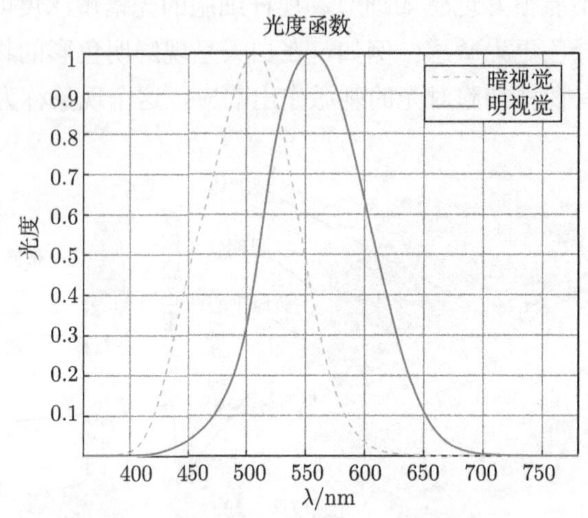

图 2-15　明视觉和暗视觉的光度函数

2.2.3.2　颜色的感知

人眼对颜色的感知由两个条件决定：光的物理特性以及人眼内部视网膜和大脑视觉神经中枢的生理功能。颜色是人眼通过大脑视觉神经中枢的解释对不同波长的光所作出的视觉响应。

光是一种电磁波，不同波长的光具有不同的颜色特性。单一波长的光称为单色光[①]，波长的单位是 nm。人类视觉可感知的光称为可见光，可见光覆盖从 360nm 的紫光到 830nm 的红光，各种波长的单色光按照波长从短到长排列形成可见光光谱，可见光光谱只占整个电磁波谱中极少的一部分。图 2-16 给出了可见光光谱及其组成的各种单色光的波长，按波长递减的顺序依次为红色、橙色、黄色、绿色、蓝色、紫色。人眼无法感知到可见光光谱之外的电磁波谱。日常所见的大多数彩色光源的光谱都不是单色的，而是由不同波长和不同强度的多种单色光混合而成的。白光也是一种混合光，日光灯的白光是由几个相当窄的光谱线构成的，而太阳光则是由连续的光谱构成的。

插图

图 2-16　可见光光谱

① 科学上讲，单色光是指频谱中具有窄波段的光。

亚里士多德最早讨论了光与颜色之间的关系，艾萨克·牛顿真正阐明了两者之间的关系。如图 2-17 所示，人眼内部视网膜上三种不同的视锥细胞分别对红光、绿光、蓝光敏感，这三种视锥细胞分别对光的刺激作出响应，经大脑视觉神经中枢的解释后，形成对各种颜色的光的感知。不同光谱可能产生相同的颜色感知（条件等色）。三种视锥细胞对光的叠加响应构成人眼能够感知的所有颜色，有数百万种。因此，红色、绿色和蓝色称为光的三原色。托马斯·杨于 1801 年第一次提出了三原色的理论，赫尔曼·冯·亥姆霍兹完善了三原色的理论。20 世纪 60 年代证实了三原色理论。以数学的向量空间来解释三原色色彩系统，三原色光是线性无关的，即任何一种原色光无法用其他两种原色光组合而成，三原色可以视为一组基向量，张成三维的颜色空间，因此，可以由这三种原色光的组合表示颜色空间中的任意一种颜色。

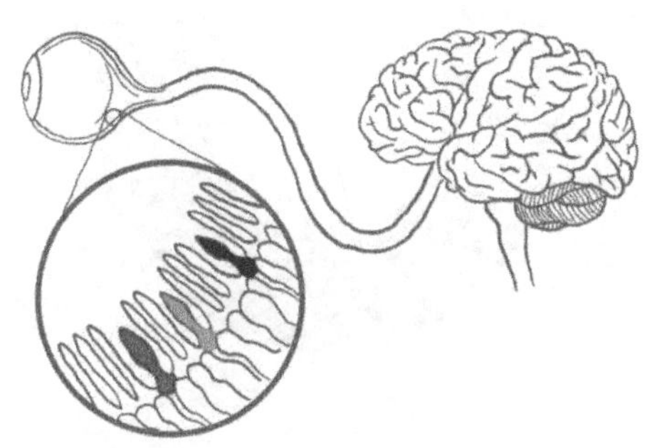

插图

图 2-17　大脑视觉神经中枢解释

2.2.3.3　人类视觉特性

通过观察人类视觉现象并结合视觉生理学、心理学的实验，研究发现了人类视觉系统（human visual system, HVS）的许多特性，本节讨论几种主要的人类视觉特性。

1. 明暗视觉与视觉范围

人眼具有高动态范围和明暗亮度适应的特性。人类视觉系统能够适应的光强度级范围高达 13 个对数单位，视觉范围为 $10^{-6} \sim 10^{6}$ cd/m^2，但是，并不是同时在这个范围内工作。人眼同时观察的动态范围是 10^3 cd/m^2。坎德拉（Candela）是光强度的单位，符号为 cd。

人眼从较亮的环境转向较暗的环境时，眼前一片漆黑，不能立刻看清物体；同样，从较暗的环境转向较亮的环境，眼前一片光亮，也不能立刻看清物体。但是，人眼能够根据场景照度的变化，自动调节对亮度的适应过程。人眼适应明暗条件变化的过程称为明暗亮度适应。从亮到暗的过程称为暗适应，从暗到亮的过程称为亮适应。

2. 余像

余像是指光对视网膜所产生的刺激在光的作用终止后，视觉仍能保留短暂时间的现象。分为正余像（positive afterimage）和补色余像（negative afterimage），正余像与图像的颜色相同，补色余像反转图像的颜色。视觉暂留现象是正余像，这是由视神经的反应速度造成的，视神经的反应时间约为 40ms。电影的拍摄和放映是视觉暂留的具体应用，在一帧图像消失后，其余像会在视觉中保留一段时间，在视觉暂留的时间内，下一帧图像又出现了，就会在视觉中形成连续的画面。补色余像是由视神经兴奋、疲劳引起的。若人眼持续一段时间注视某种颜色，则视网膜上感知该颜色的视锥细胞会受到过度刺激而产生视觉疲劳，当眼睛接收白光时，由于感知该颜色的视锥细胞失去敏感性，其他视锥细胞活跃，就会看到该颜色的互补色，同理视杆细胞的视觉疲劳会导致出现黑白相反的余像，这种现象称为补色余像。图 2-18 为补色环，通过圆心的一条直线相连的两种色调互为补色，图中标记 ① 的黄绿色与标记 ② 的蓝紫色互为补色。

插图

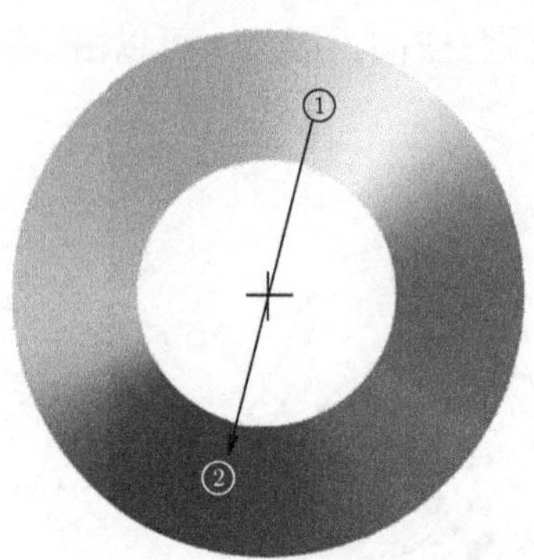

图 2-18　补色环

3. 对比敏感度

对比度是一种亮度相对变化的量度。对比敏感度是指人类视觉分辨亮度差异的能力。人眼感受的亮度不是简单地取决于光强度函数，而是受到很多因素的影响，如周围、邻近区域亮度的变化。图 2-19 给出了典型的同时对比度的例子，图中三个中心灰色方块具有完全相同的明暗程度，但是，由于其周围区域的亮度不同，人眼感受的中心方块的亮度并不相同，更暗的区域包围的中心方块显得更亮，而更亮的区域包围的中心方块显得更暗。因此，人眼感觉左图中心的灰色方块更亮，而右图中心的灰色方块更暗。

图 2-19　同时对比度

对比敏感度的特性使人眼在观看图像时产生一种边缘增强的感觉。如图 2-20(a) 所示，当亮度发生阶跃时，视觉上会感觉明暗区域分界处，亮侧亮度上冲，暗侧亮度下冲的现象，称为马赫带现象。图 2-20(b) 绘出了图 2-20(a) 所示图像的水平方向灰度级剖面图，图中实线表示实际亮度，虚线表示感知亮度，这是 1868 年奥地利物理学家厄恩斯特·马赫发现的一种亮度对比现象。当观察两个不同亮度的区域时，分界处亮度对比加强，人眼对轮廓感知表现得特别明显。这种在明暗区域分界处发生的主观亮度对比加强的现象，称为边缘对比效应。马赫带现象是一种主观的边缘对比效应。马赫带现象也可以用侧抑制效应解释。侧抑制是指视网膜上相邻感光细胞对光反应相互抑制的现象，即某个感光细胞受到光刺激时，若它的相邻感光细胞再受到刺激，则它的反应会减弱，即周围的感光细胞抑制了它的反应。由于相邻感光细胞间存在侧抑制效应，在明暗区域分界处，受到亮区域刺激的感光细胞对受到暗区域刺激的感光细胞抑制大，使暗区域的边界显得更暗；而受到暗区域刺激的感光细胞对受到亮区域刺激的感光细胞抑制小，使亮区域的边界显得更亮。

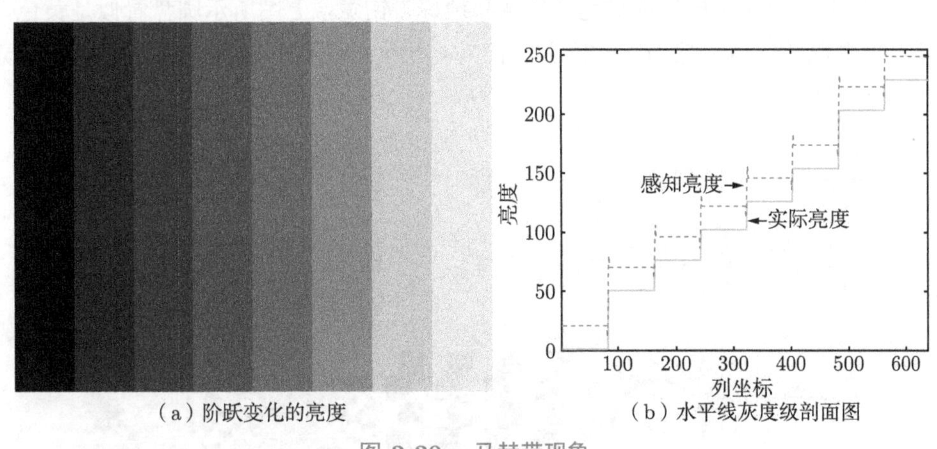

（a）阶跃变化的亮度　（b）水平线灰度级剖面图

图 2-20　马赫带现象

4. 主观轮廓

主观轮廓通常是指客观上不存在，而视觉上感知存在的轮廓线。人类视觉具有连接性，由部分视觉碎片构成具有相互关系的整体结构。从图 2-21(a)~(d) 中人眼能够看出图中隐含的正方形、圆形、曲线和矩形的轮廓。这种主观轮廓是从整体上描述的概念，而不是从局部邻域内提取的边缘。因此，边缘检测方法不能检测出这样的主观轮廓。

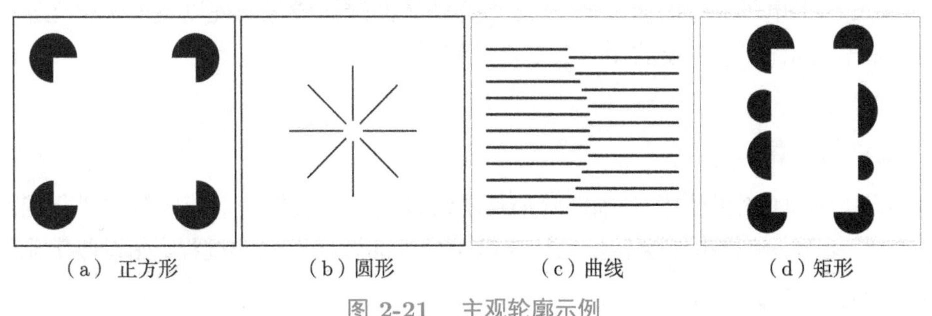
（a） 正方形　（b）圆形　（c）曲线　（d）矩形

图 2-21　主观轮廓示例

5. 视觉错觉

视觉错觉是指人类在视觉上错误地感知了物体的几何、颜色、动态特征等，而造成视觉感知与事实不相符合的现象。图 2-22 给出了五类视觉错觉的例子。图 2-22(a) 是关于长度和面积的视觉错觉，上图中的竖线看似比横线长，实际上它们的长度是相等的；下图中箭头间的两条水平线段的长度相等，但是，从视觉感受上，下面的线段比上面的长[1]。图 2-22(b) 是由于对比、反衬造成的视觉错觉，上图中三个人的高度是相等的，在透视投影线的反衬下，人眼产生了错觉，右上方的人似乎比左下方大；下图中周围 12 个同心圆中的圆环似乎比正中心的圆环更大、更厚，然而，它们的尺寸是相同的[2]。

倾斜错觉是一种关于形状和方向的错觉。如图 2-22(c) 所示，从视觉感受上，线或边缘沿顺时针或逆时针出现倾斜[3]。反常运动错觉是指在静止画面上的运动幻觉。在图 2-22(d) 所示的静止图像中，圆或圆环纹理区域看似在移动或旋转[4]。颜色错觉是指人类视觉对颜色的错误感知，图 2-22(e) 形象地称为“月球和地球”错觉，上图所示圆盘看似是黄色，而下图所示圆盘看似是蓝色，然而，实际上它们具有相同的颜色和纹理。目前，视觉错觉的机制尚未完全弄清。

插图

（a）长度和面积的视觉错觉（b）对比、反衬造成的视觉错觉（c）倾斜错觉（d）反常运动错觉（e）“月球和地球”错觉

图 2-22　视觉错觉示例

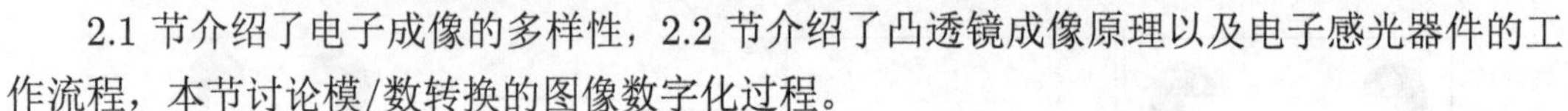

2.3 图像数字化

2.1 节介绍了电子成像的多样性，2.2 节介绍了凸透镜成像原理以及电子感光器件的工作流程，本节讨论模/数转换的图像数字化过程。

2.3.1 采样与量化

自然界中场景的空间位置和辐射度都是连续量，模/数转换是对连续数据进行空间和幅值的数字化[5]处理，将模拟图像转换为计算机可处理的数字图像的过程。图像数字化的过程

① 图 2-22(a) 下图称为 Müller-Lyer 错觉。
② 图 2-22(b) 下图称为 Delboeuf 错觉。
③ 图 2-22(c) 上、下图分别称为 Zöllner 错觉和咖啡墙（cafe wall）错觉。
④ 图 2-22(d) 上、下图分别称为 Ouchi 错觉和 Fraser-Wilcox 错觉。
⑤ 也称为光栅化、离散化。

包括采样和量化两个步骤，对空间坐标 (x,y) 离散化称为采样，对亮度值 $f(x,y)$ 离散化称为量化。

采样是图像在空间上的离散化，在实际应用中正方形点阵结构是最常用的采样网格，在水平方向和垂直方向上对空间位置进行光栅化。图 2-23(a) 直观阐释了正方形点阵结构的采样过程。每个采样单元对应一个像素。每个采样单元在传感器阵列中行和列的两个整数坐标决定了图像中相应像素的空间坐标。正方形点阵结构具有行、列可分离的优点，可以将一维信号处理技术直接推广到二维图像信号处理中。在光电传感器的成像过程中，每个采样单元的亮度是感光元接收的平均光强，量化是对亮度进行离散化。以图 2-23(b) 所示的 8 阶灰色深度的量化为例，均匀亮度量化过程是将感光元捕获的连续亮度等间隔划分为多级明暗程度的灰阶，像素所在空间坐标处的整数亮度确定了该像素的灰度值。常用的数字成像系统采用 256 级灰阶的量化，使用 8 位无符号整数表示像素的灰度值，即 $0 \sim 255$ 的整数。

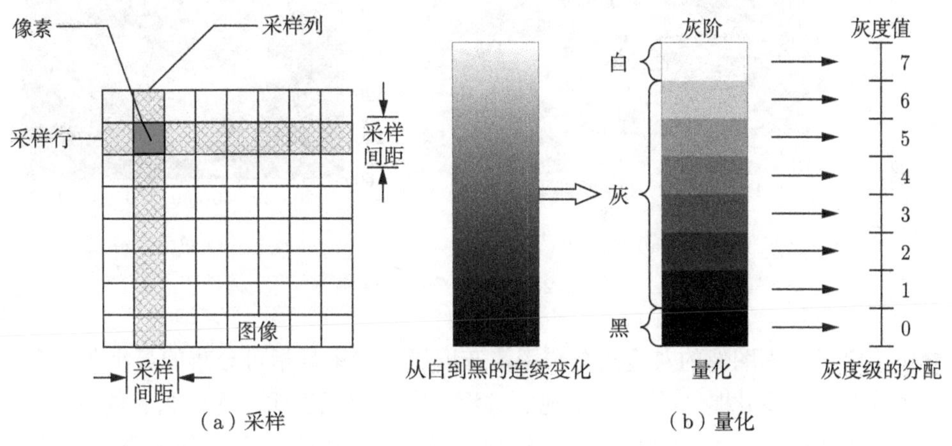

（a）采样　　（b）量化

图 2-23　采样与量化过程示意图

2.3.2　空间分辨率和灰度级分辨率

数字图像的空间分辨率①由采样决定。空间分辨率反映了图像数字化的像素密度，反映了图像的有效像素。对于相同尺寸的实际物体，成像传感器的采样间隔越小，空间分辨率越高，物体的细节能够更好地在数字化的图像中表现出来，反映该物体的图像质量也越高。

空间分辨率是图像中可辨别的最小细节，而不是图像的像素数。广泛使用的空间分辨率定义是每单位距离可分辨的最大线对数（单位：线对数/mm）。图 2-24 说明了线对的概念，一组宽度为 W 的水平线，水平线的间隔宽度也为 W，线对是由一条水平线与其紧邻的空间间隔组成，线对的宽度为 $2W$。在遥感、医学成像等领域，分辨率通常指像素的物理尺寸，即在物理坐标系下每个像素对应的实际距离。图 2-25(a) 为卫星遥感图像，分辨率为 100m/pixel；图 2-25(b) 为人体膝关节影像，分辨率为 0.3125mm/pixel。

① 在后面的章节中，若不做特殊说明，分辨率指空间分辨率。

图 2-24 空间分辨率线对概念

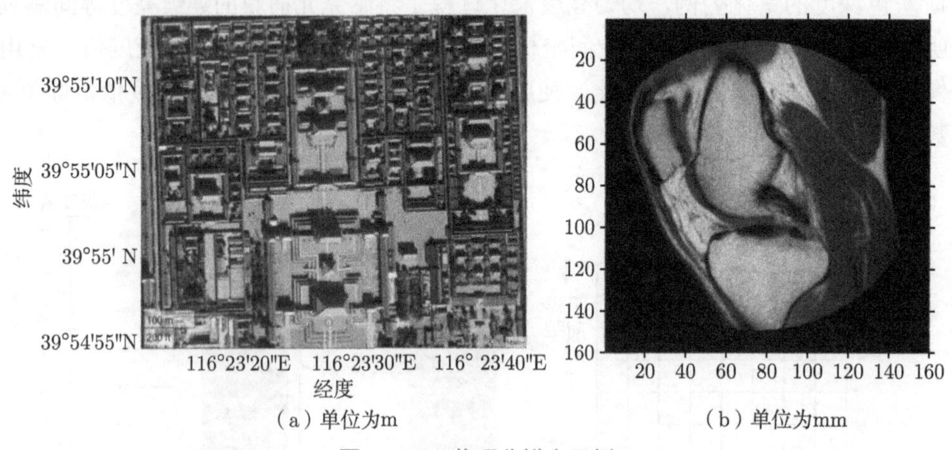

（a）单位为m（b）单位为mm

图 2-25 物理分辨率示例

量化决定了一幅图像的灰度级分辨率，灰度级分辨率是指可分辨的最小灰阶变化。测定可分辨的灰度级变化是一个高度主观的过程。韦伯定理表明，人眼只有约 50 级的灰度分辨能力。出于硬件方面的考虑，灰度级数一般是 2 的整数次幂，幂指数称为位深（bit depth），决定了灰度级分辨率。表 2-1 列出了几种常用的位深与灰度级数之间的关系。一般的成像和显示设备使用 8 位灰度级深度，医学 DICOM 格式的图像是 16 位精度，某些特殊的灰度增强应用也会用 10 位或 12 位精度的灰度级表示。

表 2-1 位深与灰度级数的关系

位深	灰度级数
1	2
2	4
4	16
8	256
10	1024
12	4096
16	65 536

当不需要对像素的物理分辨率进行实际度量以及对真实场景中细节等级进行实际划分

时，通常称一幅数字图像的分辨率为 $M \times N$ 像素、L 个灰度级。例 2-1 和例 2-2 分别说明了空间分辨率和灰度级分辨率的改变对图像质量产生的影响。

例 2-1　空间分辨率对数字图像质量的影响

图 2-26(a) 显示了一幅空间分辨率为 256×256、灰度级分辨率为 8 位深度的图像。为了直观展现采样对图像质量的影响，在保持图像灰度级分辨率不变的条件下，利用 MATLAB 图像处理工具箱的 imresize 函数对图像逐级下采样。图 2-26(b)~(d) 的空间分辨率分别为 128×128、64×64 和 32×32，空间分辨率越低，可辨细节越差。图 2-26(c) 和图 2-26(d) 中的混叠效应[①]更加明显，注意观察边缘处的锯齿现象。在图 2-26(d) 中，只能看出建筑物的大致轮廓，细节已不清楚。图 2-26(e)~(f) 对应为图 2-26(b)~(d) 的插值图像，通过图像插值使不同空间分辨率的图像具有相同的尺寸，尺寸均为 256×256。由于欠采样[②]过程中的细节损失，因此低分辨率的插值图像趋于边缘模糊。可见，图像插值方法仅能简单放大图像，并不能提高图像的空间分辨率。

(a) 256×256　(b) 128×128　(c) 64×64　(d) 32×32

(e) 图 (b) 的插值图像　(f) 图 (c) 的插值图像　(g) 图 (d) 的插值图像

图 2-26　空间分辨率为 256×256、128×128、64×64、32×32 的图像

例 2-2　灰度级分辨率对数字图像质量的影响

代码

图 2-27(a) 显示了一幅空间分辨率为 480×480、灰度级分辨率为 8 位深度（256 个灰度级）的图像。为了直观展现量化对图像质量的影响，在保持图像空间分辨率不变的条件下，将灰度级分辨率的位数逐次折半，图 2-27(b)~(d) 分别为 4 位（16 个灰度级）、2 位（4 个灰度级）、1 位（2 个灰度级）深度灰度级分辨率的图像。在图 2-27(b) 中，由于量化的灰阶数过少，灰度条带之间存在不连续性，发生明显的阶跃现象，图像平坦区域已经表现出明显的伪轮廓（false contouring）现象。图 2-27(c) 的伪轮廓效应更加明显。图 2-27(d)

① 混叠效应在图像中表现为边缘的阶梯效应（锯齿形边缘）。

② 采样定理指出，对于连续带限信号，当采样率高于奈奎斯特频率（信号最大频率的两倍）时，能够对连续信号进行完全重建。欠采样是指采样率低于奈奎斯特频率的情况。

中只有黑和白两个灰度级，此时也称为二值图像。

（a）8位（256个灰度级）（b）4位（16个灰度级）（c）2位（4个灰度级）（d）1位（2个灰度级）

图 2-27　灰度级分辨率为 8、4、2、1 位深度的图像

代码

图 2-28 给出了一个彩色图像不同深度量化的例子。图 2-28(a) 为颜色深度为 24 位（1677 万色）的真彩色图像，24 位表示的真彩色图像充分展现了自然图像的真实色彩。图 2-28(b)~(d) 分别为 8 位（256 色）、4 位（16 色）、2 位（4 色）颜色深度的彩色图像。由于人眼对色阶分辨能力有限，图 2-28(b) 中未出现可察觉的颜色跃变。图 2-28(c) 和图 2-28(d) 中的颜色深度过少，可表示的颜色总数过少，使得颜色过渡不平滑，出现明显的伪轮廓效应。

插图

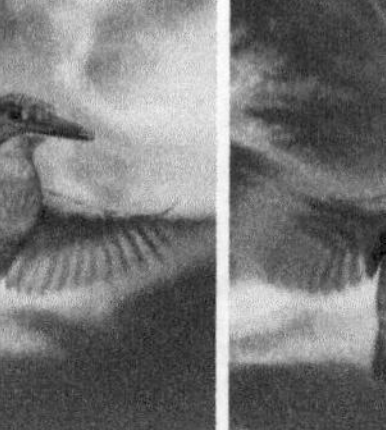

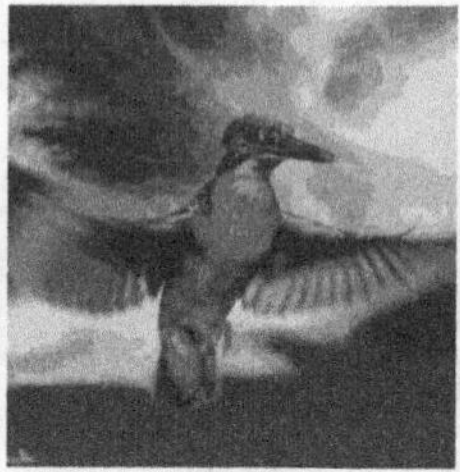

（a）24位、1670万色　（b）8位、256色　（c）4位、16色　（d）2位、4色

图 2-28　颜色深度为 24 位、8 位、4 位和 2 位的彩色图像

对于细节相对丰富的图像来说，空间分辨率对图像质量影响较大，而灰度级分辨率对图像质量影响较小；而对于灰度相对平坦的图像，灰度级分辨率和空间分辨率对图像质量的影响相当。图 2-29(a) 为一幅人群的图像，细节较为丰富，对图 2-29(a) 所示图像进行因子 2 的下采样，并通过双线性插值放大到原来的尺寸，如图 2-29(b) 所示，图 2-29(c) 为对图 2-29(a) 所示图像量化为 4 位深度（16 个灰度级）的图像。图 2-30(a) 为一幅人脸的近景图像，较大区域的灰度变化平缓，如同图 2-29(b) 和图 2-29(c) 的生成方式，图 2-30(b) 和图 2-30(c) 分别为图 2-30(a) 所示图像的下采样和低阶量化图像。从图 2-29 和图 2-30 的比较可以看出，对于细节相对丰富的图像而言，256 级灰阶下降到 16 级灰阶并没有明显地影响图像的视觉效果，这类图像的视觉质量与所用灰度级数基本无关，而空间分辨率的因子 2 下采样严重影响了图像细节的可分辨性；而对于灰度相对比较平坦的图像而言，灰度级分辨率的降低导致图像出现伪轮廓效应，空间分辨率的降低造成一定程度的模糊，难以评价两者图像质量的优劣。

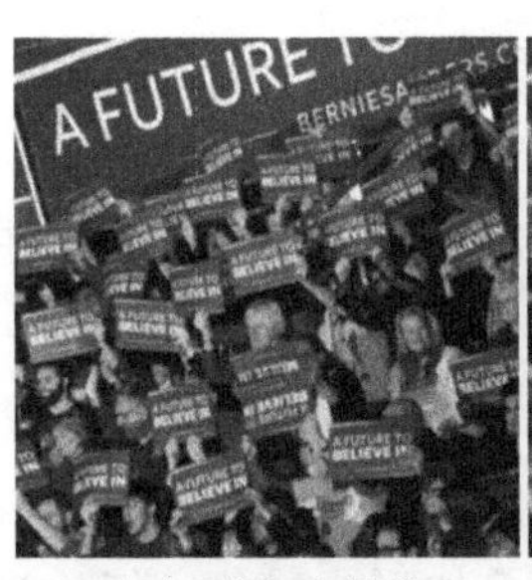

（a）8位灰度图像　（b）因子2的下采样图像　（c）4位量化深度的图像

图 2-29　细节相对丰富的图像

（a）8位灰度图像　（b）因子2的下采样图像　（c）4位量化深度的图像

图 2-30　灰度相对平坦的图像

2.4 图像颜色空间

颜色空间是表示颜色的空间坐标系，建立颜色空间实际上是建立一个坐标系，坐标系中的每个点表示一种颜色，也称为颜色模型。可以用数学的向量空间解释，一组基向量张成三维的颜色空间，颜色空间中的任意一种颜色可用一组基向量描述。为了正确使用各种颜色，需要建立合适的颜色空间。

各种彩色成像、显示和打印设备都具有各自的颜色空间，称为设备依赖的颜色空间。目前常用的设备依赖的颜色空间可分为两类：面向硬件设备和面向视觉感知。面向硬件设备的颜色空间主要有 RGB、CMY/CMYK 颜色空间。前者的实际彩色取决于设备的物理特性，主要用于彩色显示器、彩色照相机、摄像机和彩色扫描仪等；后者取决于颜料的化学特性，主要用于彩色打印机、印刷机、复印机等。面向人类视觉系统的颜色空间主要有 HSI、HSV、YUV、YCbCr、YIQ 颜色空间等。CIE 颜色系统是建立在标准观察者基础上的颜色系统，颜色的表示独立于设备，称为设备无关的颜色空间。不同颜色空间之间可以按照一定的公式相互转换，以适用于不同的应用。

2.4.1 RGB 颜色空间

RGB 颜色空间建立在笛卡儿坐标系上，3 个相互垂直的坐标轴分别表示红色（R）、绿色（G）、蓝色（B），如图 2-31 所示。将立方体归一化为单位立方体，这样所有的 R、G、B 值都在 $[0,1]$ 区间上。在这个颜色空间中，3 个坐标轴实际上是由 3 个标准正交基向量定义。原点表示黑色 $K(0,0,0)$，离原点最远的顶点表示白色 $W(1,1,1)$，其余 6 个顶点分别是红色 $R(1,0,0)$、黄色 $Y(1,1,0)$、绿色 $G(0,1,0)$、青色 $C(0,1,1)$、蓝色 $B(0,0,1)$ 和品红 $M(1,0,1)$。立方体内各点对应的颜色用该点的向量表示。灰度值分布在从黑色点到白色点之间的连线上，称为灰度级轴。

红色、绿色、蓝色是光的三原色或加法三原色，将它们以不同量值叠加，可以形成各种颜色的光，称为加法混色。在加法混色中颜色越混合越亮，如图 2-32 所示，将等量的红、绿、蓝三原色光投射到黑色的屏幕上，红色光和绿色光叠加形成黄色、红色光和蓝色光叠加形成品红色、绿色光和蓝色光叠加形成青色，等量的三原色光叠加形成白光。

插图

动图

插图

文档

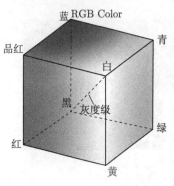

图 2-31　RGB 颜色空间

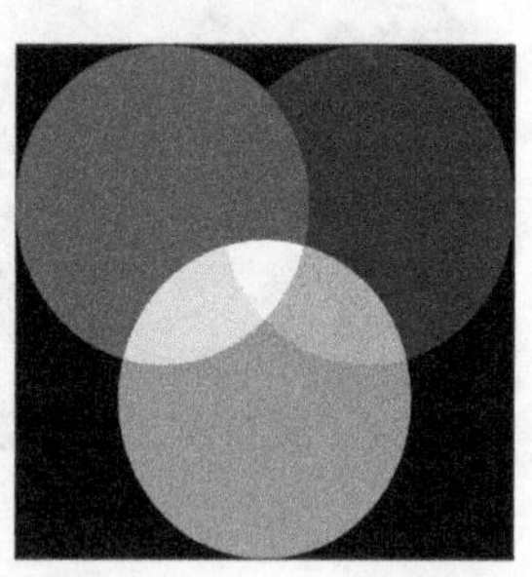

图 2-32　加法混色

RGB 颜色空间依从加法混色原理，RGB 颜色空间中的任何颜色都可以表示为三原色的线性组合，RGB 描述的是三原色的量值。三原色的比例决定混合颜色的色调，当三原色的量值相等时，混合颜色是灰色调，分布在从黑色到白色之间的灰度级轴上。彩色显示器和扫描仪都是应用加法混色的原理，具体说明详见电子文档。彩色成像和存储中也都使用 RGB 颜色空间来表示彩色图像。

2.4.2　CMY/CMYK 颜色空间

青色、品红、黄色是光的二次色，称为颜料三原色或减法三原色，减法混色是将不同量值的减法三原色混合形成不同的颜色。在减法混色中，颜色越混合越暗。如图 2-33 所示，将等量的青色、品红和黄色颜料混合在白色介质上，品红和黄色颜料混合形成红色、黄色和青色颜料混合形成绿色、品红和青色颜料混合形成蓝色，等量的颜料三原色混合形成黑色。

插图

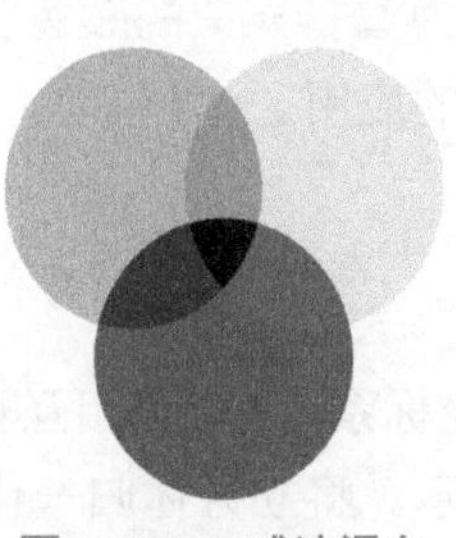

图 2-33　减法混色

CMY 颜色空间依从减法混色原理，以吸收不同量值的三原色光而形成不同的颜色。RGB 颜色空间到 CMY 颜色空间的转换是简单的求补色操作：

$$\begin{bmatrix} C \\ M \\ Y \end{bmatrix} = \begin{bmatrix} 1 \\ 1 \\ 1 \end{bmatrix} - \begin{bmatrix} R \\ G \\ B \end{bmatrix} \tag{2-2}$$

式中，R、G、B 值和 C、M、Y 值都归一化到区间 $[0,1]$。青色和红色、品红和绿色、黄色和蓝色分别为互补色。

颜料三原色的混色广泛应用于绘画和印刷领域中。白光可以认为是由等量的红色光、绿色光和蓝色光组成的。在白光的照射下，青色颜料吸收红色光而反射青色光，黄色颜料吸收蓝色光而反射黄色光，品红颜料吸收绿色光而反射品红光。当两种或两种以上的颜料混合或重叠时，白光减去各种颜料的吸收光后，剩余的反射光混合而成的颜色是混合颜料呈现的颜色。例如，黄色与青色的混合颜料同时吸收蓝色光和红色光而反射绿色光，因此，黄色和青色的混合颜料将呈现绿色。彩色印刷是将彩色颜料印刷在白色介质上来呈现图像，因此，颜料三原色 C、M、Y 作为数据输入。CMY 颜色空间主要用于硬拷贝输出，因此，从 CMY 颜色空间到 RGB 颜色空间的反向操作没有实际意义。

文档

理论上，等量的颜料三原色 C、M、Y 混合形成黑色。但是，在实际的印刷领域中，由于颜料的成分不可能绝对纯净，实际形成的颜色通常是深棕色，并且通过彩色颜料混色生成黑色的成本也高，为此，在颜料三原色的基础上增加黑色（K）颜料，由青色（C）、品红（M）、黄色（Y）、黑色（K）四种颜料混合配色，称为 CMYK 颜色空间。从 RGB 颜色空间到 CMYK 颜色空间的转换公式参见电子文档。

CMYK 颜色空间广泛应用于印刷工业，在印刷过程中，分色的过程是将计算机中使用的 RGB 颜色空间转换成印刷使用的 CMYK 颜色空间，然后采用青色（C）、品红（M）、黄色（Y）和黑色（K）四色印刷。CMYK 描述的是青色、品红、黄色和黑色四种油墨的量值。

2.4.3 HSI 和 HSV 颜色空间

RGB 和 CMY/CMYK 颜色空间都是面向设备的，无法按照人类视觉感知来描述颜色，人类视觉不能根据三原色的量值自动合成描述它的颜色。而 HSI 和 HSV/HSB 颜色空间是面向人类视觉的，从人类视觉系统出发，用色调 H（Hue）、饱和度 S（Saturation）、亮度 I（Intensity）/V（Value）/B（Brightness）来描述色彩。色调是描述纯色的属性（如红色、黄色）；饱和度是指色彩的纯度，描述纯色加入白色的程度，加入的白色成分越大，饱和度越低。通常将色调和饱和度统称为色度，表示颜色的类别与纯度。亮度是颜色明亮程度的量度，单色图像仅用亮度（灰度）描述。HSV/HSB/HSI 颜色空间对应于画家配色的方法，画家用改变色浓和色深的方法从同一色调的纯色衍生出不同的颜色，在一种纯色中加入白色以改变色浓，加入黑色以改变色深。

图 2-34 直观地说明了 RGB 颜色空间与 HSV/HSB/HSI 颜色空间之间的关系。如

图 2-34(a) 所示，将图 2-31 所示的颜色立方体旋转一定角度，使灰度级轴（主对角线）垂直于水平面，黑色顶点向下竖立，灰度级是沿着两个顶点的连线，这条线与水平面垂直。HSV/HSB/HSI 颜色空间用灰度级轴及与其垂直相交的平面颜色轨迹表示。当垂直于灰度级轴的平面沿灰度级轴向上或向下移动时，平面与立方体相交的横截面呈三角形或六边形。颜色立方体中的每个点表示一种颜色，对于图 2-34(a) 中的任意点，过该点作与灰度级轴垂直的平面，在灰度级轴上的交点即为该颜色的亮度，该点到灰度级轴的距离即为该颜色的饱和度，灰度级轴上点的饱和度为 0，这些颜色都是灰色的，随着到灰度级轴距离的增大，饱和度增加。若将任意一种颜色与黑色、白色顶点构成三角形，以图 2-34(b) 中青色为例，则三角形内的所有颜色都具有青色色调，这是因为它们是青色与黑色和白色的线性组合。绕灰度级轴旋转切平面产生不同的色调，色调由旋转的角度定义。

将图 2-34(a) 所示的 RGB 颜色立方体沿灰度级轴自顶向下进行投影，形成如图 2-34(c) 所示的正六边形，称为色度盘。沿主对角线的灰度级全部投影到中心白色点。从色度盘上可以看到，正六边形边长上的颜色是纯色，原色之间的间隔为 120°，原色与二次色之间的间隔为 60°，每种纯色与它的补色相差 180°。从上述过程可以得出结论：HSV/HSB/HSI 颜色空间的色调、饱和度和亮度可以从 RGB 颜色空间推导而出，即可以将 RGB 颜色空间中的任意点转换为 HSV/HSB/HSI 颜色空间中的相应点。

插图

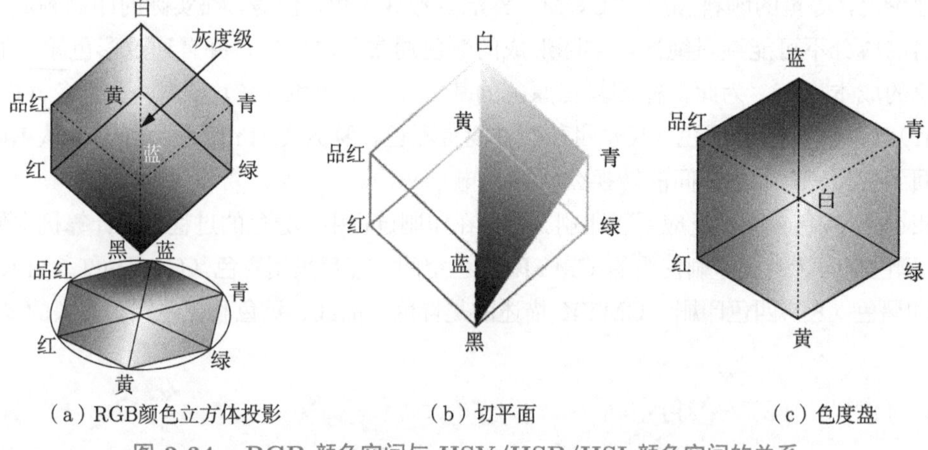

（a）RGB颜色立方体投影　　（b）切平面　　（c）色度盘

图 2-34　RGB 颜色空间与 HSV/HSB/HSI 颜色空间的关系

色度盘是色调和饱和度的极坐标表示。图 2-35 直观地说明了色调和饱和度在色度盘上的物理意义，色度盘上的任意色度可表示为以原点为起点、该点为终点的向量，向量的长度表示饱和度，向量与红色轴的夹角表示色调。如图 2-35(a) 所示，将色度盘旋转一定角度，使红色对应极坐标系中 0° 的位置，色调 H 是关于红色轴沿逆时针方向的旋转角度，可见，黄色的角度为 60°，绿色为 120°，青色为 180°，蓝色为 240°，品红为 320°。图 2-36 给出了连续的色调表示，色调在红色区域有间断点，偏向黄色的红色系色调 $H > 0°$，而偏向品红的红色系色调 $H < 360°$。饱和度 S 是距离原点的长度，饱和度的取值为 $[0,1]$，正六边形边长上颜色的饱和度均为 1。由于颜色立方体沿灰度级轴投影为正六边形，因此图 2-35(a) 是一种最直观的色度盘表示法。色度盘也可以用三角形 [图 2-35(b)] 甚至圆形 [图

2-35(c)] 的形式表示。任何一种表示形式都可以通过几何变换转换成其他两种表示形式。

与 RGB 颜色空间相比，HSV/HSB/HSI 颜色空间的优势在于它符合人类视觉特性。在 HSV/HSB/HSI 颜色空间中，亮度和色度是分离的，亮度与图像的色彩信息无关，且色调与饱和度相对独立，这与人眼感受颜色密切相关。这些特点使 HSV/HSB/HSI 颜色空间非常适合人类视觉系统处理与分析彩色图像。

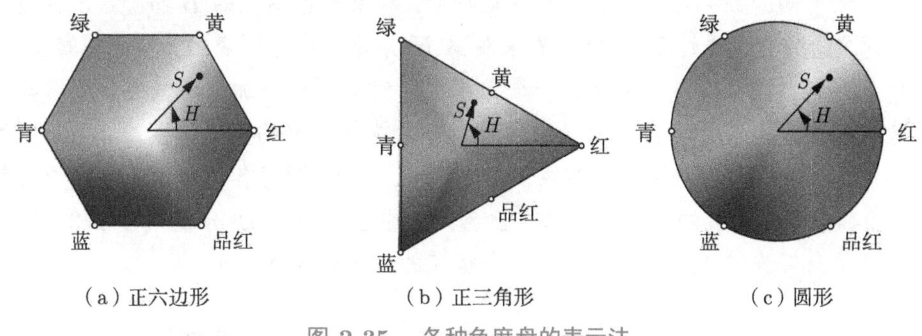

（a）正六边形　（b）正三角形　（c）圆形

图 2-35　各种色度盘的表示法

插图

图 2-36　HSI 颜色空间中的色调

插图

1. HSV/HSB 颜色空间

在 HSV/HSB 颜色空间中[①]，H 和 S 表示色调和饱和度，V/B 表示亮度。如图 2-37(a) 所示，HSV 颜色空间一般用六棱锥表示。HSV 颜色空间中的 V 轴对应于 RGB 颜色空间中的主对角线。六棱锥的顶点表示黑色，即 $(R,G,B)=(0,0,0)$，这时，$V=0$，H 分量和 S 分量无意义；六棱锥的顶面 [图 2-37(b)] 中心表示白色，即 $(R,G,B)=(1,1,1)$，这时 $S=0$、$V=1$，H 分量无意义。从顶点到顶面中心连线上的点表示灰色调，即 $R=G=B$，且灰度逐渐明亮，这时，$S=0$，H 分量无意义。

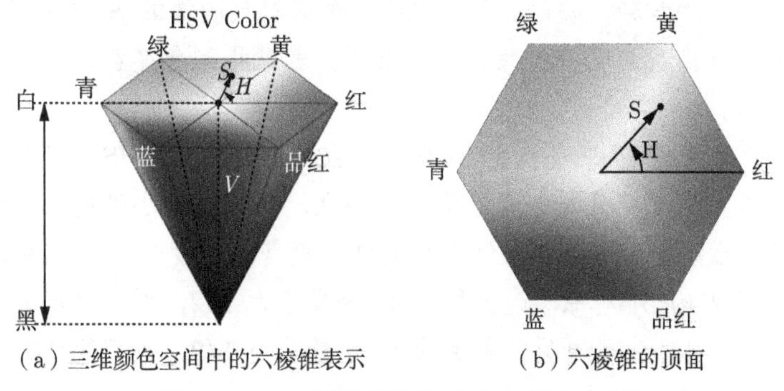

（a）三维颜色空间中的六棱锥表示　（b）六棱锥的顶面

图 2-37　六棱锥表示的 HSV 颜色空间

插图

动图

① HSB 和 HSV 是含义一致的不同名称和缩写。

六棱锥的顶面是 HSV 颜色空间的色度盘。六棱锥的顶面对应 $V=1$，顶面上点的集合由 RGB 颜色空间中 $R=1$、$G=1$ 和 $B=1$ 这三个平面上的所有点构成，顶面正六边形边长上的纯色对应 $S=1$、$V=1$。RGB 颜色空间到 HSV 颜色空间是非线性变换，转换公式参见电子文档。

文档

例 2-3　彩色图像 H、S、V 分量的视觉意义

面向视觉感知的颜色空间符合人类视觉特性，观察彩色图像的 H 分量、S 分量、V 分量的视觉意义。首先，通过改变色调 H 来观察 H 分量对彩色图像的影响。观察图 2-35 所示的色度盘，彩色图像的色调分量是一个角度值，对色调分量加上或减去一个常数，相当于图像像素的颜色沿着色度盘逆时针或顺时针方向旋转一定的角度。图 2-38(a) 所示图像中裙装的颜色为金黄色；对原彩色图像 H 分量加上 1/2，即将各个像素的色调逆时针旋转 180°，图 2-38(b) 中裙装的颜色变为海洋蓝色；对原彩色图像 H 分量减去 1/3，即将各个像素的色调顺时针旋转 120°，图 2-38(c) 中裙装的颜色变为藕荷色。

插图

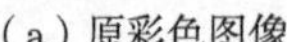
（a）原彩色图像

（b）色调逆时针旋转180°

（c）色调顺时针旋转120°

图 2-38　色调 H 对彩色图像的影响

其次，通过改变饱和度 S 来观察 S 分量对彩色图像的影响。增加或减小饱和度会增强或减弱图像颜色的鲜明程度，饱和度越高，表明整幅图像掺白较少，颜色越纯。通过对彩色图像各个像素的饱和度加上或减去一个常数来实现增加和减小饱和度。图 2-39(a) 为一幅实际拍摄的彩色图像；图 2-39(b) 对原彩色图像的 S 分量增大 1/2，增大饱和度的效果是使图像的颜色更加鲜艳、更纯；图 2-39(c) 对原彩色图像的 S 分量减小 1/2，减小饱和度的效果是给图像掺白，图像的颜色变得暗淡，若减小到色度盘的圆心，则没有颜色信息，只有灰度信息。

最后，通过改变亮度 V 来观察 V 分量对彩色图像的影响。HSV 颜色空间将彩色像素的色度和亮度分离，亮度分量与色度分量相互独立。增大或减小亮度只会增强或减弱颜色的明暗程度，而不会改变颜色的类别（色调）和纯度（饱和度）。图 2-40(a) 为一幅实际拍摄的彩色图像；图 2-40(b) 对原彩色图像的 V 分量增大 1/2，增大亮度的效果是使图像整体上更加明亮；图 2-40(c) 对原彩色图像的 V 分量减小 1/2，减小亮度的效果是使图像整体上更加灰暗，而图像颜色的色度信息没有变化。

（a）原彩色图像

（b）饱和度增大1/2

（c）饱和度减小1/2

图 2-39　饱和度 S 对彩色图像的影响

插图

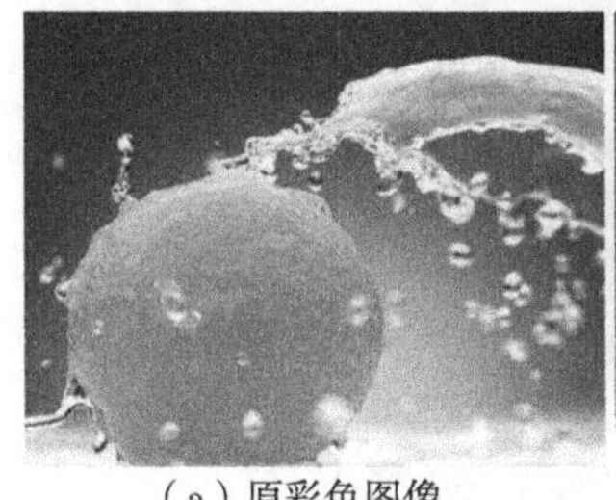
（a）原彩色图像

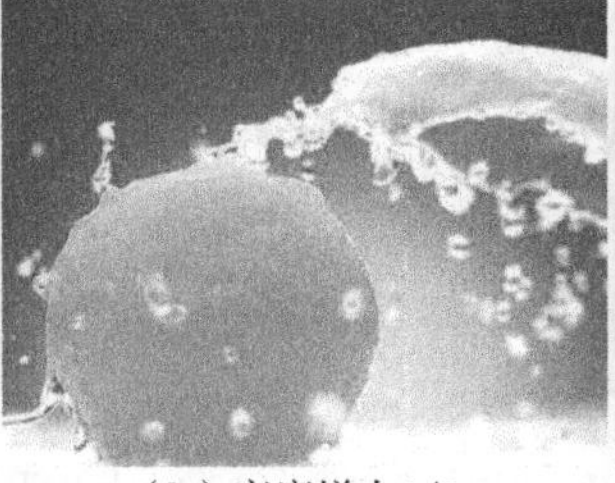
（b）亮度增大1/2

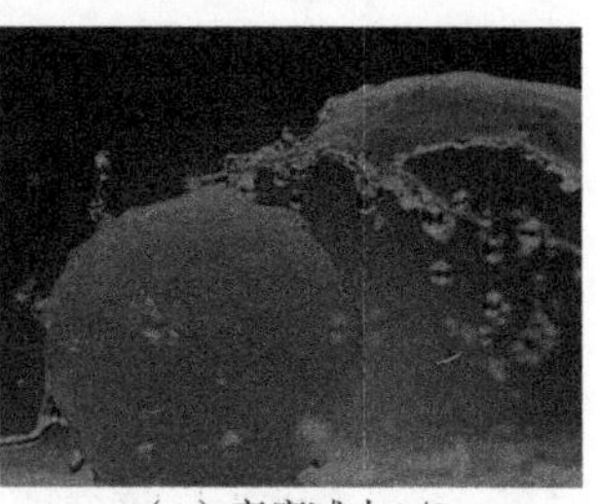
（c）亮度减小1/2

图 2-40　亮度 V 对彩色图像的影响

插图

例 2-4　色调极坐标直方图

色调极坐标直方图（hue polar histogram）用于度量图像的偏色和色调多样性。色调用色度盘上关于红色轴的夹角来度量，以角度表示的色调范围为 $[0°, 360°)$。色调极坐标直方图是在单位圆中表示图像中所有色调出现的概率。整幅图像的平均色调用极坐标表示下的周期均值（circular mean）表示。图 2-41(a) 和图 2-41(b) 给出了彩色图像 Peppers 及其色调极坐标直方图。为了直观地显示，色调用它代表的颜色绘制。从色度盘上可以得出，当饱和度为 0 时，色调无意义，因此，图中色调极坐标直方图仅对饱和度大于一个正常数阈值 T 的像素色调进行统计，$T = 0.01$。由色调极坐标直方图中可以看出，该彩色图像色彩较丰富，且分布较均匀。

（a）彩色图像

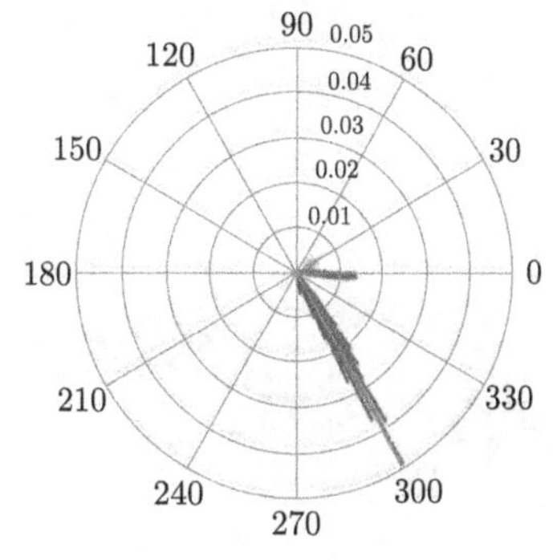

（b）色调极坐标直方图

图 2-41　彩色图像及其色调极坐标直方图，色调用它代表的颜色绘制

插图

2. HSI 颜色空间

在 HSI 颜色空间中，H 表示色调，S 表示饱和度，I 表示亮度。如图 2-42(a) 所示，HSI 颜色空间是双六棱锥形状，图 2-42(b) 为双六棱锥相交的顶面，该顶面与 HSV 顶面的亮度不同，对应 $I=0.5$。对于三维颜色空间中的任意点，该颜色的色调是绕灰度级轴逆时针方向旋转、与红色轴的夹角，其饱和度是它到垂直灰度级轴的距离，双六棱锥表面点的饱和度为 1。从 RGB 颜色空间到 HSI 颜色空间也是非线性变换，转换公式参见电子文档。

文档

插图

动图

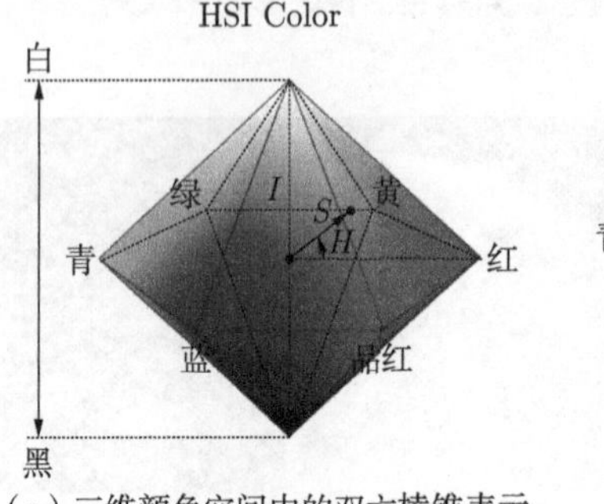

（a）三维颜色空间中的双六棱锥表示

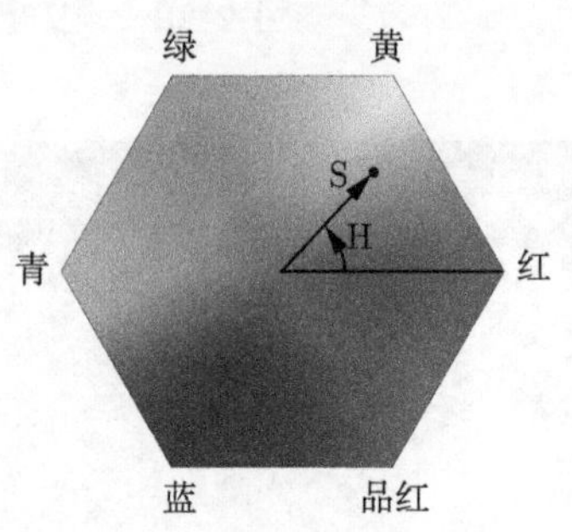

（b）双六棱锥的相交顶面

图 2-42　双六棱锥表示的 HSI 颜色空间

例 2-5　彩色图像的 R、G、B 分量和 H、S、V/I 分量

对于图 2-41(a) 所示的彩色图像，图 2-43(a)~(c) 分别为它的 R 分量、G 分量、B 分量，如红色的辣椒，其 R 分量偏亮。将该彩色图像从 RGB 颜色空间分别转换到 HSI 颜色空间和 HSV 颜色空间，图 2-43(d)~(f) 分别为 HSV 颜色表示的 H 分量、S 分量、V 分量，图 2-43(g)~(i) 分别为 HSI 颜色表示的 H 分量、S 分量、I 分量。对各个颜色分量进行归一化处理，最亮值为 1，而最暗值为 0。

（a）RGB颜色空间中的R分量

（b）RGB颜色空间中的G分量

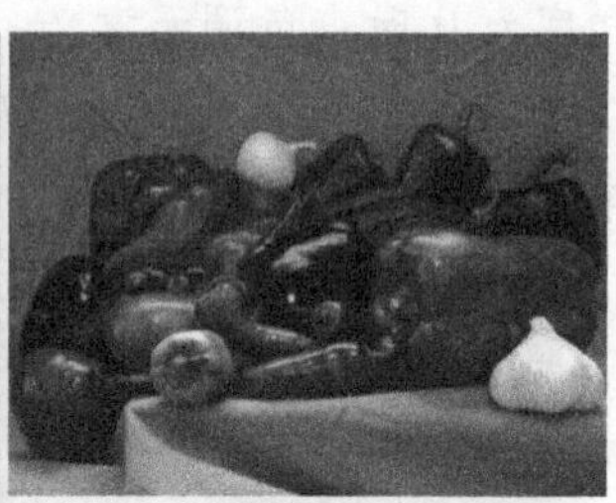
（c）RGB颜色空间中的B分量

（d）HSV颜色空间中的H分量

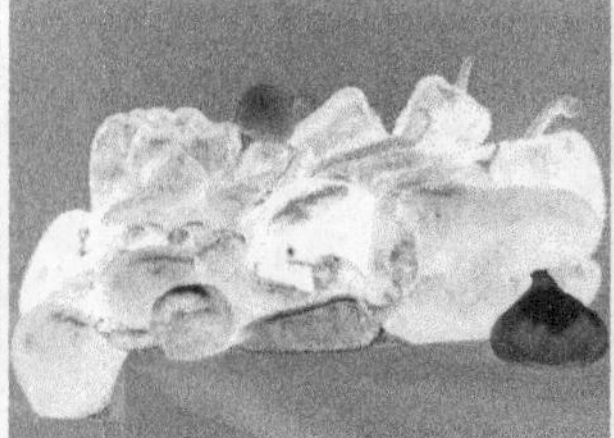
（e）HSV颜色空间中的S分量

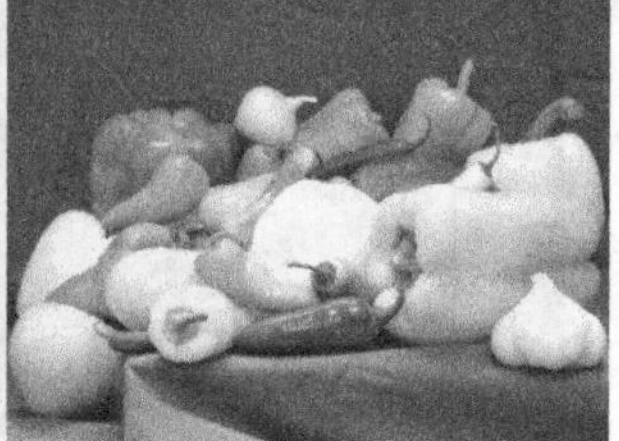
（f）HSV颜色空间中的V分量

图 2-43　彩色图像 RGB、HSV 和 HSI 颜色表示的各个分量图像

（g）HSI颜色空间中的H分量

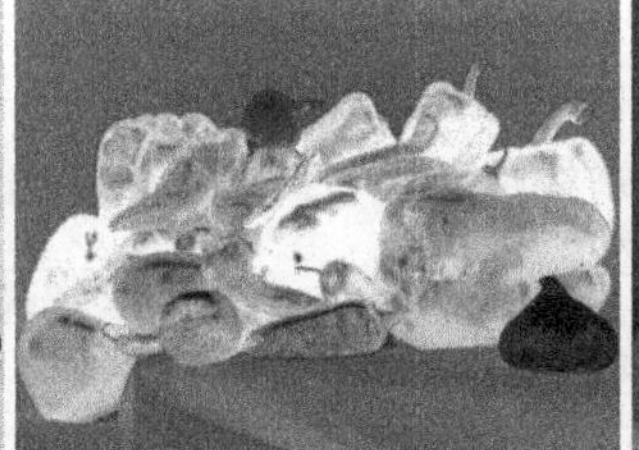
（h）HSI颜色空间中的S分量

（i）HSI颜色空间中的I分量

图 2-43 （续）

H 分量表示色调，色调是以红色为 0° 逆时针方向的旋转角，角度越大，H 分量越大。HSV 颜色空间和 HSI 颜色空间中色调的计算公式一样，因此，H 分量完全相同。注意，从图 2-35 所示的色度盘可以看出，色调分量 H 在红色区域有间断点。例如，对于色调分量 H 中左下角的红色番茄，尽管视觉上看都是红色，然而，由色度盘可知，沿 0° 逆时针方向，偏向黄色一侧的 H 分量较小，表现为暗像素；沿 0° 顺时针方向，偏向品红一侧的 H 分量较大，表现为亮像素。S 分量表示饱和度，饱和度越大，颜色越鲜艳。图 2-43(e) 所示 HSV 颜色空间中的 S 分量大于图 2-43(h) 所示 HSI 颜色空间中的 S 分量。V 分量和 I 分量表示亮度，等同于将彩色图像转换成灰度图像。图 2-43(f) 所示 HSV 颜色空间中的 V 分量大于图 2-43(i) 所示 HSI 颜色空间中的 I 分量。

2.4.4 YUV 和 YIQ 颜色空间

YUV 和 YIQ 颜色空间是彩色电视系统所采用的颜色编码方法，它们的共同之处在于均由亮度（luminance/luma）和两个色度（chrominance/chroma）分量构成，Y 分量表示图像的亮度（luminance）或明度（brightness）信息，其他两个分量表示图像的色度信息。

1. YUV 颜色空间

YUV 颜色空间是中国和欧洲的 PAL（phase alternating line）制式彩色电视信号标准所采用的颜色编码方法。在 YUV 颜色空间中，Y 分量表示亮度信号，U 分量和 V 分量表示两个色差信号 $B-Y$（B 分量与亮度的差值）和 $R-Y$（R 分量与亮度的差值）。由于 YUV 颜色空间中亮度信号 Y 和两个色差信号 U、V 是分离的，发送端能够对亮度信号和色度信号分开编码，并在同一信道中发送出去。在亮度信号的基础上增加色度信号，对于彩色视频传输信号，黑白电视接收器仅接收亮度信号 Y，YUV 颜色空间的采用解决了彩色电视系统与黑白电视系统的兼容问题。

YUV 颜色空间是彩色图像和视频编码所采用的颜色空间。彩色图像的色度分量比亮度分量变化平缓，表现更少的图像细节，且人眼对色度分量有更弱的空间敏感度。因此，色度通道可以占用较窄的带宽。然而，RGB 彩色视频信号要求同时传输三个独立的视频信号，三个分量需要分配等量的带宽，才能保证人眼对图像细节的空间敏感度。

术语 YUV 和 YCbCr 的使用范围有时会混淆和重叠。YUV 用于早期模拟彩色电视系统中的信号编码，而 YCbCr 用于数字彩色信号编码，适合图像和视频的压缩和传输，如

文档

JPEG 和 MPEG。图 2-44(a) 和图 2-44(b) 分别显示了 U-V 颜色平面和 Cb-Cr 颜色平面，这两种颜色平面中颜色分布一致，每个象限由一种色调主导。RGB 颜色空间与 YUV 颜色空间、YCbCr 颜色空间之间均是线性关系，转换公式参见电子文档。

插图

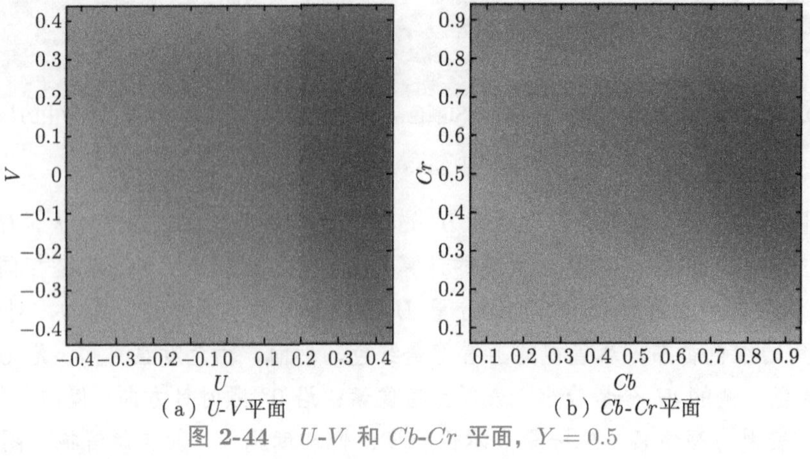

（a）U-V平面　　（b）Cb-Cr平面

图 **2-44**　U-V 和 Cb-Cr 平面，$Y = 0.5$

2. YIQ 颜色空间

YIQ 颜色空间是北美、中美洲和日本的 NTSC（national television system committee）制式彩色电视信号标准所采用的颜色编码方法。在 YIQ 颜色空间中，Y 分量表示亮度信号，它是黑白电视接收器唯一接收的分量；I 分量和 Q 分量表示色度信号，这两个分量包含颜色信息。如图 2-45 所示，I 分量表示从青色到橙色的颜色变化，而 Q 分量表示从黄绿色到紫色的颜色变化。

插图

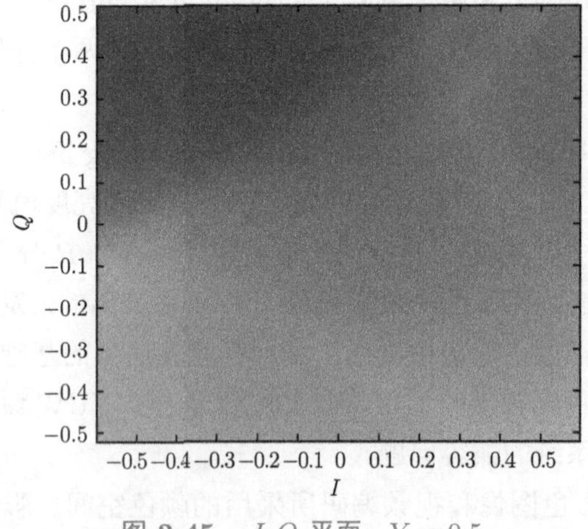

图 **2-45**　I-Q 平面，$Y = 0.5$

YIQ 颜色空间与 YUV 颜色空间的主要区别在于，人眼对橙色—蓝色（I）范围内的变化比对紫色—绿色（Q）范围内的变化更敏感，因此，Q 分量比 I 分量需要更少的带宽。然而，在 YUV 颜色空间中，U 分量和 V 分量都包含橙色—蓝色范围内的颜色信息，需要给这两个分量分配与 I 分量等量的带宽，以保证相似的颜色保真度。YIQ 颜色空间也常用于彩色图像的颜色空间转换。在 YIQ 颜色空间中，彩色图像的亮度分量与色度分量分离，且两个色度分量相对独立，以便分开进行处理。RGB 颜色空间与 YIQ 颜色空间之间也是一种线性关系，转换公式参见电子文档。

文档

例 2-6　彩色图像的 Y、Cb、Cr 分量和 Y、I、Q 分量

将图 2-41(a) 所示的彩色图像分别从 RGB 颜色空间转换到 YCbCr 颜色空间和 YIQ 颜色空间，图 2-46(a)~(c) 分别表示该彩色图像的 Y 分量、Cb 分量和 Cr 分量。Cb 分量表示（$B-Y$）色差信号，Cr 分量表示（$R-Y$）色差信号，因此，Cb 分量与 B 分量、Cr 分量与 R 分量的亮度分布一致。图 2-46(d) ~(f) 分别为该彩色图像的 Y 分量、I 分量和 Q 分量。I 分量和 Q 分量为两个色度分量，I 分量描述从青色到橙色的颜色区间，而 Q 分量则描述从黄绿色到紫色的颜色区间。为此，在 I 分量图像中，趋向橙色的像素渐亮，趋向青色的像素渐暗；而在 Q 分量图像中，趋向紫色的像素渐亮，趋向黄绿色的像素渐暗。

（a）Y分量　（b）Cb分量　（c）Cr分量

（d）Y分量　（e）I分量　（f）Q分量

图 2-46　彩色图像 YCbCr 和 YIQ 颜色表示中的各个分量图像

2.4.5　CIE LAB 颜色空间

1931 年，国际照明委员会研究人类颜色感知，制定了 CIE XYZ 颜色空间标准，这个标准广泛沿用至今。CIE XYZ 颜色空间标准定义了一个三维空间，在这个三维空间中，三刺激值定义了一种颜色。自从最初的 CIE 1931 颜色空间标准发布以来，在几十年的发展过程中，CIE 制定了更多的颜色空间标准，提供了可供选择的多种颜色表示方法，以适应多种特定的目的。

1976 年 CIE 制定了与颜色视觉表现一致的均匀颜色空间 L*a*b*，简称 CIE LAB 颜色空间。CIE 1976 L*a*b* 颜色空间由 3 个互相垂直的坐标轴 L^*、a^* 和 b^* 组成，L^* 表示亮度分量，a^* 和 b^* 表示两个颜色对立的色度分量，红色和绿色形成一对对立色，黄色和蓝色形成一对对立色。亮度分量 L^* 的范围为 $[0,100]$，$L^*=0$ 表示黑色，$L^*=100$ 表示漫反射白色，镜面反射的亮度更高。a^* 表示绿红轴，其负方向表示绿色，而正方向表示红色/品红；b^* 表示蓝黄轴，其负方向表示蓝色，而正方向表示黄色。通常 a^* 分量和 b^* 分量的范围为 $[-128, 127]$。为了区分 Hunter 1948 Lab 颜色空间的坐标轴 L、a 和 b，CIE LAB 颜色空间的坐标轴是 L^*、a^* 和 b^*（加 $*$）。

CIE LAB 颜色空间覆盖人类明视觉感知的整个色域，它的色域比 RGB 颜色空间广，图 2-47 给出了 RGB 颜色立方体在 CIE 1976 L*a*b* 中的色域，图 2-47(a) 为三维坐标系中的颜色表示，其在 a^*-b^* 平面的投影是一个六边形，如图 2-47(b) 所示，它的顶点对应于 RGB 颜色立方体 6 个顶点 R（红色）、Y（黄色）、G（绿色）、C（青色）、B（蓝色）和 M（品红），灰度级轴是在 $(a^*, b^*) = (0, 0)$ 处。

插图

动图

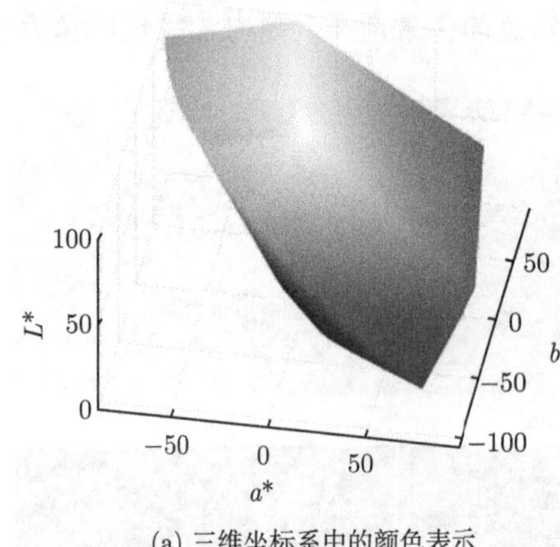

(a) 三维坐标系中的颜色表示

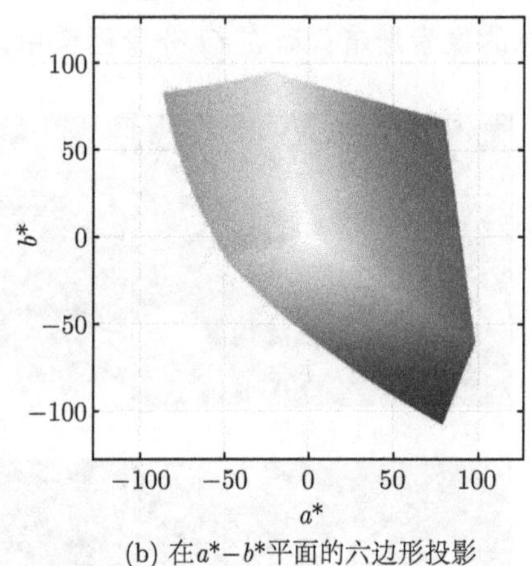

(b) 在a^*-b^*平面的六边形投影

图 2-47　CIE LAB 色度图

文档

RGB 颜色空间无法直接转换为 CIE LAB 颜色空间，需要通过 CIE XYZ 颜色空间过渡。首先从 RGB 颜色空间转换为 CIE XYZ 颜色空间，再从 CIE XYZ 颜色空间转换为 CIE LAB 颜色空间。CIE LAB 颜色空间需要考虑色温和视角，在不同色温和不同视角下，RGB 颜色空间与 CIE LAB 颜色空间的转换公式不同。电子文档中给出了 2° 标准观察和标准照明体 D65 条件下，RGB 颜色空间与 CIE LAB 颜色空间之间的转换公式。

在三维颜色空间中，两个点之间的距离表示两种颜色之间的色差。L^*、a^* 和 b^* 的非线性关系模拟了人类视觉感知的非线性响应。L*a*b* 颜色空间是颜色差异感知均匀的颜色空间，即在 L*a*b* 颜色空间中任何两种颜色之间的相对视觉感知差异都可以用这两种颜色在三维空间中对应点之间的欧氏距离表示。CIE LAB 是一种用于颜色编辑的有效颜色空间。

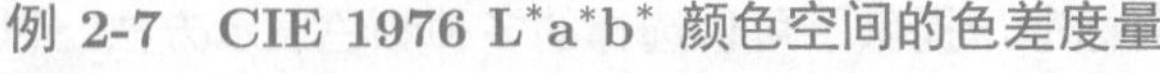
例 2-7　CIE 1976 L*a*b* 颜色空间的色差度量

代码

将图 2-48(a) 所示的彩色图像 Peppers 从 RGB 颜色空间转换到 L*a*b* 颜色空间，图 2-48(b)~(d) 分别显示了该彩色图像的 L^* 分量、a^* 分量和 b^* 分量。a^* 表示绿红分量，其负方向表示绿色，正方向表示红色，在 a^* 分量图像中，偏向绿色的亮度较低，而偏向红色的亮度较高；而 b^* 表示蓝黄分量，其负方向表示蓝色，正方向表示黄色，在 b^* 分量图像中，偏向蓝紫色的亮度较低，而偏向黄色的亮度较高。

插图

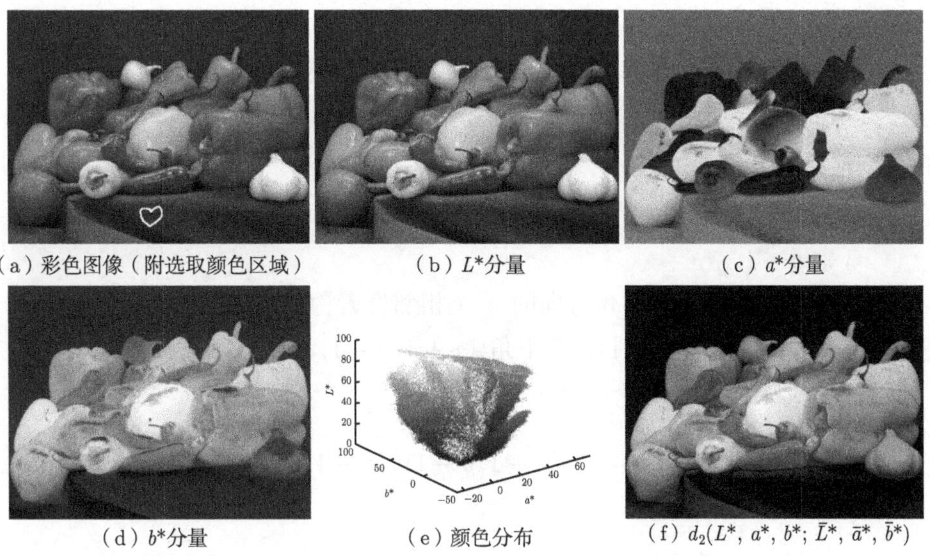

（a）彩色图像（附选取颜色区域） （b）L^*分量 （c）a^*分量

（d）b^*分量 （e）颜色分布 （f）$d_2(L^*, a^*, b^*; \bar{L}^*, \bar{a}^*, \bar{b}^*)$

图 2-48 CIE 1976 L*a*b* 颜色空间中色差的距离度量

图 2-48(e) 给出了该彩色图像在 L*a*b* 三维坐标空间中的颜色分布。给定 CIE 1976 L*a*b* 颜色空间中任意两种颜色，它们在三维坐标系中的空间坐标表示为 (L_1^*, a_1^*, b_1^*) 和 (L_2^*, a_2^*, b_2^*)，这两种颜色之间的色差定义为这两个点之间的欧氏距离 $d_2(L_1^*, a_1^*, b_1^*; L_2^*, a_2^*, b_2^*)$：

$$d_2\left(L_1^*, a_1^*, b_1^*; L_2^*, a_2^*, b_2^*\right) = \sqrt{\left(L_1^* - L_2^*\right)^2 + \left(a_1^* - a_2^*\right)^2 + \left(b_1^* - b_2^*\right)^2} \tag{2-3}$$

在彩色图像中选取某一颜色区域（图 2-48(a) 中白色实线包围的区域），计算所选区域中各个颜色分量的平均值 $\bar{L}^*$、$\bar{a}^*$ 和 $\bar{b}^*$。然后根据式 (2-3) 计算图像中全部像素的 L^*、a^* 和 b^* 与平均值 $\bar{L}^*$、$\bar{a}^*$ 和 $\bar{b}^*$ 之间的欧氏距离 $d_2\left(L^*, a^*, b^*; \bar{L}^*, \bar{a}^*, \bar{b}^*\right)$。图 2-48(f) 是以图像方式显示的距离，图像中区域的灰度越暗，表明该区域的颜色越接近感兴趣区域颜色分量的平均值 $\bar{L}^*$、$\bar{a}^*$ 和 $\bar{b}^*$。在视觉感知均匀的 CIE LAB 颜色空间中，可以找到任何与感知差异一致的区域。

2.5 像素的空间关系

在数字图像中像素之间的空间关系是基本且重要的概念。为了简化问题的阐述，本节引入几个描述像素间关系的重要术语，在后续章节中会经常使用。为了便于表达，本节在讨论像素之间关系时约定，用小写字母 p、q、r 表示像素。

2.5.1 邻域

与一个像素关系最密切的是它的相邻像素，它们组成该像素的邻域。对于位于坐标 (x, y) 处的像素 p，根据它不同的相邻像素，定义三种像素的邻域。

1. 4 邻域 $\mathcal{N}_4(p)$

像素 p 的 4 邻域由其水平和垂直方向的 4 个相邻像素构成，坐标为 (x,y) 的 4 邻域像素分别为其上方 $(x-1,y)$、下方 $(x+1,y)$、左边 $(x,y-1)$ 和右边 $(x,y+1)$ 的像素，用 $\mathcal{N}_4(p)$ 表示为

$$\mathcal{N}_4(p)=\{(x-1,y),(x+1,y),(x,y-1),(x,y+1)\}$$

2. 对角邻域 $\mathcal{N}_D(p)$

像素 p 的对角邻域由其对角方向的 4 个相邻像素构成，坐标为 (x,y) 的对角邻域像素分别为其左上角 $(x-1,y-1)$、左下角 $(x+1,y-1)$、右上角 $(x-1,y+1)$ 和右下角 $(x+1,y+1)$ 的像素，用 $\mathcal{N}_D(p)$ 表示为

$$\mathcal{N}_D(p)=\{(x-1,y-1),(x+1,y-1),(x-1,y+1),(x+1,y+1)\}$$

3. 8 邻域 $\mathcal{N}_8(p)$

像素的 8 邻域由其 4 邻域和对角邻域的像素构成，用 $\mathcal{N}_8(p)$ 表示为

$$\begin{aligned}\mathcal{N}_8(p)=&\mathcal{N}_4(p)\cup\mathcal{N}_D(p)=\{(x-1,y-1),(x-1,y),(x-1,y+1),\\&(x,y-1),(x,y+1),(x+1,y-1),(x+1,y),(x+1,y+1)\}\end{aligned}$$

图 2-49 给出了坐标为 (x,y) 的邻域像素的坐标表示，该像素及其邻域像素可以表示一个 3×3 的区域。

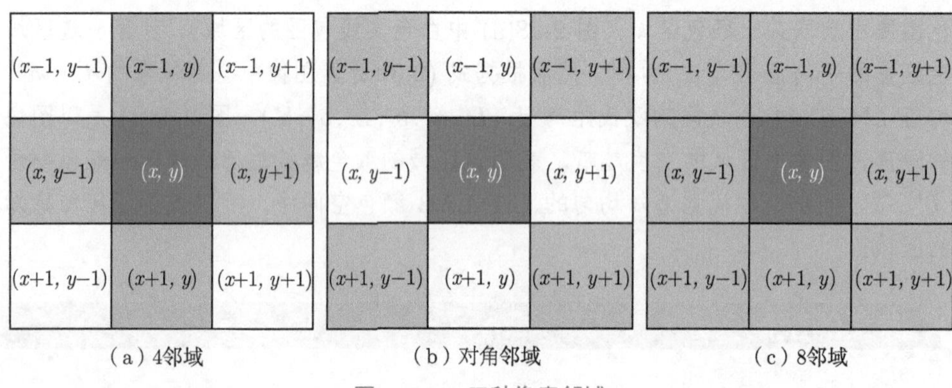

图 2-49 三种像素邻域

2.5.2 邻接性、连通性、区域和边界

在邻域的基础上，本节依次引入邻接性、通路、连通性、连通分量、区域和边界的概念，后一个概念建立在前一个概念的基础之上。

2.5.2.1 邻接性

两个像素若满足以下两个条件，则具有邻接性：① 它们在空间上相邻；② 它们的灰度值满足特定的相似性准则。设 $\mathcal{V}$ 表示符合相似性准则度量的灰度值集合。在二值图像中，通常考虑 1 值像素的邻接性，在这种情况下，$\mathcal{V}=\{1\}$。在灰度图像中，集合 $\mathcal{V}$ 可以是 $[0,255]$ 区间内任意灰度值组合的子集，例如，考虑与像素 p 的灰度值差小于 10 的像素邻接时，$\mathcal{V}=\{f_q\},|f_p-f_q|<10$，$f_p$ 和 f_q 分别为像素 p 和 q 的灰度值。在 4 邻域和 8 邻域的基础上，两种像素邻接性的定义为

（1）4 邻接——两个像素 p 和 q 的灰度值在集合 $\mathcal{V}$ 中，且 q 在 p 的 4 邻域 $\mathcal{N}_4(p)$ 内，则它们为 4 邻接。

（2）8 邻接——两个像素 p 和 q 的灰度值在集合 $\mathcal{V}$ 中，且 q 在 p 的 8 邻域 $\mathcal{N}_8(p)$ 内，则它们为 8 邻接。

2.5.2.2 连通性

在像素邻接性的基础上定义像素的连通性。像素间的连通性是一个基本概念，它简化了数字图像中许多术语的定义，如区域和边界。首先定义两个像素之间的通路，如图 2-50 所示，若从坐标为 (x_p,y_p) 的像素 p 历经两两邻接的关系达到坐标为 (x_q,y_q) 的像素 q，则形成一条从像素 p 到像素 q 的通路。将这条通路表示为坐标为 $(x_0,y_0),(x_1,y_1),\cdots,(x_n,y_n)$ 的像素序列，这些像素的灰度值均满足上述特定的相似性准则，且像素 (x_k,y_k) 和 (x_{k-1},y_{k-1}) 是相邻的，$1\leqslant k\leqslant n$，通路的长度为 n。其中，$(x_p,y_p)\equiv(x_0,y_0)$，$(x_q,y_q)\equiv(x_n,y_n)$。

将图像看成由像素构成的集合，设 p 和 q 是某一图像子集 $\mathcal{S}$ 中的两个像素，若存在一条完全由 $\mathcal{S}$ 中的像素组成的从 p 到 q 的通路，则称像素 p 和 q 是连通的。根据所采用的邻接性定义不同，可定义不同的连通性。如图 2-50(a) 所示，在 4 邻接下定义的通路是 4 连通的；如图 2-50(b) 所示，在 8 邻接下定义的通路是 8 连通的。对于 $\mathcal{S}$ 中任意像素 p，$\mathcal{S}$ 中与该像素相连通的全部像素组成的集合称为 $\mathcal{S}$ 的连通分量。若 $\mathcal{S}$ 中仅有一个连通分量，则称集合 $\mathcal{S}$ 为连通集。

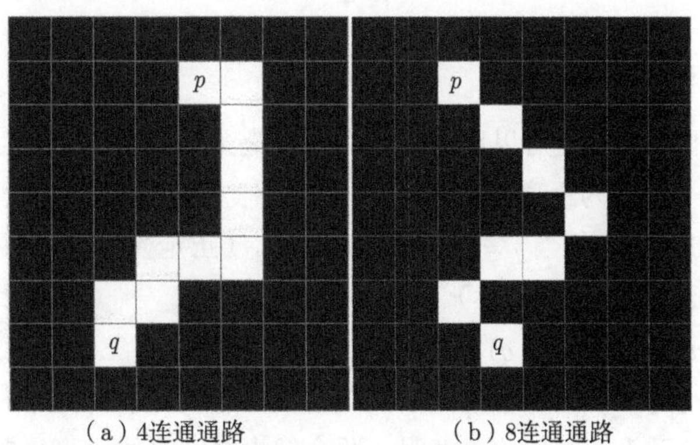

（a）4连通通路　　（b）8连通通路

图 2-50　通路示意图

若像素集合从 4 连通的意义上来度量其连通性，则互补像素集合必须从 8 连通的意义

上来度量其连通性，否则将产生矛盾。在图 2-51 中，若从 4 连通的意义上讲，则白色像素构成 4 条互不连通的线段，而黑色像素构成的互补集合在 8 连通意义上全部连通。反之，若白色像素按 8 连通定义，则构成一个全部连通的闭环，而黑色像素构成的互补集合从 4 连通意义上闭环内与闭环外是不连通的。

图 2-51　像素集合与互补像素集合的连通性解释

2.5.2.3　区域与边界

设 p 为某一图像子集 $\mathcal{S}$ 中的像素，若像素 p 的某一邻域包含于 $\mathcal{S}$ 中，则称像素 p 为 $\mathcal{S}$ 的内点，若 $\mathcal{S}$ 中的像素都是内点，则 $\mathcal{S}$ 称为开集，连通的开集称为开区域，简称区域。若像素 p 的任意邻域内有属于 $\mathcal{S}$ 的像素也有不属于 $\mathcal{S}$ 的像素，则像素 p 称为 $\mathcal{S}$ 的边界像素。$\mathcal{S}$ 的边界像素的全体称为 $\mathcal{S}$ 的边界。换句话说，图像中每个连通集构成一个区域，图像可认为是由多个区域组成的。区域的边界也称为区域的轮廓，它将区域与其他区域分开。开区域连同它的边界合称为闭区域。

边缘和边界是两个不同的概念。边界与区域密切相关，有限区域的边界形成闭合通路，它是从整体上描述的概念，边界跟踪的目的是提取区域闭合且连通的边界。而边缘是一阶灰度差分极值点或二阶灰度差分过零点，它是在局部邻域上描述的概念，边缘检测算子的目的是检测局部邻域灰度突变的像素。

2.5.3　像素间的距离度量

像素在空间上的近邻程度可以用像素之间的距离来度量。对于任意像素 p、q，若 $d(p,q)$ 满足以下 3 个条件，则称为距离函数：

（1）$d(p,q) \geqslant 0$；当且仅当 $p=q$，$d(p,q)=0$。（正定性）

（2）$d(p,q)=d(q,p)$。（对称性）

（3）$d(p,q) \leqslant d(p,r)+d(r,q)$，其中，$r$ 为任意像素。（三角不等式）

条件 (1) 表明，两个不同像素之间的距离总是正值；条件 (2) 表明，两个像素之间的距离与始终点的选择无关；条件 (3) 表明，两个像素之间直线距离最短。

向量范数是从向量空间到数域的函数，是具有长度概念的函数，为向量空间中的非零向量赋予正长度。向量空间 $\mathbb{R}^n$ 上的函数 $\|\cdot\|:\mathbb{R}^n \mapsto \mathbb{R}$，若具备以下的 3 个性质，则称为

向量范数：

（1）$\|\boldsymbol{x}\| \geqslant 0$，$\forall \boldsymbol{x} \in \mathbb{R}^n$。当且仅当 $\boldsymbol{x}=0$ 时，$\|\boldsymbol{x}\|=0$。（非负性）

（2）$\|\lambda \boldsymbol{x}\|=|\lambda|\|\boldsymbol{x}\|$，$\forall \boldsymbol{x} \in \mathbb{R}^n$ 和 $\lambda \in \mathbb{R}$。（正齐次性）

（3）$\|\boldsymbol{x}+\boldsymbol{y}\| \leqslant \|\boldsymbol{x}\|+\|\boldsymbol{y}\|$，$\forall \boldsymbol{x}, \boldsymbol{y} \in \mathbb{R}^n$。（三角不等式）

ℓ_p 范数是一类常用的向量范数，向量 $\boldsymbol{x}=\left[x_1, x_2, \cdots, x_n\right]^{\mathrm{T}} \in \mathbb{R}^n$ 的 ℓ_p 范数（$p \geqslant 1$）定义为

$$\|\boldsymbol{x}\|_p=\left(\sum_{i=1}^n |x_i|^p\right)^{\frac{1}{p}} \tag{2-4}$$

ℓ_p 范数也称为闵可夫斯基（Minkowski）范数，$p \geqslant 1$。

ℓ_1 范数也称为和范数，定义为

$$\|\boldsymbol{x}\|_1=\sum_{i=1}^n |x_i|=|x_1|+|x_2|+\cdots+|x_n| \tag{2-5}$$

ℓ_2 范数也称为欧几里得（Euclidean）范数，定义为

$$\|\boldsymbol{x}\|_2=\boldsymbol{x}^{\mathrm{T}} \boldsymbol{x}=\left(\sum_{i=1}^n x_i^2\right)^{\frac{1}{2}}=\left(x_1^2+x_2^2+\cdots+x_n^2\right)^{\frac{1}{2}} \tag{2-6}$$

ℓ_∞ 范数是 ℓ_p 范数的极限形式，也称为无穷范数或极大范数，定义为

$$\|\boldsymbol{x}\|_\infty=\lim_{p \to \infty}\|\boldsymbol{x}\|_p=\max_{i=1,2,\cdots,n}|x_i|=\max\left(|x_1|,|x_2|,\cdots,|x_n|\right) \tag{2-7}$$

当 $0<p<1$ 时，函数 $\|\boldsymbol{x}\|_p$ 是非凸的，三角不等式不成立，因此不严格符合范数的数学定义，称为伪范数（pseudo norm）或拟范数（quasi norm）。二维空间中的坐标是二维向量，范数用于度量向量的长度。图 2-52 给出二维空间中 p 取不同值时 ℓ_p 范数 $\|\boldsymbol{x}\|_p=d$ 的 $\boldsymbol{x}$ 解，其中，$\boldsymbol{x}=[x_1, x_2]^{\mathrm{T}}$ 表示二维空间中的向量。

两个向量之差的范数满足距离函数要求的 3 个条件（向量范数的 3 个性质与距离函数的 3 个条件本质上一致）。图像中的像素坐标可以表示为二维空间中的向量，因此，可以利用向量范数度量两个像素之间的距离。根据不同范数的定义，像素之间的距离有不同的度量方法。设像素 p 和 q 的坐标分别为 (x_p, y_p) 和 (x_q, y_q)，用 $\boldsymbol{p}$ 和 $\boldsymbol{q}$ 表示，像素 p 和 q 之间的距离用 ℓ_1 范数定义为

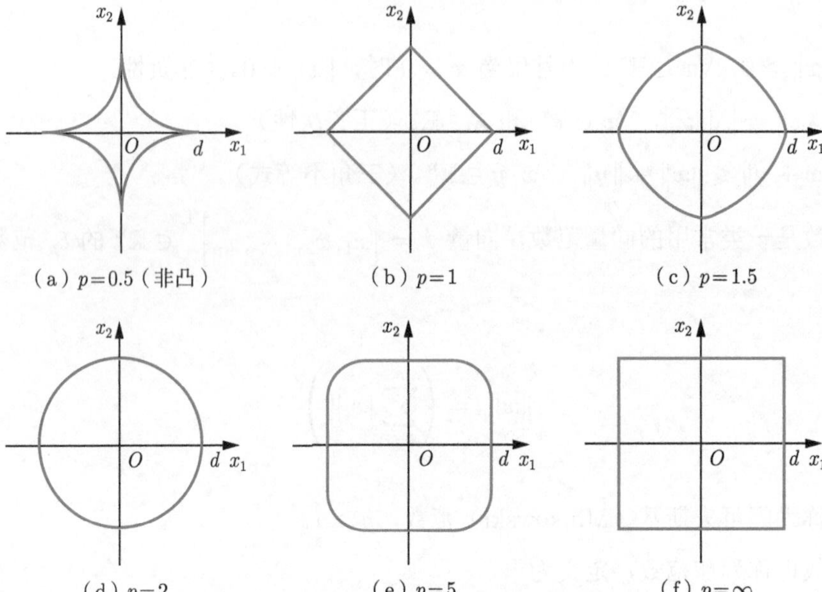

(a) p=0.5(非凸)　(b) p=1　(c) p=1.5

(d) p=2　(e) p=5　(f) p=∞

动图

图 2-52　二维空间中 $\|x\|_p = d$ 时 x 解的轨迹

$$d_1(p,q) = \|\boldsymbol{p} - \boldsymbol{q}\|_1 = |x_p - x_q| + |y_p - y_q| \tag{2-8}$$

ℓ_1 范数距离也称为街区距离、曼哈顿距离。到像素 p 的等距离轨迹是以像素 p 的坐标 (x_p, y_p) 为中心的一组菱形。如图 2-53(a) 所示，数字表示到中心像素的 ℓ_1 范数距离，等距离的像素组成同心的菱形，其中，数字为 1 的 4 个像素是中心像素的 4 邻域像素。

像素 p 和 q 之间的距离用 ℓ_2 范数定义为

$$d_2(p,q) = \|\boldsymbol{p} - \boldsymbol{q}\|_2 = \left[(x_p - x_q)^2 + (y_p - y_q)^2\right]^{\frac{1}{2}} \tag{2-9}$$

ℓ_2 范数距离也称为欧几里得距离，简称欧氏距离。到像素 p 的等距离轨迹是以像素 p 的坐标 (x_p, y_p) 为中心的一组圆。图 2-53(b) 给出了 5×5 邻域内的像素与中心像素的欧氏距离，4 邻域像素与中心像素的欧氏距离为 1，对角邻域像素与中心像素的欧氏距离为 $\sqrt{2}$。

像素 p 和 q 之间的距离用 ℓ_∞ 范数定义为

$$d_\infty(p,q) = \|\boldsymbol{p} - \boldsymbol{q}\|_\infty = \max\left(|x_p - x_q|, |y_p - y_q|\right) \tag{2-10}$$

ℓ_∞ 范数距离也称为棋盘距离、切比雪夫距离。到像素 p 的等距离轨迹是以像素 p 的坐标 (x_p, y_p) 为中心的一组正方形。如图 2-53(c) 所示，数字表示到中心像素的 ℓ_∞ 范数距离，等距离的像素组成同心的正方形，其中，数字为 1 的 8 个像素是中心像素的 8 邻域像素。

(a) ℓ_1范数距离

4	3	2	3	4
3	2	1	2	3
2	1	0	1	2
3	2	1	2	3
4	3	2	3	4

(b) ℓ_2范数距离

$2\sqrt{2}$	$\sqrt{5}$	2	$\sqrt{5}$	$2\sqrt{2}$
$\sqrt{5}$	$\sqrt{2}$	1	$\sqrt{2}$	$\sqrt{5}$
2	1	0	1	2
$\sqrt{5}$	$\sqrt{2}$	1	$\sqrt{2}$	$\sqrt{5}$
$2\sqrt{2}$	$\sqrt{5}$	2	$\sqrt{5}$	$2\sqrt{2}$

(c) ℓ_∞范数距离

2	2	2	2	2
2	1	1	1	2
2	1	0	1	2
2	1	1	1	2
2	2	2	2	2

图 2-53 数字表示到中心像素的距离

2.6 小结

本章介绍了数字图像的概念和概况，比较了数字照相机的彩色成像和人类视觉的颜色感知之间的区别与联系，讨论了数字图像的采样与量化、彩色图像表示的颜色空间以及图像中像素之间的空间关系。成像模式、凸透镜成像和图像数字化是有关数字图像获取的内容。数字图像的概念、类型和矩阵表示、图像的颜色以及像素空间关系等内容是数字图像的相关基础，为图像处理方法的学习奠定了基础。颜色能够传达更丰富的信息、更深刻的视觉印象，在图像处理中，常借助颜色来表示或处理图像，以增强人眼的视觉印象，彩色图像比灰度图像有更广泛的应用。

习题

1. 给出可见光光谱成像之外，其他电磁波谱成像的实例。

2. 对于如题图 2-1 所示的两幅图像，通过下采样因子分别是 2、4、8 的空间下采样过程，描述空间分辨率对图像质量的影响；通过每个颜色通道占 4 位、2 位和 1 位的灰度级下采样过程，描述灰度级分辨率对图像质量的影响。

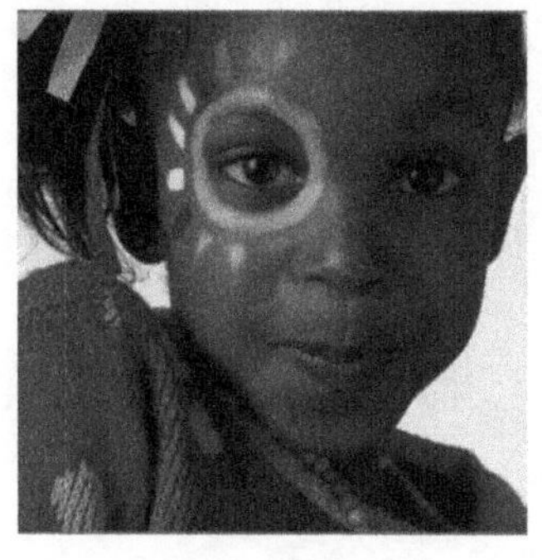

题图 2-1 不同细节程度的两幅图像

3. 数字图像量化时，若量化级数过小会出现什么现象？解释这种现象发生的原因。

4. 当白天进入一个黑暗剧场时，看清并找到空座位需要适应一段时间，试述发生这种现象的视觉原理。

5. 用图说明，若区域定义为 4 连通的，则它的边界一定是 8 连通的；反之，若区域定义为 8 连通的，则它的边界一定是 4 连通的。

6. 将一幅 RGB 真彩色图像转换到 HSV 颜色空间，已知某像素的 R、G、B 数值为 (0.25，0.5，0.5)，各分量归一化到区间 [0，1]。

(1) HSV 颜色空间中的三个分量分别表示什么？

(2) 计算该像素在 HSV 颜色空间中的 H、S、V 数值（归一化到区间 [0，1]）。

(3) 根据该像素的 H 和 S 数值，在色度盘中标出该像素的位置，并大致描述该像素的颜色。

7. 对于 24 位 RGB 单位立方体，x、y、z 轴分别为 R、S、V 分量。如题图 2-2 所示，过点（0.5，0.5，0.5）平行于 xOz 平面的截面是一个正方形，该正方形四个顶点的 R、G、B 分量的数值是多少？在该截面上饱和度最低的点在什么位置，该点饱和度为多少？该正方形截面上 R、G、B 分量的数值如何变化？

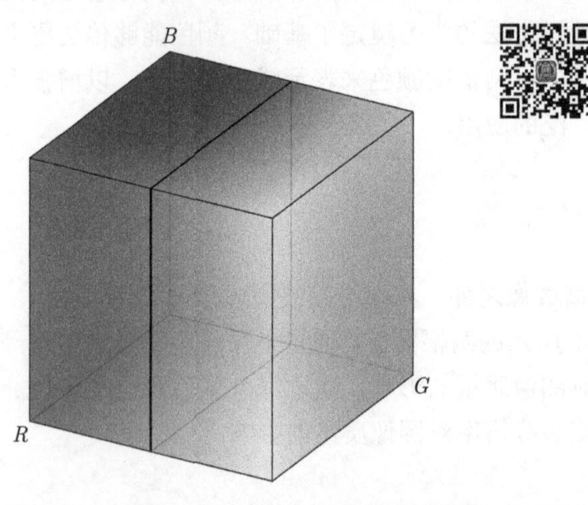

题图 2-2 RGB 立方体中的截面

第3章 空域图像增强

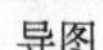
导图

微课

图像增强的目的是根据主观视觉感知或者机器判读的需要来改善图像的质量，有选择地强调图像中感兴趣的整体或局部特征或者抑制图像中不需要的特征，使图像更适合特定的应用。当以人类视觉解释为目的时，依据观察者的主观判断作为图像质量评价标准；当以机器识别为目的时，依据机器识别的准确率作为图像质量评价标准。图像增强是一个主观过程，不存在通用的数学模型。图像增强方法主要分为两类：空域方法和频域方法。空域是指图像空间本身，这类方法是对图像的像素直接进行处理。频域是指图像的傅里叶变换域，这类方法通过离散傅里叶变换将图像从空域转换到频域，利用频域滤波器对图像的不同频率成分进行处理。本章讨论空域图像增强方法，第 4 章将讨论频域变换和频域增强方法。

3.1 背景知识

在讨论各种空域图像增强方法之前，首先介绍空域图像增强的概念以及直方图的概念和表示意义。通过观察直方图可以更好地理解灰度级变换的作用，以及直方图变换的目的和效果。

3.1.1 概述

空域图像增强是指直接对图像的像素本身进行操作，空域增强大致可分为两类：点处理和邻域处理。对于点处理，在像素 (x,y) 处 $g(x,y)$ 的值仅取决于 $f(x,y)$ 的值，可表示为

$$g(x,y)=\mathcal{E}\left[f(x,y)\right] \tag{3-1}$$

式中，$\mathcal{E}[\cdot]$ 表示增强算子，$f(x,y)$ 为输入图像，$g(x,y)$ 为增强图像。设 r 表示输入图像的灰度级，s 表示增强图像的灰度级，点处理操作即为灰度级映射，可表示为

$$s=T(r) \tag{3-2}$$

式中，$T(r)$ 为变换函数。式 (3-2) 表明，对图像中任意像素的增强仅依赖于该像素的灰度级，因此这类方法称为点处理。

增强函数 $s=T(r)$ 应满足如下两个条件：

（1）$T(r)$ 在 $0\leqslant r\leqslant 1$ 区间内为单调递增函数；

（2）对于 $0\leqslant r\leqslant 1$，有 $0\leqslant T(r)\leqslant 1$。

第一个条件保证了灰度级从暗到亮的次序不变；第二个条件保证了输出灰度级与输入灰度级具有相同的灰度级范围。其中，输入灰度级 r 归一化到 $[0,1]$ 区间。

像素 (x,y) 的邻域定义为中心位于像素 (x,y) 处的局部区域。对于邻域处理，像素 (x,y) 处 $g(x,y)$ 的值是以像素 (x,y) 为中心的局部邻域所有像素值的函数：

$$g(x,y)=\mathcal{E}\left\{f(\xi,\zeta)\right\},\quad (\xi,\zeta)\in U_{xy} \tag{3-3}$$

式中，U_{xy} 表示以像素 (x,y) 为中心的邻域像素集合。式 (3-3) 表明，对图像中任意像素的增强，作用于该像素局部邻域的所有像素，因此这类方法称为邻域处理。如图 3-1 所示，$g(x,y)$ 的值不仅取决于 $f(x,y)$ 的值，而且取决于中心在坐标 (x,y) 处的 3×3 正方形局部邻域像素的值。空域滤波方法属于邻域处理。

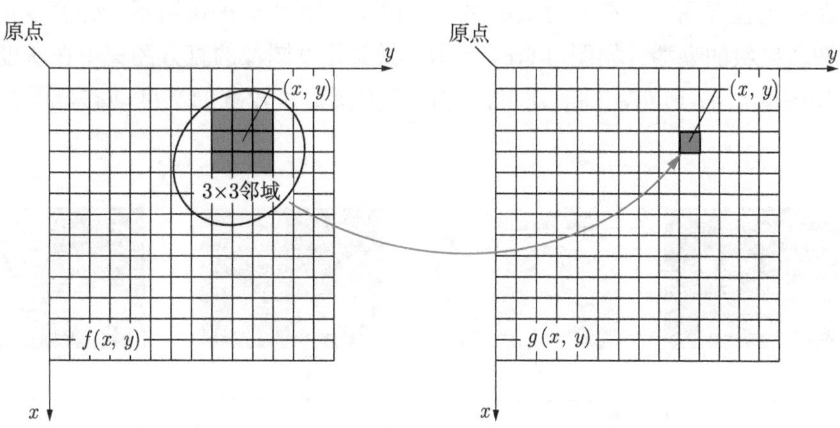

图 3-1　邻域处理示意图

3.1.2　灰度直方图

微课

直方图是数字图像处理中一个重要的基础工具。直方图提供了图像的统计信息，为理解多种空域增强技术的机理提供了铺垫。直方图操作能够直接用于图像增强，见 3.3 节的直方图图像增强技术。

1. 直方图

直方图计算图像中具有各个灰度值的像素数或发生概率，是数字图像的统计量。对于灰度图像，灰度直方图反映了图像中不同灰度像素出现的统计情况，描述了像素的灰度分布。

数字图像的灰度直方图 $h(r_k)$ 是统计各灰度级 $r_k, k=0,1,\cdots,L-1$ 的像素出现的次数，定义为

$$h(r_k)=n_k,\quad k=0,1,\cdots,L-1 \tag{3-4}$$

式中，r_k 表示第 k 个灰度级，n_k 表示灰度级 r_k 的像素个数，L 表示灰度级数。

代码

图像中灰度值为 r_k 的像素出现的次数与像素总数的比值，称为概率直方图或归一化直方图，可表示为

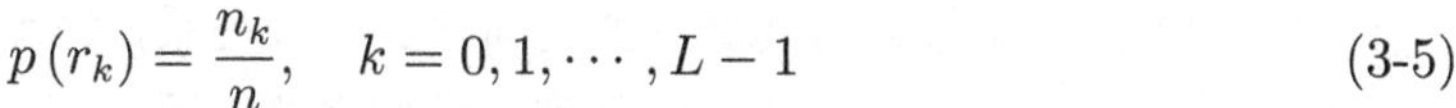

$$p(r_k)=\frac{n_k}{n},\quad k=0,1,\cdots,L-1 \tag{3-5}$$

式中，n 为图像中的像素总数。$p(r_k)$ 是统计各灰度级 r_k 的像素出现的概率，实际上表示灰度级 $r_k, k=0,1,\cdots,L-1$ 的分布律。在概率直方图中，所有灰度级的概率之和等于 1。

图像的直方图可以提供图像的如下信息：① 各个灰度级像素出现的概率；② 图像灰度级的动态范围；③ 整幅图像的大致平均亮度；④ 图像的整体对比度情况。图像的直方图具有如下三个主要性质。

（1）直方图是总体灰度的概念，反映了图像整体的灰度分布情况。如图 3-2(a) 所示，亮度偏暗图像的直方图集中在灰度级的暗端；相反，如图 3-2(b) 所示，亮度偏亮图像的直方图集中在灰度级的亮端。如图 3-2(c) 所示，低对比度图像的直方图集中在灰度级中较窄的范围。如图 3-2(d) 所示，高对比度图像的直方图覆盖较宽的灰度动态范围并且分布较均匀。

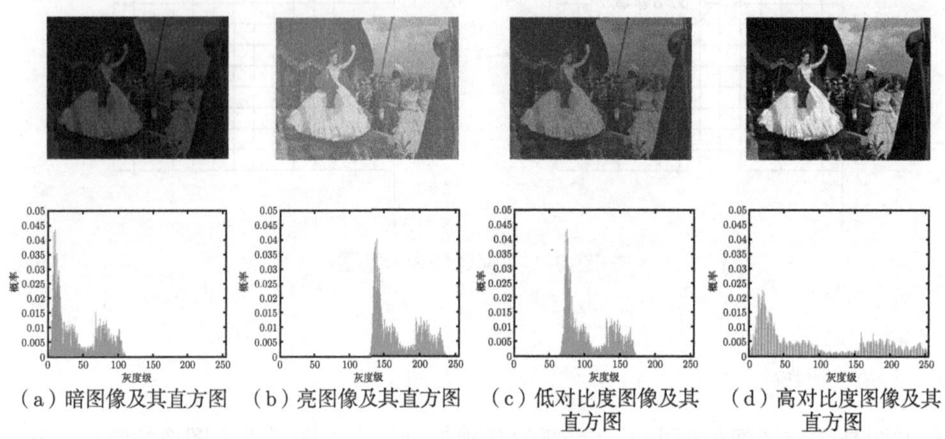

（a）暗图像及其直方图（b）亮图像及其直方图（c）低对比度图像及其直方图（d）高对比度图像及其直方图

图 3-2　四种基本类型图像的直方图

（2）直方图表示数字图像中不同灰度像素出现的统计信息，它只能反映该图像中不同灰度像素出现的次数（概率），不能表示像素的位置等其他信息。图像与直方图之间是多对一的映射关系，具体地说，任意一幅图像，都能唯一地确定与之对应的直方图，但是，不同的图像可能具有相同的直方图。

（3）直方图具有可叠加性，将图像划分为区域，各个区域可分别统计直方图，整幅图像的总直方图为各个区域直方图之和。

在图像处理中图像的直方图主要有四方面的应用。

（1）直方图可以用于判断一幅图像是否合理地利用了全部可能的灰度级。直观上来说，若一幅图像的像素充分占有整个灰度级范围并且分布比较均匀，则这样的图像具有高对比度和多灰阶。根据直方图的灰度分布可以判断曝光是否恰当，设置成像设备的参数，如感光度、光圈、快门速度和曝光时间等，或者确定灰度级变换规则，如伽马校正。

（2）图像的视觉效果与其直方图之间存在对应关系，改变直方图的形状对图像产生对应的影响。因此，处理直方图可以起到图像增强的作用，例如，直方图均衡化、直方图规定化、直方图拉伸等。

（3）通过观察直方图，可在图像分割中确定合适的阈值，尤其适用于双峰模式直方图的全局阈值分割问题，并能够根据直方图对区域进行像素数统计。

（4）将直方图作为特征，通过度量直方图之间的距离，可用于模板匹配、目标识别等任务。

2. 累积直方图

累积直方图（cumulative histogram）$c(r_k)$ 是计算灰度值落在 $[0, r_k]$ 区间上的像素在图像中出现的累加概率，定义为

$$c(r_k) = \sum_{j=0}^{k} p(r_j) = \sum_{j=0}^{k} \frac{n_j}{n}, \quad 0 \leqslant r_j \leqslant 1;\ k = 0, 1, \cdots, L-1 \tag{3-6}$$

式中，r_k 表示第 k 个灰度级，$p(r_k)$ 表示灰度级 r_k 的像素在图像中出现的概率，n_k 表示图像中灰度级 r_k 的像素个数，n 为图像中的像素总数，L 表示灰度级数。累积直方图实际上是概率直方图 $p(r_k)$ 关于灰度级 r_k 的累积分布。累积直方图一定是单调递增的（不一定严格单调递增），且 $0 \leqslant c(r_k) \leqslant 1$，第 L 个灰度级（$k = L-1$）的累积分布函数值 $c(r_{L-1}) = 1$。

3.2 灰度级变换

灰度级变换是通过函数表达式实现灰度级映射，这是一类最简单的图像增强技术。设 r 和 s 分别表示输入图像和输出图像的灰度级，$s = T(r)$ 表示将灰度级 r 映射为灰度级 s 的变换。灰度级变换与像素的坐标无关，只与灰度级有关。线性函数、幂次函数和对数函数/指数函数是图像增强中三类最常用的基本灰度级变换曲线。图 3-3 显示了这三类函数的典型例子，① 为线性函数，② 和 ③ 是互为反函数的幂次函数，④ 和 ⑤ 是互为反函数的对数函数和指数函数。其中，输入灰度级 r 归一化到 [0, 1] 区间。

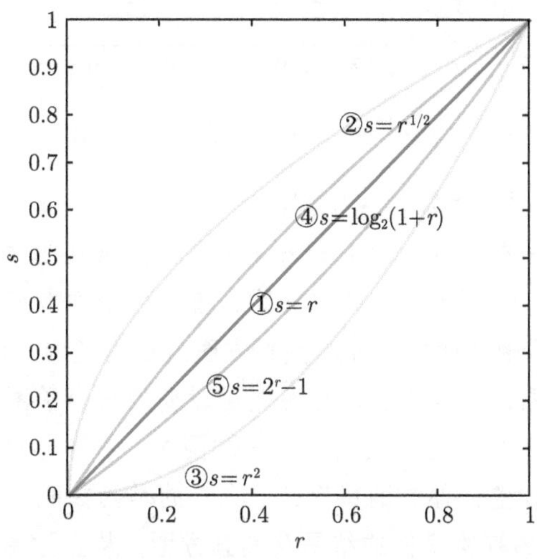

图 3-3 图像增强中的基本灰度级变换曲线

3.2.1 幂次变换

幂次变换的一般表达式为

$$s = cr^{\gamma} \tag{3-7}$$

式中，c 为常数，γ 为指数的幂。当常数 $c=1$ 时，γ 和 $1/\gamma$ 的幂函数互为反函数。图 3-4 显示了不同 γ 值的幂函数曲线，其中，输入灰度级 r 的范围归一化到 $[0,1]$ 区间。当斜率大于 1 时，拉伸灰度动态范围；当斜率小于 1 时，压缩灰度动态范围；当斜率等于 1 时，不改变灰度动态范围。

$\gamma>1$ 和 $\gamma<1$ 的幂函数的作用相反，当 $\gamma<1$ 时，拉伸直方图灰度级暗端的动态范围，提高图像中暗区域的对比度，而压缩灰度级亮端的动态范围，降低亮区域的对比度；当 $\gamma>1$ 时，拉伸直方图灰度级亮端的动态范围，提高图像中亮区域的对比度，而压缩灰度级暗端的动态范围，降低暗区域的对比度。在图像增强中，对于灰度级整体偏暗的图像，使用 $\gamma<1$ 的幂函数可以增大灰度动态范围；对于灰度级整体偏亮的图像，使用 $\gamma>1$ 的幂函数可以增大灰度动态范围。

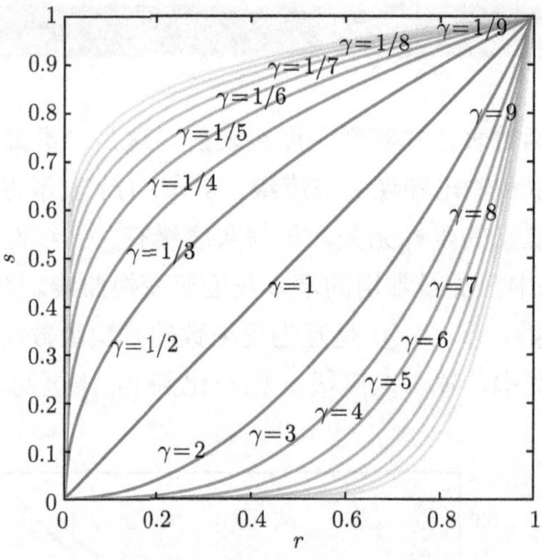

图 3-4　不同 γ 值的幂函数曲线，常数 $c=1$

代码

代码

例 3-1　幂次变换在图像增强中的应用

通过图 3-5 和图 3-6 来观察 $\gamma<1$ 和 $\gamma>1$ 幂次变换在图像增强中的作用。图 3-5(a) 为一幅曝光不足的图像，右图为对应的直方图，直方图偏向灰度级的暗端。对于这种整体偏暗的情况，$\gamma<1$ 的幂函数能够拉伸灰度直方图的占用范围。图 3-5(b) 为 $\gamma=0.5$ 的幂次变换的结果及其直方图，可以看到，这种灰度级变换增强了图像的对比度，并提高了脸部等暗区域的亮度。图 3-6(a) 为一幅曝光过度的图像，右图为对应的直方图，直方图偏向灰度级的亮端。对于这种整体偏亮的情况，$\gamma>1$ 的幂函数能够拉伸灰度直方图的占用范围。图 3-6(b) 为 $\gamma=2$ 的幂次变换的结果及其直方图，从直方图来看，这种灰度级变换使像素值整体移向直方图灰度级的暗端，并拉伸了图像的对比度。

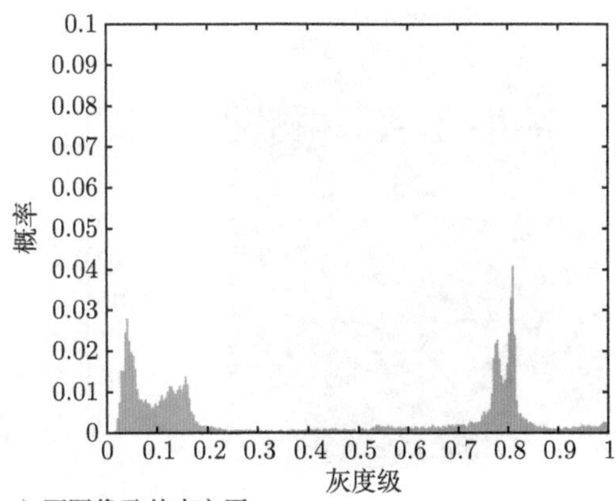

(a) 原图像及其直方图

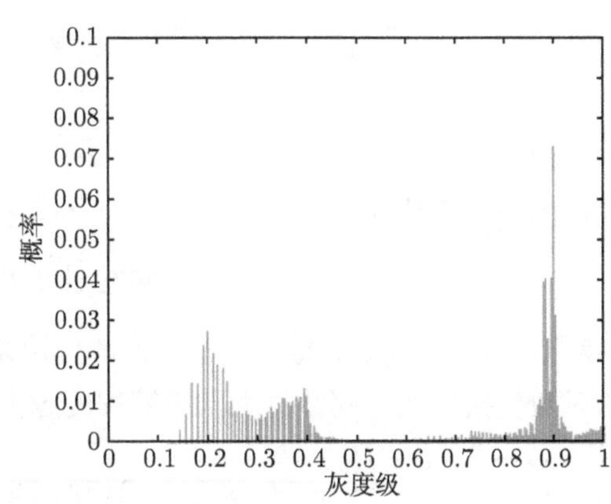

(b) 幂次变换图像及其直方图

图 3-5 $\gamma=0.5$ 的幂次变换图像增强示例

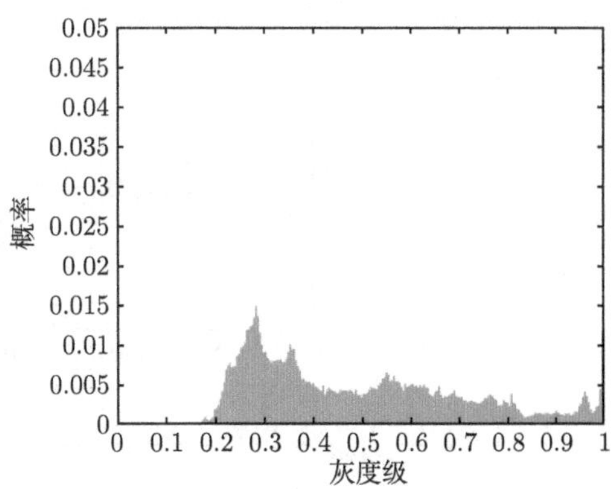

(a) 原图像及其直方图

图 3-6 $\gamma=2$ 的幂次变换图像增强示例

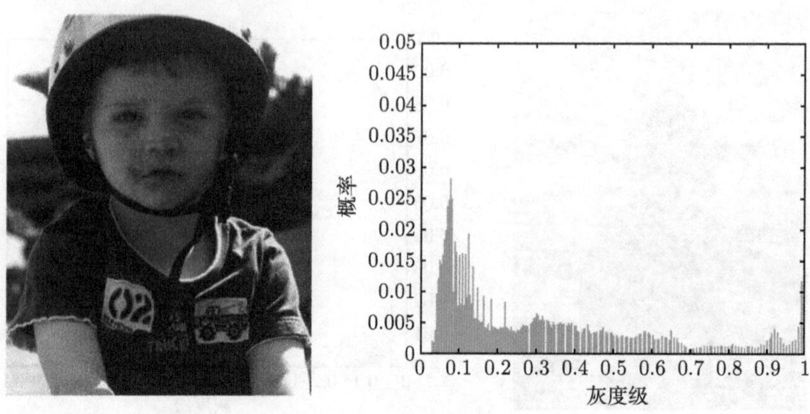

（b）幂次变换图像及其直方图

图 3-6 （续）

3.2.2 对数变换

对数变换的一般表达式为

$$s = c\log_a(1 + r) \tag{3-8}$$

式中，c 为常数，a 为对数的底数。对数变换的作用是压缩图像的动态范围。图 3-7 显示了不同底数的对数变换曲线，底数越大，压缩程度越大，图中 $c = 1$。

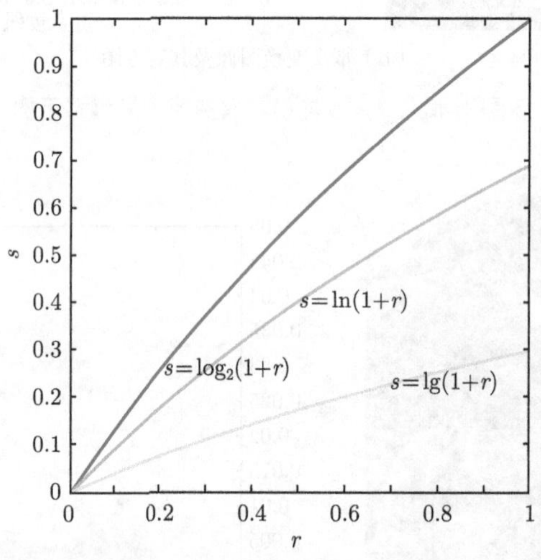

图 3-7 不同底数的对数变换曲线

对数变换的一个典型应用是傅里叶变换幅值谱[①]的显示。傅里叶系数的幅值为 $0 \sim 10^6$ 数量级甚至更高，具有很大的动态范围，通用的成像和显示系统采用均匀量化，因此，在 8 位灰度级系统中无法显示幅值谱的细节。对数变换可以起到压缩图像动态范围的作用，减小最大值与最小值之间的反差值。

① 第 4 章将详细讨论傅里叶变换及其幅值谱。

代码

例 3-2 对数变换在傅里叶变换幅值谱显示中的应用

以图像方式显示幅值谱是对傅里叶变换可视化的一种手段，在显示之前通过计算幅值谱的对数变换来压缩幅值谱图像显示的动态范围，增强灰度细节。为了直观说明对数变换在幅值谱图像显示中的作用，对图 3-8(a) 所示的灰度图像显示其幅值谱以及对数变换的幅值谱，分别如图 3-8(b) 和图 3-8(c) 所示，其中左图为伪彩色图像方式显示，右图为对角方向的径向剖面图。幅值谱的值域为 $[0.0098, 1.231\times10^4]$，当这样的值在 8 位灰度级系统中均匀量化而显示时，如图 3-8(b) 所示，幅值谱中的最大值（零频率分量）淹没了其他相对低的幅值，对应的高频区域的细节信息几乎完全丢失了，只能观察到最大幅值表现出的亮点。根据式 (3-8) 的对数变换对幅值谱进行动态范围压缩，则值域缩小至 $[0.0098, 9.4183]$，再用 8 位灰度级显示对数幅值谱（dB），如图 3-8(c) 所示，即将对数幅值谱的范围线性映射为 8 位灰度级的量化范围 $[0, 255]$。与图 3-8(b) 相比，幅值谱的细节可见度是显而易见的。在本书中显示的幅值谱都使用对数变换和重尺度化[①]进行了处理。

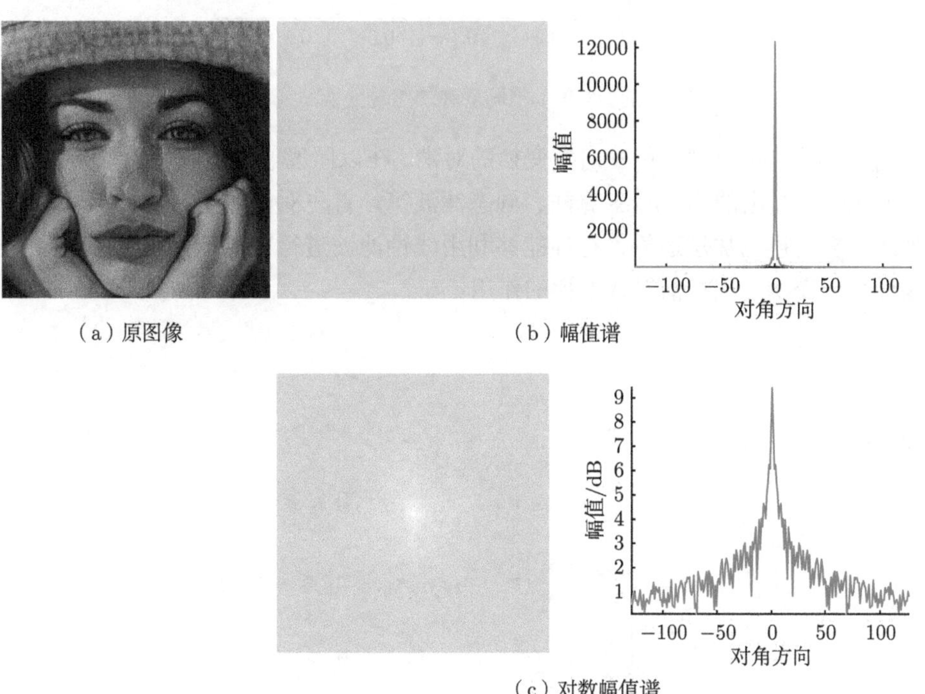

（a）原图像 （b）幅值谱

（c）对数幅值谱

图 3-8 对数变换应用于傅里叶变换幅值谱的显示

3.2.3 指数变换

指数变换为对数变换的反函数，一般表达式为

$$s = c\left(a^{r} - 1\right) \tag{3-9}$$

① 详见 3.4.1 节中重尺度化的数学公式。

式中，c 为常数，a 为指数的底数。指数变换的作用是拉伸图像的动态范围。图 3-9 显示了不同底数的指数变换曲线，底数越大，拉伸程度越大，图中 $c=1$。

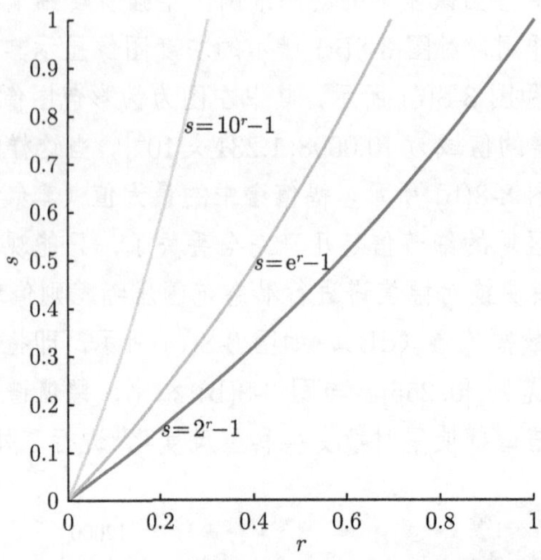

图 3-9　不同底数的指数变换曲线

指数变换的一个典型应用是对数变换的对消。在以照度-反射模型为基础的图像增强方法中，如 Land 提出的 Retinex 算法、同态滤波等，首先对图像进行对数变换，在对数域中将乘法运算转换为加法运算，这样能够利用线性滤波进行图像增强，然后使用指数变换对图像进行反变换，以抵消对数变换的作用。

3.2.4　分段线性变换

分段线性变换的一般表达式为

$$s=\begin{cases}\dfrac{s_1}{r_1}r, & 0\leqslant r<r_1\\[2mm] \dfrac{s_2-s_1}{r_2-r_1}(r-r_1)+s_1, & r_1\leqslant r\leqslant r_2\\[2mm] \dfrac{s_2-1}{r_2-1}(r-1)+1, & r_2<r\leqslant 1\end{cases}\tag{3-10}$$

图 3-10(a) 显示了分段线性函数，点 (r_1,s_1) 和 (r_2,s_2) 的位置控制了变换函数的形状，其中 $r_1\leqslant r_2$，$s_1\leqslant s_2$。曝光不足、曝光过度和传感器动态范围过窄等都会造成图像表现出低对比度。分段线性变换的作用是拉伸图像的对比度，是一种重要的灰度级变换。

当 $s_1=0$ 且 $s_2=1$ 时，式 (3-10) 的分段线性变换可简化为

$$s=\frac{r-r_1}{r_2-r_1},\quad r_1\leqslant r\leqslant r_2\tag{3-11}$$

如图 3-10(b) 所示，将灰度级范围从 $[r_1,r_2]$ 线性拉伸到 $[0,1]$，其中，r_1 和 r_2 分别为线性拉伸的下限和上限。如图 3-10(c) 所示，通过截断一定比例的最亮像素和最暗像素，并使

中间亮度像素占有整个灰度级，提高图像的全局对比度。图中 P_{low} 和 P_{high} 分别表示截断的最暗和最亮像素的比例，r_{low} 和 r_{high} 分别表示图像所占灰度级范围的最小值和最大值。这种情况通常称为对比度拉伸或直方图剪裁，广泛应用于图像预处理中。

当 $r_1 = s_1$ 且 $r_2 = s_2$ 时，式 (3-10) 的分段线性函数退化为线性函数。当 $r_1 = r_2$，$s_1 = 0$ 且 $s_2 = 1$ 时，式 (3-10) 的分段线性函数退化为阈值函数。

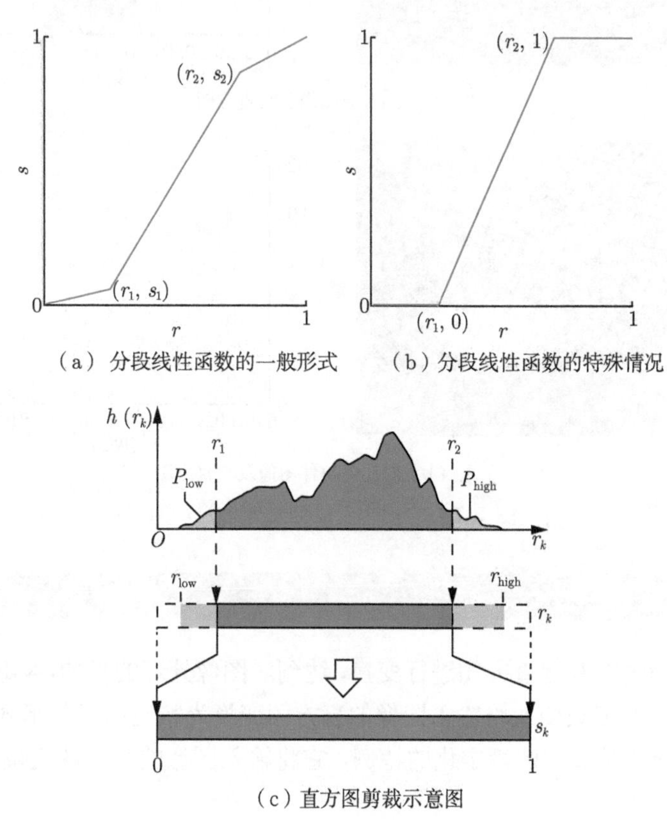

（a）分段线性函数的一般形式　（b）分段线性函数的特殊情况

（c）直方图剪裁示意图

图 3-10　分段线性函数

例 3-3　分段线性函数在图像增强中的应用

图 3-11 给出了一个分段线性函数应用于图像对比度拉伸的图例。如图 3-11(a) 所示，水下图像对比度低，由直方图可见，图像的像素值集中分布在较窄的灰度级范围。MATLAB 图像处理工具箱中的 stretchlim 函数根据截断像素的比例计算对比度拉伸的上、下限，imadjust 函数根据上、下限进行对比度拉伸处理。截断 1%的最暗像素和最亮像素，确定对比度拉伸的下限 $r_1 = 0.4392$ 和上限 $r_2 = 0.7412$，在直方图中用符号“×”标记。将输入图像的灰度级范围从 $[r_1, r_2]$ 线性拉伸到 $[0, 1]$。图 3-11(b) 为对比度拉伸的结果，由图中可见，图像的对比度明显增强。对比度增强包括全局对比度增强和局部对比度增强。对比度拉伸是一种全局对比度增强方法，这类方法能够增强图像中某些局部区域的对比度，同时也会降低其他局部区域的对比度；而局部对比度增强利用图像的局部特性，同时增强图像的全局和局部对比度。

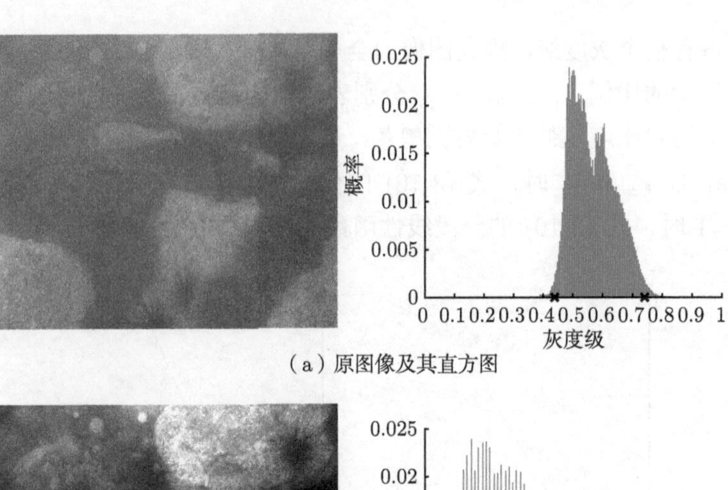

（a）原图像及其直方图

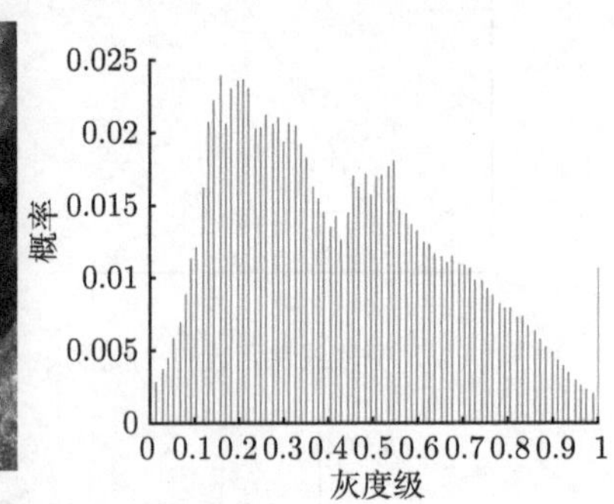

插图

（b）对比度拉伸图像及其直方图

图 3-11　对比度拉伸图像增强示例

3.3 直方图变换

微课

直方图变换通过对灰度直方图进行变换，达到对图像处理的目的，实现图像增强。直方图规定化是指通过灰度级变换将输入图像的直方图变换为特定的函数形式，也称为直方图匹配。直方图均衡化是直方图规定化的特例，它将输入图像的直方图变换为均匀分布函数。

3.3.1 直方图映射函数

直方图变换本质上是灰度级变换，是一种点处理方法。设 r 表示输入图像的灰度级，s 表示输出图像的灰度级，直方图变换可表示为灰度级变换函数 $s = T(r)$，其中，$0 \leqslant r, s \leqslant 1$。$T(r)$ 的选取应满足增强函数的两个条件，第一个条件理论上应为严格单调递增函数，保证反函数的存在。满足上述条件的反函数表示为

$$r = T^{-1}(s) \tag{3-12}$$

反函数同样满足这两个条件。

通过建立输入直方图 $p_r(r)$ 和输出直方图 $p_s(s)$ 之间的映射关系，求映射函数 $s = T(r)$。为了简化表述，从连续型随机变量的概率密度函数入手进行讨论。若将输入灰度级 r 和输出灰度级 s 看成随机变量，分别用 R 和 S 表示，则 $p_r(r)$ 表示输入灰度级 R 的概率密度函数，$p_s(s)$ 表示输出灰度级 S 的概率密度函数。当概率密度函数存在时，累积

分布函数（也称为分布函数）是概率密度函数的积分，描述了连续型随机变量的概率分布。设 $F_s(s)$ 表示随机变量 S 的分布函数，$F_r(r)$ 表示随机变量 R 的分布函数，根据分布函数的定义，则有

$$
\begin{aligned}
F_s(s) &\overset{①}{=\!=} P\{S < s\} \overset{②}{=\!=} P\{T(R) < s\} \\
&\overset{③}{=\!=} P\left\{R < T^{-1}(s)\right\} \overset{④}{=\!=} P\{R < r\} \overset{⑤}{=\!=} F_r(r)
\end{aligned}
\tag{3-13}
$$

式中，$P(\cdot)$ 表示随机事件发生的概率；$T(r)$ 为严格单调递增函数，即 $r = T^{-1}(s)$ 存在。①、⑤ 应用了分布函数的定义；② 应用了随机变量 S 是 R 的函数 $s = T(r)$；③ 应用了 $T(r)$ 为严格单调递增函数；④ 应用了 $r = T^{-1}(s)$。注明概率密度函数或分布函数的下标，表明输入和输出具有不同的形式。

式 (3-13) 表明，若 S 是关于 R 的函数 $s = T(r)$，则可以通过分布函数建立了输出灰度级 s 与输入灰度级 r 之间的映射关系。图 3-12 解释了输出灰度级 s 与输入灰度级 r 之间映射关系的几何意义，概率密度函数是分布函数的导函数，由式 (3-13) 可得 $p_s(s)\mathrm{d}s = p_r(r)\mathrm{d}r$，这表明随机变量 R 的取值落在区间 $[r, r+\Delta r]$ 内的概率等同于随机变量 S 的取值落在区间 $[s, s+\Delta s]$ 内的概率。直方图映射是寻找分布函数 $F_s(s)$ 和 $F_r(r)$ 相等时 s 与 r 之间的映射关系，即 r 映射为 s 的变换函数 $s = T(r)$。

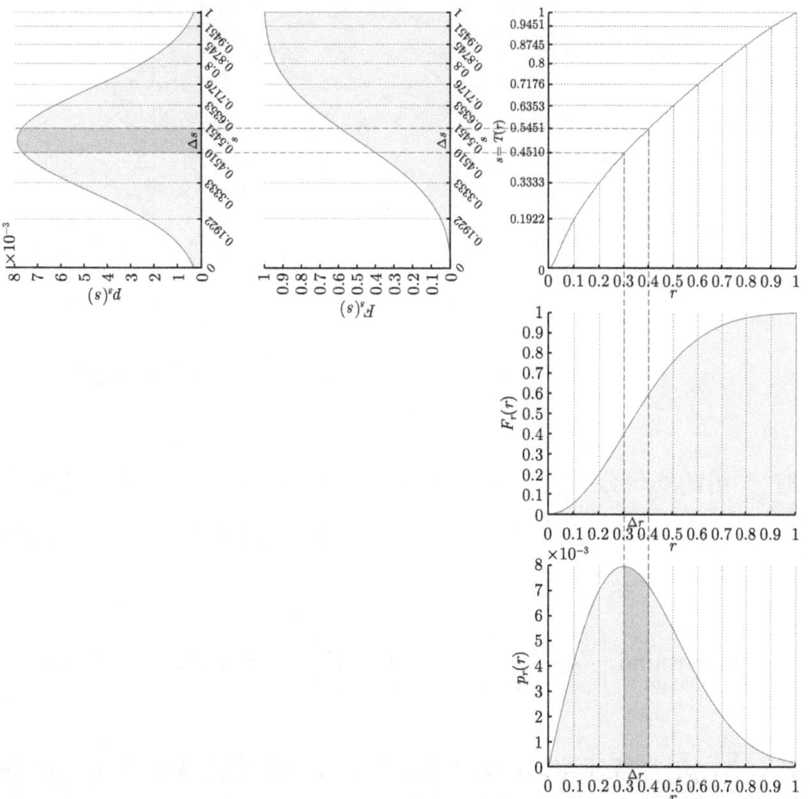

图 3-12　输出灰度级 s 与输入灰度级 r 之间映射关系的几何解释

3.3.2 直方图均衡化

当直方图中像素值占有较宽的灰度动态范围，且分布较为平坦时，图像呈现高对比度。直方图均衡化是对直方图进行变换，使输入图像的直方图变换为均匀分布直方图。图 3-13 直观描述了直方图均衡化的机理。均匀分布随机变量 S 的概率密度函数为 $p_s(s)=1$，分布函数为 $F_s(s)=s$。依据式 (3-13)，直方图均衡化直接寻找 s 和 $F_r(r)$ 相等时 s 与 r 之间的映射关系。对于连续变量的情况，使用变换函数 $s=F_r(r)$ 可以使 s 的函数为均匀分布函数①。然而，输入图像的灰度级是离散变量，且均匀分布直方图的组（bin）数也是离散形式，对于离散均匀分布直方图的情况，$s=F_s(s)$ 不成立。

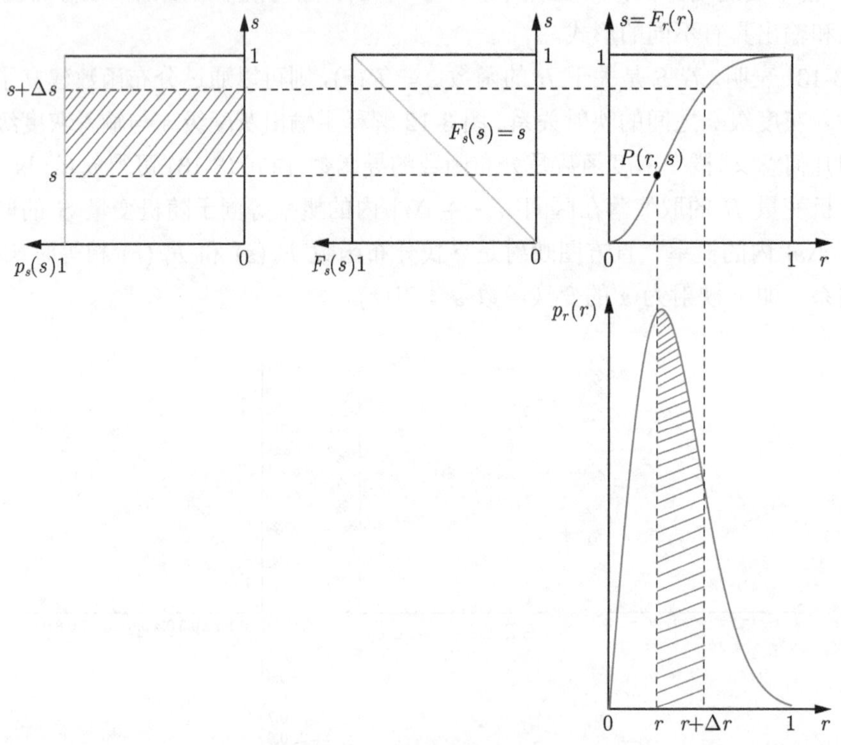

图 3-13　直方图均衡化的机理

对于 M 个组的均匀分布直方图，$M \leqslant L$，均匀分布直方图各组的概率相等，均为 $p_s(l)=\dfrac{1}{M}$，$l=0,1,\cdots,M-1$，将直方图组线性映射到图像的整个灰度级范围，计算公式为

$$s_l = \text{round}\left[\frac{F_s(l)-F_s(0)}{1-F_s(0)}\cdot(L-1)\right],\quad l=0,1,\cdots,M-1 \tag{3-14}$$

式中，$F_s(l)=\sum_{j=0}^{l} p_s(j)$ 表示组 l 的累积直方图，L 为图像的灰度级数，M 为直方图的组

文档

① 证明过程详见电子文档。

数。式 (3-14) 是直方图组 l 到图像灰度级 s_l 的映射，s_l 的灰度级范围为无符号整型表示 $[0, L-1]$，若表示为归一化的灰度级，则将 s_l 除以 $L-1$。

对于 L 个灰度级的数字图像，第 k 个灰度级为 r_k，灰度级 r_k 的像素数为 n_k，像素总数为 n，计算输入图像灰度级 r_k 的累积直方图 $F_r(r_k)$ 为

$$c_k = F_r(r_k) = \sum_{j=0}^{k} p_r(r_j) = \sum_{j=0}^{k} \frac{n_j}{n}, \quad k = 0, 1, \cdots, L-1 \tag{3-15}$$

式中，$p_r(r_k)$ 为概率直方图。

已知 s_l，计算均匀分布直方图 $p_s(s_l)$ 的累积直方图为

$$\tilde{s}_l = F_s(s_l) = \sum_{j=0}^{l} p_s(s_j), \quad l = 0, 1, \cdots, M-1 \tag{3-16}$$

在离散情况下，变换函数 $s = F_r(r)$ 实际上是对于各个 k，寻找 l 满足

$$\hat{l} = \arg\min_{l} |c_k - \tilde{s}_l|, \quad k = 0, 1, \cdots, L-1; l = 0, 1, \cdots, M-1 \tag{3-17}$$

式 (3-17) 表明，对于第 k 个输入灰度级 r_k，寻找输入累积直方图与均匀分布的累积直方图最小时，在均匀分布直方图中对应的组 l。

求取输入灰度级 r_k 与输出灰度级 s_l 之间的映射关系分为两个步骤：① 输入灰度级 r_k 到均匀分布直方图组 l 的映射；② 均匀分布直方图组 l 到输出灰度级 s_l 的映射。

由式 (3-17) 可推导出输入灰度级 r_k 到均匀分布直方图组 l 的映射关系为

$$l = \max\left[\mathrm{round}(Mc_k) - 1, 0\right] \tag{3-18}$$

式中，$\mathrm{round}(\cdot)$ 表示四舍五入运算，$c_k = F_r(r_k)$ 是输入图像灰度级 r_k 的累积直方图，M 为直方图的组数。式 (3-18) 表示的映射关系为

$$\begin{aligned} & c_k \in \left[0, \frac{1.5}{M}\right) \to 0 \\ & c_k \in \left[\frac{l+0.5}{M}, \frac{l+1.5}{M}\right) \to l, \quad l = 1, 2, \cdots, M-2 \\ & c_k \in \left[\frac{M-0.5}{M}, 1\right] \to M-1 \end{aligned}$$

图 3-14 以 $M = 4$ 为例直观说明了式 (3-18) 的映射关系。

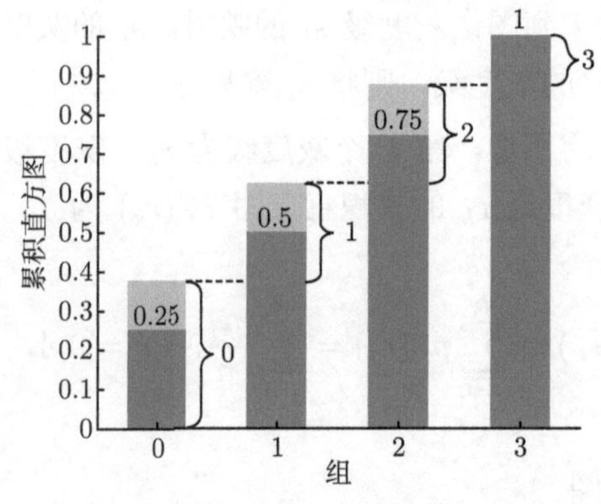

图 3-14　式 (3-18) 的图形解释

式 (3-18) 将输入 L 个灰度级映射到 M 个均匀分布直方图组，拉伸直方图使输出图像覆盖整个灰度级范围 $0 \sim L-1$。直方图组 l 到输出灰度级 s_l 的映射为

$$s_l = \text{round}\left(\frac{l}{M-1}(L-1)\right) \tag{3-19}$$

式中，$l = \max\left[\text{round}\left(MF_r\left(r_k\right)\right)-1, 0\right]$。当 $M=L$ 时，即均匀分布直方图的组数等于输入图像灰度级数，$s_l = \max\left[\text{round}\left(LF_r\left(r_k\right)\right)-1, 0\right]$。式 (3-19) 是 L 个灰度级的无符号整数表示，若除以 $L-1$，则将灰度级 s_l 归一化到 $[0,1]$。

直方图均衡化的具体可执行步骤描述如下：

（1）根据式 (3-15) 计算输入图像灰度级 r_k 的累积直方图 $F_r\left(r_k\right)$。

（2）根据式 (3-18) 和式 (3-19) 确定输入灰度级与输出灰度级之间的映射关系 $r_k \to s_l$，将输入图像中灰度级为 r_k 的像素映射到输出图像中灰度级为 s_l 的对应像素。

（3）统计输出图像灰度级 s_l 的概率直方图 $\hat{p}_s\left(s_l\right)$。

表 3-1 给出了一个直方图均衡化示例的具体计算过程，输入图像的灰度级范围为 $[0, L-1]$，灰度级数 L 为 8，均匀分布直方图组数 M 与灰度级数 L 相等。图 3-15 比较了表 3-1 给出示例的直方图均衡化处理前后的概率直方图，图 3-15(a) 和图 3-15(b) 为输入直方图及其累积直方图，图 3-15(c) 和图 3-15(d) 为均匀分布直方图及其累积直方图，图 3-15(e) 和图 3-15(f) 为输出直方图及其累积直方图。比较图 3-15(a) 和图 3-15(e) 可见，直方图中同一灰度级的像素不能拆分，不同灰度级的像素通常会合并。在映射过程中可能会导致将多个不同的 r_k 映射到相同的灰度级 s_l，不同输入灰度级 r_k 的像素在灰度级映射后归并到同一输出灰度级 s_l 的像素中。因此，所使用的灰度级数会减少，从而导致细节信息的损失。

绘图计算是一种简单且直观的方式，使用灰度条表示累积直方图，每一段对应直方图中的一个灰度级。对于表 3-1 中的输入直方图 [图 3-15(a)]，图 3-16 给出了一个当 $M<L$ 时的直方图均衡化示例，灰度级数 $L=8$，均匀分布直方图组数 $M=4$。通过绘图计算方式直观说明直方图均衡化的灰度映射法则，映射法则确定 c_k 和 $\tilde{s}_l$ 之间的最近邻关系，图中直线连接了输入累积直方图与均匀分布累积直方图之间最接近的数值，即最短的连线。

表 3-1　直方图均衡化的计算步骤，像素总数 n 为 4096，灰度级数 L 为 8，均匀分布直方图组数 $M=L$

步骤序号	r_k n_k	0 508	1 821	2 898	3 892	4 552	5 181	6 159	7 85
1a	$p_r(r_k)=n_k/n$	0.124	0.2	0.219	0.218	0.135	0.0442	0.0388	0.0208
1b	$c_k=F_r(r_k)$	0.124	0.324	0.543	0.761	0.896	0.940	0.979	1
2a	$s_l=\max[\text{round}(Lc_k)-1,0]$	0	2	3	5	6	7	7	7
2b	$r_k \to s_l$	0→0	1→2	2→3	3→5	4→6	5, 6, 7→7		
3	$\hat{p}_s(s_l)$	0.124	0	0.2	0.219	0	0.218	0.135	0.104

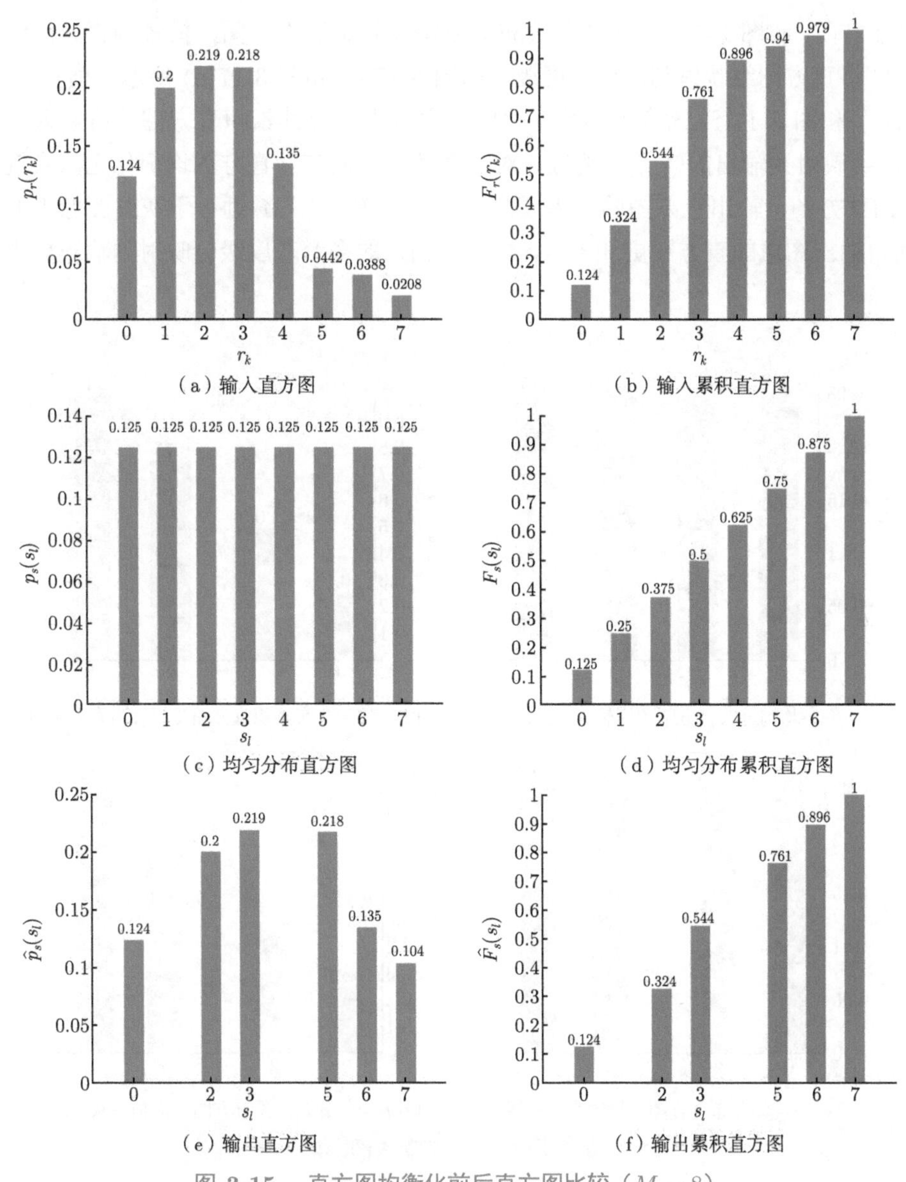

（a）输入直方图

（b）输入累积直方图

（c）均匀分布直方图

（d）均匀分布累积直方图

（e）输出直方图

（f）输出累积直方图

图 3-15　直方图均衡化前后直方图比较（$M=8$）

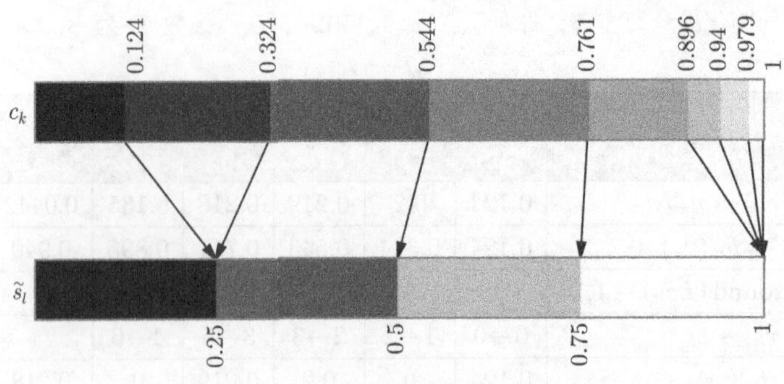

图 3-16　直方图均衡化的绘图计算

图 3-17(a) 和图 3-17(b) 为均匀分布直方图及其累积直方图，横轴为直方图组。根据式 (3-14) 将直方图组映射到图像灰度级，如图 3-17(c) 和图 3-17(d) 所示，横轴为灰度级。图 3-17(e) 和图 3-17(f) 为直方图均衡化的输出直方图及其累积直方图，将输入直方图的 8 个灰度级映射为输出的 4 个灰度级。对于离散变量而言，直方图均衡化无法实现完全均匀分布的直方图，输出直方图的概率近似为均匀分布。当 M 远小于灰度图像中的灰度级数 L 时，输出图像的直方图更加平坦，同时，输入的多个灰度级会映射到输出更少的灰度级上。

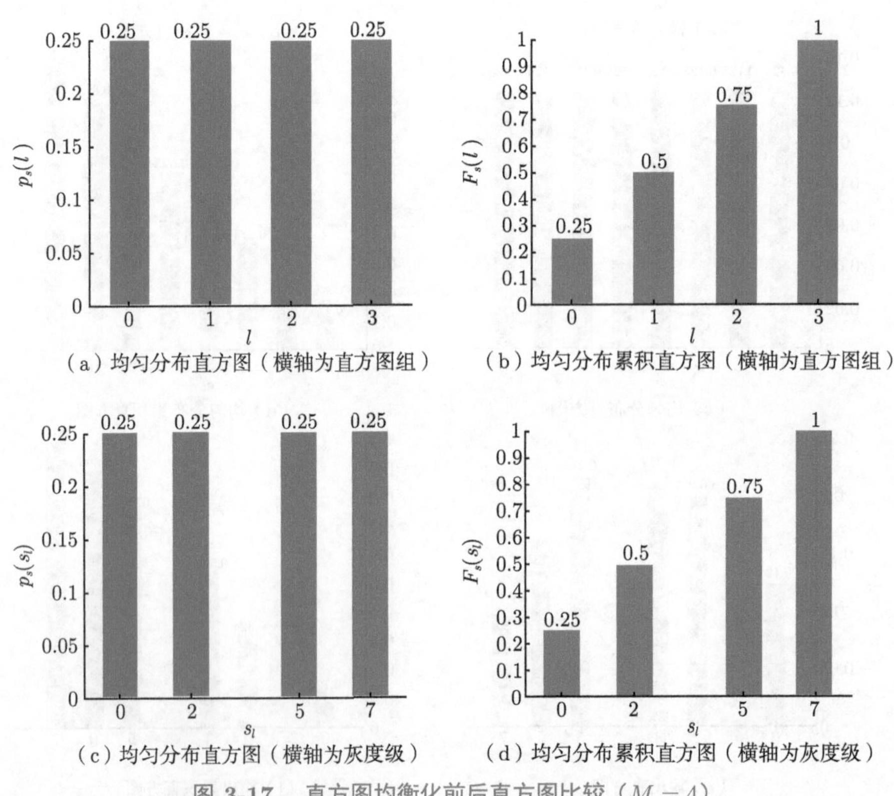

（a）均匀分布直方图（横轴为直方图组）　（b）均匀分布累积直方图（横轴为直方图组）

（c）均匀分布直方图（横轴为灰度级）　（d）均匀分布累积直方图（横轴为灰度级）

图 3-17　直方图均衡化前后直方图比较（$M = 4$）

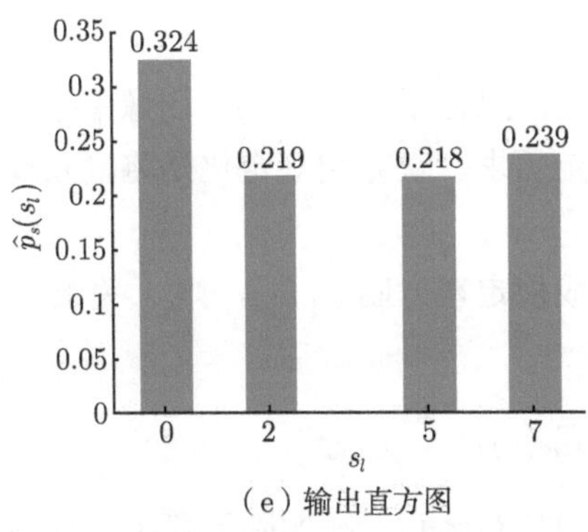

(e) 输出直方图

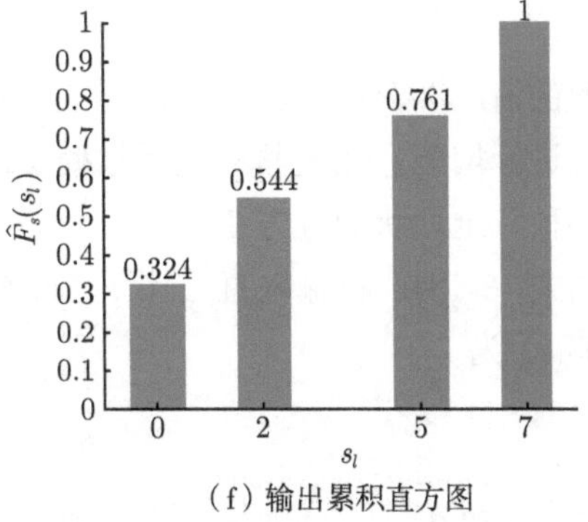

(f) 输出累积直方图

图 3-17 （续）

例 3-4 直方图均衡化在图像增强中的应用

图 3-18(a) 为一幅低亮度图像及其直方图，该图像整体偏暗，在直方图中的表现为像素灰度主要分布在灰度级的暗端。使用 MATLAB 图像处理工具箱的 histeq 函数进行直方图均衡化。指定均匀分布直方图具有 64 个组，即 $M = 64$。图 3-18(b) 为直方图均衡化的结果及其直方图，从直方图中可以看出，变换后图像的动态范围扩展到整个灰度级上，并且大致平坦，在图像中表现为对比度明显增强。需要说明的是，直方图均衡化使一幅图像的像素值占有全部可能的灰度级且分布尽可能均匀，尽管从视觉效果上提高了图像的对比度，但是，由于直方图中概率较小的灰度级合并为更少的几个或一个灰度级，从而减少了图像的灰度层次，且某些细节像素的概率较小，在直方图均衡化过程中归并到概率较大的灰度级中，从而造成图像细节发生失真。

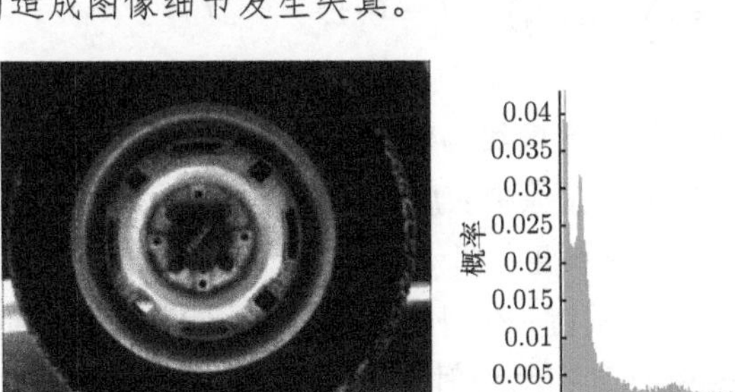

(a) 低对比度图像及其直方图

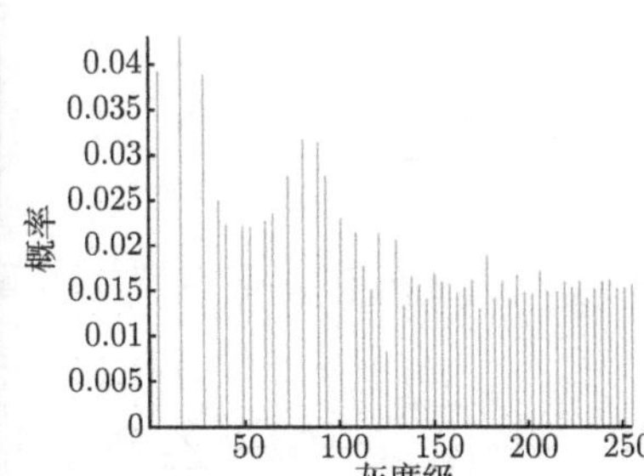

(b) 直方图均衡化图像及其直方图

图 3-18 直方图均衡化图像增强示例

3.3.3 直方图规定化

一般的情况要求图像具有特定形状的直方图，以便于有选择地对图像中某个特定的灰度级范围进行增强，或使其满足后续处理的特定需求。直方图规定化是将输入直方图变换为任意某种特定形状的直方图。

根据式 (3-13)，将输入直方图 $p_r(r)$ 变换成规定直方图 $p_s(s)$，则 s 关于 r 的映射函数 $s = T(r)$ 为

$$s = F_s^{-1}(F_r(r)) \tag{3-20}$$

式中，$F_r(r)$ 和 $F_s(s)$ 分别为 $p_r(r)$ 和 $p_s(s)$ 的分布函数。在实际计算中，无须计算反函数，直接寻找 $F_r(r)$ 到 $F_s(s)$ 的映射。

设输入图像灰度级 r_k 的概率直方图为 $p_r(r_k)$，$k = 0, 1, \cdots, L-1$，L 为输入图像的灰度级数；规定直方图为 $p_s(s_l)$，$l = 0, 1, \cdots, M-1$，M 为规定直方图的组数，且 $L \geqslant M$。直方图规定化的具体执行步骤描述如下：

（1）对输入图像的概率直方图 $p_r(r_k)$ 计算其累积直方图：

$$F_r(r_k) = \sum_{i=0}^{k} p_r(r_i), \quad k = 0, 1, \cdots, L-1 \tag{3-21}$$

（2）对规定直方图 $p_s(s_j)$ 计算其累积直方图：

$$F_s(s_l) = \sum_{j=0}^{l} p_s(s_j), \quad l = 0, 1, \cdots, M-1 \tag{3-22}$$

（3）根据灰度映射法则，确定输入灰度级与输出灰度级之间的映射关系 $r_k \to s_l$，将输入图像中灰度级 r_k 的像素映射到输出图像中灰度级 s_l 的对应像素；

（4）统计输出图像灰度级 s_l 的概率直方图 $\hat{p}_s(s_l)$。

灰度映射法则是直方图规定化的关键，不同的映射关系，会产生不同的规定化结果。单映射法则（single mapping law, SML）和组映射法则（group mapping law, GML）是两种常用的灰度映射法则[①]。

单映射法则 $F_r(r_k) \to F_s(s_l)$ 对于各个 k 寻找 l，满足

$$\min_{l} \left| \sum_{i=0}^{k} p_r(r_i) - \sum_{j=0}^{l} p_s(s_j) \right|, \quad k = 0, 1, \cdots, L-1 \tag{3-23}$$

组映射法则 $F_s(s_l) \to F_r(r_k)$ 确定满足如下公式的最小整数函数 $k(l)$：

$$\min_{k(l)} \left| \sum_{i=0}^{k(l)} p_r(r_i) - \sum_{j=0}^{l} p_s(s_j) \right|, \quad l = 0, 1, \cdots, M-1 \tag{3-24}$$

① 1992 年 Zhang 提出了直方图规定化的组映射法则，单映射的命名是相对于组映射而言。式 (3-17) 和式 (3-23) 均为单映射法则。

其中，$k(l), l=0,1,\cdots,M-1$ 为整数函数，满足

$$0 \leqslant k(0) \leqslant \cdots \leqslant k(l) \leqslant \cdots \leqslant k(M-1) \leqslant L-1$$

若 $l=0$，则将 $i=0$ 到 $i=k(0)$ 的 $p_r(r_i)$ 映射到 $p_s(s_0)$；若 $l \geqslant 1$，则将 $i=k(l-1)+1$ 到 $i=k(l)$ 的 $p_r(r_i)$ 映射到 $p_s(s_l)$。

对于表 3-1 中的输入直方图 [图 3-15(a)]，表 3-2 给定了规定直方图。图 3-19 给出了直方图规定化的绘图计算方式，映射法则确定 $F_r(r_k)$ 和 $F_s(s_l)$ 之间的最近邻关系，图中直线连接了输入累积直方图与规定累积直方图之间最接近的数值。如图 3-19(a) 所示，单映射法则对输入累积直方图中各个灰度级的概率累加值向规定累积直方图连线，输入灰度级依次映射到规定直方图的灰度级。如图 3-19(b) 所示，组映射法则对规定化累积直方图向输入累积直方图连线，可以看成将输入灰度级划分为组，组内全部灰度级映射到规定直方图的灰度级。

表 3-2　规定直方图

s_l	0	1	2	3	4	5	6	7
$p_s(s_l)$		0.15		0.3		0.35	0.2	

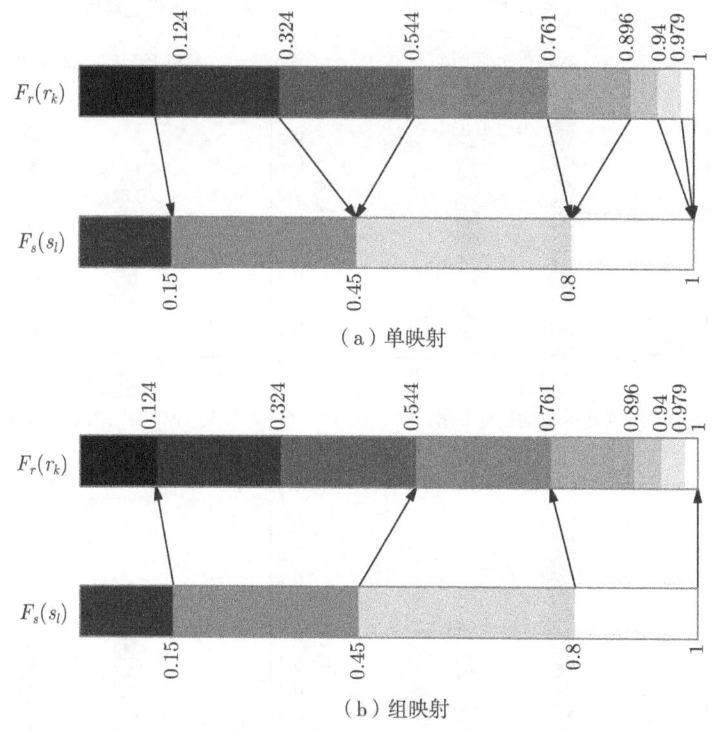

（a）单映射

（b）组映射

图 3-19　直方图规定化的绘图计算

图 3-20 给出了直方图规定化处理的结果，图 3-20(a) 和图 3-20(b) 分别为规定直方图及其累积直方图，图 3-20(c) 和图 3-20(d) 分别为单映射计算的输出直方图及其累积直方图，图 3-20(e) 和图 3-20(f) 分别为组映射计算的输出直方图及其累积直方图。由于直方图

规定化的本质是输入直方图与规定直方图分布函数的映射，通过两个累积直方图之间的均方误差来度量直方图规定化映射的准确度，均方误差越小，映射越准确。通过计算可知，组映射所产生的均方误差小于单映射所产生的均方误差。

对于离散的数字图像，由于直方图是离散化的，不同灰度级的像素可以合并，同一灰度级的像素不能拆分。因此，对于离散变量而言，无法做到与规定直方图完全相同，输出直方图与规定直方图近似保持一致。

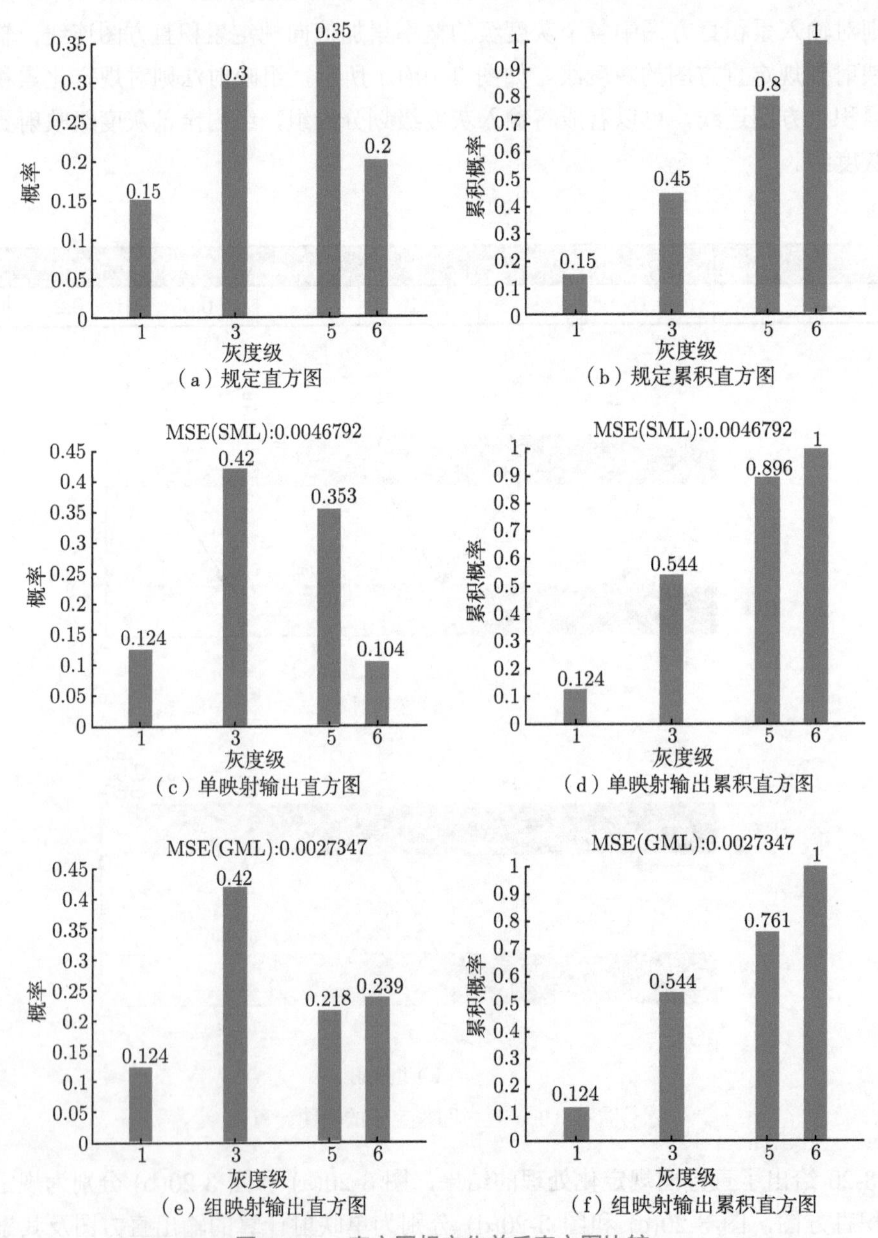

图 3-20　直方图规定化前后直方图比较

代码

例 3-5　直方图规定化在图像增强中的应用

对图 3-18(a) 所示的低对比度图像进行直方图规定化处理。MATLAB 图像处理工具箱中直方图规定化也是 histeq 函数，需要指定规定直方图。选择暗部主体的瑞利分布函数构造规定直方图，如图 3-21(a) 所示，规定直方图利用了整个灰度级的动态范围，其组数为 64。当规定直方图的组数远小于灰度图像中的灰度级数时，输出图像的直方图更好地匹配规定直方图。图 3-21(b) 给出了直方图规定化的结果及其直方图，相比图 3-18(b) 所示的直方图均衡化图像，增强了图像中暗部区域的灰度层次。

（a）瑞利分布的规定直方图　　（b）直方图规定化图像及其直方图

图 3-21　直方图规定化示例

3.4 算术运算

图像中的算术运算是对两幅或多幅相同尺寸的输入图像之间逐像素进行加、减、乘、除运算，达到某种图像增强的目的。在上述四种算术运算中，减法运算和加法运算在图像增强处理中最有用。本节将讨论减法运算和加法运算在图像增强中的应用。基于像素的算术运算每次处理一个像素，并与其他像素的处理无关，因而适合于并行操作且容易在硬件上实现。

3.4.1 图像相减

设 $f_1(x,y)$ 和 $f_2(x,y)$ 表示两幅相同尺寸的数字图像，两幅图像的减法运算是计算这两幅图像对应像素的灰度差值 $d(x,y)$，可表示为

$$d(x,y) = f_1(x,y) - f_2(x,y) \tag{3-25}$$

在图像处理中，图像相减主要有三方面的应用：① 显示两幅图像的差异；② 检测同一场景两帧图像之间的变化，例如，视频中镜头边界的检测；③ 消除图像中不需要的加性分量，例如，缓慢变化的背景、阴影、周期性噪声等。

文档

文档

在运动目标检测与跟踪的应用中，背景减除法和帧间差分法是两种常用的运动目标检测方法，可用于视频流中的运动目标检测。背景减除法是比较视频流中当前帧图像与事先存储的或实时获取的背景图像中对应像素的差异，分割出前景运动目标（见电子文档中的图例）。帧间差分法是通过视频帧中的同一场景相邻帧之间的变化检测出前景运动目标（见电子文档中的图例）。

减法运算可能产生负值，而显示系统要求像素值为无符号整型，因此，在显示之前需要将差值进行重尺度化。一种最常用的重尺度化方法是将差值线性映射到显示允许的灰度级范围内，如图 3-22 所示，可用数学表达式表示为

$$g(x,y) = \mathrm{round}\left[\frac{d(x,y) - d_{\min}}{d_{\max} - d_{\min}} g_{\max}\right] \tag{3-26}$$

式中，$g(x,y)$ 为重尺度化的差值图像，$d(x,y)$ 为差值，$d_{\min}$ 和 $d_{\max}$ 分别为差值 $d(x,y)$ 的最小值和最大值，$g_{\max}$ 为显示允许的最大灰度值，round $[\cdot]$ 表示四舍五入运算。通用的显示设备使用 8 位无符号整型 256 个灰度级显示图像，在这种情况下，$g_{\max}$ 为 255。式 (3-26) 可分解为如下具体的步骤：① 查找差值中的最小值 $d_{\min}$ 和最大值 $d_{\max}$，对每个像素值减去 $d_{\min}$，将差值的范围从 $[d_{\min}, d_{\max}]$ 线性平移到范围 $[0, d_{\max} - d_{\min}]$；② 乘以尺度因子 $1/(d_{\max} - d_{\min})$ 进行比例缩放到归一化范围 $[0, 1]$；③ 乘以显示允许的最大灰度值 $g_{\max}$ 进行比例缩放到显示范围 $[0, g_{\max}]$；④ 四舍五入为正整数。

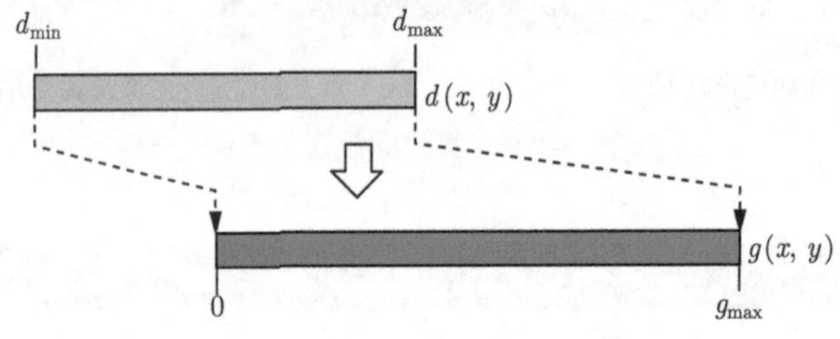

图 3-22　重尺度化示意图

代码

例 3-6　数字减影血管造影

在医学图像处理中，数字减影技术实际上是减法运算。数字减影血管造影（digital subtraction angiography, DSA）是通过对注入造影剂之后与注入造影剂之前的血管造影影像进行减法操作，消除不需要的组织影像，仅保留血管影像。图 3-23(a) 和图 3-23(b) 分别为注入造影剂之前和注入造影剂之后的血管造影影像，图 3-23(c) 为图 3-23(b) 与图 3-23(a) 相减的结果，并将灰度级范围重尺度化以 8 位灰度级图像显示。由图中可见，数字减影的特点是目标清晰，对血管病变的观察、血管狭窄的定位测量、诊断及介入治疗提供了必备条件。

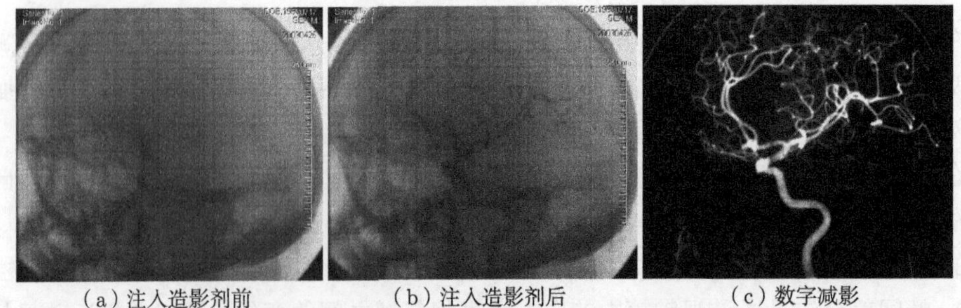

(a) 注入造影剂前　　(b) 注入造影剂后　　(c) 数字减影

图 3-23　减法运算用于数字减影血管造影

3.4.2 图像相加

设 $f_1(x,y)$ 和 $f_2(x,y)$ 表示两幅相同尺寸的数字图像，两幅图像的加法运算是计算这两幅图像对应像素的灰度值之和 $g(x,y)$，可表示为

$$g(x,y)=f_1(x,y)+f_2(x,y) \tag{3-27}$$

在图像处理中，图像相加主要有两个方面的应用：① 对同一场景的多幅序列图像求取平均值，从而降低加性随机噪声的影响；② 将一幅图像叠加到另一幅图像上，以达到二次曝光的效果。其中，第一个应用更为广泛，下面将具体解释多幅图像相加实现降噪的机理。

若成像系统受加性噪声干扰，则所成图像可用如下的降质模型表示为

$$g(x,y)=f(x,y)+\eta(x,y) \tag{3-28}$$

式中，$g(x,y)$ 为有噪图像，$f(x,y)$ 为原图像，$\eta(x,y)$ 为加性噪声。将噪声看作随机变量，因此有噪图像 $g(x,y)$ 也是随机变量。假设每个像素 (x,y) 处的噪声 $\eta(x,y)$ 是独立同分布、且均值为零的随机变量。根据概率论的知识，$g(x,y)$ 的数学期望和方差为

$$E[g(x,y)]=f(x,y)+E[\eta(x,y)]=f(x,y) \tag{3-29}$$

$$\begin{aligned}\mathrm{Var}[g(x,y)]&=E\left\{[g(x,y)-E(g(x,y))]^2\right\}=E\left\{[g(x,y)-f(x,y)]^2\right\}\\&=E\left\{[\eta(x,y)]^2\right\}=\mathrm{Var}[\eta(x,y)]\end{aligned} \tag{3-30}$$

式中，$E(\cdot)$ 表示数学期望，$\mathrm{Var}(\cdot)$ 表示方差。式 (3-29) 和式 (3-30) 中最后的等号成立均是由于每个像素 (x,y) 处噪声 $\eta(x,y)$ 的数学期望为零。

假设对同一场景 $f(x,y)$ 连续 K 次成像，产生 K 幅不同的有噪图像 $\{g_i(x,y)\}_{i=1,2,\cdots,K}$，样本均值 $\bar{g}(x,y)$ 为

$$\bar{g}(x,y)=\frac{1}{K}\sum_{i=1}^{K}g_i(x,y)=\frac{1}{K}\sum_{i=1}^{K}[f(x,y)+\eta_i(x,y)] \tag{3-31}$$

式中，$g_i(x,y)$ 为第 i 幅有噪图像，$\eta_i(x,y)$ 为第 i 次成像中的加性噪声。根据数学期望和方差的性质，均值图像 $\bar{g}(x,y)$ 的数学期望和方差分别为

$$E[\bar{g}(x,y)]=f(x,y) \tag{3-32}$$

$$\mathrm{Var}[\bar{g}(x,y)]=\frac{1}{K}\mathrm{Var}[\eta(x,y)] \tag{3-33}$$

式 (3-32) 表明，$f(x,y)$ 是 $\bar{g}(x,y)$ 的无偏估计；式 (3-33) 表明，当帧数 K 增加时，在每个像素 (x,y) 处 $\bar{g}(x,y)$ 偏离 $f(x,y)$ 的方差减小，噪声的包络收窄。由这两式联立可知，

随着所采集图像数目的增加，多幅图像相加使 $\bar{g}(x,y)$ 更好地逼近 $f(x,y)$，从而达到降低随机噪声的目的。在实际应用中，由于无法保证成像场景完全相同，因此需要事先对多幅图像 $g_i(x,y)$ 进行图像配准。

例 3-7　视频中字幕文本的分割

文本分割是将文本从具有复杂背景的图像或视频中分割出来，转换为二值图像，提供给光学字符识别引擎进行识别。复杂背景下的文本分割问题是视频中文本识别的一个关键环节。文本分割包括场景文本分割和字幕文本分割。对于场景文本，通常为了可读性，将场景文本叠加在纯色的背景上，且非常醒目。因此，场景文本分割较为容易。字幕文本通常直接叠加在视频上，而视频的复杂性增加了字幕文本分割的难度。由于视频中连续多帧中的字幕文本是静止的，而背景是显著变化的，因此，一种有效的方法是通过序列帧相加来削弱背景的影响。本例从某一视频中截取同一字幕的 326 帧文本图像，图 3-24(a) 显示了其中部分帧的文本图像，对这些序列帧逐帧累加求和，然后计算平均值，如图 3-24(b) 所示。对图 3-24(b) 进行简单的阈值化操作，阈值取值为 0.56，如图 3-24(c) 所示，产生一幅干净且完整的二值文本图像。由图中可见，通过对多个不同背景的同一字幕视频帧进行相加，可以显著削弱背景的影响，有利于阈值法图像分割。

插图

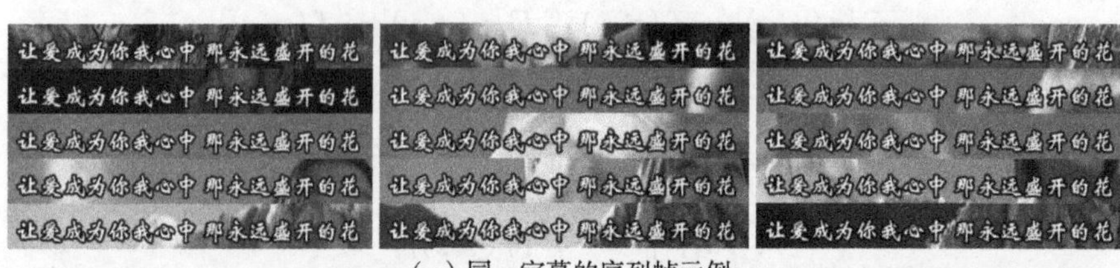

（a）同一字幕的序列帧示例

让爱成为你我心中那永远盛开的花　　让爱成为你我心中那永远盛开的花

（b）序列帧的均值图像　　（c）图（b）的二值图像

图 3-24　序列帧文本图像相加以及阈值分割示例

3.5　伪彩色、假彩色增强

所谓伪彩色和假彩色是指物体的颜色并非原有的实际颜色。伪彩色映射和假彩色合成都是常用的图像增强方法。

3.5.1　伪彩色映射

伪彩色映射根据特定的颜色查找表（color look-up table, CLUT）将灰度图像转换为彩色图像进行显示，从而将人眼难以区分的灰度差异转换为易于区分的色彩差异。伪彩色图像中像素的颜色不是由像素值直接决定，而是将像素值作为颜色查找表的表项入口地址，也称为索引号，在颜色查找表中查找出该像素对应的 R、G、B 数值。灰度图像本身并没有颜色，颜色查找表产生的色彩并不是物体本身的颜色，无法反映真实的色彩信息。灰度级分层和伪彩色变换是两种常用的伪彩色映射方法。

3.5.1.1 灰度级分层

将像素的灰度值表示为像素在图像中坐标 (x, y) 的函数 $f(x, y)$。灰度级分层法直观地理解为三维整数空间 $\mathbb{Z}^3$ 中平行于坐标平面的数个平面切割三维曲面，与灰度轴相交于不同的灰度值，将相邻两个平面之间的灰度值映射为同一颜色。平面的概念对于灰度分层的几何解释很有用。如图 3-25(a) 所示，函数为 $f(x, y) = l_i$ 和 $f(x, y) = l_j$ 的平面将三维灰度曲面切割成 3 部分，并映射为不同的颜色，形成了一幅三色的伪彩色图像。图 3-25(b) 是从映射函数的角度来解释灰度分层法，映射函数呈阶梯形状，对灰度级位于 $f(x, y) = l_i$ 之下、$f(x, y) = l_i$ 与 $f(x, y) = l_j$ 之间、$f(x, y) = l_j$ 之上的像素分别赋予不同的颜色。

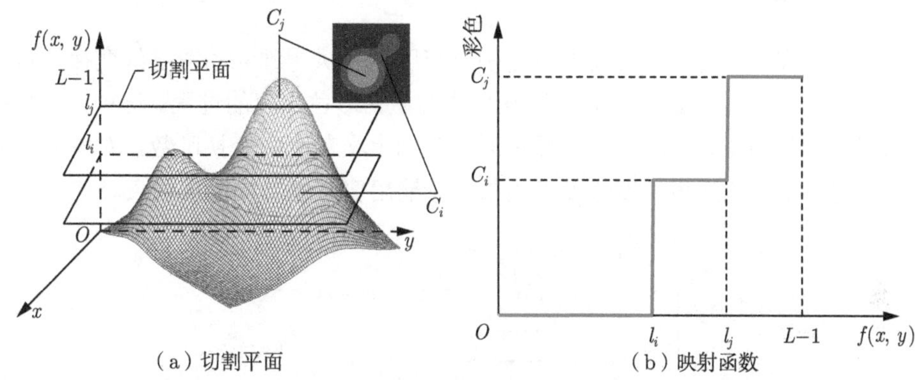

（a）切割平面　　（b）映射函数

图 3-25　灰度级分层的几何解释

插图

设灰度图像 $f(x, y)$ 具有 L 个灰度级，r_k 表示第 k 个灰度级，$k = 0, 1, \cdots, L-1$，$f(x, y) = l_n, n = 0, 1, \cdots, N$ 表示垂直于灰度轴的 $N+1$ 个平面，$N+1$ 个平面将灰度级分为 N 个间隔，表示为 $\mathcal{V}_n$，$\mathcal{V}_n$ 是由 $f(x, y) = l_n$ 与 $f(x, y) = l_{n+1}$ 之间的所有灰度值构成的集合，$n = 0, 1, \cdots, N-1$。根据如下的赋值进行灰度级到伪彩色的映射：

$$f(x, y) = C_n, \quad f(x, y) \in \mathcal{V}_n \tag{3-34}$$

式中，C_n 表示 $\mathcal{V}_n$ 中的灰度值所赋予的颜色，$n = 0, 1, \cdots, N-1$，其中，l_0 表示黑色 $f(x, y) = r_0$，l_N 表示白色 $f(x, y) = r_{L-1}$。

例 3-8　灰度级分层的伪彩色映射

代码

利用 MATLAB 图像处理工具箱中的 grayslice 函数实现伪彩色映射的灰度级分层法。对图 3-26(a) 所示灰度图像，图 3-26(b)~(c) 分别为对灰度级 $N = 3, 5, 10$ 等分的伪彩色映射图像。N 个颜色用 C_n 表示，$n = 0, 1, \cdots, N-1$。灰度值范围为 $\left[0, \dfrac{1}{N}\right) \cdot f_{\max}$ 的像素映射为第一个颜色 C_0，灰度值范围为 $\left[\dfrac{n-1}{N}, \dfrac{n}{N}\right) \cdot f_{\max}$ 的像素映射为第 n 个颜色 C_{n-1}，灰度值范围为 $\left[\dfrac{N-1}{N}, 1\right] \cdot f_{\max}$ 的像素映射最后一个颜色 C_{N-1}，其中 $f_{\max}$ 为显示允许的最大灰度值。

插图

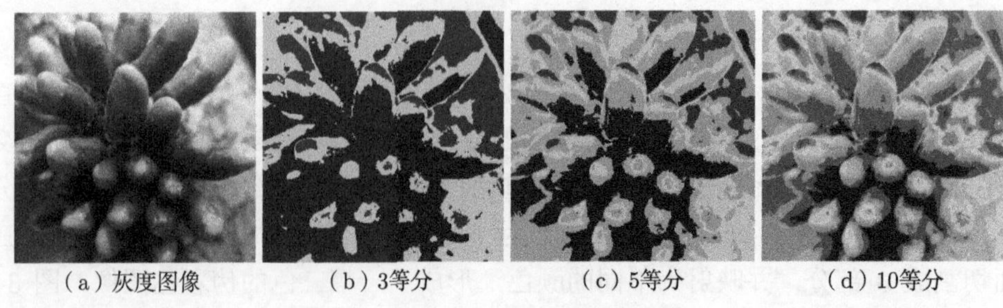

图 3-26　灰度级分层的伪彩色映射示例

3.5.1.2　伪彩色变换

伪彩色变换在 R、G、B 颜色通道分别对灰度图像执行独立的灰度级变换，将三个变换结果合成一幅伪彩色图像。图 3-27 直观地说明了伪彩色变换的过程。这种方法根据应用需要对伪彩色图像的 R、G、B 三个颜色通道分别定义灰度级变换函数，对输入像素的全部灰度级根据三个颜色通道灰度级变换函数计算输出值，建立颜色查找表。

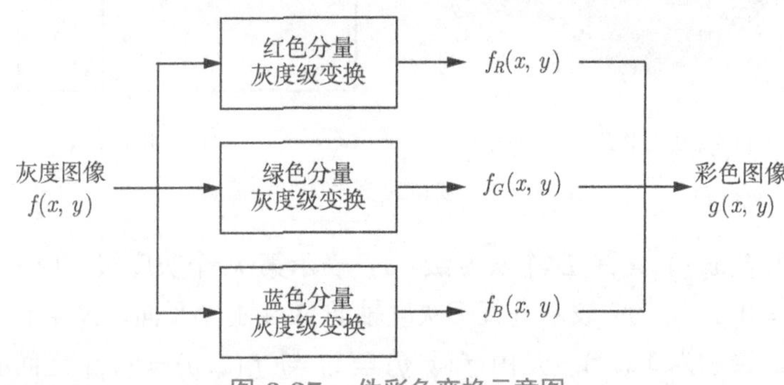

图 3-27　伪彩色变换示意图

一般情况下，人眼仅能分辨几十种不同深浅的灰度级，但可以区分几千种不同的颜色。因此，通过使用伪彩色来显示医学影像，可以提高对图像细节的分辨能力，有利于医师对疾病的诊断和判别。伪彩色的本质是建立颜色映射关系。医学影像显示设备上一般具有多个伪彩色选项，不同的选项对应不同的颜色查找表，将灰度级映射为不同的色彩系。通用的灰度图像显示设备是 8 位的，即 256 个灰度级，需要建立 256 维的颜色查找表。为了不同的观察或识别目的，根据需要自定义颜色映射关系，建立颜色查找表，将灰度图像映射成伪彩色图像。

代码

例 3-9　Jet 颜色查找表的伪彩色映射

MATLAB 提供 13 种常用的颜色查找表。Jet 颜色查找表的范围从蓝到红色，中间经过青、黄和橙色，对应灰度图像的 256 个灰度级 $0 \sim 255$，如图 3-28(a) 所示，其中，灰度值为 0 映射为蓝色，灰度值为 255 映射为红色。R、G、B 三个颜色通道的灰度级变换函数如图 3-28(b) 所示，在三个颜色通道中分别进行灰度级变换，再将三个颜色通道合并。从这三个函数曲线可以看出，在灰度级的左端，B 分量占主导；在灰度级的中端，G

分量占主导；在灰度级的右端，R 分量占主导。因此，其合成后的颜色表现如图 3-28(a) 所示。

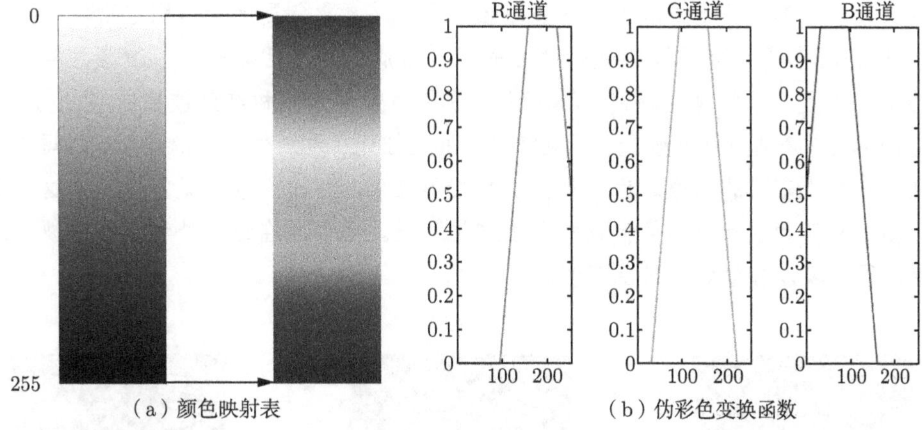

（a）颜色映射表 （b）伪彩色变换函数

图 3-28 Jet 颜色查找表

灰度到彩色的映射常用于医学图像处理中，由于人体不同组织结构成像的灰度值相似，因此医学图像的 DICOM 文件格式采用更高的 16 位或 12 位精度。图 3-29(a) 为一幅脑部 MRI 图像，左上角偏白的区域为脑瘤。按照图 3-28(b) 中的伪彩色变换函数，将灰度图像映射成伪彩色图像，如图 3-29(b) 所示，伪彩色图像中脑瘤显示为青色区域。可以看出，人眼具有更强辨别不同色彩的能力，伪彩色映射有利于对人体不同组织结构的观察。

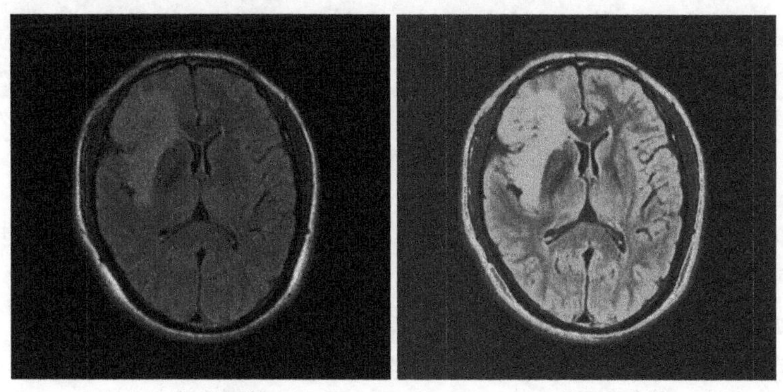

（a）灰度图像 （b）伪彩色图像

图 3-29 Jet 颜色查找表的伪彩色映射示例

3.5.2 假彩色增强

假彩色是通过不同波段进行彩色图像合成。伪彩色和假彩色不同之处在于，前者的处理对象是灰度图像，将单波段灰度图像的灰度级映射为彩色进行显示，通过彩色图像的表示来增强对目标辨识的能力；后者的处理对象是多个波段的数据（真彩色图像是 R、G、B

三个波段），用于增强图像中观测目标类型的显示效果。假彩色合成常用于不同波段成像的遥感和天文领域中。

例 3-10 多光谱遥感图像的假彩色增强

假彩色合成是为了更好地进行遥感图像解译，比真彩色更便于识别地物类型。图 3-30 显示了 LandSat 卫星对美国华盛顿特区的多光谱成像，包括建筑物、道路、植被和穿过城市的主要河流（波托马克河）。LandSat 卫星拥有可见光和红外波段的 7 个光谱波段，图 3-30(a)~(g) 分别为可见蓝光、可见绿光、可见红光、近红外光、中红外光、短波红外光和热红外光波段获取的图像。近红外波长略长于红色，超出人眼可见范围。在这些图像中可见光图像特征和红外光图像特征的区别非常明显。例如，在近红外和中红外波段的图像中，由周围环境能够很好地界定河流。

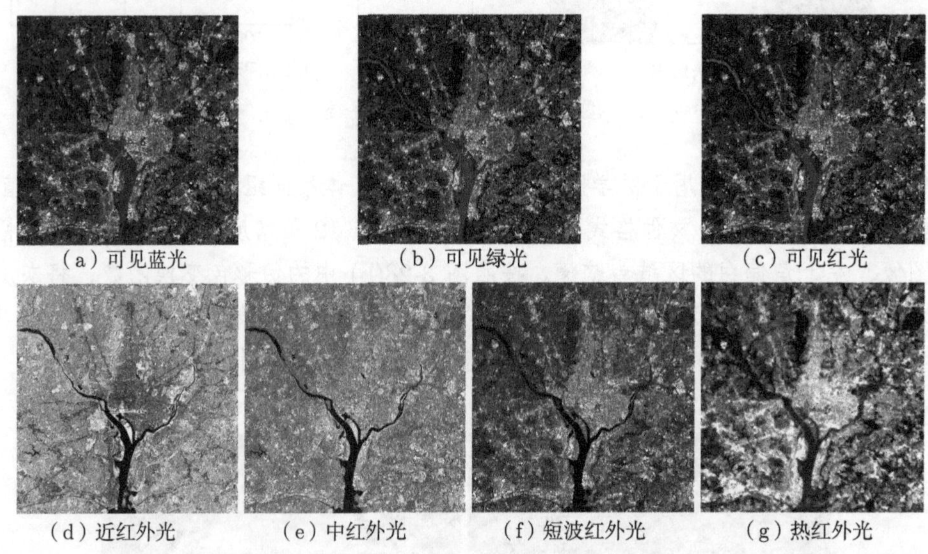

（a）可见蓝光　（b）可见绿光　（c）可见红光

（d）近红外光　（e）中红外光　（f）短波红外光　（g）热红外光

图 3-30　LandSat 多光谱卫星图像（影像源自 Gonzalez 的 *Digital Image Processing*）

图 3-31(a) 的彩色合成中选择的波段的波长与红光、绿光、蓝光的波长相同或相近，合成图像的颜色与真彩色近似，更接近自然色，与人对地物的视觉感知相一致。例如，植被呈现绿色，河流呈现灰绿色。尽管 RGB 合成图像从视觉上看起来很自然，然而自然彩色图像的对比度较低，很难区分特征的细微差异。如图 3-31(b) 所示，标准假彩色合成是将近红外、红光、绿光三个波段分别显示为红、绿、蓝三种颜色。各个波段有各自的特性与用途。由于植被的近红外反射率特别高的缘故，在标准假彩色合成的显示中，植被呈现红色。同时，由于能够很好地区分植被，其他地物如裸土、人工建筑、水体、云、雪等目标的辨识也相对容易。例如，深蓝色的线状地物可能是河流，亮白色或亮蓝色的规则目标可能是人工建筑，高亮的白色目标可能是云、雪、沙子等。图 3-31(c) 中交换近红外和红光波段，将红光、近红外光、绿光三个波段分别显示为红、绿、蓝三种颜色。由于水体对可见蓝光有最大的穿透力，若便于观测水体，则图像合成时一般不选择蓝光波段。

插图

(a) R-G-B波段

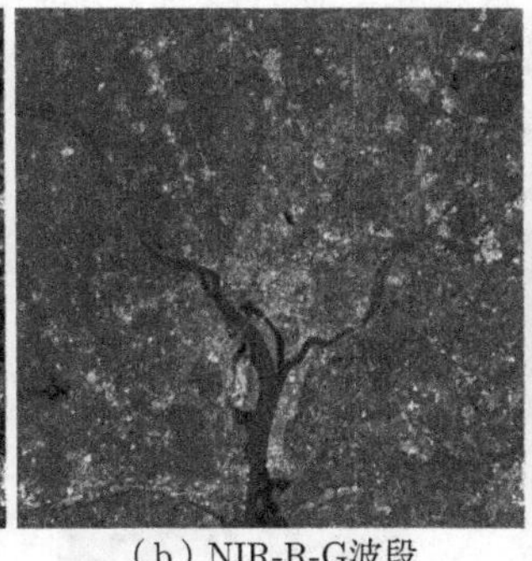
(b) NIR-R-G波段

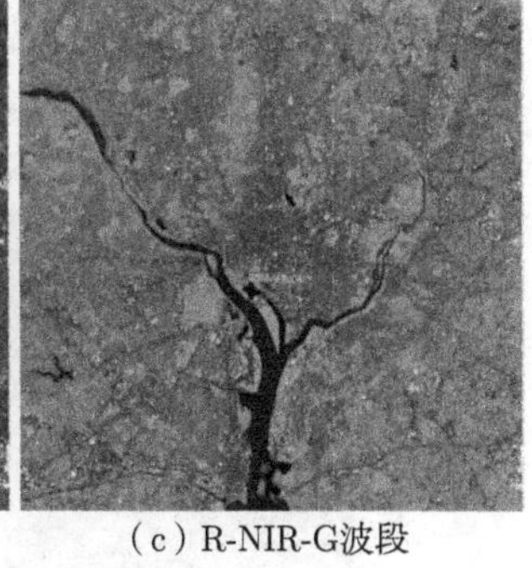
(c) R-NIR-G波段

图 3-31 多光谱遥感图像的假彩色显示

例 3-11 高光谱遥感图像的假彩色增强

代码

20 世纪 80 年代兴起的高光谱成像技术是遥感成像领域的重大突破，是对地表进行观测的有力工具。高光谱成像数据在提供有关地表地物空间信息的同时，又提供了更加丰富的光谱信息。多光谱遥感成像技术仅能在少数几个离散的波段上获取光谱数据，而高光谱成像技术能够获取大量窄波段的连续光谱数据。图 3-32 显示了高光谱图像立方体数据的可视化表示，每个像元具有一条连续的光谱曲线。高光谱成像数据可以用来生成复杂模型，提高了对地观测图像中判别、分析地物状况的能力。

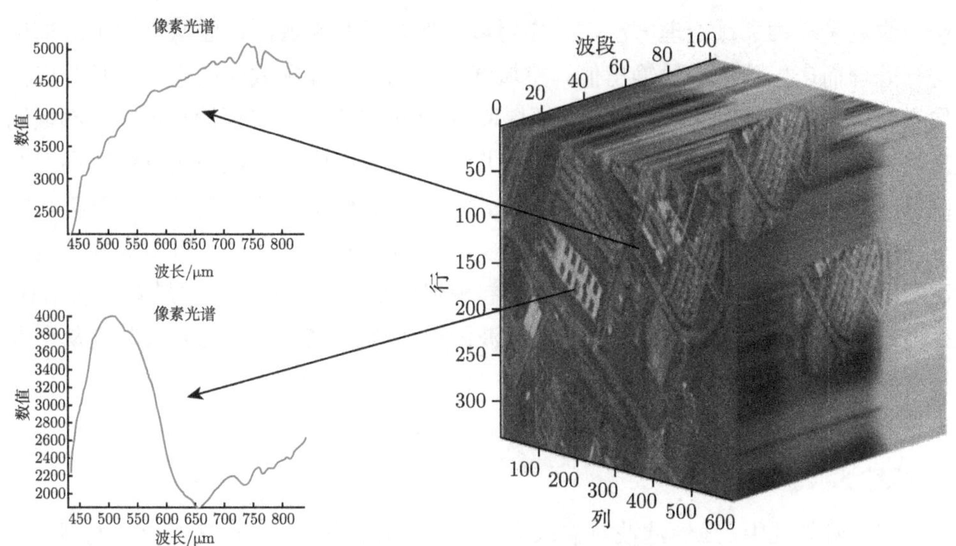

插图

图 3-32 高光谱成像数据立方体

高光谱图像各个波段仅覆盖很窄范围的波长，所以某些波段获取的场景可能比其他波段更清晰。对于图 3-32 所示的高光谱数据，图 3-33 选择其中三个波段合成假彩色图像。因为使用不同的波段可以突出不同的光谱细节，从而提高数据的可解释性，因此，不同的彩色合成图像都可能有用。图 3-33(a) 选择高光谱数据中最不相关的三个波段，用于彩色图像的红色、绿色和蓝色通道，合成彩色图像。图 3-33(b) 选择可见光中的红、绿和蓝三个波段合成 RGB 彩色图像，这种合成图像近似人眼自然观察的图像。图 3-33(c) 选择近红外、红色和绿色波长合成标准假彩色图像。这种合成的图像表现出更高的对比度，有利于辨别不同的地物目标。

插图

（a）最不相关的三个波段(89, 31, 60)

（b）R-G-B波段(11, 31, 56)

（c）NIR-R-G波段(31, 56, 103)

图 3-33　高光谱遥感图像的假彩色显示

3.6 空域滤波基础

空域滤波是一种邻域处理方法，其作用域是像素及其邻域，在图像空间中对局部邻域像素进行处理而产生该像素的输出值。空域滤波是图像处理领域中的主要工具，广泛应用于图像增强、边缘检测、模板匹配、特征提取等。“滤波”这一术语源自频域，频域滤波是指选择性地通过或抑制特定频段的信号。在图像增强应用中，空域滤波直接在图像空间中增强或者削弱图像的某些特征，达到图像平滑或锐化的作用。按照数学形态分类，空域滤波可分为线性滤波和非线性滤波。根据信号处理理论可知，线性滤波可写成卷积运算的形式，卷积是线性滤波的基础，第 4 章介绍的卷积定理是线性系统分析中最有力的工具之一。按照处理效果分类，空域滤波可分为平滑滤波和锐化滤波。3.7 节和 3.8 节分别从平滑滤波和锐化滤波的角度讨论空域滤波方法。

3.6.1 线性滤波原理

微课

在数字信号处理中，线性滤波对输入信号的响应是计算卷积的结果。在图像处理中，线性空域滤波利用滤波器与图像的线性卷积来实现。在线性滤波中通常使用空域模板表示滤波器，也称为滤波模板、卷积模板或卷积核。输出图像 $g(x,y)$ 用卷积模板 $h(x,y)$ 与输入图像 $f(x,y)$ 的二维离散卷积定义为

$$g(x,y) = h(x,y) * f(x,y) = \sum_{m=-\infty}^{+\infty} \sum_{n=-\infty}^{+\infty} f(m,n)\, h(x-m, y-n) \tag{3-35}$$

式中，m 和 n 为求和变量，没有具体含义。$h(x-m,y-n)$ 表示在 m 和 n 的坐标系中 $h(m,n)$ 的反转和移位，然后将 $f(m,n)$ 与 $h(x-m,y-n)$ 的重叠部分相乘并求和。通常卷积模板的尺寸远小于图像的尺寸，因此对卷积模板进行反转和移位操作。卷积运算具有交换律，为了简化符号表示，将输入图像 $f(x,y)$ 与卷积模板 $h(x,y)$ 的卷积写为如下的形式：

$$g(x,y)=h(x,y)*f(x,y)=\sum_{m=-\infty}^{+\infty}\sum_{n=-\infty}^{+\infty}h(m,n)f(x-m,y-n) \tag{3-36}$$

通常要求卷积模板的尺寸为奇数，其中心为坐标原点，设卷积模板的尺寸表示为 $(2k+1)\times(2l+1)$，根据卷积模板的尺寸限定求和界限，式 (3-36) 的卷积可写为

$$g(x,y)=h(x,y)*f(x,y)=\sum_{m=-k}^{k}\sum_{n=-l}^{l}h(m,n)f(x-m,y-n) \tag{3-37}$$

式中，坐标 m 和 n 为整数。

根据卷积的计算过程，实现模板卷积包括如下四个主要步骤：① 将卷积模板反转，即将模板绕中心旋转 180°；② 将模板在图像中遍历，使模板中心与各个像素位置重合；③ 将模板的各个系数与模板对应像素值相乘；④ 将所有乘积相加，并将求和结果赋值于模板中心对应的像素。

将反转的卷积模板定义为新的变量，即 $w(m,n)=h(-m,-n)$，式 (3-37) 可改写为

$$\begin{aligned}g(x,y)&=\sum_{m=-k}^{k}\sum_{n=-l}^{l}w(-m,-n)f(x-m,y-n)\\&\xlongequal{s=-m,t=-n}\sum_{s=-k}^{k}\sum_{t=-l}^{l}w(s,t)f(x+s,y+t)\end{aligned} \tag{3-38}$$

式 (3-38) 表明，线性空域滤波本质上像素的输出值是计算该像素局部邻域像素值的线性组合，将系数矩阵称为**模板**。当模板中心位于图像中像素坐标 (x,y) 处时，$w(s,t)$ 和 $f(x+s,y+t)$ 分别为模板系数和模板对应图像中的像素值。根据互相关运算的定义，式 (3-38) 实际上是计算图像 $f(x,y)$ 和系数矩阵 $w(x,y)$ 的互相关 $f(x,y)\circ w(x,y)$。

微课

一般情况下线性滤波选取尺寸为奇数的正方形模板。图 3-34 以尺寸为 3×3 的模板为例说明线性滤波的基本原理，线性滤波在图像中像素坐标 (x,y) 处的输出响应 $g(x,y)$ 为

$$\begin{aligned}g(x,y)=&w(-1,-1)f(x-1,y-1)+w(-1,0)f(x-1,y)+\cdots\\&+w(0,0)f(x,y)+\cdots+w(1,0)f(x+1,y)+w(1,1)f(x+1,y+1)\end{aligned} \tag{3-39}$$

这里 $s=\{-1,0,1\}$；$t=\{-1,0,1\}$。当计算乘积与求和时，模板系数 $w(0,0)$ 与像素值 $f(x,y)$ 相对应。线性滤波的输出响应为模板系数与模板对应像素的乘积之和，最后将求和结果赋值于模板中心对应像素。

互相关与卷积的区别仅在于模板的反转，根据实际应用的需要设计系数模板，因此直接使用互相关运算来实现空域滤波与卷积的实现没有本质上的区别。因此，在图像处理中，空域滤波通常未必使用真正的卷积运算。

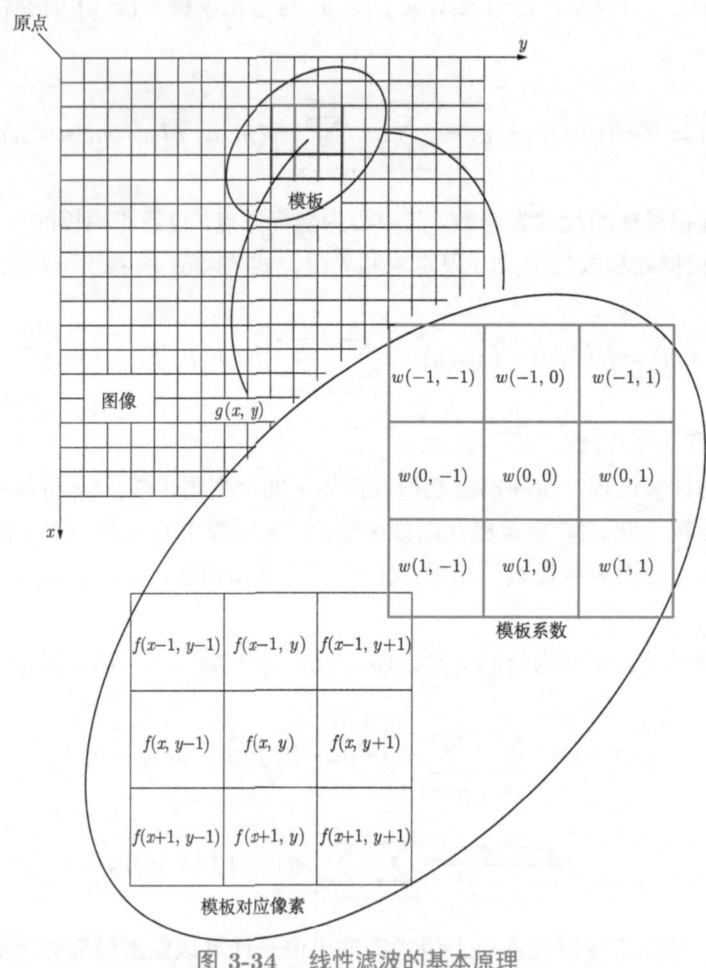

图 3-34　线性滤波的基本原理

文档

当前广泛使用的卷积神经网络与本节介绍的线性滤波处理所用的空域卷积本质上相同，其不同之处在于，在线性滤波处理中，根据应用需求设计模板系数，模板系数是给定的或预设的；而在卷积神经网络中滤波器的系数是通过标注样本对网络进行训练产生的。互相关运算和卷积运算的区别在于对输入加权的系数顺序相反，卷积神经网络的参数是学习的，它的顺序无关紧要，互相关运算和卷积运算没有本质区别。在图像识别任务中，卷积神经网络的训练过程使滤波器组对特定的模式有较大的输出响应，以达到特征提取的目的。互相关运算的本质是匹配图像中的特定模式，若滤波器组与该模式匹配，则产生较大的输出响应。电子文档中给出了一个互相关运算应用于模板匹配的例子。因此，更准确地说，卷积神经网络实际使用的是互相关运算，而不是卷积运算。卷积神经网络中卷积层更具体的描述详见电子文档。

文档

3.6.2 其他问题

线性空域滤波与频域滤波存在一一对应的关系。空域滤波可以用于非线性滤波，而频域滤波不能用于非线性滤波。非线性空域滤波也是基于邻域的处理，取决于模板对应的局部邻域像素，且模板滑过一幅图像的机理与线性空域滤波一致。然而，不能直接利用式 (3-38) 计算乘积与求和，因此，非线性滤波不能通过模板卷积实现。

实现空域滤波需要考虑的问题之一是卷积运算的输出模式。MATLAB 中二维离散卷积 conv2 函数有 full、same 和 valid 三种卷积运算的输出模式，这三种模式是对模板移动范围的不同限制。图 3-35 以图像平滑①为例直观描述了这三种卷积运算的输出模式，图中正方块表示平滑模板。如图 3-35(a) 所示，full 是指模板与图像相交开始进行卷积运算，返回完整的二维卷积，这与线性卷积运算完全一致。若两个一维离散输入序列的长度分别为 A 和 B，则线性卷积的离散序列长度等于 $A+B-1$。对于二维离散卷积，两个输入矩阵的尺寸分别为 $A\times B$ 和 $C\times D$，输出矩阵的尺寸为 $(A+C-1)\times(B+D-1)$。如图 3-35(b) 所示，same 是指当模板的中心位于图像边界（border）时开始进行卷积运算，对应于线性卷积结果中与输入图像位置相同的中间部分。由于模板的尺寸通常远小于图像的尺寸，这是空域滤波中最常用的模式，输出图像与输入图像的尺寸一致。这种模式的卷积运算涉及图像边界像素的邻域处理问题。如图 3-35(c) 所示，valid 是指当模板完全位于图像内部时进行卷积运算，仅输出完全包含模板的图像部分的卷积结果，不考虑模板超出图像边界的卷积运算。

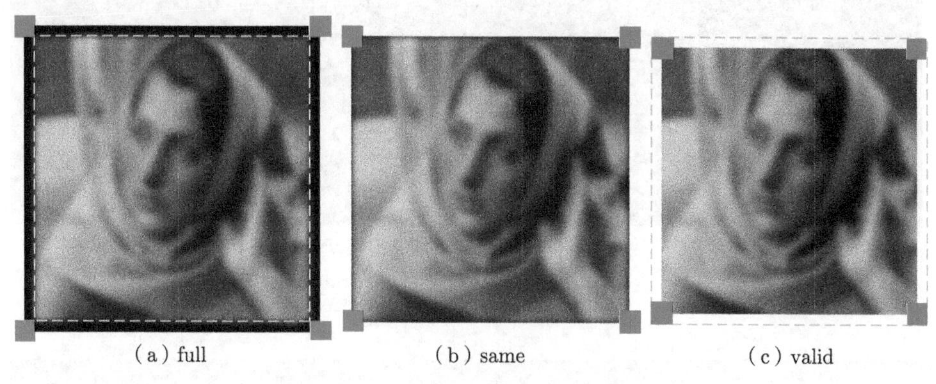

(a) full (b) same (c) valid

图 3-35 二维卷积的三种输出模式

实现空域滤波需要考虑的另一个问题是对于图像边界像素邻域的处理。对于尺寸为 $n\times n$ 的空域模板，当模板中心距图像边界小于 $(n-1)/2$ 像素时，模板的行或列超出图像之外。图 3-36 直观显示了尺寸为 5×5 的模板在图像中遍历出现的四种不同的位置，模板中填充的部分标明了在图像之外。

MATLAB 有四种延拓（padding）方式解决边界问题，分别为补零、重复（replicate）、对称（symmetric）和循环（circular）方式。补零方式顾名思义是指通过补零来扩展图像

① 3.7 节将讨论空域图像平滑及其所使用的模板。

[图 3-37(a)]。重复方式是指通过复制边界的像素值来扩展图像 [图 3-37(b)]。对称方式是指通过镜像反射边界的像素值来扩展图像 [图 3-37(c)]。循环方式是指将图像看成二维周期序列的单个周期来扩展 [图 3-37(d)]。为了便于观察，图中的白色线框标出了原图像的部分。在空域滤波完成后，从处理后的图像中裁剪出与原图像对应的部分，使处理后的图像与原图像尺寸相等。

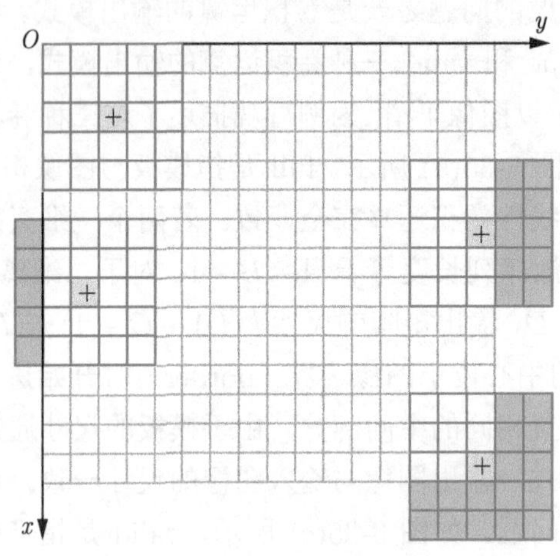

图 3-36　空域滤波的边界问题示意图

插图

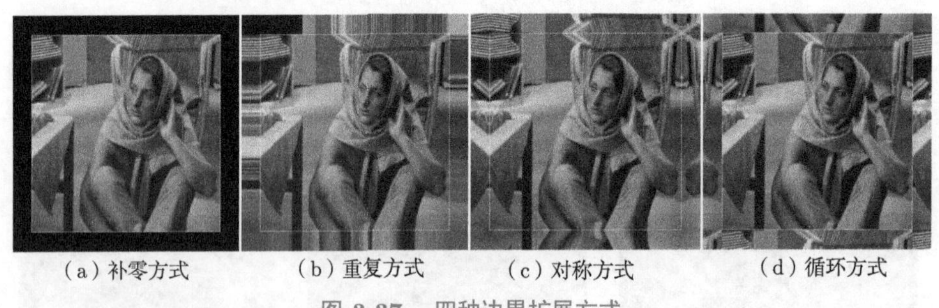

(a) 补零方式　(b) 重复方式　(c) 对称方式　(d) 循环方式

图 3-37　四种边界扩展方式

3.7 空域平滑滤波

图像平滑的作用包括模糊和降噪。图像模糊处理经常用于预处理阶段，例如，为了提取较大的目标，平滑不必要的细节和纹理、桥接直线或曲线的断裂等。图像降噪处理的目的是去除或降低图像中的噪声，通常图像具有很强的空域相关性，相邻像素一般具有相同或相近的灰度值，而噪声的特性造成图像灰度的突变，图像平滑处理利用邻域像素的相似性起到降低噪声的作用。空域平滑滤波方法从去除噪声类型的角度可分为加权均值滤波和中值滤波这两类方法，加权均值滤波适用于降低高斯噪声等非脉冲噪声，而中值滤波对滤除脉冲噪声非常有效，3.7.1 节和 3.7.2 节分别讨论这两类方法。空域平滑滤波又可分为线性平滑滤波和非线性平滑滤波，线性平滑滤波能够通过模板卷积实现，在空域平滑滤波中

卷积模板也称为模糊核；线性平滑滤波以外的其他平滑滤波均属于非线性平滑滤波，非线性平滑滤波由于不能通过模板卷积实现，因此时间开销比线性滤波大。

3.7.1 加权均值滤波

本节从线性和非线性分类的角度，讨论线性加权均值滤波和边缘保持平滑滤波方法。由于邻域像素之间具有高度的相关性，因此，线性加权均值滤波通过对局部邻域像素进行（加权）平均来平滑图像，边缘保持平滑滤波通过对局部邻域颜色相似的像素进行加权平均来平滑图像。

3.7.1.1 线性加权均值滤波

如前所述，线性滤波的实现是将空域模板对应局部邻域像素值的加权和作为其中心像素的输出响应。线性空域平滑滤波通过（加权）平均模板实现图像滤波。线性平滑模板的权系数全为正值且系数之和等于 1，因而不会改变总体灰度程度。在灰度值恒定的区域，线性平滑滤波的输出响应不变。线性平滑滤波等效于低通滤波，将在第 4 章讨论。

最简单的线性平滑滤波使用均值平滑模板，均值平滑模板的权系数全为 1，为了使权系数之和为 1，模板系数再乘以归一化因子。图 3-38(a) 为尺寸为 3×3 的均值平滑模板，归一化因子为 1/9。均值模板具有旁瓣泄漏效应[①]，即在低通滤波的过程中，旁瓣通过一部分高频分量，反映在图像中是边缘不平滑，且模板尺寸越大，这种效应越明显。

加权平均模板是一种更重要的平滑模板，指模板不同位置对应的像素具有不同的权系数。高斯平滑模板是最常用的加权平均模板。对于模板中心对应像素的输出响应，显然中心像素的灰度值比周围像素的灰度值更重要，因而给模板中心对应的像素赋予最大的权系数，随着模板对应的像素到中心位置的距离增大而减小权系数。图 3-38(b) 为一个简单的 3×3 高斯平滑模板，近似高斯函数，中心像素的权系数为 4，由于 4 邻域的像素到中心位置的距离为 1，而对角邻域的像素到中心位置的距离为 $\sqrt{2}$，对角邻域的像素比 4 邻域的像素到中心位置的距离更远，因此，4 邻域像素的权系数为 2，而对角邻域像素的权系数为 1。如图 3-38(b) 所示，加权平滑模板中权系数再乘以归一化因子 1/16 使模板权系数之和等于 1。

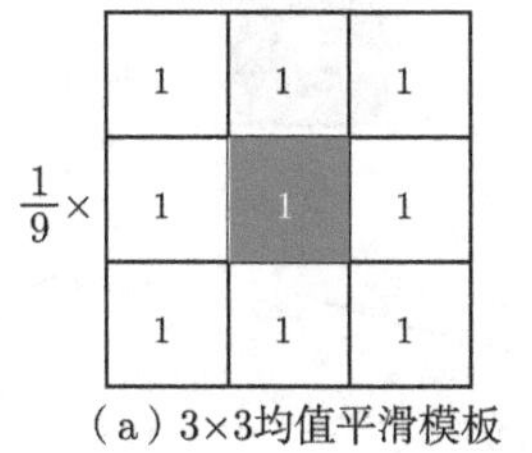

（a）3×3均值平滑模板

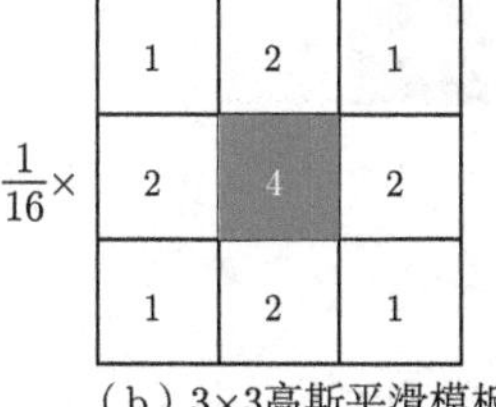

（b）3×3高斯平滑模板

图 3-38 图像平滑模板

① 由 4.1.1 节可知，矩形函数的傅里叶变换是 sinc 函数形式，sinc 函数有旁瓣。通过 4.6.1 节的频率特性分析也可知，均值模板的频率响应有旁瓣。旁瓣泄漏是指在频域中频谱主瓣内的能量泄漏到旁瓣内。频谱泄漏与旁瓣有关，若低通滤波器两侧旁瓣的高度趋于零，使能量相对集中在主瓣，则能够最大限度阻止高频分量。

更灵活的方式是直接对二维高斯函数关于中心采样来获取任意尺寸的高斯平滑模板。根据与中心像素的距离，通过二维高斯函数计算该点的权系数，并对所有的权系数进行归一化处理。

二维高斯函数是二维正态分布随机向量 $[X,Y]^{\mathrm{T}}$ 的概率密度函数，其一般形式的表达式为

$$G(x,y)=\frac{1}{2\pi\sigma_X\sigma_Y\sqrt{1-\rho^2}}\mathrm{e}^{-\frac{1}{2(1-\rho^2)}\left[\left(\frac{x-\mu_X}{\sigma_X}\right)^2-2\rho\left(\frac{x-\mu_X}{\sigma_X}\right)\left(\frac{y-\mu_Y}{\sigma_Y}\right)+\left(\frac{y-\mu_Y}{\sigma_Y}\right)^2\right]} \tag{3-40}$$

式中，σ_X 和 σ_Y 分别为 X 和 Y 的标准差；ρ 为 X 和 Y 的相关系数，一般形式的二维高斯函数 X 与 Y 线性相关。如图 3-39(a) 所示，一般形式二维高斯函数的等密度轨迹是任意方向的椭圆，图中 $\sigma_X=0.5$，$\sigma_Y=1$，$\rho=0.6$。

当 $\rho=0$ 时，称为二维高斯函数的标准形式，其表达式为

$$G(x,y)=\frac{1}{2\pi\sigma_X\sigma_Y}\mathrm{e}^{-\frac{1}{2}\left[\left(\frac{x-\mu_X}{\sigma_X}\right)^2+\left(\frac{y-\mu_Y}{\sigma_Y}\right)^2\right]} \tag{3-41}$$

标准形式的二维高斯函数 X 与 Y 线性无关，可以表示为两个一维高斯函数的乘积，即一个关于 x 的函数和另一个关于 y 的函数，即

$$G(x,y)=\frac{1}{\sqrt{2\pi}\sigma_X}\mathrm{e}^{-\frac{(x-\mu_X)^2}{2\sigma_X^2}}\frac{1}{\sqrt{2\pi}\sigma_Y}\mathrm{e}^{-\frac{(y-\mu_Y)^2}{2\sigma_Y^2}} \tag{3-42}$$

图 3-39(b) 为 $\sigma_X=0.5$，$\sigma_Y=1$ 的二维高斯函数的图形显示，标准形式二维高斯函数的等密度轨迹是主轴与坐标轴平行的椭圆。

当 $\rho=0$，$\sigma_X=\sigma_Y=\sigma$ 时，称为二维高斯函数的径向对称形式，其表达式为

$$G_\sigma(x,y)=\frac{1}{2\pi\sigma^2}\mathrm{e}^{-\frac{(x-\mu_X)^2+(y-\mu_Y)^2}{2\sigma^2}} \tag{3-43}$$

式中，σ 为标准差。径向对称的二维高斯函数仍具备可分离性。图 3-39 (c) 为 $\sigma=1$ 的二维高斯函数的图形显示，径向对称的二维高斯函数呈钟形形状，其等密度轨迹是圆。

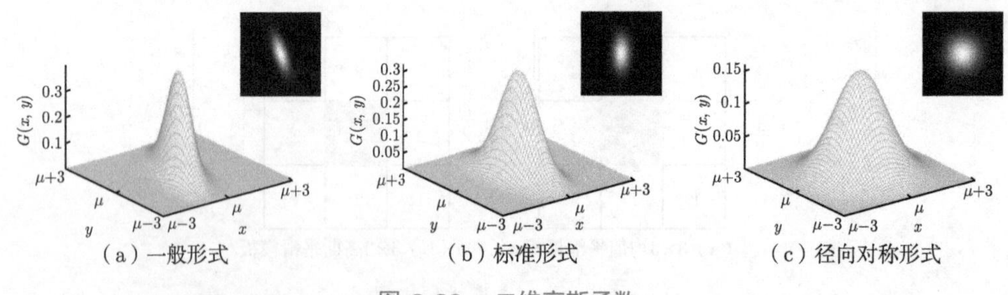

（a）一般形式　（b）标准形式　（c）径向对称形式

图 3-39　二维高斯函数

标准差 σ 是径向对称的高斯平滑模板的唯一参数，决定了图像的平滑程度，根据选择的高斯函数的标准差 σ 确定高斯平滑滤波的模板尺寸。高斯函数的 σ 越大，函数越宽，模

板尺寸越大，平滑能力越强，如图 3-40(a) 所示。如图 3-40(b) 所示，在 $(\mu-2\sigma,\mu+2\sigma)$ 区间内高斯函数下的面积占比为 95.45%，在 $(\mu-3\sigma,\mu+3\sigma)$ 区间内面积的占比达到 99.73%，一般选择使用 $\pm2\sigma$ 或 $\pm3\sigma$ 作为模糊核宽度的参考，这是因为即使再增大模板尺寸，模板系数也接近 0，对邻域像素的加权平均几乎不会产生贡献。MATLAB 图像处理工具箱的二维高斯滤波 imgaussfilt 函数默认滤波模板尺寸为 $2\lceil 2\sigma\rceil+1$，edge 函数中高斯平滑滤波模板的尺寸默认取值为 $2\lceil 3\sigma\rceil+1$，这里 $\lceil\cdot\rceil$ 表示向上取整运算运算。

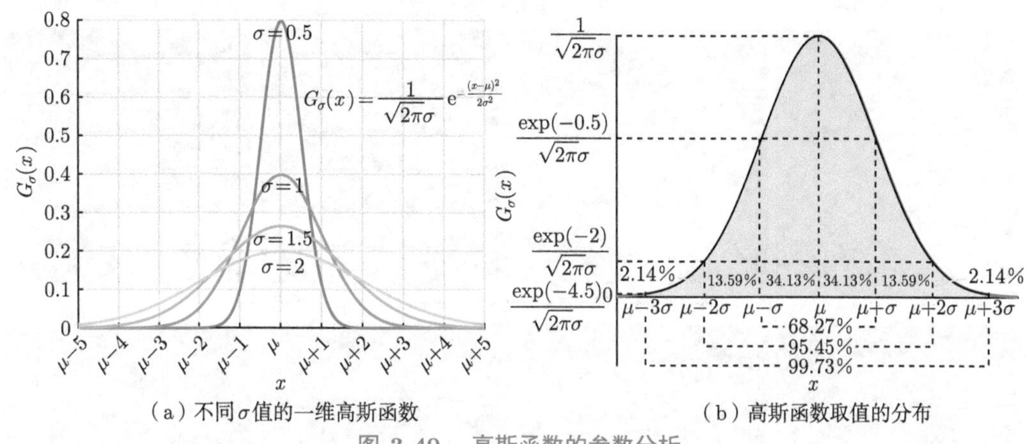

（a）不同 σ 值的一维高斯函数　　（b）高斯函数取值的分布

图 3-40　高斯函数的参数分析

例 3-12　均值平滑和高斯平滑滤波

代码

图 3-41(a) 为一幅尺寸为 256×256 的灰度图像，分别使用均值平滑模板和高斯平滑模板对该图像进行平滑滤波，通过对高斯函数采样并归一化生成高斯平滑模板，模板尺寸与标准差 σ 之间的关系设置为 $2\lceil 2\sigma\rceil+1$，图 3-41(b) 和图 3-41(c) 分别给出了 $3\times3(\sigma=0.5)$ 和 $5\times5(\sigma=1)$ 的高斯模板系数。图 3-41(d) 从左到右依次为尺寸为 3×3、5×5、9×9 和 15×15 的均值平滑模板的滤波结果，而图 3-41(e) 从左到右依次为尺寸为 3×3、5×5、9×9 和 15×15 的高斯平滑模板的滤波结果，从图中可以看到，平滑模板的尺寸越大，造成边缘越模糊。从图 3-41(d) 与图 3-41(e) 的比较可以看出，对于小尺寸的模板，均值平滑和高斯平滑的滤波结果没有明显的区别，但是，模板尺寸越大，均值模板的旁瓣现象越明显。第 4 章将从频率特性观察均值模板的旁瓣现象。

3.7.1.2　边缘保持平滑滤波

线性均值滤波使用空域卷积对图像进行平滑处理，卷积具有移不变性，因此线性均值滤波在图像降噪同时，也模糊了图像中的边缘和其他细节。边缘保持平滑滤波考虑不同像素邻域的特性，对图像中纹理、细节以及平坦区域使用各向同性的模糊核，而在梯度较大的边缘处使用各向异性的模糊核，沿着边缘进行平滑，保持图像中的显著边缘，属于非线性滤波。目前具有边缘保持特性的平滑滤波方法有双边滤波（bilateral filtering）、引导滤波（guided filtering）、局部极值（local extrema）平滑、加权最小二乘（weighted least squares）平滑、三边滤波（trilateral filtering）等。

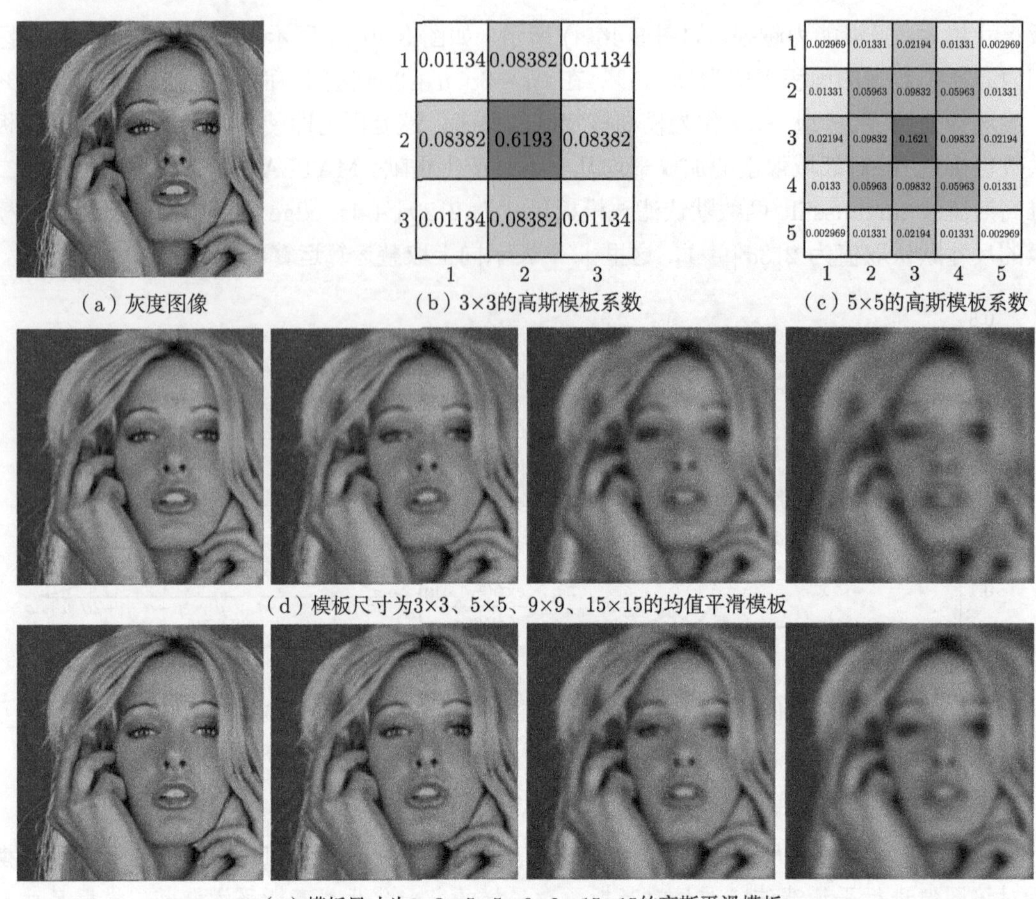

（a）灰度图像　（b）3×3的高斯模板系数　（c）5×5的高斯模板系数

（d）模板尺寸为3×3、5×5、9×9、15×15的均值平滑模板

（e）模板尺寸为3×3、5×5、9×9、15×15的高斯平滑模板

图 **3-41**　不同尺寸平滑模板处理示例

Tomasi 和 Manduchi 于 1998 年提出了双边滤波，由于其理论简单且有快速算法，成为目前最为广泛使用的边缘保持滤波方法。双边滤波是一种保持边缘的非迭代平滑滤波方法，它的权系数由空域（spatial domain）$\mathcal{S}$ 和值域（range domain）$\mathcal{R}$ 平滑函数的乘积给出。高斯核双边滤波是一种常用的双边滤波方法，即空域和值域平滑函数均是高斯函数。对于输入图像 $f(\boldsymbol{x})$，高斯核双边滤波 $g_b(\boldsymbol{x})$ 定义为

$$g_b(\boldsymbol{x}) = \frac{1}{W_x} \sum_{\boldsymbol{y} \in U(\boldsymbol{x})} G_{\sigma_s}(\|\boldsymbol{x}-\boldsymbol{y}\|) G_{\sigma_r}(|f(\boldsymbol{x})-f(\boldsymbol{y})|) f(\boldsymbol{y}) \tag{3-44}$$

式中，$\boldsymbol{x}$ 和 $\boldsymbol{y}$ 表示空间坐标；$U(\boldsymbol{x})$ 表示以像素 $\boldsymbol{x}$ 为中心的邻域像素集合；$G_{\sigma_s}(\|\boldsymbol{x}-\boldsymbol{y}\|)$ 为空域平滑的高斯函数，描述像素 $\boldsymbol{x}$ 和 $\boldsymbol{y}$ 之间的空间距离的权重，$\|\boldsymbol{x}-\boldsymbol{y}\|$ 表示像素 $\boldsymbol{x}$ 和 $\boldsymbol{y}$ 之间的范数距离；$G_{\sigma_r}(|f(\boldsymbol{x})-f(\boldsymbol{y})|)$ 为值域平滑的高斯函数，描述像素 $\boldsymbol{x}$ 和 $\boldsymbol{y}$ 之间灰度值差距 $|f(\boldsymbol{x})-f(\boldsymbol{y})|$ 的权重；W_s 为归一化系数：

$$W_x = \sum_{\boldsymbol{y} \in U(\boldsymbol{x})} G_{\sigma_s}(\|\boldsymbol{x}-\boldsymbol{y}\|) G_{\sigma_r}(|f(\boldsymbol{x})-f(\boldsymbol{y})|) \tag{3-45}$$

忽略归一化常数项，空域和值域高斯函数的表达式分别为

$$G_{\sigma_s}(\|\boldsymbol{x}-\boldsymbol{y}\|)=\mathrm{e}^{-\frac{\|\boldsymbol{x}-\boldsymbol{y}\|^2}{2\sigma_s^2}}$$

$$G_{\sigma_r}(|f(\boldsymbol{x})-f(\boldsymbol{y})|)=\mathrm{e}^{-\frac{|f(\boldsymbol{x})-f(\boldsymbol{y})|^2}{2\sigma_r^2}}$$

其中，σ_s 为空域高斯函数的标准差，控制空间距离的影响；σ_r 为值域高斯函数的标准差，控制灰度值差距的影响。式 (3-44) 表明，随着与中心像素的距离和灰度差值的增大，邻域像素的权系数减小。

图 3-42 显示了三个图像块中心像素的双边滤波权系数 $G_{\sigma_s}G_{\sigma_r}$，这三个图像块分别是平坦块、纹理块和存在灰度阶跃的图像块。对于与中心像素距离相近，且灰度值相差较小的像素，双边滤波赋予较大的权重；而对于距离相近，但灰度值相差较大的像素，赋予较小的权重。因此，双边滤波可以很好地保持图像的边缘。由于双边滤波是一种非线性滤波，空域卷积的快速算法不再适用。

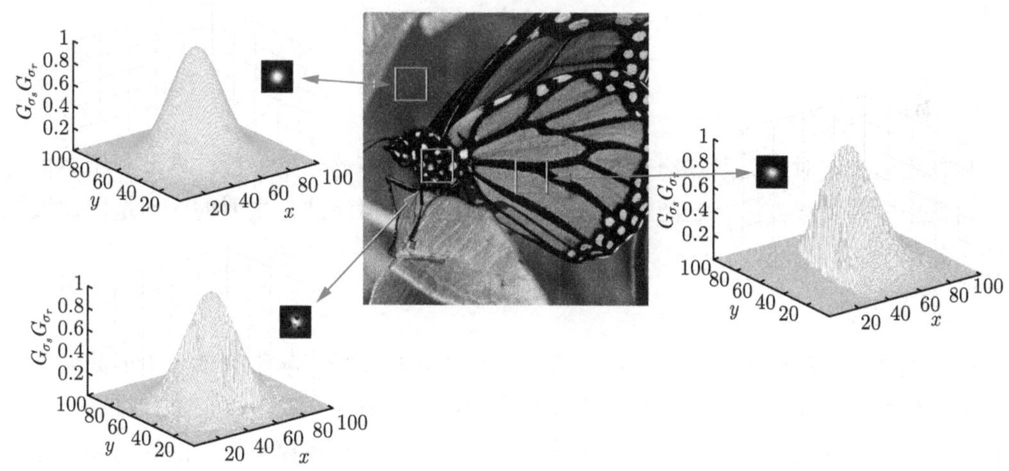

图 3-42 双边滤波示意图

双边滤波的作用是平滑灰度值变化较小的细节特征，而保持高对比度变化的边缘以及高灰度差的突变。高斯核双边滤波有两个标准差参数：空域标准差 σ_s 和值域标准差 σ_r。较小的空域标准差 σ_s 能够滤除小尺度噪声，而保持大尺度特征边缘的锐化程度。当空域标准差 σ_s 增大时，增加更远的邻域像素的贡献，滤除大尺度噪声。当 $\sigma_s\to\infty$ 时，双边滤波退化为值域滤波。较小的值域标准差 σ_r 只能平滑方差较小的邻域（如均匀区域），而不会平滑方差较大的邻域（如强边缘）。当值域标准差 σ_r 增大时，能够平滑方差较大的邻域，同时会减弱双边滤波的边缘保持能力。当 $\sigma_r\to\infty$ 时，双边滤波退化为空域高斯滤波。总而言之，双边滤波需要权衡边缘保持和平滑能力之间的关系。

例 3-13 高斯核双边滤波的平滑处理

边缘保持平滑滤波能够有效地应用于图像去噪。对图 3-41(a) 所示图像加入均值为 0、方差为 0.001 的加性高斯噪声，生成一幅有噪图像，如图 3-43(a) 所示。MATLAB 图像处

代码

理工具箱的 imbilatfilt 函数实现高斯核双边滤波。空域模板的尺寸与空域高斯函数标准差 σ_s 的关系设置为 $2\lceil 2\sigma_s \rceil + 1$。图 3-43(b) 为高斯模板的平滑滤波图像，高斯函数的标准差为 $\sigma_s = 1$，模板尺寸为 5×5。图 3-43(c) 为双边滤波去噪结果，空域高斯函数的标准差为 $\sigma_s = 1.5$，模板尺寸为 7×7，值域高斯函数的标准差为 $\sigma_r = 0.01$。通过比较可以看出，尽管双边滤波中高斯平滑模板的尺寸大于高斯滤波的模板尺寸，然而双边滤波在平滑噪声的同时，能够很好地保持图像的边缘。

(a) 高斯噪声图像　(b) 5×5的高斯平滑滤波图像　(c) $\sigma_s = 1.5, \sigma_r = 0.01$的双边滤波图像

图 3-43　双边滤波去噪处理示例

3.7.2　中值滤波相关

加权均值滤波对于高斯噪声有效，但是对于椒盐噪声的效果一般，本节介绍中值滤波以及自适应中值滤波方法，这两种方法均属于非线性平滑滤波，主要的应用是图像椒盐噪声的去除。

3.7.2.1　中值滤波

微课

中值滤波是一种简单的非线性滤波方法，对滤除脉冲噪声非常有效。中值滤波是统计排序滤波的特例。统计排序滤波是将模板对应的局部邻域像素的灰度值进行排序，然后将统计排序结果作为模板中心对应像素的输出值。中值滤波查找模板对应的局部邻域像素值排序的中间值，作为中心像素的输出值。

设 U_{xy} 表示以像素 (x, y) 为中心的邻域像素集合，中值滤波在像素 (x, y) 处的输出 $g(x, y)$ 为

$$g(x, y) = \text{median}\{f(\xi, \zeta)\}, \quad (\xi, \zeta) \in U_{xy} \tag{3-46}$$

式中，$\text{median}(\cdot)$ 表示中间值查找操作。对图像进行中值滤波的具体过程为：将模板在图像中遍历，将模板对应的局部邻域像素的灰度值排序，查找中间值，将其赋予与模板中心位置对应的图像像素。例如，对于 3×3 的邻域，其中间值是灰度值排序后的第 5 个值；在 5×5 的邻域中，中间值是第 13 个值；在 9×9 的邻域中，中间值是第 41 个值。当局部邻域具有多个相同灰度值的像素时，可以选取其中任何一个作为中间值。由于中值滤波需要对像素值进行排序，因此它的计算时间一般比线性滤波长，特别是对于较大尺寸的模板。

线性平滑滤波具有低通滤波特性，在降噪的同时也会模糊图像的边缘和细节。中值滤波具有如下三个特性：① 中值滤波的冲激响应是零，这一性质使其在滤除脉冲噪声方面非

常有效，即当噪声特性未知时，中值滤波对野点具有鲁棒性；② 中值滤波不会改变信号中的阶跃变化，平滑信号中的噪声，但不会模糊信号的边缘，这一性质使其能够保持图像的边缘；③ 中值滤波不会引入新的像素值，因此不会引起灰度上的失真。图 3-44 通过一维信号直观描述中值滤波的特性，图 3-44(a) 中一维信号在 $x = 5$ 处出现野点，从 $x = 8$ 到 $x = 9$ 时有一个下降沿，图 3-44(b) 和图 3-44(c) 分别为高斯平滑滤波和中值滤波的结果，由图中可见，对于线性平滑滤波，野点拉高了邻域采样值，同时平滑了下降沿，而中值滤波在滤除野点的同时，很好地保持了阶跃信号。

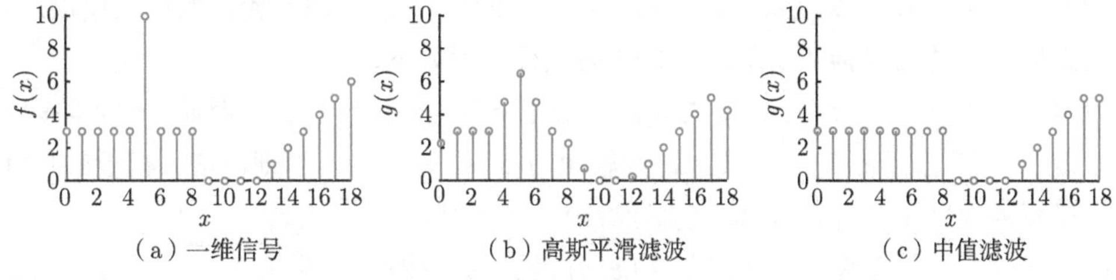

（a）一维信号　（b）高斯平滑滤波　（c）中值滤波

图 3-44　一维信号的中值滤波图释

由于脉冲噪声的形式是以孤立的黑白像素叠加在图像上，在图像处理中常称为椒盐噪声。椒盐噪声中，值为 0 的“黑”像素称为椒噪声，值为 255 的“白”像素称为盐噪声。中值滤波的直观解释是使模板中心位置对应像素的灰度值更接近它邻域像素的灰度值，以此消除孤立的亮点或暗点。为了完全去除椒盐噪声，$m \times n$ 模板的中值滤波处理要求局部邻域孤立亮点或暗点的像素数小于 $mn/2$，即要求小于局部邻域像素数的一半。

例 3-14　中值滤波的去噪处理

代码

图 3-45(a) 为一幅加入概率为 0.1 的椒盐噪声的电路板图像，椒噪声和盐噪声的概率分别为 0.05。使用 MATLAB 图像处理工具箱的中值滤波 medfilt2 函数去除图像中的椒盐噪声。图 3-45(b) 为 3×3 均值平滑模板处理的结果，图 3-45(c) 为 3×3 模板的中值滤波处理结果。由于均值平滑模板的响应值是局部邻域像素的平均灰度值，具有最大值和最小值的椒盐噪声使像素均值偏向“黑”像素或“白”像素。由图中可见，对于椒盐噪声的情况，中值滤波的处理效果远优于均值平滑滤波。

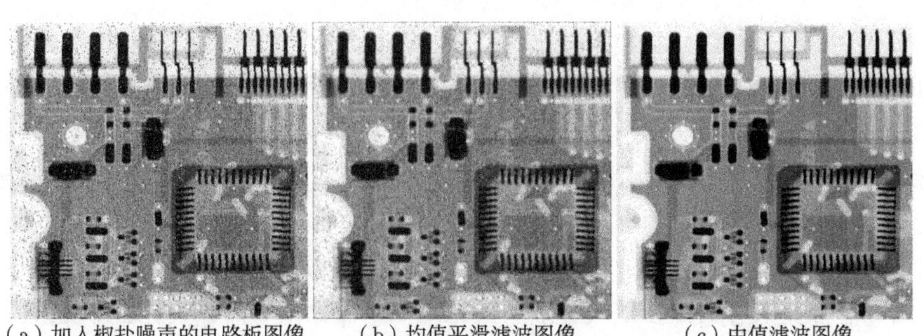
（a）加入椒盐噪声的电路板图像　（b）均值平滑滤波图像　（c）中值滤波图像

图 3-45　中值滤波和均值平滑滤波对椒盐噪声的处理效果比较

3.7.2.2 自适应中值滤波

微课

中值滤波使用固定尺寸模板对应的局部邻域像素的中间灰度值作为模板中心对应像素的输出值，当模板尺寸较大时，可能引起边缘、细节的损失。自适应中值滤波在中值滤波的过程中根据噪声水平自适应地调整模板的尺寸以及输出值，使其能够去除较大概率的脉冲噪声并保持图像中的边缘和细节。

设 $f(x,y)$ 表示输入图像在像素 (x,y) 处的灰度值，$g(x,y)$ 表示输出图像在像素 (x,y) 处的灰度值，U_{xy} 表示中心在像素 (x,y) 处的邻域像素集合，$f_{\min}$、$f_{\max}$ 和 f_{med} 分别表示邻域像素集合 U_{xy} 中的灰度最小值、最大值和中间值，$S_{\max}$ 表示允许的最大模板尺寸。

自适应中值滤波包括两个阶段，具体的执行过程如下：

阶段一　若 $f_{\min} < f(x,y) < f_{\max}$，则输出 $g(x,y) = f(x,y)$，否则，转到阶段二。

阶段二　若 $f_{\min} < f_{\text{med}} < f_{\max}$，则输出 $g(x,y) = f_{\text{med}}$，否则，增大模板的尺寸；若模板的尺寸 $\leqslant S_{\max}$，则重复执行阶段二，否则，输出 $g(x,y) = f_{\text{med}}$。

阶段一判断待处理像素的灰度值 $f(x,y)$ 是否为脉冲噪声。若 $f_{\min} < f(x,y) < f_{\max}$，则 $f(x,y)$ 不是脉冲噪声。在这种条件下，输出的灰度值保持不变，即 $g(x,y) = f(x,y)$。通过不改变这些非脉冲噪声的像素来降低边缘、细节的损失。若 $f(x,y) = f_{\min}$ 或 $f(x,y) = f_{\max}$，则 $f(x,y)$ 为脉冲噪声，在这种条件下，转到阶段二。

阶段二计算中值滤波的输出 f_{med} 并判断其是否为脉冲噪声。若 $f_{\min} < f_{\text{med}} < f_{\max}$，则 f_{med} 不是脉冲噪声。在这种条件下，输出为阶段二中计算的中间值 f_{med}，即 $g(x,y) = f_{\text{med}}$，即中值滤波的输出，通过赋予局部邻域像素的中间值来消除脉冲噪声。

若阶段二中条件 $f_{\min} < f_{\text{med}} < f_{\max}$ 不成立，则中值滤波的输出 f_{med} 为脉冲噪声，在这种条件下，增大模板的尺寸并重复执行阶段二，继续阶段二的循环直到局部邻域像素的中间值 f_{med} 并非脉冲噪声，或者达到允许的最大模板尺寸 $S_{\max}$。若达到了最大模板尺寸 $S_{\max}$，则将 f_{med} 作为像素 (x,y) 处的输出 $g(x,y)$。在这种情况下，不能保证该输出值为非脉冲噪声。显然，随着噪声概率的增大，应增大允许的最大模板尺寸 $S_{\max}$。图像受干扰的噪声概率越小，或者允许的最大模板尺寸越大，自适应中值滤波过程发生提前终止的可能性越大。

代码

例 3-15　自适应中值滤波的去噪处理

自适应中值滤波建立在中值滤波的基础上，适用于噪声水平较大的椒盐噪声情况。图 3-46 (a) 为一幅加入概率为 0.7 的椒盐噪声的电路板图像，椒噪声和盐噪声的概率分别为 0.35，其噪声的概率为图 3-45(a) 所示图像中噪声概率的 7 倍。从图中可以看出，这幅图像具有很高的噪声级。如图 3-46(b) 所示，使用尺寸为 5×5 的模板进行中值滤波，由图中可见，几乎消除了所有的椒盐噪声，仅有少数椒盐噪声仍然残存。增大模板的尺寸，使用尺寸为 7×7 的模板进行中值滤波，处理结果如图 3-46(c) 所示，尽管完全去除了椒盐噪声，然而这样较大尺寸的中值滤波更加明显地造成了图像细节的损失。注意观察图 3-46(b) 和图 3-46(c) 中电路板上圆形插孔的边缘失真、黑色连接片的断裂以及说明文字的模糊。

图 3-46(d) 为最大模板尺寸 $S_{\max} = 7$ 的自适应中值滤波结果，不仅完全消除了椒盐噪

声，而且能够更好地保持图像的锐度和细节，例如，图 3-46(d) 中并未发生如上所述的失真、断裂和模糊。可见对于图 3-46(a) 这样的高噪声级，自适应中值滤波也能保证有效的去噪性能，这证实了自适应中值滤波具有去除较大概率椒盐噪声的优势。另外，由于自适应中值滤波具有提前终止策略，因此它对 $S_{\max}$ 的取值并不敏感。

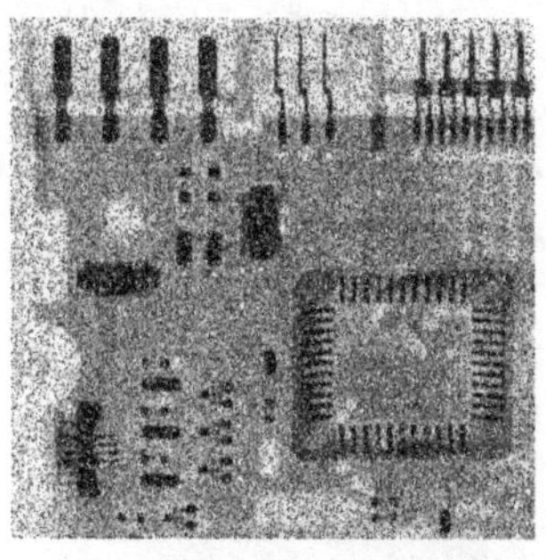

（a）加入椒盐噪声的电路板图像

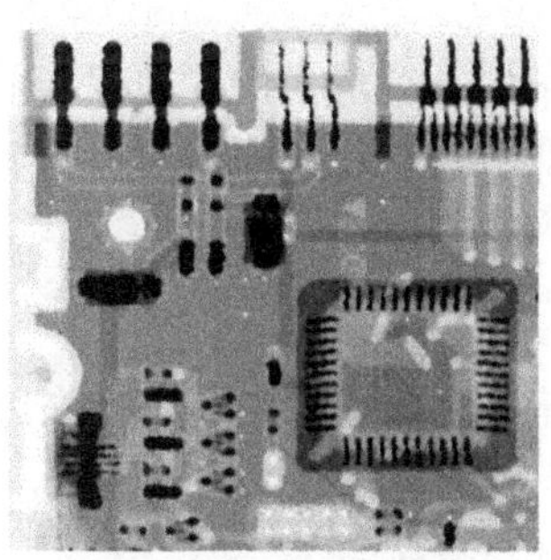

（b）模板尺寸为5×5的中值滤波图像

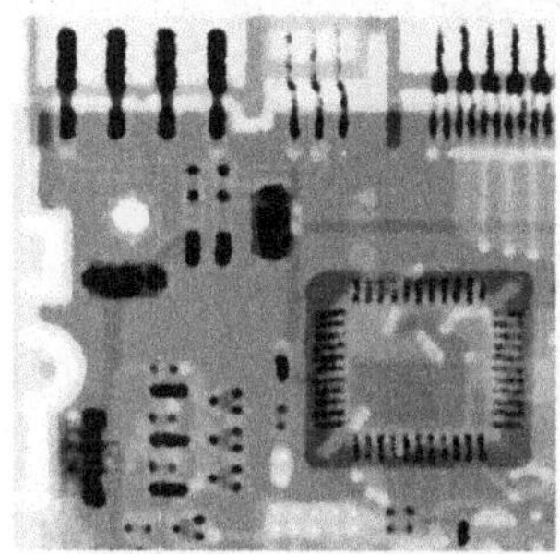

（c）模板尺寸为7×7的中值滤波图像

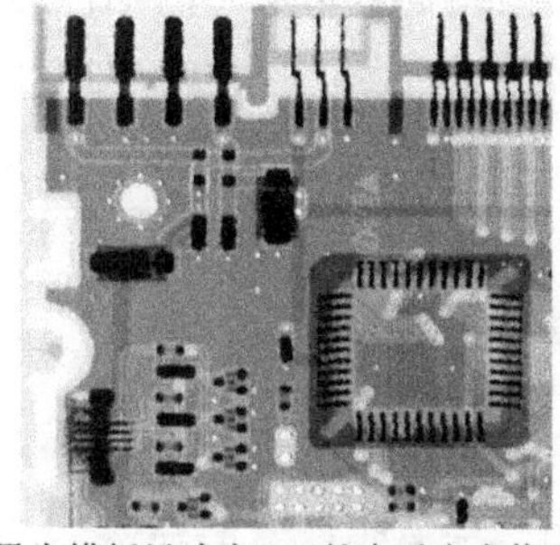

（d）最大模板尺寸为7×7的自适应中值滤波图像

图 3-46　中值滤波和自适应中值滤波的去噪结果比较

3.8 空域锐化滤波

在医学成像、遥感成像、手机摄像和视频捕获等成像设备获取图像的过程中，成像机理、成像环境或成像设备可能限制所成图像的清晰度。图像锐化的作用是增强图像中的边缘和细节。然而，图像锐化在增强图像灰度变化的同时，也会放大噪声。差分算子的响应程度与图像在该点灰度值的变化程度有关，因此，图像锐化使用差分算子。线性空域锐化滤波通过差分模板的卷积实现，二阶差分很容易应用于图像锐化处理。本节将讨论差分的性质以及二阶差分的拉普拉斯算子。

3.8.1 微分与差分

函数在某一点的导数是指这个函数在这一点附近的变化率。数学函数的导数主要有两点性质：① 在函数值为常数的区域，导数为 0；② 函数值变化越快，导数越大。图像可以看成坐标 (x, y) 的二维函数 $f(x, y)$，在 x 或 y 方向的导数即为偏导数。对于离散变量，使用有限差分近似连续函数的导数。差分可以通过多种方式定义，一阶差分常见的有前向差分、后向差分和中心差分，二阶差分常用的是中心差分。

对于一维离散函数 $f(x)$，在点 x 处一阶前向差分的数学定义为

$$\Delta f(x) = \frac{f(x+h) - f(x)}{h}$$

前向差分是最简单的差分形式，它使用当前点和下一个点之间的差值来近似导数。一阶后向差分与前向差分类似，它使用当前点和上一个点之间的差值来近似导数，其数学定义为

$$\Delta f(x) = \frac{f(x) - f(x-h)}{h}$$

一阶中心差分使用当前点相邻的两个点来近似导数，其数学定义为

$$\Delta f(x) = \frac{f(x+h) - f(x-h)}{2h} \tag{3-47}$$

一阶中心差分比一阶前向差分和一阶后向差分具有更高阶的准确度。

对于一维离散函数 $f(x)$，在点 x 处二阶中心差分的数学定义为

$$\Delta^2 f(x) = \frac{f(x+h) + f(x-h) - 2f(x)}{h^2} \tag{3-48}$$

式中，h 为自变量 x 的增量。

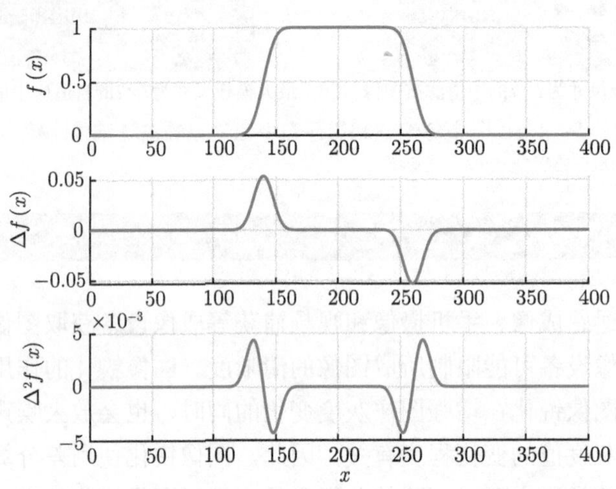

图 3-47　信号及其一阶差分和二阶差分示意图

在数字图像处理中，通常度量相邻两个像素之间的灰度值变化，此时 $h=1$。图 3-47 中信号发生两次跃变，根据式 (3-47) 和式 (3-48) 的定义计算该信号的一阶差分和二阶差分，在信号的上升沿和下降沿处，一阶差分均有一个强的响应，形成峰或谷，在二阶差分中的表现是过零点，在过零点两侧，分别形成一个峰和一个谷，这是二阶差分算子的双响应。在计算差分时会出现负值，通常有三种图像显示差分的方式：直接映射、负值归零和取绝对值，详见电子文档。

文档

通过图 3-48 来分析一阶差分和二阶差分的性质。图 3-48(a) 为实际图像中某水平方向灰度级剖面曲线，从 ① 到 ④ 依次为实际情况下的斜坡边缘、脉冲边缘、矩形边缘以及阶跃边缘，实际图像的边缘并非理想的情况，由于冲激响应的作用，边缘处总存在模糊，且包含噪声，图 3-48(b) 为图 3-48(a) 的一阶差分和二阶差分曲线。斜坡边缘和阶跃边缘处于图像中不同灰度值的相邻区域之间。对于斜坡边缘，一阶差分实际上是直线的斜率，这条直线为负斜率，一阶差分为负值（约为 −2）；而常数的斜率为零，受噪声干扰，二阶差分在零附近振荡。对于阶跃边缘，一阶差分产生较宽的边缘，而二阶差分更细。此外，二阶差分有从正值到负值的过渡，造成双边缘。脉冲边缘主要对应细条状的灰度值突变区域，例如，噪声点、细线，而矩形边缘主要对应较宽的灰度值突变区域。对于矩形边缘，上升沿和下降沿分别可以看成阶跃信号。对于脉冲边缘，二阶差分比一阶差分的响应强，在图像锐化处理中，二阶差分比一阶差分能够更好地增强图像细节。此外，二阶差分对脉冲边缘的响应强于阶跃边缘。

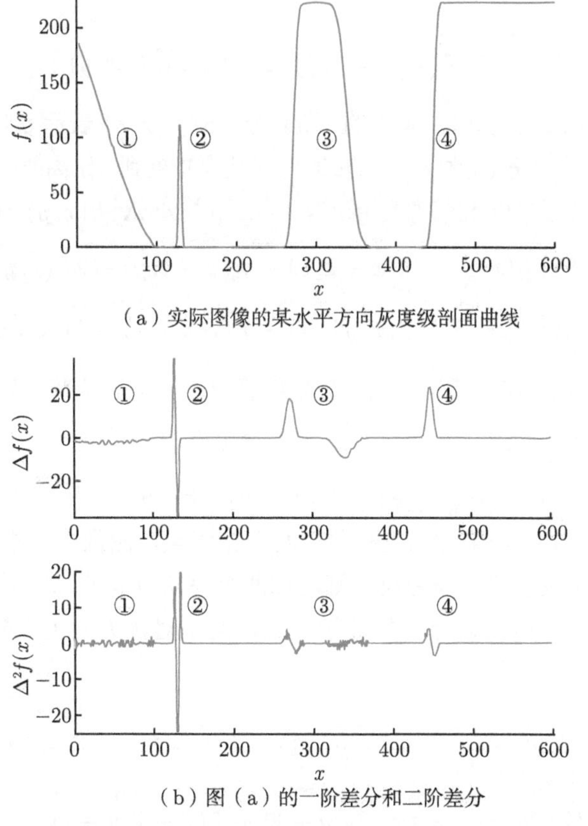

（a）实际图像的某水平方向灰度级剖面曲线

（b）图（a）的一阶差分和二阶差分

图 3-48　实际图像的水平方向灰度级剖面曲线及其一阶差分和二阶差分

通过比较一阶差分和二阶差分的响应，可得出如下结论：① 一阶差分对灰度阶跃的响应会产生较宽的边缘，二阶差分对灰度阶跃产生双响应，在边缘图像中表现为双边缘，称为双边效应；② 一阶差分一般对灰度阶跃的响应更强，二阶差分对孤立点和细线有更强的响应，其中对孤立点比对细线的响应更强。通常情况下，一阶差分算子利用图像梯度突出边缘和细节，主要用于图像的边缘检测；二阶差分算子一般是线性算子，通过将二阶差分响应值叠加在原图像上，主要用于图像的边缘增强。可以使用二阶差分过零点来定位图像中的边缘。然而，二阶差分一般不直接用于边缘检测。本节的内容是图像锐化滤波，后续的内容仅描述二阶差分的拉普拉斯算子，而一阶差分算子的边缘检测内容将在第 8 章中具体介绍。

3.8.2 拉普拉斯算子

拉普拉斯算子是最简单的各向同性二阶差分算子。各向同性滤波器是旋转不变的，即将图像旋转后进行滤波处理的结果和对图像先滤波再旋转的结果相同（不考虑离散采样的问题）。二维函数 $f(x,y)$ 的拉普拉斯变换定义为

$$\nabla^2 f(x,y) = \frac{\partial^2 f(x,y)}{\partial x^2} + \frac{\partial^2 f(x,y)}{\partial y^2} \tag{3-49}$$

对于二维离散函数，常用二阶差分近似二阶偏导数。因此，数字图像 $f(x,y)$ 的拉普拉斯变换表示为

$$\nabla^2 f(x,y) = \Delta_x^2 f(x,y) + \Delta_y^2 f(x,y) \tag{3-50}$$

式中，$\Delta_x^2 f(x,y)$ 表示 x（垂直）方向上的二阶差分，$\Delta_y^2 f(x,y)$ 表示 y（水平）方向上的二阶差分。将式 (3-48) 中一维离散函数 $f(x)$ 的二阶差分定义扩展到二维离散函数 $f(x,y)$，沿 x（垂直）方向和 y（水平）方向上相邻像素相距为 1，二阶差分 $\Delta_x^2 f(x,y)$ 和 $\Delta_y^2 f(x,y)$ 可写为

$$\Delta_x^2 f(x,y) = f(x+1,y) + f(x-1,y) - 2f(x,y) \tag{3-51}$$

$$\Delta_y^2 f(x,y) = f(x,y+1) + f(x,y-1) - 2f(x,y) \tag{3-52}$$

将式 (3-51) 和式 (3-52) 代入式 (3-50)，数字图像 $f(x,y)$ 的拉普拉斯变换可由下式实现：

$$\nabla^2 f(x,y) = [f(x+1,y) + f(x-1,y) + f(x,y+1) + f(x,y-1)] - 4f(x,y) \tag{3-53}$$

式 (3-53) 可以使用图 3-49(a) 所示的 4 邻域拉普拉斯模板与图像的空域卷积来实现。

不同于一维信号中每个采样点仅有前后两个相邻点，图像中像素的邻域包括 4 邻域和 8 邻域。若考虑 8 邻域拉普拉斯变换，则增加两个对角方向的二阶差分。对角方向的增量为 $\sqrt{2}$，根据式 (3-48) 中二阶差分的数学定义，两个对角方向上二阶差分 $\Delta_{xy}^2 f(x,y)$ 和 $\Delta_{-xy}^2 f(x,y)$ 可写为

$$\Delta_{xy}^2 f(x,y) = \frac{1}{2}[f(x+1,y+1) + f(x-1,y-1) - 2f(x,y)] \tag{3-54}$$

$$\Delta_{-xy}^2 f(x,y) = \frac{1}{2}[f(x-1,y+1) + f(x+1,y-1) - 2f(x,y)] \tag{3-55}$$

式 (3-51) 和式 (3-52) 沿着两个坐标轴的方向计算差分，而式 (3-54) 和式 (3-55) 沿着对角方向和反对角方向计算差分，$\Delta_{xy}^2 f(x,y) + \Delta_{-xy}^2 f(x,y)$ 表示对角邻域二阶差分[①]，如图 3-49(b) 所示。4 邻域二阶差分和对角邻域二阶差分的线性组合构成 8 邻域拉普拉斯变换：

① 有的刊物在计算差分时不考虑 4 邻域和对角邻域像素与中心像素之间的距离关系。

$$\nabla^2 f(x,y) = w\left[\Delta_x^2 f(x,y) + \Delta_y^2 f(x,y)\right] + (1-w)\left[\Delta_{xy}^2 f(x,y) + \Delta_{-xy}^2 f(x,y)\right]$$

式中，w 为加权系数。图 3-49(c) 显示了 8 邻域拉普拉斯模板。当 $w=1$ 时，退化为图 3-49(a) 所示的 4 邻域拉普拉斯模板。当 $w=1/2$ 时，4 邻域二阶差分和对角邻域二阶差分的权重相等，这是一种各向同性的 8 邻域拉普拉斯模板①，如图 3-49(d) 所示。图 3-49(e) 中 $w=1/3$，这种情况下对角邻域二阶差分的权重是 4 邻域二阶差分的 2 倍。差分模板度量图像中灰度值的变化率，因而尺度因子不重要，为了提高计算效率，系数通常表示为整数。

由于拉普拉斯模板的所有系数之和等于 0，在图像中灰度恒定或者灰度变化平坦的区域，拉普拉斯模板与图像邻域的卷积是 0 或者几乎为 0，且拉普拉斯滤波将输出图像的平均灰度值变为 0，即消除图像频谱中的零频率成分。

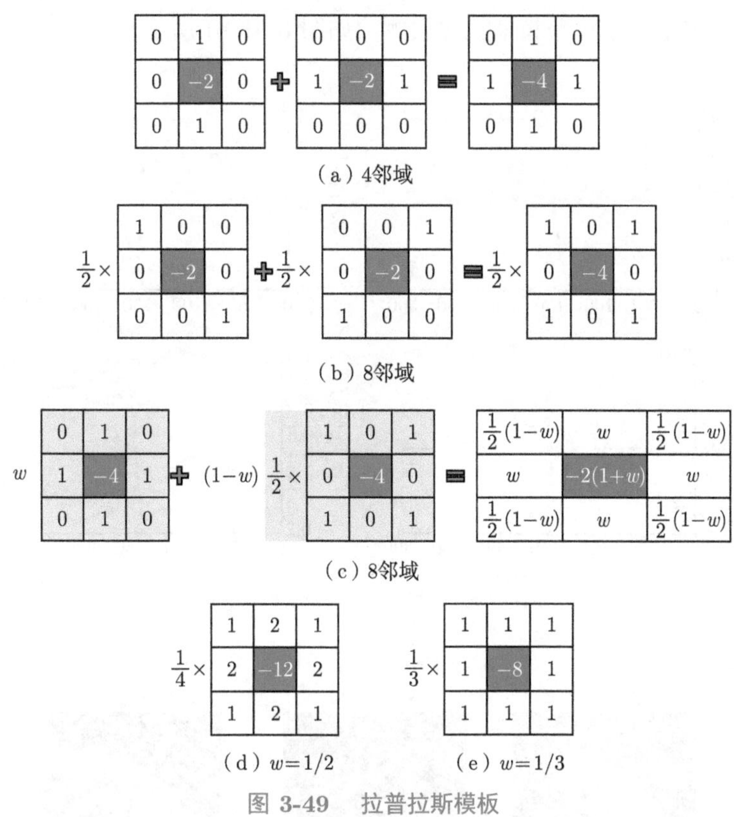

图 3-49 拉普拉斯模板

由于拉普拉斯算子是差分算子，因此它突出图像中灰度的跃变，而清除灰度变化缓慢的区域。拉普拉斯算子是线性算子，可以将拉普拉斯图像叠加在原图像上，能够同时保持拉普拉斯图像的边缘信息和原图像的灰度信息，它在图像处理中最主要的应用是边缘增强。使用拉普拉斯变换对图像进行锐化滤波可表示为

$$g(x,y) = f(x,y) - b\nabla^2 f(x,y) \tag{3-56}$$

① 4.6.1 节将分析这种各向同性的 8 邻域拉普拉斯模板的频率响应。

式中，$g(x,y)$ 为拉普拉斯锐化图像，$\nabla^2 f(x,y)$ 为拉普拉斯图像，b 为拉普拉斯的增益。图 3-50 通过一维水平方向灰度级剖面图解释拉普拉斯变换用于边缘增强的原理，对于图 3-50(a) 所示的图像边缘，图 3-50(b) 为拉普拉斯变换的结果，即二阶差分的结果，对拉普拉斯变换结果的符号取反，如图 3-50(c) 所示，将图 3-50(c) 加在图 3-50(a) 上，从视觉上增强了边缘的对比度，如图 3-50(d) 所示。

以 4 邻域拉普拉斯锐化为例，图 3-51(a) 直观解释了式 (3-56) 所示的拉普拉斯锐化处理的原理，将原图像 $f(x,y)$ 减去拉普拉斯图像 $\nabla^2 f(x,y)$，可产生锐化滤波图像 $g(x,y)$ $(b=1)$。由于拉普拉斯算子是线性算子，式 (3-56) 可以直接使用模板与图像的空域卷积来实现。拉普拉斯图像 $\nabla^2 f(x,y)$ 是拉普拉斯模板与原图像的卷积结果，而 $f(x,y)$ 可以看成中心系数为 1，其他系数都为 0 的模板与其自身卷积的结果。根据卷积运算的线性性质，将这两个模板相加形成了拉普拉斯锐化模板，如图 3-51(b) 所示。

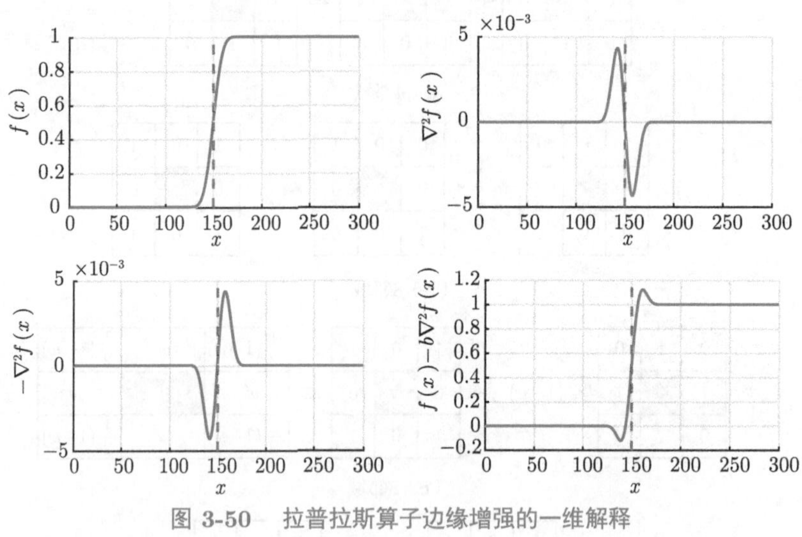

图 3-50　拉普拉斯算子边缘增强的一维解释

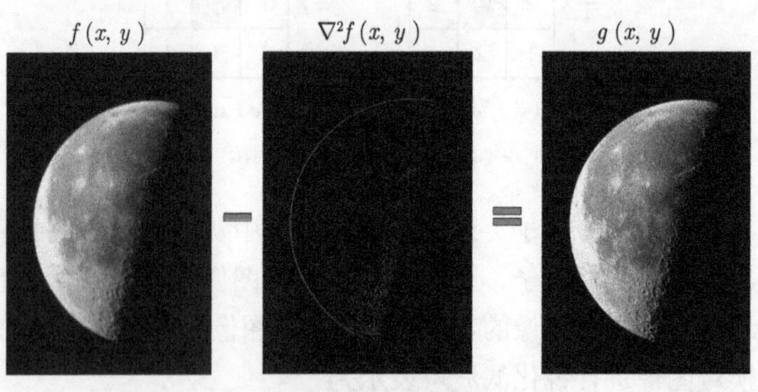

(a) 4邻域拉普拉斯锐化图释

图 3-51　4 邻域拉普拉斯锐化

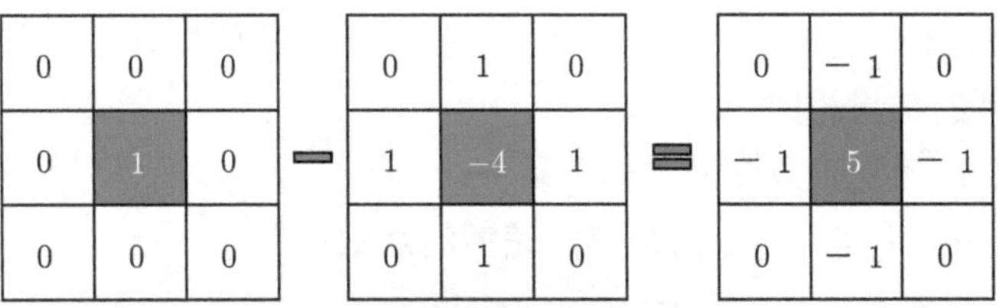

0	0	0
0	1	0
0	0	0

−

0	1	0
1	−4	1
0	1	0

=

0	−1	0
−1	5	−1
0	−1	0

（b）4邻域拉普拉斯锐化模板

图 3-51 （续）

例 3-16 拉普拉斯图像锐化处理

代码

对于图 3-52(a) 所示的灰度图像，使用拉普拉斯模板对图像进行锐化处理，增强图像的边缘和细节。MATLAB 图像处理工具箱中 fspecial 函数 laplacian 参数提供了拉普拉斯模板。拉普拉斯算子是线性算子，通过与原图像叠加，很容易应用于边缘增强。图 3-52(b) 和图 3-52(c) 分别为 4 邻域拉普拉斯 [图 4-49(a)] 和各向同性 8 邻域拉普拉斯 [图 4-49(d)] 锐化图像。8 邻域拉普拉斯算子考虑四个方向的二阶差分，比 4 邻域拉普拉斯算子具有更强的边缘响应，图 3-52(c) 比图 3-52(b) 的边缘更清晰、锐化。

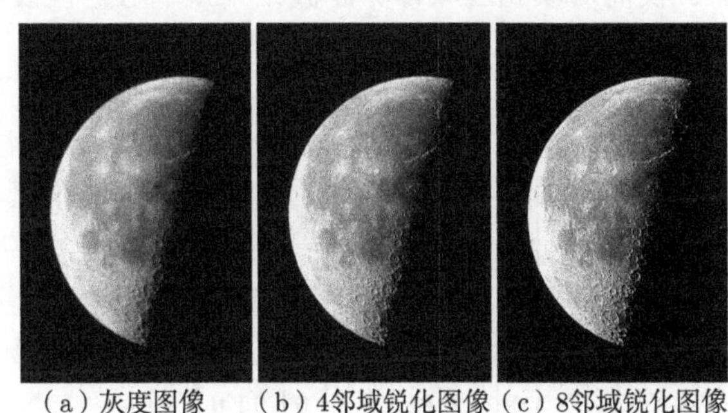

（a）灰度图像 （b）4邻域锐化图像 （c）8邻域锐化图像

图 3-52 4 邻域和 8 邻域拉普拉斯图像锐化示例

3.9 小结

本章从点处理和邻域处理的分类角度，介绍了对图像像素直接处理的空域图像增强方法。在点处理图像增强方面，介绍了灰度级变换、直方图处理、图像算术运算以及伪彩色映射和假彩色合成。灰度级变换和直方图处理是处理单幅图像，其中幂次变换和直方图均衡化是主要内容。图像算术运算作用于配准的多幅图像，图像相减是目标检测的常用技术。伪彩色和假彩色图像增强是借助颜色增强图像细节的可分辨性，并非物体的实际颜色。在邻域处理图像增强方面，本章讨论了空域滤波中主要的图像平滑和图像锐化滤波方法，其中线性平滑滤波、中值滤波以及拉普拉斯滤波是重点内容。

习题

1. 举例说明不同的图像可能具有相同的直方图。

2. 若对一幅图像进行直方图均衡化处理，则第二次直方图均衡化处理的结果与第一次直方图均衡化处理的结果相同，解释理由。

3. 证明式 (3-6) 累积直方图满足如下条件：

（1）$c(r_k)$ 在 $0 \leqslant k \leqslant L-1$ 内是单调递增的函数；

（2）对于 $0 \leqslant k \leqslant L-1$，有 $0 \leqslant c(r_k) \leqslant 1$。

4. 设一幅尺寸为 64×64 的 3 位数字图像（即灰度级数为 8），各个灰度级的分布律列于题表 3-1 中，对该图像进行直方图均衡化处理，并画出变换前后的直方图。

题表 3-1　图像灰度级及各个灰度级概率分布

灰度级 r_k	$r_0=0$	$r_1=1$	$r_2=2$	$r_3=3$	$r_4=4$	$r_5=5$	$r_6=6$	$r_7=7$
像素数 n_k	790	1023	850	656	329	245	122	81

5. 写出从式 (3-17) 到式 (3-18) 的推导过程。

6. 分别使用 3×3 的均值平滑滤波和中值滤波对题图 3-1 所示的灰度区域进行空域平滑处理，写出处理结果。仅需对填充区域计算滤波结果，不考虑模板超出图像区域的情况。

1	6	1	7	1	6	1	1
1	1	1	5	1	1	1	1
1	1	5	5	5	1	1	6
1	1	5	5	5	1	7	1
7	1	1	5	1	1	1	0
7	1	1	5	1	1	7	0
1	1	1	5	1	1	0	0
1	7	1	7	1	6	0	0

题图 3-1　图像区域

7. 证明式 (3-49) 拉普拉斯变换是各向同性的，即具有旋转不变性。（提示：利用坐标旋转变换表达式）

8. 从原始图像减去模糊图像称为非锐化（unsharp）处理。非锐化处理源自出版行业的一种工艺，通过从原图像中减去其模糊图像使图像更加锐化，不要被它的名字混淆，它实际上是一种图像锐化处理。证明图 3-49(b) 所示 8 邻域拉普拉斯模板所得的结果，等价于从原始图像减去图 3-38(b) 所示高斯加权模板的模糊图像所得的结果。

9. 首先对图像进行空域平滑处理降低噪声，然后通过空域锐化处理增强细节。这两个操作的顺序是否可以交换？若交换先后顺序，结果相同吗？

10. 使用系数之和为 0 的卷积核对图像进行滤波。证明滤波后的图像中的像素值之和也是 0。（提示：输出图像像素值之和表示为系数之和与输入图像像素值之和的关系。）

11. 使用系数之和为 1 的卷积核对图像进行滤波。证明原图像中的像素值之和，与滤波后的图像中的像素值之和相等。（提示同习题 10）

第4章 频域图像增强

导图

微课

图像增强可分为空域图像增强和频域图像增强。第 3 章论述了空域中的图像增强技术，本章讨论频域中的图像增强技术。离散傅里叶变换将图像从空域转换到频域，图像中的灰度均匀或变化平缓区域对应频谱中的低频分量，而图像中边缘、纹理、噪声等灰度突变或变化快速部分对应频谱中的高频分量。频域图像增强正是利用图像在频域中特有的频率特性进行滤波处理。频域滤波的关键是设计滤波器，对输入信号的不同频率分量起着加权函数的作用，减弱或增强特定的频率分量。根据滤波特性，选频滤波器可分为低通、高通、带通、带阻和陷波滤波器等。通过讨论频域滤波与空域滤波的对应关系，进一步理解频域的深刻含义，以及从频域直观地理解空域图像增强的原理和方法。

微课

4.1 傅里叶变换

正交变换是将图像从像素表示的空域转换到正交基张成的特征空间，正交变换本质上是信号在正交空间上的投影[①]。通过研究不同的变换域，更好地表示信号的特征。傅里叶变换是一种常用的正交变换，其数学理论基础是傅里叶级数，由于傅里叶变换分析信号与频率之间的关系，它的变换域称为频域，与时域、空域一词相对。傅里叶一词得名于法国数学家约瑟夫 • 傅里叶（Joseph Fourier）。20 世纪 50 年代至 60 年代初期，术语“频域”和“时域”出现在通信工程领域。频域一词首次出现在 1953 年。通过傅里叶变换将信号从时域、空域转换到频域，而傅里叶逆变换将频谱再转换回时域、空域的信号。频谱是信号在频域中的表示，包括不同频率分量的幅值和相位。在频域信号分析中，通过频谱分析可知信号中存在的频率分量，以及各个频率分量的幅值和相位信息。1672 年，艾萨克 • 牛顿使用术语频谱来描述透明棱镜将白色光分解的连续波段的单色光。不同成分的颜色由其频率决定，由于折射率与光的频率有关，不同频率的光线在折射时偏折不同的角度，产生光的色散现象。因此，光的分解实际上是一种频率分析。类似地，傅里叶变换可以看成“数学的棱镜”，将信号分解成不同的频率分量。因而，可以通过频率分量来分析信号，对特定的频率分量进行处理，这是线性滤波的重要概念。

4.1.1 连续傅里叶变换

傅里叶级数研究周期信号的频率分析，傅里叶变换将傅里叶分析推广到非周期信号。傅里叶级数指出周期函数可以由有限或无限个正弦（余弦）函数或复指数函数的加权和表示，即三角级数展开。非周期信号可以看成周期信号的周期趋近无穷，周期信号的傅里叶级数通过极限的方法可推导出非周期信号频谱的表示，称为傅里叶变换。

1. 连续傅里叶变换的定义

在信号处理中，一维连续时间信号 $f(t)$ 的傅里叶变换 $F(u)$ 定义为

$$F(u) = \int_{-\infty}^{+\infty} f(t)\,\mathrm{e}^{-\mathrm{j}2\pi ut}\mathrm{d}t \tag{4-1}$$

文档

① 正交变换的概念详见电子文档。

式中，u 为连续频率变量。$F(u)$ 是复值、连续函数。

对应地，一维连续傅里叶逆变换定义为

$$f(t)=\int_{-\infty}^{+\infty}F(u)\,\mathrm{e}^{\mathrm{j}2\pi ut}\mathrm{d}u \tag{4-2}$$

式 (4-1) 和式 (4-2) 构成了一维连续傅里叶变换对。可见，傅里叶变换是可逆的，即从 $F(u)$ 可以唯一重建 $f(t)$。

傅里叶变换 $F(u)$ 是 $f(t)$ 的频谱函数，它一般是复函数，在极坐标下 $F(u)$ 可表示为

$$F(u)=|F(u)|\,\mathrm{e}^{\mathrm{j}\angle F(u)} \tag{4-3}$$

其中，$|F(u)|$ 是 $F(u)$ 的模，表示复数的大小，是复数在复平面上的长度；$\angle F(u)$ 是 $F(u)$ 的相位（或幅角），表示复数在复平面上的角度，是从正实轴到复数向量的夹角。

傅里叶级数是将时域中连续的周期信号变换为频域中离散的非周期频谱，而傅里叶变换则是将时域中连续的非周期信号变换为频域中连续的非周期频谱。从信号处理的知识可知，保证连续函数傅里叶变换存在的充分条件也是狄利克里条件，与傅里叶级数不同之处在于，傅里叶变换的时间范围由一个周期变成无限的区间。傅里叶变换存在的弱条件是信号能量有限，即

$$\int_{-\infty}^{+\infty}|f(t)|^2\mathrm{d}t<+\infty \tag{4-4}$$

在任何情况下，几乎所有的能量信号[①]都存在傅里叶变换，在实际中病态信号是罕见的。

对于二维的情形，二维连续函数 $f(x,y)$ 的傅里叶变换 $F(u,v)$ 定义为

$$F(u,v)=\int_{-\infty}^{+\infty}\int_{-\infty}^{+\infty}f(x,y)\,\mathrm{e}^{-\mathrm{j}2\pi(ux+vy)}\mathrm{d}x\mathrm{d}y \tag{4-5}$$

对应地，二维连续傅里叶逆变换定义为

$$f(x,y)=\int_{-\infty}^{+\infty}\int_{-\infty}^{+\infty}F(u,v)\,\mathrm{e}^{\mathrm{j}2\pi(ux+vy)}\mathrm{d}u\mathrm{d}v \tag{4-6}$$

式 (4-5) 和式 (4-6) 构成了二维连续傅里叶变换对。

2. 傅里叶变换的解释

式 (4-1) 的傅里叶变换可以用内积的形式表示为 $F(u)=\left\langle f(t),\mathrm{e}^{\mathrm{j}2\pi ut}\right\rangle$，根据欧拉公式，复指数函数可以写成 $\mathrm{e}^{\mathrm{j}2\pi ut}=\cos(2\pi ut)+\mathrm{j}\sin(2\pi ut)$，因此频域中频率系数实际上是计算信号和不同频率的正弦（余弦）分量的相关系数[②]。通过比较图 4-1（a）和图 4-1（b）可见，信号与正弦分量越相似，则该信号中相应频率分量的傅里叶系数越大；反之，傅里叶系数越小。

---

① 信号 $f(t)$ 若满足 $\int_{-\infty}^{+\infty}|f(t)|^2\mathrm{d}t<+\infty$，则 $f(t)$ 称为能量信号。

② 相关系数实际上是经过归一化和中心化处理后的内积。

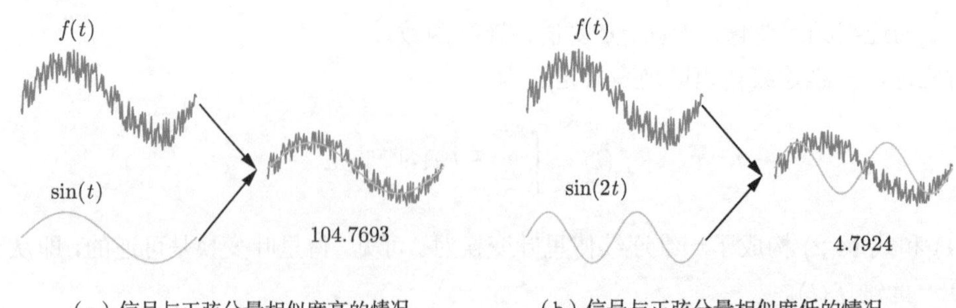

（a）信号与正弦分量相似度高的情况　（b）信号与正弦分量相似度低的情况

图 4-1　傅里叶变换的物理意义

图 4-2 直观地解释频域和频率的意义。对于具有纯频率的正弦函数：

$$f(x,y)=\sin\left[2\pi\left(u_0x+v_0y\right)\right] \tag{4-7}$$

其傅里叶变换是共轭脉冲对：

$$\mathscr{F}\left[f(x,y)\right]=\frac{\mathrm{j}}{2}\left[\delta\left(u+u_0,v+v_0\right)-\delta\left(u-u_0,v-v_0\right)\right] \tag{4-8}$$

式中，$\mathscr{F}(\cdot)$ 表示傅里叶变换。由式 (4-8) 可知，该正弦函数的频率只在 (u_0,v_0) 和对称位置 $(-u_0,-v_0)$ 存在非零值。即在频域中仅在频率坐标 (u_0,v_0) 和 $(-u_0,-v_0)$ 处有两个脉冲。空域中 x 和 y 方向分别对应在频域中用频率 u 和 v 表示。图中上一行为空域正弦函数，下一行为相应的频域函数。在正弦函数的空域图像表示中，灰度的深浅表明函数值的大小。如图 4-2（a）所示，若灰度值沿 x 轴变化，则对应 u 轴上的频率 $(u_0,0)$ 和 $(-u_0,0)$ 处产生脉冲；如图 4-2（b）所示，若灰度值沿 y 轴变化，则对应 v 轴上的频率 $(0,v_0)$ 和 $(0,-v_0)$ 处产生脉冲。在图 4-2（c）～（e）中，灰度值沿 x、y 轴方向均发生变化，则对应 u、v 轴上的频率 (u_0,v_0) 和 $(-u_0,-v_0)$ 处产生脉冲，且正弦波形状浓淡变化越快，说明频率 (u_0,v_0) 越大。为了便于观察，对频谱图像进行了 4 倍最近邻插值并仅显示了其中央部分。

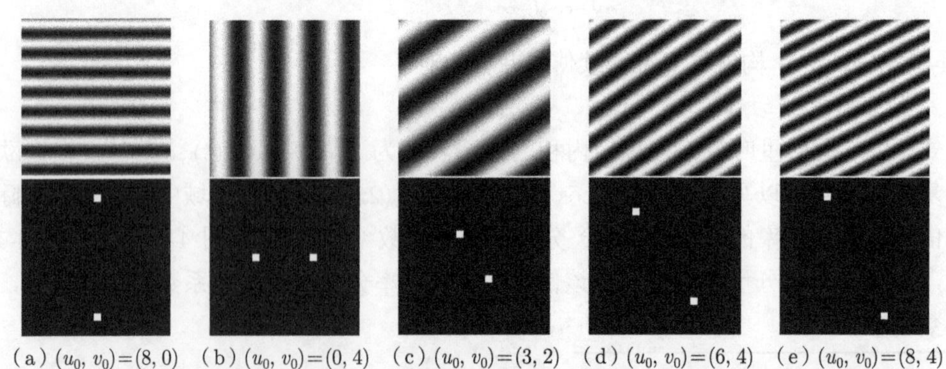
（a）$(u_0, v_0)=(8, 0)$　（b）$(u_0, v_0)=(0, 4)$　（c）$(u_0, v_0)=(3, 2)$　（d）$(u_0, v_0)=(6, 4)$　（e）$(u_0, v_0)=(8, 4)$

图 4-2　空间频率的直观解释

例 4-1 二维矩形函数的傅里叶变换

二维矩形函数 $\mathrm{rect}(x,y;a,b)$ 定义为

$$\mathrm{rect}(x,y;a,b)=\begin{cases}A, & -\dfrac{a}{2}\leqslant x\leqslant\dfrac{a}{2},-\dfrac{b}{2}\leqslant y\leqslant\dfrac{b}{2}\\ 0, & \text{其他}\end{cases} \tag{4-9}$$

式中，a 和 b 分别为矩形的长和宽，A 为矩形的高。该函数为偶函数，如图 4-3（a）所示。实偶函数的傅里叶变换仍是实偶函数。该函数的二维连续傅里叶变换为如下 sinc 函数的形式[①]：

$$F(u,v)=Aab\left[\frac{\sin(\pi ua)}{\pi ua}\right]\left[\frac{\sin(\pi vb)}{\pi vb}\right]=Aab\mathrm{sinc}(ua)\mathrm{sinc}(vb)$$

其傅里叶系数的幅值为

$$|F(u,v)|=Aab\left|\frac{\sin(\pi ua)}{\pi ua}\right|\left|\frac{\sin(\pi vb)}{\pi vb}\right|=Aab|\mathrm{sinc}(ua)||\mathrm{sinc}(vb)| \tag{4-10}$$

傅里叶系数及其幅值分别如图 4-3（b）和图 4-3（c）所示，峰值 $F(0,0)$ 为 Aab。

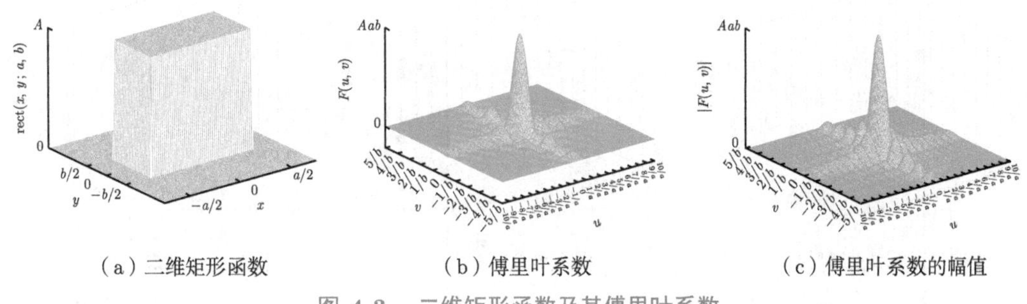

（a）二维矩形函数　（b）傅里叶系数　（c）傅里叶系数的幅值

图 4-3 二维矩形函数及其傅里叶系数

4.1.2 离散傅里叶变换

数字图像的坐标和灰度值均是离散量，且计算机只能处理离散数据，对连续信号和傅里叶变换的连续谱采样可推导离散傅里叶变换。傅里叶变换的计算是作用于全局的，计算量很大，离散傅里叶变换便于推导快速算法。快速傅里叶变换（fast Fourier transform, FFT）是计算离散傅里叶变换的快速算法，正是快速傅里叶变换的出现，才使得离散傅里叶变换的广泛应用成为可能。离散傅里叶变换是一种离散信号频率分析的有力数学工具，在线性滤波、相关分析和频谱分析等数字信号和图像处理中起着关键的作用。

1. 一维离散傅里叶变换

一维离散序列 $f(n),n=0,1,\cdots,N-1$ 的离散傅里叶变换定义[②]为

① 归一化 sinc 函数的定义为 $\mathrm{sinc}(\varphi)=\dfrac{\sin(\pi\varphi)}{\pi\varphi},\varphi\neq0$。在 $\varphi=0$ 处，$\mathrm{sinc}(0)\triangleq\lim\limits_{x\to0}\dfrac{\sin(ax)}{ax}=1,a\neq0$。

② 当 $f(n)$ 是长为 $L\leqslant N$ 的有限长序列时，在序列 $f(n)$ 的末尾补 $N-L$ 个零，使序列的长度从 L 点扩展到 N 点。对有限长序列的零延拓不会改变离散傅里叶变换的频谱特性，仅增加了频谱的采样点数。

$$F(k)=\sum_{n=0}^{N-1} f(n)\,\mathrm{e}^{-\mathrm{j}2\pi kn/N},\quad k=0,1,\cdots,N-1 \tag{4-11}$$

式中，k 为离散频率变量。对应地，一维离散傅里叶逆变换定义为

$$f(n)=\frac{1}{N}\sum_{k=0}^{N-1} F(k)\,\mathrm{e}^{\mathrm{j}2\pi kn/N},\quad n=0,1,\cdots,N-1 \tag{4-12}$$

数字信号 $f(n)$ 总是有限值，因此，离散傅里叶变换及其逆变换总是存在的。在式 (4-11) 和式 (4-12) 中，$\mathrm{e}^{-\mathrm{j}2\pi kn/N}$ 和 $\frac{1}{N}\mathrm{e}^{\mathrm{j}2\pi kn/N}$ 分别为离散傅里叶正变换和逆变换的核函数（kernel function）或核（nucleus）。

在离散傅里叶变换中，N 个复指数函数 $\left\{\mathrm{e}^{\mathrm{j}m\frac{2\pi}{N}}\right\}_{m=0,1,\cdots,N-1}$ 是正交基函数，$f(n)$ 可以表示为基函数的线性展开，即 $f(n)=\frac{1}{N}\sum_{k=0}^{N-1}\langle f(n),\mathrm{e}^{\mathrm{j}2\pi kn/N}\rangle\mathrm{e}^{\mathrm{j}2\pi kn/N}$，$F(k)=\langle f(n),\mathrm{e}^{\mathrm{j}2\pi kn/N}\rangle$ 是这 N 个复指数基函数线性展开的系数，称为傅里叶系数。图 4-4 给出了当 $N=8$ 时一维离散傅里叶变换的 8 个基函数的实部和虚部。

插图

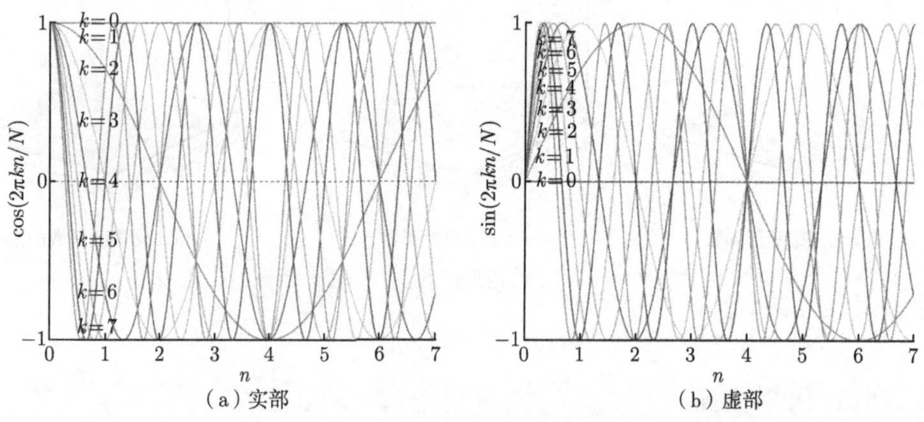

（a）实部　　（b）虚部

图 4-4　一维离散傅里叶变换的基函数

为了计算离散傅里叶变换 $F(k)$，首先将 $k=0$ 代入指数项，再将所有的 n 值相加。下一步，将 $k=1$ 代入指数项，重复上一步过程将所有的 n 值相加。以此类推，直至对 N 个 k 值重复这一过程，从而完成整个离散傅里叶变换。对于每个 k 值，计算 $F(k)$ 需要 N 次复数乘数和 $N-1$ 次复数加法（等效于 $4N$ 次实数乘法和 $4N-2$ 次实数加法）。计算长度为 N 的离散傅里叶变换需要 N^2 次复数乘数和 N^2-N 次复数加法。而快速傅里叶变换仅需要 $\frac{N}{2}\log_2 N$ 次复数乘法和 $N\log_2 N$ 次复数加法。

傅里叶系数 $F(k)$ 是复数，由实部和虚部组成：

$$R(k)=\mathrm{Re}[F(k)]=\sum_{n=0}^{N-1} f(n)\cos(2\pi kn/N)$$

$$I(k)=\mathrm{Im}\left[F(k)\right]=-\sum_{n=0}^{N-1}f(n)\sin(2\pi kn/N)$$

式中，$R(k)$ 和 $I(k)$ 分别为 $F(k)$ 的实部和虚部。

在复数的分析中，通常在极坐标下表示 $F(k)$ 为

$$F(k)=|F(k)|\,\mathrm{e}^{\mathrm{j}\measuredangle F(k)} \tag{4-13}$$

其中，复数的模关于频率的函数称为傅里叶变换的幅值谱：

$$|F(k)|=\left[R^2(k)+I^2(k)\right]^{1/2} \tag{4-14}$$

复数的相角关于频率的函数称为傅里叶变换的相位谱：

$$\measuredangle F(k)=\arctan\frac{I(k)}{R(k)} \tag{4-15}$$

傅里叶变换的能量谱定义为幅值谱的平方：

$$P(k)=|F(k)|^2=R^2(k)+I^2(k) \tag{4-16}$$

能量谱 $P(k)$ 反映了频域中信号能量的分布情况。

2. 二维离散傅里叶变换

一维离散傅里叶变换直接推广到二维离散傅里叶变换，设数字图像 $f(x,y)$ 的尺寸为 $M\times N$，$f(x,y)$ 的二维离散傅里叶变换 $F(u,v)$ 定义为

$$F(u,v)=\sum_{x=0}^{M-1}\sum_{y=0}^{N-1}f(x,y)\,\mathrm{e}^{-\mathrm{j}2\pi(ux/M+vy/N)} \tag{4-17}$$

式中，$u=0,1,\cdots,M-1$；$v=0,1,\cdots,N-1$。与一维情形相同，对于每个 u 值和 v 值将所有 x 值和 y 值相加来计算 $F(u,v)$。对应地，二维离散傅里叶逆变换定义为

$$f(x,y)=\frac{1}{MN}\sum_{u=0}^{M-1}\sum_{v=0}^{N-1}F(u,v)\,\mathrm{e}^{\mathrm{j}2\pi(ux/M+vy/N)} \tag{4-18}$$

式中，$x=0,1,\cdots,M-1$；$y=0,1,\cdots,N-1$。式 (4-17) 和式 (4-18) 构成了二维离散傅里叶变换对。离散变量 u、v 是频率变量，x、y 是空间变量。式 (4-17) 的二维离散傅里叶变换可以表示为二维序列 $f(x,y)$ 与复指数函数 $\mathrm{e}^{\mathrm{j}2\pi(ux/M+vy/N)}$ 的内积，即 $F(u,v)=\langle f(x,y),\mathrm{e}^{\mathrm{j}2\pi(ux/M+vy/N)}\rangle$。通常图像本身称为空域，空域图像的频率为其组成中各个正弦分量的频率。由频率系数的幅值可以看出图像中相应频率分量的能量，幅值越大，表明图像中相应频率分量的灰度变化越多。频率系数的相位反映不同频率正弦分量的相移。

图 4-5（a）和图 4-5（b）给出了当 $M=N=8$ 时二维离散傅里叶变换基图像的实部和虚部，左上角为 $u=0,v=0$ 的基图像，基图像的灰度变化越快，能够描述图像更高的频率分量。图 4-5（b）中四个正方形小区域为灰色（零值），说明所在位置的傅里叶系数 $F(0,0)$、$F(M/2,0)$、$F(0,N/2)$ 和 $F(M/2,N/2)$ 的虚部为 0。将基图像的分布循环向右和向下依次移动 $M/2$ 和 $N/2$ 个位置，使得 $u=0,v=0$ 的基图像位于分布的中心，如图 4-6 所示。观察基图像的灰度变化分布，中心位置频率为 0，以中心向外呈环状分布，且频率越来越高，这是 4.1.4 节中心移位变换的理论基础。

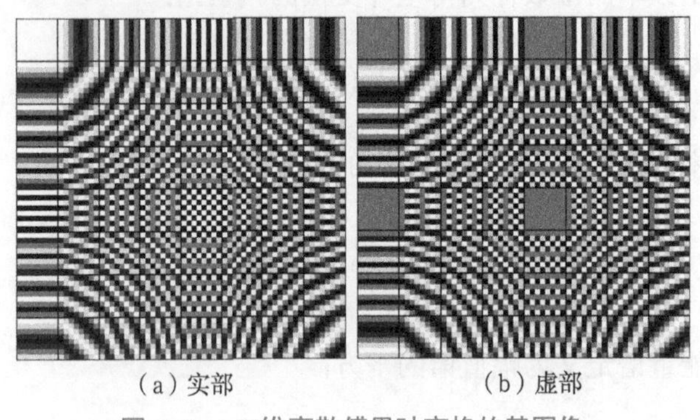

（a）实部　　（b）虚部

图 4-5　二维离散傅里叶变换的基图像

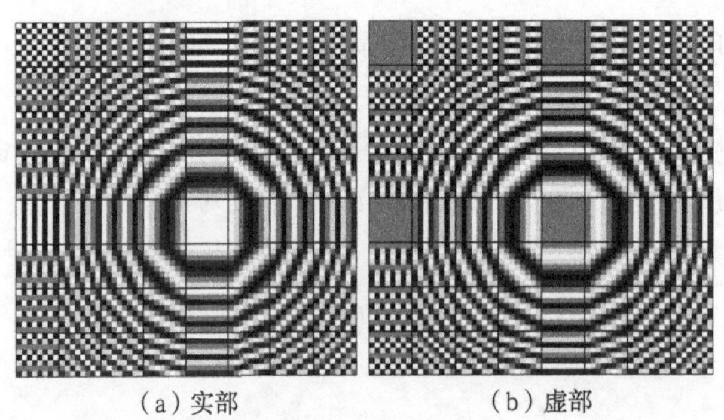

（a）实部　　（b）虚部

图 4-6　二维离散傅里叶变换中心移位的基图像

例 4-2　空域脉冲与频域频率的关系

代码

图 4-7（a）是一幅尺寸为 128 × 128 的二维矩形图像，中央白色矩形的尺寸是 30 × 10。对图像进行傅里叶变换之前乘以 $(-1)^{x+y}$，从而使幅值谱关于中心对称①，如图 4-7（b）所示。图 4-7（a）中白色矩形沿水平方向（y 方向）的灰度级剖面是窄脉冲，沿垂直方向（x 方向）的灰度级剖面是宽脉冲，窄脉冲比宽脉冲具有更多的高频分量。在图 4-7（b）中，水平方向（v 方向）幅值谱的零点间隔距离是垂直方向（u 方向）零点间隔距离的 3 倍，与图像中的矩形尺寸比例恰好相反。

① 中心移位变换参见 4.1.4 节。

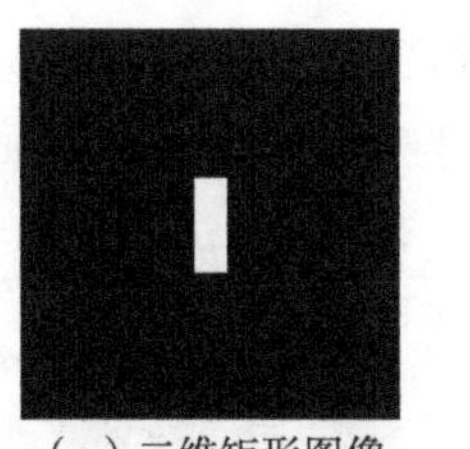

（a）二维矩形图像　（b）幅值谱

图 4-7　二维矩形图像的傅里叶变换

4.1.3　二维离散傅里叶变换的性质

本节讨论离散傅里叶变换的卷积定理和相关性质，以及线性性、平移性、尺度变换性、旋转性、周期性、对称性、可分离性等其他性质。

1. 卷积定理 ⋆[①]

文档

傅里叶变换的卷积定理是空域滤波和频域滤波之间的纽带，是图像频域增强的基本依据。连续傅里叶变换的卷积定理表明，两个信号的卷积等效于这两个信号傅里叶变换的乘积。通过对离散信号进行零延拓（详见电子文档），连续傅里叶变换的卷积定理可以适用于离散傅里叶变换。

$M \times N$ 点的离散序列 $f(x,y)$ 与 $h(x,y)$ 的离散卷积 $f(x,y) * h(x,y)$ 定义为

$$f(x,y) * h(x,y) = \sum_{m=0}^{M-1} \sum_{n=0}^{N-1} f(m,n)\, h(x-m, y-n) \tag{4-19}$$

式中，$x = 0,1,\cdots,M-1$；$y = 0,1,\cdots,N-1$。在零延拓的基础之上，离散傅里叶变换的卷积定理可表示为

$$f(x,y) * h(x,y) \overset{\mathscr{F}}{\Longleftrightarrow} F(u,v)\, H(u,v) \tag{4-20}$$

式中，$F(u,v)$ 和 $H(u,v)$ 分别表示 $f(x,y)$ 和 $h(x,y)$ 的傅里叶变换，$\overset{\mathscr{F}}{\Longleftrightarrow}$ 表示互为傅里叶变换对。在图像处理中，空域卷积的主要作用是空域滤波。

2. 相关性质 ⋆

$M \times N$ 点的离散序列 $f(x,y)$ 与 $h(x,y)$ 的互相关 $f(x,y) \circ h(x,y)$ 定义为

$$f(x,y) \circ h(x,y) = \sum_{m=0}^{M-1} \sum_{n=0}^{N-1} f(m,n)\, h(m-x, n-y) \tag{4-21}$$

两个序列的互相关运算与卷积运算之间的关系为

$$\begin{aligned} f(x,y) \circ h(x,y) &= \sum_{m=0}^{M-1} \sum_{n=0}^{N-1} f(m,n)\, h(-(x-m), -(y-n)) \\ &= f(x,y) * h(-x,-y) \end{aligned} \tag{4-22}$$

① ⋆ 表示该性质在零延拓基础上成立。

卷积和相关运算都包含移位、相乘和求和三个步骤。在卷积的计算过程中，其中对一个序列进行反转和移位，然后和另一个序列对应相乘，最后对乘积求和，而相关的计算过程没有反转操作，其他操作与卷积相同。因此，将 $h(x,y)$ 反转（变量取负号）后与 $f(x,y)$ 卷积即是 $f(x,y)$ 与 $h(x,y)$ 的互相关运算。在图像空域滤波中，反转就是将卷积模板绕中心旋转 180°。

在零延拓的基础之上，离散傅里叶变换的相关性质可表示如下：

$$f(x,y) \circ h(x,y) \overset{\mathscr{F}}{\Longleftrightarrow} F(u,v)\,H^*(u,v) \tag{4-23}$$

式中，$F(u,v)$ 和 $H(u,v)$ 分别表示 $f(x,y)$ 和 $h(x,y)$ 的傅里叶变换，$H^*(u,v)$ 表示 $H(u,v)$ 的复共轭，$\overset{\mathscr{F}}{\Longleftrightarrow}$ 表示互为傅里叶变换对。

在图像处理中，空域相关的主要作用是图像匹配。利用 $h(x,y)$ 表示待检测目标或感兴趣区域，通常称为模板，因而图像匹配也称为模板匹配。通过图像匹配在图像 $f(x,y)$ 中定位待检测目标或感兴趣区域。若输入图像 $f(x,y)$ 中包含待匹配的模板，则在 $f(x,y)$ 和 $h(x,y)$ 完全匹配的位置上这两个函数的相关系数达到最大值。由于模板 $h(x,y)$ 和输入图像 $f(x,y)$ 中的目标尺寸未必相同，通常利用高斯金字塔方法对模板进行逐级下采样，分别使用不同分辨率的模板与输入图像进行模板匹配。

3. 线性性

离散傅里叶变换是线性变换[①]，具有线性性（叠加性和齐次性的合称），即

$$\mathscr{F}[k_1 f_1(x,y) + k_2 f_2(x,y)] = k_1 \mathscr{F}[f_1(x,y)] + k_2 \mathscr{F}[f_2(x,y)] \tag{4-24}$$

式中，$\mathscr{F}(\cdot)$ 表示傅里叶变换。

傅里叶变换的线性性表明，两个或者多个信号线性组合的傅里叶变换等于各个信号傅里叶变换的线性组合。根据式 (4-17) 中离散傅里叶变换的定义很容易证明这个性质。

4. 平移性

设 $f(x,y)$ 和 $F(u,v)$ 互为傅里叶变换对，记作 $f(x,y) \overset{\mathscr{F}}{\Longleftrightarrow} F(u,v)$，傅里叶变换具有如下的平移性：

$$\text{空移性}\ f(x-x_0, y-y_0) \overset{\mathscr{F}}{\Longleftrightarrow} F(u,v)\,\mathrm{e}^{-\mathrm{j}2\pi(ux_0/M+vy_0/N)} \tag{4-25}$$

$$\text{频移性}\ f(x,y)\,\mathrm{e}^{\mathrm{j}2\pi(u_0x/M+v_0y/N)} \overset{\mathscr{F}}{\Longleftrightarrow} F(u-u_0, v-v_0) \tag{4-26}$$

傅里叶变换的空移性表明，图像 $f(x,y)$ 在空域中平移 (x_0,y_0) 等效于在频域中乘以因子 $\mathrm{e}^{-\mathrm{j}2\pi(ux_0/M+vy_0/N)}$，即图像平移后，其幅值谱保持不变，而相位谱偏移 $-2\pi(ux_0/M+vy_0/N)$。傅里叶变换的频移性表明，图像 $f(x,y)$ 乘以因子 $\mathrm{e}^{\mathrm{j}2\pi(u_0x/M+v_0y/N)}$ 等效于在频域中平移 (u_0,v_0)，或者说在频域中平移 (u_0,v_0) 等效于在空域中图像乘以因子 $\mathrm{e}^{\mathrm{j}2\pi(u_0x/M+v_0y/N)}$。

文档

① 线性变换可以用矩阵形式表示，离散傅里叶变换的矩阵形式详见电子文档。

5. 尺度变换性

设 $f(x,y)$ 和 $F(u,v)$ 互为傅里叶变换对，记作 $f(x,y) \overset{\mathscr{F}}{\Longleftrightarrow} F(u,v)$，傅里叶变换的尺度（缩放）变换性质表示如下：

$$f(ax,by) \overset{\mathscr{F}}{\Longleftrightarrow} \frac{1}{|ab|}F\left(\frac{u}{a},\frac{v}{b}\right) \tag{4-27}$$

傅里叶变换的尺度变换性表明，在空域中图像 $f(x,y)$ 沿空间坐标轴的压缩（$a>1,b>1$）等效于在频域中沿频率轴的拉伸，同时 $F(u,v)$ 幅值的压缩。图 4-7 和图 4-8 联立说明了二维离散傅里叶变换具有的尺度变换性质。图 4-8（a）中二维矩形的长为 10（垂直方向）、宽为 5（水平方向），分别是图 4-7（a）中二维矩形长和宽的 1/3 和 1/2，而图 4-8（b）所示幅值谱的零点间隔距离在垂直方向和水平方向上分别是图 4-7（b）的 3 倍和 2 倍。

（a）二维矩形图像

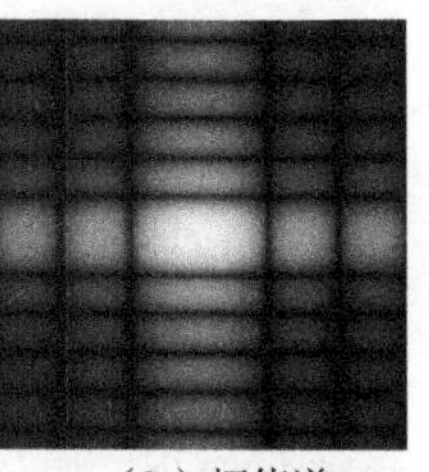
（b）幅值谱

图 4-8　傅里叶变换尺度变换性示意图

动图

6. 旋转性

设 $f(x,y)$ 和 $F(u,v)$ 互为傅里叶变换对，记作 $f(x,y) \overset{\mathscr{F}}{\Longleftrightarrow} F(u,v)$。若引入极坐标变换：

$$x = r\cos\phi,\ y = r\sin\phi$$

$$u = \rho\cos\varphi, v = \rho\sin\varphi$$

则 $f(x,y)$ 和 $F(u,v)$ 分别可表示为 $f(r,\phi)$ 和 $F(\rho,\varphi)$，二维连续傅里叶变换的旋转性质表示如下：

$$f(r,\phi+\phi_0) \overset{\mathscr{F}}{\Longleftrightarrow} F(\rho,\varphi+\phi_0) \tag{4-28}$$

傅里叶变换的旋转性表明，当在空域中 $f(x,y)$ 旋转角度 ϕ_0 时，在频域中 $F(u,v)$ 将旋转相同的角度 ϕ_0。从严格意义上讲，二维离散傅里叶变换定义在二维采样网格上，不具有旋转性质。在允许插值的情况下，可以考虑任意角度旋转。图 4-9 直观地说明了二维离散傅里叶变换的旋转性质。将图 4-7（a）所示的二维矩形图像顺时针旋转 45°，如图 4-9（a）所示，它的幅值谱相对于图 4-7（b）所示的幅值谱也顺时针旋转 45°，如图 4-9（b）所示。离散图像插值对矩形边界的影响，导致幅值谱边界附近的区域发生形变。

7. 周期性

设离散傅里叶变换的频谱尺寸为 $M\times N$，离散傅里叶变换具有如下周期性：

$$F(u,v) = F(u+kM,v) = F(u,v+kN) = F(u+kM,v+kN) \tag{4-29}$$

傅里叶逆变换也具有相同周期的周期性，即

$$f(x,y)=f(x+kM,y)=f(x,y+kN)=f(x+kM,y+kN) \tag{4-30}$$

式中，常数 $k\in\mathbb{Z}$。

动图

（a）二维矩形图像　　（b）幅值谱

图 4-9　傅里叶变换旋转性示意图

8. 共轭对称性

若 $f(x,y)$ 是实函数，则它的傅里叶变换具有共轭对称性，可表示为

$$F(u,v)=F^*(-u,-v) \tag{4-31}$$

式中，上标 * 表示复数的共轭。因此，幅值谱是关于原点对称的，即

$$|F(u,v)|=|F^*(-u,-v)|=|F(-u,-v)| \tag{4-32}$$

由于图像的灰度值必然是实数，因而，它的傅里叶变换具有共轭对称性，其幅值谱是关于原点对称的。

9. 可分离性

二维离散傅里叶变换的核函数具有可分离性，二维离散傅里叶变换可以用两次分离的一维离散傅里叶变换形式表示如下：

$$F(u,y)=\sum_{x=0}^{M-1}f(x,y)\mathrm{e}^{-\mathrm{j}2\pi ux/M} \tag{4-33}$$

$$F(u,v)=\sum_{y=0}^{N-1}F(u,y)\mathrm{e}^{-\mathrm{j}2\pi vy/N} \tag{4-34}$$

对于每个 y 值，式 (4-33) 是完整的一维离散傅里叶变换。换句话说，$F(u,y)$ 表示固定 y 值，对 $f(x,y)$ 的一列计算一维离散傅里叶变换。从式 (4-34) 中可看到，为了完成二维离散傅里叶变换，再固定 u 值，对 $F(u,y)$ 的一行计算一维离散傅里叶变换。如图 4-10 所示，二维离散傅里叶变换可以按顺序分离为一维列变换和一维行变换，首先遍历 $f(x,y)$ 的每一列 $y=0,1,\cdots,N-1$，计算所有列的一维离散傅里叶变换，完成频率变量 u 的变换；然后沿 $F(u,y)$ 的每一行 $u=0,1,\cdots,M-1$，计算所有行的一维离散傅里叶变换，完成频率变量 v 的变换。可分离性对二维离散傅里叶逆变换同样适用，先沿 $F(u,v)$ 的每一列计算一维离散傅里叶逆变换，再沿 $F(x,v)$ 的每一行计算一维离散傅里叶逆变换。

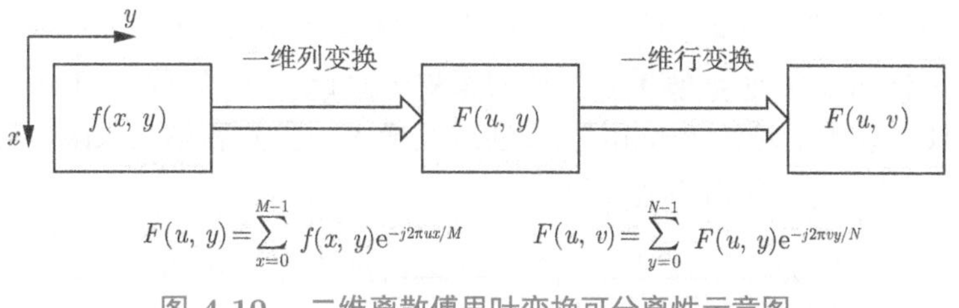

图 4-10　二维离散傅里叶变换可分离性示意图

4.1.4　频谱分布与统计特性

频谱是一种在频域中描述图像特征的方法，它反映了图像中正弦分量的幅值和相位随频率的分布情况。本节讨论离散傅里叶变换的频谱分布以及图像内容与频率分量之间的对应关系。

1. 频谱分布

从式 (4-17) 中二维离散傅里叶变换的定义可知，傅里叶变换 $F(u,v)$ 在 $(0,0)$ 处的值为

$$F(0,0)=\sum_{x=0}^{M-1}\sum_{y=0}^{N-1} f(x,y) \tag{4-35}$$

式 (4-35) 表明，傅里叶变换的零频率分量 $F(0,0)$ 等于一幅图像 $f(x,y)$ 的像素灰度值之和，也称为直流分量。

图 4-11 直观地说明了二维离散傅里叶变换的共轭对称性和周期性。四个正方形小区域表示所在位置的傅里叶系数 $F(0,0)$、$F(M/2,0)$、$F(0,N/2)$ 和 $F(M/2,N/2)$ 为实数，其中，$(0,0)$ 对应位置为图像中像素灰度值之和，即直流分量。由周期性可知，S_1 和 S_1'、S_2 和 S_2'、S_3 和 S_3' 区域的傅里叶系数相同；由共轭对称性可知，双箭头指向的区域是共轭对称的。

相邻像素一般具有相同或相近的灰度值，因而图像具有很强的空域相关性，反映在频域中是图像的能量主要集中于低频分量，低频分量的幅值较大。图像的幅值谱关于原点对称，低频分量分布在幅值谱的四个角部分。中心移位变换是将零频率分量从原点移到频谱中心 $(M/2,N/2)$，频谱尺寸为 $M\times N$。为了便于观察频谱分布以及实现频域滤波等频域处理与分析，需要对频谱进行中心移位变换，将直流分量移动到频谱的中心。图 4-12 显示了二维离散幅值谱的频率分量分布图，左上角为直流分量，低频分量分散在四个角部分。对频谱进行中心移位变换后，低频分量的能量集中在频谱的中央部分，而向外是高频分量。这样，中央部分的幅值大，而向四个角方向幅值衰减。

在傅里叶变换前将输入图像乘以 $(-1)^{x+y}$，根据傅里叶变换的周期性和平移性，以及指数函数的性质，可得

$$\mathscr{F}\left[f(x,y)(-1)^{x+y}\right]=F(u-M/2,v-N/2) \tag{4-36}$$

式中，$\mathscr{F}(\cdot)$ 表示傅里叶变换。式 (4-36) 表明，将 $f(x,y)$ 乘以 $(-1)^{x+y}$ 可将傅里叶变换 $F(u,v)$ 的原点从频率坐标 $(0,0)$ 移动到 $(M/2\,,N/2\,)$。对图像进行中心移位变换后，

它的幅值谱关于 $(M/2, N/2)$ 对称。为了保证位移坐标是整数，要求 M 和 N 是偶数。MATLAB 的下标从 1 开始，傅里叶变换的实际中心在 $u = M/2+1$ 和 $v = N/2+1$。MATLAB 图像处理工具箱的 fftshift 函数通过互换第一象限和第三象限、第二象限和第四象限，将直流分量移动到频谱中心。

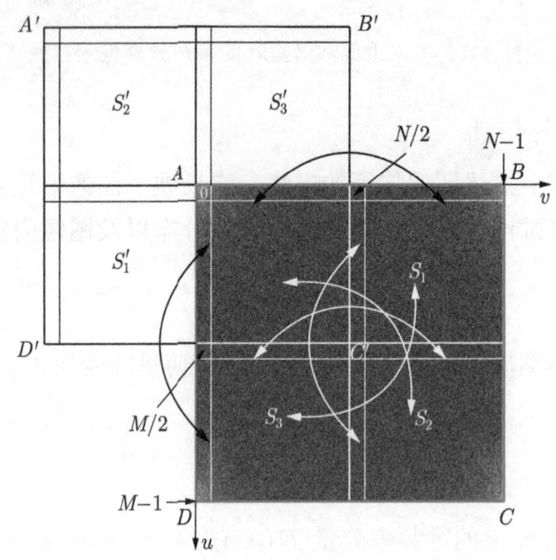

图 4-11　二维离散傅里叶变换的共轭对称性和周期性示意图

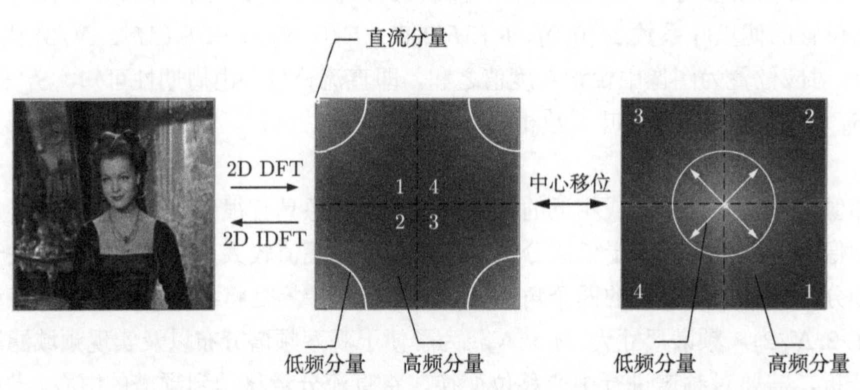

图 4-12　二维离散傅里叶变换幅值谱的频率分量分布图

在频域滤波之后，傅里叶逆变换必须对消中心移位变换的作用。输入图像 $f(x,y)$ 与 $(-1)^{x+y}$ 乘积的相反操作是对傅里叶逆变换的结果乘以 $(-1)^{x+y}$ 以抵消对输入图像的中心移位变换，或者直接对傅里叶逆变换的结果取绝对值以使全部像素值为正值。MATLAB 图像处理工具箱中 ifftshift 函数用在傅里叶逆变换前，对频谱进行逆向中心移位变换，即互换回第一象限和第三象限、第二象限和第四象限。

2. 幅频特性和相频特性

离散傅里叶变换是频域滤波的基础。傅里叶变换的频谱由幅值谱和相位谱构成。幅值谱描述信号中不同频率分量的幅值分布，反映各个频率分量的相对强度或能量；相位谱描述信号中不同频率分量的相位信息，反映各个频率分量之间的位置关系。相应地，滤波器的频率响应通常由幅频特性和相频特性两部分组成。幅频特性描述滤波器对信号中各个频率分量的幅值增益；相频特性描述滤波器对信号中各个频率分量的相位延迟。在数字图像滤波器的设计中，主要关心的是幅频特性。

傅里叶变换是作用于整幅图像的全局变换，每个 $F(u,v)$ 包含了所有 $f(x,y)$ 值。因此，一般不能建立图像特定像素或区域与其傅里叶变换之间的直接联系。从直观上理解，傅里叶变换的频率分量与图像中的灰度变化率直接相关。图像中灰度均匀或灰度变化平缓的区域，对应频谱的低频分量，即频谱的低频分量取决于图像中灰度的总体分布；而图像中灰度突变或灰度变化快速的区域，即图像中的边缘和细节，对应频谱的高频分量。

例 4-3　不同细节程度图像的幅值谱比较

通过观察图 4-13 比较不同细节程度图像的幅值谱，图 4-13（a）为一幅灰度较平坦的图像及其幅值谱，图 4-13（b）为一幅细节较丰富的图像及其幅值谱。图像边缘、细节和纹理具有高频分量特征。从这两幅图可以看到，图像能量均主要集中在低频分量，与灰度较平坦图像相比，细节较丰富图像的能量分布范围更大，这说明细节丰富图像的高频分量更多。

例 4-4　突出频率特征的幅值谱

图 4-14 直观地解释频域中频率分量与空域中灰度变化率之间的联系，灰度值的突变会导致高频分量的出现。在图 4-14（a）所示的幅值谱中存在三条强亮纹，强亮纹产生的原因是沿着垂直于三脚架的三个支架存在亮度突变，高频分量存在于与三个支架垂直的方向；而在图 4-14（b）所示的幅值谱中呈现五条明显的亮纹，这是由于该图像中建筑物的五条边表现出的灰度值跃变而引起的高频分量。

（a）灰度较平坦图像及其幅值谱

（b）细节较丰富图像及其幅值谱

图 4-13　不同细节程度图像的幅值谱比较

（a）cameraman图像及其幅值谱

（b）pentagon图像及其幅值谱

图 4-14　突出频率特征的幅值谱

幅值谱直观地表现出不同频率分量的能量分布，而相位谱对图像的结构有重要影响。图 4-15 直观地说明了相位谱的重要性。对图 4-15(a) 所示图像进行傅里叶变换，由图 4-15(b) 中可见，相位谱看似是完全随机的，没有表现出任何信息；忽略幅值谱，仅对相位谱进行傅里叶逆变换，图 4-15(c) 为相位谱的重建图像，从重建图像中可辨别肖像的轮廓。在图像频域滤波中通常使用零相位滤波器，零相位滤波器仅改变频谱的幅值，而不改变相位，不会造成图像结构的失真。

（a）原图像

（b）相位谱

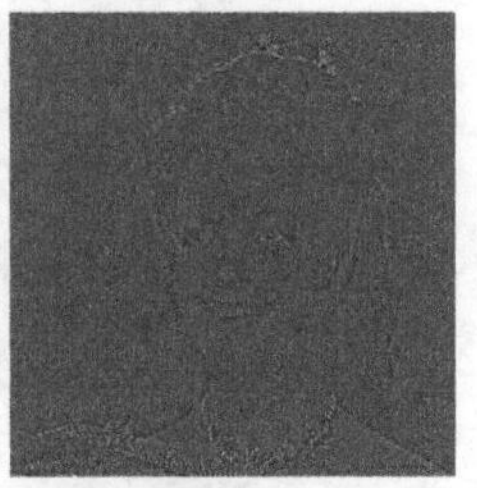

（c）由相位谱重建的图像

图 4-15　由相位谱重建的图像

4.2 滤波基础

频域是由傅里叶变换和频率变量 (u, v) 定义的空间，频域滤波的原理是允许某些频段的频率分量通过，而限制或减弱其他频段的频率分量通过。在频域中滤波的意义很直观，允许频域中的低频分量通过，而限制高频分量通过的滤波器称为低通滤波器，它的作用是滤

除噪声和不必要的细节和纹理（等效于空域图像平滑）；具有相反特性的滤波器称为高通滤波器，它的作用是突出边缘和细节（等效于空域图像锐化）。

根据 4.1.3 节的卷积定理，频域滤波表示为频域滤波器与图像频谱相乘的形式：

$$G(u,v) = H(u,v)\,F(u,v) \tag{4-37}$$

式中，$H(u,v)$ 为滤波器的传递函数，$F(u,v)$ 为输入图像 $f(x,y)$ 的离散傅里叶变换。$H(u,v)$ 和 $F(u,v)$ 的乘积是逐元素相乘，即 $H(u,v)$ 的第一个元素乘以 $F(u,v)$ 的第一个元素，$H(u,v)$ 的第二个元素乘以 $F(u,v)$ 的第二个元素，以此类推。

频域滤波的核心是根据应用需求设计滤波器 $H(u,v)$，其作用是对图像的不同频率分量进行增益或衰减，实现所需的增强效果。本章介绍的典型滤波器均为实函数，具有这种特性的滤波器称为零相位滤波器。顾名思义，这样的滤波器不会改变输出图像频谱的相位。$F(u,v)$ 的元素为复数，对于零相位滤波器，$H(u,v)$ 的每个元素乘以 $F(u,v)$ 中对应元素的实部和虚部，对 $F(u,v)$ 实部和虚部的影响完全相同。从式 (4-15) 中相角的计算式可以看到，实部和虚部的乘数可以抵消。

最后，对频域滤波结果 $G(u,v)$ 进行傅里叶逆变换，转换回空域中，可表示为

$$g(x,y) = \mathscr{F}^{-1}(G(u,v)) \tag{4-38}$$

式中，$g(x,y)$ 为空域输出图像，$\mathscr{F}^{-1}(\cdot)$ 表示傅里叶逆变换。理论上，当输入图像和频域滤波器都为实数时，傅里叶逆变换的虚部应为零。在实际的计算过程中，机器字长的舍入误差会使傅里叶逆变换的结果产生非零（几乎为零）的虚部，直接截取其实部，舍去虚部，即 $\mathrm{Re}[g(x,y)]$。

频域滤波的基本步骤见图 4-16 所示的方框图，包括图像的离散傅里叶变换、频域滤波以及离散傅里叶逆变换三个基本步骤。频域滤波的三个基本步骤具体描述如下：

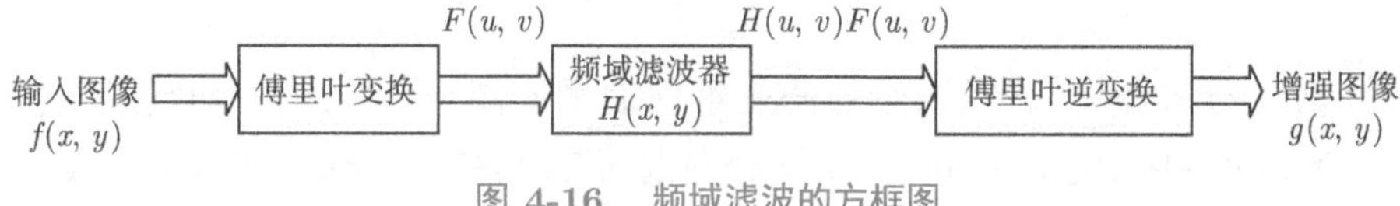

图 4-16　频域滤波的方框图

（1）计算 $f(x,y)(-1)^{x+y}$ 的二维离散傅里叶变换 $F(u,v)$。输入图像 $f(x,y)$ 乘以 $(-1)^{x+y}$ 使图像的低频分量移到频谱的中央部分。

（2）设计频域滤波器 $H(u,v)$，与输入图像的频谱 $F(u,v)$ 相乘，频域滤波结果为 $G(u,v) = H(u,v)\,F(u,v)$。

（3）计算 $G(u,v)$ 的二维离散傅里叶逆变换 $g(x,y)$，截取它的实部 $\mathrm{Re}[g(x,y)]$，并乘以 $(-1)^{x+y}$ 以抵消步骤 (1) 的移位。

在频域中研究图像增强主要有三点作用：① 在频域中滤波的意义更直观，对于一些直接在空域中表述困难的增强任务，利用频率分量与图像内容之间的对应关系，可在频域中设计滤波器；② 通过分析空域模板的频率响应，解释空域滤波的某些特性，从频域直观理

解空域图像增强的原理和方法；③ 通过对频域滤波器计算傅里叶逆变换，根据其对应于空域中的冲激响应设计空域模板，在空域滤波中使用小尺寸模板的卷积达到等效的图像增强效果。

4.3 低通滤波器

低通滤波器允许频域中图像的低频分量通过，限制高频分量通过，其作用是滤除图像中的边缘和细节，平滑和模糊图像。频域中的低通滤波器和空域中的平滑模板具有等效的作用。

4.3.1 理想低通滤波器

最简单的低通滤波器完全截断频谱中的高频分量，这种滤波器称为理想低通滤波器（ideal low-pass filter，ILPF），其传递函数定义为

$$H_{\text{ilp}}(u,v)=\begin{cases}1, & D(u,v)\leqslant D_0\\ 0, & D(u,v)>D_0\end{cases} \tag{4-39}$$

式中，$D(u,v)$ 为点 (u,v) 到频谱中心的距离，半径 D_0 称为截止频率。式 (4-39) 表明，理想低通滤波器完全阻止以 D_0 为半径的圆周外的所有频率分量，而完全通过圆周内的任何频率分量。

根据 4.1.4 节的讨论，在滤波前对输入图像的频谱作中心移位变换。尺寸为 $M\times N$ 的二维离散傅里叶变换的频谱中心位于 $(M/2,N/2)$。在这种情况下，从点 (u,v) 到频谱中心 $(M/2,N/2)$ 的距离 $D(u,v)$ 可写为

$$D(u,v)=\left[(u-M/2)^2+(v-N/2)^2\right]^{1/2} \tag{4-40}$$

图 4-17（a）为理想低通滤波器的三维曲面图，图 4-17（b）是以图像方式显示。图 4-17（c）为过图像中心的径向剖面图，径向剖面绕纵轴旋转一周，形成如图 4-17（a）所示的三维表示。理想低通滤波器在通带（passband）与阻带（stopband）之间的锐截止频率不能用电子器件实现。由于理想低通滤波器的原理非常简单，通过对理想低通滤波器的分析阐述，理解低通滤波器的滤波原理。

理想低通滤波器会产生振铃效应。振铃效应表现为在图像灰度剧烈变化的邻域产生灰度振荡，这是导致图像失真的一个主要因素。通过分析理想低通滤波器 $H_{\text{ilp}}(u,v)$ 对应空域冲激响应 $h_{\text{ilp}}(x,y)$ 的特性来解释其在空域中的振铃效应。由于 $H_{\text{ilp}}(u,v)$ 是圆域函数，是圆对称函数，可以写成

$$H_{\text{ilp}}(u,v)=\text{circ}(\rho;D_0)=\begin{cases}1, & |\rho|\leqslant D_0\\ 0, & |\rho|>D_0\end{cases},\quad \rho=\sqrt{u^2+v^2} \tag{4-41}$$

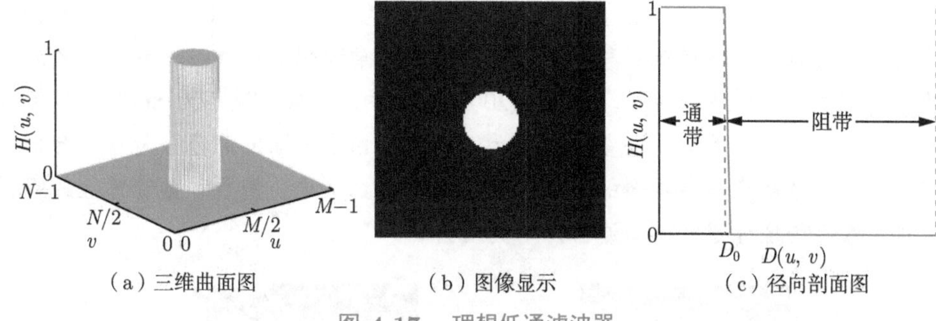

（a）三维曲面图　（b）图像显示　（c）径向剖面图

图 4-17　理想低通滤波器

圆域函数的傅里叶逆变换可表示为

$$h_{\mathrm{ilp}}(x,y)=h_{\mathrm{ilp}}(r)=D_0J_1(2\pi D_0r)/r,\quad r=\sqrt{x^2+y^2} \tag{4-42}$$

式中，$J_1(x)$ 为第一类一阶贝塞尔（Bessel）函数。根据傅里叶变换的性质可知，圆对称函数的傅里叶变换及其逆变换均具有圆对称性。图 4-18（a）给出了 $h_{\mathrm{ilp}}(r)$ 关于 r 的曲线，将其绕纵轴旋转一周，形成图 4-18（b）所示的圆域函数 $H_{\mathrm{ilp}}(u,v)$ 的傅里叶逆变换 $h_{\mathrm{ilp}}(x,y)$。根据卷积定理，在频域中图像的傅里叶变换与频域滤波器的乘积等效于空域中图像与冲激响应的卷积。将输入图像与图 4-18（b）所示的冲激响应作卷积，显然图像会产生振铃效应。冲激响应的主瓣决定了模糊，旁瓣决定了理想滤波器振铃效应的特性。理想低通滤波器的振铃效应与截止频率之间的关系参见电子文档。

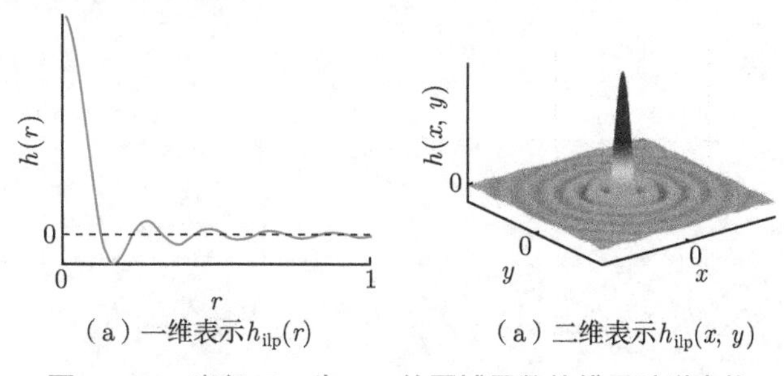

（a）一维表示$h_{\mathrm{ilp}}(r)$　（a）二维表示$h_{\mathrm{ilp}}(x,y)$

图 4-18　半径 D_0 为 10 的圆域函数的傅里叶逆变换

文档

插图

例 4-5　理想低通滤波器图像滤波

图 4-19（a）为一幅尺寸为 256×256 的图像，这幅图像的频谱如图 4-19（b）所示。在频谱上叠加了半径 D_0 分别为 5、15、30、50、80 和 120 的圆环。傅里叶变换的能量随着频率的增大而迅速衰减。以图像频谱中心为原点，在对应的圆环内包含的能量占整个能量的百分比分别为 95.78%、98.22%、99.13%、99.54%、99.80%和 99.97%。可见，在频域中能量集中于频率很小的圆域，半径 D_0 为 5 的小圆域包含整个能量的约 96%。高频分量虽然能量少，但是包含细节信息，当截止频率减小时，能量损失不大，亮度基本不变，图像变得模糊。

代码

图 4-20 给出了图 4-19（b）所示的不同半径作为截止频率进行理想低通滤波的滤波结果。图 4-20（a）显示了截止频率为 5 的滤波结果，这种情况下仅保留了频谱中半径为 5

代码

的圆域内的低频分量，模糊了图像中的所有细节。随着半径的增大，保留的低频分量越多，滤除的高频分量越少，使模糊的程度减弱。同时，注意理想低通滤波器有振铃效应，随着半径的增大，振铃效应逐渐减弱。如图 4-20（e）所示，当截止频率为 80 时，振铃效应也较明显。如图 4-20（f）所示，当截止频率为 120 时，由于滤除的高频分量仅包含很少的图像细节内容，滤波图像与原图像的视觉效果几乎一致。从这个例子和振铃特性的解释可以看出，对于数字图像理想低通滤波器并不实用。

（a）灰度图像

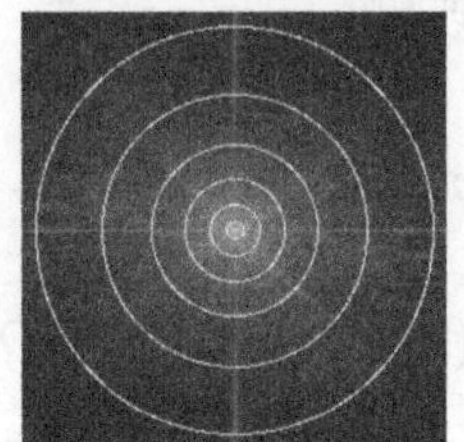

（b）频谱上叠加半径分别为5、15、30、50、80和120的圆环

图 4-19　灰度图像及其频谱

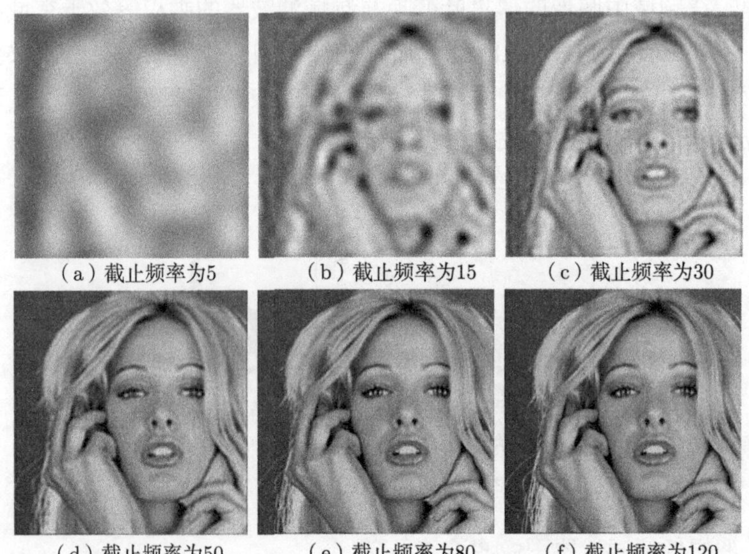

（a）截止频率为5　（b）截止频率为15　（c）截止频率为30

（d）截止频率为50　（e）截止频率为80　（f）截止频率为120

图 4-20　截止频率为 5、15、30、50、80 和 120 的理想低通滤波器的滤波结果

4.3.2 巴特沃斯低通滤波器

巴特沃斯低通滤波器（Butterworth low-pass filter，BLPF）是一种物理可实现的低通滤波器[①]，n 阶巴特沃斯低通滤波器定义为

$$H_{\mathrm{blp}}(u,v)=\frac{1}{1+\left[D(u,v)/D_0\right]^{2n}} \tag{4-43}$$

① 巴特沃斯滤波器最先由英国工程师斯蒂芬·巴特沃斯（Stephen Butterworth）于 1930 年发表在英国《无线电工程》期刊的一篇论文中提出。

式中，$D(u,v)$ 是由式 (4-40) 给出的点 (u,v) 到频谱中心 $(M/2,N/2)$ 的距离，D_0 为截止频率。图 4-21 显示了二阶巴特沃斯低通滤波器的三维曲面图、图像显示以及径向剖面图。巴特沃斯低通滤波器在通带与阻带之间并非锐截止而是逐渐下降为零。通常截止频率定义为使 $H(u,v)$ 值下降到其最大值的某一比例。在式 (4-43) 中，当 $D(u,v)=D_0$ 时，$H_{\mathrm{blp}}(u,v)=0.5$，即从最大值 1 下降到它的 50%。

图 4-22 给出了阶数为 1、2、5、8、10 和 20 的巴特沃斯低通滤波器的径向剖面图。巴特沃斯低通滤波器从通带到阻带之间的过渡比较平滑，因此，其滤波图像的振铃效应不明显。滤波器的阶数越高，从通带到阻带振幅衰减速度越快，20 阶巴特沃斯低通滤波器从通带到阻带的过渡趋于锐截止。若阶数充分大，则当 $D(u,v)\to D_0^+$ 时，$H_{\mathrm{blp}}(u,v)\to 0$；当 $D(u,v)\to D_0^-$ 时，$H_{\mathrm{blp}}(u,v)\to 1$。在这种情况下，巴特沃斯低通滤波器逼近于理想低通滤波器。

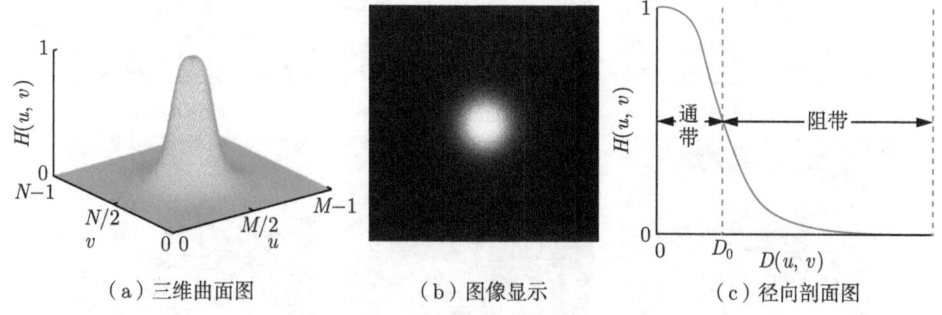

（a）三维曲面图　（b）图像显示　（c）径向剖面图

图 4-21　二阶巴特沃斯低通滤波器

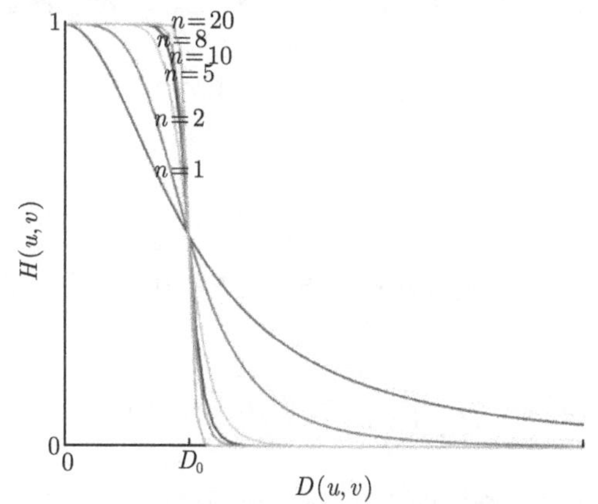

图 4-22　不同阶数的巴特沃斯低通滤波器的径向剖面图

一阶巴特沃斯低通滤波器没有振铃效应，二阶巴特沃斯低通滤波器的冲激响应从原点向外下降到零值以下很小就返回零值，几乎不会导致振铃效应。但是，随着阶数的增加，振铃效应越来越明显。在实际使用中，折中考虑滤波器性能和振铃效应来确定巴特沃斯低通滤波器的阶数。二阶巴特沃斯低通滤波器在图像平滑与可接受的振铃效应之间作出了较好的折中。不同阶数巴特沃斯低通滤波器振铃效应的图形说明参见电子文档。

代码

例 4-6 巴特沃斯低通滤波器图像滤波

对于图 4-19（a）所示的灰度图像，图 4-23 为二阶巴特沃斯低通滤波器的滤波图像。图 4-23（a）～图 4-23（f）的截止频率分别为图 4-19（b）所示的 5、15、30、50、80 和 120。与图 4-20 中理想低通滤波器的滤波图像相比，二阶巴特沃斯低通滤波器的滤波图像更加平滑，且几乎不存在可见的振铃效应。随着截止频率的增加，被滤除的高频分量减少，模糊的程度减弱。当截止频率为 120 时，被滤除的高频分量仅包含很少的细节内容，滤波图像与原图像的视觉效果接近一致。

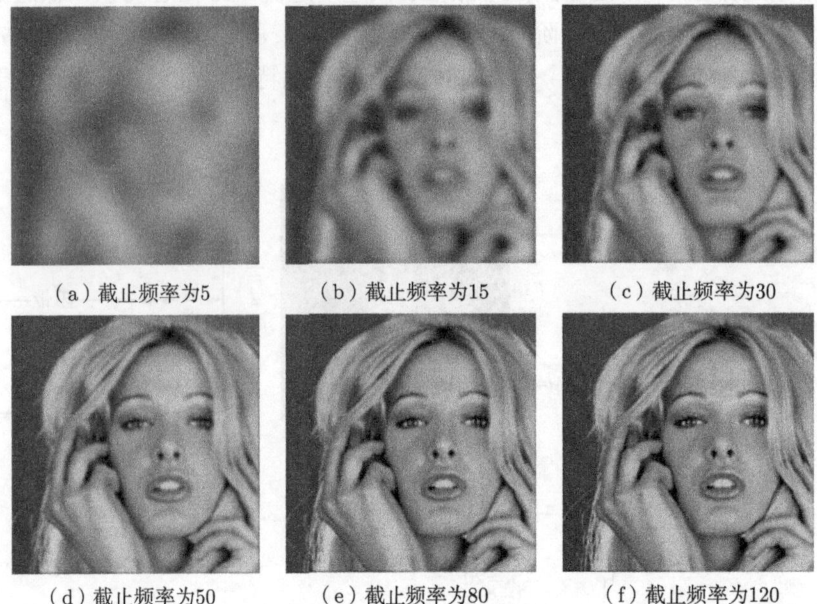
（a）截止频率为5　（b）截止频率为15　（c）截止频率为30

（d）截止频率为50　（e）截止频率为80　（f）截止频率为120

图 4-23　截止频率为 5、15、30、50、80 和 120 的二阶巴特沃斯低通滤波器的滤波结果

4.3.3 指数低通滤波器

指数低通滤波器（exponential low-pass filter, ELPF）也是一种物理可实现的低通滤波器，n 阶指数低通滤波器定义为

$$H_{\text{elp}}(u,v) = \mathrm{e}^{-(D(u,v)/D_0)^n} \tag{4-44}$$

式中，$D(u,v)$ 是由式 (4-40) 给出的点 (u,v) 到频谱中心 $(M/2,N/2)$ 的距离，D_0 为截止频率。图 4-24 显示了二阶指数低通滤波器的三维曲面图、图像显示以及径向剖面图。如同巴特沃斯低通滤波器，指数低通滤波器在通带和阻带之间不是锐截止。式 (4-44) 中，当 $D(u,v) = D_0$ 时，$H_{\text{elp}}(u,v) = 0.368$，即从最大值 1 降到它的 36.8%。

图 4-25 给出了阶数为 1、2、5、8、10 和 20 的指数低通滤波器的径向剖面图。与巴特沃斯低通滤波器类似，由于从通带到阻带之间的平滑过渡，因此，指数低通滤波器的振铃效应也不明显。滤波器的阶数越高，从通带到阻带振幅衰减速度越快，20 阶指数低通滤波器从

通带到阻带的过渡趋于锐截止。若阶数 n 充分大，则当 $D(u,v) \to D_0^+$ 时，$H_{\mathrm{elp}}(u,v) \to 0$；当 $D(u,v) \to D_0^-$ 时，$H_{\mathrm{elp}}(u,v) \to 1$。在这种情况下，指数低通滤波器逼近于理想低通滤波器。通过比较图 4-22 和图 4-25 所示的滤波器的径向剖面图可以看到，与巴特沃斯低通滤波器相比，指数低通滤波器随频率下降得更快，允许通过的低频分量更少，尾部更快地衰减至零，对高频分量的抑制更强。因此，指数低通滤波器滤除的高频分量更多，图像更加平滑。

（a）三维曲面图　（b）图像显示　（c）径向剖面图

图 4-24　二阶指数低通滤波器

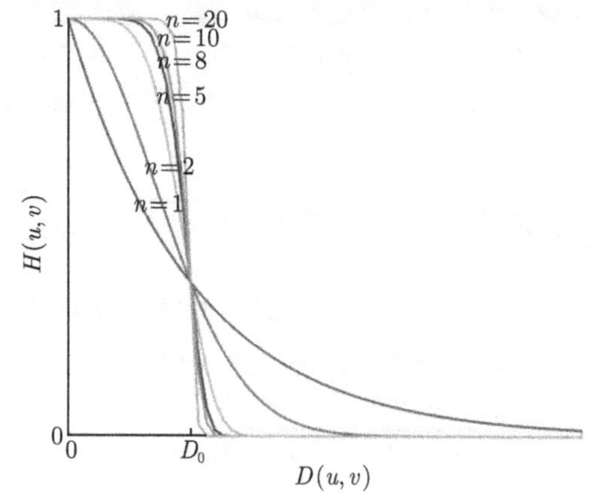

图 4-25　不同阶数的指数低通滤波器的径向剖面图

动图

一阶指数低通滤波器没有振铃效应。二阶指数低通滤波器具有高斯函数形式，也称为高斯低通滤波器。通常情况下，高斯低通滤波器在实际中有更广泛的应用。由于高斯函数的傅里叶逆变换也是高斯函数，因此，二阶指数低通滤波器也没有振铃效应。当 n 为 5 时，有较弱的振铃效应。随着阶数的增加，指数低通滤波器逼近理想低通滤波器，振铃效应逐渐明显。

例 4-7　指数低通滤波器图像滤波

对于图 4-19（a）所示的灰度图像，图 4-26 为高斯低通滤波器的滤波图像。图 4-26（a）～图 4-26（f）的截止频率分别为图 4-19（b）所示的 5、15、30、50、80 和 120。高斯低通滤

代码

波器的冲激响应仍是高斯函数，由于高斯函数无振荡的旁瓣现象，因而，滤波图像中没有振铃效应。从图 4-26（a）到图 4-26（f），随着截止频率的增加，被滤除的高频分量减少，模糊的程度减弱。同样地，当截止频率为 120 时，被滤除的高频分量仅包含很少的细节内容，滤波图像与原图像的视觉效果接近一致。在相同截止频率的情况下，高斯低通滤波器的滤波图像相比二阶巴特沃斯低通滤波器的结果更加平滑。

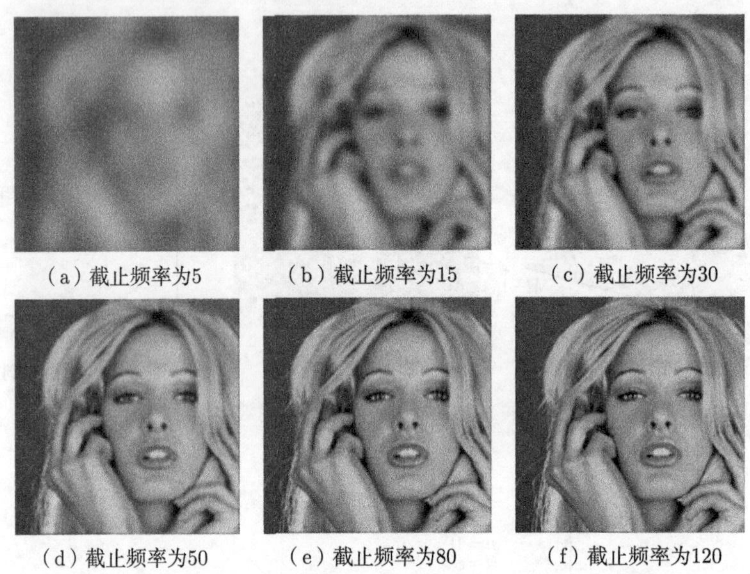

（a）截止频率为5　（b）截止频率为15　（c）截止频率为30

（d）截止频率为50　（e）截止频率为80　（f）截止频率为120

图 4-26　截止频率为 5、15、30、50、80 和 120 的二阶指数低通滤波器的滤波结果

4.4 高通滤波器

高通滤波器允许图像的高频分量通过，而限制低频分量通过，其作用是滤除整体灰度水平，突出灰度的变化。本节利用全通带减去低通滤波器将低通滤波器转换成高通滤波器：

$$H_{\mathrm{hp}}(u,v) = 1 - H_{\mathrm{lp}}(u,v) \tag{4-45}$$

式中，$H_{\mathrm{lp}}(u,v)$ 表示低通滤波器，$H_{\mathrm{hp}}(u,v)$ 表示对应的高通滤波器。这种频率转换定义的高通滤波器与低通滤波器在空域中的关系为

$$h_{\mathrm{hp}}(x,y) = \delta(x,y) - h_{\mathrm{lp}}(x,y) \tag{4-46}$$

式中，$\delta(x,y)$ 为单位脉冲函数[①]。对应于 4.3 节中的低通滤波器，本节讨论三种高通滤波器，分别是理想高通滤波器、巴特沃斯高通滤波器和指数高通滤波器，并在频域和空域分别说明这些滤波器的特性。

① 高通滤波器的空域冲激响应中心有一个脉冲信号，正的脉冲突变会掩盖负的波动。因此，高通滤波器用全通带减去低通滤波器的设计是不实用的，但是理论上学习高通滤波器的原理是有用的。

4.4.1 理想高通滤波器

理想高通滤波器（ideal high-pass filter, IHPF）完全截断频谱中的低频分量，其传递函数定义为

$$H_{\text{ihp}}(u,v)=\begin{cases}1, & D(u,v)\geqslant D_0\\ 0, & D(u,v)<D_0\end{cases} \tag{4-47}$$

式中，$D(u,v)$ 是由式 (4-40) 给出的点 (u,v) 到频谱中心 $(M/2,N/2)$ 的距离，半径 D_0 为截止频率。式 (4-47) 表明，理想高通滤波器完全阻止以 D_0 为半径的圆周内的所有频率分量，而无衰减地通过圆周外的任何频率分量。理想高通滤波器也无法用电子器件实现，只能用计算机来模拟。通过讨论最简单的高通滤波器，有助于更好地理解高通滤波器的特性和滤波原理。

图 4-27 显示了理想高通滤波器的三维曲面图、图像显示以及径向剖面图。理想高通滤波器会产生振铃效应，因此，理想高通滤波器不实用。随着理想高通滤波器截止频率的增大，允许通过的高频分量减少，振铃效应更明显。

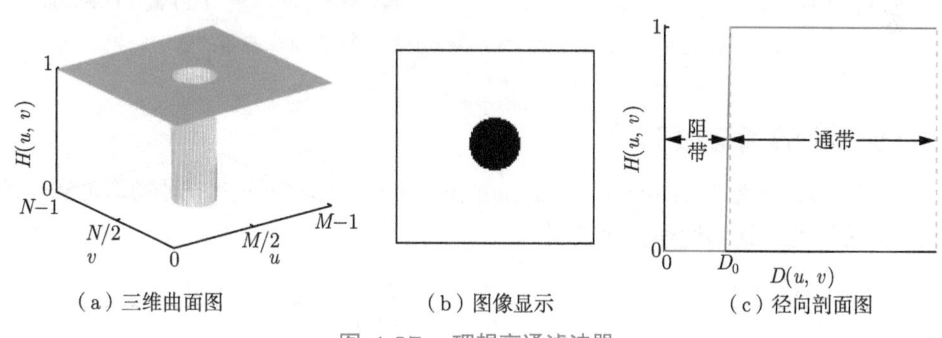

（a）三维曲面图　（b）图像显示　（c）径向剖面图

图 4-27　理想高通滤波器

例 4-8　理想高通滤波器图像滤波

图 4-28（a）为一幅尺寸为 512×512 的图像，这幅图像的频谱如图 4-28（b）所示，在频谱上叠加了半径分别为 5、15、30 和 60 的圆环。图 4-29 给出了图 4-28（b）所示的不同半径作为截止频率的理想高通滤波器的滤波结果。图 4-29（a）显示了截止频率为 5 的滤波结果，这种情况下仅滤除了频谱中半径为 5 的圆环内的低频分量，保留图像中几乎所有的细节，包括一部分较平坦区域。从图 4-29（a）到图 4-29（d），随着截止频率的增大，被滤除的低频分量越多，允许通过的高频分量越少，边缘细节逐渐突出。注意到理想高通滤波器有振铃效应，振铃效应表现为图像中边缘产生重影。随着截止频率的增大，振铃效应趋于加强。

（a）灰度图像　　（b）频谱

图 4-28　频谱上叠加半径分别为 5、15、30 和 60 的圆环

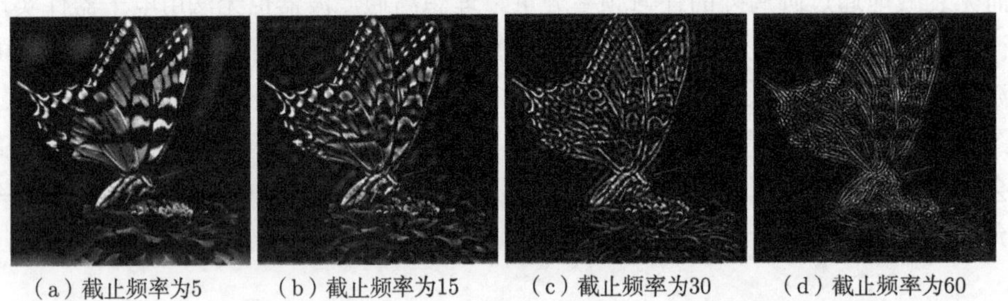

（a）截止频率为5　（b）截止频率为15　（c）截止频率为30　（d）截止频率为60

图 4-29　截止频率为 5、15、30 和 60 的理想高通滤波器的滤波结果

4.4.2 巴特沃斯高通滤波器

巴特沃斯高通滤波器（Butterworth high-pass filter, BHPF）是一种物理可实现的高通滤波器，n 阶巴特沃斯高通滤波器定义为

$$H_{\text{bhp}}(u,v)=\frac{1}{1+[D_0/D(u,v)]^{2n}} \tag{4-48}$$

式中，$D(u,v)$ 是由式 (4-40) 给出的点 (u,v) 到频谱中心 $(M/2,N/2)$ 的距离，D_0 为截止频率。式 (4-48) 满足式 (4-43) 和式 (4-45) 的关系。图 4-30 显示了二阶巴特沃斯高通通滤波器的三维曲面图、图像显示以及径向剖面图。如同巴特沃斯低通滤波器，巴特沃斯高通滤波器在阻带与通带之间不是锐截止。

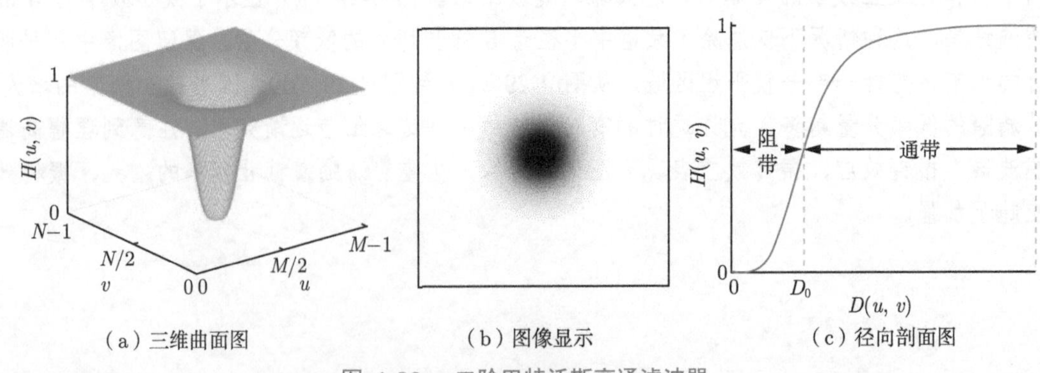

（a）三维曲面图　（b）图像显示　（c）径向剖面图

图 4-30　二阶巴特沃斯高通滤波器

动图

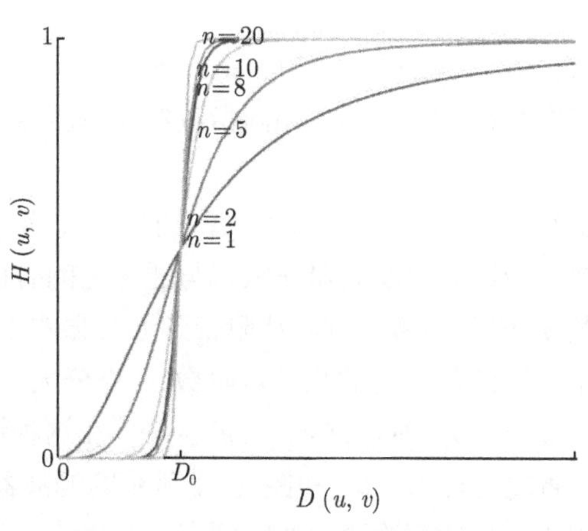

图 4-31　不同阶数的巴特沃斯高通滤波器传递函数的径向剖面图

图 4-31 给出了阶数为 1、2、5、8、10 和 20 的巴特沃斯高通滤波器的径向剖面图。巴特沃斯高通滤波器在阻带与通带之间的过渡比较平滑，因此，其滤波图像的振铃效应不明显。当阶数 n 逐渐增大时，从阻带到通带振幅上升速度加快。20 阶巴特沃斯高通滤波器从阻带到通带的过渡趋于锐截止。若阶数 n 充分大，则当 $D(u,v) \to D_0^+$ 时，$H_{\text{bhp}}(u,v) \to 1$；当 $D(u,v) \to D_0^-$ 时，$H_{\text{bhp}}(u,v) \to 0$。在这种情况下，巴特沃斯高通滤波器逼近于理想高通滤波器。一阶、二阶巴特沃斯高通滤波器均没有振铃效应。三阶以上的巴特沃斯高通滤波器有振铃效应，随着阶数的增加，振铃效应趋于明显。

例 4-9　巴特沃斯高通滤波器图像滤波

对于图 4-28 (a) 所示的灰度图像，图 4-32 为二阶巴特沃斯高通滤波器的滤波图像。从图 4-32 (a) 到图 4-32 (d)，截止频率分别为图 4-28 (b) 所示的 5、15、30 和 60。二阶巴特沃斯高通滤波器在阻带与通带之间平滑的过渡，几乎不会使滤波图像产生振铃效应。从图中可以看到，随着截止频率的增加，被滤除的低频分量越来越多，边缘更加清晰细化。

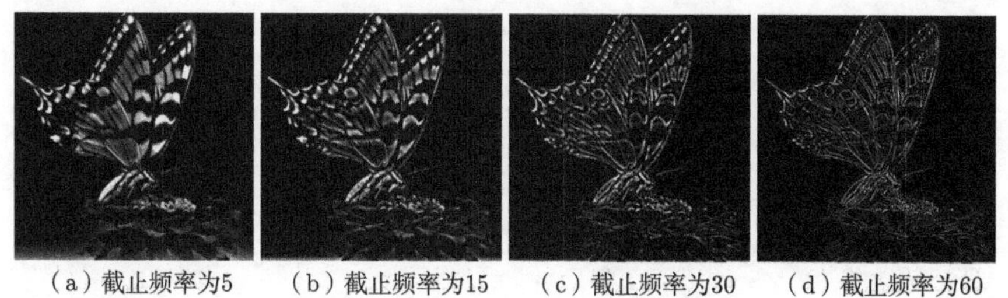

（a）截止频率为5　（b）截止频率为15　（c）截止频率为30　（d）截止频率为60

图 4-32　截止频率为 5、15、30 和 60 的巴特沃斯高通滤波器的滤波结果

4.4.3 指数高通滤波器

指数高通滤波器（exponential high-pass filter, EHPF）也是一种物理可实现的高通滤波器，n 阶指数高通滤波器定义为

$$H_{\text{ehp}}(u,v) = 1 - \mathrm{e}^{-(D(u,v)/D_0)^n} \tag{4-49}$$

式中，$D(u,v)$ 是由式 (4-40) 给出的点 (u,v) 到频谱中心 $(M/2, N/2)$ 的距离，D_0 为截止

频率。式 (4-49) 满足式 (4-45) 和式 (4-44) 的关系。图 4-33 显示了二阶指数高通滤波器[①]的三维曲面图、图像显示以及径向剖面图。如同指数低通滤波器，指数高通滤波器在阻带与通带之间不是锐截止。

图 4-34 给出了阶数为 1、2、5、8、10 和 20 的指数高通滤波器的径向剖面图。与巴特沃斯高通滤波器类似，指数高通滤波器在阻带与通带之间有比较平滑的过渡，所以其振铃效应不明显。当阶数 n 值逐渐增大时，从阻带到通带振幅上升速度加快。20 阶指数高通滤波器从阻带到通带的过渡趋于锐截止。若阶数 n 充分大，则当 $D(u,v) \to D_0^+$ 时，$H_{\text{ehp}}(u,v) \to 1$；当 $D(u,v) \to D_0^-$ 时，$H_{\text{ehp}}(u,v) \to 0$。在这种情况下，指数高通滤波器逼近于理想高通滤波器。通过比较图 4-31 和图 4-34 所示的滤波器的径向剖面图可以看到，与巴特沃斯高通滤波器相比，指数高通滤波器随频率上升更快，抑制低频分量更弱，尾部很快逼近饱和值，允许通过的高频分量更多。因此，相同截止频率的巴特沃斯高通滤波器与指数高通滤波器相比，指数高通滤波器允许更多的低频分量通过，表现在滤波图像中是保留了更多的背景基调。一阶、二阶指数高通滤波器均没有振铃效应。三阶以上的指数高通滤波器有振铃效应，随着阶数的增加，振铃效应趋于明显。

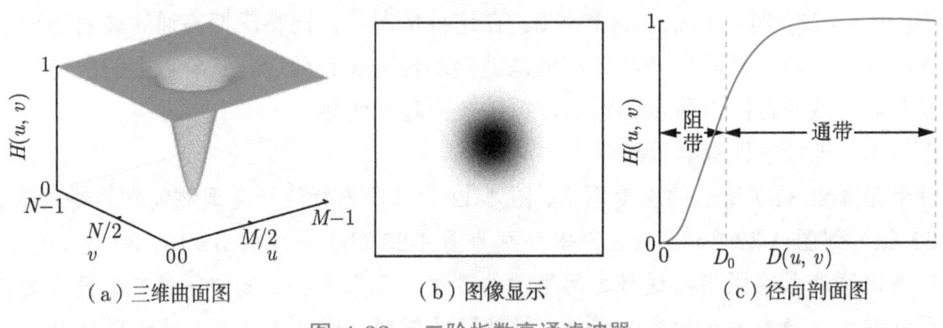

(a) 三维曲面图　　(b) 图像显示　　(c) 径向剖面图

图 4-33　二阶指数高通滤波器

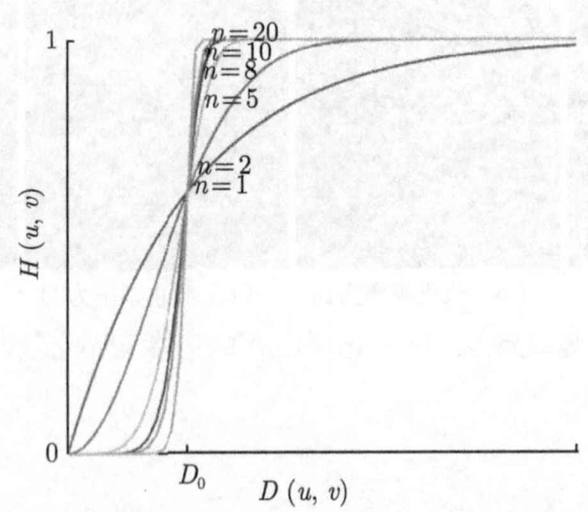

图 4-34　不同阶数的指数高通滤波器的径向剖面图

动图

① 二阶指数低通滤波器具有高斯函数形式，但是利用式 (4-49) 由二阶指数低通滤波器转换的二阶指数高通滤波器不具有高斯函数的形式，因此不能称为高斯高通滤波器。在数字信号处理中不会使用这种频率变换方法，这样会引入脉冲信号，而脉冲信号是强干扰。

例 4-10 指数高通滤波器图像滤波

对于图 4-28（a）所示的灰度图像，图 4-35 为二阶指数高通滤波器的滤波图像。从图 4-35（a）到图 4-35（d），截止频率分别为图 4-28（b）所示的 5、15、30 和 60。二阶指数高通滤波器在阻带与通带之间平滑地过渡，滤波图像不会出现振铃效应。随着截止频率的增加，被滤除的低频分量越来越多，边缘更加清晰细化。与相同截止频率的二阶巴特沃斯高通滤波器相比，二阶指数高通滤波器的滤波图像中保留了更多的背景基调。

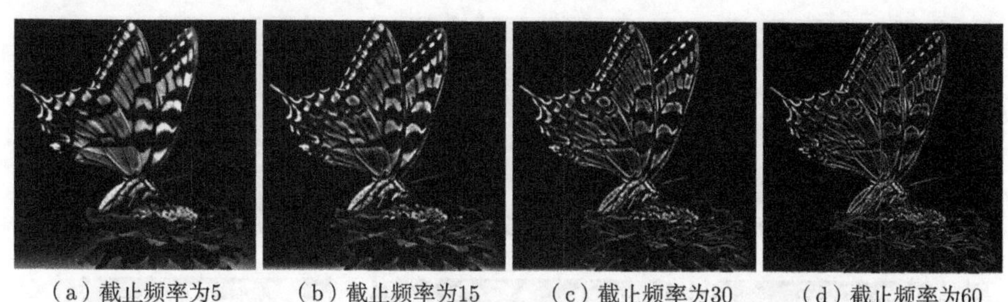

（a）截止频率为5　（b）截止频率为15　（c）截止频率为30　（d）截止频率为60

图 4-35 截止频率为 5、15、30 和 60 的二阶指数高通滤波器的滤波结果

4.5 高频增强滤波器

4.4 节中的高通滤波器滤除了频谱的零频率分量，因而滤波图像的平均灰度为零，整幅图像接近黑色。正如 3.8.2 节所讨论的，将高通滤波的结果加上原图像，可以实现边缘增强。高频增强（high frequency emphasis，HFE）滤波是将高通滤波器前乘以一个常数，给高频分量一定的增益，并加上偏移量，以增加一定比例的原始图像，可表示为如下传递函数：

$$H_{\text{hfe}}(u,v)=bH_{\text{hp}}(u,v)+a \tag{4-50}$$

式中，$H_{\text{hp}}(u,v)$ 表示高通滤波器，$a\geqslant 0$ 且 $b>0$。当 $b>1$ 时，提升了高频分量。高频增强滤波的过程可以表示为

$$G(u,v)=[bH_{\text{hp}}(u,v)+a]F(u,v)=bH_{\text{hp}}(u,v)F(u,v)+aF(u,v) \tag{4-51}$$

其中，$H_{\text{hp}}(u,v)F(u,v)$ 表示高频分量，$F(u,v)$ 为原图像的频谱。式 (4-51) 表明，给高频分量比例系数为 b 的增益，在加上比例系数为 a 的原图像，用来增强高频分量，同时保留部分低频分量。当 $a=0$ 且 $b=1$ 时，式 (4-50) 退化为高通滤波器。

例 4-11 高频增强图像滤波

代码

图 4-36（a）显示了一幅尺寸为 602×418 的窄灰度级 X 射线胸透影像，使用二阶巴特沃斯高通滤波器对图 4-36（a）所示的灰度图像进行高频增强滤波，截止频率 $D_0=15$。图 4-36（b）为高通滤波器的滤波结果，由于滤除了大部分低频分量，仅保留了图像的边缘和细节，而图像的能量集中在低频分量，因而高频分量看起来很暗。图 4-36（c）为原图像直接加到高通滤波图像上的结果（$a=1$、$b=1$），这样保持了原图像的能量，并增

加了图像的细节，实现图像锐化。图 4-36（d）对高频分量进行了增强，高频分量的系数 b 提升为 2，因此与图 4-36（c）相比，边缘和细节更加锐化。图 4-36（e）仅加上一半比例的原图像，与高频分量的反差提升，有助于观察高频分量。由于图像仍然很暗，其灰度值分布在很窄的灰度级范围内，对于这种情况，直方图均衡化是一种有效的图像后处理方法，图 4-36（f）是对图 4-36（e）进行直方图均衡化的图像增强结果。由图中可见，高频增强滤波与直方图均衡化结合的方法尽管也放大了噪声，然而更好地增强了图像中的边缘和细节。

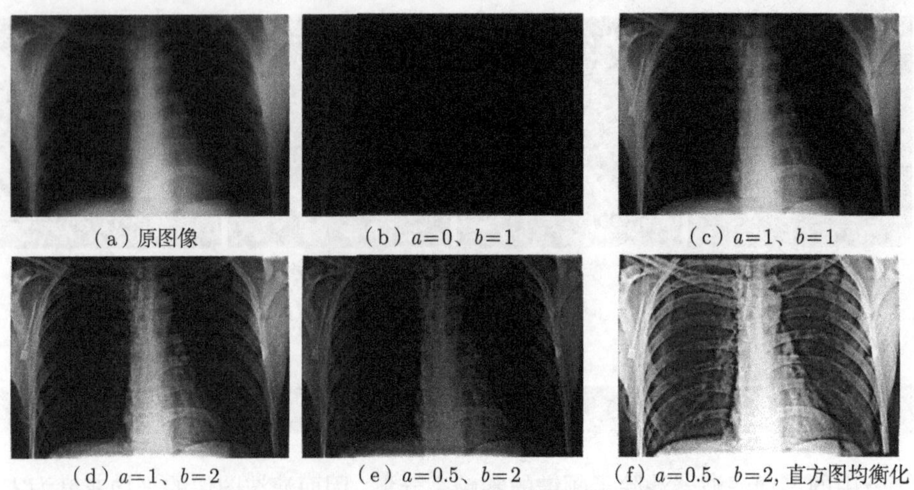

（a）原图像　（b）$a=0$、$b=1$　（c）$a=1$、$b=1$

（d）$a=1$、$b=2$　（e）$a=0.5$、$b=2$　（f）$a=0.5$、$b=2$, 直方图均衡化

图 4-36　高频增强滤波器的滤波示例

4.6 空域滤波与频域滤波的对应关系

卷积定理表明，空域中两个序列的卷积等效于这两个序列在频域中傅里叶变换的乘积。因此，频域增强和空域增强有着密切的对应关系。一方面，可以通过分析频域特性（主要是幅频特性）来分析空域模板的作用；另一方面，可以借助频域滤波器来设计空域模板。

4.6.1 空域到频域

根据卷积定理，空域模板与其频率响应互为傅里叶变换对。因此，可以通过空域模板的幅频特性来分析第 3 章介绍的空域平滑模板和锐化模板的作用。

图像平滑处理的作用是模糊细节和降低噪声。图 4-37（a）和图 4-37（b）分别给出了均值平滑模板和高斯平滑模板以及相应频率响应的三维曲面图，由图中可见，平滑模板的幅频特性表现为低通滤波器，即允许低频分量通过，而限制高频分量通过。从频率的角度分析，细节和噪声对应于频域中的高频分量，因此，低通滤波器可以达到平滑和降噪的目的。通过比较这两种平滑模板频率响应可发现，由于均值平滑模板对应的频率响应具有旁瓣泄漏的特性，而高斯平滑模板对应的频率响应无旁瓣现象，且通带与阻带之间过渡比较平滑，因此高斯平滑模板使边缘更加平滑。在频率响应的图示中，u 和 v 表示归一化频率，其值范围为 $[-1,1]$，其中 1 对应采样频率的一半，即 πrad；$|H(u,v)|$ 表示幅值响应。

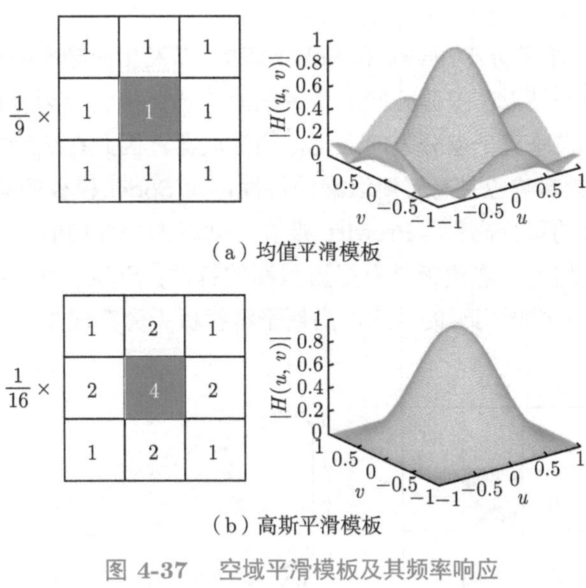

（a）均值平滑模板

（b）高斯平滑模板

图 4-37　空域平滑模板及其频率响应

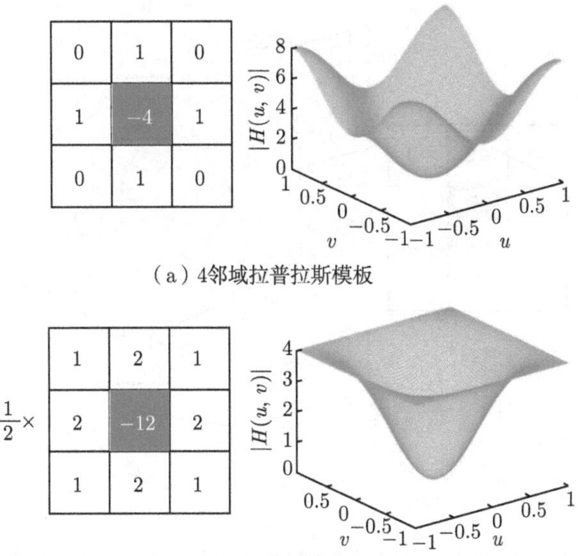

（a）4邻域拉普拉斯模板

（b）8邻域拉普拉斯模板

图 4-38　空域拉普拉斯模板及其频率响应

图像锐化处理的作用是增强图像中的边缘和细节。图 4-38 给出了两种拉普拉斯模板以及相应频率响应的三维曲面图，从频率特性可知，拉普拉斯模板的作用是允许高频分量通过，而限制低频分量通过，因此，在频域中对应高通滤波器。从频率的角度分析，图像中的平坦区域具有较小的灰度变化，对应于频域中的低频分量，边缘和细节对应频域中的高频分量，因此，高通滤波器可以达到边缘锐化和细节突出的目的。通过比较图 4-38（a）和图 4-38（b）所示的两种拉普拉斯频率响应函数，8 邻域拉普拉斯模板相比 4 邻域拉普拉斯模板允许更多的高频分量通过，因而，边缘和细节的响应更强。从图 4-38（b）所示的频率响应可见，8 邻域拉普拉斯模板具有各向同性。

图 4-39 给出了一阶差分 Prewitt 和 Sobel 模板①以及相应频率响应的三维曲面图，从频率特性可知，这两个模板在差分方向上是带通滤波器，抑制低频分量通过，允许一定带宽的高频分量通过，在垂直于差分方向上是低通滤波器，因此在边缘方向上具有平滑的作用。Prewitt 模板的频率响应具有旁瓣泄漏的特性，而 Sobel 模板的频率响应无旁瓣现象。这是因为根据卷积核的可分离性，Prewitt 模板可分离为一维均值平滑模板和一维一阶差分模板相乘的形式，均值平滑模板具有旁瓣泄漏的特性；Sobel 模板可分离为一维高斯平滑模板和一维一阶差分模板相乘的形式，高斯平滑模板无旁瓣现象。

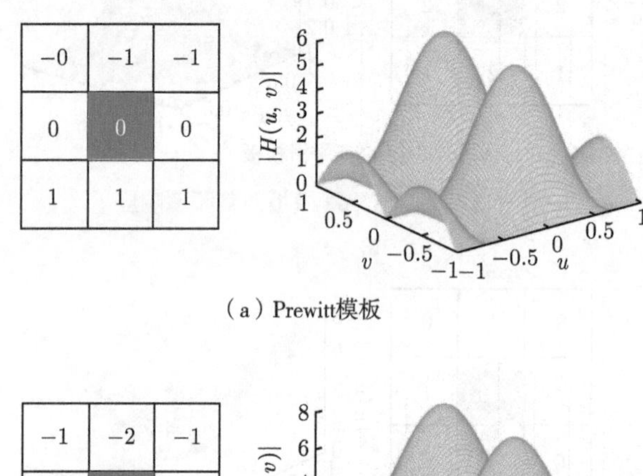

（a）Prewitt模板

−1	−2	−1
0	0	0
1	2	1

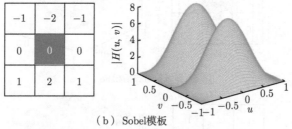

（b）Sobel模板

图 4-39　空域一阶差分模板及其频率响应

4.6.2　频域到空域

根据卷积定理，频域滤波器与其空域冲激响应互为傅里叶变换对。借助频域滤波器，通过计算频域滤波器的傅里叶逆变换来设计空域模板。高斯函数的傅里叶逆变换也是高斯函数，实函数有利于通过图形来分析自身特性。利用高斯函数设计低通滤波器和高通滤波器，通过分析频域滤波器与其空域冲激响应之间的关系来理解空域和频域的滤波特性。

在频域中高斯低通滤波器可表示为

$$H_{\mathrm{glp}}(u,v)=A\mathrm{e}^{-\frac{u^2+v^2}{2\sigma^2}} \tag{4-52}$$

式中，σ 为高斯函数的标准差；A 表示滤波器的通带增益，在 4.3 节讨论的低通滤波器中，

① 一阶差分模板的介绍参见 8.2.2.1 节。

通带增益 $A=1$。频域滤波器 $H_{\text{glp}}(u,v)$ 对应的空域冲激响应为

$$h_{\text{glp}}(x,y)=2\pi A\sigma^2\mathrm{e}^{-2\pi^2\sigma^2\left(x^2+y^2\right)} \tag{4-53}$$

式 (4-52) 和式 (4-53) 构成傅里叶变换对，频域滤波器 $H_{\text{glp}}(u,v)$ 和空域冲激响应 $h_{\text{glp}}(x,y)$ 都是实高斯函数。图 4-40（a）给出了频域滤波器 $H_{\text{glp}}(u,v)$ 的三维曲面图和径向剖面图，图 4-40（b）给出了其空域冲激响应 $h_{\text{glp}}(x,y)$ 的三维曲面图和径向剖面图，根据 $h_{\text{glp}}(x,y)$ 设计小尺寸空域模板系数。由空域函数均为正值可得出结论，全部系数为正值的空域模板实现低通滤波，见 3.7 节讨论的空域平滑滤波。

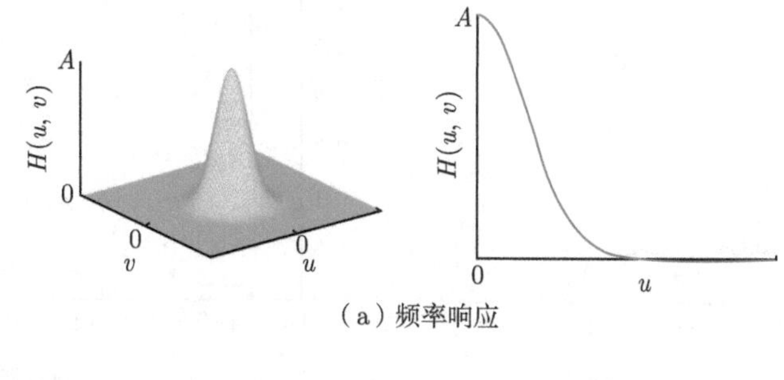

（a）频率响应

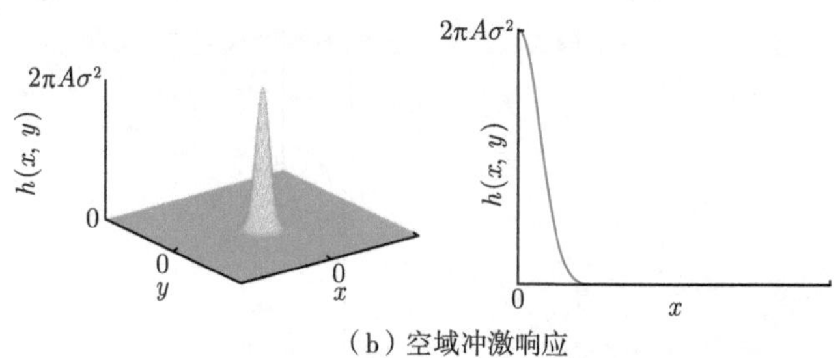

（b）空域冲激响应

图 4-40　高斯低通滤波器及其空域冲激响应（$\sigma=10$）

为了便于观察，如图 4-41 所示，以一维函数形式来说明参数 σ 对频域滤波器及其空域冲激响应的影响，图 4-41（a）和图 4-41（b）分别为参数 σ 取不同值时高斯低通滤波器及其空域冲激响应。可见，当 σ 减小时，频域滤波器 $H_{\text{glp}}(u,v)$ 收窄，允许通过的低频分量越少，限制通过的高频分量越多；对应地，空域冲激响应 $h_{\text{glp}}(x,y)$ 展宽，模板尺寸越大，平滑能力越强。频域和空域的处理具有等效的平滑滤波作用。

为了便于分析高通滤波器的特性，由两个高斯函数之差构造高通滤波器，其表达式如下：

$$H_{\text{hp}}(u,v)=A\mathrm{e}^{-\frac{u^2+v^2}{2\sigma_1^2}}-B\mathrm{e}^{-\frac{u^2+v^2}{2\sigma_2^2}} \tag{4-54}$$

式中，$A\geqslant B$，且 $\sigma_1>\sigma_2$。当 $A=B$ 时，滤除频谱的零频率分量，即滤波图像中直流分量为零。当 $\sigma_1\to\infty$ 时，式 (4-54) 中等式右端的第一项趋近于常数 A，此时的定义与式 (4-45) 的定义一致。频域滤波器 $H_{\text{hp}}(u,v)$ 对应的空域冲激响应为

$$h_{\text{hp}}(x,y)=2\pi\left[A\sigma_1^2\mathrm{e}^{-2\pi^2\sigma_1^2\left(x^2+y^2\right)}-B\sigma_2^2\mathrm{e}^{-2\pi^2\sigma_2^2\left(x^2+y^2\right)}\right] \tag{4-55}$$

式 (4-54) 和式 (4-55) 构成傅里叶变换对，频域滤波器 $H_{\mathrm{hp}}(u,v)$ 和空域冲激响应 $h_{\mathrm{hp}}(x,y)$ 都是实函数。图 4-42（a）给出了频域滤波器 $H_{\mathrm{hp}}(u,v)$ 的三维曲面图和径向剖面图，图 4-42（b）给出了其空域冲激响应的三维曲面图和径向剖面图。从图中可以看到，冲激响应中心系数为正值，从原点向外系数下降到负值，再上升趋近 0，并不再返回至正值。3.8 节中使用的锐化模板系数与图 4-42（b）的形状近似一致（符号相反，具有等效的作用）。

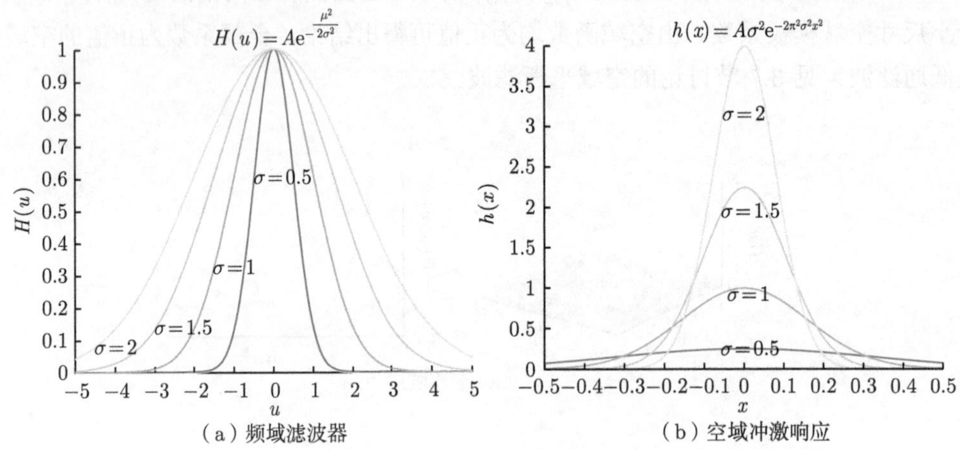

（a）频域滤波器　（b）空域冲激响应

图 4-41　一维形式的高斯低通滤波器及其空域冲激响应

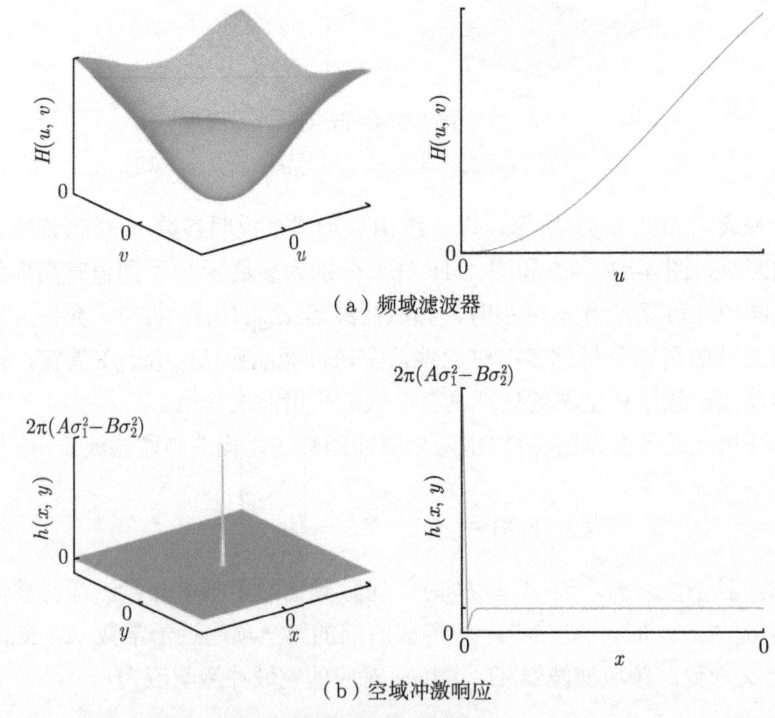

（a）频域滤波器

（b）空域冲激响应

图 4-42　高通滤波器及其空域冲激响应 $(\sigma_1=70,\sigma_2=64)$

为了便于观察，如图 4-43 所示，以一维函数形式来说明频域滤波器与其空域冲激响应之间的关系。通过调整 σ_1 和 σ_2，改变截止频率。在图 4-43（a）中 σ_1 和 σ_2 值分别为 5 和 1，在图 4-43（b）中 σ_1 和 σ_2 取值分别为 3 和 2。当 σ_1 减小、σ_2 增大时，频域滤波器 $H_{\text{hp}}(u,v)$ 展宽，阻止通过的低频分量越多，允许通过的高频分量越少；对应地，空域冲激响应 $h_{\text{hp}}(x,y)$ 向负值的波动越强，图像越锐化。频域和空域的处理具有等效的锐化滤波作用。

在频域图像增强中，通常利用频率分量和图像内容之间的对应关系，凭借主观判断指定频域滤波器。一些直接在空域中表述困难的增强任务，在频域中非常直观。频域滤波需要对图像进行傅里叶变换和傅里叶逆变换，而在线性空域滤波中，通常使用小尺寸的空域模板，直接与图像作卷积。空域滤波具有计算量小的优势。可以设计频域滤波器，根据相应的空域冲激响应，利用加窗方法确定小尺寸的空域模板，对图像进行空域滤波。

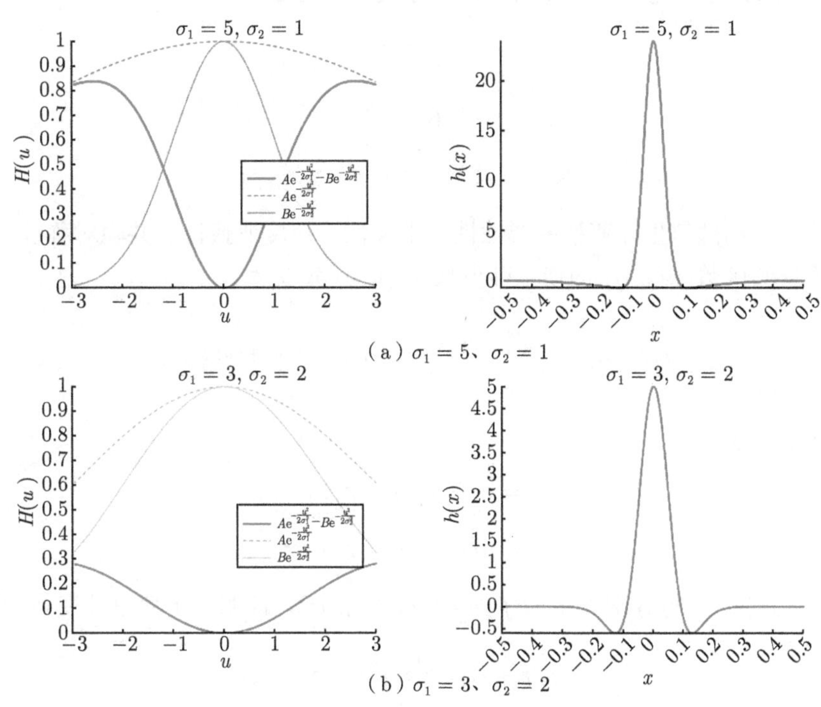

图 4-43　一维形式的高斯高通滤波器及其空域冲激响应

4.7 小结

本章介绍频域变换以及在此基础上的频域图像增强方法，与第 3 章介绍的空域图像增强结合起来是图像增强的完整内容。离散傅里叶变换描述了离散信号的时域、空域与频域表示的关系，是离散信号频率分析的基础，是线性系统分析中有力的数学工具，是频域图像增强的前提与铺垫。本章通过连续傅里叶变换解释频率的物理意义，重点讨论了离散傅里叶变换，包括离散傅里叶变换相关的定理与性质，以及其频谱分布和幅频特性、频率分

量与图像内容的关系。频域图像增强的关键是设计选频滤波器，减弱或增强特定的频率分量。本章讨论了三种低通滤波器，以及对应的高通滤波器。低通滤波器通过频率变换可以转换为高通、带通、带阻、陷波和峰值等其他选频滤波器，相关描述参见电子文档。通过这部分的学习可了解频域滤波的基本原理与方法。频域滤波和空域滤波的对应关系是本章的难点内容，线性滤波的卷积定理是这部分内容的前提和基础，通过这部分的学习可了解频域增强和空域增强密切的对应关系。

习题

1. 证明式 (4-7) 和式 (4-8) 互为傅里叶变换对。

2. 题图 4-1 是由 4 个像素构成的图像区域，计算该区域的二维离散傅里叶变换，要求利用可分离性来计算，先计算列变换再计算行变换，写出详细步骤。

7	5
6	4

题图 4-1　4 个像素构成的图像区域

3. 证明二维离散傅里叶变换的线性性、平移性、尺度变换性、共轭对称性和周期性。

4. 二维连续函数 $f(x,y)$ 的傅里叶变换 $F(u,v)$ 定义为

$$F(u,v)=\int_{-\infty}^{+\infty}\int_{-\infty}^{+\infty} f(x,y)\,\mathrm{e}^{-\mathrm{j}2\pi(ux+vy)}\mathrm{d}x\mathrm{d}y \tag{E4-1}$$

若引入极坐标变换：

$$x=r\cos\phi, y=r\sin\phi$$

$$u=\rho\cos\varphi, v=\rho\sin\varphi$$

则 $f(x,y)$ 和 $F(u,v)$ 可分别表示为 $f(r,\phi)$ 和 $F(\rho,\varphi)$，证明如下傅里叶变换的旋转性质：

$$f(r,\phi+\phi_0)\overset{\mathscr{F}}{\Longleftrightarrow}F(\rho,\varphi+\phi_0) \tag{E4-2}$$

（提示：利用多重积分的变量替换写出极坐标下傅里叶变换的表达式）

5. 二维离散时间傅里叶变换的定义如下：

$$F(u,v)=\sum_{x=-\infty}^{+\infty}\sum_{y=-\infty}^{+\infty} f(x,y)\,\mathrm{e}^{-\mathrm{j}2\pi(ux+vy)} \tag{E4-3}$$

离散序列 $f(x,y)$ 与 $h(x,y)$ 的卷积 $f(x,y)*h(x,y)$ 定义为

$$f(x,y)*h(x,y)=\sum_{m=-\infty}^{+\infty}\sum_{n=-\infty}^{+\infty} f(m,n)\,h(x-m,y-n) \tag{E4-4}$$

证明如下的卷积定理：

$$f(x,y) * h(x,y) \overset{\mathscr{F}}{\Longleftrightarrow} F(u,v)\,H(u,v) \tag{E4-5}$$

式中，$F(u,v)$ 和 $H(u,v)$ 分别表示 $f(x,y)$ 和 $h(x,y)$ 的傅里叶变换，$\overset{\mathscr{F}}{\Longleftrightarrow}$ 表示互为傅里叶变换对。

6. 对于连续变量情况，高斯型低通滤波器在频域中的传递函数为

$$H(u,v) = A\mathrm{e}^{-\frac{u^2+v^2}{2\sigma^2}} \tag{E4-6}$$

证明：空域的相应滤波器的形式为

$$h(x,y) = 2\pi A\sigma^2\mathrm{e}^{-2\pi^2\sigma^2\left(x^2+y^2\right)} \tag{E4-7}$$

7. 利用像素 (x,y) 的 4 邻域像素（不用像素 (x,y) 本身）构成一个低通滤波器。

（1）给出它在频域的等价滤波器 $H(u,v)$；

（2）证明该滤波器是低通滤波器。

8. 结合高频增强滤波器和直方图均衡化是边缘锐化和对比度增强的有效方法。

（1）这两个操作的先后顺序对结果有影响吗？应先执行哪个操作？

（2）通过实验解释原因。

9. 一阶差分近似导数的基本计算式为

$$g(x,y) = [f(x+1,y) - f(x,y)] + [f(x,y+1) - f(x,y)] \tag{E4-8}$$

（1）推导出其相应的频域等价滤波器 $H(u,v)$；

（2）证明该滤波器是高通滤波器。

10. 若使用低通滤波器（平滑模板）反复对一幅图像进行多次滤波，则结果如何？（不考虑边界的影响）

第5章 图像复原

导图

微课

图像复原是指根据对图像降质成因的知识建立降质模型，从客观的角度对降质图像进行处理，恢复原图像。图像复原与图像增强有着密切的联系和区别，它们的目的都是在某种意义上改善图像的质量，但二者的处理方法和评价标准不同。图像增强一般根据人类主观感受，使图像具有好的视觉效果，在图像增强过程中，并不分析图像降质的原因，也不要求接近原图像；而图像复原则是图像降质的逆过程，利用图像降质过程中的全部或部分先验知识建立图像降质模型，通过求解图像降质过程的逆过程来恢复原图像，使估计图像尽可能地逼近原图像。对图像复原可以从不同的角度进行分类，根据图像复原所用的最优化准则，可将图像复原方法分为最小均方误差（minimum mean square error，MMSE）估计、最大后验（Maximum a Posteriori，MAP）估计/极大似然（maximum likelihood，ML）估计和最小二乘（least squares，LS）估计方法；根据图像所处理的域，可将图像复原方法分为频域方法和空域方法；按照图像复原是否附加约束条件限制，可将图像复原方法分为无约束复原方法和约束复原方法。

5.1 图像降质模型

由成像系统获取图像的过程为正问题，那么相应的逆问题是由观测的降质图像以及成像系统特性对原图像进行估计。图像复原的基础是图像降质模型，根据对降质系统和噪声的全部或部分信息或假设，对图像降质过程进行建模，求解降质模型的逆过程，获取原图像的最优估计。

5.1.1 图像降质/复原过程

在图像获取、传输和处理的过程中，由于成像系统、记录设备、传输介质和后期处理的原因，造成图像质量下降，这种现象称为图像降质。引起图像降质的因素很多，大致可以归纳为系统带宽限制产生的频率混叠、大气湍流效应产生的高斯模糊、镜头聚焦不准产生的光学散焦模糊、成像系统与场景之间的相对运动产生的运动模糊、光电转换器件的非线性、随机噪声干扰等。目前图像复原已经应用于天文学、医学成像等诸多领域。

对于线性空间移不变系统，且加性噪声的情况，在空域中图像降质过程通常建模为如下的卷积形式：

$$g(x,y) = h(x,y) * f(x,y) + \eta(x,y) \tag{5-1}$$

式中，$g(x,y)$ 表示观测图像，即模糊、有噪的降质图像；$h(x,y)$ 表示系统冲激响应、点扩散函数（point spread function, PSF）或模糊核，造成采集的图像发生模糊；$f(x,y)$ 表示原图像，可以认为是在理想图像获取条件下所成的图像，它实际上并不存在；$\eta(x,y)$ 表示加性噪声项。

式 (5-1) 描述了图像降质过程，原图像受到模糊和噪声的作用，形成观测图像。5.1.2 节将证明线性空间移不变系统的输出响应 $g(x,y)$ 可以表示为系统输入 $f(x,y)$ 与点扩散函数 $h(x,y)$ 的卷积形式。

如图 5-1 所示，图像降质过程通过降质函数 $h(x,y)$ 和加性噪声 $\eta(x,y)$ 来建模，图中，$f(x,y)$ 为原图像，$h(x,y)$ 为降质函数，$g(x,y)$ 为降质图像，$\eta(x,y)$ 为加性噪声，$\hat{f}(x,y)$ 为复原图像。若将图像降质过程看作正问题，则图像复原是逆问题，它的任务是给定降质图像 $g(x,y)$，以及降质函数 $h(x,y)$ 和加性噪声 $\eta(x,y)$ 的所有或部分信息，根据建立的图像降质模型，对原图像 $f(x,y)$ 进行估计，使复原图像 $\hat{f}(x,y)$ 尽可能地逼近原图像 $f(x,y)$。

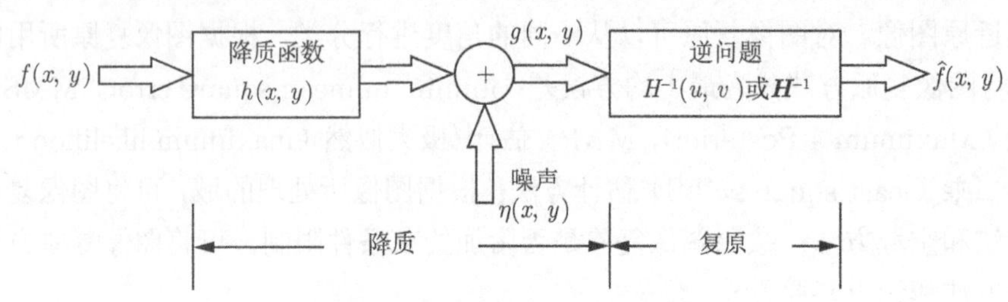

图 5-1　图像降质与复原模型

图像复原的关键在于降质模型的建立，要求降质模型准确反映图像降质的成因。但是，给定降质模型，从降质图像 $g(x,y)$ 恢复原图像 $f(x,y)$ 的逆问题并不是直接的。即使降质模型是精确的，仅依赖于降质模型求解逆问题仍是困难的。有关降质函数 $h(x,y)$ 和加性噪声 $\eta(x,y)$ 的信息越多，复原图像 $\hat{f}(x,y)$ 会越接近原图像 $f(x,y)$。

由于降质图像是原图像与点扩散函数的卷积，因此图像复原也称为图像解卷积（image deconvolution）。根据降质函数是否可用，图像复原分为两类：若点扩散函数 $h(x,y)$ 或点扩散函数的估计 $\hat{h}(x,y)$ 是已知的，则从降质图像 $g(x,y)$ 恢复原图像 $f(x,y)$ 称为非盲复原或非盲解卷积；若点扩散函数 $h(x,y)$ 是未知的，则称为盲复原或盲解卷积。

在零延拓的基础上，将尺寸为 $M \times N$ 的 $g(x,y)$、$f(x,y)$ 和 $\eta(x,y)$ 中所有元素按列堆叠表示为 MN 维列向量 $\boldsymbol{g}$、$\boldsymbol{f}$ 和 $\boldsymbol{\eta}$①。式 (5-1) 可用矩阵向量形式表示为

$$\boldsymbol{g} = \boldsymbol{H}\boldsymbol{f} + \boldsymbol{\eta} \tag{5-2}$$

式中，$\boldsymbol{H} \in \mathbb{R}^{MN \times MN}$ 称为降质矩阵，$\boldsymbol{g} \in \mathbb{R}^{MN}$、$\boldsymbol{f} \in \mathbb{R}^{MN}$ 和 $\boldsymbol{\eta} \in \mathbb{R}^{MN}$ 分别为降质图像、原图像和噪声的列向量表示。在二维离散系统中，线性移不变系统的降质矩阵 $\boldsymbol{H}$ 是循环块块循环矩阵（block circulant matrix with circulant blocks，BCCB）。MATLAB 图像处理工具箱中的 convmtx2 函数实现卷积模板到降质矩阵的转换。

根据卷积定理和傅里叶变换的性质，图像 $f(x,y)$ 与点扩散函数 $h(x,y)$ 的空域卷积等效于它们傅里叶变换的频域乘积。式 (5-1) 的频域表示形式为

$$G(u,v) = H(u,v)F(u,v) + N(u,v) \tag{5-3}$$

式中，$H(u,v)$ 称为系统传递函数，它是系统冲激响应 $h(x,y)$ 的傅里叶变换；$G(u,v)$、$F(u,v)$ 和 $N(u,v)$ 分别为降质图像 $g(x,y)$、原图像 $f(x,y)$ 和加性噪声 $\eta(x,y)$ 的傅里

① 为了矩阵和向量进行乘积运算，图像处理中常用的处理方式是将矩阵表示的图像按列堆叠为列向量，本章中涉及的变量 $\boldsymbol{g}$、$\boldsymbol{f}$ 和 $\boldsymbol{\eta}$ 均为列向量。

叶变换。当 $h(x,y)$ 称为点扩散函数时，$H(u,v)$ 也称为光学传递函数（optical transfer function, OTF）。MATLAB 图像处理工具箱中的 psf2otf 函数实现从点扩散函数转换为光学传递函数。

当图像中噪声是唯一的降质因素时，$f(x,y)$ 因噪声 $\eta(x,y)$ 干扰而产生降质图像 $g(x,y)$，在空域中降质模型可以表示为

$$g(x,y) = f(x,y) + \eta(x,y) \tag{5-4}$$

其中，$g(x,y)$ 为有噪图像，$f(x,y)$ 为原图像，$\eta(x,y)$ 为加性噪声。为了在噪声存在的情况下恢复图像，包括由传感器或周围环境引起的噪声，有必要了解噪声的统计特性，以及噪声与图像之间的相关性质。通常假设加性噪声是独立同分布的，即独立于空间坐标，并且加性噪声与图像本身不相关。

当图像中的降质因素仅为噪声时，根据噪声的特性去除图像中的噪声，称为图像去噪。从图像复原的角度，图像去噪也就是从噪声或野点中恢复或重建原（无噪）图像。在缺乏噪声统计特性先验知识的情况下去除图像中的噪声称为盲图像去噪。

5.1.2 线性移不变降质模型：卷积

对于二维离散信号来说，单位冲激函数[①]的形式为

$$\delta(x,y) = \begin{cases} 1, & x=0; y=0 \\ 0, & \text{其他} \end{cases} \tag{5-5}$$

δ 函数的定义表明，δ 函数只有在坐标 $(0,0)$ 处函数值为 1，在坐标 $(0,0)$ 以外各处函数值均为 0。在光学中，冲激为一个光点，因此，$\delta(x,y)$ 也表示在点 $(0,0)$ 且亮度值为 1 的点光源。

任意数字图像 $f(x,y)$ 可以看成由自身亮度的点光源组成的二维阵列，如图 5-2（a）所示，可表示为点光源的加权和的形式：

$$f(x,y) = \sum_{\alpha=-\infty}^{+\infty} \sum_{\beta=-\infty}^{+\infty} f(\alpha,\beta)\,\delta(x-\alpha, y-\beta) \tag{5-6}$$

式中，$\delta(x-\alpha, y-\beta)$ 是单位冲激的位移，在坐标 (α,β) 处函数值为 1，在其他各处函数值均为 0。图像 $f(x,y)$ 在坐标 (α,β) 处的亮度值实际上是 $f(x,y)$ 在单位冲激函数 $\delta(x,y)$ 的非零值位移至 (α,β) 处的取值 $f(\alpha,\beta)$。

系统冲激响应[②]是指系统 $\mathcal{H}$ 对激励为单位冲激函数 $\delta(x,y)$ 的输出响应，一般用 $h(x,y)$ 表示为

$$h(x,y) = \mathcal{H}[\delta(x,y)] \tag{5-7}$$

① 在离散系统中，单位冲激函数通常称为单位脉冲函数、单位采样函数、狄拉克 δ 函数。

② 在离散系统中，冲激响应通常称为单位脉冲响应、单位采样响应。

当输入信号为 $\delta(x,y)$ 时，系统的冲激响应包含了系统的所有信息。由于在光学中常用点光源表示空间上的单位冲激信号 $\delta(x,y)$，系统的冲激响应 $h(x,y)$ 也称为点扩散函数。这一名称源于所有物理光学系统在一定程度上会模糊（扩散）光点，模糊程度由光学部件的质量决定。

将任意的输入信号 $f(x,y)$ 分解成单位冲激的加权和后，就可以计算任何线性移不变系统对任意输入信号的响应 $g(x,y)=\mathcal{H}[f(x,y)]$。若降质系统 $\mathcal{H}$ 是线性的，则系统对加权采样信号的响应是相应加权输出的和，有

$$
\begin{aligned}
g(x,y)=\mathcal{H}[f(x,y)]&=\mathcal{H}\left[\sum_{\alpha=-\infty}^{+\infty}\sum_{\beta=-\infty}^{+\infty}f(\alpha,\beta)\,\delta(x-\alpha,y-\beta)\right]\\
&\overset{①}{=\!=}\sum_{\alpha=-\infty}^{+\infty}\sum_{\beta=-\infty}^{+\infty}\mathcal{H}[f(\alpha,\beta)\,\delta(x-\alpha,y-\beta)]\\
&\overset{②}{=\!=}\sum_{\alpha=-\infty}^{+\infty}\sum_{\beta=-\infty}^{+\infty}f(\alpha,\beta)\,\mathcal{H}[\delta(x-\alpha,y-\beta)]\\
&=\sum_{\alpha=-\infty}^{+\infty}\sum_{\beta=-\infty}^{+\infty}f(\alpha,\beta)\,h(x,y;\alpha,\beta)
\end{aligned}
\tag{5-8}
$$

① 和 ② 分别应用了线性算子的叠加性和齐次性。叠加性表明，系统对信号之和的作用等效于系统对信号分别作用之和；齐次性表明，系统对常数与任意信号相乘的作用等效于常数与系统对该信号作用的乘积。

当系统 $\mathcal{H}$ 为空间移不变系统时，即系统的冲激响应 $h(x,y)$ 与位置无关，即

$$
h(x,y;\alpha,\beta)=\mathcal{H}[\delta(x-\alpha,y-\beta)]=h(x-\alpha,y-\beta) \tag{5-9}
$$

于是，线性空间移不变降质模型可表示为

$$
g(x,y)=\sum_{\alpha=-\infty}^{+\infty}\sum_{\beta=-\infty}^{+\infty}f(\alpha,\beta)\,h(x-\alpha,y-\beta)\equiv h(x,y)*f(x,y) \tag{5-10}
$$

式中，$*$ 表示卷积运算。任意输入信号都可以分解并表示为单位冲激的加权和。由于系统的线性移不变性，系统对任意输入信号的响应可以表示为单位冲激响应的形式。卷积是将系统的单位冲激响应、任意的输入信号与输出信号关联起来的一般表达形式。因此，当给定系统冲激响应时，可以计算线性移不变系统对任意输入信号的输出。

式 (5-10) 中卷积公式的物理意义可理解为冲激响应函数所有移位 $h(x-\alpha,y-\beta)$ 的加权和，权系数是信号在对应位置 (α,β) 处的强度。直观上来看，某个函数与单位冲激的卷积，相当于在单位冲激的位置处复制该函数。图 5-2（b）中对应在位置 (3, 6)、(8, 2)、(9, 9) 处显示了三个移位、加权的高斯模糊核函数[①]。

① 高斯模糊核函数的数学表达式参见式 (5-21)。

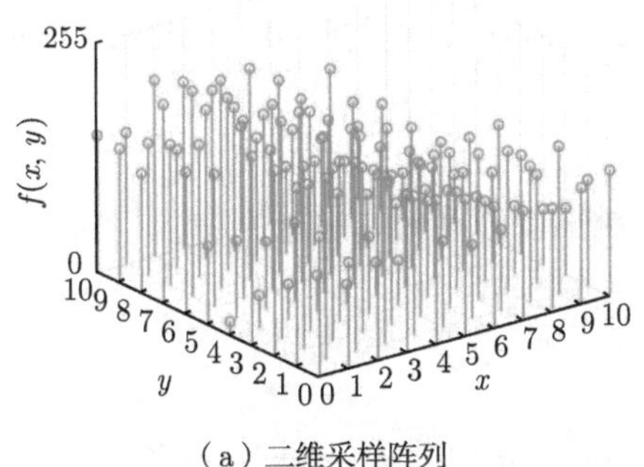

（a）二维采样阵列

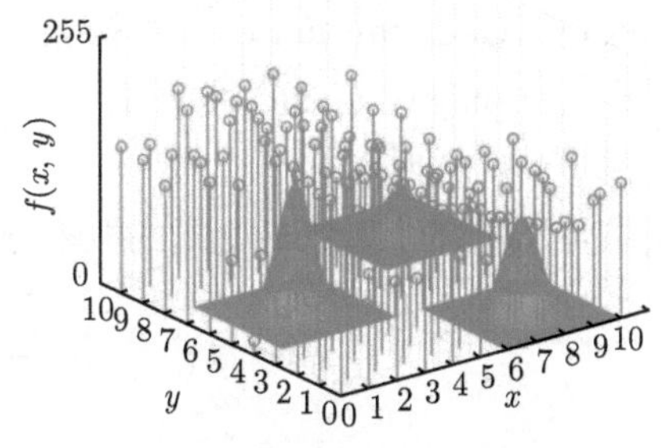

（b）对应在位置(3, 6)、(8, 2)、(9, 9)处三个移位、加权的高斯模糊核函数

图 5-2　线性移不变系统对任意输入响应的解释

式 (5-10) 表明，线性空间移不变系统 $\mathcal{H}$ 的输出响应 $g(x,y)$ 可表示为输入图像 $f(x,y)$ 与系统冲激响应 $h(x,y)$ 的卷积，线性移不变系统的特性完全可以由单位冲激函数的响应进行描述。式 (5-1) 中的图像降质模型建立在线性空间移不变系统的基础上，给定降质图像 $g(x,y)$ 和系统冲激响应 $h(x,y)$，通过求解式 (5-1) 估计原图像 $f(x,y)$ 的逆过程称为解卷积。

5.2 图像降质的参数估计

图像降质的参数估计方法事先对待估计的噪声或模糊类型作出假设，然后根据这个假设选择合适的模型，利用降质图像来估计模型参数。参数估计方法通常用在复原过程之前对模型参数进行估计。这种方法使降质模型的估计相对简单，但是估计的准确性依赖于假设的模型是否符合真实的噪声分布或点扩散函数。而对于复杂问题，通常不能用现有的参数模型来描述，因此参数估计的方法并不灵活。

5.2.1 典型噪声类型

图像在获取、传输或处理过程中，会不可避免地引入各种噪声。图像噪声是指图像的像素值与真实场景存在误差，从视觉上看，噪声表现为图像中与其邻域像素不同的异常像素。根据不同的角度有多种噪声分类的方法。从硬件的角度，更多关注噪声产生的原因，将图像噪声划分为内部噪声和外部噪声，外部噪声是指成像系统外部干扰引起的噪声（信道噪声等），而内部噪声是指由成像系统内部引起的噪声（电子电路噪声、传感器噪声等）。从通信的角度，通常分为加性噪声和乘性噪声，加性噪声是指噪声独立于信号，而乘性噪声是指噪声是关于信号的函数。从图像处理的角度来说，着重关注图像噪声的统计特性，通过建立数学模型，有助于运用数学手段处理相应的噪声。本节根据噪声的统计特性对随机噪声进行分类。

随机图像噪声表现为图像中随机出现的野点，通常是一种空间不相关的离散孤立像素的变化现象。一般使用随机变量表示随机图像噪声，连续型随机变量用概率密度函数描述噪声分布，离散型随机变量用分布律描述噪声分布。图像中的噪声根据其概率特征主要分为高斯噪声（Gaussian noise）、泊松噪声（Poisson noise）、均匀噪声（uniform noise）和脉冲噪声（impulsive noise）等形式。

1. 高斯噪声

正态分布是连续型随机变量的概率分布，其概率密度函数可表示为

$$p(x;\mu,\sigma)=\frac{1}{\sqrt{2\pi}\sigma}\mathrm{e}^{-\frac{(x-\mu)^2}{2\sigma^2}} \tag{5-11}$$

若随机变量 X 服从参数为 μ 和 σ 的正态分布，则有 $E(X)=\mu$ 和 $\mathrm{Var}(X)=\sigma^2$，即正态分布的概率密度函数中的两个参数 μ 和 $\sigma>0$ 分别是该分布的数学期望（均值）和标准差。因此，正态分布完全由数学期望和方差所确定。均值为 μ、方差为 σ^2 的正态分布的概率密度函数记为 $N\left(\mu,\sigma^2\right)$。正态分布的概率密度函数是高斯函数，因此正态分布也称为高斯分布。

图 5-3(a) 上图给出了高斯函数的图形，高斯函数是一条钟形曲线，关于均值 μ 左右对称，均值 μ 反映对称轴的位置，方差 σ^2 反映偏离均值 μ 的离散程度。正态分布随机变量的取值落在 $(\mu-\sigma,\mu+\sigma)$ 区间上的概率为 68.27%，落在 $(\mu-2\sigma,\mu+2\sigma)$ 区间上的概率为 95.45%，落在 $(\mu-3\sigma,\mu+3\sigma)$ 区间上的概率为 99.73%[①]。图 5-3(a) 下图给出了不同参数取值的高斯函数曲线，均值 μ 决定分布的位置，标准差 σ 决定分布的宽度。σ 越小，曲线呈高且窄；σ 越大，曲线呈低且宽。

对于加性噪声，将噪声看作随机变量，若噪声服从高斯分布，则称为高斯噪声。在感光器件接收和输出过程中，电子电路中的电荷转移、信号放大、模/数转换等环节产生的读出噪声或传感器温度过高产生的热噪声是加性高斯噪声。根据中心极限定理，对于任意分布的总体，若样本相互独立抽取，则当样本数充分大时，样本均值近似地服从正态分布。因此，正态分布在概率论中占有重要的地位，在实际应用中经常假设噪声为高斯噪声。

2. 均匀噪声

连续型均匀分布的随机变量具有概率密度函数：

$$p(x;a,b)=\begin{cases}\dfrac{1}{b-a}, & a<x<b\\ 0, & \text{其他}\end{cases} \tag{5-12}$$

均匀分布随机变量的取值 x 落在区间 (a,b) 上任意一点的概率是常数，且概率只与区间长度有关，而与区间的位置无关。均匀分布的数学期望 $E(X)$ 和方差 $\mathrm{Var}(X)$ 分别为

$$E(X)=\frac{a+b}{2} \tag{5-13}$$

$$\mathrm{Var}(X)=\frac{(b-a)^2}{12} \tag{5-14}$$

① 3.7.1.1 节中给出了正态分布随机变量一倍、二倍、三倍标准差取值区间的图形显示。

图 5-3（b）给出了均匀分布概率密度函数的曲线。均匀分布是对称的，它的图形是一个矩形。

量化会产生量化误差，由于其随机性，有时将其建模为加性随机信号，称为量化噪声。通常情况下，信号远大于最低有效位。在这种情况下，量化误差与信号没有显著相关性，具有近似均匀的分布。在实际问题中，当无法区分随机变量在 (a,b) 区间内取不同值的可能性时，近似假定随机变量服从 (a,b) 上的均匀分布。

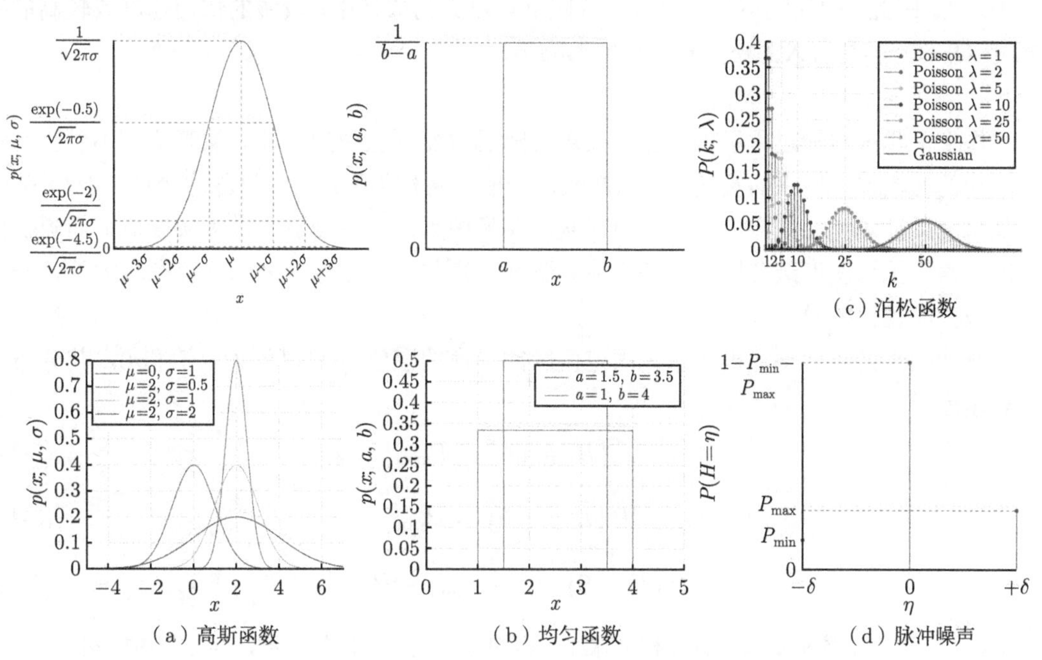

（a）高斯函数　（b）均匀函数　（c）泊松函数　（d）脉冲噪声

图 5-3　随机噪声的概率密度函数或分布律

插图
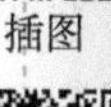

动图

动图

3. 泊松噪声

泊松分布是离散型随机变量的概率分布，描述单位时间内随机事件发生次数的概率分布，其分布律为

$$P\left(k;\lambda\right)=\frac{\lambda^{k}\mathrm{e}^{-\lambda}}{k!},\quad k=0,1,2,\cdots \tag{5-15}$$

式中，$\lambda>0$ 为速率参数，表示单位时间内随机事件发生的平均次数。泊松分布的唯一参数 λ 完全确定它的分布。参数为 λ 的泊松分布记为 $\pi\left(\lambda\right)$。泊松分布的数学期望与方差均为 λ。若随机变量 X 服从参数为 λ 的泊松分布，则有

$$E\left(X\right)=\mathrm{Var}\left(X\right)=\lambda \tag{5-16}$$

图 5-3(c) 给出了参数 λ 取不同值的泊松分布的分布律。当 λ 较小时，泊松分布呈现偏斜的形状，长拖尾在右侧；随着 λ 的增大，分布的中心逐渐向右移动，泊松分布渐近于对称，并且渐近于正态分布。当 λ 充分大时，泊松分布可以用均值和方差都等于 λ 的正态分布逼近。

由于光是由离散的光子构成的（光的粒子性），光子的随机到达可以看作一个泊松随机过程，在曝光时间内到达的光子数服从泊松分布。光电散粒噪声是成像系统感光器件的光电转换中，由于光子数的波动导致带电荷电子数的波动所引起的噪声，其统计特性符合泊松分布，称为泊松噪声。泊松噪声是与光子计数过程有关，因此由入射光的光强决定。在描述泊松噪声的分布时，将像素观测值看作随机变量，其分布律表示该像素取各个可能值的概率。对于泊松噪声，信号强度是平均光子数 λ，噪声强度是噪声的标准差 $\sqrt{\lambda}$，信噪比等于 $\sqrt{\lambda}$。因此，泊松噪声主要出现在低照度环境光的成像中，较慢的快门速度或较高的感光度（ISO）容易引入泊松分布的传感器噪声。

4. 脉冲噪声

图像采集或传输过程引入的脉冲噪声会随机改变图像中的一部分像素值，不受脉冲噪声干扰的像素保持原来的灰度值。脉冲噪声一般有两种类型：固定值脉冲噪声（椒盐噪声）和随机值脉冲噪声。固定值脉冲噪声在灰度图像中为最小灰度值或最大灰度值，而随机值脉冲噪声为图像灰度级范围内的任意值。脉冲噪声与其邻域像素之间不存在相关性，一般具有较大的幅值差异。

脉冲噪声是离散型随机变量，固定值脉冲噪声的取值 η 只可能为 $\pm\delta$ 和 0，其分布律可表示为

$$P\{H=+\delta\}=P_{\max} \tag{5-17}$$

$$P\{H=-\delta\}=P_{\min} \tag{5-18}$$

$$P\{H=0\}=1-P_{\min}-P_{\max} \tag{5-19}$$

式中，$+\delta$ 和 $-\delta$ 分别表示正脉冲和负脉冲。脉冲噪声是一种稀疏噪声，其分布律如图 5-3（d）所示。图像中的像素随机受脉冲噪声的干扰，正脉冲和负脉冲发生的概率分别为 $P_{\max}$ 或 $P_{\min}$。若 $P_{\max}$ 或 $P_{\min}$ 为零，则脉冲噪声称为单极脉冲噪声。若 $P_{\max}$ 和 $P_{\min}$ 均不为零，则脉冲噪声称为双极脉冲噪声。

设 $f(x,y)$ 表示原图像，脉冲噪声直接改变图像中的像素值，降质模型可以表示为

$$g(x,y)=\begin{cases} g_{\max}, & \eta(x,y)=+\delta \\ g_{\min}, & \eta(x,y)=-\delta \\ f(x,y), & \eta(x,y)=0 \end{cases} \tag{5-20}$$

式中，$g(x,y)$ 表示有噪观测图像，$g_{\max}$ 表示图像中的最大灰度值，$g_{\min}$ 表示图像中的最小灰度值。式 (5-20) 表明图像中以 $P_{\max}$ 概率的像素受正脉冲干扰改变为最大值 $g_{\max}$，以 $P_{\min}$ 概率的像素受负脉冲干扰改变为最小值 $g_{\min}$，概率 $1-P_{\min}-P_{\max}$ 的其他像素保持不变。当 $P_{\min}$ 和 $P_{\max}$ 近似相等时，在图像中表现为随机分布的黑色或者白色的像素。因此，在图像处理中这种噪声常称为椒盐噪声，黑点（胡椒点）为椒噪声，白点（盐粒点）为盐噪声。对于一幅 8 位灰度级图像，$g_{\min}=0$ 为椒噪声，$g_{\max}=255$ 为盐噪声。

脉冲噪声的成因可能是传感器的坏点、大幅度电磁干扰、模/数转换器、继电器状态改变或码元传输错误等，这些因素都会引起脉冲噪声对图像的干扰。例如，在信道传输过程中，信号以二进制码元传输，在电压发生瞬态变化的情况下产生脉冲，信号的最高位受到干扰而改变，信号幅值很可能超出传感器的动态范围；在传感器数字化的过程中，系统的强干扰可能产生正脉冲或负脉冲叠加在图像信号上，由于脉冲信号的强度大，成像传感器的动态范围有限，迫使受正脉冲叠加的像素值截断为数字化允许的最大值，受负脉冲叠加的像素值截断为数字化允许的最小值。

5.2.2 噪声参数估计

若已知噪声服从某种随机分布，则通过估计随机变量的概率密度函数或分布律的参数，即可描述噪声的分布，如高斯噪声均值和方差、椒盐噪声概率等统计特征的信息。

一般可以从传感器的技术说明中获知噪声概率分布的参数，但对于特殊的成像设备需要估计这些参数。比较图 5-3 所示的概率分布与图 5-4 所示的直方图可以看到，有噪图像的灰度分布非常接近于对应类型噪声的概率分布。当成像系统可以利用时，一种简单的系统噪声特性估计方法是在平坦环境中采集图像，直接测量噪声。例如，简单地对光照均匀的纯色灰色板成像，通过测定观测图像中亮度相对恒定区域的协方差，估计图像噪声的协方差函数或矩阵。

根据直方图的形状确定最匹配的概率分布。若直方图形状接近高斯函数，则通过均值和方差两个参数可以完全确定正态分布的概率密度函数。对于均匀分布噪声，也可以通过均值和方差联立求解概率密度函数的参数。不同于其他类型噪声的参数估计方法，椒盐噪声的参数是黑像素和白像素出现的实际概率。为了估计椒盐噪声的参数，黑像素和白像素必须是可见的，即要求对图像中相对恒定的中间灰度区域计算其灰度直方图，对应于黑像素和白像素的尖峰高度是脉冲噪声概率模型中 $P_{\min}$ 和 $P_{\max}$ 的估计值。

例 5-1 有噪图像及其直方图

图 5-4（a）左侧是由三个灰度恒定区域所组成的图像，灰度值分别为 0.1、0.5 和 0.8，灰度值从黑到白发生三次跃变，有利于分析图像中噪声的特性，右侧为其概率直方图。图 5-4（b）～（e）左侧分别为高斯噪声、泊松噪声、均匀噪声和椒盐噪声图像，右侧为对应的概率直方图。图 5-4（b）和图 5-4（d）分别对图 5-4（a）加上均值 μ 为 0、标准差 σ 为 0.05 的高斯噪声，以及 a 为 -0.1、b 为 0.15 的均匀噪声（加性噪声）。图 5-4（c）所示的泊松分布噪声是从图 5-4（a）的数据中生成的，而不是向数据中添加噪声。泊松分布的数学期望与方差相等，都等于参数 λ，因此，图像的像素值越大，则噪声级越大。例如，像素值为 200，则噪声的方差也为 200，由于用归一化的数值表示像素，因此，将像素值乘以 255（8 位灰度级表示）作为均值和方差生成泊松分布，对应的输出像素将再除以 255，归一化到 $[0,1]$ 区间。图 5-4（e）是对图 5-4（a）中加入概率为 0.1 的椒盐噪声，椒噪声和盐噪声的概率分别为 0.05，即分别随机位置抽取 5%的像素，将像素值赋值为 0 和 1。

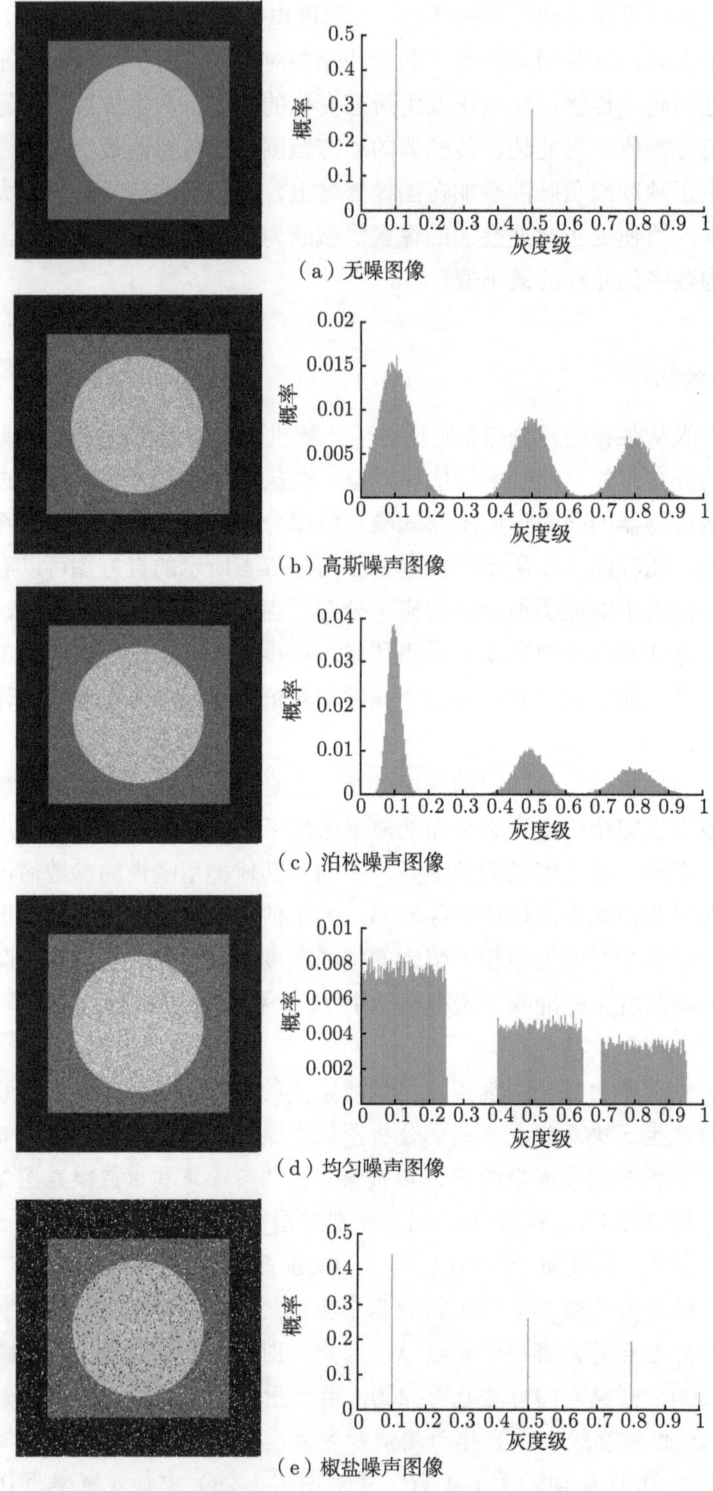

图 5-4　无噪、高斯、泊松、均匀和椒盐噪声的图像及其直方图

从高斯、泊松和均匀噪声图像的直方图来看，不同类型的噪声具有明显不同的噪声分布和统计特征，由于分布函数都是连续的，没有明显破坏像素之间的灰度相关性，因而从图像的表观上看没有显著区别。椒盐噪声干扰了图像中一定概率的像素并使受干扰像素的亮度值处于极大值或极小值。由于椒盐噪声只有纯白和纯黑两种灰度，因此椒盐噪声是唯一一种从图像降质的视觉效果上可区分的噪声类型。由椒盐噪声图像的直方图可以看到，在灰度级的最暗端和最亮端出现额外的尖峰，这分别是椒噪声和盐噪声出现的概率。

5.2.3 典型模糊类型

清晰图像具有阶跃边缘，从空域角度来看，模糊效应主要表现为边缘平滑；从频域角度来看，模糊表现为高频成分的损失。在线性移不变模型中，点扩散函数是对图像中的模糊进行建模，用空域卷积表示图像模糊过程。在光学成像的过程中，图像的模糊效应主要由三个因素引起：① 大气湍流效应、光学镜头或成像传感器截止频率产生的高斯模糊；② 光学镜头对焦不准产生的散焦模糊；③ 快门时间内成像系统与场景之间的相对运动产生的运动模糊。本节将描述这三种常见模糊类型的点扩散函数。

1. 高斯模糊

高斯模糊是许多光学成像系统最常见的降质函数，标准差为 σ 的高斯模糊的点扩散函数定义为

$$h(x,y)=\frac{1}{2\pi\sigma^2}\mathrm{e}^{-\frac{x^2+y^2}{2\sigma^2}} \tag{5-21}$$

图 5-5 显示了高斯模糊的点扩散函数及其频率响应，即频域滤波的传递函数 $H(u,v)$，其中，模板尺寸为 13×13，标准差 σ 为 2。图 5-5（a）为点扩散函数的图像显示，图 5-5（b）和图 5-5（c）分别为其频率响应的三维曲面图和等高线图，高斯函数的傅里叶变换也是高斯函数。对于图 5-6（a）所示的清晰图像，图像尺寸为 512×512，图 5-6（b）和图 5-6（c）分别为标准差 σ 为 1 和 2 的高斯模糊图像及其相应的频谱，高斯模糊图像的频谱呈现出高斯形式，σ 越大，点扩散函数展宽，模板尺寸越大，平滑能力越强，频域响应函数收窄，频谱中截断了更多的高频成分，图像越模糊。

2. 运动模糊

当成像系统或物体在移动中曝光，会导致运动模糊，运动方向角为 θ、运动距离为 d 个像素的运动模糊点扩散函数定义为

$$h(x,y)=\begin{cases}1/d, & y=x\tan\theta,\ 0\leqslant x\leqslant d\cos\theta\\ 0, & y\neq x\tan\theta,\ -\infty<x<\infty\end{cases} \tag{5-22}$$

当 $\theta=0^\circ$ 时，运动为水平方向（θ 为关于水平轴的夹角）：

$$h(x,y)=\begin{cases}1/d, & y=0,\ 0\leqslant x\leqslant d\\ 0, & y\neq 0,\ -\infty<x<\infty\end{cases} \tag{5-23}$$

物体与成像系统相对运动的点扩散函数是均匀分布的角度为 θ 的带状光斑。图 5-7 显示了运动模糊的点扩散函数及其频率响应，其中，运动方向角 θ 为 110°，运动距离 d 为 15 个像素。图 5-7（a）为点扩散函数的图像显示，图 5-7（b）和图 5-7（c）分别为其频率响应的三维曲面图[①]和等高线图。

插图

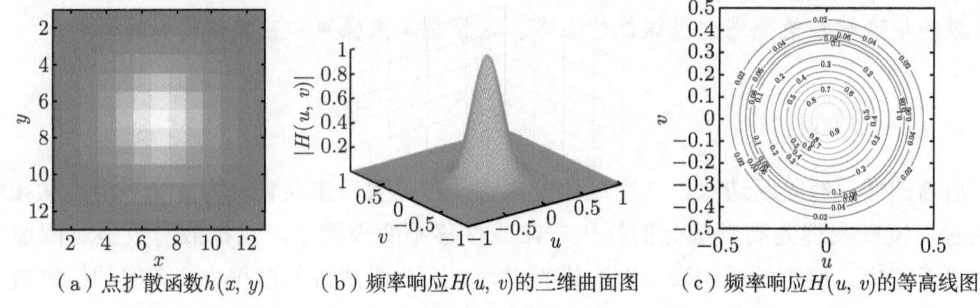

（a）点扩散函数 $h(x, y)$　（b）频率响应 $H(u, v)$ 的三维曲面图　（c）频率响应 $H(u, v)$ 的等高线图

图 5-5　高斯模糊的点扩散函数及其频率响应

动图

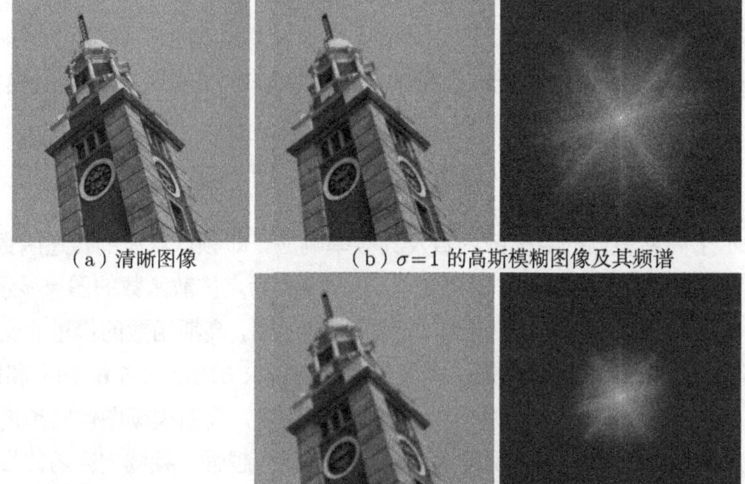

（a）清晰图像　（b）$\sigma=1$ 的高斯模糊图像及其频谱

（c）$\sigma=2$ 的高斯模糊图像及其频谱

图 5-6　高斯模糊图像及其频谱

对于图 5-6（a）所示的图像，图 5-8（a）和图 5-8（b）分别为运动距离 d 为 9 个像素和 15 个像素的运动模糊图像以及相应的频谱，运动方向角 θ 为 110°。由图中可见，运动模糊图像的频谱呈现等间距的条纹，具体来说，任意角度的运动模糊图像的频谱沿着垂直于运动方向有一组等间距的条纹，水平方向的运动模糊图像的频谱具有等间距的竖直条纹，且运动距离越大，模糊程度越大，条纹间距越小。

① 运动模糊点扩散函数的频率响应如图 5-11（a）所示，图 5-7（b）和图 5-7（c）所示的频率响应是由于图 5-7（a）的点扩散函数是离散采样的结果造成的。

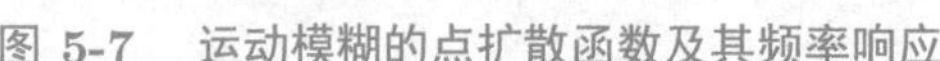

（a）点扩散函数$h(x, y)$　（b）频率响应$H(u, v)$的三维曲面图　（c）频率响应$H(u, v)$的等高线图

图 5-7　运动模糊的点扩散函数及其频率响应

插图

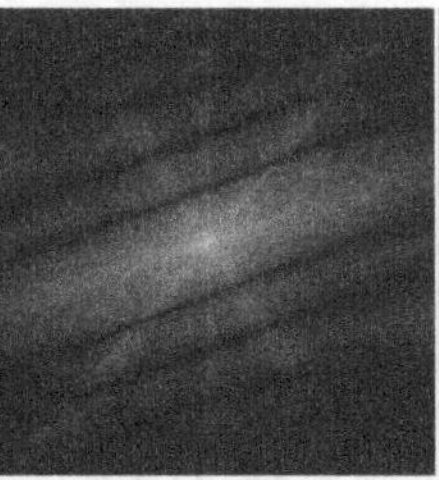

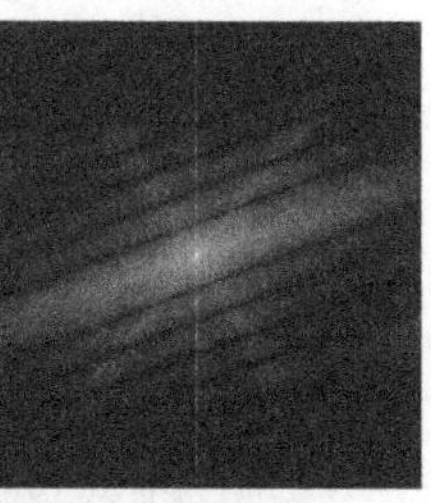

（a）$d=9$的运动模糊图像及其频谱　（b）$d=15$的运动模糊图像及其频谱

图 5-8　运动模糊图像及其频谱

动图

3. 散焦模糊

光学系统的聚焦不准造成散焦模糊，半径为 r 的散焦模糊的点扩散函数定义为

$$h(x,y)=\begin{cases}\dfrac{1}{\pi r^2}, & \sqrt{x^2+y^2}\leqslant r\\ 0, & \sqrt{x^2+y^2}>r\end{cases}\tag{5-24}$$

光学系统散焦的点扩散函数是均匀分布的圆形光斑。图 5-9 显示了散焦模糊的点扩散函数及其频率响应，其中，模糊半径 $r=9$。图 5-9（a）为点扩散函数的图像显示，图 5-9（b）和图 5-9（c）分别为其频率响应的三维曲面图和等高线图。

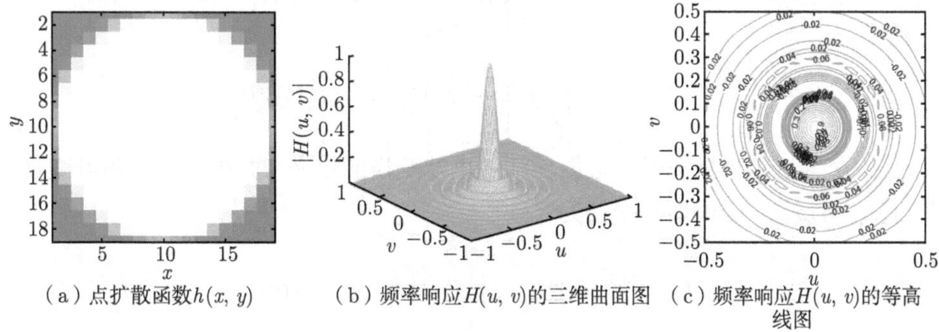

（a）点扩散函数$h(x, y)$　（b）频率响应$H(u, v)$的三维曲面图　（c）频率响应$H(u, v)$的等高线图

图 5-9　散焦模糊的点扩散函数及其频率响应

插图

对于图 5-6（a）所示的图像，图 5-10（a）和图 5-10（b）分别为模糊半径 $r=5$ 和 $r=9$ 的散焦模糊图像以及相应的频谱，散焦模糊图像的频谱呈现等间距的同心圆，且模糊半径越大，模糊程度越大，同心圆越密集。

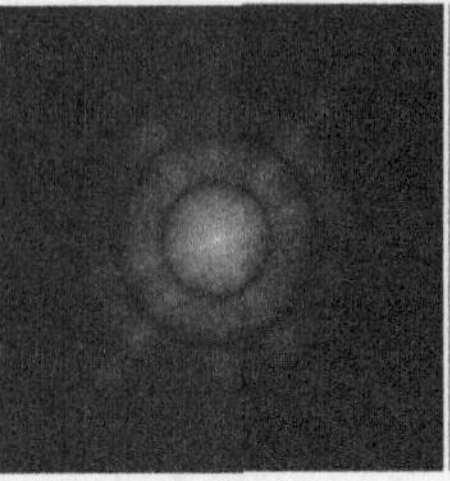

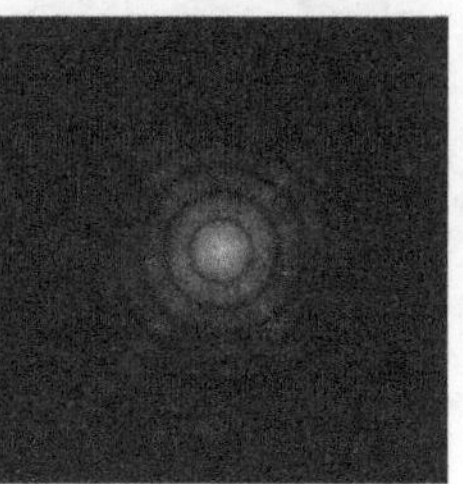

（a）$r=5$的散焦模糊图像及其频谱　（b）$r=9$的散焦模糊图像及其频谱

动图

图 5-10　散焦模糊图像及其频谱

5.2.4　点扩散函数参数估计

先验模糊辨识（a priori blur identification）方法在已知模糊点扩散函数模型的情况下利用模糊图像的某些特征估计点扩散函数的参数。最常用的方法是用降质图像的频域零值对点扩散函数的参数进行估计。实际中最常见的散焦模糊与运动模糊的特征可以完全由它们的频域零值描述。换句话说，确定频域零值（即 $H(u,v)$ 的零值），点扩散函数的参数（即运动模糊的角度 θ 和距离 d，散焦模糊的半径 r）能够唯一确定。

1. 运动模糊

在图像获取过程中传感器做匀速直线运动产生运动模糊图像。假设图像 $f(x,y)$ 在平面上做均匀直线运动，$x_0(t)$ 和 $y_0(t)$ 分别表示时间 t 内在 x 方向和 y 方向上运动的位移：

$$x_0(t)=\frac{a}{T}t \tag{5-25}$$

$$y_0(t)=\frac{b}{T}t \tag{5-26}$$

其中，a 和 b 分别是在曝光时间 T 内 x 方向和 y 方向上运动的位移。忽略相机快门开启与关闭所用的时间，以及任何噪声干扰，在记录介质上所成图像可表示为对时间段 T 内瞬时曝光的积分，有

$$g(x,y)=\int_0^T f\left(x-x_0(t),y-y_0(t)\right)\mathrm{d}t \tag{5-27}$$

其中，$g(x,y)$ 为运动模糊图像。根据连续傅里叶变换的定义，并由二维傅里叶变换的平移性质① 可知，$g(x,y)$ 的傅里叶变换为

$$G(u,v)=F(u,v)\int_0^T \mathrm{e}^{-\mathrm{j}2\pi[ux_0(t)+vy_0(t)]}\mathrm{d}t \tag{5-28}$$

① $f(x-x_0,y-y_0)\overset{\mathscr{F}}{\Longleftrightarrow}F(u,v)\mathrm{e}^{-\mathrm{j}2\pi(\frac{ux_0}{M}+\frac{vy_0}{N})}$。

式中，$G(u,v)$ 和 $F(u,v)$ 分别为降质图像 $g(x,y)$ 和原图像 $f(x,y)$ 的傅里叶变换。根据降质过程的频域表示，降质系统函数 $H(u,v)$ 为

$$H(u,v)=\int_0^T \mathrm{e}^{-\mathrm{j}2\pi[ux_0(t)+vy_0(t)]}\mathrm{d}t=\frac{T\sin[\pi(ua+vb)]}{\pi(ua+vb)}\mathrm{e}^{-\mathrm{j}\pi(ua+vb)} \tag{5-29}$$

其降质系统函数的幅值为

$$|H(u,v)|=T\left|\frac{\sin[\pi(ua+vb)]}{\pi(ua+vb)}\right| \tag{5-30}$$

图 5-11（a）显示了降质系统函数的幅值，在原点处达到峰值，峰值 $H(0,0)$ 为 T。可见，运动模糊图像的频谱具有周期性，在垂直于运动方向呈现等间距的条纹。通过推导可得出沿运动方向频域零值的间距为 $1/d$。

周期函数的傅里叶变换在其相应的频率处会出现峰值。对图 5-8（b）中运动模糊图像的幅值谱作傅里叶变换，如图 5-11（b）所示，在运动方向上有一条明显的、垂直于条纹方向的亮线，该亮线关于水平轴的角度就是运动方向角 θ。对条纹图像中垂直于运动方向的幅值进行累加，显然，幅值累加的结果具有等间距局部极小值的特征。对于离散的数字图像，设条纹的间距为 l，二维离散傅里叶变换的尺寸为 $L\times L$，运动距离 d 与条纹间距 l 的关系为

$$1/d=l/L \tag{5-31}$$

对图 5-8（b）所示幅值谱中垂直于运动方向的幅值进行累加，如图 5-11（c）所示，中心两侧两个局部极小点的间距是中间亮条纹的宽度 $2l$。图中，横轴表示运动方向，纵轴表示垂直于运动方向的幅值累加。

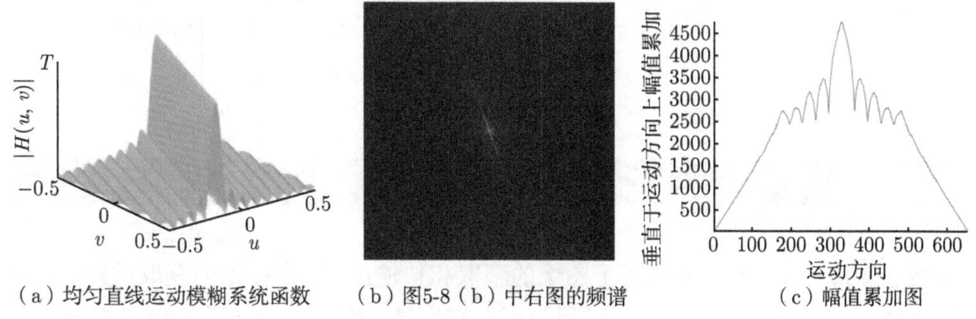

（a）均匀直线运动模糊系统函数　（b）图5-8（b）中右图的频谱　（c）幅值累加图

图 5-11　运动模糊图像的参数估计

2. 散焦模糊

散焦模糊模型中仅有一个待估计的参数，即模糊半径 r。由式 (5-24) 可知，散焦模糊的点扩散函数是半径为 r 的圆域函数，是圆对称函数。根据傅里叶变换的性质可知，圆对

称函数的傅里叶变换仍是圆对称函数。式 (5-24) 的傅里叶变换为

$$H(\rho)=\frac{1}{\pi r}J_1(2\pi r\rho)/\rho,\quad \rho=\sqrt{u^2+v^2} \tag{5-32}$$

式中，$J_1(x)$ 为第一类一阶贝塞尔（Bessel）函数。根据第一类一阶贝塞尔函数的特性，散焦模糊图像的频谱具有周期性。图 5-12（a）给出了 $H(\rho)$ 关于 ρ 的曲线，绕纵轴旋转一周即二维表示，可见，散焦模糊的频域零值是关于原点的等间距的同心圆，圆的半径与模糊半径 r 有关。

对图 5-10（b）中散焦模糊图像的幅值谱作傅里叶变换，可以用于估计周期变化的频率。如图 5-12（b）所示，从图中可以看到一个亮环，这个亮环的半径即周期变化同心圆的频率，因此，这个半径反映了图像的模糊程度，模糊半径 r 与亮环的半径成正比，模糊程度越大，频率越高，亮环的半径越大。实验表明，亮环的半径与模糊半径有约 2 倍的关系：

$$r\approx R/2 \tag{5-33}$$

式中，r 为模糊半径，R 为亮环的半径。

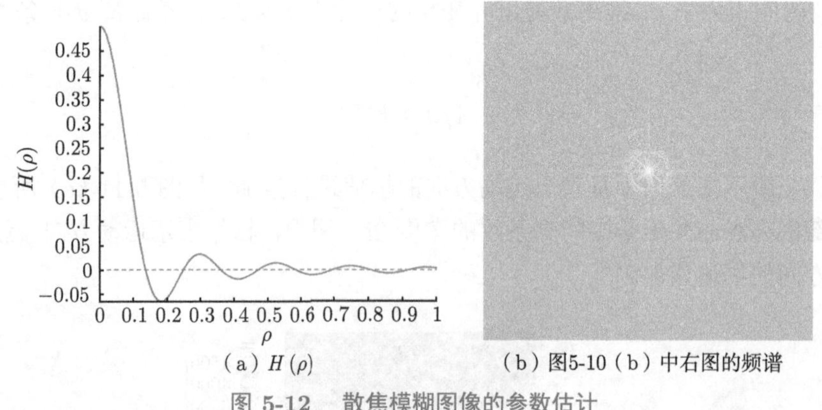

（a）$H(\rho)$　（b）图5-10（b）中右图的频谱

图 5-12　散焦模糊图像的参数估计

5.3 图像去噪

在数字图像中，噪声主要来源于图像的获取和传输过程。在图像的获取过程中，成像系统的感光器件接收光信号并输出的过程中可能产生异常像素，成像系统噪声的因素来自成像传感器制造工艺、环境条件以及拍摄参数设置等多方面。在图像的传输过程中，噪声主要为传输信道的干扰噪声。第 3 章中基于滤波的图像去噪方法属于图像增强的内容，而在图像复原领域中，图像去噪方法通过求解图像降质的逆过程，从噪声或野点中恢复原（无噪）图像。一般情况下，将图像去噪问题转化为最优化问题进行求解。

5.3.1 自适应维纳滤波去噪

当一幅图像中的降质因素仅为加性噪声，符合式 (5-4) 中的降质模型时，直接的去噪方法是从降质图像中减去噪声。然而，噪声服从随机分布，并非确定性的，仅能估计噪声的统计特征。自适应维纳滤波器是建立在原图像 $f(x,y)$ 和噪声 $\eta(x,y)$ 都是零均值广义平稳随机过程的基础上，在线性最小均方误差准则下推导的像素级空域去噪滤波器。

假设降质过程符合式 (5-4) 的加性噪声模型，且原图像 $f(x,y)$ 和噪声 $\eta(x,y)$ 互不相关，即对于所有延迟，两者的互相关均为零[①]，可推导出输入图像 $f(x,y)$ 和输出图像 $g(x,y)$ 的互功率谱密度 $P_{fg}(u,v)$ 由输入图像 $f(x,y)$ 的功率谱密度 $P_f(u,v)$ 确定，即 $P_{fg}(u,v)=P_f(u,v)$，以及输出图像 $g(x,y)$ 的功率谱密度 $P_g(u,v)$ 等于输入图像 $f(x,y)$ 的功率谱密度 $P_f(u,v)$ 与噪声的功率谱密度 $P_\eta(u,v)$ 之和，即 $P_g(u,v)=P_f(u,v)+P_\eta(u,v)$。根据维纳–霍普夫方程式的频域表示[②]，频域维纳滤波器为：

$$W(u,v)=\frac{P_{fg}(u,v)}{P_g(u,v)}=\frac{P_f(u,v)}{P_g(u,v)}=1-\frac{P_\eta(u,v)}{P_g(u,v)} \tag{5-34}$$

由于原图像是未知量，式 (5-34) 中将滤波器用降质图像和噪声的功率谱密度表示。由于零均值广义平稳随机过程的平均功率等于方差，假设噪声的功率谱密度为常数（白噪声），降质图像局部区域的功率谱密度为常数，则有 $P_g(u,v)=\sigma_g^2$、$P_\eta(u,v)=\sigma_\eta^2$。于是，

$$W(u,v)=1-\frac{\sigma_\eta^2}{\sigma_g^2}$$

式中，σ_g^2 为降质图像 $g(x,y)$ 的局部方差，σ_η^2 为噪声 $\eta(x,y)$ 的方差。

由于频域滤波器 $W(u,v)$ 在局部区域为常数，可直接作用于空域，自适应维纳去噪滤波器的空域形式为：

$$\hat{f}(x,y)=\mu_g+\left(1-\frac{\sigma_\eta^2}{\sigma_g^2}\right)[g(x,y)-\mu_g] \tag{5-35}$$

其中，$\hat{f}(x,y)$ 为降噪图像，$g(x,y)$ 为有噪观测图像，σ_η^2 为噪声 $\eta(x,y)$ 的统计方差，μ_g 为局部邻域像素的样本均值，σ_g^2 为局部邻域像素的样本方差。由于假设条件是零均值，因此首先对图像减去均值。又假设局部区域为常数，减去局部区域的均值，处理后对结果再加上均值[③]。

自适应维纳滤波器通过局部邻域像素的样本均值和样本方差估计降质图像的局部统计特征。对式 (5-35) 的自适应维纳滤波器图像降噪的说明如下：

（1）当噪声为零时，$g(x,y)$ 等于 $f(x,y)$。在这种情况下，σ_η^2 为零，直接返回 $g(x,y)$ 的值，即 $\hat{f}(x,y)=g(x,y)$。

---

① 在平稳信号处理之前，通常需要先估计信号的均值，然后对每个信号值减去该均值。这一处理称为平稳信号的零均值化。由于零均值化是信号处理的必然预处理，零均值信号的相关函数和协方差函数是等价的，因此在很多文献中将二者混用。

② 5.4 节将推导维纳-霍普夫方程式，由式 (5-45) 可推导出式 (5-34) 中的频域维纳去噪滤波器。

③ 若假设局部区域为常数，则可用空间平均代替时间平均。空间平均是指在同一时刻对图像中不同位置的像素进行平均，而时间平均是指对同一位置的像素在不同时间进行平均。

（2）局部方差与边缘是高度相关的，当局部邻域存在边缘时，局部方差 σ_g^2 较大，因而，比值 σ_η^2/σ_g^2 较小，通过返回 $g(x,y)$ 的近似值来保持边缘。

（3）当局部方差 σ_g^2 与噪声方差 σ_η^2 相等时，返回局部邻域像素的灰度均值 μ_g。在局部区域与整幅图像噪声统计特征相同的情况下，通过简单计算平均值来降低局部噪声。

噪声方差 σ_η^2 是自适应维纳滤波过程中唯一需要已知或估计的统计特征，其他参数通过局部邻域的像素来计算。若噪声方差未知，则使用所有局部方差估计的平均值。式 (5-35) 中的假设条件是 $\sigma_\eta^2 \leqslant \sigma_g^2$。由于模型中的噪声是加性和随机的，且原图像 $f(x,y)$ 和噪声 $\eta(x,y)$ 互不相关，原图像 $f(x,y)$ 的局部方差 $\sigma_f^2 = \sigma_g^2 - \sigma_\eta^2 \geqslant 0$，这样的假设是合理的。但是，很难确切地知道有关 σ_η^2 的知识，在实际中很可能不符合这个假设条件。为此，若 $\sigma_\eta^2 > \sigma_g^2$，则将比值 σ_η^2/σ_g^2 重置为 1。尽管这样滤波器为非线性的，然而，它可以避免当局部均值 μ_g 充分小时，由于缺乏图像噪声方差的知识而产生无意义的结果，即负灰度值。

代码

例 5-2　自适应维纳滤波去噪

对图 5-13（a）所示的电路板图像，加上均值为 0、方差为 0.01 的高斯噪声，如图 5-13（b）所示。图 5-13（c）为高斯平滑滤波结果，在平滑噪声的同时模糊了图像，图 5-13（d）为已知噪声方差的自适应维纳滤波结果，噪声的方差 $\sigma_\eta^2 = 0.01$，局部邻域的尺寸均为 7×7。与高斯平滑滤波结果相比，从总体降噪的情况来看，自适应维纳滤波的效果与高斯平滑滤

（a）清晰图像

（b）方差为0.01的高斯噪声图像

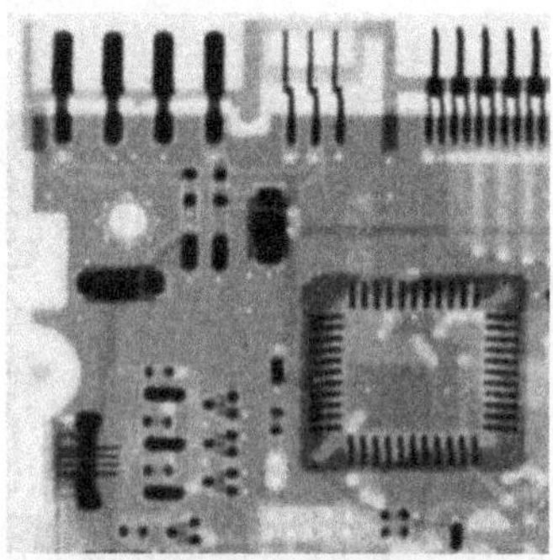
（c）高斯平滑滤波图像

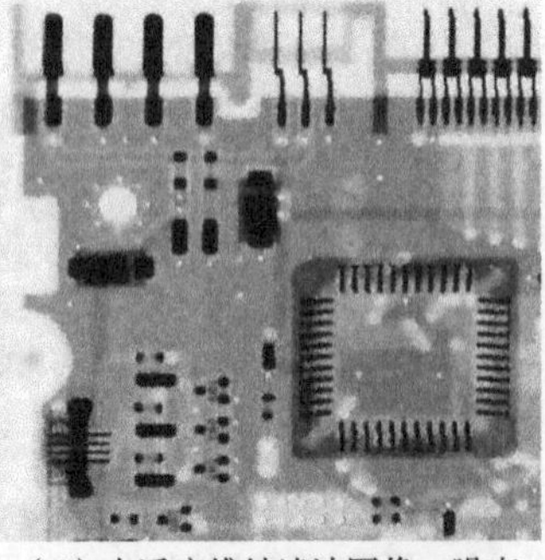
（d）自适应维纳滤波图像，噪声方差σ_η^2=0.01

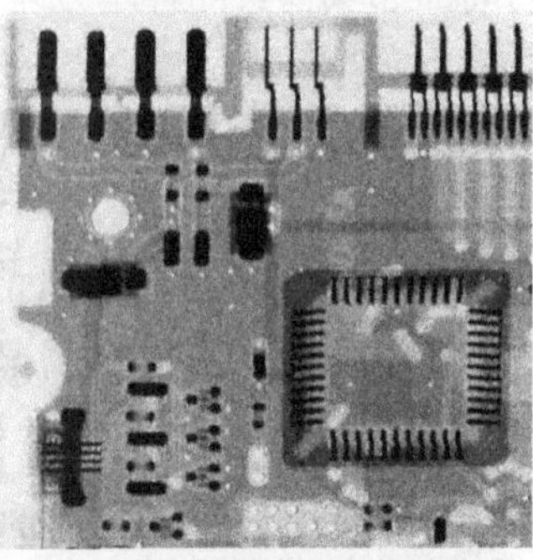
（e）自适应维纳滤波图像，噪声方差估计较低，$\hat{\sigma}_\eta^2$=0.005

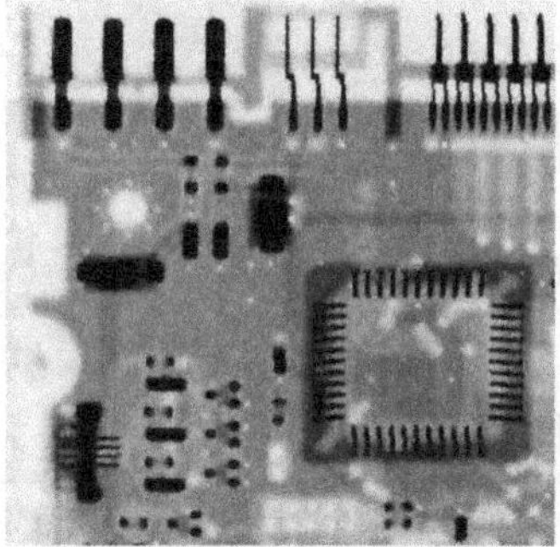
（f）自适应维纳滤波图像，噪声方差估计较高，$\hat{\sigma}_\eta^2$=0.02

图 5-13　方差为 0.01 的高斯噪声图像的自适应维纳滤波结果

波相当，但自适应维纳滤波图像的边缘更加清晰，例如，图中的圆形插孔和黑色的连接片，自适应维纳滤波在细节保持方面优于高斯平滑滤波。这说明在已知噪声先验知识的情况下图像复原的效果优于图像增强。

方差估计的准确性决定了复原图像的质量，当估计方差 $\hat{\sigma}_\eta^2$ 与真实方差 σ_η^2 之间存在偏差时，对滤波结果产生影响。图 5-13 (e) 为方差估计较低的自适应维纳滤波图像，噪声方差的估计 $\hat{\sigma}_\eta^2 = 0.005$。若方差的估计值较低，则因为校正量比准确值小而返回与原图像接近的有噪图像。图 5-13 (f) 为方差估计较高的自适应维纳滤波图像，噪声方差的估计 $\hat{\sigma}_\eta^2 = 0.02$。若方差的估计值较高，则造成方差的比值 $\hat{\sigma}_\eta^2/\sigma_g^2$ 总是重置为 1，这样，$\hat{f}(x,y) = \mu_g$，复原图像局域区域的像素均被局部均值所取代，而导致图像趋于模糊。

5.3.2 正则化最小二乘图像去噪

对于式 (5-4) 的加性噪声模型，数学上逆问题的求解通常使用最小二乘模型，寻找最接近 $\boldsymbol{g}$ 的 $\boldsymbol{f}$，使误差平方和最小：

$$\min_{\boldsymbol{f}} \ \|\boldsymbol{g} - \boldsymbol{f}\|_2^2 \tag{5-36}$$

式中，$\boldsymbol{g} \in \mathbb{R}^n$ 为有噪图像，$\boldsymbol{f} \in \mathbb{R}^n$ 为清晰图像。式 (5-36) 的最优解显然是 $\boldsymbol{f} = \boldsymbol{g}$，即造成估计结果对有噪图像的过拟合。若数学上一个定解问题的解存在、唯一并且稳定，则称该问题是良态的，否则称该问题是病态的。为了解决病态问题或防止对有限样本的过拟合而引入额外约束的过程，称为正则化。在图像逆问题中，通常的做法是引入关于图像的先验信息，作为正则化约束项加入图像去噪的最小二乘问题中，称为图像先验模型，表示为 $\Psi(\boldsymbol{f})$。因此，图像去噪一般可以表示为如下的正则化最小二乘问题：

$$\min_{\boldsymbol{f}} \ \|\boldsymbol{g} - \boldsymbol{f}\|_2^2 + \lambda \Psi(\boldsymbol{f}) \tag{5-37}$$

式中，λ 为正则化参数。式 (5-37) 中的目标函数由数据保真项和图像先验模型两项构成，前一项为数据保真项（$\boldsymbol{g}$ 与 $\boldsymbol{f}$ 的接近程度），后一项为图像先验模型。在这种情况下，试图寻找最接近给定数据的图像，同时满足一定的约束条件使线性逆问题表现为良态。

图像先验模型通常对自然图像的统计特征进行建模，对图像逆问题至关重要。当直接求解降质过程的逆过程时，噪声放大是普遍问题。广泛使用的约束项是解 $\hat{\boldsymbol{f}}$ 的平滑性约束。函数的导数是函数变化率的量度，通常通过导数约束 $\boldsymbol{f}$ 的平滑性，抑制高频振荡，求得平滑解。在离散问题中使用有限差分近似导数，有关正则化更详细的内容参见电子文档。

文档

在图像处理中，自然图像的先验模型通常使用图像梯度的稀疏先验，对图像进行平滑性约束。数字图像的一阶差分算子存在 x 和 y 两个方向，这两个方向上的一阶差分算子共同构成梯度算子 ∇[①]。两种计算梯度幅值的公式分别为

$$\nabla_{\text{iso}} f_i = \|\nabla \boldsymbol{f}_i\|_2 = \left[(\Delta_x f_i)^2 + (\Delta_y f_i)^2\right]^{\frac{1}{2}} \tag{5-38}$$

① 梯度是一个向量，而梯度的幅值是一个数，是指梯度向量的长度，通常用范数来度量。在不至于混淆的情况下，通常也可以将梯度的幅值简写为梯度。8.2.2 节将详细讨论 ℓ_2 范数和 ℓ_1 范数两种梯度幅值的定义。

$$\nabla_{\text{ani}} f_i = \|\nabla \boldsymbol{f}_i\|_1 = |\Delta_x f_i| + |\Delta_y f_i| \tag{5-39}$$

式中，$\nabla \boldsymbol{f}_i = \left[\Delta_x f_i, \Delta_y f_i\right]^{\mathrm{T}}$ 表示 $\boldsymbol{f}$ 在第 i 个像素处的梯度，$\Delta_x f_i$ 和 $\Delta_y f_i$ 分别表示 $\boldsymbol{f}$ 中第 i 个像素在 x（垂直）方向和 y（水平）方向上的一阶差分。式 (5-38) 中梯度的幅值具有各向同性；而式 (5-39) 是各向异性梯度算子，近似计算梯度的幅值，避免了平方和开方运算。

当正则项的范数为 ℓ_2 范数时，正则化问题称为**Tikhonov 正则化**，也称为高斯先验，可表示为

$$\Psi(\boldsymbol{f}) = \|\nabla \boldsymbol{f}\|_2^2 = \sum_i |\nabla f_i|^2 \tag{5-40}$$

式中，∇f_i 表示 $\boldsymbol{f}$ 在第 i 个像素处的梯度幅值。这是一个二次正则化最小二乘问题，正则化参数 λ 越大，该问题的解越平滑。通过数据保真度和平滑度之间的平衡来选择正则化参数 λ。由于 Tikhonov 正则化使用 ℓ_2 范数平方项，因此梯度幅值的定义使用式 (5-38) 中各向同性的计算公式。

Tikhonov 正则项是差分的二次罚函数。以一维信号为例直观说明 Tikhonov 正则化二次惩罚的平滑作用，对图 5-14（a）所示的信号加上均值为 0、标准差为 0.1 的高斯噪声，有噪信号如图 5-14（b）所示。图 5-14（c）为 $\lambda = 13$ 时 Tikhonov 正则化的去噪结果，通过对差分的平方约束能够产生较好的重建结果。Tikhonov 正则项对不同大小的梯度都进行二次惩罚，因此会过度惩罚野点，导致估计偏离真值。

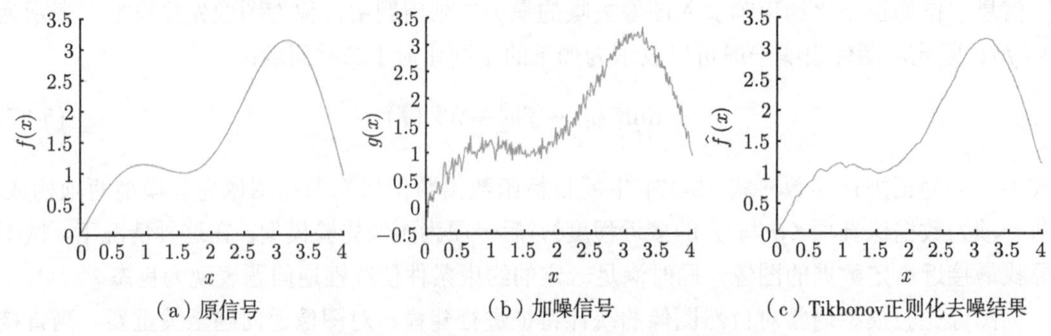

（a）原信号　（b）加噪信号　（c）Tikhonov正则化去噪结果

图 5-14　有噪平滑曲线的 Tikhonov 正则化去噪示例（$\lambda = 13$）

Chan 和 Wong 使用全变分正则化约束项，也称为拉普拉斯先验，全变分正则化对图像梯度 $\nabla \boldsymbol{f}$ 进行 ℓ_1 范数约束，即

$$\Psi(\boldsymbol{f}) = \|\nabla \boldsymbol{f}\|_1 = \sum_i |\nabla f_i| \tag{5-41}$$

全变分正则项中梯度的幅值可以使用各向同性和各向异性两种计算公式。与高斯先验相比，拉普拉斯先验对梯度进行线性惩罚，降低较大误差对约束项的影响。

图 5-15 给出了一个有噪阶跃信号的去噪例子，对图 5-15（a）所示的信号加上均值为 0、标准差为 0.05 的高斯噪声，有噪信号如图 5-15（b）所示。如图 5-14（c）所示，当信号

平滑并且噪声快速变化时，二次罚函数去除大部分的噪声，有效进行信号重建。但是，二次罚函数显然会衰减或消除信号的快速变化特征。图 5-15（c）为 $\lambda = 40$ 的 Tikhonov 正则化复原结果，二次罚函数对信号阶跃变化的平方进行惩罚，因此在三个断点处产生了过度的平滑，无论正则化参数 λ 取何值，二次罚函数均会平滑这样的跃变信号。图 5-14（d）为 $\lambda = 1$ 的全变分正则化复原结果，可见线性罚函数可以降低噪声，同时仍保持原信号中如断点的跃变。

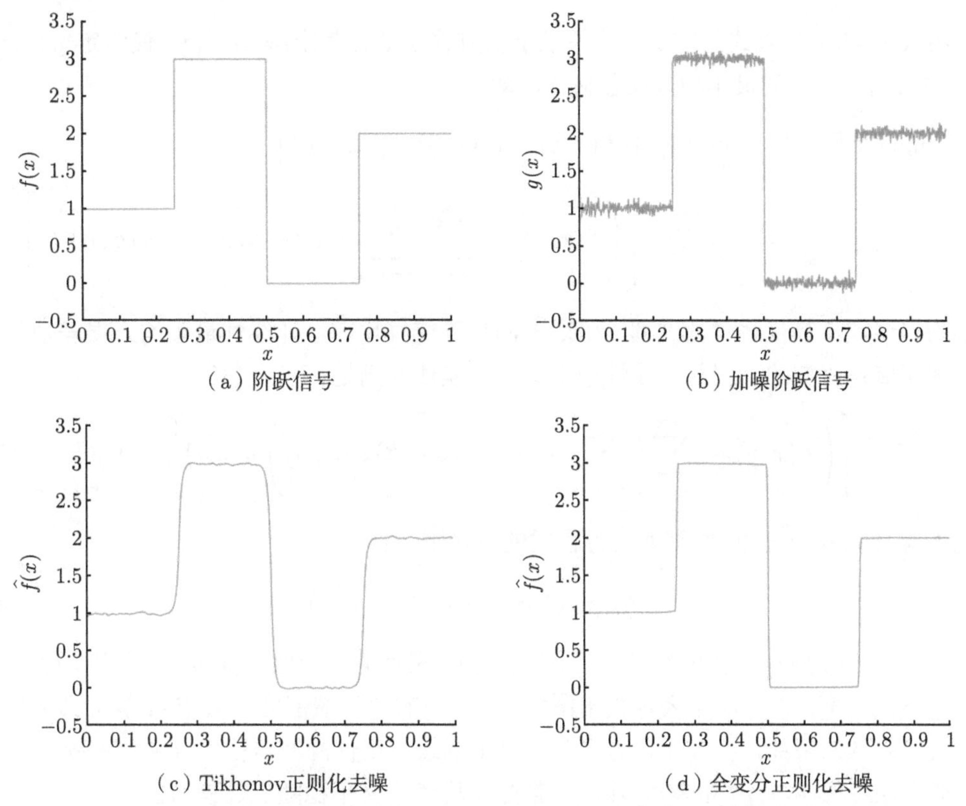

（a）阶跃信号　（b）加噪阶跃信号

（c）Tikhonov正则化去噪　（d）全变分正则化去噪

图 5-15　有噪阶跃信号的 Tikhonov 和全变分正则化去噪

5.4 最小均方误差复原——维纳滤波

在统计学参数估计理论中，线性最小均方误差估计是一种使均方误差最小的线性估计。维纳滤波是线性最小均方误差滤波，在图像复原中通常使用频域复原滤波器，是常用的频域图像复原方法。

最小均方误差估计是寻找 $f(x,y)$ 的一个估计 $\hat{f}(x,y)$，使 $f(x,y)$ 与 $\hat{f}(x,y)$ 之间估计误差 $e(x,y) = f(x,y) - \hat{f}(x,y)$ 的平方在统计平均意义上（均方误差）最小化。最小均方误差准则定义为

$$\min_{\hat{f}} \mathrm{MSE}\left(\hat{f}\right) = \min_{\hat{f}} E_{f,g}\left[e^2(x,y)\right] = \min_{\hat{f}} E_{f,g}\left[\left(f(x,y) - \hat{f}(x,y)\right)^2\right] \tag{5-42}$$

式中，$E(\cdot)$ 表示数学期望。在图像复原中，原图像 $f(x,y)$ 是未知量。原图像 $f(x,y)$ 的估计 $\hat{f}(x,y)$ 是观测图像 $g(x,y)$ 的函数，现在的任务是建立函数关系，并求取未知量。

在线性最小均方误差估计中，假设复原系统具有线性空间移不变性，复原图像 $\hat{f}(x,y)$ 是观测图像 $g(x,y)$ 的线性函数。设 $w(x,y)$ 为线性复原滤波器，则线性估计为

$$\hat{f}(x,y) = w(x,y) * g(x,y) = \sum_{\alpha=-\infty}^{+\infty}\sum_{\beta=-\infty}^{+\infty} w(x-\alpha, y-\beta)\, g(\alpha,\beta) \tag{5-43}$$

将式 (5-43) 代入式 (5-42)，线性最小均方误差估计是求解 $w(x,y)$ 使给定 $g(x,y)$ 时 $\hat{f}(x,y)$ 是 $f(x,y)$ 的最小均方误差估计，即

$$\begin{aligned}\min_w \mathrm{MSE}(w) &= \min_w E_{f,g}\left[(f(x,y) - w(x,y) * g(x,y))^2\right] \\ &= \min_w E_{f,g}\left[\left(f(x,y) - \sum_{\alpha=-\infty}^{+\infty}\sum_{\beta=-\infty}^{+\infty} w(x-\alpha,y-\beta)\, g(\alpha,\beta)\right)^2\right]\end{aligned}$$

最小均方误差下最优线性滤波器 $w(x,y)$ 满足正交性原理，即线性最小均方误差估计的误差与观测值是正交的。因此，线性最小均方误差估计满足

$$E_{f,g}\left[\left(f(x,y) - \sum_{\alpha=-\infty}^{+\infty}\sum_{\beta=-\infty}^{+\infty} w(x-\alpha,y-\beta)\, g(\alpha,\beta)\right) g(s,t)\right] = 0 \tag{5-44}$$

由式 (5-44) 可推导出维纳–霍普夫方程式的频域形式：

$$P_{fg}(u,v) = W(u,v)\, P_g(u,v) \tag{5-45}$$

式中，$W(u,v)$ 为 $w(x,y)$ 的频率响应，$P_{fg}(u,v)$ 表示输入图像 $f(x,y)$ 和输出图像 $g(x,y)$ 的互功率谱密度，$P_g(u,v)$ 表示输出图像 $g(x,y)$ 的功率谱密度。式 (5-45) 定义了最优线性滤波器服从的条件，在最小均方误差意义上的最优线性滤波器称为维纳滤波器。

假设原图像 $f(x,y)$ 和噪声 $\eta(x,y)$ 都是零均值广义平稳随机过程，且互不相关。假设降质系统是线性空间移不变系统，即 $g(x,y) = \sum_{\alpha=-\infty}^{+\infty}\sum_{\beta=-\infty}^{+\infty} h(x-\alpha,y-\beta)\, f(\alpha,\beta) + \eta(x,y)$。对于零均值广义平稳随机过程的线性变换，输入图像 $f(x,y)$ 和输出图像 $g(x,y)$ 的互功率谱密度 $P_{fg}(u,v)$ 以及输出图像 $g(x,y)$ 的功率谱密度 $P_g(u,v)$ 由输入图像 $f(x,y)$ 的功率谱密度 $P_f(u,v)$ 确定：

$$P_{fg}(u,v) = H^*(u,v)\, P_f(u,v) \tag{5-46}$$

$$P_g(u,v) = |H(u,v)|^2 P_f(u,v) + P_\eta(u,v) \tag{5-47}$$

将式 (5-46) 和式 (5-47) 代入式 (5-45)，频域复原的维纳滤波器为

$$W(u,v) = \frac{P_{fg}(u,v)}{P_g(u,v)} = \frac{H^*(u,v)\, P_f(u,v)}{P_f(u,v)\,|H(u,v)|^2 + P_\eta(u,v)} = \frac{H^*(u,v)}{|H(u,v)|^2 + \dfrac{P_\eta(u,v)}{P_f(u,v)}} \tag{5-48}$$

式中，$H(u,v)$ 为 $h(x,y)$ 的频率响应，$H^*(u,v)$ 表示 $H(u,v)$ 的复共轭，$|H(u,v)|^2 = H^*(u,v)H(u,v)$；$P_f(u,v)$ 和 $P_\eta(u,v)$ 分别表示原图像 $f(x,y)$ 和噪声 $\eta(x,y)$ 的功率谱密度。

维纳滤波要求图像和噪声都是广义平稳随机过程，并且它的功率谱密度是已知或可估计的。对于随机信号而言，无法用确定的函数表示，也就不能用频谱表示，在这种情况下，通常用功率谱密度描述它的频域特性。

在频域中，维纳滤波复原可表示为

$$\hat{F}(u,v) = W(u,v)G(u,v) = \frac{H^*(u,v)}{|H(u,v)|^2 + \dfrac{P_\eta(u,v)}{P_f(u,v)}}G(u,v) \tag{5-49}$$

式中，$\hat{F}(u,v)$ 为复原图像 $\hat{f}(x,y)$ 的傅里叶变换，$G(u,v)$ 为降质图像 $g(x,y)$ 的傅里叶变换。空域中的复原图像 $\hat{f}(x,y)$ 是频域估计 $\hat{F}(u,v)$ 的傅里叶逆变换[①]。

对于有噪声的情况，维纳滤波利用噪声与信号的功率比 $\dfrac{P_\eta(u,v)}{P_f(u,v)}$ 对复原过程进行修正。具体来说，维纳滤波根据信噪比的大小为图像频谱 $G(u,v)$ 中的不同频率成分赋予不同的权重，在图像频谱中相对噪声较大（信噪比较小）的频率处，维纳滤波器的系数 $|W(u,v)|$ 较小，这意味着该频率成分对图像复原的贡献较小，而噪声较小的频率成分包含更多有用的信息，因而具有较大的权重。因此，维纳滤波在去模糊的同时能够较好地抑制噪声。若 $P_f(u,v) \to 0$，则有 $W(u,v) \to 0$，因此 $\hat{F}(u,v) \to 0$，这显然也是合理的。当 $H(u,v)$ 为零或很小时，$W(u,v)$ 的分母不为零，维纳滤波不会出现数值计算问题。若没有噪声项，则噪声功率谱密度为零，维纳滤波退化为逆滤波[②]。

当噪声项为白噪声时，白噪声的功率谱密度为常数。若图像的功率谱密度用其平均功率（方差）近似，则式 (5-48) 可简化为

$$W(u,v) = \frac{H^*(u,v)}{|H(u,v)|^2 + \varGamma} \tag{5-50}$$

式中，$\varGamma$ 为常数。若平稳随机过程的统计特征未知时，也可以用式 (5-50) 近似计算维纳滤波的传递函数，此时，$\varGamma$ 近似为一个适当的常数。当式 (5-50) 中的噪声与信号的功率比 $\varGamma = 0$ 时，维纳滤波退化为逆滤波。

例 5-3 维纳滤波图像复原

代码

在已知或已估计点扩散函数和噪声级的情况下，维纳滤波是一种有力的图像复原方法。使用 MATLAB 图像处理工具箱的维纳滤波 deconvwnr 函数实现图像复原。图 5-16（a）为一幅尺寸为 512×512 的清晰图像，使用尺寸为 7×7、标准差为 1 的高斯平滑模板与图像进行卷积运算，如图 5-16（b）所示，生成一幅高斯模糊图像。由于图 5-16（b）中没有噪

① 由于零均值化是维纳滤波推导过程的前提，若假设随机过程又是均值遍历的，则时间平均可用空间平均代替。因此，频域滤波前对信号减去均值再做傅里叶变换，频域滤波后对空域结果再加回均值。

② 参见 5.6.1.2 节的逆滤波。

声，将式 (5-50) 中噪声与信号的功率比 Γ 设置为一个很小的常数，$\Gamma = 10^{-5}$。图 5-16（c）为维纳滤波的复原结果，由图中可见，在完全已知点扩散函数且无噪声的情况下，维纳滤波能够很好地恢复原图像。

对图 5-16（b）所示的高斯模糊图像加入均值为 0、方差为 0.001 的加性高斯噪声，生成一幅高斯模糊有噪图像，如图 5-16（d）所示。将噪声与信号的方差比作为 Γ 的估计值，图 5-16（e）为有噪声情况下的维纳滤波复原结果，尽管维纳滤波在一定程度上放大了噪声，然而有效地去除了图像的模糊。

（a）清晰图像

（b）高斯模糊图像

（c）图（b）的维纳滤波复原

（d）高斯模糊有噪图像

（e）图（d）的维纳滤波复原

图 5-16　高斯模糊图像的维纳滤波复原结果

5.5 极大似然估计复原——Richardson-Lucy 方法

在统计学参数估计理论中，极大似然估计是求取使观测值出现概率最大的参数作为估计值。在图像复原中，原图像 $\boldsymbol{f}$ 是待求取的未知参数。Richardson-Lucy 方法假设观测图像的噪声服从泊松分布，这是一种极大似然估计方法。

信号相关的散粒噪声是由光线到达传感器并进行光电转换的光子数波动决定的，它服从泊松分布。在许多成像问题中，如低光照条件、显微镜成像、天文成像、医学成像中，由于传感器接收的光子数量有限，散粒噪声成为限制成像性能的主要因素。散粒噪声是光固有的粒子特性，任何硬件技术都不能去除这种噪声。由于光强与光子数相关，且光子数服从泊松分布，在像素期望值为 f_i 的假设下观测值为 g_i 的概率可由泊松分布来描述：

$$P(g_i|f_i) = \pi(f_i) = \frac{f_i^{g_i}\mathrm{e}^{-f_i}}{g_i!} \tag{5-51}$$

其中，$\pi(f_i)$ 表示参数为 f_i 的泊松分布。设 $\mathcal{G} = \{g_1, g_2, \cdots, g_N\}$ 表示观测图像中的 N 个像素，在已知原图像 $\boldsymbol{f} = [f_1, f_2, \cdots, f_N]^{\mathrm{T}}$ 的条件下，观测值集合 $\mathcal{G}$ 出现的可能性用条件概率 $P(\mathcal{G}|\boldsymbol{f})$ 表示。假设各个像素的观测值独立同分布，观测图像中全部像素出现的联合条件概率 $P(g_1, g_2, \cdots, g_N|\boldsymbol{f})$ 可表示为独立同分布的条件概率的乘积，即

$$P(\mathcal{G}|\boldsymbol{f}) = \prod_{i=1}^{N} P(g_i|f_i) = \prod_{i=1}^{N} \pi(f_i) = \prod_{i=1}^{N} \frac{f_i^{g_i}\mathrm{e}^{-f_i}}{g_i!} \tag{5-52}$$

似然函数 $L(\boldsymbol{f})$ 定义为给定原图像 $\boldsymbol{f}$ 的条件下 N 个观测值的联合概率。考虑线性降质系统对原图像的响应值为 $\boldsymbol{Hf}$，$\boldsymbol{H}$ 表示降质矩阵，$\boldsymbol{f}$ 表示原图像。根据式 (5-52)，似然函数 $L(\boldsymbol{f})$ 可写为

$$L(\boldsymbol{f}) = P(\mathcal{G}|\boldsymbol{f}) = \prod_{i=1}^{N} \frac{[\boldsymbol{Hf}]_i^{g_i}\mathrm{e}^{-[\boldsymbol{Hf}]_i}}{g_i!} \tag{5-53}$$

似然是指在不同参数取值下生成观测样本的可能性。$\boldsymbol{f}$ 的极大似然估计是使 $P(\mathcal{G}|\boldsymbol{f})$ 达到最大值的参数 $\hat{\boldsymbol{f}}$，直观理解为寻找原图像 $\boldsymbol{f}$ 的一个估计 $\hat{\boldsymbol{f}}$，使观测值集合 $\mathcal{G}$ 出现的可能性最大。

通常对似然函数 $L(\boldsymbol{f})$ 进行对数变换，将连乘转换为累加。式 (5-53) 的对数似然函数可写为

$$\ln L(\boldsymbol{f}) = \ln P(\boldsymbol{g}|\boldsymbol{f}) = \boldsymbol{g}^{\mathrm{T}}\ln(\boldsymbol{Hf}) - \boldsymbol{1}^{\mathrm{T}}(\boldsymbol{Hf}) - \sum_{i=1}^{N}\ln(g_i!) \tag{5-54}$$

式中，$\boldsymbol{g} = [g_1, g_2, \cdots, g_N]^{\mathrm{T}}$。由于对数函数的严格单调递增性，使对数似然函数 $\ln L(\boldsymbol{f})$ 最大的估计 $\hat{\boldsymbol{f}}$ 必然使似然函数 $L(\boldsymbol{f})$ 达到最大值。极大似然估计图像复原通过求解对数似然函数最大化问题来估计原图像 $\boldsymbol{f}$。求解式 (5-54) 极大值的一阶必要条件为

$$\nabla_{\boldsymbol{f}}\log L(\boldsymbol{f}) = \frac{\partial \log L(\boldsymbol{f})}{\partial \boldsymbol{f}} = \boldsymbol{H}^{\mathrm{T}}\left(\frac{\boldsymbol{g}}{\boldsymbol{Hf}}\right) - \boldsymbol{H}^{\mathrm{T}}\boldsymbol{1} = \boldsymbol{0} \tag{5-55}$$

给定待复原图像的初始估计，在对图像进行迭代更新的过程中，若在第 k 次迭代时收敛，则进一步迭代后图像估计不变，即 $\boldsymbol{f}_{k+1}/\boldsymbol{f}_k = \boldsymbol{1}$。由于图像模糊的点扩散函数系数之和为 1，则 $\boldsymbol{H}^{\mathrm{T}}\boldsymbol{1} = \boldsymbol{1}$。迭代过程可表示为如下的乘性更新：

$$\boldsymbol{f}_{k+1} = \boldsymbol{H}^{\mathrm{T}}\left(\frac{\boldsymbol{g}}{\boldsymbol{Hf}}\right) \odot \boldsymbol{f}_k \tag{5-56}$$

式中，$\odot$ 表示向量逐元素相乘，分数定义为逐元素除法运算。

这是基本的 Richardson-Lucy 迭代过程，推导过程详见电子文档。给定任何正值的初始估计，即 $\boldsymbol{f}_0 > 0$，在对图像进行迭代更新的过程中，图像也将保持正值。Richardson-Lucy 迭代方法使用纯乘法更新规则，直观且易实现，但有时收敛速度慢，且不容易在信号恢复中加入额外的先验信息。

文档

例 5-4　Richardson-Lucy 迭代图像复原

代码

对于如图 5-16（d）所示的高斯模糊有噪图像，使用 MATLAB 图像处理工具箱的 Richardson-Lucy 迭代方法 deconvlucy 函数进行图像复原。迭代次数是 Richardson-Lucy 复原的唯一参数，决定了图像复原质量。图 5-17（a）～（c）分别为 2、5 和 8 次迭代的结果，由图中可见，Richardson-Lucy 迭代方法能够解决噪声存在情况下的图像复原问题，且随着迭代次数增大，图像越来越清晰，同时噪声增大。因此，Richardson-Lucy 迭代方法通过提前终止迭代过程，折中考虑清晰度与噪声，避免噪声放大。

（a）迭代次数为2　　（b）迭代次数为5　　（c）迭代次数为8

图 5-17　高斯模糊有噪图像的 Richardson-Lucy 复原结果

5.6 最小二乘复原

最小二乘估计，又称最小平方方法，它通过使误差的平方和最小来求解未知量。由于图像逆问题的病态性，引入关于图像的先验知识，建立图像先验模型，将其作为约束条件加入图像复原的最优化问题中，这个过程称为正则化。最小二乘模型容易引入正则化约束项，为解决病态问题提供额外的附加信息，限定可行解的空间。

5.6.1 无约束最小二乘复原

为了更好地理解逆问题及其特性，本节将通过分析降质矩阵 $\boldsymbol{H}$ 的奇异值，解释病态问题的本质，并在此基础上讨论在频域复原的逆滤波方法。

5.6.1.1 最小二乘问题

给定式 (5-2)，图像复原实际上是求解线性逆问题，即求解 $\boldsymbol{f}$。在缺乏有关噪声项 $\boldsymbol{\eta}$ 先验知识的情况下，通常寻求 $\boldsymbol{f}$ 的估计 $\hat{\boldsymbol{f}}$，使得降质矩阵 $\boldsymbol{H}$ 作用于估计值 $\hat{\boldsymbol{f}}$ 的输出 $\boldsymbol{H}\hat{\boldsymbol{f}}$ 与

输入 $\boldsymbol{g}$ 的误差平方和最小，即使 $\boldsymbol{\eta}$ 的平方 ℓ_2 范数 $\|\boldsymbol{\eta}\|_2^2=\|\boldsymbol{g}-\boldsymbol{H}\boldsymbol{f}\|_2^2$ 最小。由于无任何约束条件，可以将复原问题表示为如下的无约束最小二乘问题：

$$\min_{\boldsymbol{f}} C(\boldsymbol{f})=\min_{\boldsymbol{f}}\|\boldsymbol{g}-\boldsymbol{H}\boldsymbol{f}\|_2^2 \tag{5-57}$$

根据无约束凸优化问题的最优性条件，求 $C(\boldsymbol{f})$ 对 $\boldsymbol{f}$ 的偏导数，并使其等于零，则有

$$\frac{\partial C(\boldsymbol{f})}{\partial \boldsymbol{f}}=-2\boldsymbol{H}^{\mathrm{T}}(\boldsymbol{g}-\boldsymbol{H}\boldsymbol{f})=0 \tag{5-58}$$

求解式 (5-58)，当矩阵 $\boldsymbol{H}$ 列满秩时，$\boldsymbol{H}^{\mathrm{T}}\boldsymbol{H}$ 可逆，$\boldsymbol{f}$ 的估计 $\hat{\boldsymbol{f}}$ 为

$$\hat{\boldsymbol{f}}=\left(\boldsymbol{H}^{\mathrm{T}}\boldsymbol{H}\right)^{-1}\boldsymbol{H}^{\mathrm{T}}\boldsymbol{g}=\boldsymbol{H}^{+}\boldsymbol{g} \tag{5-59}$$

式中，$\boldsymbol{H}^{+}=\left(\boldsymbol{H}^{\mathrm{T}}\boldsymbol{H}\right)^{-1}\boldsymbol{H}^{\mathrm{T}}$ 称为 $\boldsymbol{H}$ 的 Moore-Penrose 伪逆矩阵。

若矩阵 $\boldsymbol{H}$ 是方阵且非奇异，则由于 $\left(\boldsymbol{H}^{\mathrm{T}}\right)^{-1}\boldsymbol{H}^{\mathrm{T}}=\boldsymbol{I}$，这个伪逆矩阵就是 $\boldsymbol{H}$ 的逆矩阵 $\boldsymbol{H}^{-1}$，理论上通过矩阵求逆可得 $\boldsymbol{f}$ 的估计 $\hat{\boldsymbol{f}}$：

$$\hat{\boldsymbol{f}}=\boldsymbol{H}^{-1}\boldsymbol{g} \tag{5-60}$$

式 (5-60) 是无约束最优化问题的线性代数解。将式 (5-2) 代入式 (5-60)，$\boldsymbol{H}^{-1}\boldsymbol{H}=\boldsymbol{I}$，可得

$$\hat{\boldsymbol{f}}=\boldsymbol{H}^{-1}(\boldsymbol{H}\boldsymbol{f}^*+\boldsymbol{\eta})=\boldsymbol{f}^*+\boldsymbol{H}^{-1}\boldsymbol{\eta} \tag{5-61}$$

由式 (5-61) 可知，这样恢复的图像 $\hat{\boldsymbol{f}}$ 由两部分组成：真实解 $\boldsymbol{f}^*$ 和包括噪声的项 $\boldsymbol{H}^{-1}\boldsymbol{\eta}$。显然，这不是一个稳定的解。尽管假设前向模型是精确的，然而噪声是未知的随机过程，若式 (5-2) 所示的线性逆问题是病态的，则矩阵 $\boldsymbol{H}$ 具有较大的条件数[①]，即 $\boldsymbol{H}$ 接近奇异。这样逆矩阵 $\boldsymbol{H}^{-1}$ 将有较大的元素，利用逆矩阵 $\boldsymbol{H}^{-1}$ 的直接解卷积将会在很大程度上放大噪声，造成 $\boldsymbol{H}^{-1}\boldsymbol{\eta}$ 项淹没包含解 $\boldsymbol{f}$ 的项，这样的解是无用的。

利用奇异值分解推导这个线性逆问题解的表达式。对于任意 $\boldsymbol{H}\in\mathbb{R}^{m\times n}$，奇异值分解定义为

$$\boldsymbol{H}=\boldsymbol{U}\boldsymbol{\Sigma}\boldsymbol{V}^{\mathrm{T}}=\sum_{i=1}^{p}\sigma_i\boldsymbol{u}_i\boldsymbol{v}_i^{\mathrm{T}} \tag{5-62}$$

其中，$\boldsymbol{U}\in\mathbb{R}^{m\times m}$ 和 $\boldsymbol{V}\in\mathbb{R}^{n\times n}$ 为标准正交矩阵，其中，$\boldsymbol{U}\in\mathbb{R}^{m\times m}$ 和 $\boldsymbol{V}\in\mathbb{R}^{n\times n}$ 为标准正交矩阵，即满足 $\boldsymbol{U}^{\mathrm{T}}\boldsymbol{U}=\boldsymbol{I}_m$，$\boldsymbol{V}^{\mathrm{T}}\boldsymbol{V}=\boldsymbol{I}_n$，$\boldsymbol{\Sigma}=\mathrm{diag}\left(\sigma_1,\sigma_2,\cdots,\sigma_p\right)\in\mathbb{R}^{m\times n}$ 为非负实数对角矩阵，$\boldsymbol{\Sigma}$ 对角线上的元素 σ_i 称为矩阵 $\boldsymbol{H}$ 的奇异值，$i=1,2,\cdots,p$，$p=\min(m,n)$，具有非负性，并按照递减顺序排列，即

$$\sigma_1\geqslant\sigma_2\geqslant\cdots\geqslant\sigma_r>\sigma_{r+1}=\cdots=\sigma_p=0$$

① 条件数表示矩阵计算对于误差的敏感性。若矩阵 $\boldsymbol{H}$ 的条件数较大，则 $\boldsymbol{g}$ 很小的扰动就能引起解 $\boldsymbol{f}$ 很大的偏差，数值稳定性差；若矩阵 $\boldsymbol{H}$ 的条件数较小，则 $\boldsymbol{g}$ 有微小的改变，解 $\boldsymbol{f}$ 的改变也很微小，数值稳定性好。若逆问题不存在唯一解，则这个问题是奇异的。

其中，r 称为矩阵 $\boldsymbol{H}$ 的秩。若任意 $\sigma_i > 0,\ i = 1, 2, \cdots, p$，则矩阵 $\boldsymbol{H}$ 称为满秩（$m = n$）、列满秩（$m > n$）或者行满秩（$m < n$）。

若矩阵 $\boldsymbol{H}$ 是可逆的，即 $r = n$ 且 $m = n$，它的逆矩阵为

$$\boldsymbol{H}^{-1} = \sum_{i=1}^{r} \sigma_i^{-1} \boldsymbol{v}_i \boldsymbol{u}_i^{\mathrm{T}} \tag{5-63}$$

若矩阵 $\boldsymbol{H}$ 不可逆，即秩 $r < p$，则式 (5-63) 是矩阵 $\boldsymbol{H}$ 的伪逆矩阵 $\boldsymbol{H}^{+}$。

根据式 (5-63)，式 (5-60) 可以写为

$$\hat{\boldsymbol{f}} = \boldsymbol{H}^{-1}\boldsymbol{g} = \sum_{i=1}^{r} \frac{\boldsymbol{u}_i^{\mathrm{T}}\boldsymbol{g}}{\sigma_i} \boldsymbol{v}_i \tag{5-64}$$

若式 (5-2) 是奇异或欠定方程，则式 (5-64) 为最小范数解，即解的 ℓ_2 范数 $\|\hat{\boldsymbol{f}}\|_2$ 最小；若式 (5-2) 是超定方程，则式 (5-64) 为最小二乘解，即最小化残差的 ℓ_2 范数 $\|\boldsymbol{g} - \boldsymbol{H}\boldsymbol{f}\|_2$ 的解。从式 (5-64) 可以看出，奇异值的衰减对于逆问题解的重要性。

根据式 (5-64) 和式 (5-61)，则有

$$\hat{\boldsymbol{f}} = \boldsymbol{f}^{*} + \boldsymbol{H}^{-1}\boldsymbol{g} = \boldsymbol{f}^{*} + \sum_{i=1}^{r} \frac{\boldsymbol{u}_i^{\mathrm{T}}\boldsymbol{\eta}}{\sigma_i} \boldsymbol{v}_i \tag{5-65}$$

从式 (5-65) 可以看出，奇异值衰减越快，若 $\left|\boldsymbol{u}_i^{\mathrm{T}}\boldsymbol{\eta}\right| \gg \sigma_i$，则噪声的放大程度越严重。

5.6.1.2 逆滤波

对式 (5-60) 在频域中求解就是逆滤波法复原，这是频域中最简单、最基础的图像复原方法。在已知 $G(u,v)$ 和 $H(u,v)$ 的情况下，逆滤波是用 $H(u,v)$ 去除 $G(u,v)$，可表示为

$$\hat{F}(u,v) = \frac{G(u,v)}{H(u,v)} \tag{5-66}$$

计算 $\hat{F}(u,v)$ 的傅里叶逆变换，可估计出复原图像 $\hat{f}(x,y)$，即

$$\hat{f}(x,y) = \mathscr{F}^{-1}\left(\hat{F}(u,v)\right) = \mathscr{F}^{-1}\left(\frac{G(u,v)}{H(u,v)}\right) \tag{5-67}$$

式中，$\mathscr{F}^{-1}(\cdot)$ 表示傅里叶逆变换。式 (5-66) 与式 (5-60) 等价，因此逆滤波实际上是最小二乘估计的频域解。5.6.1.1 节是从矩阵奇异值的角度分析对降质矩阵求逆的问题，本节从频域滤波器的角度分析对降质图像逆滤波的等价问题。

将卷积看成滤波操作，点扩散函数 $h(x,y)$ 的傅里叶系数即为滤波器系数。理论上，由式 (5-66) 可知，若滤波器系数 $H(u,v)$ 中没有零值，则与点扩散函数的卷积是可逆的。由降质图像的傅里叶变换 $G(u,v)$ 和降质系统的传递函数 $H(u,v)$，可计算出原图像的傅里叶变换 $F(u,v)$，进而由傅里叶逆变换估计原图像 $f(x,y)$。通常情况下，降质矩阵 $\boldsymbol{H}$ 是不

可逆或者病态的，即降质系统函数 $H(u,v)$ 为零值或者很小的值，即使没有噪声，也无法准确地恢复 $F(u,v)$。

降质过程中存在噪声的情况下，当一些滤波器系数 $H(u,v)$ 很小时，相应的频域 $G(u,v)$ 将会很小，很有可能淹没在噪声中，信息的丢失导致信号的复原是不可能的。将式 (5-66) 代入式 (5-3)，逆滤波写成如下的形式：

$$\hat{F}(u,v) = F^*(u,v) + \frac{N(u,v)}{H(u,v)} \tag{5-68}$$

加性噪声项 $\eta(x,y)$ 是随机函数，它的傅里叶变换 $N(u,v)$ 是未知的；并且，若 $H(u,v)$ 的值远小于 $N(u,v)$ 的值，则比值 $N(u,v)/H(u,v)$ 将会很大，放大了噪声项，更加无法准确地估计 $\hat{F}(u,v)$。为了避免除以接近零的值，只需将逆滤波结果中对应于降质系统函数 $H(u,v)$ 低于某一截断阈值 T_H 的频率分量置为零，可表示为

$$\tilde{F}(u,v) = \begin{cases} G(u,v)/H(u,v), & H(u,v) > T_H \\ 0, & \text{其他} \end{cases} \tag{5-69}$$

式中，$\tilde{F}(u,v)$ 为伪逆滤波的结果。若存在零奇异值，则式 (5-63) 中伪逆矩阵的计算实际上是奇异值重建中将奇异值的倒数置为零，这等效于式 (5-69) 中将降质系统函数 $H(u,v)$ 的倒数置为零值，即逆滤波结果中对应的频率分量为零。

例 5-5 逆滤波图像复原

代码

利用逆滤波对图 5-16（b）所示的高斯模糊图像和图 5-16（d）所示高斯模糊有噪图像进行复原。高斯平滑的模板尺寸为 7×7、标准差为 1，在这样的参数下，$H(u,v)$ 的最小值为 1.995×10^{-4}。图 5-18（a）为逆滤波的复原图像，图中出现雪花似的噪声，明显影响了图像的质量。尽管高斯函数没有零值，然而，当降质函数 $H(u,v)$ 的值很小时，导致频谱 $\hat{F}(u,v)$ 的幅值变大而放大噪声。实验表明，当 $H(u,v)$ 的最小值达到 10^{-2} 数量级时，噪声明显干扰了复原结果。选取阈值 T_H 为 5×10^{-2}，当滤波器系数小于阈值时，逆滤波结果中的频率分量置为零，其结果如图 5-18（b）所示，可见，通过这种方式有效抑制了噪

（a）图5-16（b）的逆滤波

（b）图5-16（b）的伪逆滤波复原

（c）图5-16（d）的伪逆滤波复原

图 5-18 高斯模糊图像的逆滤波复原结果

声的放大。对于有噪声情况，图 5-18（c）为图 5-16（d）所示高斯模糊有噪图像的伪逆滤波复原结果。由于逆滤波容易放大噪声，因此增大了阈值 $T_H = 0.1$。通过这样的处理，伪逆滤波复原尽管放大了噪声，然而复原图像是可用的。

5.6.2 正则化最小二乘复原

通常情况下降质矩阵 $\boldsymbol{H}$ 奇异或接近奇异，逆矩阵 $\boldsymbol{H}^{-1}$ 不存在或数值很大。为了估计唯一且有意义的解，需要附加正则化约束项来限定病态逆问题的解空间。

正则化最小二乘问题通常表示为如下的最优化问题：

$$\min_{\boldsymbol{f}} \left(\frac{1}{2} \|\boldsymbol{g} - \boldsymbol{H}\boldsymbol{f}\|_2^2 + \lambda \Psi(\boldsymbol{f}) \right) \tag{5-70}$$

式中，λ 为拉格朗日乘子。式 (5-70) 为正则化复原的基本模型，目标函数由两项构成，即数据保真项和图像先验模型。数据保真项是在恢复 $\boldsymbol{f}$ 的过程中，保证点扩散函数 $\boldsymbol{h}$ 对复原图像 $\hat{\boldsymbol{f}}$ 的模糊接近 $\boldsymbol{g}$，即在范数 $\|\boldsymbol{g} - \boldsymbol{H}\boldsymbol{f}\|_2$ 的度量下恢复原数据。通常使用 ℓ_2 范数的平方项，也可以选择其他范数。由于问题的病态性，图像先验模型 $\Psi(\boldsymbol{f})$ 引入关于图像的先验知识或附加信息作为约束条件，将图像复原问题表示为寻找满足特定约束条件解的最优化问题，使病态问题转化为良态问题。

如前所述，为了寻求没有高频振荡的平滑解，通常的做法是对 $\boldsymbol{f}$ 进行平滑性约束。在离散问题中有限差分算子可以度量图像的平滑性，通过约束 $\boldsymbol{f}$ 差分的 ℓ_p 范数 $\|\boldsymbol{L}_d\boldsymbol{f}\|_p^p$ 进行平滑性约束，$\boldsymbol{L}_d$ 表示 d 阶有限差分。不同范数的选择会导致 $\boldsymbol{f}$ 不同意义的平滑性，为了计算的简便性，通常选择 ℓ_1 范数或 ℓ_2 范数。

在式 (5-70) 中，通过调整参数 λ 在图像的平滑程度（更少的噪声）与去模糊的程度（更清晰的图像）之间进行平衡。若减小 λ 值，则加强对数据保真项的比重，更大程度去除了图像的模糊，图像更加清晰，但是，图像过拟合，也放大了噪声；若增大 λ 值，则加强对平滑项的比重，平滑了噪声，但是，复原图像趋于模糊。最优参数在图像平滑性约束（$\|\boldsymbol{L}_d\boldsymbol{f}\|_p^p$ 较小）与拟合误差（$\|\boldsymbol{g} - \boldsymbol{H}\boldsymbol{f}\|_2$ 较小）之间达到折中。

Tikhonov 正则化和全变分正则化方法是两种常用的正则化约束复原方法，在 5.3.2 节图像去噪的正则化方法中介绍了这两种图像梯度先验。与图像去噪相同，图像先验是对图像的统计特性进行数学建模，与图像去噪不同的是，图像复原还需要解耦模糊核的卷积作用。

Tikhonov 正则化对图像梯度 $\nabla\boldsymbol{f}$ 进行平方 ℓ_2 范数约束，即 $\|\nabla\boldsymbol{f}\|_2^2$，其中 ∇ 表示梯度算子，Tikhonov 正则化图像复原可表示为如下二次正则化最小二乘问题：

$$\min_{\boldsymbol{f}} C(\boldsymbol{f}) = \min_{\boldsymbol{f}} \left(\|\boldsymbol{g} - \boldsymbol{H}\boldsymbol{f}\|_2^2 + \lambda \|\nabla\boldsymbol{f}\|_2^2 \right) \tag{5-71}$$

文档

式中，常数 λ 为拉格朗日乘子，其作用是控制拟合误差和平滑性约束在目标函数中所占的比重。Tikhonov 正则化的目标函数由两项组成，前一项为数据保真项，后一项为 Tikhonov

正则项。式 (5-71) 证明是凸函数，因此，存在唯一最小解。Tikhonov 正则化产生平滑的复原结果。Tikhonov 正则化的求解详见电子文档。

全变分正则化对图像梯度 $\nabla \boldsymbol{f}$ 进行 ℓ_1 范数的约束项，即 $\|\nabla \boldsymbol{f}\|_1$，可表示为如下 ℓ_1 正则化最小二乘问题或 lasso（least absolute shrinkage and selection operator）问题：

$$\min_{\boldsymbol{f}} C(\boldsymbol{f}) = \min_{\boldsymbol{f}} \left(\frac{1}{2} \|\boldsymbol{g} - \boldsymbol{H}\boldsymbol{f}\|_2^2 + \lambda \|\nabla \boldsymbol{f}\|_1 \right) \tag{5-72}$$

全变分正则化的目标函数也由两项组成，前一项为数据保真项，后一项为全变分正则项。

由于全变分正则项采用 ℓ_1 范数，允许复原信号中边缘的跃变，能够保持信号的边缘，产生分段平滑的复原结果。若 $\boldsymbol{L}$ 是一阶偏导数的一阶有限差分近似时，则全变分正则化的主要问题是它仅能够恢复分段连续的函数，而平滑曲线（曲面）由阶梯函数逼近。高阶偏导数的全变分正则项能够恢复分段平滑的曲线。全变分正则化的求解详见电子文档。

5.7 小结

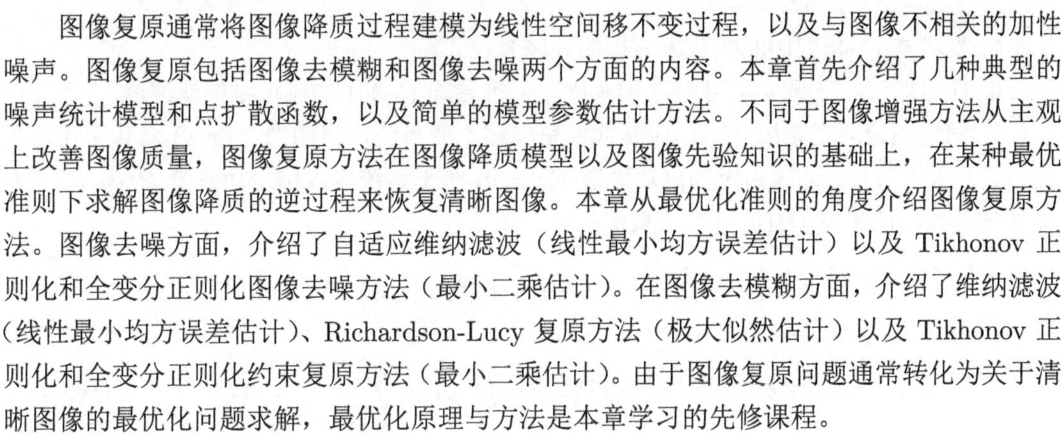

图像复原通常将图像降质过程建模为线性空间移不变过程，以及与图像不相关的加性噪声。图像复原包括图像去模糊和图像去噪两个方面的内容。本章首先介绍了几种典型的噪声统计模型和点扩散函数，以及简单的模型参数估计方法。不同于图像增强方法从主观上改善图像质量，图像复原方法在图像降质模型以及图像先验知识的基础上，在某种最优准则下求解图像降质的逆过程来恢复清晰图像。本章从最优化准则的角度介绍图像复原方法。图像去噪方面，介绍了自适应维纳滤波（线性最小均方误差估计）以及 Tikhonov 正则化和全变分正则化图像去噪方法（最小二乘估计）。在图像去模糊方面，介绍了维纳滤波（线性最小均方误差估计）、Richardson-Lucy 复原方法（极大似然估计）以及 Tikhonov 正则化和全变分正则化约束复原方法（最小二乘估计）。由于图像复原问题通常转化为关于清晰图像的最优化问题求解，最优化原理与方法是本章学习的先修课程。

习题

1. 简述图像复原与图像增强的区别。

2. 假设图像 $f(x,y)$ 在平面上做均匀直线运动，$x_0(t)$ 和 $y_0(t)$ 分别表示时间 t 内在 x 方向和 y 方向上运动的位移：

$$x_0(t) = \frac{a}{T}t \tag{E5-1}$$

$$y_0(t) = \frac{b}{T}t \tag{E5-2}$$

其中，T 为曝光时间，a 和 b 分别是在曝光时间 T 内 x 方向和 y 方向上运动的位移。忽略相机快门开启与关闭所用的时间，以及任何噪声干扰，在记录介质上所成图像可表示为

对时间段 T 内瞬时曝光的积分：

$$g(x,y)=\int_0^T f(x-x_0(t),y-y_0(t))\mathrm{d}t \tag{E5-3}$$

其中，$g(x,y)$ 为运动模糊图像。求降质系统函数 $H(u,v)$，并推导沿运动方向频域零值的间距为 $1/d$。

3. 假设原图像 $f(x,y)$ 和噪声 $\eta(x,y)$ 是零均值信号，且互不相关，证明 $f(x,y)$ 和 $\eta(x,y)$ 的相关函数等于零，即

$$R_{f\eta}(k,l)=E[f(x+k,y+l)\eta(x,y)]=0 \tag{E5-4}$$

4. 假设式 (5-4) 的加性噪声降质模型，并且假设原图像 $f(x,y)$ 和噪声 $\eta(x,y)$ 互不相关。对于零均值广义平稳随机过程，设 $P_f(u,v)$、$P_g(u,v)$ 和 $P_\eta(u,v)$ 分别表示原图像 $f(x,y)$、降质图像 $g(x,y)$ 和噪声 $\eta(x,y)$ 的功率谱密度函数。证明

$$P_g(u,v)=P_f(u,v)+P_\eta(u,v) \tag{E5-5}$$

5. 推导式 (5-45) 中维纳-霍夫方程的频域表达式。

6. 在习题 3、习题 4 和习题 5 的基础上，推导式 (5-34) 的频域维纳滤波器。

7. 假设图像降质系统 $H(u,v)$ 是线性空间移不变系统，将图像 $f(x,y)$ 看作平稳随机信号，并零均值化，证明系统输出功率谱 $P_g(u,v)$ 等于系统输入信号功率谱 $P_f(u,v)$ 与系统传递函数模的平方 $|H(u,v)|^2$ 之乘积：

$$P_g(u,v)=|H(u,v)|^2P_f(u,v)$$

8. 假设降质系统是线性空间移不变系统，即 $g(x,y)=\sum_{\alpha=-\infty}^{+\infty}\sum_{\beta=-\infty}^{+\infty}h(x-\alpha,y-\beta)f(\alpha,\beta)+\eta(x,y)$，并且假设原图像 $f(x,y)$ 和噪声 $\eta(x,y)$ 是零均值信号，互不相关。证明

$$P_g(u,v)=|H(u,v)|^2P_f(u,v)+P_\eta(u,v) \tag{E5-6}$$

式中，$P_f(u,v)$、$P_g(u,v)$ 和 $P_\eta(u,v)$ 分别表示原图像 $f(x,y)$、降质图像 $g(x,y)$ 和噪声 $\eta(x,y)$ 的功率谱密度函数。

第6章 几何校正

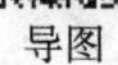
导图

微课

几何校正是指校正成像过程中所造成的各种几何形变，包括空间变换和灰度插值两个阶段。空间变换是指对于两幅图像通过几何变换将一幅图像映射到另一幅图像。几何变换也可应用于目标的几何描述，并通过改变目标的位置、方向和尺寸，对其移动、旋转和缩放。灰度插值利用图像插值方法对空间变换后图像中各个像素赋予相应的灰度值以恢复原位置的灰度值。图像插值也可应用于图像的尺寸缩放，通过增加或减少图像的像素数改变图像的尺寸。

6.1 概述

数字图像在生成过程中，由于光学成像系统自身的非线性或者成像视角、成像目标的外部因素，都会导致图像产生几何失真。例如，成像系统原因引入的光学失真 [图 6-1(b) 的桶形（barrel）失真、图 6-1 (c) 的枕形（pin cushion）失真]；由于成像系统的视角，物体平行的直线与成像平面不平行而造成的投影失真 [图 6-1(d)]；因地形起伏等物体本身不平整原因造成的曲面失真 [图 6-1(e) 的正弦失真和图 6-1(f) 的分段线性失真]。

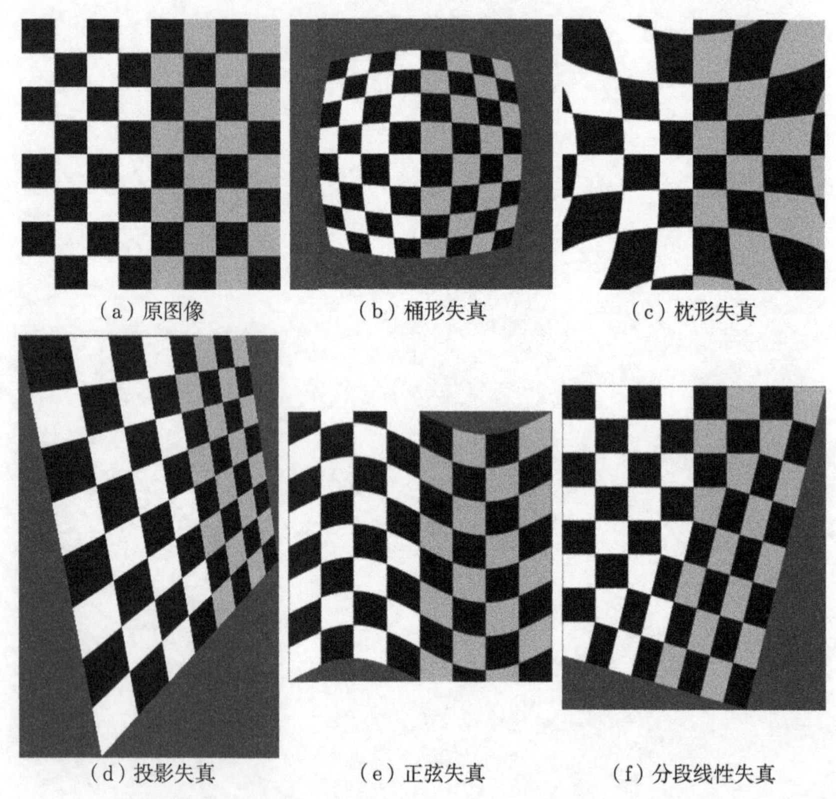

（a）原图像　（b）桶形失真　（c）枕形失真

（d）投影失真　（e）正弦失真　（f）分段线性失真

图 6-1　典型的几何失真

通过空间变换改变图像中各个像素的位置，重新获取像素的空间关系，估算新空间位置上的像素值，对图像的几何形变进行校正称为**几何校正**。通过几何校正消除由于成像角度、透视关系或者镜头自身原因所造成的几何失真。几何校正通常作为图像处理应用的预处理步骤。几何校正的主要应用有，对图像投影到平面上的几何形变进行校正，使其符合参考投影系统，以及两幅或多幅图像之间的配准。例如，在遥感成像中，使用大地测量为基准校正遥感卫星所获取的地图；在医学成像中，将不同时刻或不同模态 [计算机断层成像（CT）、磁共振（MRI）、正电子发射断层成像（SPECT）、功能核磁共振（fMRI）等] 的图像进行信息融合。

6.2 几何变换

在计算机图形学中，改变目标坐标描述的变换称为几何变换（geometric transformation），例如改变目标的位置、方向和尺寸。在坐标系不变的情况下，几何变换是由目标像素的几何位置引起的变换。本节讨论平移（translation）、旋转（rotation）、尺度（scale）、反射（reflection）、错切（shear）等基本二维变换以及对应的齐次变换矩阵。

6.2.1 齐次坐标

齐次坐标（homogeneous coordinate）是将一个 n 维向量用 $n+1$ 维向量表示。在二维空间中，点 (x,y) 的齐次坐标表示为 (x_h,y_h,h)，这里的 h 为齐次参数（homogeneous parameter），是一个非零值，因此有

$$x=\frac{x_h}{h},\quad y=\frac{y_h}{h} \tag{6-1}$$

这样，普通的二维齐次坐标表示可写为 $(h\cdot x,h\cdot y,h)$。对于二维几何变换，齐次参数 h 可以取为任意非零值。因而，点 (x,y) 的齐次坐标表示是不唯一的，可以有无数个等价表示。最简单的是设置 $h=1$，这样二维位置可用齐次坐标 $(x,y,1)$ 表示。$h=1$ 的齐次坐标表示称为规范化齐次坐标表示。h 的其他值也是需要的，例如在投影变换的矩阵公式中。

齐次坐标系的几何变换中，二维坐标位置用三维列向量表示，二维变换操作用 3×3 维矩阵表示。目标的几何变换通常涉及组合完成平移、旋转和缩放等多个基本二维变换，从而将目标安排到合适的位置。有效的方法是将变换组合，从而直接从初始坐标变换到最后的坐标位置，这样消除了中间坐标值的计算。齐次坐标的引入使所有的几何变换都可以用矩阵相乘的形式实现。

6.2.2 基本二维几何变换

平移、旋转和缩放是基本的二维几何变换，其他的二维几何变换均可以表示为这三种基本二维几何变换的组合形式。

6.2.2.1 二维平移变换

平移是一种移动目标而不改变其形状的刚体变换。将平移距离（translation distance）t_x 和 t_y 加到原坐标 (x,y) 上生成新的坐标位置 (x',y')，图像的平移变换实际上是将图像

中的像素从原始位置 (x,y) 沿一直线路径移动到新位置 $(x+t_x,y+t_y)$，实现二维位置的平移：

$$\begin{cases}x'=x+t_x\\y'=y+t_y\end{cases}\tag{6-2}$$

一对平移距离 (t_x,t_y) 称为平移向量（translation vector）或位移向量（shift vector），与平移项相关的是加法运算。

使用齐次坐标方法，坐标位置的二维平移变换可表示为如下的矩阵乘法：

$$\begin{bmatrix}x'\\y'\\1\end{bmatrix}=\begin{bmatrix}1&0&t_x\\0&1&t_y\\0&0&1\end{bmatrix}\begin{bmatrix}x\\y\\1\end{bmatrix}=\begin{bmatrix}x+t_x\\y+t_y\\1\end{bmatrix}\tag{6-3}$$

将坐标位置表示为如下的列向量：

$$\boldsymbol{P}'=\begin{bmatrix}x'&y'&1\end{bmatrix}^{\mathrm{T}},\quad \boldsymbol{P}=\begin{bmatrix}x&y&1\end{bmatrix}^{\mathrm{T}}$$

在齐次坐标下，二维平移操作的矩阵形式表示为

$$\boldsymbol{P}'=\boldsymbol{T}(t_x,t_y)\,\boldsymbol{P}\tag{6-4}$$

其中，$\boldsymbol{T}(t_x,t_y)$ 是平移向量为 (t_x,t_y) 的平移变换矩阵：

$$\boldsymbol{T}(t_x,t_y)=\begin{bmatrix}1&0&t_x\\0&1&t_y\\0&0&1\end{bmatrix}\tag{6-5}$$

坐标的列向量是标准的数学表示。齐次坐标将 2×2 维矩阵表达式扩展为 3×3 维矩阵，这样将变换矩阵的第三列用于平移项，而变换公式可表达为矩阵乘法。

对于平移变换，通过对平移距离取负值而形成逆矩阵。若二维平移距离是 t_x 和 t_y，则其逆平移矩阵为

$$\boldsymbol{T}^{-1}(t_x,t_y)=\begin{bmatrix}1&0&-t_x\\0&1&-t_y\\0&0&1\end{bmatrix}\tag{6-6}$$

这产生相反方向的平移，而平移矩阵和其逆矩阵的乘积是单位矩阵。

为了观察空间变换的效果，对一组栅格进行平移变换。图 6-2 将栅格从一个位置 [图 6-2(a)] 移动到另一位置 [图 6-2(b)]，x 方向的位移量为 20，y 方向的位移量为 50。栅格上的每一点移动了相同的距离，平移后栅格上的每一点都能在原栅格上找到对应点。本章中若不特殊说明，使用图像坐标系。

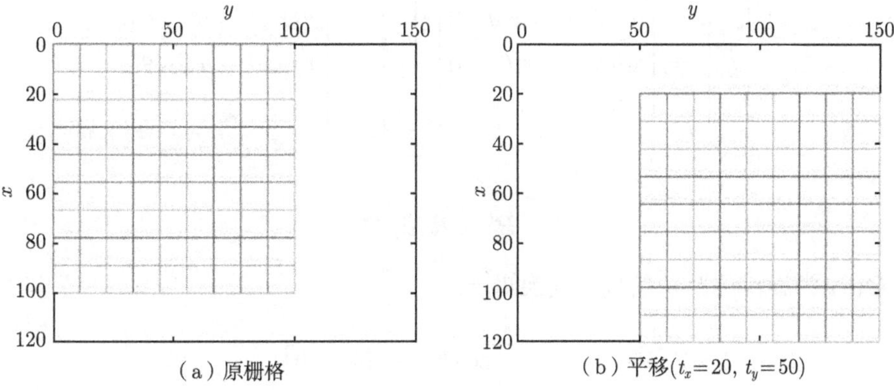

（a）原栅格　　（b）平移(t_x=20, t_y=50)

图 6-2　二维平移变换

6.2.2.2　二维旋转变换

旋转也是一种不发生形变的刚体变换，是将图像中所有像素旋转同一个角度的变换。通过指定旋转点（rotation point）或基准点（pivot point）和旋转角（rotation angle），对目标进行旋转（rotation）变换。目标的二维旋转通过在 x-y 平面上沿圆路径将目标重定位来实现。此时，将目标绕与 x-y 平面垂直的旋转轴（与 z 轴平行）旋转。

为了简化叙述，指定基准点为坐标原点，确定点 (x, y) 旋转的变换方程。原坐标点和旋转后点位置的坐标关系如图 6-3 所示。其中，r 为点 (x, y) 到原点的距离，ϕ 为点 (x, y) 的原始角度位置与水平线的夹角，θ 为旋转角。应用标准的三角等式，利用角度 θ 和 ϕ 将转换后的坐标表示为

$$\begin{cases} x' = r\cos(\theta+\phi) = r\cos\phi\cos\theta - r\sin\phi\sin\theta \\ y' = r\sin(\theta+\phi) = r\cos\phi\sin\theta + r\sin\phi\cos\theta \end{cases} \tag{6-7}$$

在极坐标系中，原坐标点 (x, y) 可写为

$$\begin{cases} x = r\cos\phi \\ y = r\sin\phi \end{cases} \tag{6-8}$$

将式 (6-8) 代入式 (6-7) 中，将坐标 (x, y) 的点相对于原点旋转 θ 角的变换方程：

$$\begin{cases} x' = x\cos\theta - y\sin\theta \\ y' = x\sin\theta + y\cos\theta \end{cases} \tag{6-9}$$

正角度 θ 定义为绕基准点的逆时针旋转，而负角度将目标沿顺时针方向旋转。

根据式 (6-9)，在齐次坐标下，使用列向量表示坐标，绕坐标原点的二维旋转变换方程可以表示成矩阵形式：

$$\begin{bmatrix} x' \\ y' \\ 1 \end{bmatrix} = \begin{bmatrix} \cos\theta & -\sin\theta & 0 \\ \sin\theta & \cos\theta & 0 \\ 0 & 0 & 1 \end{bmatrix} \begin{bmatrix} x \\ y \\ 1 \end{bmatrix} = \begin{bmatrix} x\cos\theta - y\sin\theta \\ x\sin\theta + y\cos\theta \\ 1 \end{bmatrix} \tag{6-10}$$

简写为

$$\boldsymbol{P}' = \boldsymbol{R}(\theta)\,\boldsymbol{P} \tag{6-11}$$

其中，$\boldsymbol{R}(\theta)$ 为旋转角为 θ 的旋转变换矩阵：

$$\boldsymbol{R}(\theta) = \begin{bmatrix} \cos\theta & -\sin\theta & 0 \\ \sin\theta & \cos\theta & 0 \\ 0 & 0 & 1 \end{bmatrix} \tag{6-12}$$

这是绕坐标原点的二维旋转函数，绕任意基准点的旋转需经过一系列的变换操作来完成。

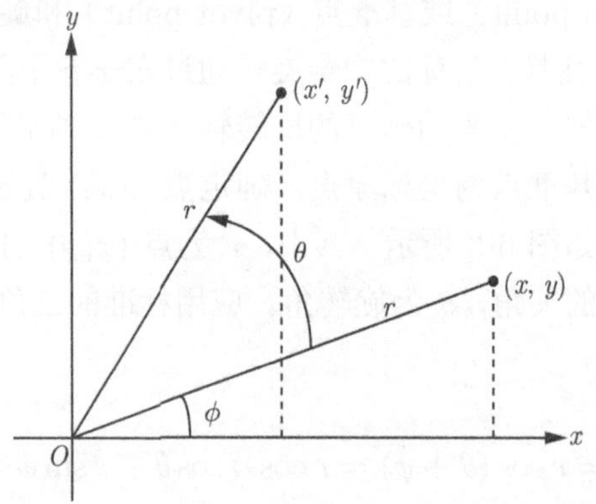

图 6-3　相对于原点将点从位置 (x, y) 旋转 θ 角到 (x', y') 点

逆旋转通过用旋转角的负角度来实现，绕坐标原点的角度为 θ 的二维旋转有如下的逆变换矩阵：

$$\boldsymbol{R}^{-1}(\theta) = \begin{bmatrix} \cos\theta & \sin\theta & 0 \\ -\sin\theta & \cos\theta & 0 \\ 0 & 0 & 1 \end{bmatrix} \tag{6-13}$$

旋转角的负值生成顺时针方向的旋转，因而当任何旋转矩阵和其逆旋转矩阵相乘时生成单位矩阵。由于旋转角符号的变化仅影响正弦函数 $\sin\theta$，因此可以通过交换行与列来实现它的逆矩阵，即旋转矩阵 $\boldsymbol{R}$ 的转置矩阵（$\boldsymbol{R}^{-1} = \boldsymbol{R}^{\mathrm{T}}$）。

如图 6-4 所示，对图 6-4(a) 所示的栅格以原点为基准点，旋转指定的角度，图 6-4(b) 为绕坐标原点逆时针旋转 30° 的结果，图 6-4(c) 为绕坐标原点顺时针旋转 30° 的结果。经过旋转变换后，栅格上的所有点旋转相同的角度。

插图

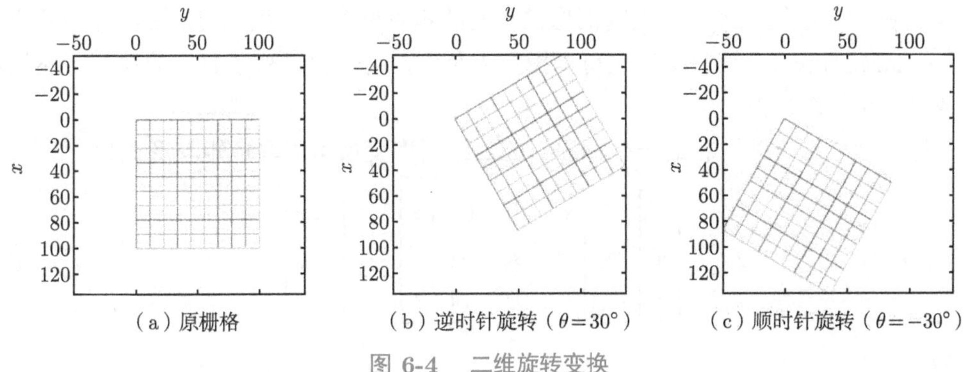

（a）原栅格　（b）逆时针旋转（$\theta=30°$）　（c）顺时针旋转（$\theta=-30°$）

图 6-4　二维旋转变换

代码

例 6-1　图像的旋转变换

图 6-5 显示了图像的旋转变换。对图 6-5(a) 所示的图像，图 6-5(b) 为逆时针旋转 30° 的结果，图 6-5(c) 为顺时针旋转 30° 的结果。MATLAB 图像处理工具箱中的 imrotate 函数将图像围绕其中心点旋转，当指定角度 θ 为正值时，逆时针方向旋转图像；当指定角度 θ 为负值时，顺时针方向旋转图像。包含旋转图像的空间矩形大于包含原图像的矩形。通常将输出图像裁剪为与输入图像相同的尺寸，或者包含整个旋转后的图像。这里对旋转结果裁剪，使其与输入图像尺寸相同，旋转图像中不包含图像数据的区域填充 0 值（黑色）。

（a）原图像

（b）逆时针旋转30°的图像

（c）顺时针旋转30°的图像

图 6-5　图像的二维旋转变换示例

6.2.2.3　二维尺度变换

图像的尺度变换，也称为缩放变换，将缩放系数 s_x 和 s_y 与目标坐标 (x, y) 相乘实现目标的缩放：

$$\begin{cases} x' = s_x x \\ y' = s_y y \end{cases} \tag{6-14}$$

缩放系数 s_x 将目标沿 x 方向放大或缩小至 s_x 倍，s_y 将目标沿 y 方向放大或缩小至 s_y 倍。缩放系数 s_x 和 s_y 可以为任何正值。$s_x(s_y) > 1$，沿 x 方向（y 方向）放大目标的尺寸；$s_x(s_y) < 1$，沿 x 方向（y 方向）缩小目标的尺寸；$s_x(s_y) = 1$，在 x 方向（y 方向）不改变目标的尺寸。

若在两个坐标轴方向上缩放的比例相同，即 $s_x = s_y$，则保持图像相对比例，图像不会产生形变，称为一致缩放（uniform scaling）；若在两个坐标轴方向上缩放的比例不同，即

$s_x \neq s_y$，则图像的比例缩放会改变图像像素间的相对位置，产生几何形变，称为差值缩放（differential scaling）。缩放参数也可以指定为负值，这不仅改变了目标的尺寸，还相对于一个或多个坐标轴反射[①]。

使用齐次坐标方法，相对于坐标原点的二维尺度变换可以写成矩阵形式为

$$\begin{bmatrix} x' \\ y' \\ 1 \end{bmatrix} = \begin{bmatrix} s_x & 0 & 0 \\ 0 & s_y & 0 \\ 0 & 0 & 1 \end{bmatrix} \begin{bmatrix} x \\ y \\ 1 \end{bmatrix} = \begin{bmatrix} s_x x \\ s_y y \\ 1 \end{bmatrix} \tag{6-15}$$

简写为

$$\boldsymbol{P}' = \boldsymbol{S}(s_x, s_y)\,\boldsymbol{P} \tag{6-16}$$

其中，$\boldsymbol{S}(s_x, s_y)$ 是缩放系数为 s_x 和 s_y 的尺度变换矩阵：

$$\boldsymbol{S}(s_x, s_y) = \begin{bmatrix} s_x & 0 & 0 \\ 0 & s_y & 0 \\ 0 & 0 & 1 \end{bmatrix} \tag{6-17}$$

这是以坐标原点为中心的尺度变换，以指定参考点为中心的尺度变换通过一系列变换操作来处理。

将缩放系数用其倒数取代即为尺度变换的逆矩阵。对以坐标原点为中心、缩放参数为 s_x 和 s_y 的二维缩放，其逆变换矩阵为

$$\boldsymbol{S}^{-1}(s_x, s_y) = \begin{bmatrix} 1/s_x & 0 & 0 \\ 0 & 1/s_y & 0 \\ 0 & 0 & 1 \end{bmatrix} \tag{6-18}$$

该逆矩阵生成相反的尺度变换，因此任何尺度矩阵与其逆矩阵的乘积均生成单位矩阵。

如图 6-6 所示，对图 6-6(a) 中的栅格以坐标原点为中心进行缩放，图 6-6(b) 中 x 方向和 y 方向同时缩小为原来的 0.7，保持目标的形状；图 6-6(c) 中 x 方向缩小为原来的 0.4，y 方向缩小为原来的 0.7；图 6-6(d) 中 x 方向缩小为原来的 0.7，y 方向缩小为原来的 0.4。由于图 6-6(c) 和图 6-6(d) 中两个方向的缩小比例不同，因此栅格发生了形变。

例 6-2　图像的尺度变换

对如图 6-7(a) 所示图像进行尺度变换，缩小图像的尺寸，图 6-7(b) 为 $s_x = s_y$ 的一致缩小结果，保持了图像的形状，图 6-7(c) 和图 6-7(d) 为 $s_x < s_y$ 和 $s_x > s_y$ 的差值缩小的结果，图像产生形变。MATLAB 图像处理工具包中的 imresize 函数通过对图像上采样和下采样改变图像的尺寸，它的实现均包括卷积滤波和重采样两个步骤。图像下采样可能由于过低的采样率导致图像的混叠效应。在下采样过程中，将下采样因子作为插值核函数[②]的尺度因子，尺度因子增大，拉伸图像滤波的插值核函数。下采样因子越大，对图像的

① 参见 6.2.4.1 节的反射变换。

② 参见 6.3 节中插值核函数的概念。

采样率越低，通过拉伸插值核函数，增大像素平滑处理的邻域，使图像更加平滑，抑制低采样率无法表示高频成分的问题。

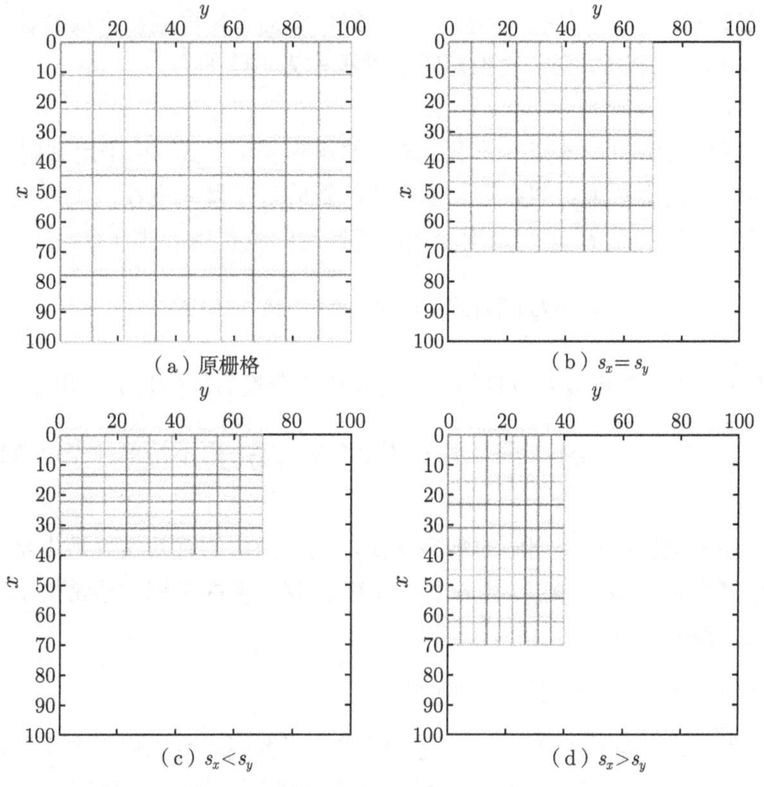

图 6-6　二维尺度变换

(a) 原图像

(b) 一致缩小的图像($s_x=s_y=0.7$)

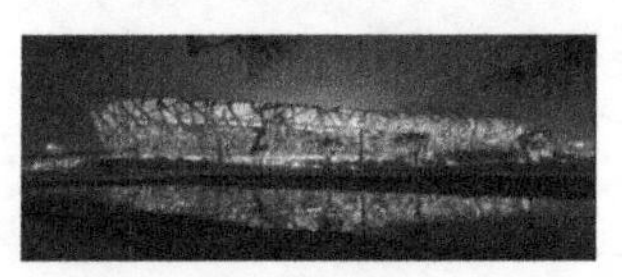

(c) 差值缩小的图像($s_x=0.4$, $s_y=0.7$)

(d) 差值缩小的图像($s_x=0.7$, $s_y=0.4$)

图 6-7　图像的二维尺度变换示例

插图

6.2.3 二维复合变换

图像复合变换是指对图像进行两次或两次以上的平移、旋转、尺度等基本变换。利用矩阵表达式，可以通过计算单个变换的矩阵乘积，将任意的变换序列组合成复合变换（composite transformation）矩阵。形成变换矩阵的乘积称为矩阵的合并（concatenation）或复合（composition）。

引入齐次坐标后图像的基本变换采用了统一的矩阵表示形式。由于用列向量表示坐标，将变换矩阵按照顺序依次左乘该列向量。复合变换矩阵等于基本变换的矩阵按照变换的逆序依次相乘。若对坐标位置 $\boldsymbol{P}$ 进行两次变换，变换后的位置用下式计算：

$$\boldsymbol{P}' = \boldsymbol{M}_2(\boldsymbol{M}_1\boldsymbol{P}) = (\boldsymbol{M}_2\boldsymbol{M}_1)\boldsymbol{P} = \boldsymbol{M}\boldsymbol{P} \tag{6-19}$$

式中，$\boldsymbol{M} = \boldsymbol{M}_2\boldsymbol{M}_1$ 表示二维复合变换矩阵，变换前和变换后的坐标分别用 $\boldsymbol{P} = \left[x, y, 1\right]^{\mathrm{T}}$ 和 $\boldsymbol{P}' = \left[x', y', 1\right]^{\mathrm{T}}$ 表示。该坐标位置使用矩阵 $\boldsymbol{M}$ 来变换，而不是单独先用 $\boldsymbol{M}_1$ 然后 $\boldsymbol{M}_2$ 来变换。

由于图像中许多坐标位置用相同的顺序变换，变换操作的有效实现是先将所有变换矩阵连乘形成一个复合矩阵 $\boldsymbol{M}$，然后用 $\boldsymbol{P}' = \boldsymbol{M}\boldsymbol{P}$ 计算变换的坐标。通常情况下，矩阵相乘的顺序不可以交换。

6.2.3.1 任意点旋转和尺度变换的复合变换实现

复杂的变换都可以分解成由若干基本变换组成。复合矩阵可以由用齐次坐标表示的基本矩阵依次相乘而成。6.2.2 节的旋转和尺度变换是相对于原点进行的变换，若相对于任意点进行旋转和尺度变换，则首先进行平移，然后再进行其他基本变换。

1. 二维基准点旋转变换

为了明确绕任意点的旋转可以简单地利用复合变换实现，首先推导绕任意点旋转的变换方程。图 6-8 直观说明了绕任意基准点旋转，原始点和变换后点位置的坐标关系。利用图中的三角关系，绕任意指定的旋转位置 (x_r, y_r) 旋转的点的变换方程：

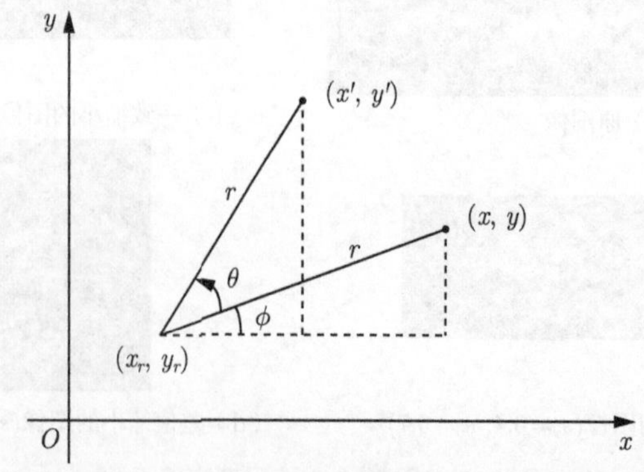

图 6-8 相对于旋转点 (x_r, y_r) 将点从位置 (x, y) 旋转 θ 角到 (x', y') 点

$$\begin{cases} x' = x_r + (x - x_r)\cos\theta - (y - y_r)\sin\theta \\ y' = y_r + (x - x_r)\sin\theta + (y - y_r)\cos\theta \end{cases} \tag{6-20}$$

将与基准点有关的乘积项和加法项分开，式 (6-20) 可重写为

$$\begin{cases} x' = x\cos\theta - y\sin\theta + x_r(1 - \cos\theta) - y_r\sin\theta \\ y' = x\sin\theta + y\cos\theta - x_r\sin\theta + y_r(1 - \cos\theta) \end{cases} \tag{6-21}$$

这个通用旋转方程 (6-21) 是在方程 (6-9) 之上包含了基准点坐标的加法（平移）项。

绕任意选定的基准点 (x_r, y_r) 旋转，可通过平移—旋转—平移操作序列来实现：①平移目标使基准点位置移动至坐标原点；②绕坐标原点旋转；③平移目标使基准点回到其原始位置。将这三个操作的矩阵合并，利用矩阵合并可以产生该序列的复合变换矩阵：

$$\begin{aligned} \boldsymbol{T}(x_r, y_r)\boldsymbol{R}(\theta)\boldsymbol{T}(-x_r, -y_r) &= \begin{bmatrix} 1 & 0 & x_r \\ 0 & 1 & y_r \\ 0 & 0 & 1 \end{bmatrix} \begin{bmatrix} \cos\theta & -\sin\theta & 0 \\ \sin\theta & \cos\theta & 0 \\ 0 & 0 & 1 \end{bmatrix} \begin{bmatrix} 1 & 0 & -x_r \\ 0 & 1 & -y_r \\ 0 & 0 & 1 \end{bmatrix} \\ &= \begin{bmatrix} \cos\theta & -\sin\theta & x_r(1 - \cos\theta) + y_r\sin\theta \\ \sin\theta & \cos\theta & -x_r\sin\theta + y_r(1 - \cos\theta) \\ 0 & 0 & 1 \end{bmatrix} \end{aligned} \tag{6-22}$$

其中，$\boldsymbol{T}(-x_r, -y_r) = \boldsymbol{T}^{-1}(x_r, y_r)$。这个变换序列如图 6-9 所示，对图 6-9(a) 所示的栅格绕基准点旋转 30°，图中圆点表示基准点。如图 6-9(b) 所示，平移栅格使基准点落在坐标原点。如图 6-9(c) 所示，使用绕坐标原点的旋转函数。如图 6-9(d) 所示，使圆点平移回原基准点位置。利用复合变换最终实现绕基准点的旋转变换。

2. 二维固定点尺度变换

方程 (6-14) 相对于坐标原点对目标进行缩放，当缩放系数小于 1 时，缩放后的目标向原点靠近；而缩放系数大于 1 时，缩放后的坐标位置远离原点。选择在尺度变换后不改变位置的点，称为固定点（fixed point），以控制缩放后目标的位置。固定点的坐标 (x_f, y_f) 可以选择目标的中点等位置或任何其他空间位置。这样，通过缩放每个顶点到固定点的距离而相对于固定点进行缩放。对于坐标为 (x, y) 的点，相对于固定点 (x_f, y_f)，缩放后的坐标 (x', y') 可计算为

$$\begin{cases} x' = (x - x_f)s_x + x_f \\ y' = (y - y_f)s_y + y_f \end{cases} \tag{6-23}$$

将与固定点有关的乘积项和加法项分开而重写上述尺度变换公式：

$$\begin{cases} x' = xs_x + x_f(1 - s_x) \\ y' = ys_y + y_f(1 - s_y) \end{cases} \tag{6-24}$$

其中，加法项 $x_f(1-s_x)$ 和 $y_f(1-s_y)$ 对于目标中的任何点都是常数。式 (6-24) 是对式 (6-14) 加上包含固定点坐标的常数项的列向量。在缩放公式中包含固定点的坐标，类似于在旋转公式中包含基准点的坐标。

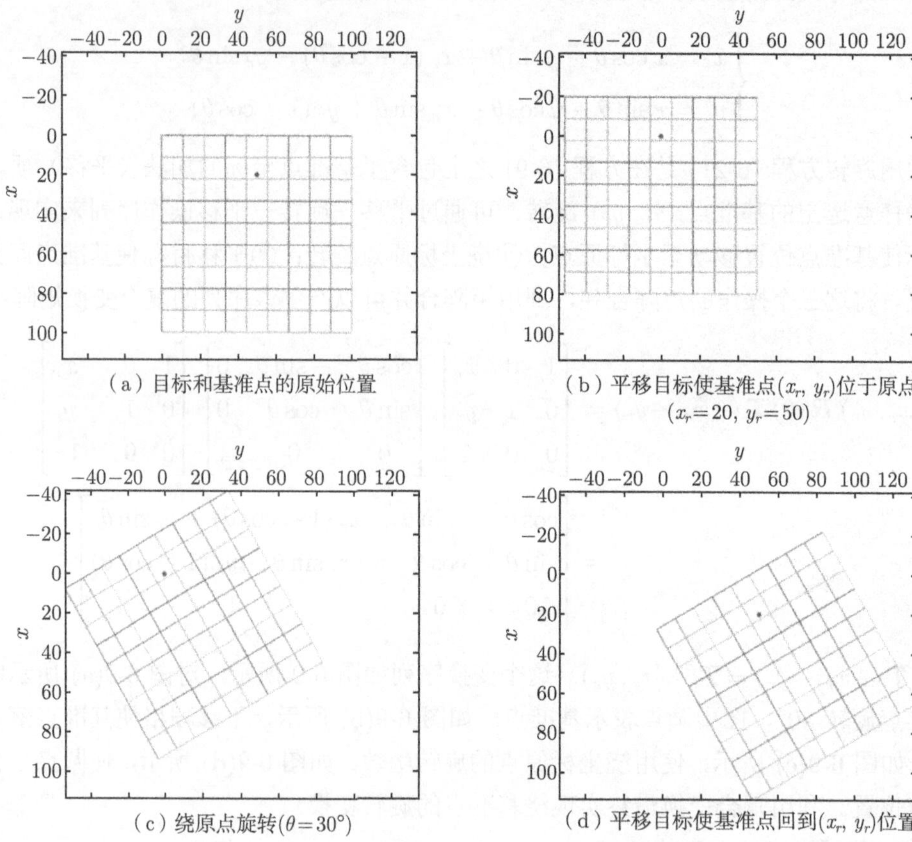

（a）目标和基准点的原始位置

（b）平移目标使基准点(x_r, y_r)位于原点 $(x_r=20,\ y_r=50)$

（c）绕原点旋转$(\theta=30°)$

（d）平移目标使基准点回到(x_r, y_r)位置

图 6-9　绕基准点旋转目标的变换顺序

关于任意选择的基准点 (x_f, y_f) 缩放的变换序列为：①平移目标使固定点与坐标原点重合；②关于坐标原点进行缩放；③使用步骤①的反向平移将目标返回到原始位置。将这三个操作的矩阵合并，利用矩阵合并可以产生该序列的复合缩放矩阵：

$$
\begin{aligned}
\boldsymbol{T}(x_f,y_f)\boldsymbol{S}(s_x,s_y)\boldsymbol{T}(-x_f,-y_f) &= \begin{bmatrix} 1 & 0 & x_f \\ 0 & 1 & y_f \\ 0 & 0 & 1 \end{bmatrix}\begin{bmatrix} s_x & 0 & 0 \\ 0 & s_y & 0 \\ 0 & 0 & 1 \end{bmatrix}\begin{bmatrix} 1 & 0 & -x_f \\ 0 & 1 & -y_f \\ 0 & 0 & 1 \end{bmatrix} \\
&= \begin{bmatrix} s_x & 0 & x_f(1-s_x) \\ 0 & s_y & y_f(1-s_y) \\ 0 & 0 & 1 \end{bmatrix}
\end{aligned}
\tag{6-25}
$$

这个变换序列如图 6-10 所示，对图 6-10(a) 所示的栅格关于固定点进行尺度变换，图中圆点表示固定点。如图 6-10 (b) 所示，平移栅格使固定点落在坐标原点。如图 6-10(c) 所示，使用关于坐标原点的缩放函数。如图 6-10(d) 所示，使圆点平移回原固定点位置。利用复合变换最终实现相对于固定点的缩放。

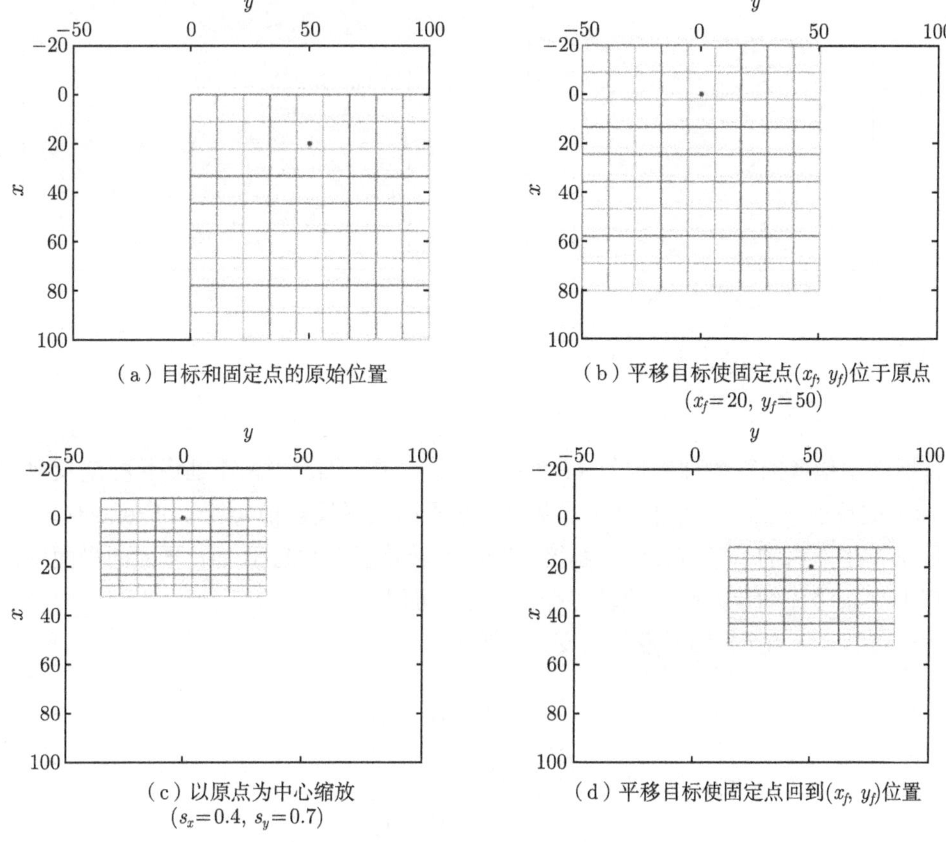

（a）目标和固定点的原始位置

（b）平移目标使固定点(x_f, y_f)位于原点 $(x_f=20, y_f=50)$

（c）以原点为中心缩放 $(s_x=0.4, s_y=0.7)$

（d）平移目标使固定点回到(x_f, y_f)位置

图 6-10　以固定点为中心缩放目标的变换顺序

插图

6.2.3.2　矩阵合并性质

矩阵相乘不具有交换律，变换矩阵乘积的顺序一般不可以交换，矩阵乘积 $\boldsymbol{M}_2\boldsymbol{M}_1$ 不等于 $\boldsymbol{M}_1\boldsymbol{M}_2$。如果平移和旋转目标，需要注意复合矩阵求值的顺序。图 6-11(a) 先将图像平移 (t_x, t_y)，再将图像旋转角度 θ；图 6-11(b) 先将图像旋转角度 θ，再将图像平移 (t_x, t_y)。图中，$t_x = 20$，$t_y = 50$；旋转角 $\theta = 30°$。通过比较可以看到，这两种变换的结果不一样，图中虚线为原栅格，点划线为中间结果，实线为最终复合变换的结果。

对于变换序列中每个类型都相同的特殊情况，变换矩阵的多重相乘是可交换的。例如，两个连续的平移、旋转或缩放均可以按两种顺序完成，其最后位置是相同的，证明过程参见电子文档。另一对可交换操作是旋转和一致缩放 $s_x = s_y$。若 $s_x \neq s_y$，则不可交换。

文档

6.2.4　其他二维变换

除了平移、旋转和缩放这些基本变换之外，反射和错切是另外两种有用的几何变换，可以用这三种基本变换的复合而成。

插图

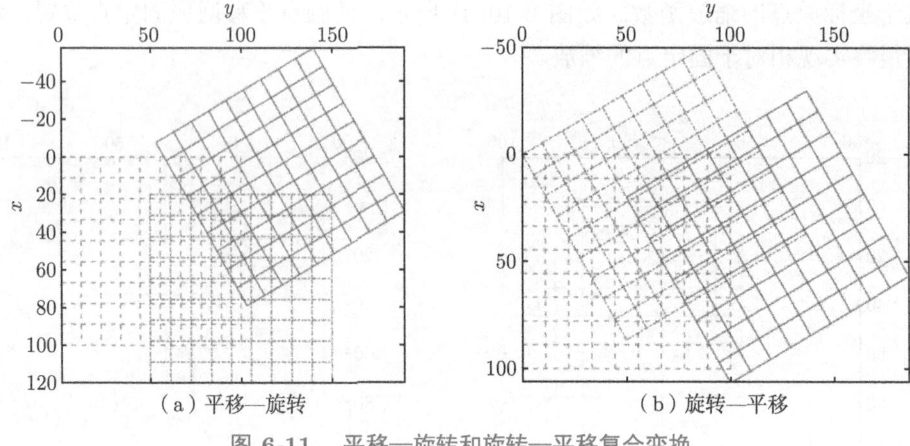

（a）平移—旋转　　（b）旋转—平移

图 6-11　平移—旋转和旋转—平移复合变换

6.2.4.1　反射变换

目标产生镜像的变换称为反射（reflection）。对于二维反射，通过将目标绕反射轴旋转 180° 而形成反射。在 x-y 平面内或垂直于 x-y 平面选择反射轴（axis of reflection）。当反射轴是 x-y 平面内的一条直线时，绕这个轴的旋转路径在垂直于 x-y 平面的平面中；而对于垂直于 x-y 平面的反射轴，旋转路径在 x-y 平面上。

关于直线 $y=0$（x 轴）反射的变换矩阵为

$$\boldsymbol{F}_x = \begin{bmatrix} 1 & 0 & 0 \\ 0 & -1 & 0 \\ 0 & 0 & 1 \end{bmatrix} \tag{6-26}$$

这个变换保持 x 值相同，但翻转 y 坐标的值。目标对于 x 轴反射后的方位如图 6-12(a) 所示[①]。这种反射的旋转可以理解为平面上的目标在三维空间中绕 x 轴移出 x-y 平面，旋转 180° 后再回到 x 轴另一侧的 x-y 平面。

关于直线 $x=0$（y 轴）反射，翻转 x 的坐标而保持 y 坐标不变，其变换矩阵为

$$\boldsymbol{F}_y = \begin{bmatrix} -1 & 0 & 0 \\ 0 & 1 & 0 \\ 0 & 0 & 1 \end{bmatrix} \tag{6-27}$$

图 6-12(b) 给出了关于直线 $x=0$ 反射的目标位置变化，等效于在三维空间中绕 y 轴旋转 180°。

关于坐标原点 O 的反射，同时翻转 x 和 y 坐标，这种反射与同时相对于两个坐标轴的反射等效。其变换矩阵为

① 图 6-12 使用笛卡儿坐标系。

$$\boldsymbol{F}_O = \boldsymbol{F}_x\boldsymbol{F}_y = \begin{bmatrix} 1 & 0 & 0 \\ 0 & -1 & 0 \\ 0 & 0 & 1 \end{bmatrix} \begin{bmatrix} -1 & 0 & 0 \\ 0 & 1 & 0 \\ 0 & 0 & 1 \end{bmatrix} = \begin{bmatrix} -1 & 0 & 0 \\ 0 & -1 & 0 \\ 0 & 0 & 1 \end{bmatrix} \tag{6-28}$$

关于原点反射的目标位置变化如图 6-12(c) 所示，可以认为通过垂直于 x-y 平面而又经过坐标原点的轴进行反射。式 (6-28) 的反射矩阵是 $\theta = 180°$ 的旋转矩阵 $\boldsymbol{R}(\theta)$，即将 x-y 平面内的目标绕原点旋转半圈。关于坐标轴或坐标原点的反射可以认为是缩放系数为负值的缩放变换。

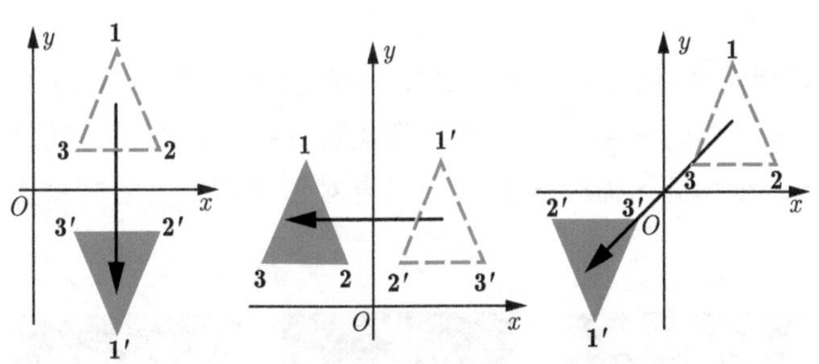

（a）关于x轴反射　（b）关于y轴反射　（c）关于坐标原点反射

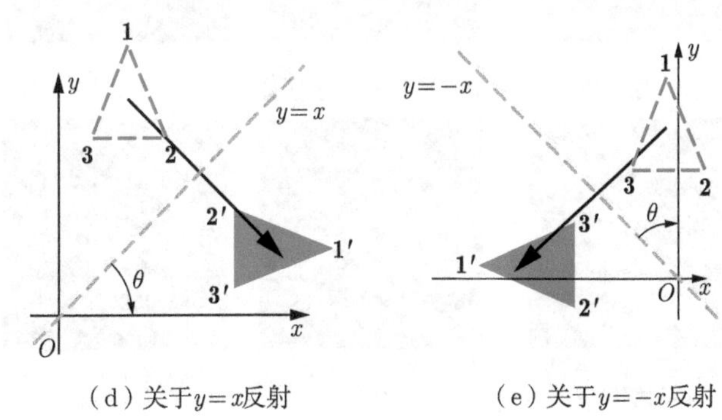

（d）关于$y=x$反射　（e）关于$y=-x$反射

图 6-12　反射变换示意图（笛卡儿坐标系）

关于对角线 $y = x$ 反射的变换矩阵为

$$\boldsymbol{F}_{x\sim y} = \begin{bmatrix} 0 & 1 & 0 \\ 1 & 0 & 0 \\ 0 & 0 & 1 \end{bmatrix} \tag{6-29}$$

图 6-12(d) 给出了关于直线 $y = x$ 反射的目标位置变化，将旋转和坐标轴反射矩阵组合，按照旋转—反射—旋转变换序列合并矩阵，可推导出式 (6-29) 的变换矩阵：①顺时针旋转 45°，将直线 $y = x$ 旋转到 x 轴上；②关于 x 轴的反射；③逆时针旋转 45°，将直线 $y = x$ 旋转回到其原始位置。另一个等价的变换是先将目标关于 x 轴反射，然后逆时针旋转 90°。

关于对角线 $y=-x$ 反射的变换矩阵为

$$\boldsymbol{F}_{-x\sim y}=\begin{bmatrix}0 & -1 & 0\\ -1 & 0 & 0\\ 0 & 0 & 1\end{bmatrix} \tag{6-30}$$

图 6-12(e) 给出了关于直线 $y=-x$ 反射的目标位置变化。这个反射变换矩阵也可以按照旋转—反射—旋转变换序列合并矩阵：①顺时针旋转 45°；②关于 y 轴反射；③逆时针旋转 45°。

代码

例 6-3　反射变换

对于图 6-13(a) 所示的原图像，图 6-13(b)~(f) 分别为图 6-13(a) 关于 x 轴、y 轴、坐标原点、对角线 $y=x$ 和 $y=-x$ 这 5 种图像反射的结果。图像的反射以它的中心为坐标原点，纵向为 x 轴，横向为 y 轴。反射变换仅是对图像关于反射轴做翻转，不改变原图像的形状。

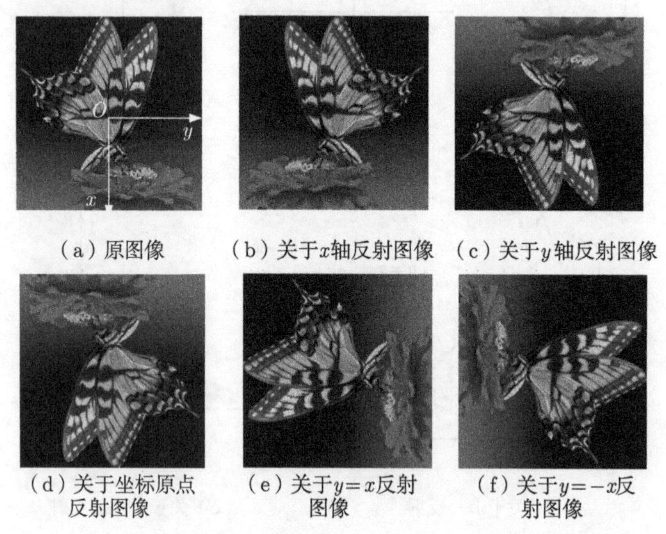

(a) 原图像　(b) 关于x轴反射图像　(c) 关于y轴反射图像

(d) 关于坐标原点反射图像　(e) 关于$y=x$反射图像　(f) 关于$y=-x$反射图像

图 6-13　图像的二维反射变换示例

6.2.4.2　错切变换

错切（shear）是一种使目标形状发生倾斜的变换。错切变换的效果看起来如同在平行于坐标轴的方向上"推动"几何目标。错切是指"滑动"或"倾斜"的效果。

相对于 y 轴（$x=0$）的沿 x 方向（纵向）错切的变换矩阵为

$$\mathbf{Sh}_x=\begin{bmatrix}1 & \mathrm{sh}_x & 0\\ 0 & 1 & 0\\ 0 & 0 & 1\end{bmatrix} \tag{6-31}$$

该矩阵将坐标位置变换为

$$\begin{cases} x' = x + \mathrm{sh}_x \cdot y \\ y' = y \end{cases} \tag{6-32}$$

错切参数 sh_x 为任意实数。沿 x 方向的错切是移动 x 坐标，其移动的距离与该点的 y 值成正比，y 坐标保持不变。在笛卡儿坐标系下，若 $\mathrm{sh}_x > 0$，则 x 轴上方的所有点都向正方向移动，若 $\mathrm{sh}_x < 0$，则 x 轴上方的所有点都向负方向移动；而 x 轴下方点移动的方向与其上方对应相反，x 轴上点的位置不改变。垂直于 x 轴的竖线则变成斜率 sh_x 的斜线，其倾斜角 $\theta = \arctan \mathrm{sh}_x$ 称为错切角。

相对于参考线 $x = x_{\mathrm{ref}}$ 的 x 方向的错切，可以使用平移—错切—平移变换的组合实现：①将目标沿 x 方向移动 $-x_{\mathrm{ref}}$，其参考线为 $x = 0$；②相对于 $x = 0$ 沿 x 方向错切；③平移目标使参考线回到其原始位置。

相对于 x 轴 $(y = 0)$ 的沿 y 方向（横向）错切的变换矩阵分别为

$$\mathbf{Sh}_y = \begin{bmatrix} 1 & 0 & 0 \\ \mathrm{sh}_y & 1 & 0 \\ 0 & 0 & 1 \end{bmatrix} \tag{6-33}$$

该矩阵将坐标位置变换为

$$\begin{cases} x' = x \\ y' = y + \mathrm{sh}_y \cdot x \end{cases} \tag{6-34}$$

沿 y 方向的错切是将 y 坐标移动与 x 值成正比的距离，x 坐标保持不变。

对图 6-14(a) 所示的栅格沿 x 方向或 y 方向进行错切变换，正方形变成平行四边形，不改变栅格的面积。图 6-14(b) 为 x 方向的错切变换，$\mathrm{sh}_x = 0.5$ 为正值将坐标位置向 x 轴正方向移动。图 6-14(c) 为 y 方向的错切变换，$\mathrm{sh}_y = 0.5$ 为正值将坐标位置向 y 轴正方向移动。任何错切变换都可以写为旋转—尺度—旋转的复合变换。

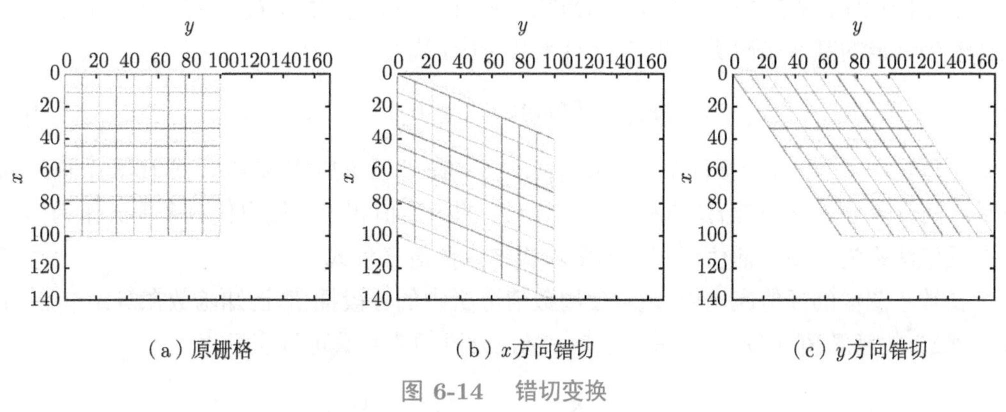

（a）原栅格　（b）x方向错切　（c）y方向错切

图 6-14　错切变换

代码

例 6-4 错切变换

对图 6-15(a) 所示的原图像进行错切变换，图 6-15(b) 和图 6-15(c) 分别为纵向错切变换和横向错切变换的图像，图像的错切以它的中心倾斜。错切图像中不包含图像数据的区域填充 0 值。

（a）原图像

（b）纵向错切

（c）横向错切

图 6-15 图像的二维错切变换示例

6.3 图像插值

图像插值是在涉及改变图像像素网格的应用中，利用已知邻近像素的灰度值来预测未知像素的灰度值，如图像缩放和几何变换。图像缩放改变图像的采样率，几何变换改变像素的位置，在光栅化操作中需要通过插值估计新位置的灰度值。

6.3.1 插值的概念

在数值分析领域中，插值是一种函数逼近的方法。插值在数学上的定义是通过函数在有限个离散点处的取值估算出该函数在其他点处的取值。

设 $f(x)$ 为定义在 $[a,b]$ 区间上的函数，$x_0, x_1, \cdots, x_n$ 为 $[a,b]$ 区间上 $n+1$ 个互异的点，$\mathcal{G}$ 为给定的某一函数类。若 $\mathcal{G}$ 上有函数 $g(x)$ 满足

$$g(x_k) = f(x_k), \quad k = 0, 1, \cdots, n \tag{6-35}$$

则称 $g(x)$ 为 $f(x)$ 关于插值节点 $x_0, x_1, \cdots, x_n$ 在 $\mathcal{G}$ 上的插值函数。式 (6-35) 称为插值条件，插值函数 $g(x)$ 在给定点处的值与 $f(x)$ 的函数值相同。使用代数多项式作为插值函数的插值法称为多项式插值，相应的多项式称为插值多项式。

在数字图像的插值应用中，通常使用数值分析中的分段插值，已知函数在等距节点 $x_k = x_0 + k\Delta x$ 的函数值 $f(x_k)$，$k = 0, 1, \cdots, n$，分段插值函数可以表示为

$$g(x) = \sum_k f(x_k)\, h\left(\frac{x - x_k}{\Delta x}\right) \tag{6-36}$$

其中，$h(x)$ 称为插值核函数。

$$h\left(\frac{x-x_k}{\Delta x}\right)=\begin{cases}1, & x=x_k\\ 0, & x\neq x_k\end{cases}$$

由式 (6-36) 可知，$g(x)$ 在 x_k 处的取值等于 $f(x)$ 在 x_k 处的函数值 $f(x_k)$，$k=0,1,\cdots,n$。根据式 (6-36)，可以从离散的函数值重建连续函数。

将式 (6-36) 扩展到数字图像的二维情形，数字图像中像素为整数坐标，且像素之间为单位间距，由离散的灰度值 $f(k,l)$ 重建连续的二维信号 $g(x,y)$，可以用离散的灰度值与二维重建滤波器（空域冲激响应）的卷积表示：

$$g(x,y)=\sum_k\sum_l f(k,l)\,h(x-k,y-l) \tag{6-37}$$

其中，x 和 y 为实数，k 和 l 为整数。$h(x,y)$ 满足插值核函数的条件。由式 (6-37) 可以看出，插值点 (x,y) 处的灰度值实际上是邻近像素灰度值的加权平均。

通常使用对称可分离插值核函数，即 $h(x,y)=h(x)\,h(y)$，这样二维滤波器可以分解为两个一维的插值滤波过程。

$$\begin{aligned}g(x,y)&=\sum_k\sum_l f(k,l)\,h(x-k)\,h(y-l)\\&=\sum_l\left[\sum_k f(k,l)\,h(x-k)\right]h(y-l)\end{aligned} \tag{6-38}$$

式 (6-38) 中括号内的项为 x 方向上的一维卷积。利用一维滤波器首先在 x 方向上对图像进行插值，然后对插值结果在 y 方向上进行插值，实现对图像的二维插值滤波。不同的插值方法的区别主要在于采用不同的插值核函数。不同的插值核函数会有不同的插值效果和插值误差，计算量也不相同。

根据采样定理，对于连续带限信号，理想的插值核函数是 $\mathrm{sinc}(x)$，它的频率响应是矩形函数，利用 sinc 函数可以对图像进行完全重建。但是 $\mathrm{sinc}(x)$ 是无限冲激响应（infinite impulse response, IIR），物理上不可实现。图像插值利用分段多项式插值，需要使用有限冲激响应（finite impulse response, FIR）的插值核函数。因此，在线性卷积原理的基础上插值核函数实现对 sinc 的近似，通常逼近 sinc 函数或者直接对 sinc 函数加窗（如 Lanczos 插值核函数）。图像插值包括卷积滤波和重采样两个步骤。根据离散的采样值 $f(k,l)$ 重建连续信号 $g(x,y)$，然后进行重采样，估计未采样的点。

6.3.2 插值方法

图像插值是沿图像的两个方向，在邻近像素灰度值的基础上，估计未采样点处的灰度值。在图像处理中使用的主要插值方法有最近邻（nearest neighbor）、双线性（bilinear）和双三次（bicubic）插值法。这些插值方法利用邻近像素的灰度值和插值核函数进行多项式插值。对于未采样点的插值，考虑的邻近像素越多，则插值结果越准确，但是时间复杂度也越高。这些插值方法可用于放大或缩小图像，也同样适用于几何变换。

6.3.2.1 最近邻插值

最近邻插值，也称为零阶插值，选择最邻近点像素的值作为插值点的值，是一种最简单、最快速的灰度插值方法。最近邻插值核函数是矩形函数 [图 6-16(a)]，可表示为

$$h_{\text{nearest}}(x)=\begin{cases}1, & |x|\leqslant 0.5\\ 0, & |x|>0.5\end{cases} \tag{6-39}$$

如图 6-16(b) 所示，将采样值与矩形函数作卷积重建连续的插值函数，插值函数在插值点 x 处的取值表示为 $g(x)$。图中虚线为插值函数，最近邻插值的插值函数表现为采样保持形式。

插图

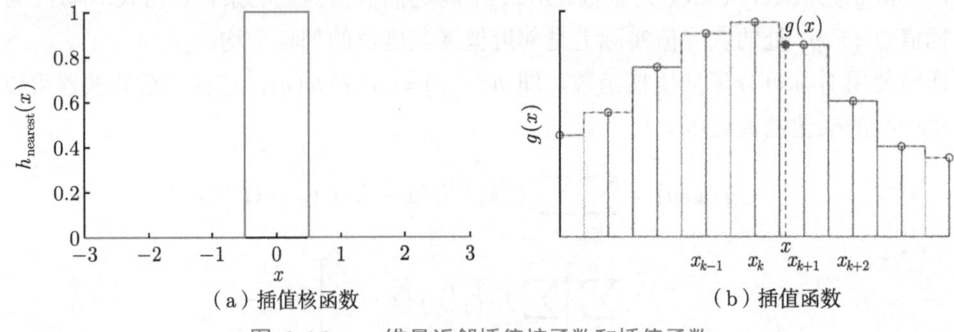

（a）插值核函数　　（b）插值函数

图 6-16　一维最近邻插值核函数和插值函数

图 6-17 描述了二维空间中最近邻插值方法的原理，它选择与插值点 (x,y) 距离最近的已知整数坐标点的灰度值作为该点的灰度值，图中 2×2 区域内左下角的点与该点最近。图 6-18 直观显示了二维网格的最近邻插值，如图 6-18(a) 所示的原采样网格的尺寸为 7×7，图 6-18(b) 所示插值后的网格尺寸为 25×25。最近邻插值法选择离插值点 (x,y) 最近的像素值简单地进行像素复制，没考虑其他邻近像素的影响，因而重采样后的灰度值具有不连续性。当插值点与各邻近像素间灰度值变化较大时，边缘轮廓会出现明显的阶梯效应。

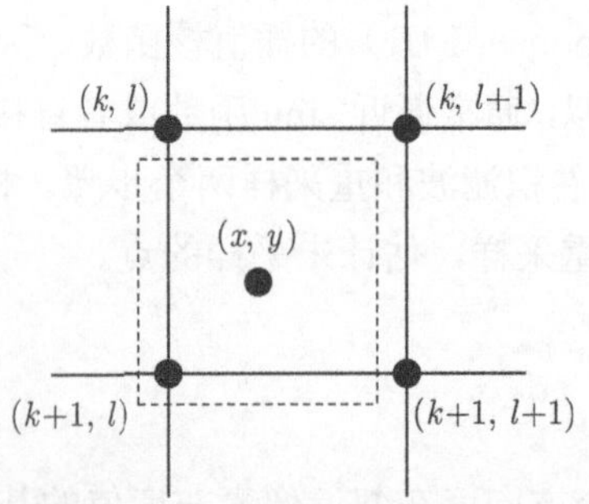

图 6-17　最近邻插值法的原理

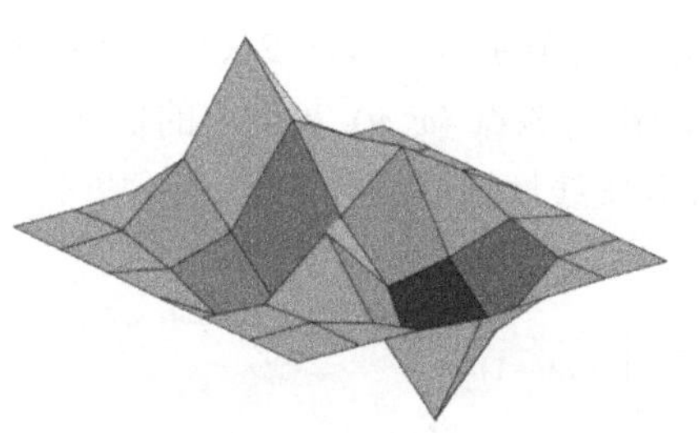

(a) 原采样

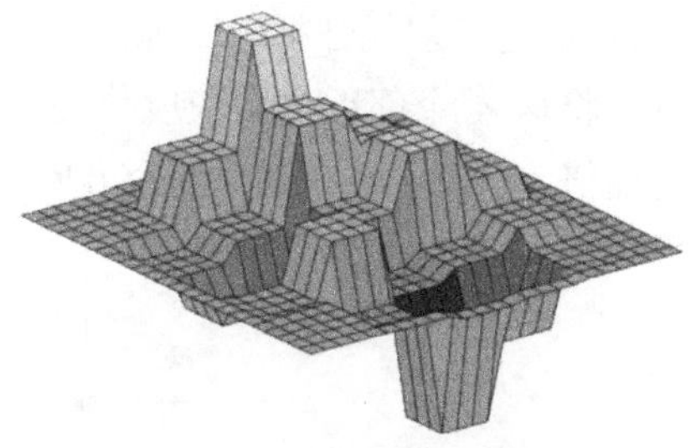

(b) 最近邻插值

图 6-18 二维采样的最近邻插值

插图

6.3.2.2 双线性插值

双线性插值是对线性插值在二维网格上的扩展，用于对双变量函数进行插值，在两个方向分别进行一维分段线性插值。在一维情况下，分段线性插值核函数是三角形函数[图 6-19(a)]，可表示为

$$h_{\text{linear}}(x)=\begin{cases}1-|x|, & |x|\leqslant 1\\ 0, & |x|>1\end{cases} \tag{6-40}$$

分段线性插值考虑了相邻两点的特征，插值函数 $g(x)$ 在 $[x_k,x_{k+1}]$ 区间是线性函数，对于插值点 $x\in[x_k,x_{k+1}]$，有

$$\begin{aligned} g(x)&=h(x-x_k)f(x_k)+h(x-x_{k+1})f(x_{k+1})\\ &=(1-|x-x_k|)f(x_k)+|x-x_k|f(x_{k+1})\\ &=(1-\alpha)f(x_k)+\alpha f(x_{k+1}) \end{aligned} \tag{6-41}$$

式中，$f(x_k)$ 和 $f(x_{k+1})$ 分别为 $f(x)$ 在采样点 x_k 和 x_{k+1} 处的函数值，$\alpha=x-x_k$ 为插值点 x 到采样点 x_k 的距离。如图 6-19(b) 所示，分段线性插值使用三角形函数对采样值进行卷积。分段线性插值在插值节点 x_k 处是连续的，但是在插值节点 x_k 处不是可微分的（一阶导数不连续）。

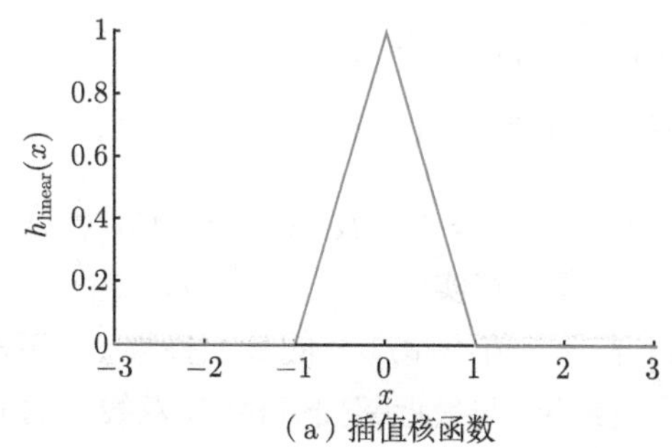

(a) 插值核函数

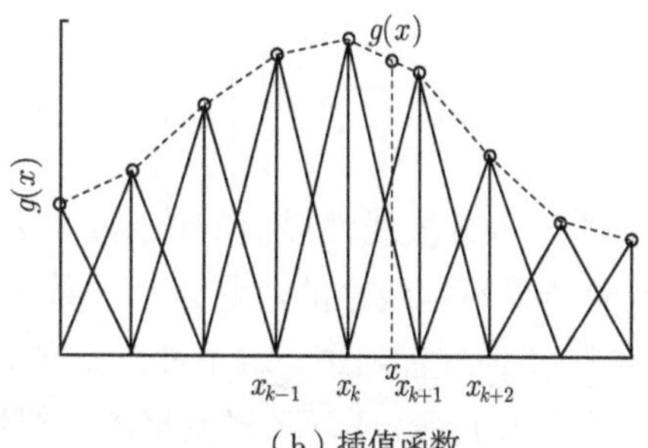

(b) 插值函数

插图

图 6-19 分段线性插值核函数和插值函数

图 6-20 描述了双线性插值的原理，点 (x,y) 的插值由其最近的 2×2 区域内 4 个邻近像素预测，将这 4 个邻近像素灰度值的加权平均作为该点 (x,y) 灰度值的估计。点 (x,y) 处的灰度插值 $g(x,y)$ 可分离为两个方向上一维分段线性插值。

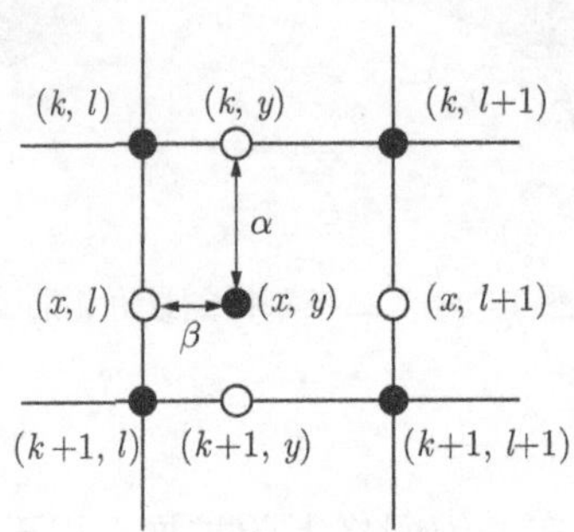

图 6-20　双线性插值法的原理

（1）在 x 方向上进行线性插值，由 $f(k,l)$ 和 $f(k+1,l)$ 计算 $g(x,l)$，由 $f(k,l+1)$ 和 $f(k+1,l+1)$ 计算 $g(x,l+1)$：

$$g(x,l)=(1-\alpha)f(k,l)+\alpha f(k+1,l) \tag{6-42}$$

$$g(x,l+1)=(1-\alpha)f(k,l+1)+\alpha f(k+1,l+1) \tag{6-43}$$

（2）在 y 方向上进行线性插值，由 $g(x,l)$ 和 $g(x,l+1)$ 计算 $g(x,y)$：

$$\begin{aligned}g(x,y)&=(1-\beta)g(k,l)+\beta g(k,l+1)\\&=(1-\alpha)(1-\beta)f(k,l)+\alpha(1-\beta)f(k+1,l)\\&+(1-\alpha)\beta f(k,l+1)+\alpha\beta f(k+1,l+1)\end{aligned} \tag{6-44}$$

根据式 (6-38)，式 (6-44) 可直接写成二次型的形式为

$$\begin{aligned}g(x,y)&=\begin{bmatrix}h(\alpha) & h(1-\alpha)\end{bmatrix}\begin{bmatrix}f(k,l) & f(k,l+1)\\ f(k+1,l) & f(k+1,l+1)\end{bmatrix}\begin{bmatrix}h(\beta)\\ h(1-\beta)\end{bmatrix}\\&=\begin{bmatrix}1-\alpha & \alpha\end{bmatrix}\begin{bmatrix}f(k,l) & f(k,l+1)\\ f(k+1,l) & f(k+1,l+1)\end{bmatrix}\begin{bmatrix}1-\beta\\ \beta\end{bmatrix}\end{aligned} \tag{6-45}$$

式中，$h(x)$ 为分段线性插值的核函数，$\alpha=x-k$，$\beta=y-l$。从式 (6-45) 可见，双线性插值的结果不是线性的，它是两个线性函数的积。在实际计算中，$k=\lfloor x\rfloor$，$l=\lfloor y\rfloor$，$\alpha=x-\lfloor x\rfloor$，$\beta=y-\lfloor y\rfloor$。对于任意 x 值，$\lfloor x\rfloor$ 表示其值不超过 x 的最大整数（向下取整）。图 6-21 为图 6-18(a) 所示采样网格的双线性插值结果，与最近邻插值相比，双线性插值具有连续性。

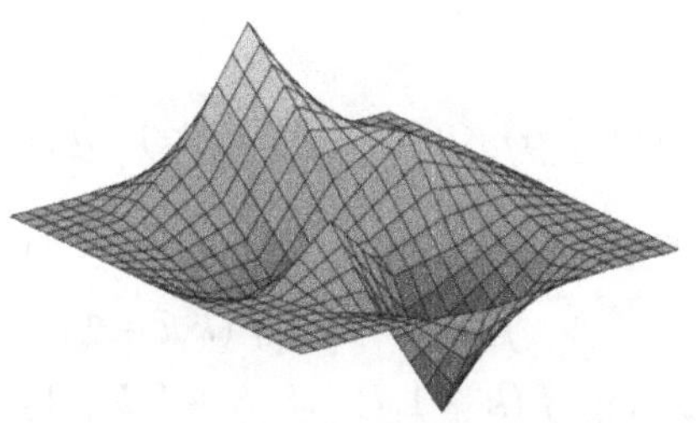

图 6-21　二维采样的双线性插值

6.3.2.3　三次卷积插值

多项式插值是线性插值的推广。线性插值是一个线性函数，现在用一个更高阶的多项式取代这个插值。三次卷积插值，也称为双三次插值，在两个方向分别进行一维分段三次插值，是二维空间中最常用的插值方法。1981 年 Robert G. Keys 提出了三次卷积插值法，它通过利用三次多项式来近似逼近理想插值核函数 $\operatorname{sinc}(x), |x| \leqslant 2$，如图 6-22(a) 所示。三次卷积插值核函数定义如下：

$$h_{\text{cubic}}(x) = \begin{cases} 1 - \dfrac{5}{2}|x|^2 + \dfrac{3}{2}|x|^3, & 0 \leqslant |x| < 1 \\ 2 - 4|x| + \dfrac{5}{2}|x|^2 - \dfrac{1}{2}|x|^3, & 1 \leqslant |x| < 2 \\ 0, & |x| \geqslant 2 \end{cases} \tag{6-46}$$

如图 6-22(b) 所示，分段三次插值使用图 6-22(a) 所示函数对采样信号进行卷积。分段三次插值在插值节点 x_k 处具有连续性和可微性（一阶导数连续）。

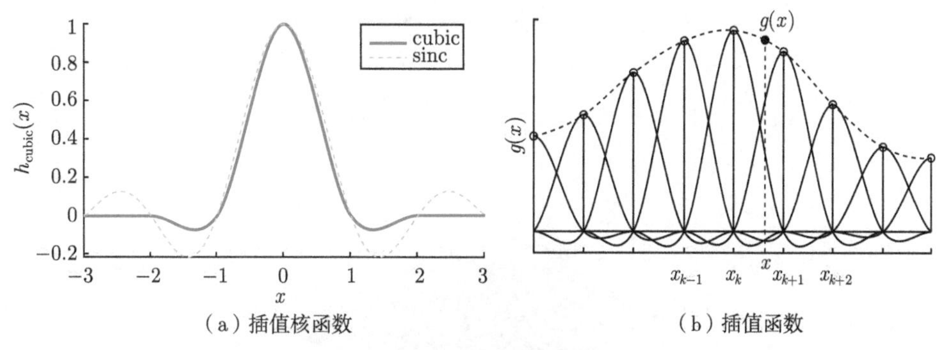

（a）插值核函数　　（b）插值函数

图 6-22　一维三次卷积插值核函数和插值函数

双线性插值仅考虑邻近 4 个点对插值点的作用，三次卷积插值考虑该点的 16 个邻近点。如图 6-23 所示，在点 (x, y) 的插值通过最近 4×4 区域内 16 个邻近像素的加权平均值作为该点灰度值的估计。在图像的两个方向依次使用一维的三次多项式插值，三次卷积插值可以用矩阵表示为二次型的形式：

$$g(x, y) = g(k + \alpha, l + \beta) = \boldsymbol{h}_x^{\mathrm{T}} \boldsymbol{F} \boldsymbol{h}_y \tag{6-47}$$

其中，

$$\boldsymbol{h}_x = \left[h(1+\alpha) \quad h(\alpha) \quad h(1-\alpha) \quad h(2-\alpha)\right]^{\mathrm{T}}$$

$$\boldsymbol{F} = \begin{bmatrix} f(k-1,l-1) & f(k-1,l) & f(k-1,l+1) & f(k-1,l+2) \\ f(k,l-1) & f(k,l) & f(k,l+1) & f(k,l+2) \\ f(k+1,l-1) & f(k+1,l) & f(k+1,l+1) & f(k+1,l+2) \\ f(k+2,l-1) & f(k+2,l) & f(k+2,l+1) & f(k+2,l+2) \end{bmatrix}$$

$$\boldsymbol{h}_y = \left[h(1+\beta) \quad h(\beta) \quad h(1-\beta) \quad h(2-\beta)\right]^{\mathrm{T}}$$

双三次插值的一阶偏导数连续，并且交叉导数处处连续。通过比较图 6-21 和图 6-24 可见，与双线性插值相比，三次卷积插值法由于考虑了邻近点灰度值变化率的作用，可以产生连续且平滑的插值函数。

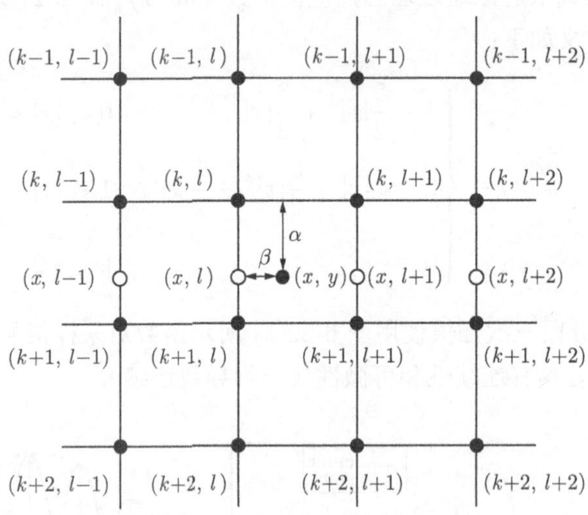

图 6-23　三次卷积插值法的原理

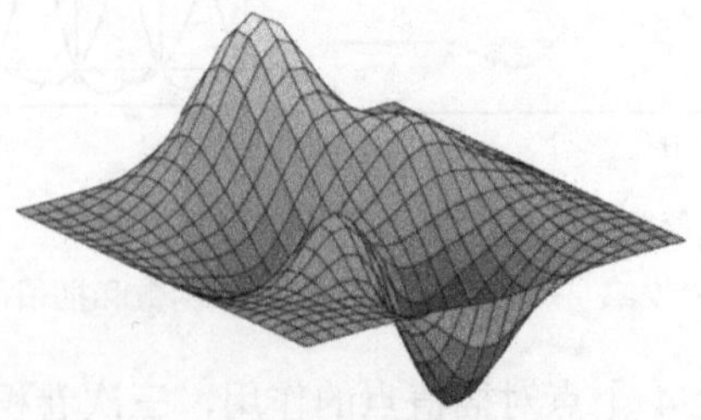

插图

图 6-24　二维采样的三次卷积插值

代码

例 6-5　图像插值

图 6-25 比较了最近邻插值、双线性插值和三次卷积插值的结果，原图像尺寸为 64×64，4 倍插值。如图 6-25 (a) 所示，最近邻插值的边缘产生阶梯状锯齿效应，图像呈现马赛克。

如图 6-25 (b) 所示，双线性插值图像更加平滑，但同时边缘趋于模糊。与双线性插值相比，如图 6-25(c) 所示的三次卷积插值更好地保持了边缘的锐度。

（a）最近邻插值

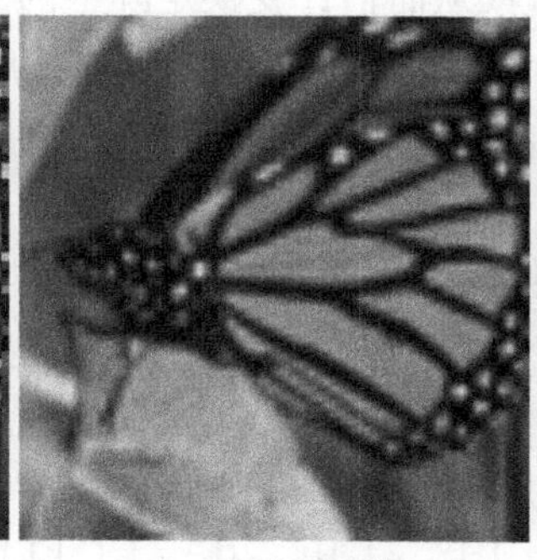

（b）双线性插值

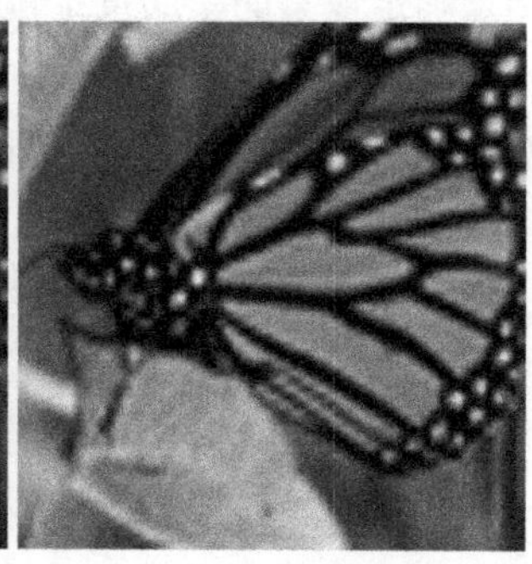
（c）三次卷积插值

图 6-25　图像插值法的比较

6.4 图像到图像的几何校正

实际中通常以一幅无形变图像为参考基准，对另一幅形变图像进行校正。几何校正包括两个阶段：①空间变换——通过几何变换的定义将图像中的像素重新排列以恢复原空间关系；②灰度插值——对空间变换后图像中各个像素赋予相应的灰度值以恢复原位置的灰度值。

6.4.1 空间变换

空间变换是将一幅图像中的坐标位置映射到另一幅图像中的新坐标位置，其实质是改变像素的空间位置。空间变换不改变图像的像素值，只是在图像平面上进行像素的重新安排。图像到图像的几何校正是利用无形变的参考图像 $f(x,y)$ 进行控制点选取，根据参考图像 $f(x,y)$ 和形变图像 $g(x',y')$ 中已知的对应控制点，建立参考图像与形变图像之间的图像坐标转换关系，再通过坐标变换对形变图像进行几何校正。

假设坐标 (x,y) 几何变换后的位置为 (x',y')，将该变换表示为如下形式：

$$\begin{cases} x' = \psi(x,y) \\ y' = \varphi(x,y) \end{cases} \tag{6-48}$$

式中，$\psi(x,y)$ 和 $\varphi(x,y)$ 为空间变换函数。若已知 $\psi(x,y)$ 和 $\varphi(x,y)$ 的解析式，则利用反变换将 x 和 y 的解析式推导出来，这样就可以根据参考图像对几何形变图像进行校正。

若几何变换是线性变换，则可以通过变换矩阵的逆矩阵，由发生形变的坐标 (x',y') 计算出校正后的坐标 (x,y)。记变换矩阵为 $\boldsymbol{M}$，线性变换可表示为 $\boldsymbol{P}'=\boldsymbol{M}\boldsymbol{P}$，这里 $\boldsymbol{P}=[x,y]^{\mathrm{T}}$，$\boldsymbol{P}'=[x',y']^{\mathrm{T}}$，其逆变换为

$$\boldsymbol{P}=\boldsymbol{M}^{-1}\boldsymbol{P}' \tag{6-49}$$

式 (6-49) 是从形变图像坐标到校正图像坐标的映射，称为正向映射。

为了估计几何变换矩阵 $\boldsymbol{M}$，通常的做法是假设空间变换的类型，通过指定若干对匹配的控制点确定像素的空间重定位，从而估计变换矩阵中的参数。然后根据已确定的空间变换方程，计算出几何形变图像中所有其他像素的重定位。几何变换类型主要包括刚体变换、相似变换、仿射变换（affine transformation）、投影变换（projective transformation）。

1. 二维刚体变换

二维刚体变换是二维坐标之间的线性变换，包括旋转、平移和反射，其一般表达式为

$$\begin{bmatrix} x' \\ y' \\ 1 \end{bmatrix} = \begin{bmatrix} r_{11} & r_{12} & t_x \\ r_{21} & r_{22} & t_y \\ 0 & 0 & 1 \end{bmatrix} \begin{bmatrix} x \\ y \\ 1 \end{bmatrix} \tag{6-50}$$

式中，4 个元素 r_{ij} 是多重旋转项；元素 t_x 和 t_y 是平移项。刚体变换保持长度和角度，变换前后坐标位置之间的所有角度和距离均不变化。刚体变换有三个自由度，即旋转角、x 方向平移和 y 方向平移。

2. 二维相似变换

二维相似变换是二维坐标之间的线性变换，包括一致缩放、旋转和平移，其一般表达式为

$$\begin{bmatrix} x' \\ y' \\ 1 \end{bmatrix} = \begin{bmatrix} sr_{11} & sr_{12} & t_x \\ sr_{21} & sr_{22} & t_y \\ 0 & 0 & 1 \end{bmatrix} \begin{bmatrix} x \\ y \\ 1 \end{bmatrix} \tag{6-51}$$

式中，4 个元素 sr_{ij} 是多重旋转-缩放项；元素 t_x 和 t_y 是包含平移距离、基准点和固定点坐标以及旋转角和缩放参数组合的平移项。相似变换保持形状，但不保持长度。变换后坐标位置之间的所有角度和距离比值不发生变化，与相似三角形类似。相似变换有 4 个自由度，即旋转角、平移向量和缩放因子 s，至少需要 2 对匹配点求解变换矩阵中的系数。

3. 二维仿射变换

二维仿射变换是二维坐标之间的线性变换，是图像在方向、尺寸和形状方面的变换，包括对图像进行平移、尺度、反射、旋转、错切等变换。仿射变换的一般表达式为

$$\begin{bmatrix} x' \\ y' \\ 1 \end{bmatrix} = \begin{bmatrix} a_{11} & a_{12} & a_{13} \\ a_{21} & a_{22} & a_{23} \\ 0 & 0 & 1 \end{bmatrix} \begin{bmatrix} x \\ y \\ 1 \end{bmatrix} \tag{6-52}$$

仿射变换后直线仍然是直线，平行线仍然是平行线。仿射变换保持平行线，但不一定保持直线之间的角度和坐标位置之间的距离，矩形变为平行四边形。多次仿射变换的复合仍是仿射变换。仿射变换有 6 个自由度，对应变换中的 6 个系数 $a_{ij}(i=1,2,3;j=1,2,3)$，至少需要 3 对匹配点求解变换矩阵中的系数。

虽然相似变换和仿射变换的变换矩阵相同，但是其定义不一样。相似变换中不存在差值缩放、错切变换和反射变换，而仿射变换中存在。

4. 二维投影变换

二维图像是三维物体在成像平面上的投影，将三维物体在二维平面表示的过程，称为投影变换。投影变换包括所有的仿射变换，还允许倾斜。对于二维平面而言，这种变换不是线性变换。但是，通过齐次坐标可以将投影变换转换成线性变换，从而使用矩阵运算来求解。

使用齐次坐标，其一般表达式为

$$\begin{bmatrix} \upsilon \\ \nu \\ \omega \end{bmatrix} = \begin{bmatrix} a_{11} & a_{12} & a_{13} \\ a_{21} & a_{22} & a_{23} \\ a_{31} & a_{32} & a_{33} \end{bmatrix} \begin{bmatrix} x \\ y \\ 1 \end{bmatrix} \tag{6-53}$$

式 (6-53) 中的变换矩阵可以分成三部分，其中，左上角 4 个系数 $a_{ij}(i=1,2;j=1,2)$ 表示线性变换，如尺度、错切和旋转；右上角两个系数 a_{13} 和 a_{23} 表示平移参数，分别确定在 x 方向和 y 方向上的平移量；左下角两个系数 a_{31} 和 a_{32} 用于产生透视投影。

投影变换可表示为两个线性变换相除的形式，坐标的显示计算式如下：

$$\begin{cases} x' = \dfrac{\upsilon}{\omega} = \dfrac{a_{11}x + a_{12}y + a_{13}}{a_{31}x + a_{32}y + a_{33}} = \dfrac{c_{11}x + c_{12}y + c_{13}}{c_{31}x + c_{32}y + 1} \\ y' = \dfrac{\nu}{\omega} = \dfrac{a_{21}x + a_{22}y + a_{23}}{a_{31}x + a_{32}y + a_{33}} = \dfrac{c_{21}x + c_{22}y + c_{23}}{c_{31}x + c_{32}y + 1} \end{cases} \tag{6-54}$$

式中，$c_{ij} = a_{ij}/a_{33}, i=1,2,3; j=1,2,3$（$c_{33}=1$），且 $c_{31} \neq 0$，$c_{32} \neq 0$。投影变换保持直线，变换后直线仍然是直线，但不一定保持平行线。当一个场景使用透视映射投影到观察平面上时，平行于观察平面的线条投影后仍然平行。但是任何与观察平面不平行的平行线组投影后成为一组会聚线条。一组投影平行线会聚的点称为灭点（vanishing point）。每一组平行线有自己单独的灭点。投影变换具有 8 个自由度，对应式 (6-54) 中的 8 个系数 $\{c_{ij}\}_{i=1,2,3;j=1,2,3} \setminus c_{33}$，至少需要 4 对匹配点求解变换矩阵中的系数。

上述四种几何变换都可以写为线性变换方程，它们之间的关系是，投影变换包含仿射变换，仿射变换包含相似变换，相似变换包含刚体变换。

图 6-26 直观说明基于控制点对的投影变换的几何校正过程。左图中的四边形产生了倾斜，利用投影变换来建模几何形变过程，$g(x',y')$ 和 $f(x,y)$ 分别表示形变四边形和基准四边形。四边形的四个顶点是匹配的控制点对。控制点是在形变图像和参考图像中位置已知的对应点。4 对匹配的控制点可用式 (6-54) 写出 8 个方程，求解出 8 个未知系数。这些系数构成了用于变换四边形内所有的像素的空间映射公式。求解出这些系数后，就确定了变换矩阵。遍历形变图像中的所有像素的坐标，通过逆变换，计算其映射在校正图像中的像素位置。

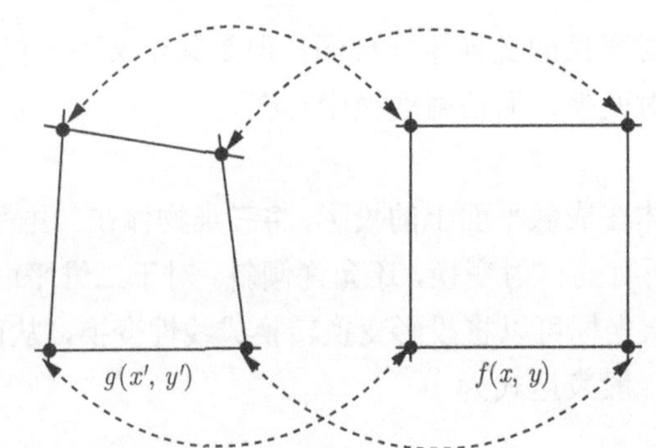

图 6-26　几何形变图像与参考图像中匹配的控制点对

6.4.2　灰度插值

对于输入的几何形变图像，空间变换计算图像中各个像素几何变换后的位置，输入图像的坐标为整数，在空间变换的正向映射过程中计算出的坐标可能是非整数值，像素值仅在整数值坐标位置有定义，灰度插值用于估计非整数坐标对应的灰度值。

灰度插值通常采用反向映射（inverse mapping）的方式。如图 6-27 所示，$\hat{f}(x,y)$ 为校正图像，$g(x',y')$ 为形变图像。遍历校正图像中的所有坐标 (x,y)，将校正图像中的坐标 (x,y) 代入求解的几何变换方程，计算出对应于形变图像中的坐标 (x',y')。校正图像中的整数坐标 (x,y) 通常映射到形变图像中的非整数坐标 (x',y')，因而在形变图像中没有定义。灰度插值利用其邻近整数坐标位置上的像素来估计在非整数坐标处的像素值。将形变图像中坐标 (x',y') 处的灰度插值 $g(x',y')$ 赋给校正图像坐标 (x,y) 处的像素值 $\hat{f}(x,y)$。利用 6.3 节所描述的图像插值方法估计任意坐标 (x',y') 处的灰度插值 $g(x',y')$，根据需要可选择最近邻插值、双线性插值、三次卷积法等插值方法。

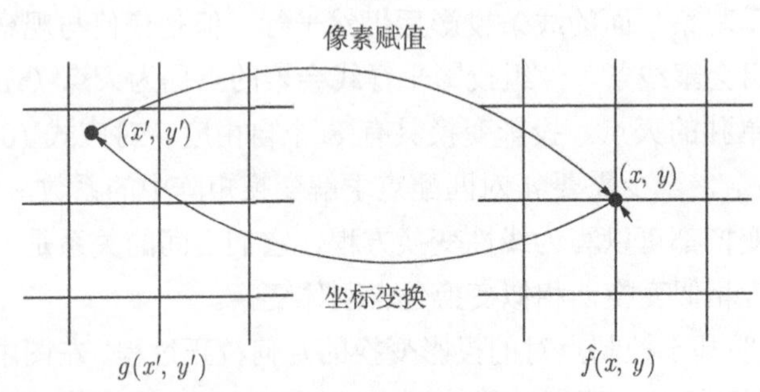

图 6-27　灰度插值示意图

代码

例 6-6　投影失真的几何校正

从地面上拍摄较高的建筑物，通常将照相机向后倾斜，若不是正投影，则投影失真是不可避免的。当场景出现倾斜时，利用投影变换进行几何校正。图 6-28(a) 为一幅由倾斜引起的投影形变的图像，图 6-28(b) 为给定的参考图像。投影变换具有 8 个自由度，通过 4 对控制点能够解出投影变换所需的 8 个系数，从而完全确定投影变换。这里选取矩形牌匾的 4 个顶点为形变图像和参考图像中匹配的 4 对控制点。如果控制点选择准确，校正图像就能在投影变换的精度范围内与参考图像配准。在确定投影变换的矩阵之后，对几何形变图像中的所有像素进行校正，使用三次卷积灰度插值方法，校正图像如图 6-28(c) 所示。图 6-28(d) 是从校正图像中裁剪出的牌匾。MATLAB 图像处理工具箱中的 imwarp 函数使用几何变换将输出图像中的坐标映射到输入图像中的相应坐标（反向映射），通过计算映射在输入图像中坐标的灰度插值来估计输出像素值。

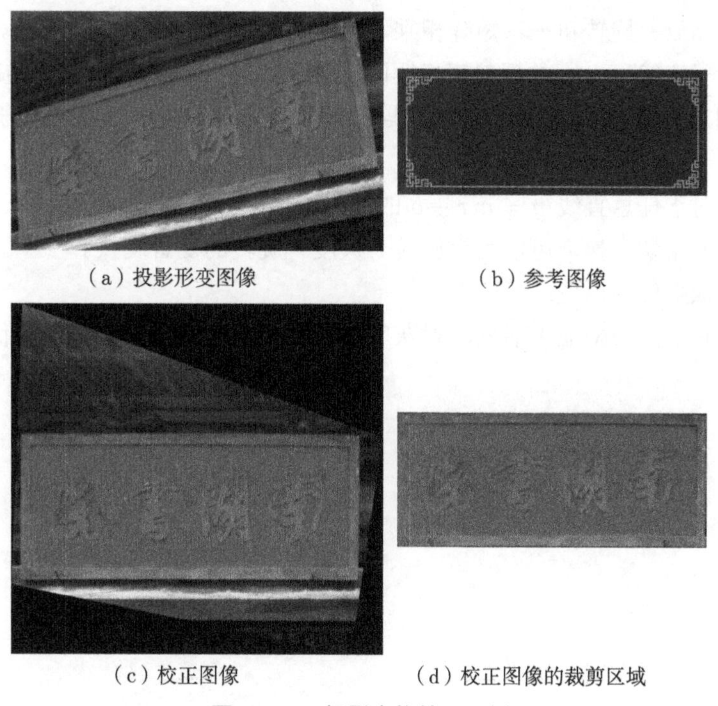

（a）投影形变图像 （b）参考图像

（c）校正图像 （d）校正图像的裁剪区域

图 6-28 投影变换校正示例

插图

6.5 小结

本章讨论几何变换、图像插值以及建立在两者基础上的几何校正方法。几何变换对图像中像素的位置重映射，仿射变换和投影变换是常用的几何变换，其中仿射变换是平移、旋转和缩放等基本几何变换的复合变换。图像插值估计图像中像素经过几何变换映射到非整数坐标的灰度值，常用的灰度插值方法有最近邻、双线性和双三次插值法。本章讨论以控制点匹配为基础的几何校正，控制点匹配可以通过交互方式指定图像中匹配的控制点对，也可以采用自动特征匹配的方式。后者包括特征点检测和特征提取两个基本步骤，特征点检测是确定图像中如角点、团斑等具有显著特征的位置，特征提取使用特征向量表示特征点。通过特征向量的相似性确定同名特征点对，根据同名特征点对确定图像空间坐标变换参数。第 10 章将论述局部特征检测和提取的相关内容。几何校正的广泛应用是图像配准，将两幅图像中同一位置的空间点对应起来，实现信息融合的目的。

习题

1. 证明对于下列操作序列，矩阵相乘是可交换的：

(1) 两个连续的旋转；

(2) 两个连续的平移；

(3) 两个连续的缩放。

2. 证明一致缩放和旋转形成可交换的操作对，但通常缩放和旋转不是可交换操作。

3. 将单个缩放、旋转和平移矩阵相乘，说明仿射变换矩阵中的各元素。

4. 证明关于直线 $y = x$ 的反射变换矩阵等价于相对 x 轴的反射加上逆时针旋转 90°。

5. 证明相对于 x 或 y 坐标轴的两次连续反射等价于在 x-y 平面上关于坐标原点的一次旋转。

6. 确定相对于任意直线 $y = mx + b$ 的反射变换矩阵的形式。

7. 证明任何错切变换都可以写为旋转—尺度—旋转的复合变换。

8. 简述图像插值的原理。

9. 分析控制点图像配准中后向映射灰度插值相比前向映射灰度插值的优势。

第7章 图像压缩编码

导图

微课

数字图像中各个像素并非独立，它们之间具有高度相关性，通常图像中相邻区域的像素具有相同或相近的灰度。图像编码通过消除数字图像中的数据冗余从而减少数字图像表示所需的数据量，达到图像压缩的目的，有利于减小图像的存储量和传输带宽。对于电视画面而言，同一行中相邻两个像素或相邻两行之间像素的相关系数可达 0.9 以上，而相邻两帧之间的相关性通常比帧内相关性更大。因此，图像和视频数据具有很大的压缩潜力。在图像存储或传输之前对图像进行压缩编码，在图像显示和处理之前再对压缩位流进行解码和重建。图像压缩编码是发展最早且比较成熟的技术，自 20 世纪 40 年代香农（Shannon）提出信息的概率论观点以及对信息的表示、传输和压缩，到目前一系列静止图像和运动图像压缩编码国际标准的正式采用，图像压缩编码领域在理论研究和实际应用方面取得了重大的进展。

7.1 图像压缩基本概念与模型

图像压缩是数据压缩技术在数字图像上的应用。图像信息具有直观、形象的优点，但是图像数据量很大。这带来的问题是受限于存储器的容量和计算机的处理速度，更是当前通信信道的传输速率所不及的。图像压缩的目的是消除图像数据中的冗余信息，从而更加有效地存储和传输图像。

7.1.1 图像信息的冗余

数据压缩是指减少表示给定信息量所需要的数据量。数据和信息是两个意义不同的概念。数据是信息的载体，信息是数据传送的内容。等量的信息可以用不同的数据量表示，例如，对一个事件的描述，可以简明扼要，也可以冗长赘余。包含不相关或重复信息的表示称为数据冗余。

图像数据通常存在着一定的冗余度，这些数据冗余会占用额外的存储空间和信道带宽。香农提出将数据看作信息和冗余度的组合。由于图像中相邻像素之间或视频中相邻帧之间较强的相关性产生冗余度，数据冗余的存在使得图像压缩成为可能。数字图像的冗余包括空间冗余、时间冗余、信息熵冗余和心理视觉冗余（psyohovisual redundancy）等，通过数据编码方法消除一种或者多种数据冗余，从而达到数据压缩的目的。

空间冗余和时间冗余统称为统计冗余，是指图像中像素之间的冗余。具体来讲，图像中各个像素值之间不是统计独立的，而是存在一定程度的相关性。空间冗余是静止图像中存在的一种主要的数据冗余。由于图像中同一目标各采样点的颜色之间通常在空间上是均匀的、连续的，因此将图像数字化为像素矩阵后，大量相邻的像素值是相同或相近的，存在空间连续性。时间冗余是指序列图像（如电视画面、运动图像）中相邻帧之间的相关性所引起的数据冗余。序列图像一般为某一段时间内的一组连续画面，由于前后相邻帧记录相邻时刻的同一场景或相似场景的画面，因此，相邻帧通常包含大部分相同的画面内容，这种较强的时间相关性可以用于预测连续画面的变化。在压缩编码过程中，通常利用变换编码消除图像的空间冗余，利用运动补偿帧间预测编码去除视频帧间的时间冗余。

信息熵冗余是从编码技术的角度定义，是指在图像编码时由于编码效率不高所引起的数据冗余，也称为编码冗余。信息熵是指一组数据所携带的平均信息量。由信息论可知，对于表示图像信息的像素，应按照其自信息分配相应的位数。定长编码使用相同的码字长度表示不同概率的像素值时，这样势必存在数据冗余。变长编码采用可变码字长度的编码，通过各个像素值发生的概率，对概率较大的像素值分配较短的码字，对概率较小的像素值分配较长的码字，从而使编码的期望码字长度最短。

心理视觉冗余产生的原因是成像系统记录图像数据是均匀和线性的，它将所有不同视觉敏感的信息同等对待，然而人类视觉系统对图像的敏感性是非均匀和非线性的，各种信息的相对重要程度不同。例如，人类视觉系统对图像亮度的变化敏感，而对色度的变化相对不敏感，因此，在 YUV 颜色表示的数字视频中，对色度分量的空间采样率比对亮度分量低；人类视觉系统对整体结构敏感，而对局部细节相对不敏感，因此，小波变换的编码技术利用多分辨率小波分解对近似系数和细节系数独立编码，实现位流在空间分辨率上具有可分级性。利用人类视觉系统特性可以在相应部分降低编码精度，而使人眼从视觉感受上察觉不到图像质量的下降，从而实现图像数据的压缩。

7.1.2 图像熵与编码效率

图像通过像素传达信息，图像信源为所组成像素的集合。将像素值看作随机变量 X，X 所有可能的取值为 r_k，X 取各个可能值的概率为 $P\{X=r_k\}=p(r_k)$，r_k 表示灰度级，$k=0,1,\cdots,L-1$，L 为灰度级数。根据信息论中熵的定义，图像熵 $H(X)$ 定义为

$$H(X)=-\sum_{k=0}^{L-1}p(r_k)\log_2 p(r_k) \tag{7-1}$$

图像熵是指平均意义上描述图像信源的信息量，具体地说，是描述像素集合所需的平均位数（码字长度）。

通常采用编码效率和冗余度来度量图像压缩编码方法的性能。设 $H(X)$ 为信源 X 的熵，$L(C)$ 为信源编码 C 的期望码字长度，编码效率η 定义为

$$\eta=\frac{H(X)}{L(C)} \tag{7-2}$$

香农第一定理（最优前缀码定理）表明，最优码的期望码字长度下界为 $H(X)$[①]。冗余度γ与编码效率 η 之间的关系为

$$\gamma=1-\eta=1-\frac{H(X)}{L(C)} \tag{7-3}$$

显然，编码效率越高，冗余度越低，则压缩数据携带信息的有效性越高，传输或存储单个像素所需要的平均位数越少。

① 信息熵和香农第一定理是“信息论”的基础内容，参见电子文档。

文档

压缩率通常用于度量图像编码的数据压缩程度。设源图像的位数为 N_o，压缩数据的位数为 N_c，图像编码的压缩率β 定义为 N_o 与 N_c 之比，可表示为

$$\beta = \frac{N_\text{o}}{N_\text{c}} \tag{7-4}$$

压缩率为 β 表明源图像的 β 位和压缩数据的 1 位携带等量的信息。有损压缩编码允许更高的压缩率，然而，压缩率越高，图像失真越严重。JPEG 编码格式①的压缩率通常为 $10 \sim 40$。

7.1.3 图像压缩系统

图像压缩系统由编码器和解码器两个部分组成。编码器是对源数据进行压缩编码，以便于存储和传输。解码器是对压缩编码的数据进行解压缩②，还原为可以使用的数据。如图 7-1 所示，源图像 $f(x,y)$ 输入编码器中，编码器将输入图像生成位数据流，经过信道传输到达解码端，将编码的位流送至解码器中，通过压缩和解压缩的过程，输出重建的图像 $\hat{f}(x,y)$。编码器由信源编码器和信道编码器组成。信源编码器的作用是压缩数据冗余，以减少编码的位数，对信息有效表示，在传输时提高信息的传输效率。由于信源编码器的输出数据对传输噪声很敏感，信道编码通过将可控制的冗余加入信源编码的码字以减少信道噪声的影响，提高信息传输时的抗干扰能力，冗余度是为了保证信息传输的可靠性而存在的，因此，信道编码也称为数据传输或差错控制码。通信系统中信源编码和信道编码的级联保证信息在信道中高效而可靠地传输。信源和信道也可以联合起来进行编码，称为信源信道联合编码。但一般情况下，两者独立进行编码便于设计和实现，并有利于形成标准模块，增加系统的适应性。解码器是由与编码器相对应的信道解码器和信源解码器组成。若编码器和解码器之间的传输信道是无噪声的，则可以略去信道编码器和信道解码器。

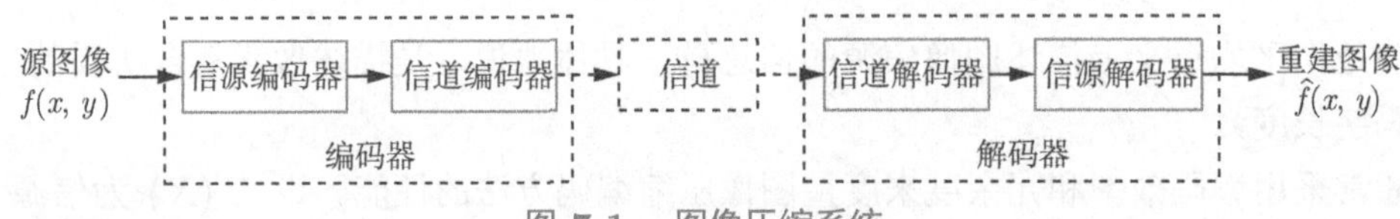

图 7-1　图像压缩系统

当图像压缩系统采用无损压缩编码时，输出图像是输入图像的完全重建，$\hat{f}(x,y)$ 是 $f(x,y)$ 的精确表示，此时，压缩系统称为无误差的、无损的或信息保持的压缩系统；当图像压缩系统采用有损压缩编码时，重建图像会发生某种程度的失真，$\hat{f}(x,y)$ 是 $f(x,y)$ 的近似图像，此时，压缩系统称为有损压缩系统。无损压缩受到压缩率的限制，仅使用无损压缩方法不能有效解决图像和视频的存储和传输问题。有损压缩编码是以人眼允许的一定误差范围之内的信息损失为前提来消除图像中的数据冗余。尽管信源编码器的结构与具体应用的保真度要求有关，然而，在一般情况下，如图 7-2(a) 所示，信源编码器包括映射器、量化器和符号编码器三个级联的操作，依次减少或消除统计冗余、心理视觉冗余和编码

① JPEG 标准的内容详见 7.5 节。

② 压缩和解压缩也称为编码和解码，编码和解码的表达反映了信息论对图像压缩领域的影响。

冗余。无损压缩编码系统中没有量化器。对应的信源解码器包括反序的两个独立操作，如图 7-2(b) 所示，信源解码过程仅包含符号解码器和反向映射器两个操作。这两个操作的级联顺序与信源编码器的顺序相反。由于量化导致不可逆的信息损失，因此，信源解码器中通常不包含反向量化器。

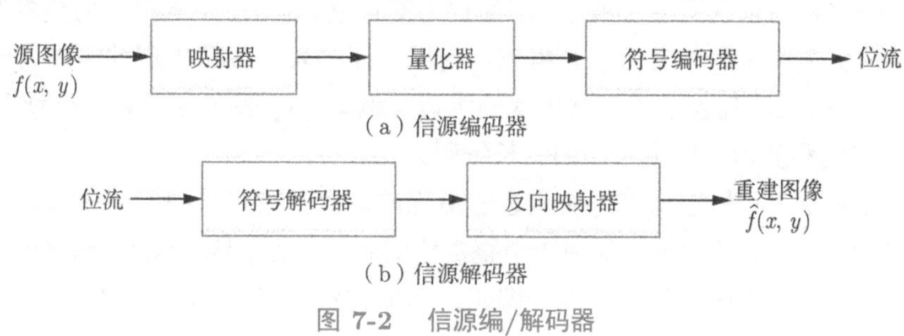

图 7-2 信源编/解码器

在信源编码器中，映射器的作用是转换像素表示方式，直接或间接减少图像的数据量，这一操作通常是可逆的，映射本身不会造成信息的损失。映射的形式与具体的编码技术有关，行程编码是一种通过映射直接实现压缩的方法。变换编码通过图像变换将图像映射为一组不相关的变换系数，进一步对变换系数量化消除图像中各像素间的空间冗余，间接实现压缩。在视频编码中，映射器通过运动补偿帧间预测使用前向帧（或后向帧）的运动补偿对当前帧进行预测，对帧间预测误差进行量化消除视频中各帧间的时间冗余。量化器根据给定的保真度准则[①]控制映射器输出的精度，减少心理视觉冗余。由于这一操作是不可逆的，因此量化器仅用于有损压缩编码系统中。此外，图像压缩编码系统也可以联合执行映射器和量化器操作。符号编码器对量化器的输出进行编码，生成码字。编码冗余是由于信源符号的概率分布不均匀造成的，通常采用可变长度的码字来适应不同概率的符号，通过对频繁出现的符号分配短码字，对不经常出现的符号分配长码字来减少编码冗余，这一操作是可逆的。

图像压缩编码技术具有多种分类方法。根据压缩过程有无信息损失，可分为无损压缩编码和有损压缩编码。根据编码目标不同，可分为静止图像编码和运动图像编码、二值图像编码和多值图像编码、灰度图像编码和彩色图像编码等。最常用的是根据编码原理的分类方法，主要可分为统计编码、变换编码、预测编码和子带编码等。此外，还有诸多压缩编码方法，例如，位平面编码、向量量化编码、分组编码、块截断编码和轮廓编码等。各种图像编码方法一般都有自适应算法，具体来讲，编码的参数不是固定不变的，而是根据图像信源的局部或瞬时的统计特性自适应地调整，或建立信源的统计模型，以达到更高的压缩率。

7.2 统计编码

统计编码是利用数据的统计冗余进行压缩的可变码字长度编码，也称为熵编码（entropy coding）。码元是对计算机网络传输的二进制数中每一位的通称，而由若干码元序

① 图像失真与保真度准则的介绍详见电子文档。

列表示的数据单元通常称为码字。统计编码是一种信息保持的无损压缩编码，能够完全重建源数据而不引起任何失真，但压缩率受到数据统计冗余度的理论限制。

1. 变长编码

信息论是处理数据压缩和传输领域中的问题，是熵编码的理论基础。由源符号映射到可变长度的码字称为可变码字长度编码，简称为变长编码。例如，电报中的莫尔斯（Morse）码是一种关于英文字母表的有效变长编码，使用短序列表示频繁出现的字母（例如，单个点表示 E），而用长序列表示不经常出现的字母（例如，Q 表示为“划划点划”）。霍夫曼（Huffman）编码和算术编码是常用的变长编码方法。

霍夫曼编码是关于给定概率分布构造的最优前缀码。按符号编码，信源符号与码字之间一一对应，将单个信源符号映射成一个整数位的码字。为了降低编/解码器的复杂度，当待编码的符号集合较大时，采用准变长编码，例如香农-费诺（Shanno-Fano）编码，以编码效率为代价换取编码时间。

算术编码将信源符号序列用 $0 \sim 1$ 的小数进行编码，将信源符号的整个序列映射成一个单独的浮点数，给整个符号序列分配一个单一的码字。单个信源符号可以用分数位来表示。

文档

变长编码是“信息论”的内容，更多内容详见电子文档。

2. 行程编码

行程编码是一种无损数据压缩的熵编码方法，也称为行程长度编码（run length encoding, RLE）。当源数据是连续出现的符号时，常用的方法是对连续出现的符号（行程）进行行程编码。行程编码的基本原理是，将连续的符号序列用该序列的长度和单个符号表示，连续的符号序列称为行程，符号序列的长度称为行程长度。例如，行程编码将符号序列 aabbbbccddddd 表示为 2a4b2c5d。行程编码是一种针对二值图像的有效编码方法，对连续的黑色和白色像素数（行程）进行编码。由于传真文档主要是二值文档，行程编码已成为传真文档压缩编码的标准方法。

行程编码的优势是编码和解码过程简单、速度快、计算量小，它的问题是对于不重复的文档反而增大数据量。当图像中包含许多常数区域时，行程编码的压缩率很高，但对于其他图像行程编码的压缩率不高，最坏的情况是图像中任意两个相邻像素值都不相同，在这种情况下，行程编码不仅不能起到数据压缩的作用，反而使数据量增加一倍。由于连续色调图像中相同像素值的连续性较差，为了达到高压缩率，连续色调图像的压缩一般不单独使用行程编码，而是与其他编码方法结合使用。例如，在 JPEG 静止图像压缩编码标准中，综合使用了变换编码、预测编码、行程编码和熵编码等编码方法。

7.3 变换编码

变换编码（transform coding）是一种在变换域实现数据压缩的编码方法，它将像素表示的空域转换到特征表示的变换域，根据图像变换系数的特征和人类视觉特性进行编码。正交变换具有去相关且能量集中的特性，因此，正交变换广泛应用于图像编码中。

7.3.1 变换编码的原理

变换编码将图像中的像素经过某种正交变换转换到变换域，然后对变换系数进行量化和编码。从数学的观点来看，正交变换是将空域相关的二维像素矩阵变换为统计上不相关的变换系数矩阵，消除像素之间的空间相关性，将图像的大部分信息集中到少量的变换系数上，大量的变换系数较小，这样能够用少量的变换系数表示图像信息。通过量化过程舍弃较小的变换系数，降低空间冗余度，从而用较少的位数表示图像。由于正交变换是可逆的，变换前后的信息熵保持不变，因此，有损压缩编码中只有在变换系数的量化过程中引入信息的损失，而正交变换本身只是将图像的能量重新分布。

在变换编码的特定应用中，正交变换的选择取决于可容忍的重建误差以及可接受的计算量。K-L 变换系数互不相关，且在最小均方误差意义下实现系数截断，也称为最优变换，但是，由于其变换矩阵依赖于图像内容，取决于数据的协方差矩阵，因而无快速算法。尽管 K-L 变换不能用于实时编码，然而在理论上具有重要的意义，可以用来分析变换编码方法的性能极限。除了 K-L 变换之外，其他正交变换都是行列可分离的，且具有快速算法。

离散余弦变换具有很强的能量集中特性，广泛应用于信号和图像的有损数据压缩领域。大多数自然图像的能量都集中在离散余弦变换的低频分量，通常只需少数低频 DCT 系数就可以表示图像信息。在信号满足一阶马尔可夫过程假设的前提下，离散余弦变换可以很好地近似 K-L 变换，且离散余弦变换行列可分离以及具有快速算法，因此在 JPEG 静止图像压缩编码标准和 MPEG 运动图像压缩编码标准中都采用了离散余弦变换。

7.3.2 离散余弦变换

离散余弦变换与傅里叶变换有着内在的联系，等同于对实偶函数进行离散傅里叶变换。由于实偶函数的傅里叶变换仍然是实偶函数，因此，离散余弦变换是实变换，没有虚数部分。

7.3.2.1 一维离散余弦变换

一维离散序列 $f(x)$，$x=0,1,\cdots,N-1$ 的离散余弦变换及其逆变换定义为

$$F(u)=c(u)\sum_{x=0}^{N-1}f(x)\cos\frac{\pi u(2x+1)}{2N},\quad u=0,1,\cdots,N-1 \tag{7-5}$$

$$f(x)=\sum_{u=0}^{N-1}c(u)F(u)\cos\frac{\pi u(2x+1)}{2N},\quad x=0,1,\cdots,N-1 \tag{7-6}$$

其中，

$$c(u)=\begin{cases}1\big/\sqrt{N}, & u=0\\ \sqrt{2/N}, & u=1,2,\cdots,N-1\end{cases} \tag{7-7}$$

从式 (7-5) 和式 (7-6) 中可见，离散余弦变换的正变换和逆变换的核函数相同，都是 $\cos\dfrac{\pi u(2x+1)}{2N}$。图 7-3 给出了当 $N=8$ 时一维离散余弦变换的 8 个基函数，与图 4-4 中离散傅里叶变换的基函数相比，离散余弦变换对应频率的基函数变化更加平缓。

插图

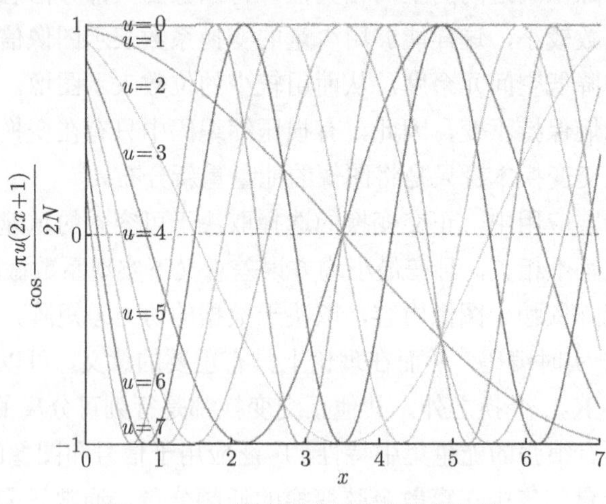

图 7-3　一维离散余弦变换的基函数

7.3.2.2　二维离散余弦变换

一维离散余弦变换直接推广到二维离散余弦变换，对于尺寸为 $M\times N$ 的二维序列 $f(x,y)$，二维离散余弦变换及其逆变换定义为

$$F(u,v)=c(u)\,c(v)\sum_{x=0}^{M-1}\sum_{y=0}^{N-1}f(x,y)\cos\frac{\pi u(2x+1)}{2M}\cos\frac{\pi v(2y+1)}{2N} \tag{7-8}$$

$$u=0,1,\cdots,M-1;v=0,1,\cdots,N-1$$

$$f(x,y)=\sum_{u=0}^{M-1}\sum_{v=0}^{N-1}c(u)\,c(v)\,F(u,v)\cos\frac{\pi u(2x+1)}{2M}\cos\frac{\pi v(2y+1)}{2N} \tag{7-9}$$

$$x=0,1,\cdots,M-1;y=0,1,\cdots,N-1$$

其中，

$$c(u)=\begin{cases}1\big/\sqrt{M}, & u=0\\ \sqrt{2/M}, & u=1,2,\cdots,M-1\end{cases},c(v)=\begin{cases}1\big/\sqrt{N}, & v=0\\ \sqrt{2/N}, & v=1,2,\cdots,N-1\end{cases} \tag{7-10}$$

文档

二维离散余弦变换是一种可分离的正交变换，可以分解为两次一维离散余弦变换实现。离散余弦变换是线性变换，其矩阵形式详见电子文档。

二维离散余弦变换是作用于整幅图像的变换，每个 $F(u,v)$ 包含了所有 $f(x,y)$ 值。由于整幅图像的离散余弦变换需要对全部像素进行计算，计算复杂度高，因此，在实际的图像编码过程中，通常将整幅图像划分为 8×8 的图像块，以图像块为单元进行二维离散余弦变换，生成 8×8 的变换系数矩阵，再将变换系数量化后进行熵编码。图 7-4 给出了当 $M=N=8$ 时二维离散余弦变换的基图像，随着频率 u 和 v 的增大，基图像的灰度变化更加剧烈，从而能够描述图像更高的频率分量。

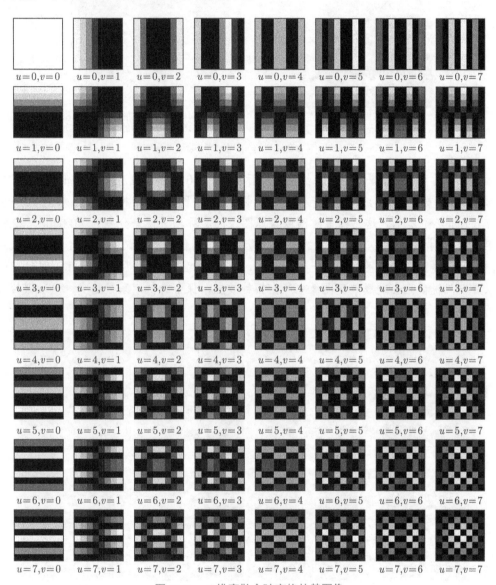

图 7-4　二维离散余弦变换的基图像

例 7-1　离散余弦变换数据压缩

图 7-5 直观说明了二维离散余弦变换的能量集中特性和频率分量分布特点。对图 7-5(a) 所示的图像进行离散余弦变换，图 7-5(b) 是以伪彩色方式显示的离散余弦变换的系数（以 10 为底的对数 DCT 谱），右边为颜色映射条（colorbar），表明不同颜色所代表的数值，注意离散余弦变换系数是取以 10 为底的对数值。由图可见，少数较大的低频 DCT 系数集

中分布在频率平面的左上角，而大多数分布在右下部分的高频 DCT 系数均较小。在对数 DCT 谱左上角部分的红色方框分别标出了 1/16、1/9 和 1/4 的低频分量区域。

插图

（a）灰度图像

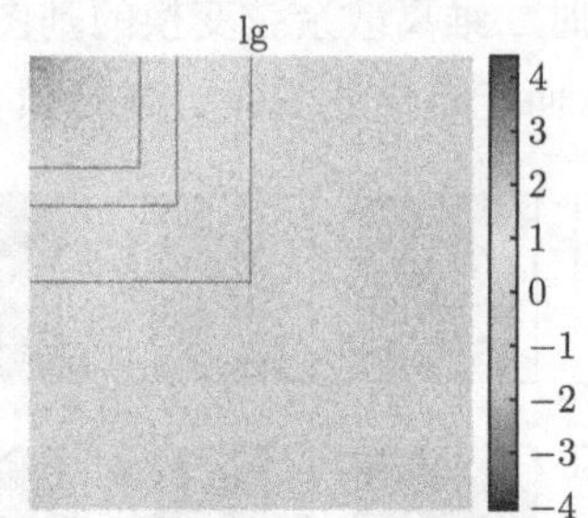

（b）对数DCT谱，左上角红色方框标出1/16、1/9和1/4的低频分量区域

图 7-5　二维离散余弦变换

仅保留对数 DCT 谱中左上角红色方框标出的 1/16、1/9 和 1/4 区域的低频系数，其余区域的系数置为 0，经过离散余弦逆变换的重建图像以及相应的误差图像分别如图 7-6 (a)~(c) 所示。这三幅重建图像与源图像的实际均方误差分别为 40.0400、22.2359 和 8.8475。对于如图 7-5(c) 所示的高频分量较多的图像，尽管仅保留 1/4 区域的低频系数，然而重建图像与源图像视觉上高度相似，这样就起到了图像压缩的作用。从这三幅图可以看出，锐截止会造成重建图像中产生振铃效应，保留的低频系数越少，这种振铃效应越明显。

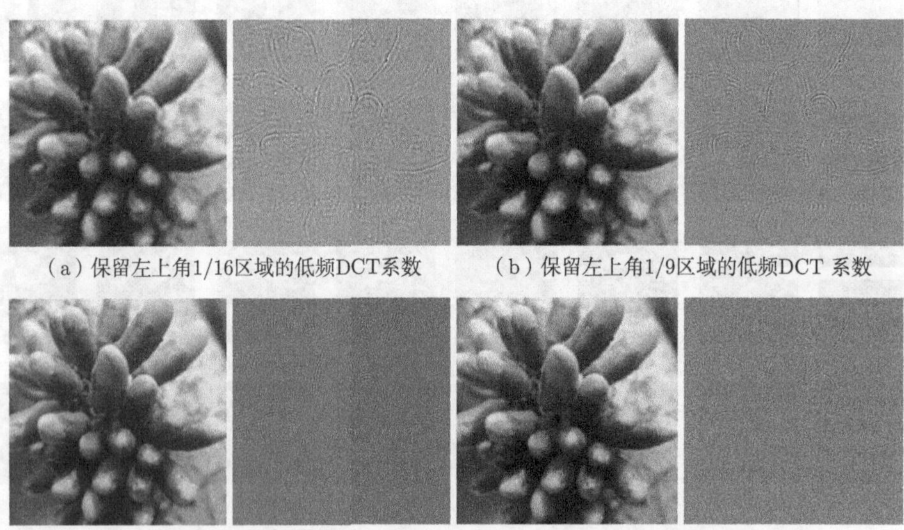

（a）保留左上角1/16区域的低频DCT系数　（b）保留左上角1/9区域的低频DCT 系数

（c）保留左上角1/4区域的低频DCT 系数　（d）保留大于10的DCT系数

图 7-6　经过 DCT 系数压缩的重建图像及其误差图像

在如图 7-6(d) 所示的重建图像中，将小于 10 的系数（颜色映射条上的对应数值为 1）置为 0。由伪彩色表示的对数 DCT 谱中大致可以看出，置零的系数区域大于 1/9。图 7-6(d) 中右图为对应的误差图像，与源图像的实际均方误差为 10.9051，从图中可以看出，只保留少数较大系数的重建图像与源图像有极其相似的视觉效果且没有发生可察觉的振铃效应，

也就是说，舍弃大于 1/9 区域的系数对重建图像质量的视觉影响微乎其微，这是变换编码能够实现图像压缩的基本原理。

7.3.2.3 DCT 和 DFT 的关系

离散傅里叶变换的形式是复指数的线性组合，实序列 $f(x)$ 的 DFT 系数通常是复数。若 N 点序列 $f(x)$ 是实偶序列，即 $f(x)=f(N-x), 0\leqslant x\leqslant N-1$，则 DFT 系数也是实偶序列。根据这个性质，通过对序列进行偶延拓再计算 $2N$ 点离散傅里叶变换，可以推导出 N 点实序列的离散余弦变换。

设 $s(x)$ 是 N 点序列 $f(x)$ 的偶对称延拓序列，定义为

$$s(x)=\begin{cases} f(x), & x=0,1,\cdots,N-1 \\ f(2N-x-1), & x=N,N+1,\cdots,2N-1 \end{cases} \tag{7-11}$$

如图 7-7 所示，序列 $f(x)$[图 7-7(a)] 关于图中的虚线对称构成 $2N$ 点偶对称序列 [图 7-7(b)]，$2N$ 点序列 $s(x)$ 的离散傅里叶变换 $S(u)$ 为

$$S(u)=\sum_{x=0}^{2N-1}s(x)W_{2N}^{ux},\quad u=0,1,\cdots,2N-1 \tag{7-12}$$

式中，$W_{2N}^{k}=\mathrm{e}^{-\mathrm{j}2\pi k/2N}$。

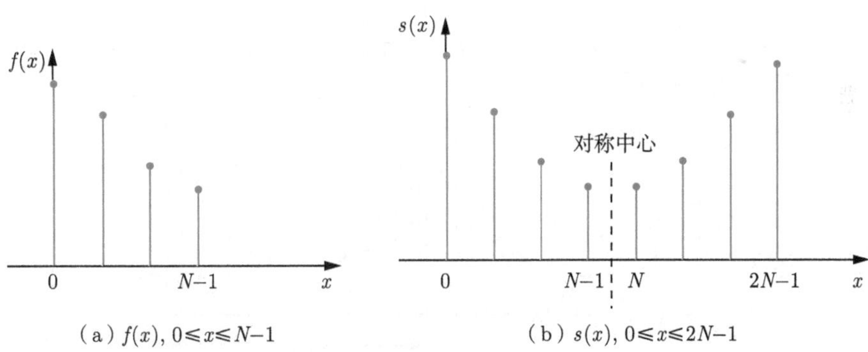

(a) $f(x), 0\leqslant x\leqslant N-1$　(b) $s(x), 0\leqslant x\leqslant 2N-1$

图 7-7　序列 $f(x), 0\leqslant x\leqslant N-1$ 及其 $2N$ 点偶延拓序列 $s(x), 0\leqslant x\leqslant 2N-1$

将式 (7-11) 代入式 (7-12)，可得出

$$S(u)=2W_{2N}^{-u/2}\sum_{x=0}^{N-1}f(x)\cos\frac{\pi u(2x+1)}{2N},\quad u=0,1,\cdots,2N-1 \tag{7-13}$$

根据式 (7-5) 中 $f(x)$ 的离散余弦变换定义，可得离散余弦变换和离散傅里叶变换的关系为

$$F(u)=\frac{c(u)}{2}W_{2N}^{u/2}S(u),\quad u=1,2,\cdots,N-1 \tag{7-14}$$

$F(u)$ 是实数，而 $S(u)$ 是复数。根据式 (7-12) 计算 $2N$ 点序列 $s(x)$ 的离散傅里叶变换 $S(u)$，并根据式 (7-14) 将 $S(u)$ 与 $\frac{c(u)}{2}W_{2N}^{u/2}$ 相乘可得 $f(x)$ 的离散余弦变换。$S(u)$ 前的常量 $\frac{c(u)}{2}W_{2N}^{u/2}$ 不会影响变换系数的基本特性，因此，离散余弦变换和离散傅里叶变换具有一致的频率分布和统计特性。

与离散傅里叶变换相比，离散余弦变换能够在很大程度上减弱分块处理造成的块效应。块效应是由图像块在拼接处的边界像素值不连续造成的。如图 7-8(a) 所示，离散傅里叶变换固有的 N 点周期性会引入相邻周期边界的不连续点，当对 DFT 系数进行截断或量化时，需要保留较多的高频系数才能重建这样的不连续点，否则会导致边界点的重建不正确，在图像中表现为明显的块效应。如图 7-8(b) 所示，离散余弦变换固有的 $2N$ 点周期性和偶对称性使相邻周期的边界处不存在间断点。因此，与 DFT 系数相比，DCT 系数展示出更好的能量集中性能，只需较少的 DCT 系数就可以很好地重建首尾数据不连续性的信号。这是 DCT 应用于图像编码的主要原因（见电子文档的示例）。

文档

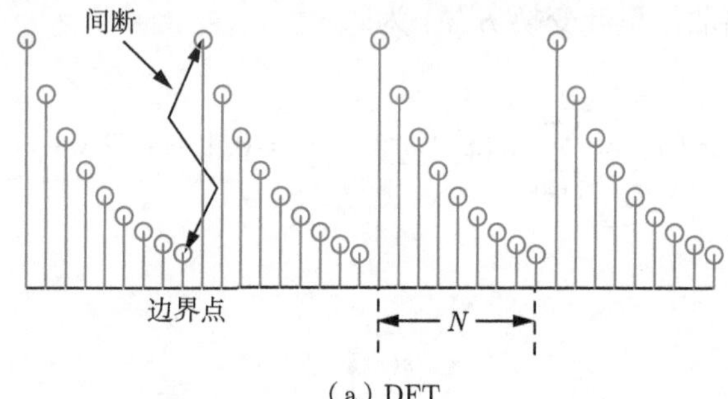

（a）DFT

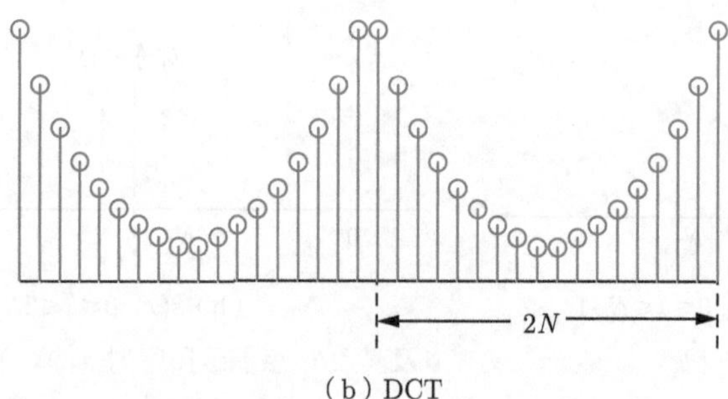

（b）DCT

图 7-8　一维 DFT 和 DCT 的固有周期图释

7.3.3　块变换编码

块变换编码是以图像块为基本单元的变换编码技术，块变换编码的系统框图如图 7-9 所示，编码器依次执行四个独立操作：图像块划分、正变换、量化器和符号编码器。解码器反序地执行三个操作：符号解码器、逆变换和图像块合并。除了量化器之外，解码器执行与编码器相反次序的步骤。

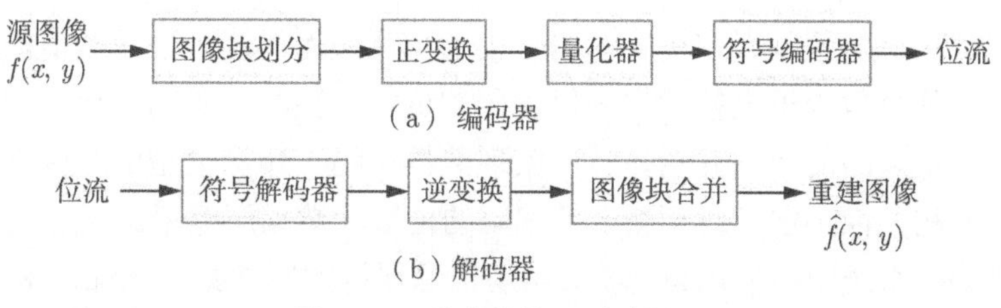

图 7-9　块变换编码系统框图

在块变换编码中，将图像划分为尺寸相同且不重叠的图像块，并对每个图像块单独进行正向正交变换。设图像块的尺寸为 $n \times n$，正交变换将图像块的 n^2 个像素值映射为 n^2 个变换系数，在量化阶段，根据人类视觉特性对各个变换系数进行不同精度的量化，在保证一定图像质量的前提下，有选择地舍弃或粗量化较小的系数，几乎不会发生视觉可察觉的图像失真。然后，对量化系数进行符号编码（通常使用变长编码），最后，送入信道传输。解码端则是编码的逆过程，这 n^2 个变换系数经过符号解码和逆向正交变换重建为图像块的 n^2 个像素值（含有量化误差），再将解码的图像块合并为重建图像。当源图像的尺寸 M 和 N 不为 n 的整数倍数时，对输入图像进行零延拓。变换编码中的任何或所有步骤都可以根据局部图像内容进行适应性调整，称为自适应变换编码；若所有步骤对于任何图像块都是固定的，则称为非自适应变换编码。JPEG 标准采用以离散余弦变换为主的块变换编码方式。

7.4 预测编码 

预测编码的理论基础是现代统计学和控制论，是最常用的图像编码技术之一。由于声音和图像信号的相邻采样之间具有较强的相关性，预测编码是一种利用采样信号之间存在的时间和空间冗余来实现数据压缩的编码技术，有效适用于声音和图像信号的压缩。典型的预测编码系统有增量调制（delta modulation, DM）、差分脉冲编码调制（differential pulse code modulation, DPCM）和自适应差分脉冲编码调制（adaptive differential pulse code modulation, ADPCM）系统等。1952 年贝尔实验室的 Cutler 取得了差分脉冲编码调制系统的专利，奠定了真正实用的预测编码系统的基础。差分脉冲编码调制与脉冲编码调制（pulse code modulation, PCM）系统不同之处在于，脉冲编码调制系统是直接对采样信号进行量化和编码，而差分脉冲编码调制系统根据前面的采样信号对当前的采样信号进行预测，然后对实际值与预测值之间的差值进行量化和编码，所传输的是差值而不是采样值，从而减少了对输入信号进行编码的位数，这就压缩了传输的数据量。对预测误差直接进行熵编码，即为无损预测编码；对预测误差进行量化，再进行熵编码，即为有损预测编码。

7.4.1 无损预测编码

预测编码根据采样信号之间较强的时间和空间相关性，利用前一个或多个采样值来估计当前采样值，对当前采样值的估计称为预测值，信号采样的实际值与预测值之间的差值称为预测误差，然后对预测误差进行编码。由于预测误差的熵小于像素值的熵，对预测误差进行编码所需的位数少于直接对像素值编码的位数。预测编码的主要目的是消除时间和空间上相邻采样值之间的数据冗余，从而实现数据压缩。预测模型的准确性和采样信号在时间和空间上的相关性决定了对预测误差编码的位数和数据压缩率。

无损预测编码系统中不使用量化器，实现信息保持的图像数据压缩。图 7-10 给出了无损预测编/解码器的系统框图，编码器 [图 7-10(a)] 和解码器 [图 7-10(b)] 包含相同的预测器。将源图像的像素按照某种次序排列成一维序列 $\{f_n\}_{n=1,2,\cdots}$，f_n 为像素值，将它们逐次送入编码器，预测器根据前面的输入像素计算当前输入像素的预测值。

预测器的输出经过四舍五入到最接近的整数 $\hat{f}_n$，实际值 f_n 和预测值 $\hat{f}_n$ 之差为预测误差，即预测误差 e_n 为

$$e_n = f_n - \hat{f}_n \tag{7-15}$$

对预测值取整的目的是使预测误差为整数，减少编码的位数。符号编码器通常采用变长编码方法对预测误差进行熵编码，从而生成压缩位流。符号解码器根据接收到的变长码字解码出预测误差 e_n，并通过反向运算重建源像素，即

$$f_n = e_n + \hat{f}_n \tag{7-16}$$

由于是无损预测编码，解码后的图像能够完全重建源图像。

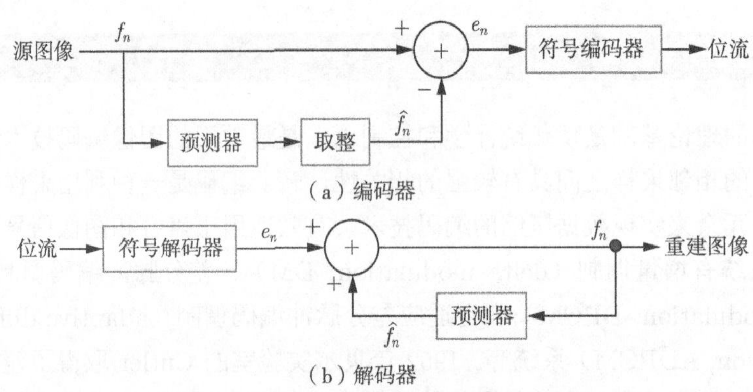

图 7-10　无损预测编/解码器系统框图

根据条件熵理论，由于图像中相邻像素之间具有较强的相关性，利用前面的像素值 $f_{n-1}, f_{n-2}, \cdots, f_{n-m}$ 来预测当前的像素值 f_n，可以较准确地估计出 f_n，即预测值 $\hat{f}_n = X(f_{n-1}, f_{n-2}, \cdots, f_{n-m})$ 接近实际值 f_n，其中，$X(\cdot)$ 为预测函数。预测编码包括线性预测编码和非线性预测编码。线性预测编码是由前面像素的线性组合构成预测值，而非线性预测编码是由前面像素的复杂非线性关系构成预测值。最常用的是线性预测编码（linear predictive coding, LPC），根据前 m 个像素的线性组合预测当前像素，可表示为

$$\hat{f}_n = \text{round}\left[\sum_{i=1}^{m} \alpha_i f_{n-i}\right] \tag{7-17}$$

式中，m 为线性预测器的阶数；$\alpha_i, i=1,2,\cdots,m$ 为预测系数；round $[\cdot]$ 表示四舍五入运算。式 (7-17) 为一维线性预测编码，下标 n 表示像素序号。数字图像是二维矩阵，在一维线性预测编码中，式 (7-17) 可以写为

$$\hat{f}(x,y) = \text{round}\left[\sum_{i=1}^{m} \alpha_i f(x, y-i)\right] \tag{7-18}$$

式中，(x,y) 表示像素的空间坐标。式 (7-18) 表明一维线性预测器 $\hat{f}(x,y)$ 仅是当前行前 m 个像素的函数。在二维预测编码中，预测器是从左到右、从上到下扫描图像过程中前 m 个像素的函数。

预测编码是一种空域图像编码方法。无损预测编码的优势是算法简单，硬件容易实现；其问题是对信道噪声敏感，会产生误差扩散。在一维预测编码中，某一位码元出现差错，该差错码将造成同一行中对应像素之后的各个像素都产生误差，在二维预测编码中，该差错码引起的误差还将扩散到后面的各行像素。此外，无损预测编码的压缩率也较低。

例 7-2　一维无损线性预测编码

代码

使用二阶一维线性预测器对图 7-11(a) 所示尺寸为 256×256 的 8 位单色图像进行编码，其中，预测系数 $\boldsymbol{\alpha}=[\alpha_1,\alpha_2]=[0.6,0.4]$，图 7-11(b) 为图 7-11(a) 所示灰度图像的概率直方图。图 7-11(c) 为预测误差图像，为了显示的目的，对预测误差重尺度化至 $[0,255]$ 范围，中间灰度对应于预测误差为 0。图 7-11(d) 为预测误差的概率直方图，由图中可见，预测误差集中在零值附近相对较小的范围内，相比源图像的灰度级分布，预测误差的变化相对较小。预测误差和源图像的熵分别是 4.8711bit/像素和 7.0972bit/像素。通过预测和差分消除了大量像素之间的空间冗余，因此，预测误差的熵小于对应源图像的熵。无损预测编码的数据压缩量是与源图像映射到预测误差的熵减小直接相关的。实际上，通常使用零均值不相关的拉普拉斯概率密度函数对预测误差进行建模。

（a）源图像

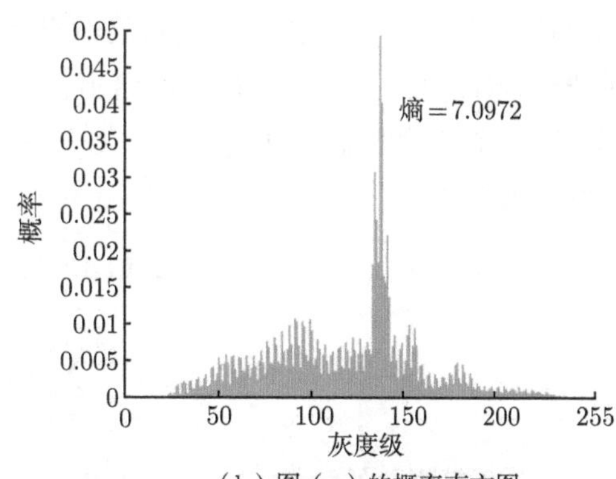

（b）图（a）的概率直方图

图 7-11　无损预测编码

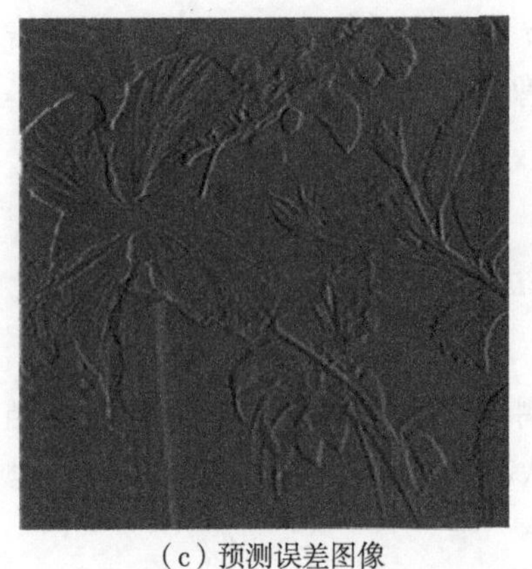

（c）预测误差图像

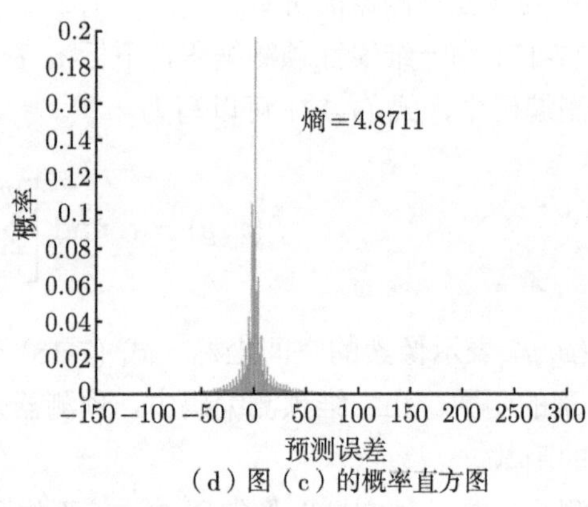

（d）图（c）的概率直方图

图 7-11 （续）

7.4.2 有损预测编码

有损预测编码的基础是以损失图像重建的准确度为代价来换取压缩率的提高。有损预测编码是在重建质量和压缩性能之间进行权衡，若产生的失真可以容忍，则压缩性能的提升是有效的。图 7-12 给出了有损预测编/解码器的系统框图。如图 7-12(a) 所示，与图 7-10(a) 所示的无损预测编码器不同的是，有损预测编码器在预测误差与符号编码器之间增加了量化器，对预测误差进行量化。

由于在有损预测编码器中增加了量化器，如图 7-12(a) 所示，量化器将预测误差 e_n 映射成有限范围的输出，它确定了压缩量和产生的失真量。设 $\dot{e}_n$ 表示量化后的预测误差，有损预测编码器的预测器是在反馈环中，反馈环的输入 $\dot{f}_n$ 由预测值 $\hat{f}_n$ 与相应的预测误差量化值 $\dot{e}_n$ 相加产生，即

$$\dot{f}_n = \dot{e}_n + \hat{f}_n \tag{7-19}$$

式中，$\hat{f}_n$ 与无损预测编码中的意义相同。这个闭合反馈环结构是保证有损预测编码器和解码器产生的预测值相等，避免在解码器的输出端产生误差。从图 7-12(b) 可以看出，有损预测解码器的输出 $\dot{f}_n$ 也是由式 (7-19) 给出。

根据前 m 个像素的输出值 $\dot{f}_{n-i}, i = 1, 2, \cdots, m$ 来计算预测值 $\hat{f}_n$，即预测值可表示为这 m 个像素值的函数 $\hat{f}_n = X\left(\dot{f}_{n-1}, \dot{f}_{n-2}, \cdots, \dot{f}_{n-m}\right)$，其中，$X(\cdot)$ 为预测函数。对于线性预测器，由 $\dot{f}_{n-1}, \dot{f}_{n-2}, \cdots, \dot{f}_{n-m}$ 的线性组合作为当前像素的预测值 $\hat{f}_n$，可表示为

$$\hat{f}_n = \sum_{i=1}^{m} \alpha_i \dot{f}_{n-i} \tag{7-20}$$

式中，m 为线性预测器的阶数；$\alpha_i, i = 1, 2, \cdots, m$ 为预测系数。

有损预测编码会引入图像失真，源图像与重建图像之差为重建误差 $\tilde{e}_n$，即

$$\tilde{e}_n = f_n - \dot{f}_n \tag{7-21}$$

式中，f_n 为当前像素的输入值，$\dot{f}_n$ 为当前像素的输出值。

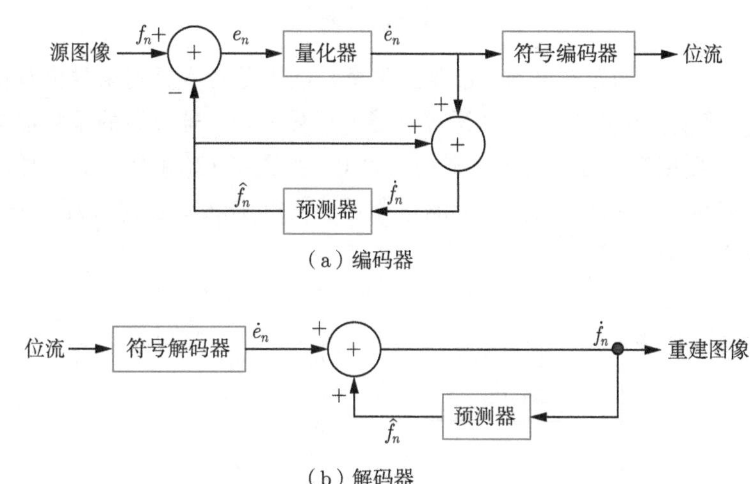

（a）编码器

（b）解码器

图 7-12　有损预测编/解码器系统框图

分析有损预测编/解码器的系统框图，将有损预测编码归纳为如下五个步骤：

（1）预测器附有存储器，对前 m 个像素的输出值 $\dot{f}_{n-1}, \dot{f}_{n-2}, \cdots, \dot{f}_{n-m}$ 进行存储，根据式 (7-20) 对当前输入像素 f_n 进行预测，产生预测值 $\hat{f}_n$；

（2）根据式 (7-15)，计算当前输入像素 f_n 与预测器估计的预测值 $\hat{f}_n$ 之差，产生预测误差 e_n；

（3）对预测误差 e_n 进行量化，符号编码器对预测误差的量化值 $\dot{e}_n$ 进行编码形成码字发送；

（4）根据式 (7-19)，解码端将 $\dot{e}_n$ 与 $\hat{f}_n$ 相加重建输出信号 $\dot{f}_n$，由于量化引入了失真，$\dot{f}_n \neq f_n$，根据式 (7-21)，计算重建误差 $\tilde{e}_n$；

（5）继续输入下一个像素 f_{n+1}，重复上述过程。

预测编码的关键在于预测器的设计，设计最优线性预测器主要是选择合适的预测器阶数 m 以及 m 个预测系数 $\alpha_i, i = 1, 2, \cdots, m$，使得预测器达到最优的预测效果。预测器的阶数是指对当前像素进行预测的像素集合中的像素数。理论上，预测器的阶数越大，预测值越准确。但是，实验表明，当阶数大于 3 时其性能的改善有限。为了确定最优预测系数，大多数预测编码应用中采用最小化均方误差准则，更详细的内容参见电子文档。

文档

例 7-3　增量调制

代码

增量调制或增量脉码调制（Delta Modulation, DM/ΔM）系统只保留每个采样信号与其预测值之差的符号，并采用一位二进制数编码的差分脉冲编码调制，这是一种简单的有损预测编码方法。增量调制编码采用一阶线性预测函数，定义为

$$\hat{f}_n = \alpha \dot{f}_{n-1} \tag{7-22}$$

以及量化器定义为

$$\dot{e}_n = \begin{cases} +\zeta, & e_n > 0 \\ -\zeta, & 其他 \end{cases} \tag{7-23}$$

式中，α 是通常小于 1 的预测系数，ζ 是正常量。DM 是对实际的采样值与预测值之差的极性进行编码，将极性变成 0 和 1 这两种可能的编码之一。若实际的采样值与预测值之差的极性为"正"，则编码为 1；反之，则编码为 0，如图 7-13(a) 所示。这样，量化器的输出可以用 1bit 表示，因此，后续的符号编码器可以使用 1bit 的固定长度编码（定长编码），产生的 DM 码率是 1bit/像素。

插图

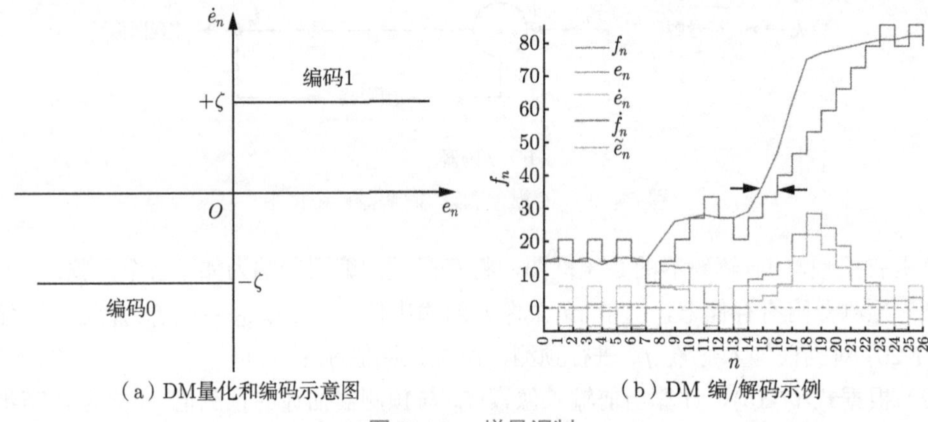

（a）DM量化和编码示意图　　（b）DM 编/解码示例

图 7-13　增量调制

设输入的采样信号 f_n 为 {14, 15, 14, 15, 13, 15, 15, 14, 20, 26, 27, 28, 27, 27, 29, 37, 47, 62, 75, 77, 78, 79, 80, 81, 81, 82, 82}，预测系数 $\alpha = 1$，正常量 $\zeta = 6.5$。在编码器和解码器中设置初始条件 $\dot{f}_0 = f_0 = 14$，根据有损预测编码的五个步骤完成信号的编码和解码过程。预测误差 e_n 为 {~, 1, −6.5, 1, −7.5, 1, −5.5, 0, 12.5, 12, 6.5, 1, −6.5, 0, 8.5, 10, 13.5, 22, 28.5, 24, 18.5, 13, 7.5, 2, −4.5, 3, −3.5}，根据式 (7-23)，量化误差 $\dot{e}_n$ 为 {~, 6.5, −6.5, 6.5, −6.5, 6.5, −6.5, −6.5, 6.5, 6.5, 6.5, 6.5, −6.5, −6.5, 6.5, 6.5, 6.5, 6.5, 6.5, 6.5, 6.5, 6.5, 6.5, 6.5, −6.5, 6.5, −6.5}。根据量化误差的极性，编码结果为 {~, 1, 0, 1, 0, 1, 0, 0, 1, 1, 1, 1, 0, 0, 1, 1, 1, 1, 1, 1, 1, 1, 1, 1, 0, 1, 0}。解码器输出的重建信号 $\dot{f}_n$ 为 {14, 20.5, 14, 20.5, 14, 20.5, 14, 7.5, 14, 20.5, 27, 33.5, 27, 20.5, 27, 33.5, 40, 46.5, 53, 59.5, 66, 72.5, 79, 85.5, 79, 85.5, 79}。输入信号 f_n 与重建信号 $\dot{f}_n$ 之差的重建误差 $\tilde{e}_n$ 为 {0, −5.5, 0, −5.5, −1, −5.5, 1, 6.5, 6, 5.5, 0, −5.5, 0, 6.5, 2, 3.5, 7, 15.5, 22, 17.5, 12, 6.5, 1, −4.5, 2, −3.5, 3}。

图 7-13(b) 以采样保持形式显示了输入信号 f_n、预测误差 e_n、量化误差 $\dot{e}_n$、输出的解码信号 $\dot{f}_n$ 和重建误差 $\tilde{e}_n$。在 $n = 0$ 到 $n = 7$ 这一段相对平滑的区域中，由于 ζ 太大而无法表示输入信号的最小变化，从而出现颗粒噪声。而在 $n = 14$ 到 $n = 19$ 这一段快速变化的区域中，由于 ζ 太小而不足以表示输入信号的最大变化，从而产生了斜率过载的失真，显然这一段具有较大的重建误差。在大多数图像中，这两种现象会导致图像的平

滑区域出现噪声或粒状失真，以及边缘变得模糊。不同于 DM 对预测误差极性进行量化和编码，DPCM 是对预测误差的整个幅度进行量化编码，因此具有对任意波形进行编码的能力。

7.5 静止图像压缩编码国际标准

20 世纪 80 年代以来，国际标准化组织（International Standard Organization, ISO）和国际电信联盟（International Telecommunication Union, ITU）陆续制定了一系列有关图像通信方面的多媒体压缩编码标准，极大地推动了图像编/解码技术的发展与应用。1988 年，ISO 和 ITU-T 成立了联合二值图像专家组（Joint Binary Image Expert Group, JBIG），并于 1991 年 10 月制定了 JBIG 标准（ITU-T T.82, ISO/IEC11544）。1986 年，国际标准化组织和国际电报电话咨询委员会（International Telegraph and Telephone Consultative Committee, CCITT）成立了联合图像专家组（Joint Photographic Experts Group, JPEG），1991 年 3 月联合制定了连续色调静止图像的数字压缩编码，简称为 JPEG 标准（ITU-T T.81, ISO/IEC10918）。JPEG 标准是第一个静止图像压缩编码的国际标准，是一种广泛使用的适用于连续色调、多级灰度的单色和彩色静止图像的数字压缩编码标准。

JPEG 标准采用混合编码框架，综合使用了变换编码、预测编码和熵编码方法，在量化过程中考虑了人眼的视觉特性，达到较大的压缩率。JPEG 编/解码器简化系统框图如图 7-14 所示。如图 7-14(a) 所示，JPEG 编码器的基本系统是基于分块 DCT 的有损压缩编码，其压缩编码大致上分为三个步骤：①利用离散余弦变换将图像块从空域转换到变换域；②使用量化表对 DCT 系数进行量化；③使用预测编码和熵编码对量化系数进行编码。如图 7-14(b) 所示，JPEG 解码器根据位数据流中存储的参数，对应于编码器的各个部分反向操作，从而解码并重建图像。下面将分别介绍 JPEG 压缩编码的主要编码步骤。

1. 离散余弦变换

将图像划分成尺寸为 8×8 的图像块，图像块之间不重叠，对各个图像块独立进行离散余弦变换，产生 DCT 系数矩阵。系数矩阵中第一行第一列元素 $F(0,0)$ 为 8×8 图像块的平均亮度，称为直流（DC）系数，其余 63 个元素称为交流（AC）系数。这 64 个系数表示图像块的频率分量，其中低频系数集中在左上角，高频系数分布在右下部分。低频系数包含了图像的主要信息（如亮度），相比而言，高频系数表现得不重要，因此，可以忽略不重要的高频系数。

2. 量化

量化操作是在保证视觉保真度的前提下衰减高频分量。量化表规定 64 个变换系数的量化精度，量化是产生信息损失的根源，是图像失真的主要原因。各个系数的具体量化阶取决于人眼对相应频率分量的视觉敏感度。量化表中左上角的值较小，而右下部分的值较大，通过将 DCT 系数除以量化表中的对应值，起到了保持低频分量、抑制高频分量的作用。JPEG 图像格式所使用的是 YUV 颜色空间，Y 分量表示亮度信息，U、V 分量表示色差信息，对亮度分量和色度分量分别使用不同的量化表。如图 7-15 所示，图 7-15(a) 为亮度量化表，图 7-15(b) 为色度量化表。由于亮度分量 Y 比色度分量 U 和 V 更重要，因此对 Y 分量采用细量化，而对 U 和 V 分量采用粗量化。理论上，对不同的空间分辨率、数据精度等情况，应设计不同的量化表。实验表明，这种量化表的设计总体上达到了最优的主观视觉质量。

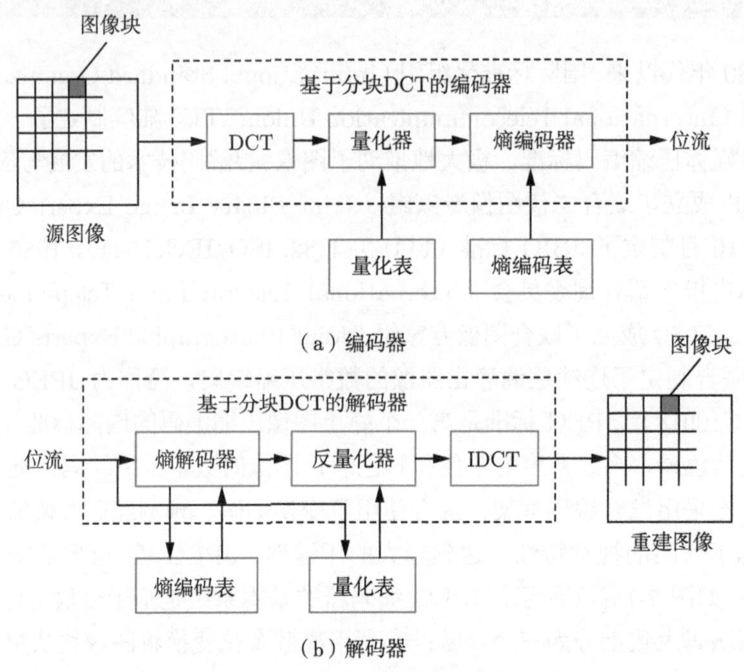

图 7-14　JPEG 编/解码器系统框图

16	11	10	16	24	40	51	61
12	12	14	19	26	58	60	55
14	13	16	24	40	57	69	56
14	17	22	29	51	87	80	62
18	22	37	56	68	109	103	77
24	35	55	64	81	104	113	92
49	64	78	87	103	121	120	101
72	92	95	98	112	100	103	99

（a）亮度量化表

17	18	24	47	99	99	99	99
18	21	26	66	99	99	99	99
24	26	56	99	99	99	99	99
47	66	99	99	99	99	99	99
99	99	99	99	99	99	99	99
99	99	99	99	99	99	99	99
99	99	99	99	99	99	99	99
99	99	99	99	99	99	99	99

（b）色度量化表

图 7-15　JPEG 压缩编码的量化表

3. Z 字形扫描

对 DCT 系数进行量化操作后，右下部分的大部分高频系数量化为零。将 DCT 的量化系数进行 Z 字形重排列，增加行程中连续 0 的个数（零值的行程长度），以此提高后续行程编码的压缩率。对 8×8 图像块的 64 个 DCT 量化系数的 Z 字形扫描（zigzag scan）顺序标号如图 7-16 所示。

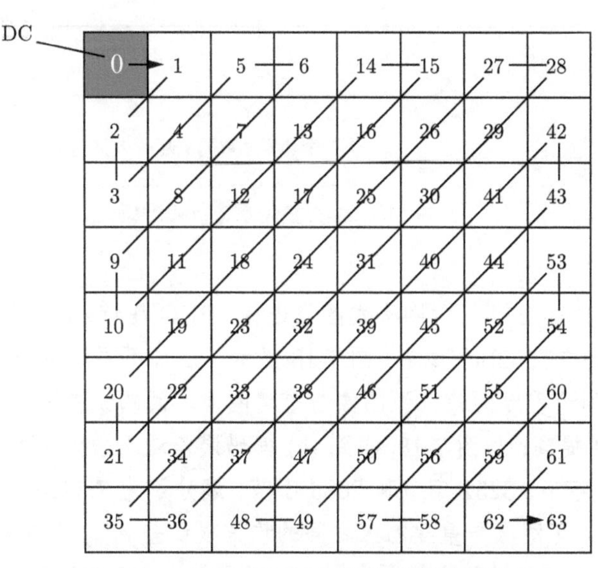

图 7-16　量化系数的 Z 字形扫描顺序标号

4. 差分脉冲编码调制

对 8×8 图像块进行离散余弦变换的 DC 系数具有两个特点：① DC 系数较大；②相邻两个图像块的 DC 量化系数之间的差值很小。根据这两个特点，使用差分脉冲编码调制对 DC 系数进行单独编码。

5. 行程编码

Z 字形扫描的 AC 量化系数的特点是行程中包含很多零值系数，并且很多零值是连续的，因此使用行程编码对 Z 字形扫描的 AC 量化系数进行编码。JPEG 使用 2 字节表示 AC 量化系数行程编码的码字，第一个字节中的高 4 位表示两个非零系数之间连续 0 的个数，低 4 位表示编码下一个非零 AC 量化系数所需的位数，第二个字节是下一个非零 AC 量化系数的实际值，如图 7-17 所示。在 63 个 AC 量化系数行程编码后，使用两个零值字节表示块结束标志 EOB。

6. 霍夫曼编码

对差分脉冲编码调制的 DC 量化系数和行程编码的 AC 量化系数进行霍夫曼编码，进一步提高压缩率。为了便于传输、存储和解码器进行译码，将各种标记符和编码后的图像数据组成逐帧的数据，这样组织的数据通常称为 JPEG 位流。

与同等图像质量的 GIF、TIFF 和 PCX 等其他常用图像文件格式相比，JPEG 图像格式是具有最高压缩率的静止图像压缩编码标准。正是因为 JPEG 的高压缩率，目前 JPEG 广泛应用于数字照相机、网络传输和图像存储等各方面，也应用于以帧内编码方式传输运动图像，例如，MJPEG（Motion JPEG）广泛应用于数字电视节目的编辑和制作。

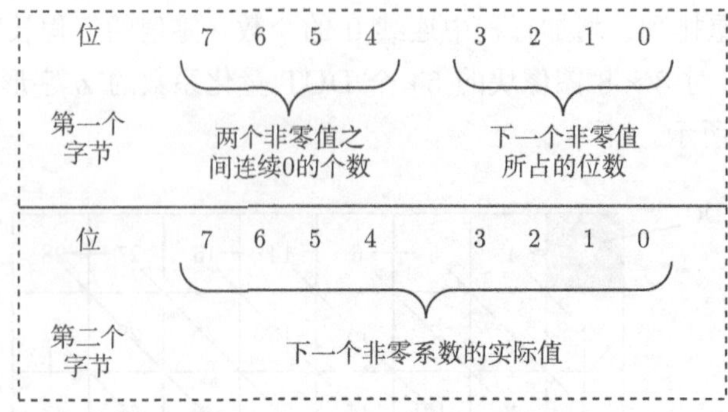

图 7-17　AC 量化系数行程编码

例 7-4　JPEG 压缩

对一幅尺寸为 256×256 的位图格式图像进行 JPEG 压缩，源图像为 BMP 格式，大小为 66 614 字节，熵为 7.5252bit/像素。图 7-18 显示了三种不同质量级别的 JPEG 压缩格式图像，从左到右分别为重建图像、源图像与重建图像之间的误差图像以及误差的概率直方图。随着压缩率不断提高，从图 7-18(a) 到 (c) 编码误差逐渐增大，这三幅 JPEG 格式图像的大小分别为 8287 字节、3252 字节和 2083 字节，熵分别为 7.5224bit/像素、7.3041bit/像素、6.4535bit/像素，源图像与重建图像之间的均方根误差 e_{rms} 分别为 6.0033、12.3570 和 16.3536。由于 JPEG 编码过程中将图像划分为不重叠的 8×8 图像块，随着压缩质量不断下降，图像逐渐出现了明显的块效应。如图 7-18(a) 所示，低压缩比的有损压缩不会带来视觉质量上可察觉的块效应，图 7-18(b) 中有轻微的块效应，图像质量可以接受，图 7-18(c) 的质量很差，尚能观看，但有明显不可接受的块状失真干扰。2001 年 11 月，JBIG 制定了新一代的静止图像压缩编码标准——JPEG 2000 标准（ISO/IEC15444）。JPEG 2000 标准的详细描述参见电子文档。

文档

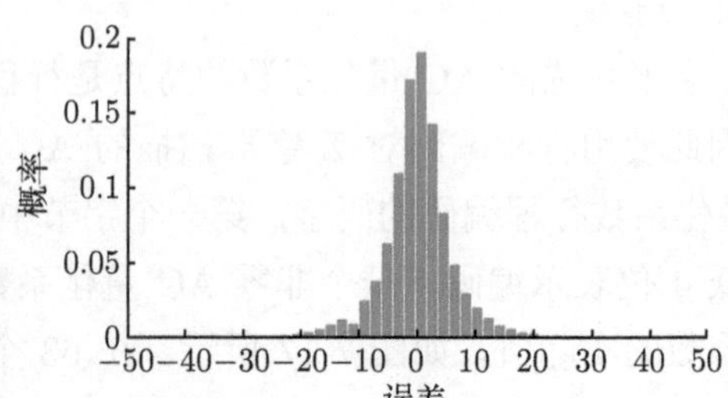

(a) 质量为高的JPEG压缩图像

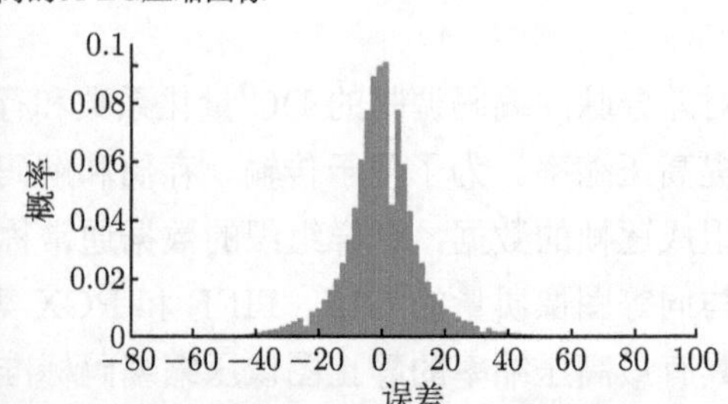

(b) 质量为中的JPEG压缩图像

图 7-18　不同质量级别的 JPEG 压缩图像

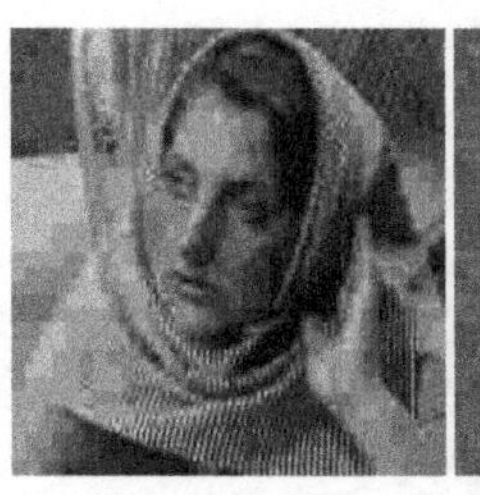
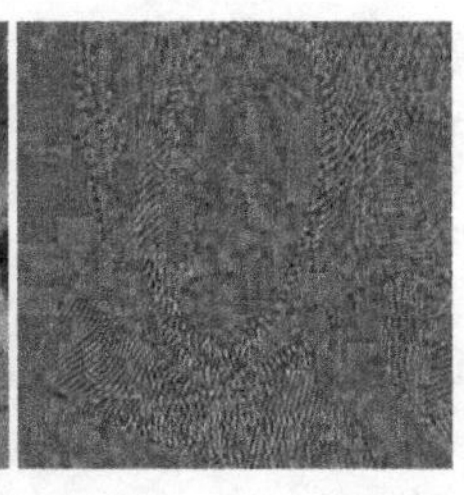
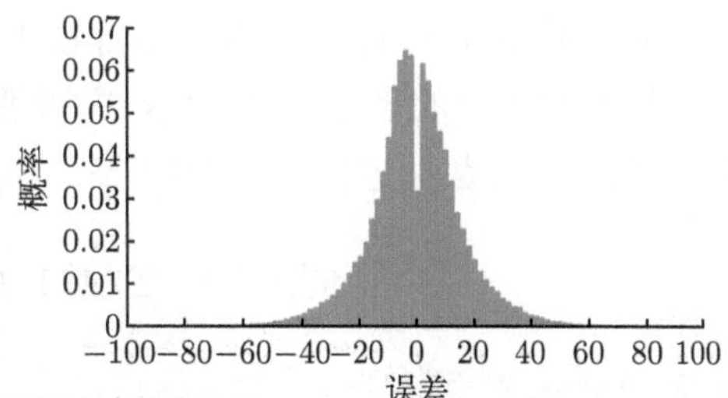

（c）质量为低的JPEG压缩图像

图 7-18 （续）

7.6 小结

图像压缩编码是发展最早且比较成熟的技术，在理论研究和实际应用方面均取得了长足的发展。图像压缩编码的目的是通过消除数字图像中的数据冗余来减少数字图像表示所需的数据量，进而减少图像所占用的存储空间和网络传输的带宽。本章详细介绍了统计编码、变换编码和预测编码三类常用的数字图像压缩编码方法。统计编码利用数据的统计冗余进行可变码长的编码，信息论是统计编码的理论基础，霍夫曼编码是给定信源符号概率构造的最优前缀码。变换编码利用正交变换将图像能量集中在少量的变换系数上，通过量化舍弃很小的变换系数，消除空间冗余度，其中 DCT 广泛应用于变换编码。预测编码利用帧内空间相关性或帧间时间相关性，利用空间或时间上的邻域像素对当前像素进行预测，对预测误差进行量化和编码，消除空间和时间冗余度。最后对常用的 JPEG 静止图像压缩编码国际标准进行了综述性介绍。

习题

1. 某视频图像为每秒 30 帧，每帧的尺寸为 512×512，24 位真彩色。现有 40GB 的可用硬盘空间，可以存储多少秒的该视频图像？若采用隔行扫描且压缩比为 10 的压缩方法，又能存储多少秒的该视频图像？

2. 利用图像的 FFT 算法计算 DCT。

3. 设一幅灰度级为 8 的图像，各灰度级的概率分布如题表 7-1 所示，对其进行霍夫曼编码，并计算信源熵、编码效率、冗余度以及压缩率。

题表 7-1 信源符号及其概率分布

灰度级	r_0	r_1	r_2	r_3	r_4	r_5	r_6	r_7
概率	0.40	0.18	0.10	0.10	0.07	0.06	0.05	0.04

4. 按照习题 3 的霍夫曼编码码表，对码字 0110101011100011000001000010110001110000 进行解码。

5. 已知一个信源 X 的符号集合为 $\mathcal{X}=\{x_1,x_2\}$，概率 $u=\{0.9,0.1\}$。

（1）对符号串 $x_1x_1x_1x_1x_2$ 分别进行霍夫曼编码和算术编码；

（2）比较编码后的平均码字长度，并说明理由。

6. 对如下一行数据进行有损 DPCM 编码：

$$\{95, 93, 18, 27, 111, 11, 45, 186, 110, 155\}$$

编码预测器 $\hat{x}_n = \dot{x}_{n-1}$；

编码量化器

$$\dot{e}_n = \begin{cases} -64, & e_n \leqslant -64 \\ e_n, & -64 < e_n < 63 \\ 63, & e_n \geqslant 63 \end{cases}$$

初始条件 $\dot{x}_0 = x_0$，给出预测序列 $\hat{x}_n$、预测误差序列 e_n、量化误差序列 $\dot{e}_n$、解码重建序列 $\dot{x}_n$ 和重建误差序列 $\tilde{e}_n$。

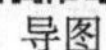

导图 微课

第8章 图像分割

图像分割利用图像的灰度、颜色、纹理等特征，依据图像中同一区域具有共同特征，各个区域具有不同的特征，将图像划分为多个组成区域或从图像中提取感兴趣的目标区域。图像分割属于图像分析的内容，是图像分析的关键步骤之一，也是图像特征提取的必要前提和基础。本章讨论四类基本的图像分割方法，包括基于边界的图像分割、基于阈值的图像分割、基于区域的图像分割和基于分类/聚类的图像分割。自动分割是图像处理中最困难的任务之一，目前还没有一种适用于各种图像的通用分割方法，各种图像分割方法也只是适合于某些特定类别的图像分割。

8.1 概述

图像分割是将图像划分为若干有意义的区域或组成部分，或者从图像中提取感兴趣目标的技术。在图像处理的应用中，经常会对图像中某个或某些特定区域感兴趣，通常称为目标区域。目标区域的分割是目标检测与跟踪、目标分类与识别、目标行为分析与理解等中、高级阶段理解和分析的基础。图像分割可以大致分为两类：硬分割（hard segmentation）和软分割（soft segmentation）。硬分割是指将图像分割成明确边界且互不重叠的区域，每个像素只属于一个且只有一个区域。与硬分割不同，软分割允许像素同时属于多个区域，其结果通常是每个像素归属于各个区域的概率。图像抠图（image matting）可以视为一种特殊的软分割，它允许像素部分属于前景和背景，通过透明度表示像素归属于前景的程度。图像分割一般指硬分割方法，本章仅讨论硬分割方法。

图像分割的依据是图像中各个组成区域的特征，这些特征可以是灰度、颜色、纹理等，可以是单一特征，也可以是多个特征组成的特征向量，这些特征在同一区域内表现出一致性或相似性，而在不同区域之间表现出显著差异。图像分割一般利用图像的像素值。对于灰度图像，像素值是只有灰度分量的标量。彩色图像的像素值是三维的颜色向量，色度空间是二维的向量空间。纹理特征是指对图像中由局部灰度值的空间排列所形成模式或结构的描述，例如，统计特征、频谱特征、梯度特征、多分辨率（多方向、多尺度）特征等[①]。根据图像中不同区域的纹理特征对图像进行分割，也称为纹理分割。灰度、颜色或纹理还可以和位置合并作为特征，不仅考虑特征相似性，而且考虑像素的空间近邻性（proximity），例如超像素分割。

基于边界的图像分割方法一般仅适用于灰度图像，尽管向量空间的边缘检测方法能够更准确地提取彩色图像的边缘，然而由于其复杂度，一般不用于图像分割。基于阈值的图像分割一般用于单一特征的分割，可以是灰度值，也可以是单一的纹理特征。基于区域的图像分割方法中，相似性准则的定义可以扩展到特征向量。基于分类/聚类的图像分割方法实质上是多维特征空间中的像素分类问题。由于模式分类方法本身擅长处理多特征的分类任务，因此这类方法非常适合于多特征的图像分割，例如，多维颜色空间的彩色图像分割等。

① 第 10 章将介绍典型的纹理特征描述方法。

8.2 基于边界的图像分割

边界存在于目标与背景、不同目标之间。基于边界的图像分割方法通过区域的边界将图像划分为不同的目标和背景区域。区域的边界形成闭合的通路，这是全局上的概念，因此边界的提取并非易事。这类方法通常首先利用边缘检测方法确定图像中的边缘像素，然后利用边缘连接方法将这些边缘像素连接在一起构成边界。边缘检测是数字图像处理中的基本问题。

8.2.1 基础概念

边缘是两个不同灰度区域之间的跃变点。图 8-1(a) 为理想边缘及其水平方向灰度级剖面图，理想的边缘为阶跃信号，从暗到亮变化过程中点处为边缘。但在实际情况中，由于成像传感器和光学镜头固有的截止频率通常导致边缘模糊，实际图像的边缘并非理想的阶跃边缘，而是具有一定坡度的斜剖面。如图 8-1(b) 所示，实际的边缘可以简单用斜坡信号表示①，从暗到亮变化过程的三点 B、A、C 中，点 A 处为边缘。边缘的宽度取决于从起始灰度值到终止灰度值的斜面长度，而斜面长度与边缘模糊的程度成正比。清晰边缘的斜坡部分较短，倾斜角较大，边缘较窄且较强；而模糊边缘的斜坡部分较长，倾斜角较小，边缘较宽且较弱。

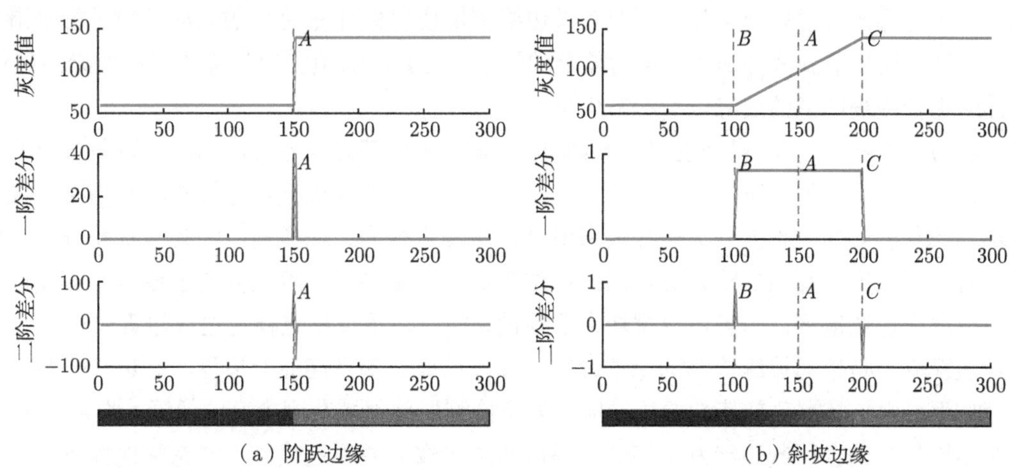

图 8-1 阶跃边缘和斜坡边缘水平方向灰度级剖面曲线及其一阶差分和二阶差分

函数的边缘定义为一阶导数的极大值点，在边缘处二阶导数等于零。对于离散变量，常用差分近似连续函数的导数，灰度差分是灰度变化率的量度，描述局部邻域的性质。视觉上，图像的边缘是局部邻域灰度突变的像素。图 8-1 中阶跃边缘和斜坡边缘水平方向灰度级剖面图下方是对应的一阶差分和二阶差分。沿着灰度级剖面曲线，在灰度值递增的区间，一阶差分为正；在灰度值不变的区间，一阶差分为零。这表明一阶差分可检测边缘的存在

① 从阶跃边缘到斜坡边缘是均值平滑的结果。

和幅值。沿着灰度级剖面曲线的一阶差分，在上升沿处，二阶差分为一个正的脉冲；在下降沿处，二阶差分为一个负的脉冲；在一阶差分为常数的区域，二阶差分为零。从正脉冲到负脉冲穿过零点，称为过零点或零交叉点，边缘在这两个脉冲之间的过零点处。若边缘从亮到暗变化，则差分的符号相反。

根据差分的阶边缘检测算法可以分为两类：基于一阶差分和基于二阶差分的边缘检测方法。一阶差分算子利用图像一阶差分中的极大值来检测边缘，将边缘定位在一阶差分最大的方向。在边缘检测中，梯度算子是常用的一阶差分算子，用于检测图像中边缘的存在和强度。二阶差分算子利用图像二阶差分过零点来定位边缘。二阶差分在边缘亮的一侧符号为负，在边缘暗的一侧符号为正。拉普拉斯算子是常用的二阶差分算子。

对于如图 8-1 所示的无噪边缘，差分算子可以很容易确定边缘的位置。但是，差分对噪声敏感，因此，对于有噪边缘，利用差分检测图像边缘将放大噪声的影响。对图 8-1(b) 所示的边缘叠加了均值为 0、标准差为 0.1 的高斯噪声，图 8-2 中从上到下分别为有噪斜坡边缘及其一阶差分和二阶差分、高斯平滑函数、高斯平滑滤波结果及其一阶差分和二阶差分。噪声对于边缘灰度变化的整体趋势几乎是可忽略的，然而，一阶差分和二阶差分表现出对噪声的敏感性，二阶差分比一阶差分对噪声更为敏感。从图中可以看到，尽管一阶差分对灰度不变区域的噪声程度进行放大，然而，仍能大致确定边缘的位置。对于二阶差分，无噪边缘的二阶差分可见明显的正负脉冲，而在有噪图像的二阶差分中正负脉冲完全淹没在噪声中。因此，在利用差分进行边缘检测时，需要考虑噪声的影响。通常在边缘检测之前对有噪图像进行降噪处理。对有噪边缘图像使用标准差为 2 的高斯函数进行平滑处理，可见高斯平滑滤波抑制了噪声对差分的影响，使其能够检测出边缘或定位边缘的位置，但同时也会模糊图像的边缘以及细节信息。

利用一阶和二阶差分检测图像边缘实际上是一种局部处理方法。利用一阶差分检测图像边缘实际上是寻找一阶差分的极大值点。若使用一阶差分进行边缘检测，则当某一像素局部邻域灰度值的一阶差分大于预设阈值时，该像素视为边缘像素，因此一阶差分检测的边缘有一定宽度。利用二阶差分检测图像边缘实际上是寻找二阶差分的过零点。若使用二阶差分进行边缘检测，则当过零跳跃大于预设阈值时，该过零点视为边缘像素。

边缘连接是指对边缘检测的像素进行连接，构成完整且连通的边界，是边缘检测的后处理过程。由于具有局部特性的边缘检测算子检测局部邻域灰度突变的像素，噪声、阴影、光照不均匀等均会引起边缘发生间断，提取的边缘像素并不连续，不能完整地描述边界的特征，不能形成图像分割所需要的闭合且连通的边界。因此，需要使用边缘连接方法填补边缘像素的间断而连接成闭合的连通边界。

边缘连接可分为局部连接处理和全局连接处理。局部边缘连接方法分析每个边缘像素与其邻域边缘像素的关系，将边缘点连接成边缘线段。这类方法适用于小缝隙的连接，并且能较好地去除孤立边缘点。例如，Canny 算子利用双阈值法实现边缘连接；利用形态学闭运算[①]，通过先膨胀后腐蚀进行局部边缘连接；依据事先定义的连接准则，将满足相同或

① 二值图像形态学的开、闭运算见 9.2.2 节。

相似特性的邻近边缘像素进行连接，结合梯度的局部分析通常依据边缘像素的梯度相似性，包括梯度的幅值和梯度的方向。全局边缘连接处理对图像中所有的边缘像素进行聚类或拟合，对噪声的鲁棒性较高。例如，根据某种相似性约束，同一边缘的像素满足同一边缘方程，搜索边缘像素集合。Hough 变换是一种典型的全局边缘连接方法，利用直线或曲线方程对边缘点进行聚类实现边缘连接，曲线拟合利用分段线性或高阶曲线来拟合边缘点。

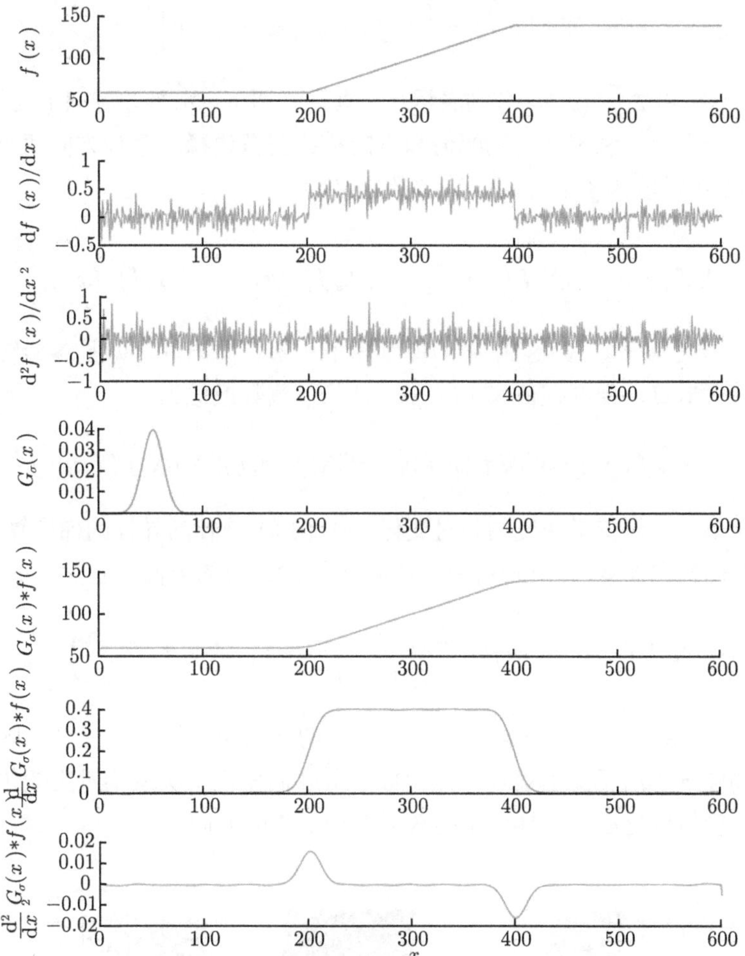

图 8-2　叠加标准差为 0.1 的高斯噪声的斜坡边缘及其标准差为 2 的高斯平滑降噪结果

动图

8.2.2　边缘检测方法

边缘检测是图像灰度变化的度量、检测和定位，边缘是由局部邻域灰度值突变的像素构成。常用一阶差分和二阶差分算子来检测边缘，本节在一阶差分中讨论梯度算子，在二阶差分中讨论一种拉普拉斯的变形形式。

8.2.2.1 梯度算子

梯度算子是一阶差分算子，定义在二维一阶偏导数的基础上，梯度的计算需要在各个像素位置计算两个方向的一阶偏导数，描述两个方向上灰度值的变化率。在数字图像处理中，由于像素是离散的，常用差分近似偏导数。

对于数字图像 $f(x,y)$，在像素 (x,y) 处的梯度 $\nabla \boldsymbol{f}(x,y)$ 定义为

$$\nabla \boldsymbol{f}(x,y) = \Big[\Delta_x f(x,y), \Delta_y f(x,y)\Big]^{\mathrm{T}} \tag{8-1}$$

式中，$\Delta_x f(x,y)$ 和 $\Delta_y f(x,y)$ 分别表示 x（垂直）和 y（水平）方向上的一阶差分。

梯度是一个向量，利用梯度的幅值和方向描述图像边缘幅值和方向两个属性。梯度的幅值 $\nabla f(x,y)$ 由梯度 $\nabla \boldsymbol{f}(x,y)$ 的 ℓ_2 范数定义为

$$\nabla f(x,y) = \|\nabla \boldsymbol{f}(x,y)\|_2 = \Big[(\Delta_x f)^2(x,y) + (\Delta_y f)^2(x,y)\Big]^{\frac{1}{2}} \tag{8-2}$$

式中，∇ 表示梯度算子。式 (8-2) 中的梯度算子具备各向同性，即具备旋转不变性。为了避免平方和开方运算，梯度幅值 $\nabla f(x,y)$ 常用 ℓ_1 范数近似为

$$\nabla f(x,y) \approx \|\nabla \boldsymbol{f}(x,y)\|_1 = |\Delta_x f(x,y)| + |\Delta_y f(x,y)| \tag{8-3}$$

绝对和计算简单，并保持了灰度的相对变化。式 (8-3) 是各向异性的梯度算子。

梯度的方向指向像素值 $f(x,y)$ 在 (x,y) 处增加最快的方向，它关于 x 轴的角度为

$$\alpha(x,y) = \arctan\frac{\Delta_y f(x,y)}{\Delta_x f(x,y)}, \quad \alpha(x,y) \in \left(-\frac{\pi}{2}, \frac{\pi}{2}\right) \tag{8-4}$$

式中，$\alpha(x,y)$ 为像素 (x,y) 处的梯度关于 x 轴的方向角，该点的梯度方向垂直于该点的边缘方向。如图 8-3 所示，沿着边缘方向像素灰度值变化平缓或不发生变化，而垂直于边缘方向像素灰度值变化剧烈，梯度指向灰度增加最快的方向。

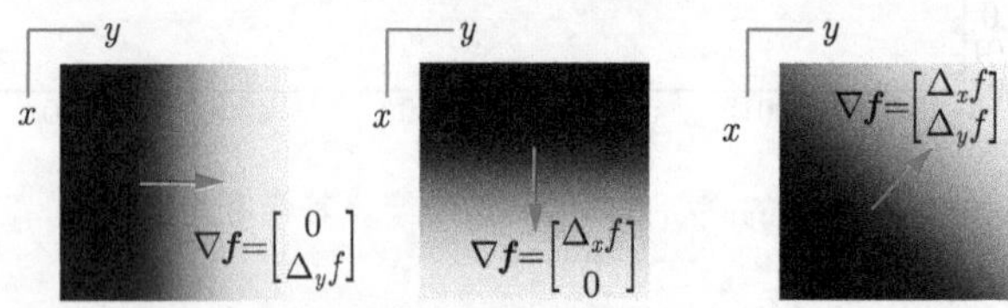

图 8-3 边缘梯度示意图

将一维离散序列 $f(x)$ 的一阶差分定义扩展到二维离散序列 $f(x,y)$，沿 x（垂直）方向和 y（水平）方向上一阶差分 $\Delta_x f(x,y)$ 和 $\Delta_y f(x,y)$ 的定义为

$$\Delta_x f(x,y) = f(x+1,y) - f(x,y) \tag{8-5}$$

$$\Delta_y f(x,y) = f(x,y+1) - f(x,y) \tag{8-6}$$

这样的差分计算邻域像素与中心像素之间的差值，称为中间差分梯度。

中心差分梯度计算中心像素两个邻域像素的差值，x（垂直）方向和 y（水平）方向上一阶差分的计算式分别为

$$\Delta_x f(x,y)=\frac{1}{2}\left[f(x+1,y)-f(x-1,y)\right] \tag{8-7}$$

$$\Delta_y f(x,y)=\frac{1}{2}\left[f(x,y+1)-f(x,y-1)\right] \tag{8-8}$$

在数字图像的边缘检测中通常使用 Roberts、Prewitt 和 Sobel 一阶差分算子。Roberts 交叉算子计算对角邻域像素之间的差值，x（垂直）方向和 y（水平）方向上一阶差分的计算式分别为

$$\Delta_x f(x,y)=f(x+1,y+1)-f(x,y) \tag{8-9}$$

$$\Delta_y f(x,y)=f(x+1,y)-f(x,y+1) \tag{8-10}$$

图 8-4(a) 和图 8-4(b) 分别为 x（垂直）方向和 y（水平）方向一阶差分的 Roberts 模板。Roberts 交叉算子实际上是计算与水平方向成 135° 和 45° 角的差分，使用 2×2 的差分模板。

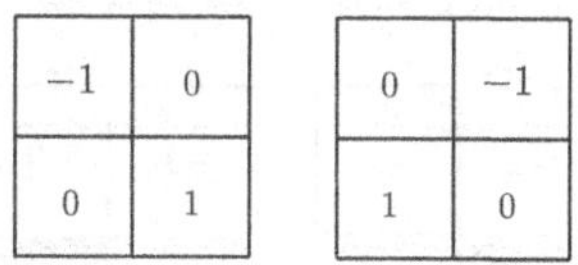

（a）x方向差分 （b）y方向差分

图 8-4 Roberts 算子

噪声敏感是计算差分的一个重要问题，为了平滑和抑制噪声的影响，在实际应用中 Prewitt 算子和 Sobel 算子是最常用的一阶差分算子。Prewitt 算子和 Sobel 算子使用 3×3 的差分模板，这两个算子的模板具有行列可分离性。

Prewitt 梯度算子在 x（垂直）方向和 y（水平）方向上一阶差分的计算式为

$$\begin{aligned}\Delta_x f(x,y)=&\left[f(x+1,y-1)+f(x+1,y)+f(x+1,y+1)\right]\\&-\left[f(x-1,y-1)+f(x-1,y)+f(x-1,y+1)\right]\end{aligned} \tag{8-11}$$

$$\begin{aligned}\Delta_y f(x,y)=&\left[f(x-1,y+1)+f(x,y+1)+f(x+1,y+1)\right]\\&-\left[f(x-1,y-1)+f(x,y-1)+f(x+1,y-1)\right]\end{aligned} \tag{8-12}$$

图 8-5(a) 和图 8-5(b) 分别为 x（垂直）方向和 y（水平）方向一阶差分的 Prewitt 模板。Prewitt 算子具有一定平滑和抑制噪声的能力。

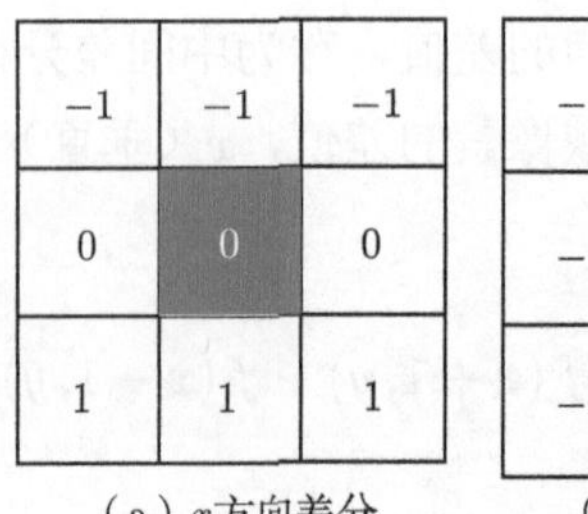

（a）x方向差分

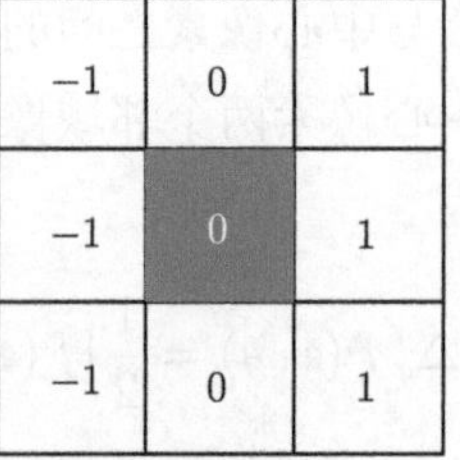

（b）y方向差分

图 8-5　Prewitt 算子

Sobel 梯度算子在 x（垂直）方向和 y（水平）方向上一阶差分的计算式为

$$\begin{aligned}\Delta_x f(x,y) = &[f(x+1,y-1)+2f(x+1,y)+f(x+1,y+1)]\\ &-[f(x-1,y-1)+2f(x-1,y)+f(x-1,y+1)]\end{aligned} \tag{8-13}$$

$$\begin{aligned}\Delta_y f(x,y) = &[f(x-1,y+1)+2f(x,y+1)+f(x+1,y+1)]\\ &-[f(x-1,y-1)+2f(x,y-1)+f(x+1,y-1)]\end{aligned} \tag{8-14}$$

图 8-6(a) 和图 8-6(b) 分别为 x（垂直）方向和 y（水平）方向一阶差分的 Sobel 模板。高斯平滑模板中间位置的权系数为 2，赋予中间像素更大的权重，其作用是在平滑处理中突出中心像素。

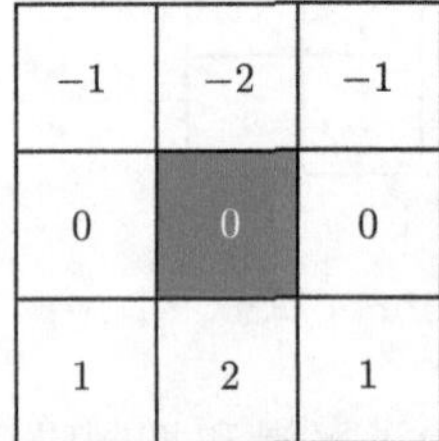

（a）x 方向差分

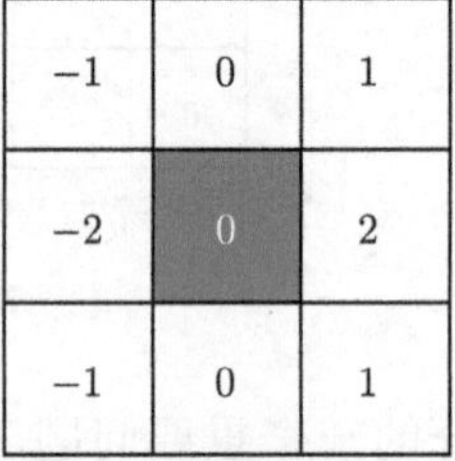

（b）y 方向差分

图 8-6　Sobel 算子

线性滤波处理利用滤波模板与图像的空域卷积来实现。差分模板中的系数之和为 0，表明灰度恒定的区域，模板响应为 0。

代码

例 8-1　Sobel 算子的一阶差分与梯度图像

利用 Sobel 算子对图像进行边缘检测，水平方向一阶差分模板对垂直方向边缘有最大响应，而垂直方向一阶差分模板对水平方向边缘有最大响应。图 8-7(a) 中显著的水平和垂直方向结构有利于观察水平和垂直方向的边缘检测结果。图 8-7(b) 为水平方向 Sobel 模板的一阶差分响应，查找垂直方向的边缘，而图 8-7(c) 为垂直方向 Sobel 模板的一阶差分响应，查找水平方向的边缘。由于一阶差分既有正值又有负值，为了在 8 位灰度级系统中显示，对一阶差分的结果线性映射为 0 ~ 255 的范围。绝大部分的一阶差分为 0，在一阶差分图像中表现为灰色区域。根据式 (8-3) 计算图像的梯度，将梯度也用 8 位灰度级的图像显示，如图 8-7(d) 所示。梯度图像中各个像素的灰度值反映了各个像素的邻域灰度值变化的强弱。从梯度图像中可以看到，强边缘的响应值大，而弱边缘的响应值小。由于在灰度恒定或变化平缓的区域，一阶差分的结果为 0 或很小，梯度图像总体亮度变暗。当梯度大于阈值时，视为边缘像素，忽略所有强度不大于阈值的边缘，图 8-7(e) 为二值化的边缘图像，图中使用 Otsu 阈值法[①]选取阈值，阈值为 0.3569。图 8-7(f) 为边缘细化的结果。MATLAB 图像处理工具包中的 edge 函数默认 Sobel 边缘检测是细化后的结果。

图 8-7 Sobel 模板的边缘检测示例

插图

8.2.2.2 Canny 算子

在梯度算子的基础上，Canny 算子通过查找梯度的脊线（ridgeline）[②]来检测图像的边缘，通过弱边缘的检测连接图像的边缘。边缘检测算子的评价准则包括：①检测——尽可能多地查找出图像中的实际边缘，边缘的误检率（将边缘识别为非边缘）低；②定位——标识出的边缘与图像中的实际边缘尽可能接近，准确定位边缘；③最小响应——对同一边缘产生尽可能少的响应次数，最好仅标识一次，且避免噪声产生虚假边缘（将非边缘识别为边缘）。Canny 边缘检测算法由于其满足边缘检测的三个准则以及实现过程的简单性，成为一种广泛使用的边缘检测算法。

① Otsu 阈值法参见 8.3.2 节。

② 注意脊线不是局部极大值，很多刊物中有误。

Canny 边缘检测算法的具体过程可以描述为下述三个步骤①：①通过高斯函数的一阶微分计算图像的梯度；②通过非极大值抑制（non-maximum suppression）沿梯度方向查找边缘梯度的单个局部极大值点；③使用双阈值检测强边缘和弱边缘，若弱边缘与强边缘连通，则将弱边缘包含到输出中。

1. 基于梯度的边缘检测

由于微分对噪声敏感，首先对图像 $f(x,y)$ 进行高斯平滑滤波来抑制噪声，然后利用一阶微分计算高斯平滑图像的梯度。与高斯函数作卷积进行图像平滑，可表示为

$$g(x,y) = G_\sigma(x,y) * f(x,y) \tag{8-15}$$

其中，二维高斯函数的表达式为

$$G_\sigma(x,y) = \frac{1}{2\pi\sigma^2}\mathrm{e}^{-\frac{x^2+y^2}{2\sigma^2}} \tag{8-16}$$

式中，σ 为标准差，决定了图像的平滑程度。

卷积具有如下的微分性质：

$$\frac{\mathrm{d}^n}{\mathrm{d}x^n}\left[G_\sigma(x) * f(x)\right] = \frac{\mathrm{d}^n}{\mathrm{d}x^n}G_\sigma(x) * f(x) \tag{8-17}$$

式中，$G_\sigma(\cdot)$ 表示标准差为 σ 的高斯函数。式 (8-17) 表明，先用高斯函数与信号作卷积，再计算 n 阶微分的结果，等于直接计算高斯函数的 n 阶微分，再与信号作卷积。图 8-8 中高斯函数一阶微分与有噪信号的卷积结果等同于如图 8-2 所示的先平滑后计算一阶微分的结果。这表明直接使用高斯函数的一阶微分检测信号变化，同时避免微分对噪声的敏感性。

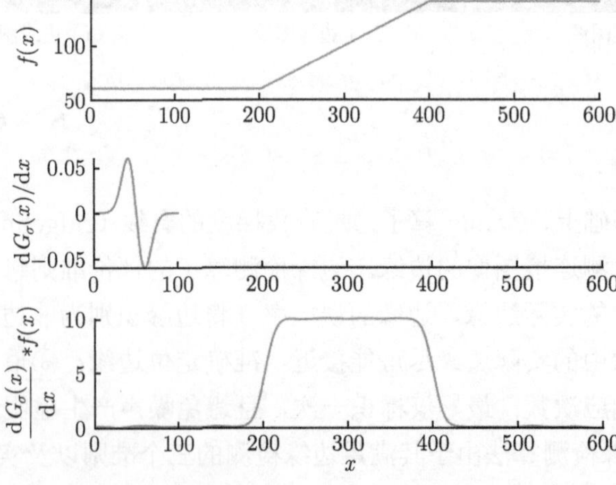

图 8-8　高斯函数一阶微分与信号卷积示意图

① John F. Canny 提出了 Canny 算子，Canny 使用变分法推导出在满足上述约束条件下的最优函数，可表示为四个指数项之和的形式，可以通过高斯函数的一阶导数来近似。目前 Canny 边缘检测算法具有多个实现版本，最主要的区别在于梯度计算的方法，OpenCV 使用 Sobel 算子计算梯度，而 MATLAB 使用高斯函数的一阶导数计算梯度，其中 MATLAB 的效果更好。本节依据 MATLAB 图像处理工具包的 edge 函数总结 Canny 边缘检测过程。

二维函数的一阶偏导数包括 x 和 y 两个方向，对图像 $f(x,y)$ 的滤波用卷积形式表示为

$$\Delta_x g(x,y) = \frac{\partial}{\partial x}\left[G_\sigma(x,y) * f(x,y)\right] = \frac{\partial}{\partial x}G_\sigma(x,y) * f(x,y) \tag{8-18}$$

$$\Delta_y g(x,y) = \frac{\partial}{\partial y}\left[G_\sigma(x,y) * f(x,y)\right] = \frac{\partial}{\partial y}G_\sigma(x,y) * f(x,y) \tag{8-19}$$

式中，$\Delta_x g(x,y)$ 和 $\Delta_y g(x,y)$ 分别表示像素 (x,y) 处 x 方向和 y 方向上高斯一阶偏导数对图像的滤波结果。

式 (8-16) 高斯函数关于 x 方向的一阶偏导数为

$$\frac{\partial}{\partial x}G_\sigma(x,y) = -\frac{x}{2\pi\sigma^4}\mathrm{e}^{-\frac{x^2+y^2}{2\sigma^2}} \tag{8-20}$$

关于 y 方向的一阶偏导数为

$$\frac{\partial}{\partial y}G_\sigma(x,y) = -\frac{y}{2\pi\sigma^4}\mathrm{e}^{-\frac{x^2+y^2}{2\sigma^2}} \tag{8-21}$$

图 8-9(a)~(c) 分别给出了高斯函数 $G_\sigma(x,y)$ 及其关于 x 方向和 y 方向一阶偏导数的三维曲面图和图像显示。显然，图 8-9(b) 和图 8-9(c) 所示的卷积核是 x 方向和 y 方向的微分算子。

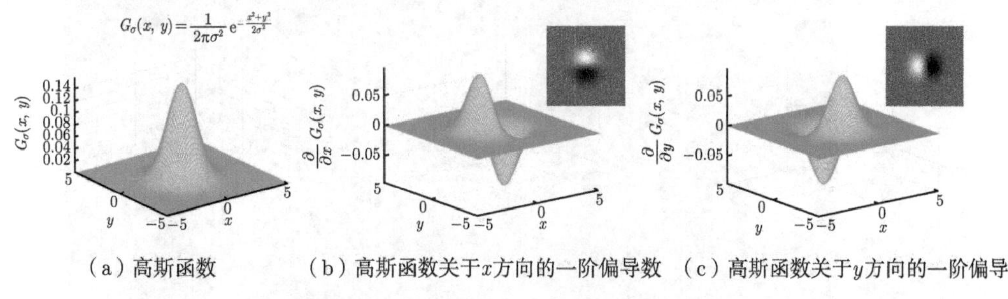

（a）高斯函数　（b）高斯函数关于x方向的一阶偏导数　（c）高斯函数关于y方向的一阶偏导数

图 8-9　高斯函数的一阶偏导数（$\sigma=1$）

在 x 方向和 y 方向上高斯一阶偏导数对图像滤波的基础上，梯度幅值和方向的数学表达式分别为

$$\nabla g(x,y) = \left[(\Delta_x g)^2(x,y) + (\Delta_y g)^2(x,y)\right]^{\frac{1}{2}} \tag{8-22}$$

$$\alpha(x,y) = \arctan\frac{\Delta_y g(x,y)}{\Delta_x g(x,y)} \tag{8-23}$$

式中，$\nabla g(x,y)$ 和 $\alpha(x,y)$ 分别为像素 (x,y) 处梯度的幅值和方向。以图 8-11(a) 所示的图像为例来说明 Canny 边缘检测的过程，图 8-11(b) 为该图像的梯度幅值，从梯度图像中可见，强边缘具有较大的幅值，而弱边缘具有较小的幅值。

2. 梯度的非极大值抑制

非极大值抑制是一种边缘细化方法，查找梯度方向上具有最大幅值的像素，即梯度中脊（ridge）顶峰最高点连成的脊线，并将不在脊线的像素置为 0。遍历梯度图像 $\nabla g(x,y)$ 中的每个像素，检查该像素的梯度幅值是否是邻域内沿梯度方向 $\alpha(x,y)$ 的局部极大值，在边缘宽度上保留单个局部梯度极大值点，形成单像素宽度的边缘。如图 8-10 所示，将像素 p 与其 3×3 邻域内沿梯度方向的两个像素 q 和 r 进行比较，通过线性插值估计沿梯度方向的像素 q 和 r 的梯度幅值，若该像素的梯度幅值不大于其邻域内沿梯度方向的两个邻近点的梯度，则将其置为 0。根据对称性，分别在四个方向区间查找沿梯度方向的局部极大值。图 8-11(c) 是对图 8-11(b) 所示梯度图像非极大值抑制的结果，保留了单像素宽度的梯度值。

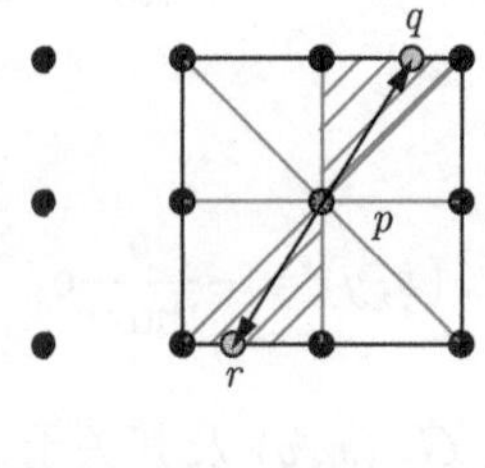

图 8-10　非极大值抑制示意图

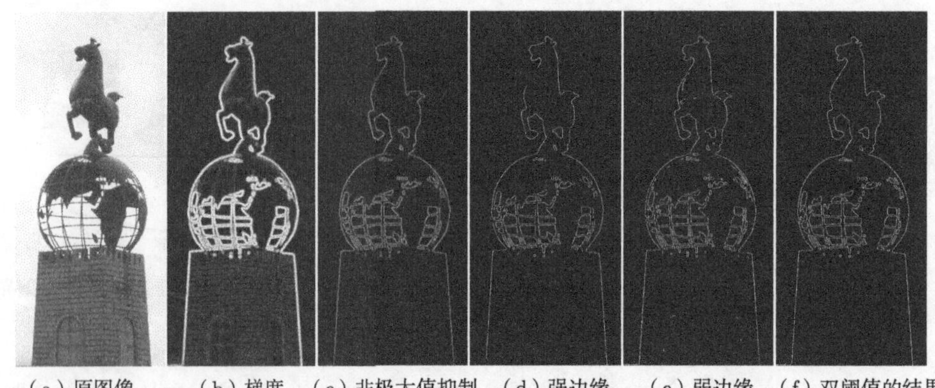

（a）原图像　（b）梯度　（c）非极大值抑制　（d）强边缘　（e）弱边缘　（f）双阈值的结果

图 8-11　Canny 算子边缘检测过程图例（$\sigma=2$、$T_1=0.1, T_2=0.5$）

插图

3. 双阈值法的边缘检测和连接

双阈值法设置两个不同的阈值 T_1 和 T_2，其中，$T_1<T_2$。梯度大于高阈值 T_2 的像素称为强边缘，梯度在低阈值 T_1 和高阈值 T_2 之间的像素称为弱边缘。分别使用这两个阈值对图像二值化，高阈值 T_2 的二值图像中几乎没有虚假边缘，但边缘间断、不完整 [图 8-11(d)]；而低阈值 T_1 的二值图像虽然边缘完整，但是由于噪声、阴影和纹理等影响，包含较多的虚假边缘 [图 8-11(e)]。双阈值法是在高阈值二值图像中将强边缘连接成轮廓，当到达间断点时，在低阈值二值图像的 8 邻域寻找可以连接到强边缘的弱边缘像素，直至将强边缘连接

起来为止。图 8-11(f) 为双阈值法的边缘连接结果。通过使用双阈值，Canny 算法相比其他算法不易受噪声干扰，更可能检测到真正的弱边缘。

例 8-2　Canny 算子的边缘检测

对于图 8-11(a) 所示的灰度图像，利用 MATLAB 图像处理工具包中 edge 函数的 Canny 算子检测图像中的边缘，并观察 Canny 算子中不同参数的取值对边缘检测结果的影响。图 8-12(a)~(c) 分别为 Canny 算子取不同参数的边缘检测结果，参数包括标准差 σ，以及双阈值 T_1 和 T_2。

代码

标准差 σ 越大，抑制噪声和细节的能力越强。图 8-12(a) 所用的高斯函数标准差 $\sigma = 1$，而图 8-12(b) 和图 8-12(c) 所用的高斯函数标准差 $\sigma = 4$。当使用较大标准差的高斯函数平滑图像之后，产生了闭合且连通的轮廓。只有边缘形成闭合且连通的轮廓，才能实现目标的分割。但是，检测的边缘、角点更加平滑，边缘位置的误差增大。高阈值 T_2 决定强边缘，强边缘确定了图像中的主体边缘；而低阈值 T_1 决定弱边缘，Canny 算子提取与强边缘相连接的弱边缘，弱边缘的作用在于对强边缘进行连接。实验表明，高阈值和低阈值的比值一般在 2:1 与 3:1 的范围内。图 8-12(a) 和图 8-12(b) 所用的两个阈值为 $T_1 = 0.02$、$T_2 = 0.05$，高阈值较小，因此检测出更多纹理、细节的边缘，例如墙体砖块的边缘；而图 8-12(c) 所用的两个阈值为 $T_1 = 0.02$、$T_2 = 0.5$，高阈值较大，因此检测出目标整体轮廓的边缘，在图像较平滑的情况下，对低阈值 T_1 的取值并不敏感。

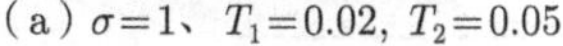

(a) $\sigma=1$、$T_1=0.02$, $T_2=0.05$

(b) $\sigma=4$、$T_1=0.02$, $T_2=0.05$

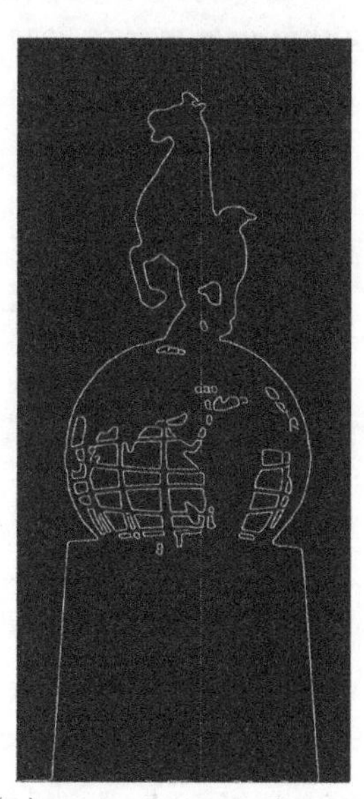

(c) $\sigma=4$、$T_1=0.02$, $T_2=0.5$

插图

图 8-12　Canny 算子的边缘检测示例

8.2.2.3　二阶差分算子

二阶差分算子的响应会产生双边缘，且不能检测边缘的方向。二阶差分算子在图像分割中主要有两点作用：①二阶差分在边缘处产生过零点，二阶差分的过零点可以确定边缘的位置；②二阶差分的符号可以确定边缘像素在边缘暗的一边还是亮的一边。二阶差分算子的模板系数之和也为 0，其频域响应在直流分量处为零，因此，二阶差分图像的平均灰度值为零。

如 3.8.2 节所述，拉普拉斯算子是二阶差分算子，也是线性算子。不同于梯度算子需要计算不同方向的差分，拉普拉斯算子是无方向的，因此它只有一个模板。3.8.2 节关注于拉普拉斯算子在边缘增强中的应用，而本节描述拉普拉斯算子如何用于边缘检测。对于无噪图像，拉普拉斯算子可以定位图像中的边缘。但是，拉普拉斯算子对噪声很敏感。因此，拉普拉斯算子一般不以原始形式用于边缘检测，一种常用的拉普拉斯的变形形式为高斯拉普拉斯算子（Laplacian of Gaussian, LoG）。LoG 算子的边缘检测方法也称为 Marr 边缘检测。

为了抑制拉普拉斯算子对噪声的敏感性，在使用拉普拉斯算子进行边缘检测之前，通过与高斯函数 $G_\sigma(x,y)$ 作卷积对图像进行平滑预处理。由式 (8-17) 可推导出，拉普拉斯算子 ∇^2 具有如下性质：

$$\nabla^2\left[G_\sigma(x,y) * f(x,y)\right] = \nabla^2 G_\sigma(x,y) * f(x,y) \tag{8-24}$$

式 (8-24) 表明，先用高斯函数与图像作卷积，再计算拉普拉斯变换的结果，等于计算高斯函数的拉普拉斯变换，将拉普拉斯算子和高斯函数组合成为单一的高斯拉普拉斯算子 $\nabla^2 G_\sigma(x,y)$，再用 $\nabla^2 G_\sigma(x,y)$ 直接与图像作卷积。图 8-13 中高斯函数的二阶微分与有噪信号的卷积结果等同于图 8-2 所示先平滑后计算二阶差分的结果。

动图

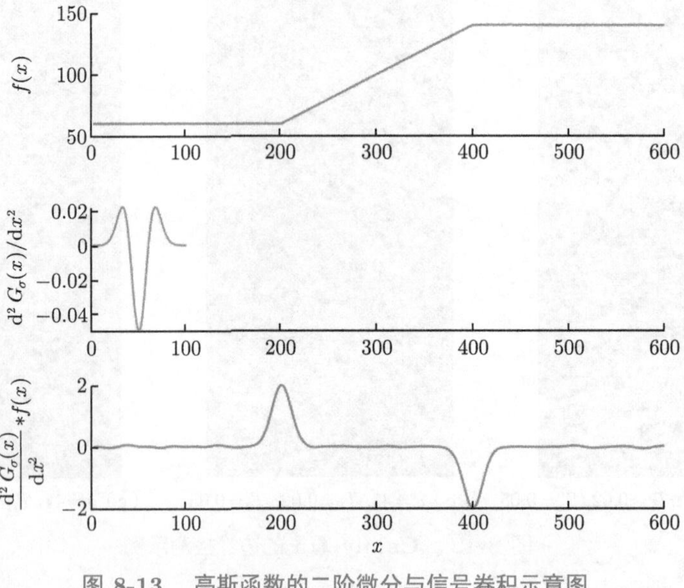

图 8-13　高斯函数的二阶微分与信号卷积示意图

根据式 (8-20)，进一步计算高斯函数关于 x 方向的二阶偏导数为

$$\frac{\partial^2}{\partial x^2} G_\sigma(x,y) = \frac{x^2-\sigma^2}{2\pi\sigma^6} \mathrm{e}^{-\frac{x^2+y^2}{2\sigma^2}} \tag{8-25}$$

同理，根据式 (8-21)，进一步计算高斯函数关于 y 方向的二阶偏导数为

$$\frac{\partial^2}{\partial y^2}G_\sigma(x,y)=\frac{y^2-\sigma^2}{2\pi\sigma^6}\mathrm{e}^{-\frac{x^2+y^2}{2\sigma^2}} \tag{8-26}$$

在二阶偏导数的基础上，LoG 算子 $\nabla^2 G_\sigma(x,y)$ 定义为

$$\nabla^2 G_\sigma(x,y)=\frac{\partial^2}{\partial x^2}G_\sigma(x,y)+\frac{\partial^2}{\partial y^2}G_\sigma(x,y)=\frac{x^2+y^2-2\sigma^2}{2\pi\sigma^6}\mathrm{e}^{-\frac{x^2+y^2}{2\sigma^2}} \tag{8-27}$$

图 8-14 显示了 LoG 函数的形状，其中 σ 取值为 0.5。对于图 8-9(a)∼(c) 所示的高斯函数 $G_\sigma(x,y)$ 及其关于 x 方向和 y 方向的一阶偏导数，图 8-14(a) 和图 8-14(b) 分别为高斯函数关于 x 方向和 y 方向二阶偏导数的三维曲面图和图像显示，图 8-14(c) 为 LoG 函数 $\nabla^2 G_\sigma(x,y)$ 的三维曲面图。图 8-14(d) 给出了一维高斯函数和 LoG 函数，图中实线为一维 LoG 函数 $\nabla^2 G_\sigma(x)$，虚线为一维高斯函数 $G_\sigma(x)$。

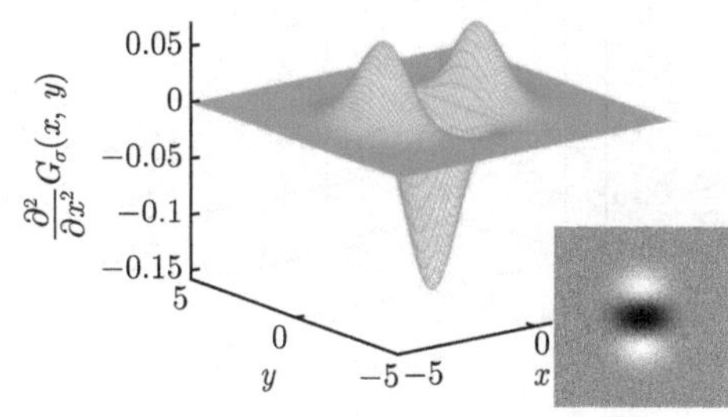

(a) 高斯函数关于x方向的二阶偏导数

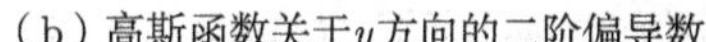

(b) 高斯函数关于y方向的二阶偏导数

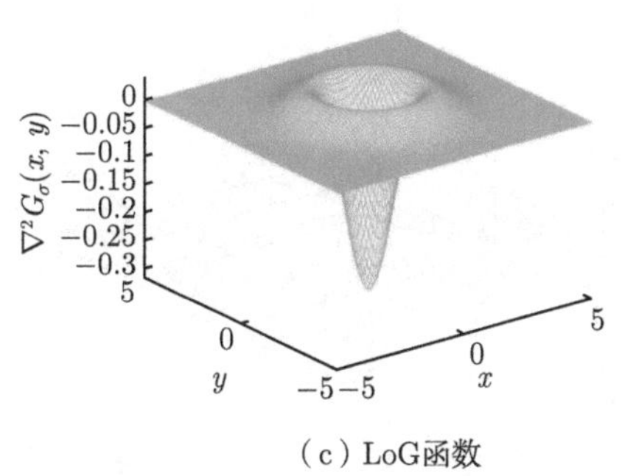

(c) LoG函数

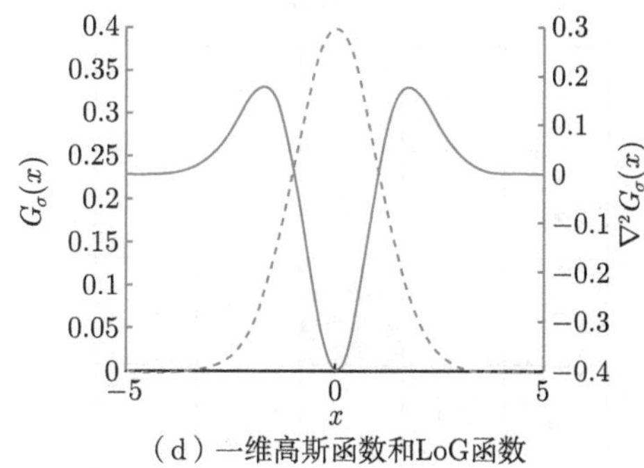

(d) 一维高斯函数和LoG函数

图 8-14 LoG 函数（$\sigma=1$）

对函数求相反数使中心像素为正，这两种形式仅符号相反，它们有等效的作用。图 8-15 (a)∼(c) 分别显示了 LoG 算子的三维曲面图、径向剖面图以及对 $\nabla^2 G_\sigma(x,y)$ 近似的 5×5 模板。图 8-15(a) 和 (b) 的形状是负值的谷中有一个正向峰，参数 σ 控制中心峰的宽度，从而控制平滑的程度。对连续函数形式的 LoG 算子进行离散近似可获取任意尺寸的模板。如图 8-15(c) 所示的离散化不是唯一的，连续函数的形状决定了中心系数为正，周围系数为负，与中心像素距离较远的系数幅值较小，包围在最外部的系数为 0。根据函数的形状，高斯拉普拉斯算子也被称为墨西哥草

帽函数。LoG 算子的模板系数之和为 0，这样在灰度恒定的区域内模板的响应为 0。图 8-15(d) 为 LoG 算子的频率响应，在直流分量处频率响应为 0。

拉普拉斯算子是二阶差分算子，由于二阶差分算子对噪声具有敏感性，因此高斯函数的作用是对图像进行平滑处理，从而达到降噪的目的。高斯函数中标准差 σ 的选取起着关键性的作用，对边缘检测结果有很大的影响。σ 取值越大，平滑能力越强，对噪声的抑制能力越强，避免了虚假边缘的检出，但同时也模糊了图像的边缘。高斯差分算子（Difference of Gaussian, DoG）是 LoG 二阶差分算子的近似形式，是两个高斯函数之差的形式，容易计算，具体的介绍详见电子文档。

文档

利用二阶差分算子定位图像的边缘可分为三个步骤：①使用二阶差分模板与图像作卷积；②检测差分图像中的过零点；③保留较大跳跃的过零点，即过零点两边的最大正值与最小负值之差较大。二阶差分过零点检测主要有两点不足：①平滑目标的形状，导致丢失明显的角点；②产生过多的闭合环形边缘，称为意大利面（plate of spaghetti）效应。

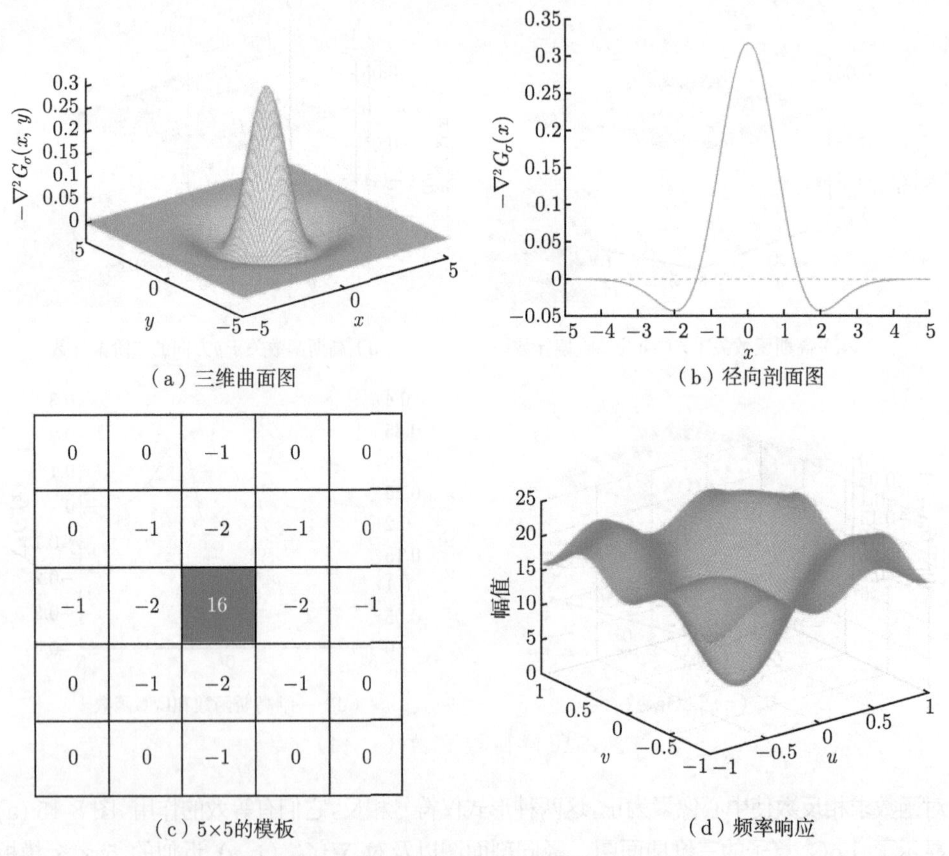

0	0	−1	0	0
0	−1	−2	−1	0
−1	−2	16	−2	−1
0	−1	−2	−1	0
0	0	−1	0	0

(c) 5×5的模板

图 8-15 LoG 算子

代码

例 8-3 LoG 算子的边缘检测

图 8-16 给出了一个 LoG 算子的边缘检测示例。使用 LoG 模板与图像作卷积，其中，σ 取值为 3，模板的尺寸为 19×19。图 8-16(a) 为 LoG 模板与图 8-11(a) 所示的灰度图像

卷积的结果，由于 LoG 算子在边缘的两侧产生正值和负值的双边缘，为了在 8 位灰度级系统中显示，将差分值尺度化至 $[0, 255]$ 范围。因此，绝大部分差分为 0 的区域在图像中显示为大面积的灰色。从图 8-16(a) 中可以看到，在雕塑的边缘两侧表现出深和浅的双边缘，而二阶差分算子定位图像边缘是检测双边缘之间的过零点。

为了便于观察正负边缘之间的过零点，使用零阈值将差分图像阈值化，将正值显示为白色，非正值显示为黑色，如图 8-16(b) 所示。图 8-16(c) 为过零点检测结果，由于二阶差分对灰度变化的敏感性，在相对平坦的区域内检测出大量弱边缘对应的过零点。当包含输入图像中的所有过零点时，输出图像具有闭合轮廓。LoG 算子产生许多闭合环形边缘，这种意大利面效应是此方法最严重的问题。为了抑制可能由于噪声而引入的较弱的过零点，设置过零点的一个正常数阈值 T，将较大的过零跳跃认为是边缘，而较小的过零跳跃则不是边缘，这种情况只能检测出分段不连续的边缘。利用 MATLAB 图像处理工具包中 edge 函数的 LoG 算子自动选取阈值 T，图 8-16(d) 为 $T = 1.68 \times 10^{-3}$ 的过零点检测结果（图像归一化至 $[0, 1]$ 区间），由图中可见，LoG 算子通过过零点检测的边缘比梯度算子检测的边缘细。

实现 LoG 算子也可以先对图像进行平滑处理，再使用拉普拉斯算子，与直接计算式 (8-27) 中合并的单一复合模板相比，这样级联的两个模板具有较小的尺寸。复合模板需要匹配如图 8-15(a) 所示的复杂形状，因此，复合模板的尺寸通常较大。

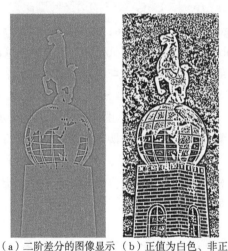

（a）二阶差分的图像显示

（b）正值为白色、非正值为黑色的二值显示

（c）阈值为0的过零点检测结果

（d）阈值为正常数的过零点检测结果

图 8-16　LoG 算子的边缘检测示例

插图

8.2.2.4　边缘检测算子的比较

基于一阶差分的边缘检测算子包括 Roberts 算子、Sobel 算子和 Prewitt 算子，通过 2×2 或 3×3 的一阶差分模板与图像作卷积，然后选取合适的阈值提取边缘。拉普拉斯算子是二阶差分的边缘检测算子，因对噪声的高敏感性而不可接受。LoG 算子在使用拉普拉斯算子之前对图像进行平滑处理，起到一定程度抑制噪声的作用。这些边缘检测算子是直接差分算子，其依据为一阶差分的强度和二阶差分的过零点。Canny 算子是另一类边缘检

测算子，在一阶差分的基础上通过寻找梯度方向上最大梯度点来定位边缘，对同一边缘只产生一个响应。

不同的边缘检测算子有各自的优势和不足。Roberts 算子利用一阶差分检测边缘，边缘定位精度较高，但抑制噪声能力较差，适用于阶跃边缘且信噪比高的图像。Roberts 算子不具备对称结构，在实际应用中通常使用奇数尺寸的模板。Sobel 算子等效于首先对图像进行加权平滑处理（中心像素具有更大的权重），然后再计算差分。Prewitt 算子与 Sobel 算子类似，等效于首先对图像进行均值平滑处理，然后再计算差分。因此，Sobel 算子和 Prewitt 算子对噪声有一定的抑制能力。但是，这两种算子检测的边缘具有多个像素宽度，且不能形成闭合且连通的轮廓。

拉普拉斯算子会产生双边缘，且由于它是二阶差分算子，因此对噪声很敏感，不适合直接用于边缘检测。LoG 算子避免了拉普拉斯算子抗噪能力弱的问题，并能够产生闭合且连通的轮廓。但是在抑制噪声的同时也模糊了边缘，从而造成小尺寸结构边缘的漏检。LoG 算子是复合算子，一般模板尺寸较大，因此，时间开销也较大。此外，当 LoG 算子中 σ 值较大时，过度的平滑会使形状丢失明显的角点；当 σ 值较小时，过多的细节产生意大利面效应。Canny 算子采用双阈值法检测及连接边缘，可以形成闭合、连通且单像素宽度的边缘。但是，Canny 算子也会产生类似意大利面效应的虚假边缘。

代码

例 8-4　Roberts、Prewitt、Sobel、Canny 和 LoG 算子的边缘检测比较

利用 MATLAB 图像处理工具包中的 edge 函数对图 8-17(a) 所示图像中进行边缘检测，使用默认参数。图 8-17(b)~(f) 比较了 Roberts、Prewitt、Sobel、Canny 和 LoG 算子边缘检测的性能。如图 8-17(b) 所示，Roberts 算子检测的边缘与真实边缘更接近，但是，抑制噪声的能力差。如图 8-17(c) 和图 8-17(d) 所示，Prewitt 和 Sobel 算子对图像进行了平滑处理，有一定的抑制噪声的能力，但是在一定程度上模糊了图像的边缘，注意观察线路的角点部分。Canny 算子和 Log 算子在边缘检测之前使用高斯函数对图像进行了平滑，因此可以滤除不重要的细节、噪声等，但是也平滑了图像的边缘、角点，与真实的边缘位置不尽一致，如图 8-17(e) 和图 8-17(f) 所示。总体来说，Canny 算子的结果优于其他算子，它将线路清晰地检测出来，且对噪声有较好的抑制。

8.2.3　Hough 变换

由于直线或曲线具有特定的参数方程，Hough 变换在参数空间中检测直线或曲线，将直线或曲线的检测问题转换为计数问题。1962 年由 Paul Hough 向美国申请专利，利用 Hough 变换检测图像中的直线和曲线。Hough 变换通常应用于边缘检测之后，通过拟合共线的边缘点提取直线或曲线，它是一种全局边缘连接方法。

8.2.3.1　Hough 变换直线检测基本思想

通常图像中的直线对应重要的边缘信息，例如，车辆自动驾驶技术中的车道线、航空航天照片分析中人造目标的边缘。在计算机视觉中，直线检测具有重要意义。Hough 变换直线检测是一种参数空间提取直线的方法，它将直线上点的坐标变换到过点的系数域，利用了共线点与直线相交之间的关系，将直线检测问题转换为计数问题。Hough 变换直线检测的主要优点是受直线中间隙和噪声的影响较小。

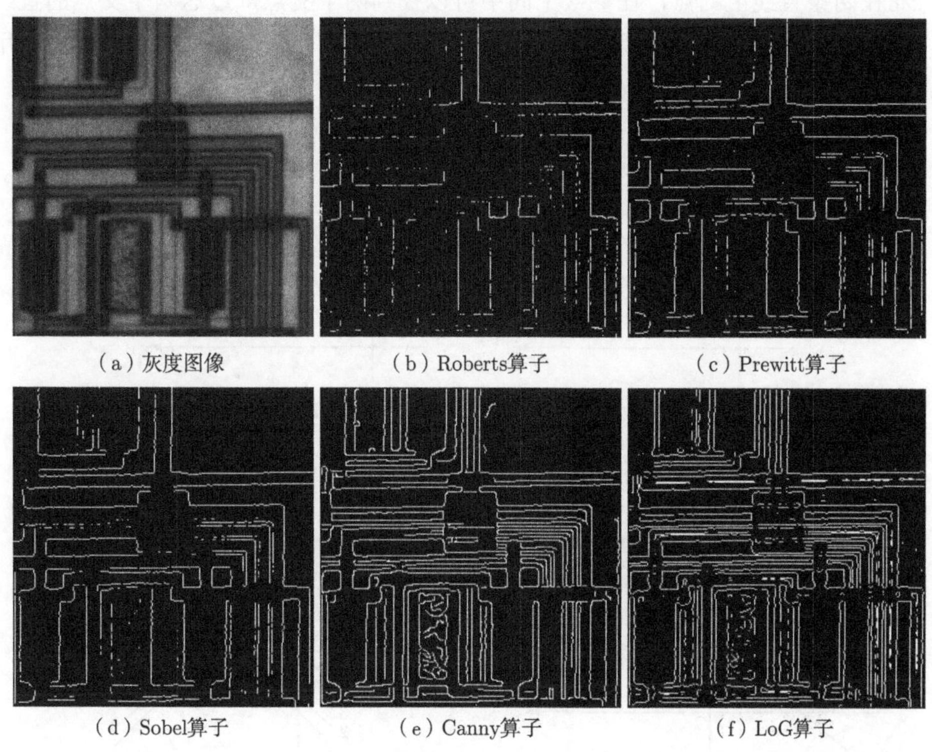

(a) 灰度图像　(b) Roberts算子　(c) Prewitt算子

(d) Sobel算子　(e) Canny算子　(f) LoG算子

图 8-17　Roberts、Prewitt、Sobel、Canny 与 LoG 算子的边缘检测结果比较

在 $O\text{-}xy$ 平面上，直线的斜截式方程为

$$y = mx + b \tag{8-28}$$

式中，m 和 b 分别为直线的斜率和截距。如图 8-18 所示，对于给定的一条直线，对应一个数对 (m,b)，反之，给定一个数对 (m,b)，对应一条直线 $y = mx + b$。简单地说，$O\text{-}xy$ 平面上的直线 $y = mx + b$ 与 $O\text{-}mb$ 平面上的数对 (m,b) 是一一对应关系，从坐标空间到参数空间的变换称为**Hough 变换**。

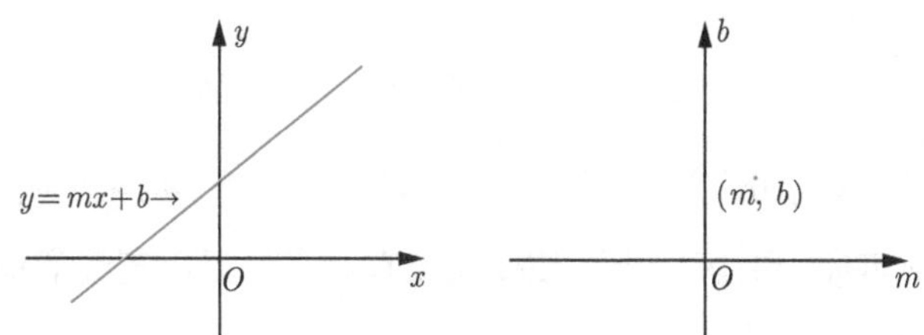

图 8-18　$O\text{-}xy$ 平面上的直线与 $O\text{-}mb$ 平面上的数对的对应关系

同理，如图 8-19 所示，$O\text{-}xy$ 平面上的一点 (x, y) 与 $O\text{-}mb$ 平面上的一条直线 $b = -xm + y$ 是一一对应关系。因此，如图 8-20 所示，对于 $O\text{-}xy$ 平面上的直线 $y = mx + b$，直线上的每个点 (x, y) 都对应于 $O\text{-}mb$ 平面上的一条直线，这些直线相交于一点 (m, b)。对于分布在两条直线上的点，在参数空间中可以找到两个交点，过这两个交点的直线对应 $O\text{-}xy$ 平面上两条直线的交点 (标记 “+”)，如图 8-21 所示。Hough 变换直线检测利用这个重要性质检测共线点，从而提取出直线。

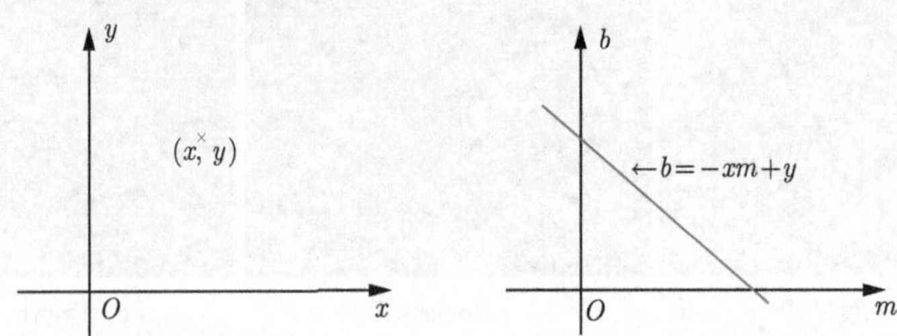

图 8-19　$O\text{-}xy$ 平面上的点与 $O\text{-}mb$ 平面上的直线的对应关系

插图

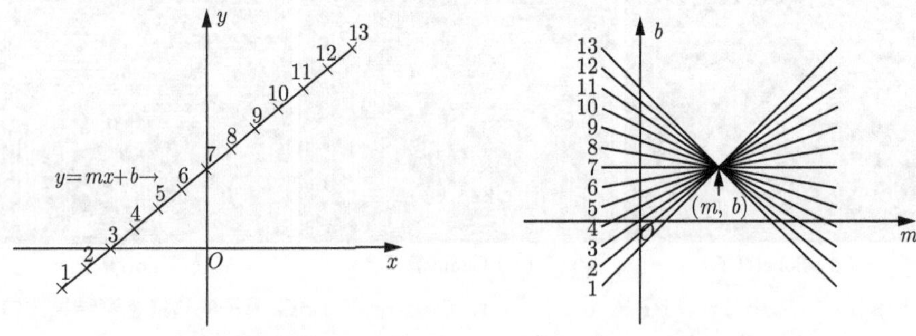

图 8-20　$O\text{-}xy$ 平面上的共线点与 $O\text{-}mb$ 平面上的直线相交于一点的对应关系

插图

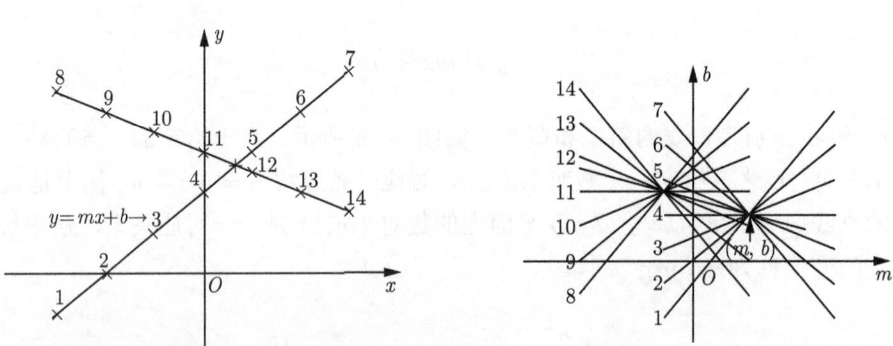

图 8-21　$O\text{-}xy$ 平面两条直线上的点在 $O\text{-}mb$ 平面上相交于两个点

8.2.3.2　极坐标系中 Hough 变换实现

由于直线的斜率可能无穷大，为了使变换域有意义，采用直线的极坐标方程表示为

$$\rho = x\cos\theta + y\sin\theta \tag{8-29}$$

式中，数对 (ρ,θ) 定义了从原点到直线距离的向量，如图 8-22 所示，该向量与直线垂直，ρ 表示向量长度，θ 表示向量关于 x 轴的角度。利用斜率和过直线一点 (x_0,y_0) 很容易推导出式 (8-29) 中直线极坐标方程的表达式。

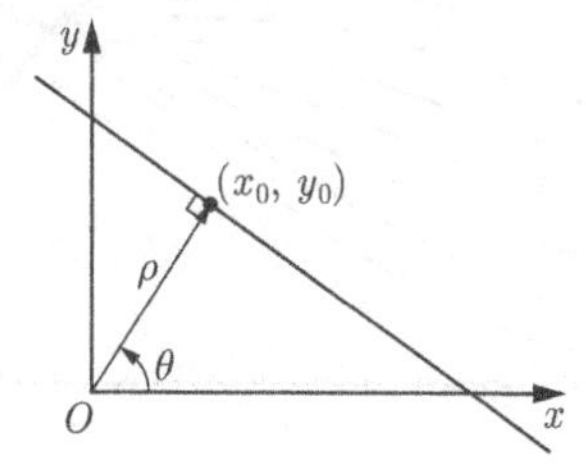

图 8-22 直线的极坐标表示

对于式 (8-29)，若将 y 看成是 x 的函数，则是一条直线；若将 ρ 看成 θ 的函数，则是一条正弦曲线。于是，O-xy 平面上的直线 $\rho = x\cos\theta + y\sin\theta$ 与 O-$\rho\theta$ 平面上的数对 (ρ,θ) 是一一对应关系。同理，O-xy 平面上的点与 O-$\rho\theta$ 平面上的正弦曲线也是一一对应关系。如图 8-23 所示，O-xy 平面上的共线点对应于 O-$\rho\theta$ 平面上的正弦曲线相交于一点，该点即直线方程的参数 (ρ,θ)。根据直线方程的参数 (ρ,θ) 可知直线的方程，这是利用 Hough 变换从图像中提取直线的原理。

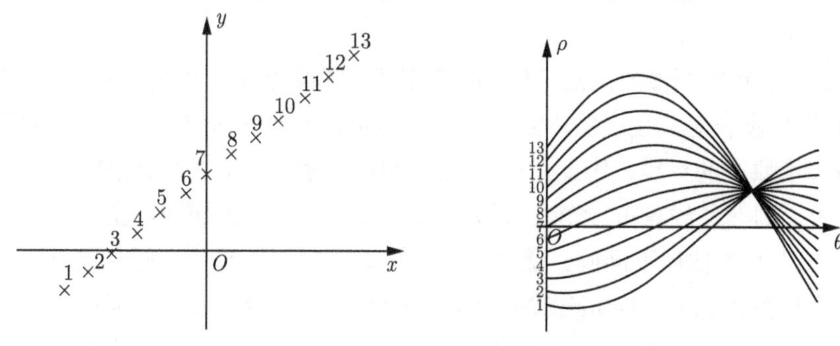

图 8-23 共线点对应的正弦曲线相交于一点

O-xy 平面上的每个边缘点对应于 O-$\rho\theta$ 平面上的一条正弦曲线，为了寻找共线点所在的直线，对 O-$\rho\theta$ 平面进行量化，即对 ρ 和 θ 值进行量化，将参数空间用二维累加数组 $A(\rho,\theta)$ 表示，数组中的每个元素表示一个计数累加器，对应一个数对 (ρ,θ)，如图 8-24 所示。对于 O-xy 平面上的点 (x,y)，根据式 (8-29)，计算各个量化的角度 θ 对应的 ρ 并量化，将正弦曲线通过轨迹上的数组元素 $A(\rho,\theta)$ 加上 1，计数累加器 $A(\rho,\theta)$ 实际上是位于直线 $\rho = x\cos\theta + y\sin\theta$ 上点数的统计。将所有点 (x,y) 变换到参数空间后，同一数对 (ρ,θ) 对应的 O-xy 平面上的各点接近于共线，利用最小二乘法对 O-xy 平面上的这些点进行直线拟合，计算出这些点所在的直线方程。O-$\rho\theta$ 平面的量化步长决定了这些点共线性的精确度。若图像中存在 n 条待检测的直线，则选择计数累加器中前 n 个最大值对应的数对 (ρ,θ)。

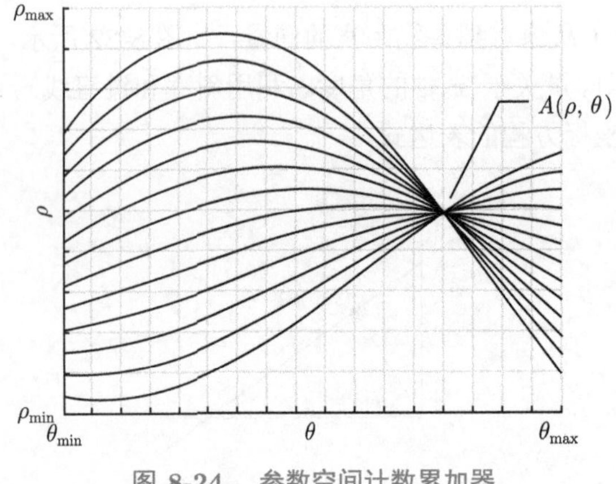

图 8-24　参数空间计数累加器

极坐标系中 Hough 变换直线检测的实现步骤总结如下：

（1）初始化二维累加数组 $A(\rho,\theta)$ 为 0；

（2）对于每个边缘像素 (x,y)，每一个量化角度 $\theta\in[\theta_{\min},\theta_{\max}]$，根据式 (8-29) 计算 ρ 并量化，相应的计数累加器 $A(\rho,\theta)$ 加 1；

（3）重复步骤 (2)，直至检查所有的边缘像素和所有的角度 θ；

（4）查找 $A(\rho,\theta)$ 最大值对应的 (ρ,θ)；

（5）利用最小二乘法对 (ρ,θ) 的所有边缘像素 (x,y) 进行直线拟合，计算这些点所在的直线方程。

实际上，由于数字图像的离散采样、噪声干扰、图像边缘并非数学上的直线等原因，参数 ρ 和 θ 的量化步长对共线点的检测有很大的影响。如图 8-25 所示，由于受噪声的干扰，共线点略偏离了原来的直线，因此，在参数空间中，对应的曲线不能相交于一点。若 ρ 和 θ 的量化过粗，则非共线点可能落在参数空间中的同一计数累加器，由于野点的存在，导致直线参数 ρ 和 θ 的估计不准确。反之，若 ρ 和 θ 值的量化过细，则共线点可能落在参数空间中的多个计数累加器。Hough 变换参数空间的量化以及在参数空间中寻找峰值并非一件容易的事情，Hough 变换参数空间的峰值一般都位于多个计数累加器中。

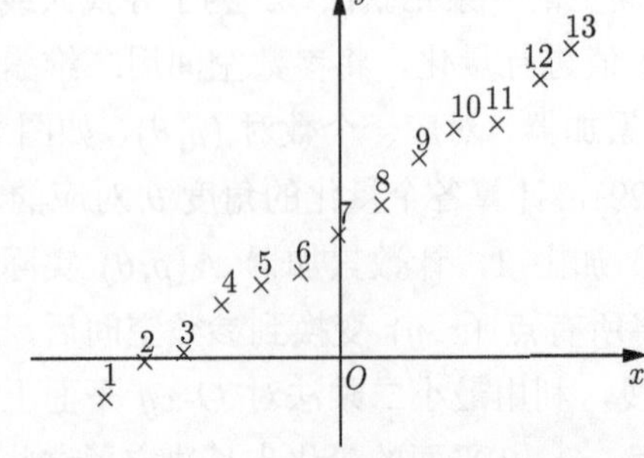

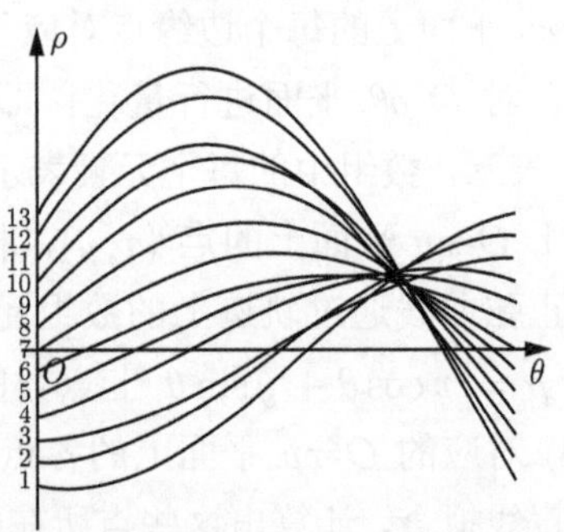

图 8-25　受噪声干扰的共线点的 Hough 变换

代码

例 8-5 Hough 变换直线检测

利用 Hough 变换提取图 8-26(a) 中的直线段，角度 θ 的量化间隔为 1°。Hough 变换用于边缘检测之后，将边缘像素连接形成完整、连通的边界。为了平滑房屋砖墙和瓦片屋顶的纹理而产生干净的边缘，选取 Canny 算子对图像进行边缘检测，其中，高斯平滑函数的标准差 σ 取值为 3。图 8-26(b) 为 Canny 算子的边缘检测结果，由图中可见，在平滑的同时，角点信息也严重丢失。图 8-26(c) 是以图像方式显示的参数空间，在 Hough 变换的参数空间中寻找前 10 个峰值（圆圈标出），从而提取图像中的 10 条主要直线。如图 8-26(d) 所示，为了便于观察，提取出的直线段用蓝色表示。

插图

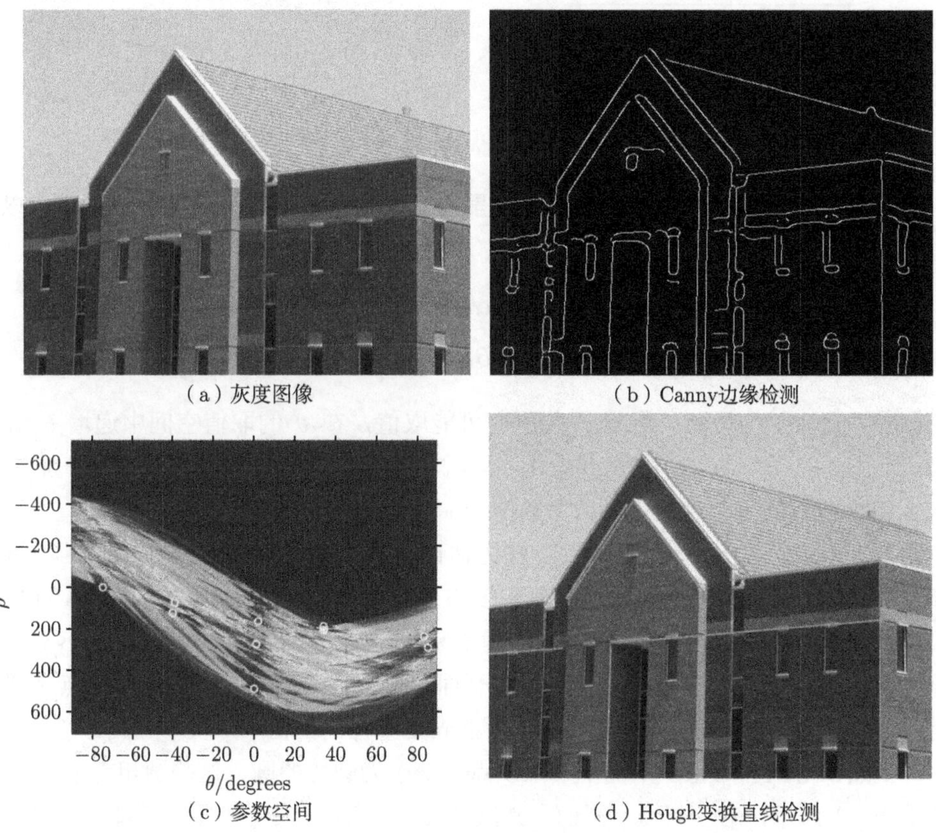

（a）灰度图像　（b）Canny边缘检测

（c）参数空间　（d）Hough变换直线检测

图 8-26　Hough 变换直线检测示例

8.2.3.3 Hough 变换圆检测

Hough 变换可以扩展到形式为 $f(\boldsymbol{x};\boldsymbol{c})=0$ 的任何函数，其中，$\boldsymbol{x}$ 为坐标向量，$\boldsymbol{c}$ 为参数向量。二维空间中圆的函数有三个未知参数，圆的标准方程为

$$(x-\alpha)^2+(y-\beta)^2=r^2 \tag{8-30}$$

式中，(α,β) 为圆心，r 为圆的半径。$O\text{-}xy$ 平面上的一点 (x,y) 与 $O\text{-}r\alpha\beta$ 空间的一个圆锥曲面 $r=\sqrt{(\alpha-x)^2+(\beta-y)^2}$ 是一一对应关系。式 (8-30) 中有三个未知参数，至少三

个点才能确定三维空间中的一点。如图 8-27 所示，对于 $O\text{-}xy$ 平面上的圆上的三个点，在 $O\text{-}r\alpha\beta$ 空间对应的三个圆锥曲面相交于一点 (α,β,r)，该点即为这三个点所在圆的参数。

插图

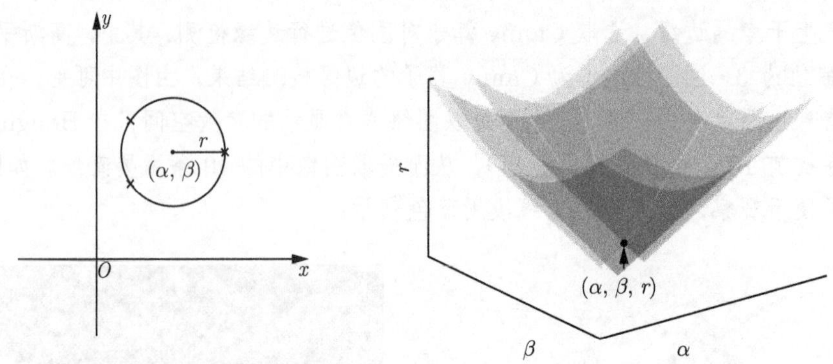

图 8-27 $O\text{-}xy$ 平面上的点与 $O\text{-}r\alpha\beta$ 平面上的圆锥曲面的对应关系

这三个参数构成三维参数空间的计数累加器。利用极坐标表示 $O\text{-}xy$ 平面上以 (α,β) 为圆心的圆上的每个点 (x,y)：

$$\begin{cases} x=\alpha+r\cos\theta \\ y=\beta+r\sin\theta \end{cases} \tag{8-31}$$

其中，$\theta\in[0,2\pi)$ 为极角。对于 r 的所有可能取值，在 θ 的取值空间中递增 θ 值，计算 $\alpha=x-r\cos\theta$，$\beta=y-r\sin\theta$ 并量化，同时将相应的计数累加器 $A(\alpha,\beta,r)$ 加 1。显然，Hough 变换检测的复杂度随着参数个数的增加呈几何增长。

通常，利用 Hough 变换检测圆时，预先估计圆的半径，这样将参数向量降到二维，在二维参数空间中，Hough 变换圆检测的复杂度与直线检测的复杂度一致。图 8-28 直观地说明了二维参数空间中 Hough 变换圆检测的基本原理，$O\text{-}xy$ 平面上一个圆与 $O\text{-}\alpha\beta$ 平面上一个点（圆心）是一一对应关系；同理，$O\text{-}xy$ 平面上一个点与 $O\text{-}\alpha\beta$ 平面上以该点为圆心的圆也是一一对应关系。因此，对于 $O\text{-}xy$ 平面上固定半径 r 的圆 $(x-\alpha)^2+(y-\beta)^2=r^2$，圆上的每个点都对应于 $O\text{-}\alpha\beta$ 平面上一个以点 (x,y) 为圆心的圆，这些圆相交于一点 (α,β)。如图 8-28(a) 所示，对于 $O\text{-}xy$ 平面上共圆的 10 个点，当半径估计正确时，如图 8-28(b) 所示，参数空间的圆相交于圆心处，计数累加器中的峰值对应的参数即圆心；而当半径估计过大 [图 8-28(c)] 或过小 [图 8-28(d)] 时，参数空间的圆都无法相交于一个点，也就无法找到正确的圆心位置。

代码

例 8-6 二维参数空间的 Hough 变换圆检测

图 8-29(a) 为一幅尺寸为 259×300 的灰度图像，图像中有 4 枚 10 美分和 6 枚 5 美分的圆形硬币，利用 Hough 变换圆检测方法提取图像中这两种尺寸的圆形硬币。图 8-29(b) 为 Canny 算子的边缘检测结果，其中，高斯函数的标准差 σ 取值为 2。预先估计圆的半径，将图 8-29(b) 变换到二维参数空间，参数空间的尺寸为原图像的行宽和列宽分别加上 $2r$，这是因为在参数空间实际上是以图像中的每个边缘点为圆心作圆。图 8-29(c) 是当半

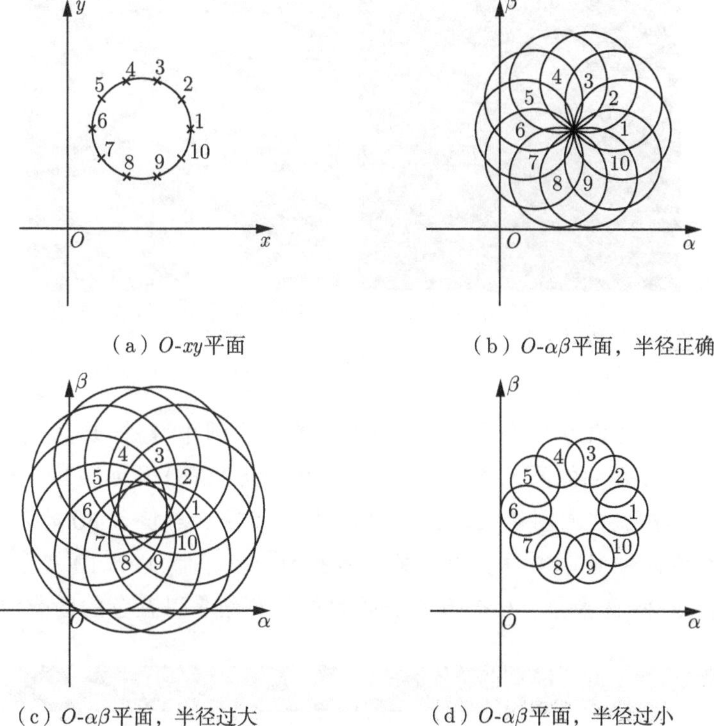

（a）O-xy平面　　（b）O-$\alpha\beta$平面，半径正确

（c）O-$\alpha\beta$平面，半径过大　　（d）O-$\alpha\beta$平面，半径过小

图 8-28　**Hough 变换圆检测原理示意图**

插图

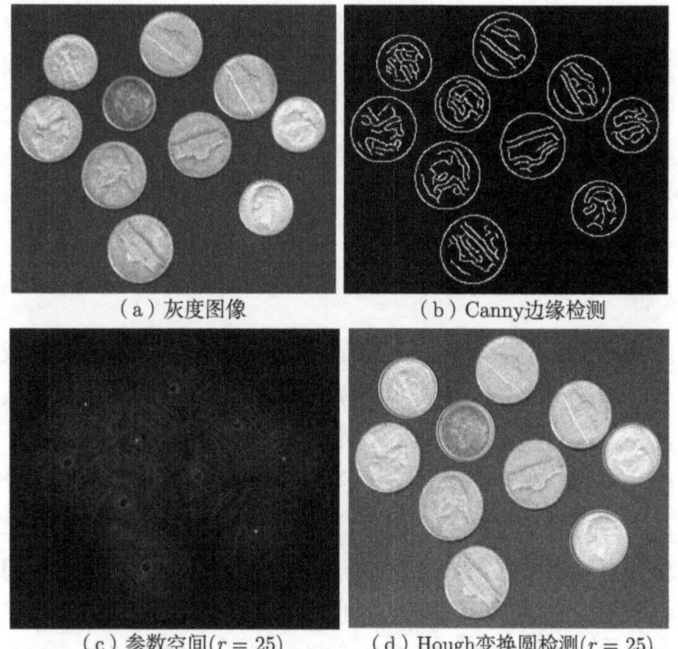

（a）灰度图像　　（b）Canny边缘检测

（c）参数空间($r = 25$)　　（d）Hough变换圆检测($r = 25$)

图 8-29　**二维参数空间的 Hough 变换圆检测示例**

插图

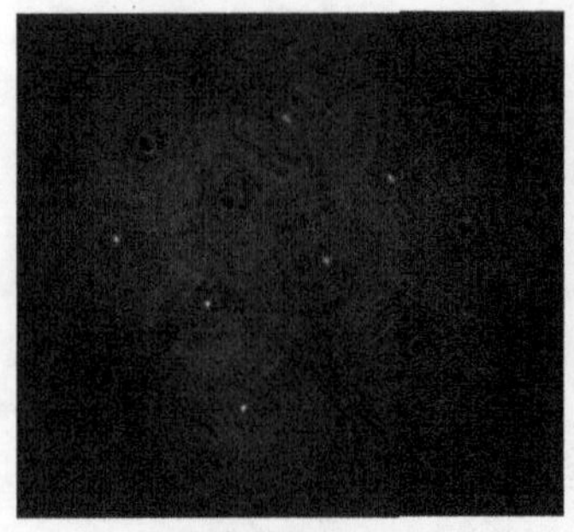
(e) 参数空间($r = 30$)

(f) Hough变换圆检测($r = 30$)

图 8-29 续图

径 r 取值为 25 时以图像方式显示的参数空间，参数空间中 4 个 10 美分尺寸的圆聚交为一点，而 6 个 5 美分尺寸的圆无法相交于一点，如图 8-29(d) 所示，4 个 10 美分硬币的检测结果以蓝色的圆叠加在原图像上。图 8-29(e) 是当半径 r 取值为 30 时以图像方式显示的参数空间，参数空间中 6 个 5 美分尺寸的圆聚交为一点，而 4 个 10 美分尺寸的圆无法相交于一点，如图 8-29(f) 所示，6 个 5 美分硬币的检测结果以蓝色的圆叠加在原图像上。

8.3 基于阈值的图像分割

基于阈值的图像分割是通过设定不同的阈值，将图像中的像素分为两类或多类。它是一种简单有效的图像分割方法，具有计算简单、容易实现的优点。将像素分成两类的图像为二值图像，因此，两类像素的图像分割也称为图像的二值化处理。基于阈值的图像分割方法适用于目标与背景在灰度上有较强对比度，且目标或背景的灰度较单一的图像。在这种情况下，基于阈值的图像分割方法总能形成闭合且连通的区域边界。阈值法通常使用灰度直方图来分析图像中灰度值的分布情况。这类方法的问题是阈值的确定主要依赖于灰度直方图，而不考虑图像中像素的空间位置关系，因此，当目标或背景复杂时，基于阈值的图像分割方法通常会失效。

8.3.1 直方图基础

当一幅图像由亮目标和暗背景区域（或者暗目标和亮背景区域）组成时，由于目标与背景灰度的明显差异，灰度直方图呈现双峰模式。如图 8-30 所示图像的灰度直方图具有明显的双峰模式，左边的峰对应暗背景区域，而右边的峰对应亮目标区域。灰度直方图是阈值法图像分割的重要工具。显然，选择一个合适的阈值 T 就可以将这两个峰分开，这种方法称为阈值法。阈值法的关键是如何选择合适的阈值，阈值的选取决定了阈值分割的效果。

阈值法可以分为全局阈值法和局部阈值法两类。全局阈值法是指利用全局信息对整幅图像求出最优分割阈值，可以是单一阈值，也可以是多个阈值。使用单一阈值的单阈值法要求图像的灰度直方图具有双峰模式。局部阈值法是将整幅图像划分为若干区域，对各个区域使用全局阈值法分别求出最优分割阈值。

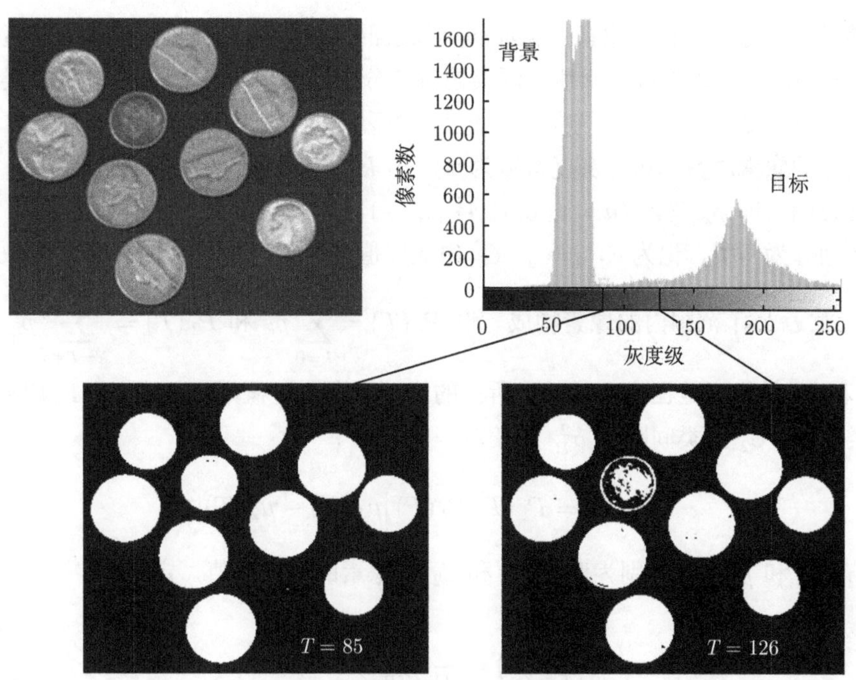

图 8-30 双峰模式直方图阈值法示意图

对于灰度图像 $f(x,y)$，若 $f(x,y) > T$ 的像素为前景（目标），则图像阈值化操作可表示为

$$g(x,y) = \begin{cases} 1, & f(x,y) > T \\ 0, & f(x,y) \leqslant T \end{cases} \tag{8-32}$$

式中，$g(x,y)$ 为二值图像，1 像素表示前景（目标），0 像素表示背景。若阈值 T 对于整幅图像为常数，则该阈值称为全局阈值。若阈值 T 依赖空间坐标 (x,y) 的局部特性，则该阈值称为局部阈值。局部阈值随空间位置而动态变化，通常表示为空间坐标 (x,y) 的函数 $T(x,y)$。

8.3.2 全局阈值法

全局阈值法是一种最简单的阈值处理技术，而单阈值法是其中一种最简单的全局阈值法，它使用单一的全局阈值将图像中的像素分成两类。通过对图像进行逐像素扫描将灰度值大于阈值 T 的像素标记为前景，其他像素标记为背景，这样实现对图像的分割。全局阈值法的分割性能取决于图像灰度直方图的可分离性。当灰度直方图呈现明显的双峰特性时，选取两峰之间的谷底作为阈值，可以取得好的分割结果。本节介绍一种常用的 Otsu 阈值法自动选取阈值。

1979 年日本学者大津展之（Otsu）提出了一种最大类间距离法，这是一种自适应确定阈值的方法，称为大津阈值法或**Otsu 阈值法**。根据图像中像素的灰度特征，将图像中像素分成前景（目标）和背景像素两类，同类像素的灰度值相似，异类像素的灰度值存在差异。图像分割问题可以看成是阈值对两类像素的分类问题，Otsu 阈值法引入分类中类别可分离性的距离准则，以最大化异类样本的类间距离作为判别最优阈值的准则函数[①]。

设图像的像素总数为 n，灰度级数为 L，第 k 个灰度级 r_k 的像素数为 n_k，计算图像的概率直方图，即 $p_k = n_k/n, k = 0, 1, \cdots, L-1$。依据像素的灰度值利用阈值 T 将图像中的像素划分为两类，记为 $\mathcal{C}_1$ 和 $\mathcal{C}_2$，$\mathcal{C}_1$ 由灰度值在 $[0, T]$ 范围内的像素构成，$\mathcal{C}_2$ 由灰度值在 $[T+1, L-1]$ 范围内的像素构成。设 $P_1(T) = \sum_{k=0}^{T} p_k$ 和 $P_2(T) = \sum_{k=T+1}^{L-1} p_k$ 分别表示两类 $\mathcal{C}_1$ 和 $\mathcal{C}_2$ 的像素数在像素总数中所占的比例，即先验概率，$P_1(T) + P_2(T) = 1$。

两类 $\mathcal{C}_1$ 和 $\mathcal{C}_2$ 的类间距离 σ_B^2 定义为

$$\sigma_B^2(T) = P_1(T) P_2(T) \left[\mu_1(T) - \mu_2(T)\right]^2 \tag{8-33}$$

式中，$\mu_1(T)$ 和 $\mu_2(T)$ 分别为两类 $\mathcal{C}_1$ 和 $\mathcal{C}_2$ 中像素的灰度均值，定义为

$$\mu_1(T) = \frac{1}{P_1(T)} \sum_{k=0}^{T} r_k p_k \tag{8-34}$$

$$\mu_2(T) = \frac{1}{P_2(T)} \sum_{k=T+1}^{L-1} r_k p_k \tag{8-35}$$

由式 (8-33) 可知，类间距离实际上是两类像素灰度均值之间的距离。$\sigma_B^2(T)$ 可以写为仅关于类 $\mathcal{C}_1$ 的函数，即

$$\sigma_B^2(T) = \frac{P_1(T)\left[\mu - \mu_1(T)\right]^2}{1 - P_1(T)} \tag{8-36}$$

式中，μ 为全部像素的总灰度均值，即

$$\mu = \sum_{k=0}^{L-1} r_k p_k \tag{8-37}$$

两类像素的类间距离最大时的阈值即为最优阈值，$\sigma_B^2(T)$ 总存在最大值。这样将寻找最优阈值的图像分割问题转化为使判别准则最大化的最优化问题。求取最优阈值 T^* 可表示为

$$T^* = \arg\max \sigma_B^2(T), \quad T \in [0, L-1] \tag{8-38}$$

综上所述，Otsu 阈值法的实现步骤为：①统计灰度级的分布律，计算灰度直方图；②顺序选取各个灰度级 $l \in [0, L-1]$ 作为阈值 T，计算相应的 $P_1(T)$ 和 $\mu_1(T)$，并计算类间距离 $\sigma_B^2(T)$；③通过比较全部阈值 $T \in [0, L-1]$ 的类间距离 $\sigma_B^2(T)$，查找最优阈值 T^*。

① 有的刊物认为最大化类间距离的分割使错分概率最小，这种观点有误，最大化类间距离准则与最小错误率准则是不同的准则，且不等价。

例 8-7　Otsu 阈值法的图像分割

使用 Otsu 阈值法对图 8-31(a) 所示灰度图像中的木榫（wood dowels）进行分割。MATLAB 图像处理工具箱中灰度图像阈值化的 graythresh 函数采用的正是 Otsu 阈值法。在图 8-31(b) 所示的概率直方图中，虚线标出最大类间距离对应的 T^*。Otsu 阈值法估计的阈值为 0.4765，分割结果如图 8-31(c) 所示，单一的全局阈值有效适用于直方图具有明显双峰特性的图像。

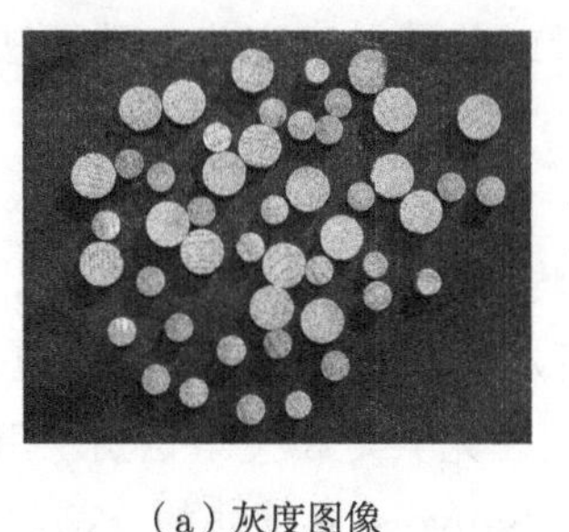

（a）灰度图像

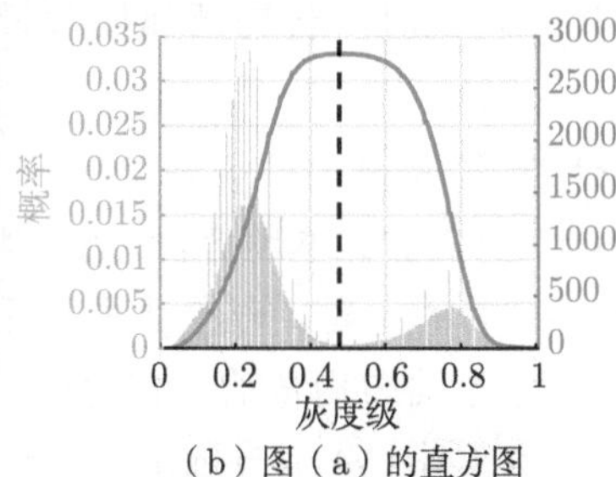

（b）图（a）的直方图

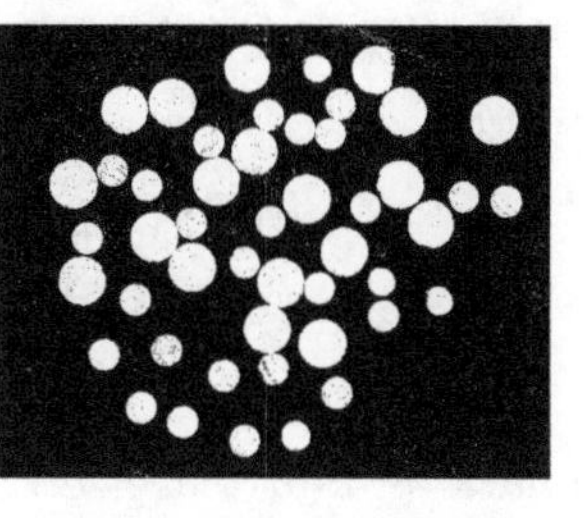

（c）Otsu阈值法的分割结果

图 8-31　Otsu 阈值法的图像分割示例

8.3.3　局部阈值法

全局阈值法为整幅图像选定全局阈值，当图像中存在阴影、照度不均匀以及对比度、背景灰度变化等情况时，若使用固定的全局阈值对整幅图像进行分割，则由于不能兼顾图像各处的情况而无法保证图像分割的效果。局部阈值法使用一组与像素坐标相关的阈值（即阈值是坐标的函数），为图像中的每个像素计算不同的分割阈值，也称为动态阈值法或自适应阈值法。局部阈值法充分考虑了像素的邻域灰度特征，根据图像的不同背景情况自适应地改变阈值，对一些全局阈值不能胜任的图像有好的图像分割效果。

目前已经提出了很多种局部自适应阈值法，普遍使用滑动窗口的解决策略，根据图像局部邻域的某种统计特征动态地调整阈值。滑动窗口可以不重叠、部分重叠或者完全重叠。本节介绍两种常用的局部阈值法：Niblack 和 Sauvola 算法。

Niblack 算法在像素 (x,y) 处阈值 $T(x,y)$ 的计算式为

$$T(x,y)=\mu(x,y)+k\sigma(x,y)-c \tag{8-39}$$

式中，$\mu(x,y)$ 和 $\sigma(x,y)$ 分别表示以像素 (x,y) 为中心的局部邻域像素的灰度均值和标准差，k 为修正系数，c 为偏移量。从式 (8-39) 可知，对于每个像素 (x,y)，根据其局部邻域像素的灰度均值和标准差，决定该像素的分割阈值 $T(x,y)$。均值是局部邻域像素的平均灰度，标准差是灰度分布均匀性的量度，即根据局部邻域的平均灰度和均匀性自适应地调整阈值的大小。

Sauvola 算法是 Niblack 算法的修改版本，在像素 (x,y) 处阈值 $T(x,y)$ 的计算式为

$$T(x,y)=\mu(x,y)\left[1+k\left(\frac{\sigma(x,y)}{R}-1\right)\right] \tag{8-40}$$

式中，R 为所有局部标准差的最大值，即 $R = \max\limits_{(x,y)} \sigma(x,y)$；$k$ 为修正系数。对于文本像素值接近 0 而背景像素值接近 255 的文本图像，Sauvola 算法的分割性能优于 Niblack 算法。

局部阈值法的一个主要问题是邻域窗口尺寸的选择，邻域窗口尺寸较小或较大均不能准确地描述图像的局部区域特征。当邻域窗口的尺寸较小时，很容易放大局部邻域像素灰度的变化，导致将非均匀灰度分布的背景分割到目标中，从而发生伪影现象，并产生一定的噪声。当邻域窗口的尺寸较大时，若局部邻域背景或前景灰度变化，则无法有效分割。

代码

例 8-8　局部自适应阈值法的图像分割

图 8-32(a) 为一幅尺寸为 469×597 的文本图像，灰度不均匀会使全局阈值法失效，如图 8-32(b) 所示。为了解决灰度不均匀的问题，一种通用的解决方法是局部自适应阈值法。Niblack 和 Sauvola 算法适用于背景不均匀图像的二值化处理，尤其是在文本识别中用于文本图像的分割。图 8-32(c) 和图 8-32(d) 分别为 Niblack 和 Sauvola 阈值法的分割结果，其中，邻域窗口的尺寸为 25×25，在 Niblack 算法中 k 取值为 0.2，c 取值为 0.15，Sauvola 算法中 k 取值为 0.3。由图中可见，与全局阈值法相比，局部自适应阈值法解决了灰度变化的问题，从而生成一幅相对完整且干净的文本分割结果。

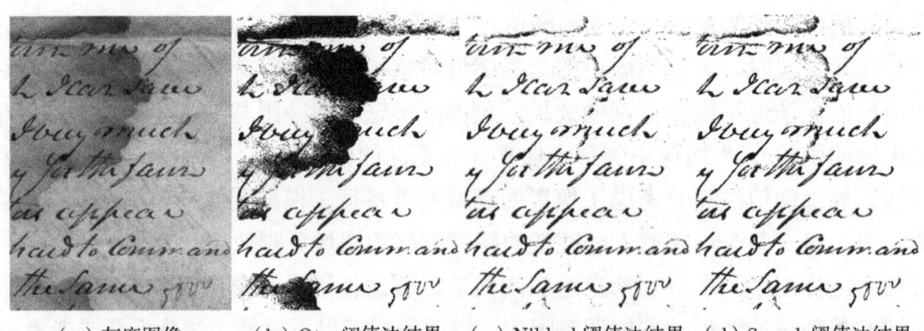

（a）灰度图像　（b）Otsu阈值法结果　（c）Niblack阈值法结果　（d）Sauvola阈值法结果

图 8-32　局部自适应阈值法的图像分割示例

8.4 基于区域的图像分割

基于阈值的图像分割方法未考虑像素的空间位置关系，而图像分割的同一区域像素应该具有相似的特征。基于区域的图像分割方法充分考虑像素及其空间邻域像素之间的关系，主要包括区域生长法和区域分裂合并法[①]。本节讨论区域生长法以及在此基础上的区域标记方法。区域生长法根据给定的种子像素提取图像中包含该种子像素的连通分量；区域标记查找图像中的所有连通分量，并将各个连通分量标记为不同的符号。

① 区域分裂合并法见电子文档。

8.4.1 区域生长法

区域生长法根据预定义的某种相似性准则，将图像中满足相似性准则的邻域像素合并成为区域的过程。区域生长法又称为种子填充法。区域生长法实现的关键包括：①选取合适的种子像素；②确定像素合并的相似性准则和区域连通性；③确定终止生长过程的准则。在待分割区域内确定一个或多个像素作为种子像素 [图 8-33(a)]，根据某种相似性准则和区域连通性，从种子像素开始向外扩张区域，合并与种子像素具有相同或相近特征的邻域像素 [图 8-33(b)]，不断合并和扩张区域内所有具有相同或相近特征的邻域像素，直至不再有满足条件的新像素可以合并为止 [图 8-33(c)]。

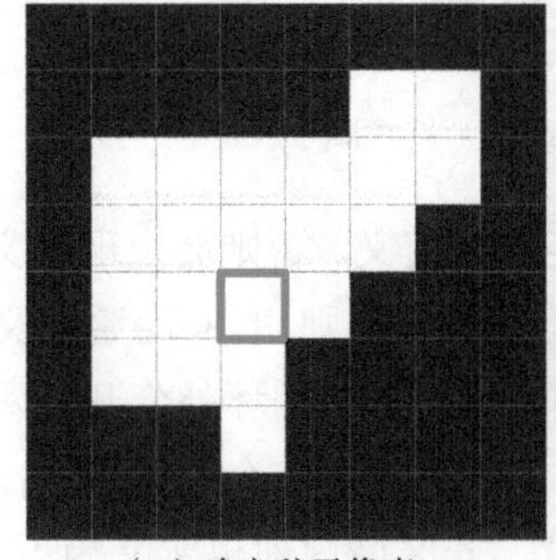
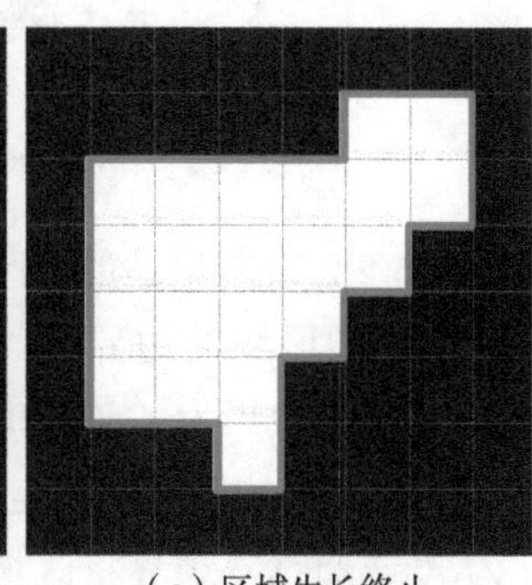

（a）确定种子像素　（b）第一次区域生长结果　（c）区域生长终止

图 8-33　区域生长示意图

文档

在区域生长法中，区域有内部定义 [图 8-34(a)] 和边界定义 [图 8-34(b)] 两种表示方式。对于内部定义的区域，区域生长法要求待分割区域具有相同或相近的特征，且区域是连通的，从种子像素开始逐像素提取满足相似性准则的邻域像素，直至扩张到整个区域。区域内像素的相似性度量通常依据灰度、颜色、纹理等特征。内部定义的区域生长法在灰度图像中主要应用于目标的分割，在二值图像中主要应用于连通分量的提取。对于边界定义的区域，区域生长法要求指定边界的颜色，从种子像素开始逐像素填充邻域像素，直至到达边界像素为止。边界定义的区域生长法主要应用是孔洞填充。

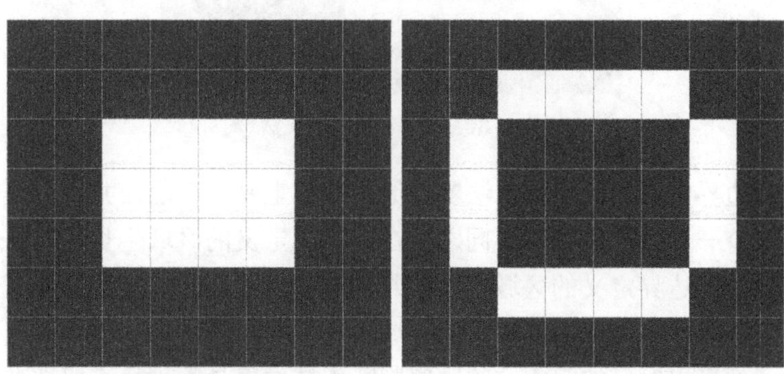

（a）内部定义区域　（b）边界定义区域

图 8-34　区域的两种表示方式

按照连通性，区域可分为 4 连通区域和 8 连通区域。4 连通区域是指区域内各个像素在水平和垂直四个方向上是连通的，8 连通区域是指区域内各个像素在水平、垂直和两个对角方向都是连通的。根据区域连通性定义区域内像素的生长方向，图 8-35 显示了两种像素的生长方向，4 连通区域内像素的生长是 4 方向的，8 连通区域内像素的生长是 8 方向的。

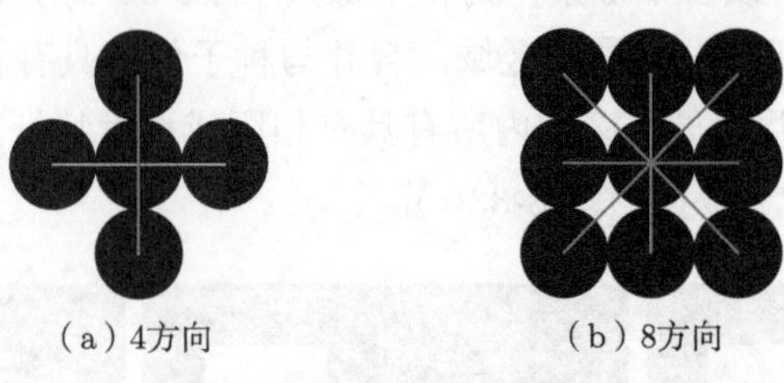

图 8-35　4 连通区域和 8 连通区域内像素的生长方向

如同 2.5.2.2 节所论述的，区域和边界应采用不同的连通性定义，否则会出现歧义。也就是说，8 连通区域的边界由 4 连通定义，而 4 连通区域的边界则由 8 连通定义。如图 8-36 所示，当边界为 4 连通时，构成连通的闭环，边界将闭环内与闭环外分开为两个连通分量，区域内部的像素生长定义为 8 方向时，才能保证闭环内属于一个连通分量；当边界定义为 8 连通时，边界将区域内部分开为两个连通分量，若区域内部也定义为 8 连通，则属于同一个连通分量，显然产生了歧义，只有区域内部定义为 4 连通，才能保证区域内部属于两个连通分量。

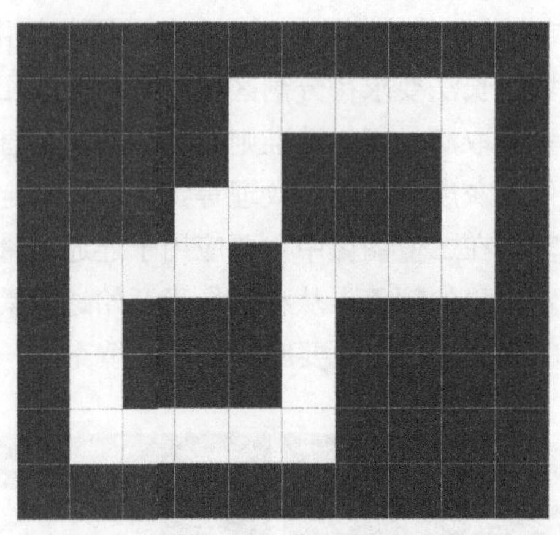
图 8-36　区域连通歧义解释

内部定义和边界定义的区域生长法实现原理本质上是一致的，共同之处在于均需要在区域内部指定至少一个种子像素，不同之处在于内部定义的区域生长法判断邻域像素是否满足相似性准则，而边界定义的区域生长法判断邻域像素是否到达边界像素。由于本章的内容是图像分割，以下将描述内部定义的区域生长法的具体实现步骤。区域生长法从待分割区域内的种子像素出发，按照规定的顺序判断邻域像素是否满足相似性准则。区域生长法常用堆栈结构实现，种子像素的 4 连通区域生长法具体的实现步骤描述如下：

(1) 初始化一个堆栈，将种子像素入栈；

(2) 若堆栈非空，则栈顶像素出栈，标记该像素属于待分割区域；

(3) 按照“左 → 上 → 右 → 下”的顺序查看其 4 邻域未入栈的像素，若邻域像素满足相似性准则，则属于同一区域，将该像素入栈；

(4) 重复步骤 (2) 和 (3)，直到堆栈为空，此时，标记了待分割区域内的所有像素。

图 8-37 显示了一个 4 连通区域的生长过程，白色表示目标区域，p 表示种子像素，黑色表示背景。第①步，如图 8-37(a) 所示，种子像素 p 入栈，堆栈非空；第②步，如图 8-37(b) 所示，种子像素 p 出栈，查看种子像素 p 的 4 邻域像素，左、上、右方的像素 1、2、3 按

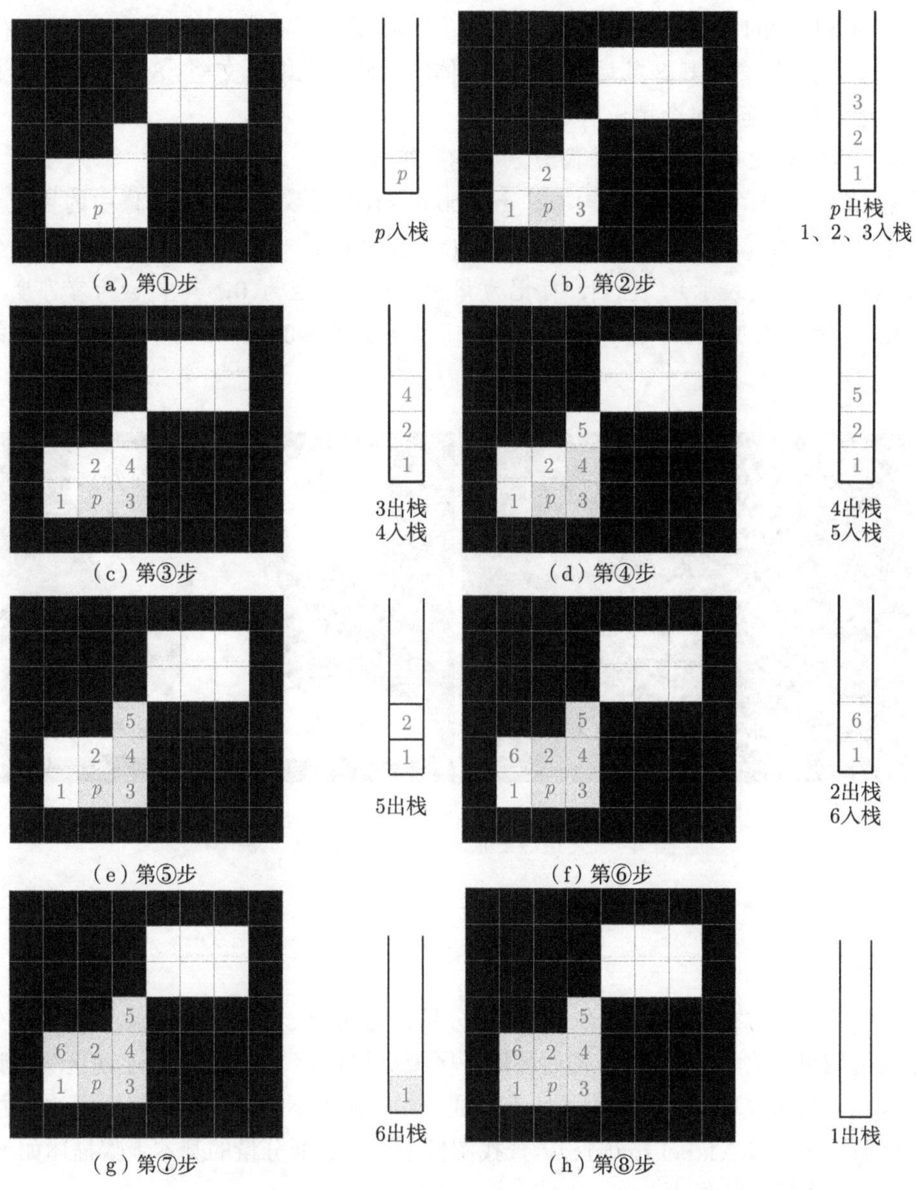

(a) 第①步　(b) 第②步　(c) 第③步　(d) 第④步　(e) 第⑤步　(f) 第⑥步　(g) 第⑦步　(h) 第⑧步

图 8-37　4 连通区域生长过程示意图

顺序依次入栈，下方的像素不是目标像素；第③步，如图 8-37(c) 所示，栈顶像素 3 出栈并标记属于待分割区域，像素 3 上方的像素 4 入栈，其他的 4 邻域像素已入栈，或者不是目标像素；第④步，如图 8-37(d) 所示，栈顶像素 4 出栈并标记，像素 4 上方的像素 5 入栈，同理，其他的 4 邻域像素已入栈，或者不是目标像素；第⑤步，如图 8-37(e) 所示，栈顶像素 5 出栈并标记，其 4 邻域像素均已入栈，或者不是目标像素；第⑥步，如图 8-37(f) 所示，栈顶像素 2 出栈并标记，像素 2 左方的像素 6 入栈；第⑦和⑧步，分别如图 8-37(g) 和图 8-37(h) 所示，栈顶像素 6 和 1 出栈并标记，此时，堆栈清空，灰色区域构成了 4 连通区域生长的结果。由图 8-37(h) 可见，4 连通区域生长法的问题是不能通过狭窄的区域，因此有时不能填满区域。

文档

对于种子像素的 8 连通区域生长，按照“左 → 左上 → 上 → 右上 → 右 → 右下 → 下 → 左下”的顺序查看其 8 邻域的像素。具体的示例参见电子文档。8 连通区域生长法的问题是当边界是 8 连通时会填出区域的边界。

例 8-9　区域生长法在灰度图像分割中的应用

代码

利用 MATLAB 图像处理工具包中 grayconnected 函数分割灰度图像中的目标。在目标中指定种子像素 (x_0, y_0)，若 $|f(x,y) - f(x_0,y_0)| < \epsilon$，则标记为目标区域，赋值为 1 或 255（8 位灰度级表示），否则，标记为背景区域，赋值为 0，其中 ϵ 为容许度。对于图 8-38(a) 所示的灰度图像，图中白色点为种子像素。图 8-38(b) 给出了区域生长法的图像分割结果，ϵ 取值为 20。

动图

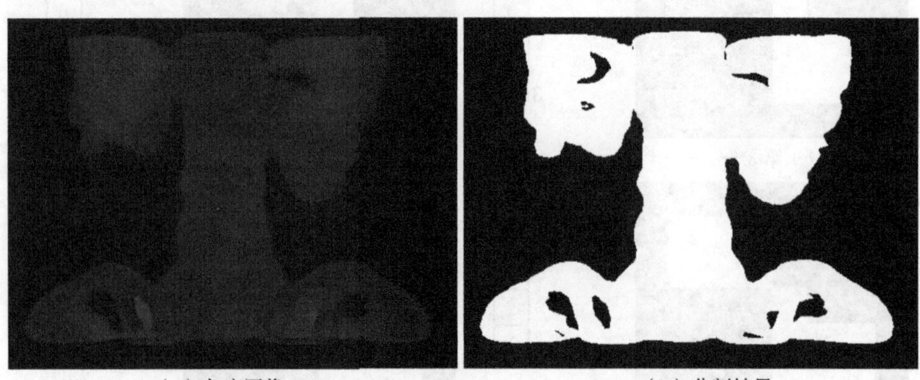

（a）灰度图像　　（b）分割结果

图 8-38　区域生长法的灰度图像分割示例

8.4.2　区域标记

区域标记是将二值图像中的同一个连通分量标记为同一符号，因此也称为连通分量标记。根据区域可分为 4 连通和 8 连通区域，区域标记包括 4 连通和 8 连通区域标记。通常利用区域生长法提取二值图像中的所有连通分量，使用不同的符号标记不同的连通分量，输出为区域标记矩阵（label matrix）。查找图像中所有连通分量的基本步骤描述如下：

（1）搜索未标记的像素 p；

（2）使用种子填充算法对包含 p 的连通分量中的所有像素进行标记；

（3）重复步骤 (1) 和 (2)，直到所有像素都已标记。

图 8-39(a) 包含 5 个连通分量，其中，目标为 1 像素，背景为 0 像素，4 连通区域内像素的生长方向为 4 方向。逐列扫描图像中的连通分量进行区域标记，不同连通分量的像素标记为不同的数字。如图 8-39(b) 所示，每个连通分量中的所有像素标记为范围从 1 到连通分量总数之间唯一的整数，第一个连通分量的像素标记为 1，第二个连通分量的像素标记为 2，以此类推，最大的数字即为连通分量的总数。通常情况下，背景像素标记为 0。

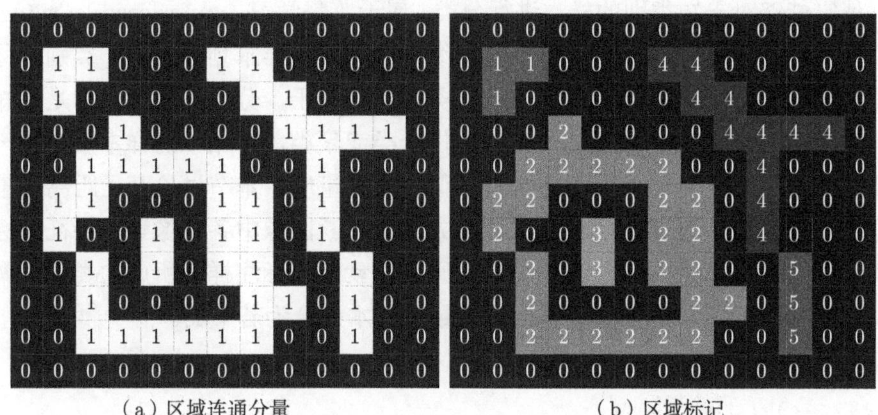

（a）区域连通分量　　（b）区域标记

图 8-39　区域标记示意图

插图

例 8-10　连通分量区域标记

连通分量标记是后续图像分析的前提和基础，通过标记不同的连通分量，从这些区域中提取几何、形状、纹理等各种特征，用于图像中目标的分析和识别。也可以根据连通分量的面积从二值图像中删除小目标，用于图像分割后处理中噪声的去除。MATLAB 图像处理工具箱中的 bwconncomp 函数在二值图像中提取所有的连通分量，labelmatrix 函数在连通分量的基础上生成区域标记矩阵。图 8-40(a) 为一幅多目标分割的二值图像，0 值像素表示背景区域，1 值像素表示目标区域。图 8-40(b) 给出了连通分量区域标记的伪彩色图像显示，在标记矩阵中，背景区域的像素标记为 0，不同的整数用不同的颜色表示。图

代码

（a）多目标分割图像

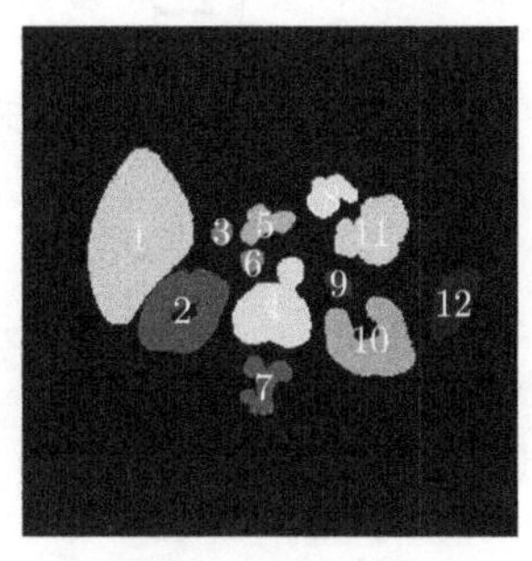

（b）连通分量标记

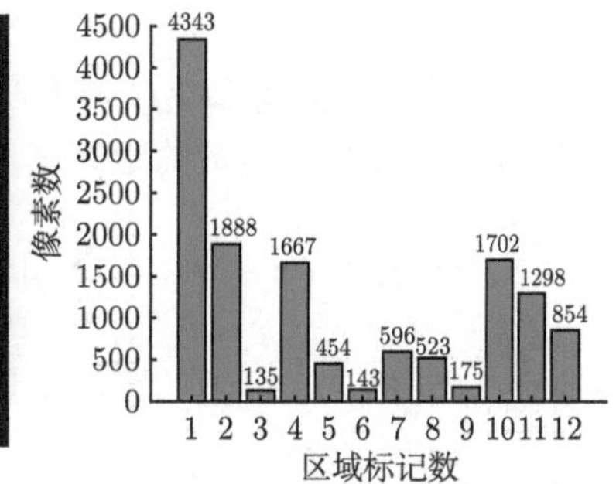

（c）各个连通分量及其像素数

插图

图 8-40　多个连通分量检测与区域标记

8-40(c) 显示了各个数字标记的连通分量包含的像素数。由直方图中可见，图 8-40(a) 包含 12 个连通分量，其中标记为 1 的肝脏、标记为 2 和 10 的两个肾脏是三个尺寸最大的目标区域。

8.5 基于分类/聚类的图像分割

基于分类/聚类的图像分割是利用模式识别的方法对图像中每个像素分配所属的类别标签，属于像素的分类或聚类问题。分类是根据给定的已知类别标签的样本，拟合某种决策函数，使它能够对未知类别的样本进行分类，属于监督学习（supervised learning）。聚类是指事先不知道任何样本的类别标签，将一组未知类别的样本划分成若干类别，称为非监督学习（unsupervised learning）。聚类与分类的区别在于，分类的目标类别是已知的，而聚类的目标类别是未知的。根据样本的相似性分类或聚类，将相似的样本归为同一类，相异样本归为不同类。距离准则是样本之间相似程度的量度。本节讨论基于距离度量分类和聚类的区域分割方法。基于分类的区域分割方法是判断图像中各个像素的特征与标注样本的距离，若该像素的颜色与标注样本相近，则该像素属于标注样本所属的类别。聚类并不专注样本的类别，仅是根据样本间的距离度量将样本划分为若干类。

8.5.1 特征空间与距离准则

样本特征的定义空间称为特征空间，特征的数量决定空间的维数。图像中的一个像素是一个样本，一个样本是特征空间中的一个点，通常由多个特征构成的特征向量表示。例如，彩色图像的像素是一个多维的颜色向量，在 RGB 颜色空间中，彩色像素的 R、G、B 三个颜色分量 x_R、x_G 和 x_B 构成彩色向量 $\boldsymbol{x}$，可表示为 $\boldsymbol{x}=\left[x_R,x_G,x_B\right]^{\mathrm{T}}$。彩色图像分割可以看成多维特征的像素分类问题。

距离是度量样本间相似程度的函数。两个样本之间的距离越小，表明相似性越大。给定两个样本 $\boldsymbol{x}=[x_1,x_2,\cdots,x_n]^{\mathrm{T}}\in\mathbb{R}^n$ 和 $\boldsymbol{y}=[y_1,y_2,\cdots,y_n]^{\mathrm{T}}\in\mathbb{R}^n$，$\ell_p$ 范数（$p\geqslant 1$）是一种常用的距离度量：

$$d_p(\boldsymbol{x},\boldsymbol{y})=\|\boldsymbol{x}-\boldsymbol{y}\|_p=\left(\sum_{i=1}^{n}|x_i-y_i|^p\right)^{\frac{1}{p}}$$

由于这是距离度量，$d_p(\boldsymbol{x},\boldsymbol{y})$ 越大，表明两个样本 $\boldsymbol{x}$ 与 $\boldsymbol{y}$ 之间的相似性越小。

当 $p=1$ 时，ℓ_1 范数的距离度量为

$$d_1(\boldsymbol{x},\boldsymbol{y})=\|\boldsymbol{x}-\boldsymbol{y}\|_1=\sum_{i=1}^{n}|x_i-y_i|=|x_1-y_1|+|x_2-y_2|+\cdots+|x_n-y_n|$$

当 $p=2$ 时，ℓ_2 范数的距离度量为

$$d_2(\boldsymbol{x},\boldsymbol{y})=\|\boldsymbol{x}-\boldsymbol{y}\|_2=\left(\sum_{i=1}^{n}|x_i-y_i|^2\right)^{\frac{1}{2}}=\left(|x_1-y_1|^2+|x_2-y_2|^2+\cdots+|x_n-y_n|^2\right)^{\frac{1}{2}}$$

当 $p \to \infty$ 时，ℓ_∞ 范数的距离度量为

$$d_\infty(\boldsymbol{x},\boldsymbol{y}) = \lim_{p\to\infty}\|\boldsymbol{x}-\boldsymbol{y}\|_p = \max_{i=1,2,\cdots,n}|x_i - y_i| = \max\left(|x_1-y_1|,|x_2-y_2|,\cdots,|x_n-y_n|\right)$$

ℓ_p 范数度量任意两点 $\boldsymbol{x}$ 与 $\boldsymbol{y}$ 之间的距离。ℓ_2 范数是欧氏距离，这是最常用的判断样本间相似程度的距离度量。

马哈拉诺比斯（Mahalanobis）距离是在加权 ℓ_2 范数的基础上定义，权矩阵是协方差矩阵的逆矩阵，简称马氏距离。协方差矩阵是描述多维数据分布的数字特征，马氏距离是一种考虑数据分布的距离度量方法。马氏距离通常用于度量样本与分布之间的距离，样本 $\boldsymbol{x}$ 与协方差矩阵为 $\boldsymbol{C}$ 的分布中心（均值 $\boldsymbol{\mu}$）之间的马氏距离定义为

$$d_{\mathrm{M}}(\boldsymbol{x},\boldsymbol{\mu}) = \|\boldsymbol{x}-\boldsymbol{\mu}\|_{\boldsymbol{C}^{-1}} = \left[(\boldsymbol{x}-\boldsymbol{\mu})^{\mathrm{T}}\boldsymbol{C}^{-1}(\boldsymbol{x}-\boldsymbol{\mu})\right]^{\frac{1}{2}} \tag{8-41}$$

协方差矩阵 $\boldsymbol{C}$ 是对称半正定矩阵。当总体分布未知时，通过给定样本集计算样本协方差来估计总体协方差。当 $\boldsymbol{C}$ 为单位矩阵时，马氏距离退化为欧氏距离。到均值 $\boldsymbol{\mu}$ 的马氏距离的等密度轨迹（等距离面）为以均值 $\boldsymbol{\mu}$ 为中心、以协方差矩阵为 $\boldsymbol{C}$ 的特征向量为主轴的椭球。

样本与分布之间的马氏距离可以视为数据标准化 $(x-\mu)/\sigma$ 在多维空间中的扩展。在一维空间中，方差 σ^2 度量样本 x 偏离分布均值 μ 的程度。在多维空间中，协方差矩阵 $\boldsymbol{C}$ 描述了不同变量之间的线性相关性，以及各个变量的方差。通过多维数据标准化使协方差矩阵变为单位矩阵，即不同变量之间的协方差为 0，去除变量之间的相关性；各个变量的方差标准化，消除尺度量纲的影响。马氏距离相当于在标准化空间中的欧氏距离。

8.5.2 最小距离分类

最小距离分类计算未知样本与已知类别中心的距离，将距离最近的类别标签赋予未知样本。对于标注样本集中的各类样本计算均值向量：

$$\boldsymbol{\mu}_i = \frac{1}{n_i}\sum_{\boldsymbol{x}\in C_i}\boldsymbol{x}, \quad i=1,2,\cdots,k \tag{8-42}$$

式中，n_i 为第 i 类的样本数，C_i 为第 i 类的样本集合，k 为类别数。对样本分为 k 类是将特征空间划分为 k 个区域，划分区域的分界面为对应类别之间的决策面。

最小距离分类器使用到类别中心的距离作为判别函数。当使用 ℓ_p 范数距离度量时，最小距离分类器的判别函数为

$$D_i(\boldsymbol{x}) = d_p^p(\boldsymbol{x},\boldsymbol{\mu}_i) = \|\boldsymbol{x}-\boldsymbol{\mu}_i\|_p^p \tag{8-43}$$

当使用马氏距离度量时，最小距离分类器的判别函数可表示为

$$D_i(\boldsymbol{x}) = d_M^2(\boldsymbol{x},\boldsymbol{\mu}_i) = \|\boldsymbol{x}-\boldsymbol{\mu}_i\|_{\boldsymbol{C}_i^{-1}}^2 = (\boldsymbol{x}-\boldsymbol{\mu}_i)^{\mathrm{T}}\boldsymbol{C}_i^{-1}(\boldsymbol{x}-\boldsymbol{\mu}_i) \tag{8-44}$$

对于多类问题，若 $D_i(\boldsymbol{x}) = \min\limits_{j} D_j(\boldsymbol{x}), j = 1, 2, \cdots, k$，则分类器将未知样本 $\boldsymbol{x}$ 归为 C_i 类。对于两类问题，若 $D_i(\boldsymbol{x}) < D_j(\boldsymbol{x}), j \neq i$，则分类器将未知样本 $\boldsymbol{x}$ 归为 C_i 类。最小距离分类器也称为模板匹配。

最小距离分类器的几何意义是，两类样本以均值向量为中心、以等距离面向外传播，相交于分类面，如图 8-41 所示，使用不同距离度量会形成不同的决策面。若已知两类标注样本，则可以计算两类样本的均值向量和协方差矩阵。图 8-41(a) 所示，欧氏距离的等距离面是以均值向量为中心的超球面，使用欧氏距离的最小距离分类器是线性分类器，其决策面是超平面，两类情况下分类面是两类均值之间连线的垂直平分面（超平面）。ℓ_1 范数与 ℓ_∞ 范数的等距离面分别为菱形和正方形，如图 8-41(b) 和图 8-41(c) 所示，最小距离分类器的分类面为分段线性函数。使用马氏距离分两种情况：若各类样本协方差相等，即 $\boldsymbol{C}_i = \boldsymbol{C}$，则马氏距离的决策面为超平面，如图 8-41(d) 所示；若两类样本协方差不相等时，即 $\boldsymbol{C}_i \neq \boldsymbol{C}_j$，则马氏距离的决策面为超二次曲面，如图 8-41(e) 所示。

插图

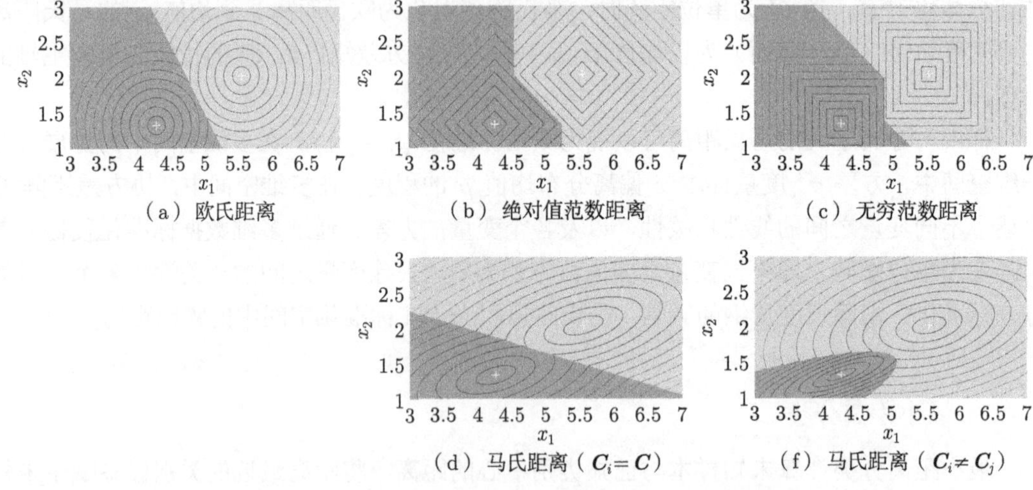

（a）欧氏距离　（b）绝对值范数距离　（c）无穷范数距离

（d）马氏距离（$\boldsymbol{C}_i = \boldsymbol{C}$）　（f）马氏距离（$\boldsymbol{C}_i \neq \boldsymbol{C}_j$）

图 8-41　不同距离度量的最小距离分类（决策面）

例 8-11　CIE LAB 颜色空间中最小距离分类的彩色图像分割

代码

利用最小欧氏距离分类器在 CIE LAB 颜色空间中识别织物的不同颜色。在图 8-42(a) 所示图像中可以看到六种主要颜色：背景色、红色、绿色、紫色、黄色和品红色。从视觉上可以很容易区分开这些颜色，而 CIE LAB 颜色空间能够定量描述这样的视觉差异。将 RGB 图像转换到 CIE LAB 颜色空间，图 8-42(b)～(d) 分别为它的 L^* 分量、a^* 分量和 b^* 分量。对具有显著色彩特征的目标分割，适合在独立的色度分量上执行阈值处理。因此，利用 CIE LAB 颜色空间中的两个色度分量 a^* 和 b^* 进行颜色差异的度量，而不考虑亮度分量 L^*。如图 8-42(a) 中实线包围的区域所示，为每种颜色选取一个标注样本区域，并在 L*a*b* 空间中计算各个标注样本区域的平均颜色。计算图像中各个像素与这六种颜色均值之间的欧氏距离，最小距离对应的颜色是与该像素最匹配的颜色，从而对图像中的各个像素进行分类。例如，若像素与红色标注样本均值之间的距离最小，则该像素将标记为红色像素。

图 8-42(e)~(j) 分别为红色、绿色、紫色、品红色、黄色目标区域以及背景区域的分割结果。图 8-42(k) 显示在 a^*-b^* 平面上最小距离分类器对图像中像素进行颜色分类的决策面，任两类之间的决策面是直线。为了显示的目的，图中使用像素所属类别的颜色标记各个像素，横轴表示 a^* 值，纵轴表示 b^* 值。

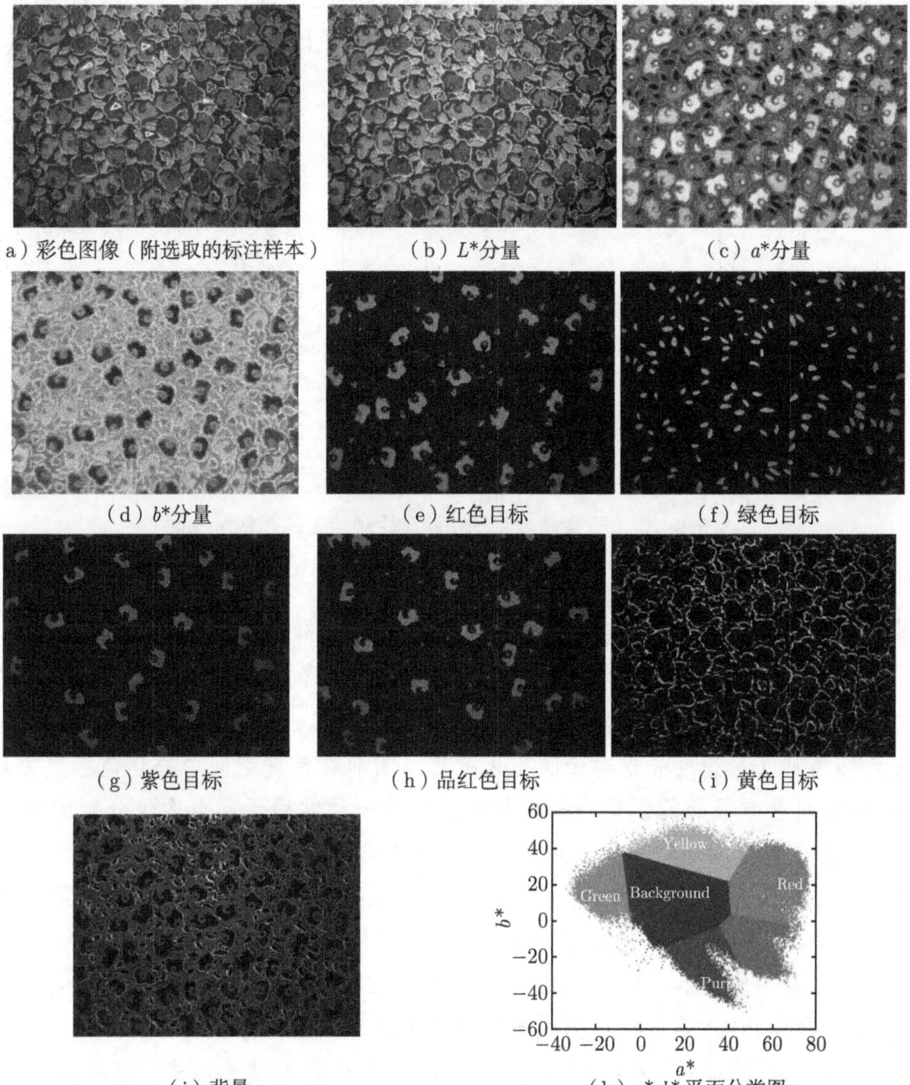

（a）彩色图像（附选取的标注样本）　（b）L^*分量　（c）a^*分量

（d）b^*分量　（e）红色目标　（f）绿色目标

（g）紫色目标　（h）品红色目标　（i）黄色目标

（j）背景　（k）a^*-b^*平面分类图

图 8-42　CIE LAB 颜色空间中的最小距离分类的彩色分割示例

8.5.3　半径搜索

半径搜索是查找数据中到标注样本质心指定距离内的所有点。选取某一标注样本区域，计算标注样本的平均颜色 $\boldsymbol{\mu}$，若图像中像素的颜色 $\boldsymbol{x}$ 与均值 $\boldsymbol{\mu}$ 的距离小于给定阈值 T 时，即 $d(\boldsymbol{x},\boldsymbol{\mu}) \leqslant T$，则该像素属于匹配颜色区域，否则，该像素为非匹配颜色。这是一个二分类问题，将彩色图像中的像素分为两类：匹配颜色和非匹配颜色，从而产生一幅二值图像。

给定阈值 T，在三维特征空间中，$\boldsymbol{x}$ 与 $\boldsymbol{\mu}$ 之间的欧氏距离 $d_2(\boldsymbol{x},\boldsymbol{\mu}) \leqslant T$ 表示的点集是以均值向量 $\boldsymbol{\mu}$ 为圆心，以 T 为半径的圆球体，如图 8-43(a) 所示。$\boldsymbol{x}$ 与 $\boldsymbol{\mu}$ 之间的马氏距离 $d_{\mathrm{M}}(\boldsymbol{x},\boldsymbol{\mu}) \leqslant T$ 表示的点集是以均值向量 $\boldsymbol{\mu}$ 为中心，以 $T\sqrt{\lambda_1}$、$T\sqrt{\lambda_2}$ 和 $T\sqrt{\lambda_3}$ 分别为三个半轴长的椭球体，主轴在最大数据方差的方向上，如图 8-43(b) 所示。其中，λ_1、λ_2 和 λ_3 表示协方差矩阵的三个特征值。

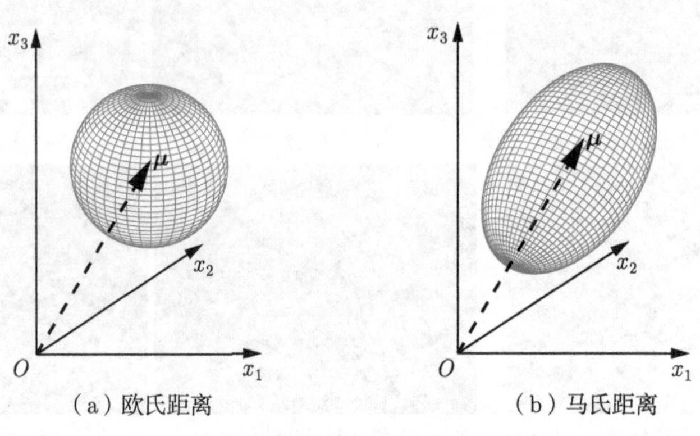

（a）欧氏距离　　（b）马氏距离

图 8-43　三维特征空间中两种距离度量的等密度曲面

代码

例 8-12　CIE LAB 颜色空间中的彩色图像分割

基于半径搜索的像素分类是使用距离函数在颜色空间中查找相似的颜色区域。由于 R、G、B 颜色通道之间具有相关性，通常不直接在 RGB 颜色空间进行图像分割。在彩色图像分割中，通常使用图像亮度和色度分量分离的颜色空间。由于亮度和色度相互独立，亮度不包含色彩信息，且亮度分量对光照变化敏感，因而在色度空间中描述色彩更方便。CIE LAB 颜色空间具有很好的视觉感知均匀性，它是一种常用于彩色图像分割的颜色空间①。在 CIE LAB 颜色空间中利用马氏距离度量颜色差异。

对图 8-44(a) 所示图像中的树莓区域进行分割，图中实线包围的区域为目标区域中选取的标注样本。在 L*a*b* 颜色空间中计算标注样本的平均值 $\bar{L}^*$、$\bar{a}^*$ 和 $\bar{b}^*$ 以及协方差矩阵，在此基础上计算图像中各个像素 (L^*,a^*,b^*) 与标注样本集之间的马氏距离 $d_{\mathrm{M}}(L^*,a^*,b^*;\bar{L}^*,\bar{a}^*,\bar{b}^*)$。图 8-44(b) 是以图像方式显示的马氏距离，灰度越暗表明数值越小。设置阈值 T 对马氏距离进行阈值化，$d_{\mathrm{M}}\left(L^*,a^*,b^*;\bar{L}^*,\bar{a}^*,\bar{b}^*\right) \leqslant T$ 的像素构成匹配颜色区域，其中，阈值 T 设置为 25。图 8-44(c) 绘制了 L*a*b* 颜色空间中图像像素的颜色分布，以及拟合标注样本的椭球体。满足 $d_{\mathrm{M}}\left(L^*,a^*,b^*;\bar{L}^*,\bar{a}^*,\bar{b}^*\right) \leqslant T$ 的像素落在椭球体内部或椭球体上，即分割出的目标区域，如图 8-44(d) 所示。

图 8-44 中由于目标区域具有相似的颜色特征，因此在目标区域中选取标注样本。而图 8-45(a) 中背景区域（紫色的布）具有相似的颜色特征，在背景区域选取标注样本。根

文档

① 若图像分割使用颜色作为特征，则选择使待分割区域的颜色具有可分性的颜色空间。另一个 HSI 颜色空间中彩色图像分割的示例见电子文档。

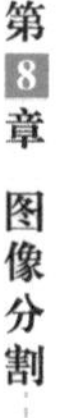

（a）RGB彩色图像（附选取的标注样本）

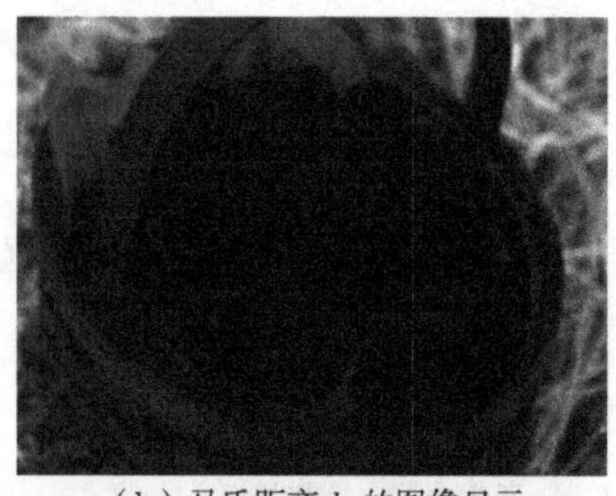

（b）马氏距离d_{M}的图像显示

插图

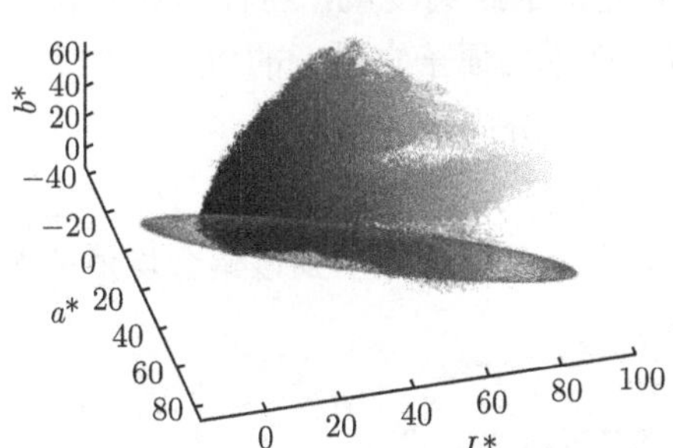

（c）彩色像素散点图以及拟合标注样本颜色数据的椭球体

（d）分割结果

图 8-44 CIE LAB 颜色空间中使用马氏距离的彩色图像分割示例 (1)

（a）RGB彩色图像（附选取的标注样本）

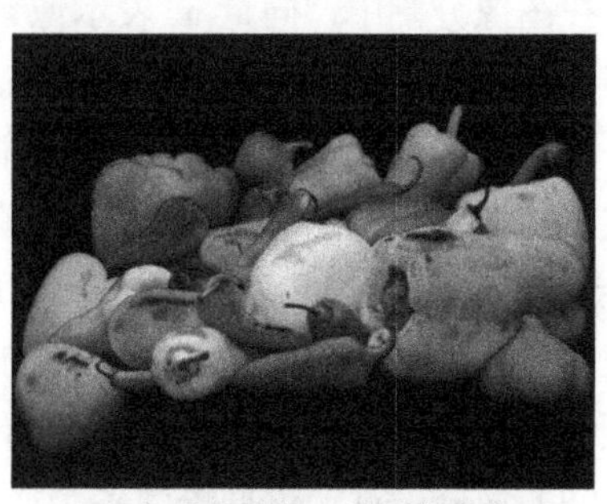

（b）马氏距离 d_{M} 的图像显示

插图

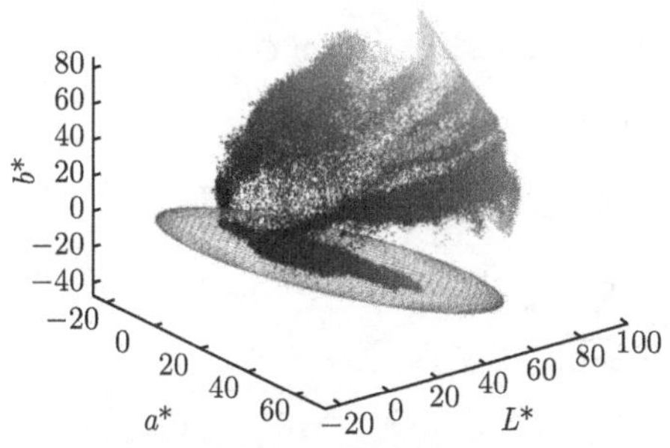

（c）彩色像素散点图以及拟合标注样本颜色数据的椭球体

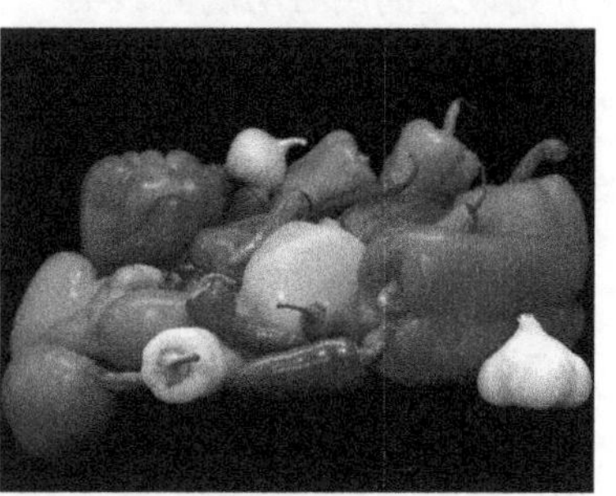

（d）分割结果

图 8-45 CIE LAB 颜色空间中使用马氏距离的彩色图像分割示例 (2)

据标注样本的均值向量 $\left(\bar{L}^*,\bar{a}^*,\bar{b}^*\right)$ 和协方差距离计算整幅图像中的像素与标注样本之间的马氏距离 $d_{\mathrm{M}}\left(L^*,a^*,b^*;\bar{L}^*,\bar{a}^*,\bar{b}^*\right)$，如图 8-45 (b) 所示。如图 8-45(c) 所示，在这种情况下，通过阈值 $d_{\mathrm{M}}\left(L^*,a^*,b^*;\bar{L}^*,\bar{a}^*,\bar{b}^*\right)\leqslant T$ 筛选背景区域，而其余落在椭球体外部的像素构成目标区域（彩椒）。图 8-45(d) 显示了分割结果。

8.5.4 k 均值

k 均值聚类是一种迭代聚类法，根据准则函数评价聚类，给定初始分类，通过迭代使准则函数最优。k 均值聚类的准则函数是依据样本之间的距离度量，将样本划分到 k 个聚类中，使总类内距离最小。在 k 均值聚类中，每个样本归属于它最近的质心（聚类中心）所属的聚类。这个问题实际上是数据空间的 Voronoi 划分问题。

给定 n 个样本的数据集,k 均值聚类是寻找样本空间的一个划分 $C=\{C_1,C_2,\cdots,C_k\}$，将这 n 个样本划分到 $k(k\leqslant n)$ 个集合中，使得集合中每个样本到该集合均值的距离之和（类内平方和）最小，可表示为如下最优化问题：

$$C^*=\underset{C}{\operatorname{argmin}}\sum_{i=1}^{k}\sum_{\boldsymbol{x}\in C_i}\|\boldsymbol{x}-\boldsymbol{\mu}_i\|^2 \tag{8-45}$$

其中，$\boldsymbol{\mu}_i$ 是 C_i 中所有样本的均值。目标函数越小，类内样本相似度越高，即总类内方差最小。在图像分割中，向量 $\boldsymbol{x}$ 表示像素的特征向量。例如，若依据灰度进行图像分割，则 $\boldsymbol{x}$ 是表示像素灰度的标量；若依据颜色进行彩色图像分割，则 $\boldsymbol{x}$ 通常是表示彩色的三维向量。

式 (8-44) 的最小化问题需要穷举样本集所有可能的划分，在计算上是 NP 难问题，启发式算法通过迭代过程实现近似求解，一般能够快速收敛于一个局部最优解。1957 年贝尔实验室的 Stuart Lloyd 提出了标准 k 均值算法，这是一个迭代过程，它不断地更新均值，直至均值收敛。k 均值算法的步骤描述如下：

（1）初始化：任意选择 k 个初始质心 $\{\boldsymbol{\mu}_1,\boldsymbol{\mu}_2,\cdots,\boldsymbol{\mu}_k\}$（聚类中心）；

（2）划分：对于数据集中各个样本 $\boldsymbol{x}$，计算它到 k 个质心的距离，将 n 个样本按照距离划分到最近的质心所属的聚类：

$$\text{若}\,\|\boldsymbol{x}-\boldsymbol{\mu}_i\|^2\leqslant\|\boldsymbol{x}-\boldsymbol{\mu}_j\|^2,\forall j,1\leqslant j\leqslant k,\quad\text{则}\boldsymbol{x}\in C_i$$

数学上等同于依照由这些质心生成的 Voronoi 图来划分样本。

（3）更新：重新计算各个类别 C_i 中所有样本的均值 $\boldsymbol{\mu}_i$ 作为新的质心：

$$\boldsymbol{\mu}_i=\frac{1}{|C_i|}\sum_{\boldsymbol{x}\in C_i}\boldsymbol{x}$$

式中，$|C_i|$ 是聚类集合 C_i 中的样本数。

（4）收敛性判断：若样本的分类结果不再变化（收敛），或达到最大迭代次数，则终止；否则返回步骤 (2)。计算当前迭代和前几次迭代平均向量之间的残差，若残差小于预设的阈值，则判定收敛。

由于划分和更新的交替迭代步骤会使目标函数减小，并且只有有限种的划分，所以算法在有限次数的迭代后会收敛于某一局部极小解，但无法保证式 (8-44) 的全局最优解。

图 8-46 在二维特征空间中对样本集聚类，直观说明了标准 k 均值算法的迭代过程。如图 8-46(a) 所示，随机选择四个点作为初始质心，标记为符号“+”，计算所有样本到这四个质心的距离，并标记每个样本的类别为距离最近的质心所属的类别，形成初始划分，如图 8-46(b) 所示。计算初始划分中各个类别中所有样本的均值，质心的位置发生了变化，完成第 1 次迭代，根据新的均值形成新的划分，如图 8-46(c) 所示。重复上述过程，图 8-46(d) 和图 8-46(e) 依次为第 2 次和第 3 次迭代之后更新的各类样本质心，以及形成的分类结果，3 次迭代后收敛，类内平方和不再发生变化。

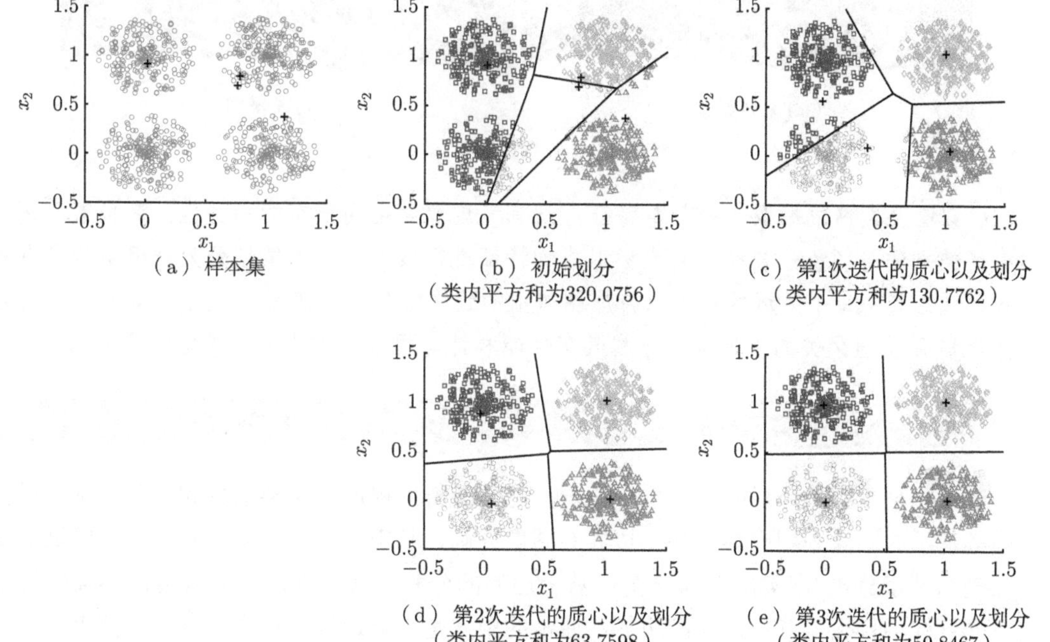

（a）样本集
（b）初始划分（类内平方和为320.0756）
（c）第1次迭代的质心以及划分（类内平方和为130.7762）
（d）第2次迭代的质心以及划分（类内平方和为63.7598）
（e）第3次迭代的质心以及划分（类内平方和为59.8467）

插图

动图

图 8-46　k 均值聚类的迭代过程

k 均值算法是以确定的类别数及选定的初始聚类中心为前提，使各样本到其所属类别中心距离平方之和最小的最优聚类。显然，该算法的结果取决于设定的类别数及聚类中心的初始位置，所以结果一般是局部最优的。常用的聚类中心初始化方法是从给定样本集中随机选取 k 个样本作为初始质心。在实际应用中需要试探不同的值和不同的初始质心，可能找到全局最优解。均值算法的基本假设是类内样本呈现相互分离的球形分布、且各类的大小大致相当（样本平衡）。前者保证在使用欧氏距离作为距离函数的条件下质心趋向收敛于聚类中心，后者保证在最小总类内距离的准则下将每个样本都划分到它最近的聚类中心（即质心）。此外，由于目标函数中欧氏距离的平方对远离质心的样本惩罚大，因此，k 均值算法对异常点、野点或噪声敏感。

例 8-13　k 均值图像分割

代码

文档

插图

使用 MATLAB 图像处理工具箱中基于 k 均值聚类的图像分割 imsegkmeans 函数，对具有颜色特征的土地类型分类。在图像分割中，k 值的选择决定了分割区域的数量。对于图 8-47(a) 所示图像，从视觉上看，仅根据颜色特征可以划分四种类型的土地：森林地区、干燥/沙漠地区、冰雪覆盖地区和水域。因此，在 k 均值聚类中设定 $k=4$。图 8-47(b) 为 k 均值算法的聚类结果，使用各个聚类的均值作为分类图中的颜色，对森林、冰、旱地和水的土地类型分类提供自然的视觉解释。

（a）彩色图像

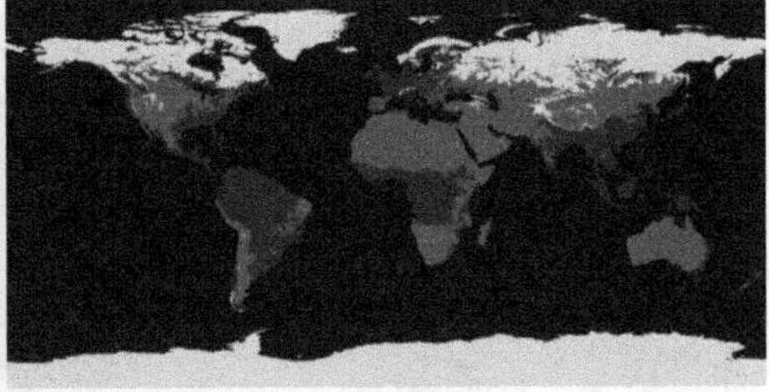
（b）分类图

图 8-47　k 均值图像分割示例

k 均值聚类仅依据像元的颜色特征，没有考虑像元空间分布的相关性。超像素利用 k 均值聚类方法对颜色分量和空间坐标组成的特征进行聚类，将图像划分为一组结构上有意义的区域，其中每个区域的边界保持原图像中的边缘信息。与使用 k 均值聚类相比，结合超像素和 k 均值聚类的土地类型分类具有性能和计算两方面的优势，详见电子文档。

8.6　小结

图像分割是图像分析的关键步骤之一，是图像特征提取的必要前提和基础。本章讨论了四类基本的图像分割方法：基于边界的图像分割、基于阈值的图像分割、基于区域的图像分割和基于分类/聚类的图像分割。基于边界的分割方法依据区域间灰度的不连续性提取不同目标、目标与背景之间的边界，通常的做法是结合边缘检测和边缘连接两个阶段提取边界，本章介绍了各种边缘检测方法，包括一阶差分梯度算子、Canny 算子和二阶差分 LoG 算子，以及一种全局边缘连接方法——Hough 变换。基于阈值的分割方法、基于区域的分割方法和基于分类/聚类的分割方法均依据区域内灰度的相似性。基于阈值的分割方法寻找阈值将目标和背景分开，包括全局阈值法和局部阈值法，其中 Otsu 阈值法是普遍使用的自动全局阈值法。基于区域的分割方法根据相似性（一致性）准则提取连通分量，区域生长法也广泛应用于计算机图形学中的交互式区域填充，称为种子填充法。基于分类/聚类的图像分割利用模式识别的方法对像素进行分类或聚类，依据特征的相似性将像素划分为各个类别。在图像分割中，通常使用距离函数度量样本之间的相似性，最小距离和半径搜索属于分类方法、k 均值属于聚类方法。

习题

1. 画出题图 8-1 三种边缘的一阶导数和二阶导数，不需要精确的数值，绘出响应的近似形状即可。

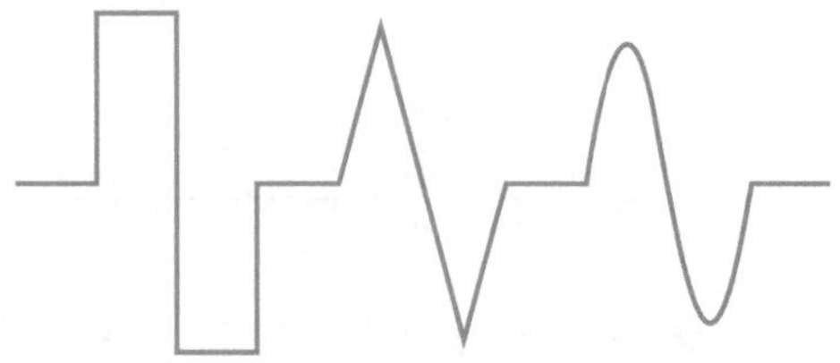

题图 8-1　三种边缘的灰度级剖面图

2. Sobel 模板的可分离性。

（1）使用题图 8-2(a) 所示 Sobel 模板，等价于使用一次型如题图 8-2(b) 的模板，再使用一次型如题图 8-2(c) 的模板。同理，使用题图 8-2(d) 所示 Sobel 模板，等价于使用一次型如题图 8-2(e) 的模板，再使用一次型如题图 8-2(f) 的模板。说明原因。

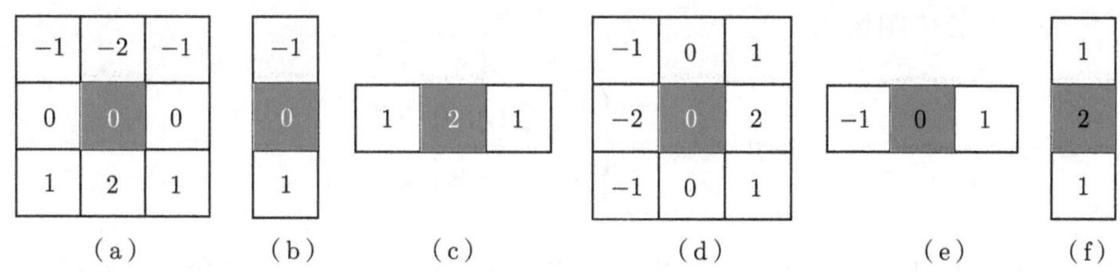

题图 8-2　Sobel 模板

（2）解释 Sobel 算子本身所具有的图像平滑作用。

3. 证明式 (8-2) 梯度幅值是一个各向同性的微分算子。（提示：利用坐标旋转变换表达式）

4. 拉普拉斯算子是两个方向上二阶差分之和，根据卷积的微分性质和分配律，证明式 (8-24) 的成立。

5. 高斯拉普拉斯（LoG）算子：

（1）证明高斯拉普拉斯算子的平均值为零；

（2）证明任意图像与 LoG 算子卷积后其平均值也为零。

6. 证明 DoG 函数与 LoG 函数 $\nabla^2 G_\sigma(x,y)$ 的近似关系：

$$G_{k\sigma}(x,y) - G_\sigma(x,y) \approx (k-1)\,\sigma^2 \nabla^2 G_\sigma(x,y) \tag{E8-1}$$

7. 推导式 (8-29) 中直线极坐标方程的表达式。

8. Hough 变换检测直线时，为什么对边缘上小的断裂和扰动具有鲁棒性？

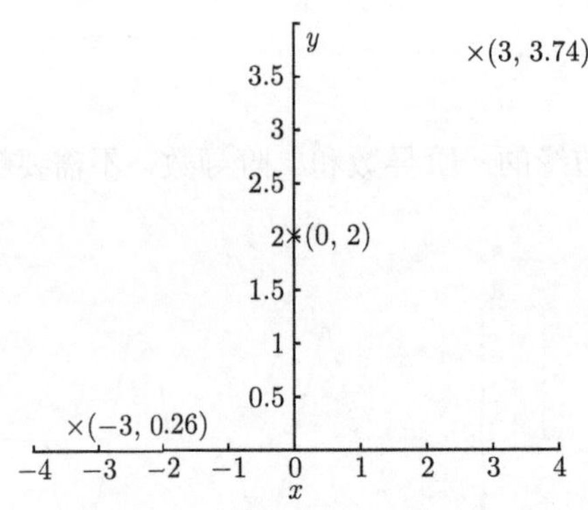

题图 8-3　O-xy 坐标系中的三个点

9. 考虑如下 O-xy 坐标系中的三个点，利用 Hough 变换将这三个点变换到参数空间 O-$\theta\rho$，计算这三个点在 θ 为 0、30、60、90、120、150 时对应的 ρ 值，在参数空间中画出大致的正弦曲线，找到交点并解释交点的含义。

10. 题图 8-4 所示为一幅 3 位灰度级的图像数据，对该图像区域进行二值化处理：

（1）计算该图像区域的像素灰度分布，并画出该图像的灰度直方图。

（2）设定阈值 $T=4$，将大于阈值的像素作为目标，其他像素作为背景，如式 (E8-2) 所示，生成一幅二值图像。

$$g(x,y)=\begin{cases}1, & f(x,y)>T\\0, & f(x,y)\leqslant T\end{cases} \tag{E8-2}$$

（3）问该生成的二值图像中，若以 4 连通定义，则有多少个连通分量；若以 8 连通定义，则有多少个连通分量？

2	3	6	7	7	2	2
4	6	4	3	4	7	3
3	7	2	4	3	6	1
2	7	3	1	3	6	1
3	4	5	6	6	4	3
1	6	3	2	3	6	2
1	5	3	2	2	5	2
2	5	4	4	3	5	3
2	2	5	5	6	0	0

题图 8-4　图像区域

第9章 二值图像形态学

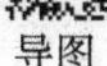
导图

微课

形态学（morphology）来源于生物学中的 morphing 一词，其意思是改变形状，作为生物学的一个分支，它主要研究动植物的形态和结构。数学形态学（mathematical morphology）是以形状为基础进行图像分析的数学工具，因此使用了同一术语。数学形态学图像处理的主要内容是从图像中提取图像结构分量，例如，边界、骨架和凸包，这在区域形状和尺寸的表示和描述方面很有用。数学形态学主要以集合论为数学语言，具有完备的数学理论基础，并以膨胀和腐蚀这两个基本运算为基础推导和组合出许多实用的数学形态学处理算法。

9.1 基础知识

在讨论数学形态学算法之前，本节介绍数学形态学的基本概念、研究内容，以及相关基础知识。

9.1.1 概述

数学形态学诞生于 1964 年。当时，法国巴黎矿业学院的马瑟荣（G. Matheron）从事多孔介质的透气性与其纹理之间关系的研究工作，赛拉（J. Serra）在马瑟荣的指导下进行铁矿石的定量岩石学分析，以预测其开采价值的研究工作。赛拉摒弃了传统的分析方法，设计了一个数字图像分析设备，并将它称为“纹理分析器”。赛拉和马瑟荣的工作从理论和实践两个方面初步奠定了数学形态学的基础，形成了击中/击不中运算、开/闭运算等理论基础，以及纹理分析器的原型。1966 年，马瑟荣和赛拉命名了数学形态学。1968 年 4 月，他们成立了法国枫丹白露数学形态学研究中心，巴黎矿业学院为该中心提供了研究基地。

赛拉分别于 1982 年和 1988 年出版了《图像分析与数学形态学》的第一卷和第二卷。20 世纪 80 年代后，数学形态学迅速发展并广为人知。1984 年，法国枫丹白露成立了 MorphoSystem 指纹识别公司。1986 年，法国枫丹白露成立了 Noesis 图像处理公司。此外，全世界成立了十几家数学形态学研究中心，进一步奠定了数学形态学的理论基础。20 世纪 90 年代后，数学形态学广泛应用于图像增强、图像分割、边缘检测和纹理分析等方向，成为数字图像处理的一个主要研究领域。

数学形态学图像处理是一种基于形状的图像处理理论和方法，其基本思想是，选择具有一定尺寸和形状的结构元素度量并提取图像中相关形状结构的图像分量，以达到图像分析和识别的目的。数学形态学可以用于二值图像和灰度图像的处理和分析。二值图像形态学的语言是集合论，从集合的角度描述二值图像形态学的算法。在二值图像形态学中，所讨论的是由二维整数空间 $\mathbb{Z}^2$ 中的元素构成的集合，集合中的元素是像素在图像中的坐标 (x,y)，用集合表示图像中的不同目标。

膨胀和腐蚀是数学形态学图像处理的两个基本运算，其他数学形态学运算或算法均以这两种基本运算为基础。二值图像形态学的基本运算包括膨胀、腐蚀、开运算、闭运算和击中/击不中运算。在基本运算的基础上提出了多种二值图像形态学的实用算法，例如，去噪、边界提取、孔洞填充、连通分量提取、骨架、细化、剪枝和形态学重建。数学形态学算法适用于并行操作，且硬件上容易实现。

9.1.2 二值图像逻辑运算

二值图像形态学的操作对象是二维整数空间 $\mathbb{Z}^2$ 中的坐标。本节说明集合运算与逻辑运算之间的对应关系，在二值图像形态学中使用集合的表达式描述二值图像之间的逻辑运算。

二值图像是由 1 值的目标像素和 0 值的背景像素构成，当讨论二值图像形态学时，用集合表示二值图像，将集合看成由二值图像中所有目标像素的坐标组成，元素 p 表示目标像素在二值图像中的坐标 (x,y)。集合中的元素属于二维整数空间 $\mathbb{Z}^2$。集合运算变成了二值图像中目标集合坐标间的操作。集合运算中的并集、交集和补集可以直接应用于二值图像，等同于二值图像所用的与、或、非的逻辑运算。"逻辑"一词来自逻辑理论，在逻辑理论中，1 表示真，0 表示假。集合运算与逻辑运算具有一一对应的关系，集合并集运算对应逻辑或运算，集合交集运算对应逻辑与运算，集合补集运算对应逻辑非运算。

图 9-1 直观地说明了二值图像的逻辑运算与集合运算之间的关系。在本书中约定，目标用 1 像素表示（白色），背景用 0 像素表示（黑色）。图 9-1（a）和图 9-1（b）给出了两幅由目标集合 A 和 B 构成的二值图像。图 9-1（c）～（f）所示的二值图像逻辑运算与集合运算并集、交集、补集和差集一一对应。图 9-1（c）为这两幅二值图像的逻辑或（$\vee$）运算图像，对应集合 A 和集合 B 的并集 $A\cup B$，它的目标像素由这两幅二值图像中的所有目标像素组成。图 9-1（d）为这两幅二值图像的逻辑与（$\wedge$）运算图像，对应集合 A 和集合 B 的交集 $A\cap B$，它的目标像素是这两幅二值图像中目标像素的重合部分。图 9-1（e）为图 9-1（a）的逻辑非（$\neg$）运算图像，对应集合 A 的补集 A^c。图 9-1（f）对应集合 A 与集合 B 的差集 $A-B$，它的目标像素由二值图像 A 中的目标像素，但是除去二值图像 B 中的目标像素组成。

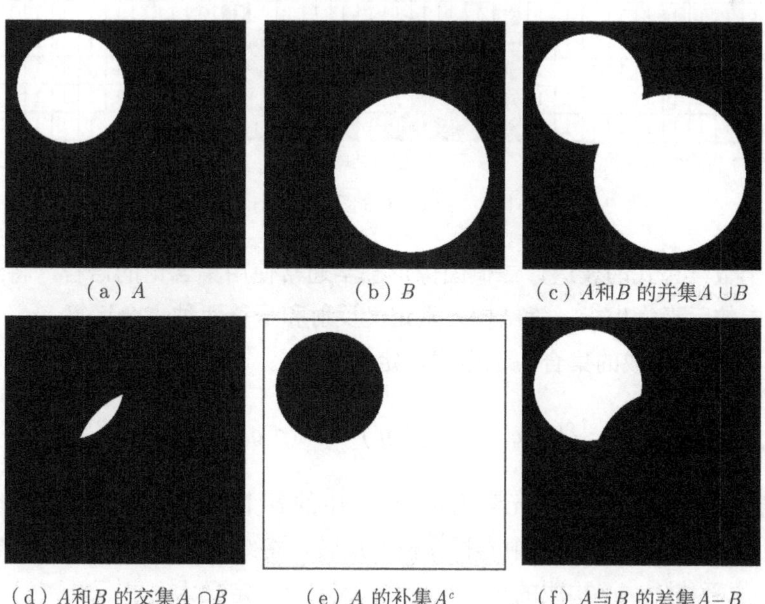

（a）A　（b）B　（c）A和B 的并集$A\cup B$

（d）A和B 的交集$A\cap B$　（e）A 的补集A^c　（f）A与B 的差集$A-B$

图 9-1　二值图像的逻辑运算与集合运算之间的关系

9.1.3 结构元素

结构元素是数学形态学图像处理中的一个重要概念。数学形态学运算使用结构元素对图像进行操作，结构元素的尺寸远小于待处理图像的尺寸。二值图像形态学中的结构元素是由 0 值和 1 值组成的矩阵，结构元素中的 1 值定义了结构元素的邻域。结构元素有一个原点，结构元素中的原点指定待处理像素的位置。输出图像中对应原点的值建立在输入图像中待处理像素及其邻域像素比较的基础上。

使用结构元素对图像的形态学处理与滤波模板的空域滤波具有类似的过程，如空域滤波中滤波模板在图像中的移位与图像的边界延拓。在形态学基本运算中也将结构元素在图像中遍历，结构元素的原点与各个像素位置重合，结构元素与对应图像区域的集合运算结果作为输出图像中对应原点的值。根据结构元素的尺寸确定图像边界延拓的宽度，由于二值图像中背景是 0 像素，延拓采用补零的方式。

根据数学形态学处理和分析的目的，选择具有一定尺寸和形状的结构元素。本书规定结构元素中 1 值用白色表示，0 值用黑色表示。如图 9-2 所示，对于尺寸为 11×11 的三种常用形状的结构元素，图 9-2（a）中 11×11 方形结构元素包含 121 个邻域，图 9-2（b）中 11×11 菱形结构元素包含 61 个邻域，图 9-2（c）中 11×11 圆形结构元素包含 109 个邻域。通常情况下，将结构元素的中心指定为原点，图中，符号“+”标记原点的位置。

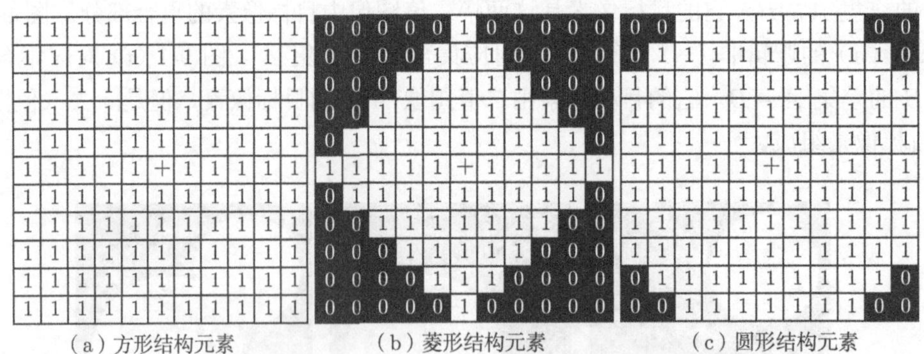

（a）方形结构元素　（b）菱形结构元素　（c）圆形结构元素

图 9-2　尺寸为 11×11 的三种常用形状的结构元素

为了便于数学公式的表达，二值图像形态学通常使用集合论的语言，将结构元素看作集合，集合中的元素为坐标，为结构元素定义反射和平移两种集合运算。

集合 A 的反射构成的集合，记作 $\hat{A}$，定义为

$$\hat{A}=\{(p',q')\},\quad (p',q')=-(p,q),(p,q)\in A \tag{9-1}$$

集合 A 的反射集合 $\hat{A}$ 包含的元素为集合 A 中的各个坐标 (p,q) 关于原点的镜像坐标 $(-p,-q)$。反射等同于空域滤波中卷积模板的反转，将结构元素绕原点旋转 180°。

集合 A 的平移 (x,y) 构成的集合，记作 $(A)_{(x,y)}$，定义为

$$(A)_{(x,y)}=\{(p',q')\},\quad (p',q')=(p,q)+(x,y),(p,q)\in A \tag{9-2}$$

集合 A 的平移集合 $(A)_{(x,y)}$ 包含的元素为集合 A 中的各个坐标 (p,q) 位移 (x,y) 形成的新坐标 $(p+x,q+y)$，其中集合 A 的原点平移到点 (x,y)。平移运算描述结构元素在图像中移动。

9.2 二值图像形态学基本运算

在二值图像形态学运算的过程中，将二值图像和结构元素均看成集合。二值图像形态学的基本运算是定义在集合上的运算，当涉及两个集合时，并不将它们同等对待。用 F 表示二值图像，B 表示结构元素。二值图像形态学运算是使用结构元素 B 对二值图像 F 进行操作，通常情况下，二值图像形态学运算是对二值图像中 1 像素区域进行的。

9.2.1 膨胀与腐蚀

微课

膨胀和腐蚀是数学形态学图像处理的两个基本运算，是数学形态学图像处理的基础。在二值图像形态学中，膨胀是在图像中目标边界周围增添像素，而腐蚀是移除图像中目标边界的像素。增添和移除的像素数取决于结构元素的尺寸和形状。二值图像形态学中的另外三种基本运算——开运算、闭运算和击中/击不中运算都是以膨胀和腐蚀的不同组合形式定义的，本节后面介绍的一系列二值图像形态学实用算法也均建立在膨胀和腐蚀这两种基本运算的基础上。注意，原点可以属于结构元素，也可以不属于结构元素①，这两种情况下的运算结果有所不同。

9.2.1.1 膨胀

结构元素 B 对二值图像 F 的膨胀，记作 $F \oplus B$，定义为

$$(F \oplus B)(x,y) = \begin{cases} 1, & (\hat{B})_{(x,y)} \cap F \neq \varnothing \\ 0, & \text{其他} \end{cases} \tag{9-3}$$

式中，$\varnothing$ 表示空集。膨胀的过程可描述为，对结构元素进行反射运算②，即将结构元素绕原点旋转 180°，将旋转的结构元素在图像中移动，若结构元素中任何 1 值元素的位置与二值图像中的 1 像素重合，则结构元素原点对应的像素为 1，否则为 0。膨胀运算具有扩张目标区域的作用。

图 9-3 给出了一个原点属于结构元素的膨胀运算的示例。图 9-3（a）为二值图像 F，白色为 1 像素，黑色为 0 像素。图 9-3（b）为结构元素 B，符号“+”标记原点的位置，原点属于结构元素，图 9-3（c）为结构元素 B 的反射集合 $\hat{B}$。图 9-3（d）为结构元素 B 对二值图像 F 的膨胀结果 $F \oplus B$，标记 1 的白色像素表示集合 F 中的元素，标记 2 的白色像素表示膨胀扩张的部分，整个白色区域表示膨胀运算的结果。对于原点属于结构元素的膨胀运算，$F \subseteq F \oplus B$ 总成立。

① 在击中/击不中运算中，将用到原点不属于结构元素的膨胀和腐蚀运算。

② 膨胀运算中对结构元素进行反射运算是为了与腐蚀运算构成对偶性。

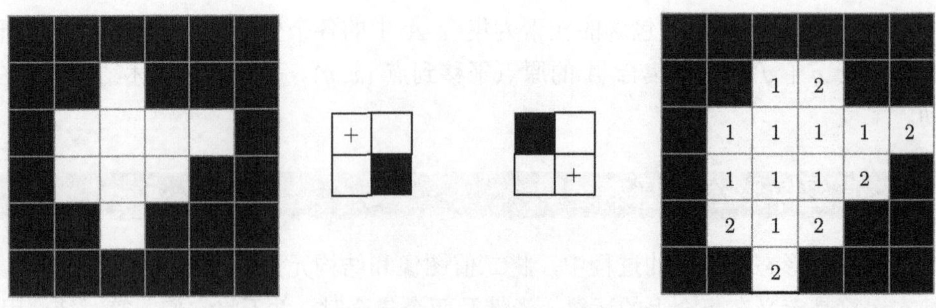

（a）二值图像F　（b）结构元素B　（c）图（b）的反射$\hat{B}$　（d）膨胀结果$F\oplus B$

图 9-3　原点属于结构元素的膨胀运算

图 9-4 给出了一个原点不在结构元素中的情况，结构元素 B 的原点位置是不属于 B 中的元素。图 9-4（a）为结构元素 B，符号“+”标记原点的位置，原点不属于结构元素；图 9-4（b）为结构元素 B 的反射 $\hat{B}$。对于图 9-3（a）所示的二值图像 F，图 9-4（c）为结构元素 B 对二值图像 F 的膨胀结果 $F\oplus B$。注意，标记“∘”的元素属于集合 F，但是不属于膨胀集合 $F\oplus B$。可见，对于原点不属于结构元素的情况，$F\subseteq F\oplus B$ 不一定成立。

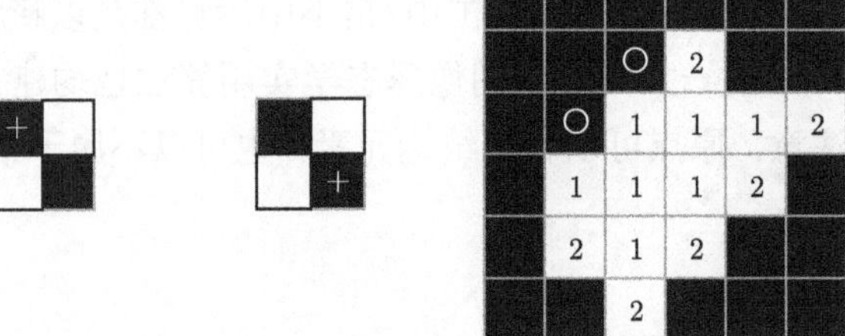

（a）结构元素B　（b）图（a）的反射$\hat{B}$　（c）膨胀结果$F\oplus B$

图 9-4　原点不属于结构元素的膨胀运算

代码

例 9-1　二值图像的膨胀运算

图 9-5 给出了一个二值图像膨胀的图例。MATLAB 图像处理工具箱中的 imdilate 函数实现二值图像形态学膨胀。图 9-5（a）为一幅尺寸为 271×513 的二值图像，图中存在小、中、大三种不同尺寸的孔洞、缺口和断裂部分，白色区域表示目标，黑色区域表示背景。通过选择合适形状和尺寸的结构元素，膨胀运算能够填补目标区域中的孔洞和缺口，连接目标区域中的断裂部分。图 9-5（b）和图 9-5（c）分别为 7×7 和 11×11 的方形结构元素的膨胀运算结果，结构元素的原点位于正方形中心。从图中可以看到，膨胀运算填补了目标区域中尺寸小于结构元素的孔洞、缺口和断裂部分，图 9-5（b）中填补了小尺寸的部分，图 9-5（c）中也填补了中间尺寸的部分，但是，膨胀运算同时扩张了目标区域。

9.2.1.2　腐蚀

结构元素 B 对二值图像 F 的腐蚀，记作 $F\ominus B$，定义为

$$(F\ominus B)(x,y)=\begin{cases}1, & (B)_{(x,y)}\subseteq F\\ 0, & \text{其他}\end{cases}\tag{9-4}$$

腐蚀的过程描述为，将结构元素在图像中移动，若结构元素中所有的 1 值元素位置与二值图像中 1 像素重合，结构元素原点对应的像素为 1，否则为 0。腐蚀运算具有收缩目标区域的作用。

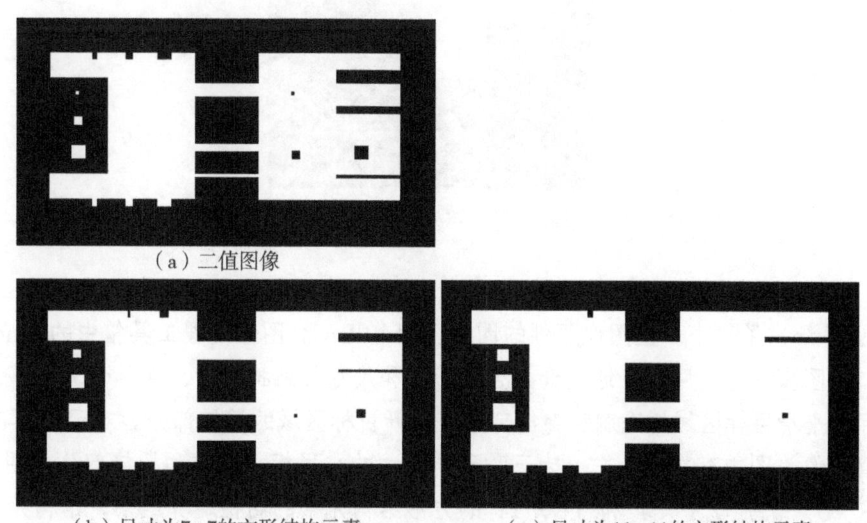
（a）二值图像

（b）尺寸为7×7的方形结构元素　　（c）尺寸为11×11的方形结构元素

图 9-5　不同尺寸方形结构元素的膨胀结果

图 9-6 给出了一个原点属于结构元素的腐蚀运算的示例。对于图 9-3（a）所示二值图像 F，以及图 9-3（b）所示结构元素 B。图 9-6 为结构元素 B 对二值图像 F 的腐蚀结果 $F \ominus B$，标记 1 的白色像素和标记 0 的黑色像素共同构成集合 F，标记 0 的黑色像素表示腐蚀去除的部分，仅白色区域表示腐蚀运算的结果。对于原点属于结构元素的腐蚀运算，$F \ominus B \subseteq F$ 总成立。

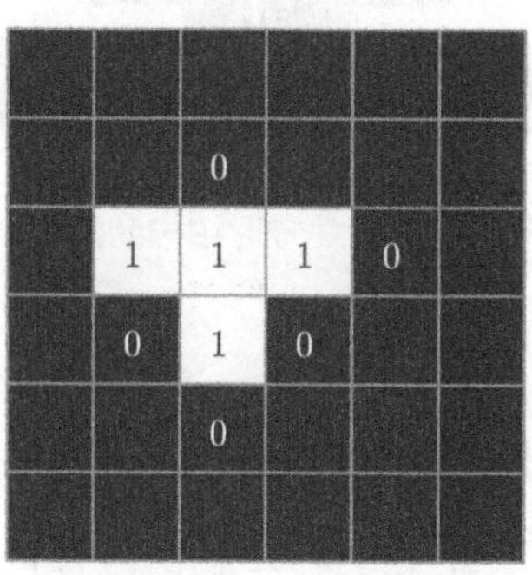

图 9-6　原点属于结构元素的腐蚀结果 $F \ominus B$

图 9-7 给出了一个原点不在结构元素中的情况。对于图 9-3（a）所示的二值图像 F，以及图 9-4（a）所示的结构元素 B，图 9-7（c）为结构元素 B 对二值图像 F 的腐蚀结果 $F \ominus B$。注意，标记“∘”的元素不属于集合 F，但是属于腐蚀集合 $F \ominus B$。可见，对于原点不属于结构元素的情况，$F \ominus B \subseteq F$ 不一定成立。

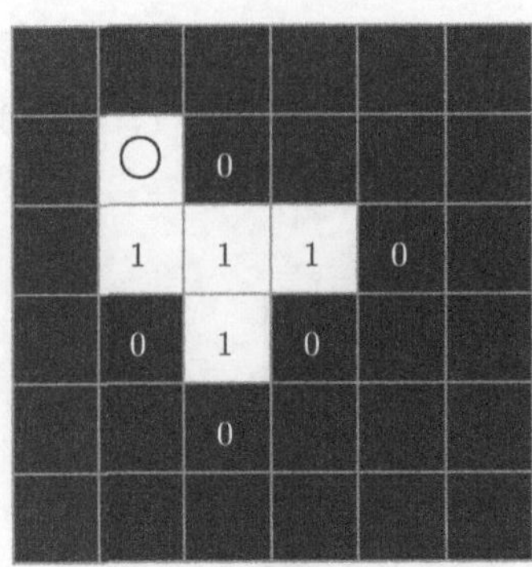

图 9-7　原点不属于结构元素的腐蚀结果 $F \ominus B$

代码

例 9-2　二值图像的腐蚀运算

图 9-8 给出了一个二值图像腐蚀的图例。MATLAB 图像处理工具箱中的 imerode 函数实现二值图像形态学腐蚀。通过选择合适形状和尺寸的结构元素，腐蚀运算能够消除孤立的小目标，平滑目标区域的毛刺和突出部分，断开目标区域的桥接部分。对于图 9-5（a）所示的二值图像，图中存在小、中、大三种不同尺寸的小目标、突出和桥接部分，图 9-8（a）和图 9-8（b）分别为 7×7 和 11×11 的方形结构元素的腐蚀运算结果，结构元素的原点位于正方形中心。从图中可以看到，腐蚀运算消除了尺寸小于结构元素的小目标、突出和桥接部分，图 9-8（b）中消除了小尺寸的部分，图 9-8（c）中也消除了中间尺寸的部分，但是，腐蚀运算同时收缩了目标区域。

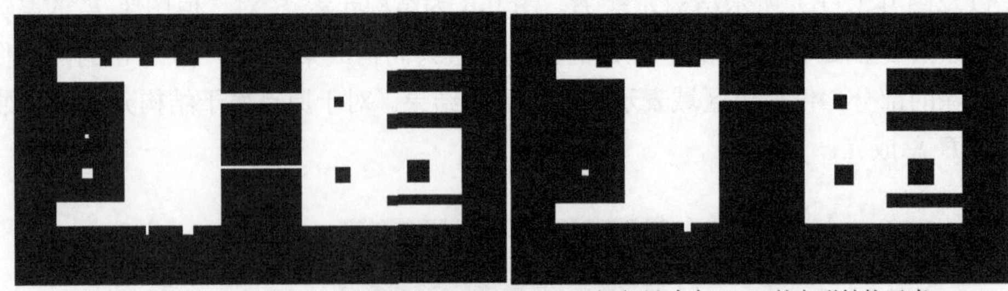

（a）尺寸为7×7的方形结构元素　（b）尺寸为11×11的方形结构元素

图 9-8　不同尺寸方形结构元素的腐蚀结果

9.2.1.3　膨胀与腐蚀的对偶性

膨胀运算与腐蚀运算是一对互为对偶的操作，其对偶性可表示为如下的等式：

$$(F \oplus B)^c = \left(F^c \ominus \hat{B}\right) \tag{9-5}$$

$$(F \ominus B)^c = \left(F^c \oplus \hat{B}\right) \tag{9-6}$$

式 (9-5) 和式 (9-6) 表明对图像中目标区域的膨胀（腐蚀）运算相当于对图像中背景区域的腐蚀（膨胀）运算。具体地说，结构元素 B 对集合 F 膨胀的补集等价于其反射 $\hat{B}$ 对补集 F^c 的腐蚀，而结构元素 B 对集合 F 腐蚀的补集也等价于其反射 $\hat{B}$ 对补集 F^c 的膨胀。膨胀运算与腐蚀运算的对偶性表明，二值图像形态学的基本运算本质上只有一个，整个二值图像形态学体系建立在一个基本运算的基础上。根据膨胀与腐蚀运算的定义可以推导出膨胀与腐蚀对偶性的表达式。

图 9-9 直观地说明了膨胀运算与腐蚀运算的对偶性。对于图 9-3（a）和图 9-3（b）所示的集合 F 和结构元素 B，图 9-9（a）和图 9-9（b）分别为结构元素 B 对集合 F 的腐蚀集合 $F \ominus B$ 和其反射 $\hat{B}$ 对补集 F^c 的膨胀集合 $F^c \oplus \hat{B}$，而图 9-9（c）和图 9-9（d）分别为结构元素 B 对集合 F 的膨胀集合 $F \oplus B$ 和其反射 $\hat{B}$ 对补集 F^c 的腐蚀集合 $F^c \ominus \hat{B}$。显而易见，$F \ominus B$ 与 $F^c \oplus \hat{B}$、$F \oplus B$ 与 $F^c \ominus \hat{B}$ 互为补集。对于膨胀运算，标记 1 的白色区域表示原集合，标记 2 的白色区域为膨胀扩张的部分，标记 1 和标记 2 的白色区域共同构成膨胀集合；对于腐蚀运算，标记 0 的黑色区域和标记 1 的白色区域共同表示原集合，标记 0 的黑色区域为腐蚀去除的部分，标记 1 的白色区域为腐蚀集合。

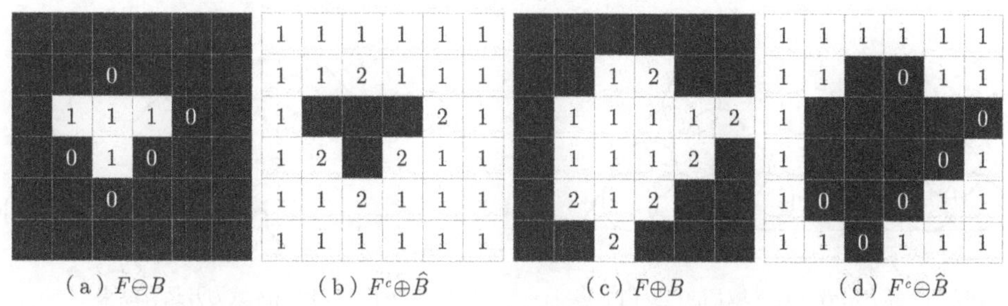

（a）$F \ominus B$ （b）$F^c \oplus \hat{B}$ （c）$F \oplus B$ （d）$F^c \ominus \hat{B}$

图 9-9 膨胀运算与腐蚀运算的对偶性示意图

9.2.2 开运算与闭运算

开运算和闭运算是以膨胀和腐蚀运算的组合形式定义的。开运算能够消除小尺寸的目标和细小的毛刺、断开细长的桥接部分而使目标区域分离。闭运算能够填补目标区域内部小尺寸的孔洞和细窄的缺口、桥接狭窄的断裂部分而使目标区域连通。

9.2.2.1 开运算

开运算为先腐蚀后膨胀的运算，结构元素 B 对集合 F 的开运算，记作 $F \circ B$，定义为

$$F \circ B = (F \ominus B) \oplus B \tag{9-7}$$

图 9-10 直观地给出了圆形结构元素的开运算过程，腐蚀收缩了目标，后续的膨胀扩张了目标。

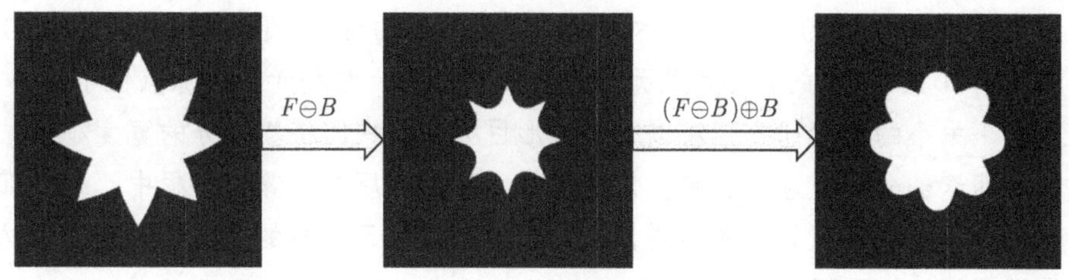

图 9-10 开运算过程示意图

图 9-11 给出了开运算的简单几何解释。图 9-11（a）中目标区域 F 由两个三角形区域部分重叠组成，结构元素 B 呈圆盘形状。图 9-11（b）中 $F \circ B$ 的边界是由 B 在 F 的边界内部滑动时，B 的边界所达到的最远的点所组成的。图 9-11（c）中的实线包围区域为开运算结果，开运算消除了细窄的连接和小角点。

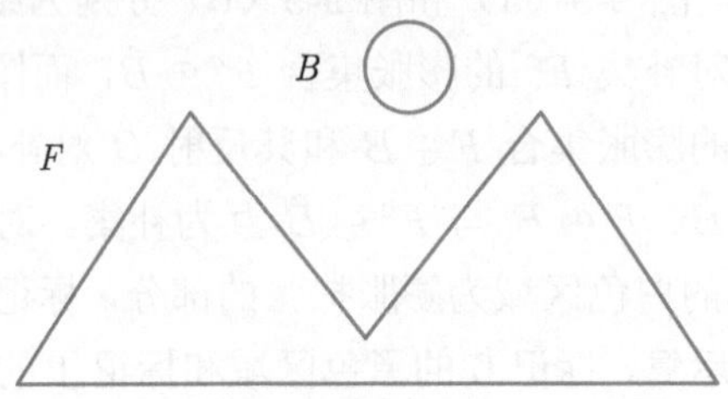

（a）目标区域 F 和结构元素 B

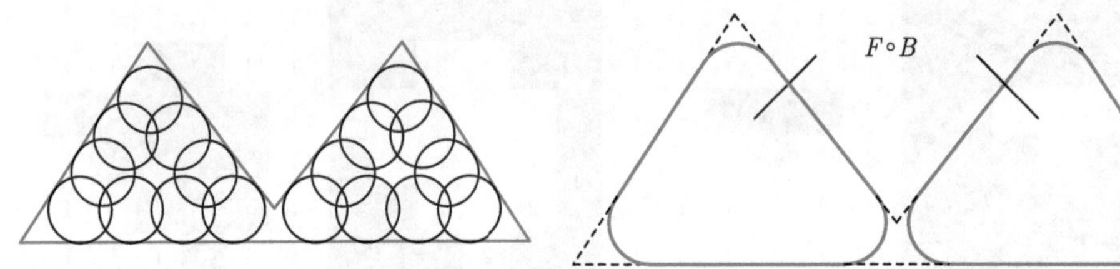

（b）结构元素 B 沿着目标区域 F 的边界内平移　　（c）实线包围区域为开运算结果

图 9-11　开运算的简单几何解释

开运算的作用包括消除小尺寸的目标和细小的突出部分，断开细长的桥接部分而使目标区域分离，以及在不明显改变目标区域面积的条件下平滑较大的目标边界外部（平滑外角点）。

代码

例 9-3　结构元素形状对二值图像开运算的影响

对于图 9-12（a）所示的目标形状 F，图 9-12（b）～（d）分别给出了圆形、方形和菱形结构元素的开运算结果 $F \circ B$，从图中可以看到，开运算平滑了目标区域尺寸小于结构元素的外角点，而内角点不受影响。将目标形状减去开运算结果 $F - F \circ B$，称为结构元素 B 对二值图像 F 的**顶帽变换**。图 9-12（e）～（g）分别为图 9-12（a）与图 9-12（b）～（d）的差值图像，顶帽变换的结果是开运算平滑删除的外角点。MATLAB 图像处理工具箱中的 imopen 函数实现二值图像形态学开运算。

代码

例 9-4　结构元素尺寸对二值图像的开运算的影响

图 9-13 给出了对图 9-5（a）所示二值图像开运算的图例。图 9-13（a）和图 9-13（b）分别为 7×7 和 11×11 的方形结构元素的开运算结果，结构元素的原点位于正方形中心。当图像中左下方小的突出部分、左边小的方形目标以及中间桥接部分的宽度小于结构元素的尺寸时，即这部分的集合不能完全包含结构元素，在腐蚀运算的过程中，这些部分消失了（图 9-8），后续的膨胀运算不能再恢复经过腐蚀运算已删除的部分。同时，开运算基本上保持了目标区域的面积。

（a）二值图像

（b）圆形结构元素的开运算结果

（c）方形结构元素的开运算结果

（d）菱形结构元素的开运算结果

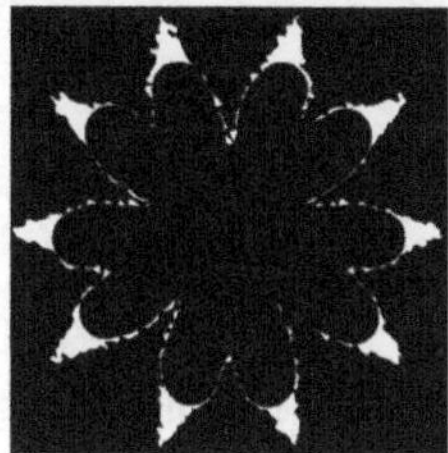
（e）图（a）与图（b）的差值

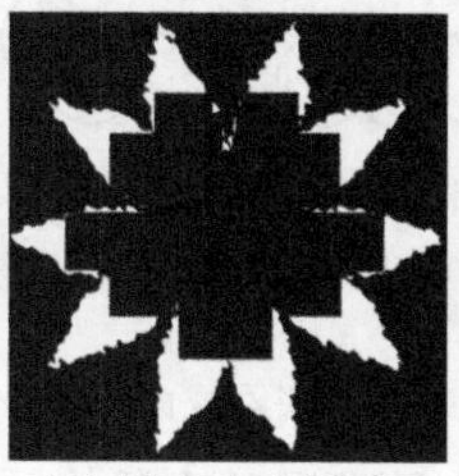
（f）图（a）与图（c）的差值

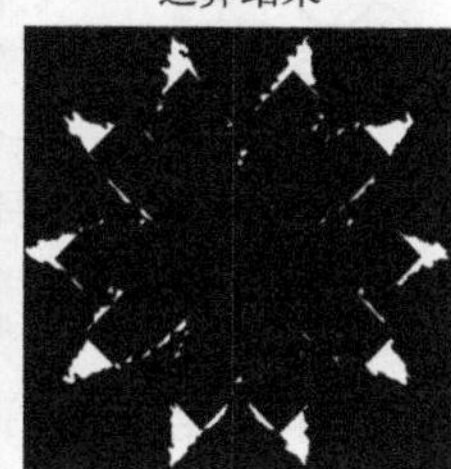
（g）图（a）与图（d）的差值

图 9-12　不同形状结构元素的顶帽变换结果

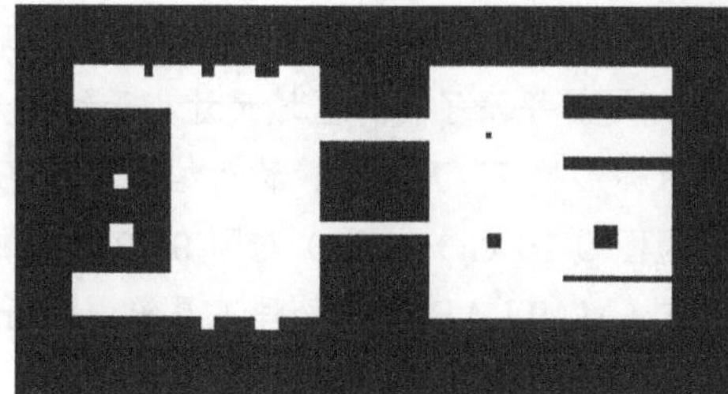
（a）尺寸为7×7的方形结构元素

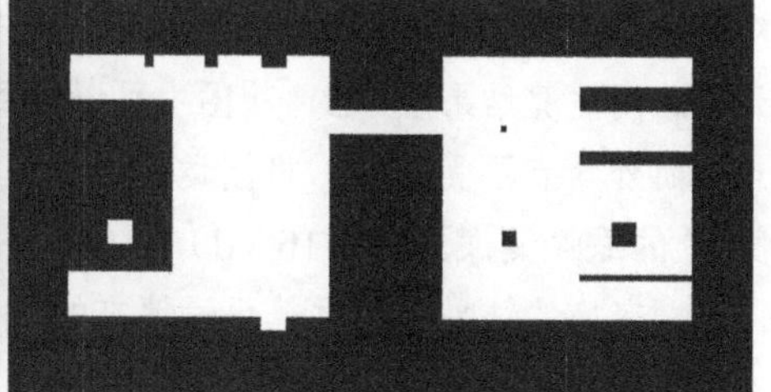
（b）尺寸为11×11的方形结构元素

图 9-13　不同尺寸方形结构元素的开运算结果

9.2.2.2　闭运算

闭运算为先膨胀后腐蚀的运算，结构元素 B 对集合 F 的闭运算，记作 $F\cdot B$，定义为

$$F\cdot B=(F\oplus B)\ominus B \tag{9-8}$$

图 9-14 直观地给出了圆形结构元素的闭运算过程，膨胀扩张了目标，后续的腐蚀收缩了目标。

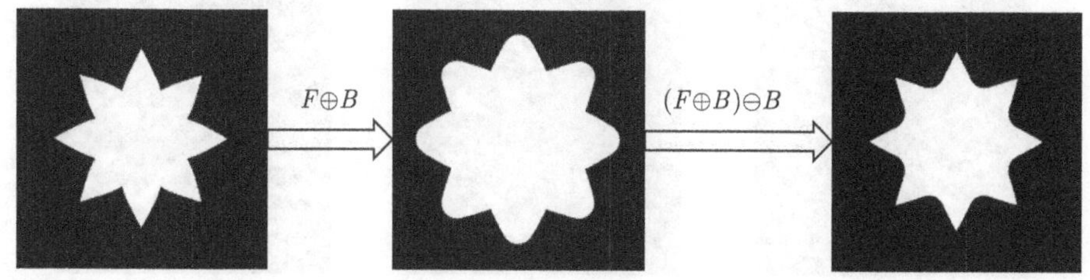

图 9-14　闭运算过程示意图

图 9-15 给出了闭运算的简单几何解释。对于图 9-11（a）所示的目标区域 F 和结构元素 B，如图 9-15（a）所示，$F\cdot B$ 的边界是由 B 在 F 的边界外部滑动时，与 F 恰好不

重叠时 B 的边界所围成的点组成的。图 9-15（b）中的实线包围区域为闭运算结果，闭运算填充了狭窄的缺口。

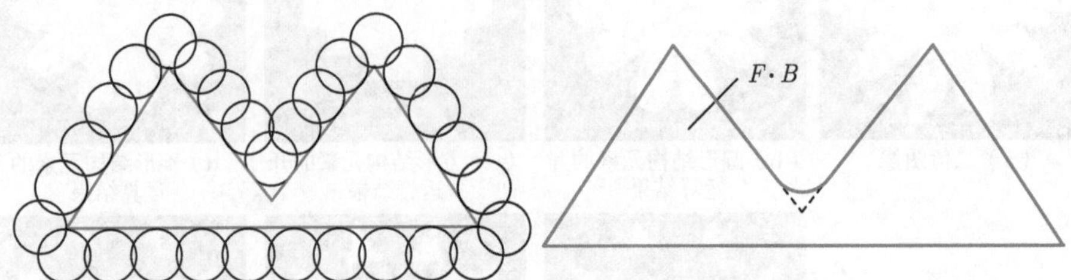

（a）结构元素B沿着目标区域F的边界外部平移　（b）实线包围区域表示闭运算结果

图 9-15　闭运算的简单几何解释

闭运算的作用包括填补目标区域内部较小的孔洞和细窄的缺口，桥接狭窄的断裂部分而使目标区域连通，以及在不明显改变目标区域面积的条件下平滑较大的目标边界内部（平滑内角点）。

代码

例 9-5　结构元素形状对二值图像闭运算的影响

对于图 9-12（a）所示的目标形状 F，图 9-16（a）～（c）分别给出了圆形、方形和菱形结构元素的闭运算结果 $F \cdot B$，从图中可以看到，闭运算平滑了目标区域尺寸小于结构元素的内角点，而外角点不受影响。将闭运算结果减去目标形状 $F \cdot B - F$，称为结构元素 B 对二值图像 F 的**底帽变换**。图 9-16（d）～（f）分别为图 9-16（a）～（c）与图 9-12（a）的差值图像，底帽变换的结果是闭运算平滑填充的外角点。MATLAB 图像处理工具箱中的 imclose 函数实现二值图像形态学闭运算。

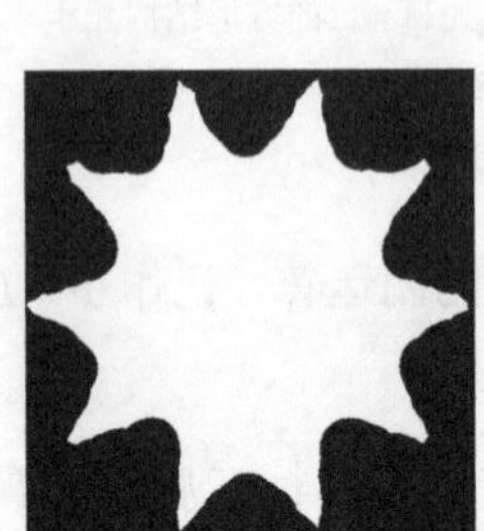

（a）圆形结构元素的闭运算结果

（b）方形结构元素的闭运算结果

（c）菱形结构元素的闭运算结果

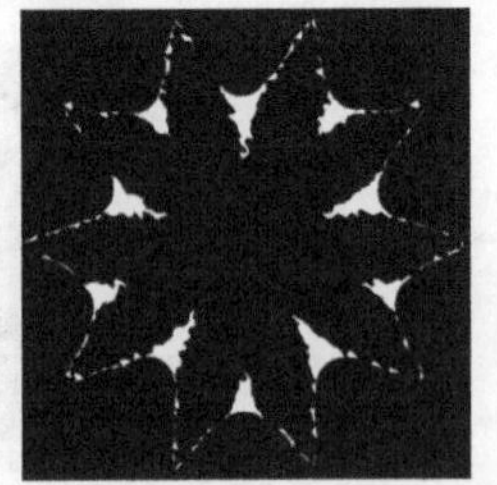

（d）图（a）与图9-12（a）的差值

（e）图（b）与图9-12（a）的差值

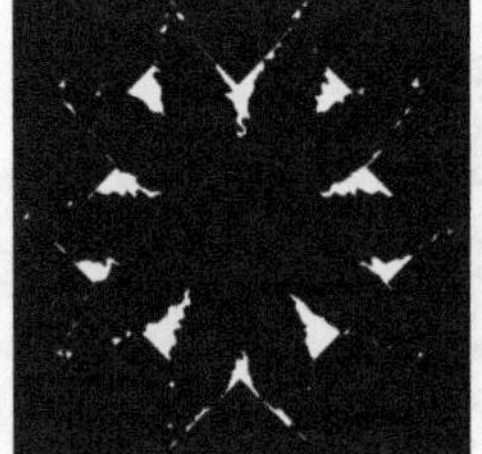

（f）图（c）与图9-12（a）的差值

图 9-16　不同形状结构元素的底帽变换结果

例 9-6 结构元素尺寸对二值图像闭运算的影响

图 9-17 给出了对图 9-5 (a) 所示二值图像闭运算的图例。图 9-17 (a) 和图 9-17 (b) 分别为 7×7 和 11×11 的方形结构元素的闭运算结果，结构元素的原点位于正方形中心。当图像中左上方小的凹陷、右边小的方形孔洞以及右边断裂部分的宽度小于结构元素的尺寸时，膨胀运算的过程完全填补了这些部分（图 9-5），后续的腐蚀运算不能再恢复经过膨胀运算已消失的部分。同时，闭运算基本上保持了目标区域的面积。

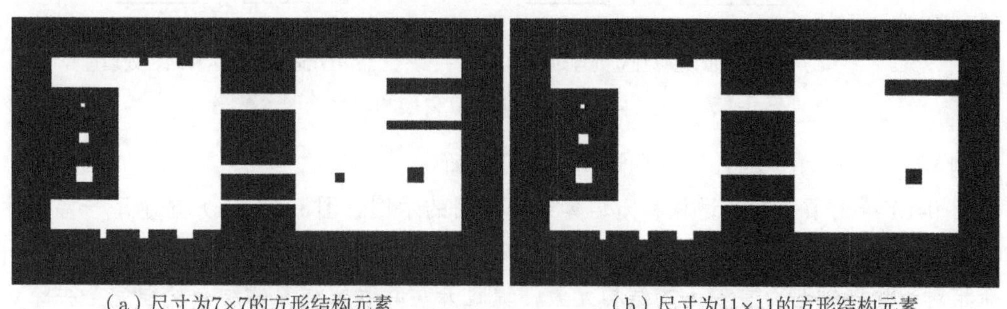

（a）尺寸为7×7的方形结构元素　（b）尺寸为11×11的方形结构元素

图 9-17 不同尺寸方形结构元素的闭运算结果

代码

9.2.2.3 开运算与闭运算的对偶性

开运算与闭运算具有对偶性，它们的对偶性可表示为如下的等式：

$$(F\circ B)^c=\left(F^c\cdot\hat{B}\right) \tag{9-9}$$

$$(F\cdot B)^c=\left(F^c\circ\hat{B}\right) \tag{9-10}$$

式 (9-9) 和式 (9-10) 表明对图像中目标区域的开（闭）运算相当于对图像中背景区域的闭（开）运算。具体地说，结构元素 B 对集合 F 开运算的补集等价于其反射 $\hat{B}$ 对补集 F^c 的闭运算，而结构元素 B 对集合 F 闭运算的补集也等价于其反射 $\hat{B}$ 对补集 F^c 的开运算。根据膨胀与腐蚀对偶性的表达式可以推导出开运算与闭运算对偶性的表达式。

开运算和闭运算的结合能够同时达到开运算和闭运算处理的目的，消除小目标和毛刺、填补小孔洞和缺口，并在不明显改变目标区域面积的条件下平滑较大的目标边界。如图 9-18 所示，字母 A 标记目标边界上的突起，字母 B 标记背景中的孤立小目标，字母 C 标记目标区域内部的孔洞，字母 D 标记目标边界上的缺口。图 9-18 (a) 说明了开运算和闭运算独立处理的过程，如前所述，开运算过程消除了尺寸小于结构元素的孤立目标和突起，闭运算过程填补了目标区域内部尺寸小于结构元素的孔洞和缺口。图 9-18 (b) 说明了开运算和闭运算结合处理的过程，开运算消除了尺寸小于结构元素的孤立目标和突起，闭运算进一步消除了尺寸小于结构元素的孔洞和缺口。开运算和闭运算的结合经常用于二值图像的后处理阶段，整个过程消除了二值图像中的孤立目标，并填补了目标区域内部的孔洞。但是，这样的形态学后处理带来的问题是会破坏目标原本的轮廓和形状，特别是对于小尺寸目标，这种影响尤其明显。

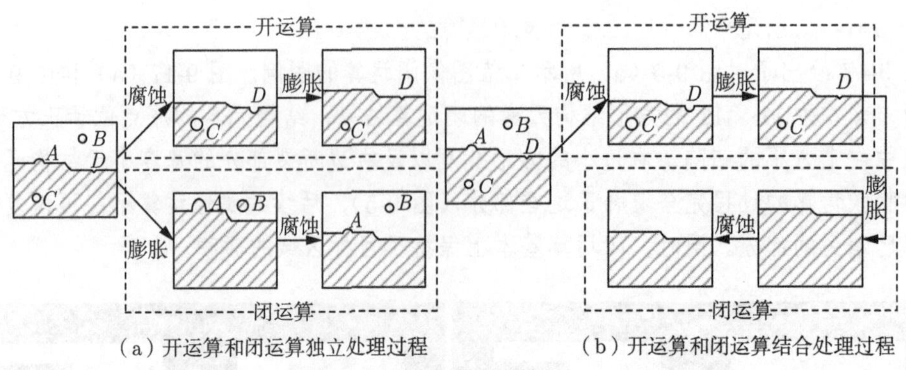

（a）开运算和闭运算独立处理过程 （b）开运算和闭运算结合处理过程

图 9-18 开运算和闭运算的独立处理和结合处理示意图

代码

例 9-7 二值图像的开运算和闭运算结合处理

图 9-19 给出了一个开运算和闭运算结合运用的示例。图 9-19（a）显示了一幅尺寸为 520×700 的线路板二值图像，线路板中存在斑点、凸起、断线、缺口、气泡及短路等缺陷。选择相对于这些缺陷而言较大的结构元素，通过开运算和闭运算的结合处理完全去除这些缺陷。图 9-19（b）为 30×30 的方形结构元素对原图像的开运算结果，从图中可以看到，开运算消除了斑点和凸起，并切断了短路。图 9-19（c）为 30×30 的方形结构元素对原图像的闭运算结果，从图中可以看到，闭运算填补了缺口和气泡，并桥接了断线。将开运算和闭运算结合运用，首先执行开运算然后执行闭运算，产生了一幅干净的二值图像，如图 9-19（d）所示。通过处理结果与原图像之间进行异或运算① 可检测变化部分，从而检查出线路板中细小的缺陷。这种方法常用于以模板检查为代表的各种工业检查系统中。

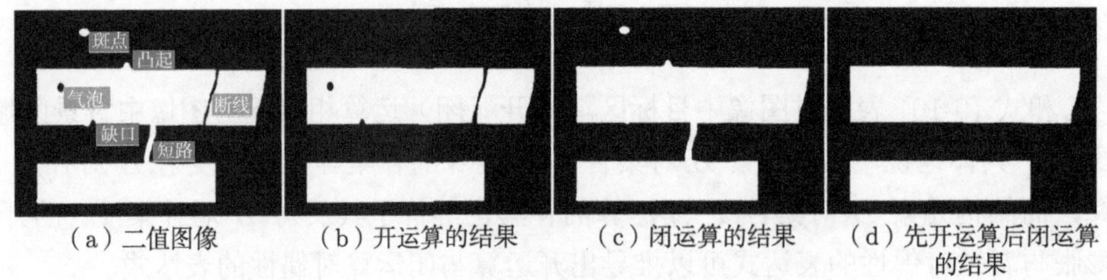

（a）二值图像 （b）开运算的结果 （c）闭运算的结果 （d）先开运算后闭运算的结果

图 9-19 开运算和闭运算的结合处理示例

微课

9.2.3 击中/击不中运算

击中/击不中运算（hit-or-miss）定义在交集为空集的两个结构元素的膨胀和腐蚀运算的基础上。设 $B = (B_1, B_2)$ 表示结构元素对，且 $B_1 \cap B_2 = \varnothing$，结构元素对 B 对集合 F 的击中/击不中运算，记作 $F \circledast B$，定义为

$$F \circledast B = (F \ominus B_1) \cap (F^c \ominus B_2) \tag{9-11}$$

$F \ominus B_1$ 表示结构元素 B_1 中的所有 1 值位置与二值图像 F 中 1 像素重合时 B_1 的原点位置的集合（B_1 击中 F），$F^c \ominus B_2$ 表示结构元素 B_2 中的任何 1 值位置都不与二值图像 F

① 异或是一种逻辑运算，当两个操作数不相同时，异或结果为真（1），当两个操作数相同时，异或结果为假（0）。

中 1 像素重合时 B_2 的原点位置的集合（B_2 击不中 F）。击中/击不中运算的几何意义是，$F\ominus B_1$ 可以看成 B_1 在 F 中找到匹配（击中），$F^c\ominus B_2$ 可以看成 B_2 在 F^c 中找到匹配（击不中）。

图 9-20 描述了一个击中/击不中运算的过程。图 9-20（a）和图 9-20（b）分别表示集合 F 及其补集 F^c。图 9-20（c）和图 9-20（d）所示的两个结构元素组成击中/击不中运算的结构元素对 B_1 和 B_2。由于击中/击不中运算中两个结构元素 B_1 和 B_2 的交集为空集，换句话说，这两个结构元素的邻域是不重合的，因此，两个结构元素 B_1 和 B_2 可以合并成单一结构元素 B 来表示。这两个结构元素可以表示为图 9-20（e）所示的单一结构元素 B，用矩阵形式表示为

$$\boldsymbol{B}=\begin{bmatrix}\times & 0 & 1\\ 0 & 0 & 1\\ 1 & 1 & 1\end{bmatrix}$$

在结构元素 B 中，1 表示结构元素 B_1 的邻域（击中），0 表示结构元素 B_2 的邻域（击不中），× 表示无须确定。

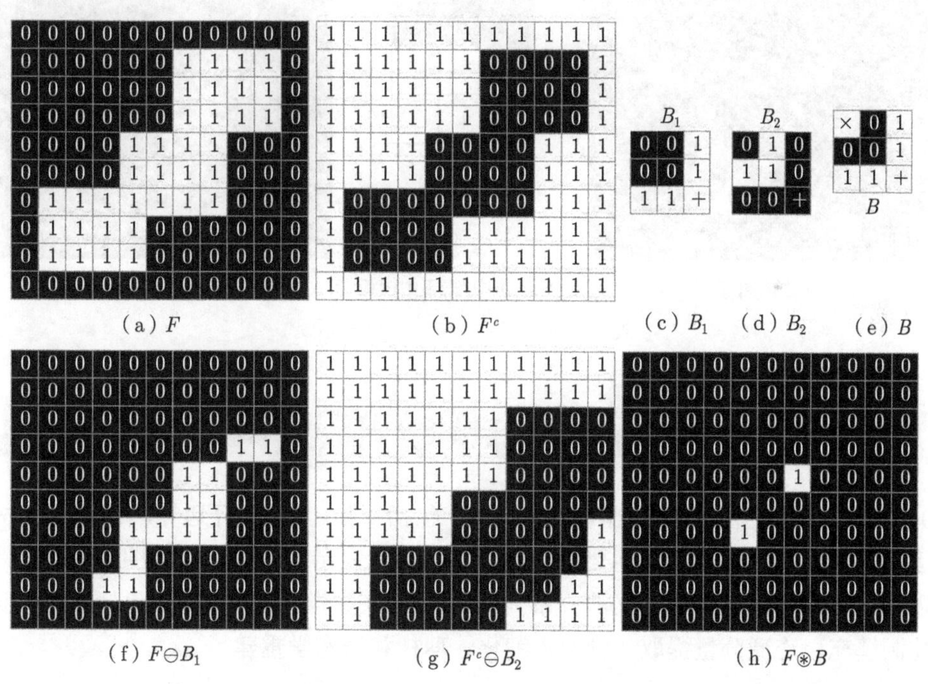

图 9-20　击中/击不中运算示意图

对于结构元素 B_1，原点属于结构元素。图 9-20（f）为结构元素 B_1 对集合 F 的腐蚀结果 $F\ominus B_1$，B_1 对 F 的腐蚀是 B_1 包含在集合 F 内部的原点位置的集合。对于结构元素 B_2，原点不属于结构元素。图 9-20（g）为结构元素 B_2 对集合 F 的补集 F^c 的腐蚀结果 $F^c\ominus B_2$，B_2 对 F^c 的腐蚀是 B_2 包含在集合 F 外部的原点位置的集合。如图 9-20（h）所示，结构元素 B 对集合 F 的击中/击不中运算结果是 B_1 对 F 腐蚀结果 [图 9-20（f）]

和 B_2 对 F^c 腐蚀结果 [图 9-20（g）] 的交集。通过观察集合 F 可以发现，$F \circledast B$ 实际上可以看成 B 在 F 中完全匹配的原点位置集合。可见，击中/击不中运算相当于一种条件比较严格的模板匹配。因此，击中/击不中运算的结构元素 B 也称为击中/击不中模板，两个结构元素 B_1 和 B_2 分别称为击中模板和击不中模板。

例 9-8　二值图像的击中/击不中运算

代码

图 9-21（a）中包含多个不同尺寸的正方形目标。利用击中/击不中运算定位图像中所有正方形目标的左上角像素。图 9-21（b）给出了所用的击中/击不中模板，右边和下方是目标像素（击中），而左下、左、左上、上和右上方不是目标像素（击不中），不考虑右下方的无关像素。图 9-21（c）为击中/击不中运算的结果，图中的单像素白色点标明了正方形目标左上角的位置。击中/击不中运算对研究二值图像中的前景目标与背景之间的关系非常有效。

插图

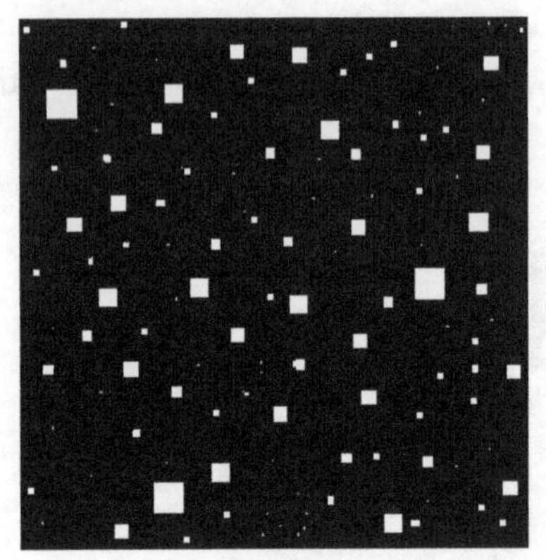
（a）二值图像

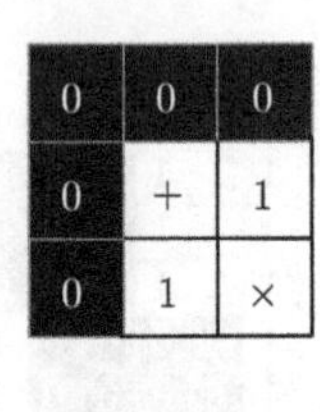

0	0	0
0	+	1
0	1	×

（b）击中/击不中模板

（c）击中/击不中运算的结果

图 9-21　击中/击不中运算示例

9.3　二值图像形态学实用算法

9.2 节介绍了二值图像形态学的基本运算，包括膨胀、腐蚀、开运算、闭运算和击中/击不中运算。二值图像形态学的主要应用是提取对形状表示和描述有用的图像分量。本节将讨论以基本运算的组合形式定义的一系列二值图像形态学的实用算法，包括去噪、边界提取、孔洞填充、连通分量提取、骨架、细化、剪枝和形态学重建。

9.3.1　去噪

图像二值化处理后通常会存在噪声，例如，在目标检测的过程中，当背景误检为前景时，形成孤立的前景噪声（虚警），当前景误检为背景时，目标区域中产生小孔洞（漏警）。如 9.2.2 节所述，开运算和闭运算的结合处理是一种简单的图像去噪方法。设 F 表示二值图像，B 表示结构元素，若首先进行开运算，然后进行闭运算，则去噪过程可表示为

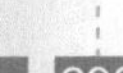

$$G = (F \circ B) \cdot B \tag{9-12}$$

式中，G 为去噪的图像。根据目标的形状和噪声的尺寸，选择合适形状和尺寸的结构元素。

如 9.2.2 节所述，开运算和闭运算结合的形态学后处理会影响目标原本的边界和形状。对于复杂边界的目标，特别当目标本身尺寸较小时，这种去噪处理很容易破坏边界的细节，一般不使用这种形态学方法对二值图像进行后处理。

例 9-9 二值图像形态学的图像去噪

对行人目标进行分割后，图 9-22（a）显示了一幅尺寸为 240×320 的二值图像，由于虚警和漏警，需要对分割结果进行后处理。根据目标的形状，选择尺寸为 7×7 的圆形结构元素。图 9-22（b）为先开运算后闭运算的去噪结果，由于目标区域存在断裂，开运算中的先腐蚀操作会使目标区域由于腐蚀而缺失，这部分不能通过膨胀而恢复。图 9-22（c）为先闭运算后开运算的去噪结果，闭运算中的先膨胀操作能够填补断裂，保持目标区域的完整。从图 9-22（c）中可以看到，通过这样的形态学去噪过程，去除了孤立的前景噪声并填补了目标区域内部的小孔，从而生成了一幅干净的二值图像。

（a）二值图像

（b）先开运算后闭运算的结果

（c）先闭运算后开运算的结果

图 9-22 形态学图像去噪示例

9.3.2 边界提取

结构元素 B 对集合 F 腐蚀的作用是收缩目标区域，集合 F 与腐蚀集合 $F \ominus B$ 的差集是腐蚀运算移除的目标边界元素，构成 F 的边界集合，边界提取的过程可表示为

$$\beta(F) = F - (F \ominus B) \tag{9-13}$$

式中，$\beta(F)$ 表示集合 F 的边界集合。根据所需要的边界连通性和宽度，选择合适尺寸和形状的结构元素，使用 3×3 菱形结构元素可以提取单像素宽的 8 连通边界，使用 3×3 方形结构元素可以提取单像素宽的 4 连通边界，使用 5×5 结构元素可以提取 2~3 个像素宽的边界。

图 9-23 描述了 3×3 菱形结构元素和方形结构元素 B 的边界提取过程。在图 9-23（a）所示的二值图像 F 中，白色表示目标像素，黑色表示背景像素，分别使用 3×3 菱形结构元素 [图 9-23（b）] 和 3×3 方形结构元素 [图 9-23（e）] 对二值图像 F 进行腐蚀操作，图 9-23（c）和图 9-23（f）分别为这两个结构元素 B 对 F 的腐蚀结果 $F \ominus B$。将二值图像 F 与腐蚀结果 $F \ominus B$ 相减，图 9-23（d）和图 9-23（g）分别为对应的单像素宽的 8 连通边界和 4 连通边界 $\beta(F)$。注意，当结构元素 B 的原点位于或靠近图像边界时，结构元

素的一部分落在图像之外，对于这种情况常用的处理方法是假设图像边界外部均为背景像素，即 0 像素。形态学边界提取算法简单易实现，并且可以并行处理。

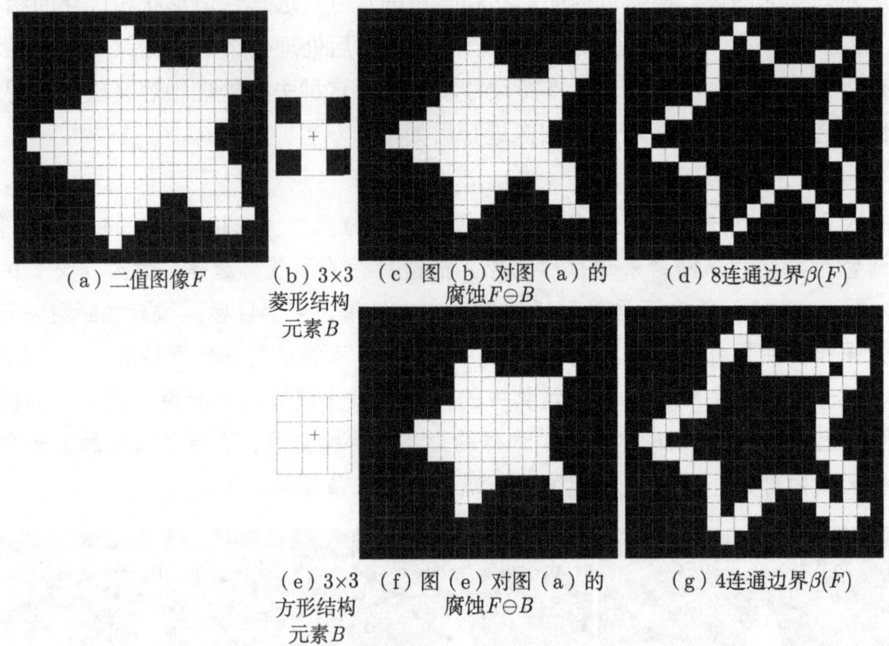

（a）二值图像F （b）3×3 菱形结构元素B （c）图（b）对图（a）的腐蚀$F\ominus B$ （d）8连通边界$\beta(F)$

（e）3×3 方形结构元素B （f）图（e）对图（a）的腐蚀$F\ominus B$ （g）4连通边界$\beta(F)$

图 9-23 3 × 3 菱形结构元素和 3 × 3 方形结构元素的边界提取示意图

9.3.3 孔洞填充

孔洞是指由连通的边界包围的背景区域。孔洞填充的形态学算法是以集合的膨胀、补集和交集的组合形式定义的。设 F 表示边界集合，B 表示结构元素，给定边界内的任意一点 p①，初始集合 X_0 中点 p 所在位置的值为 1，其他位置的值为 0，孔洞填充的过程可表示为

$$X_k = (X_{k-1} \oplus B) \cap F^c, \quad X_0 = \{p\}\,; k = 1, 2, \cdots \tag{9-14}$$

当 $X_k = X_{k-1}$ 时，在第 k 步迭代终止，此时，X_k 为孔洞填充的最终结果，X_k 与其边界 F 的并集构成目标区域。若对膨胀不加以限制，则膨胀过程将填充整幅图像。因此，在每一次迭代中，与 F^c 的交集将膨胀集合限制在区域内部，将这种在一定约束条件下的膨胀过程称为条件膨胀。根据边界的连通性选择合适的结构元素 B，对于 8 连通边界，使用菱形结构元素进行条件膨胀；对于 4 连通边界，使用方形结构元素进行条件膨胀。

图 9-24 描述了一个孔洞填充的过程，如图 9-24（a）所示，8 连通边界 F 的区域内部是 4 连通的，白色表示目标像素，黑色表示背景像素。图 9-24（b）为所用的 3×3 菱形结构元素。图 9-24（c）为边界 F 的补集 F^c。在区域内部指定初始像素 p，如图 9-24（d）所示，根据式 (9-14) 的孔洞填充过程进行条件膨胀，直至完全填充区域内部。图 9-24（e）～（m）中白色像素上的数字标明了逐次迭代孔洞填充的像素，图 9-24（e）中的标记 1 表示第 1 次迭代孔洞填充的像素，图 9-24（f）中的标记 2 表示第 2 次迭代孔洞填充的像素，以此类推，当 $k = 9$ 时，达到收敛，图 9-24（m）为完全填充的结果。

① 孔洞填充也称为种子填充，像素 p 称为种子。

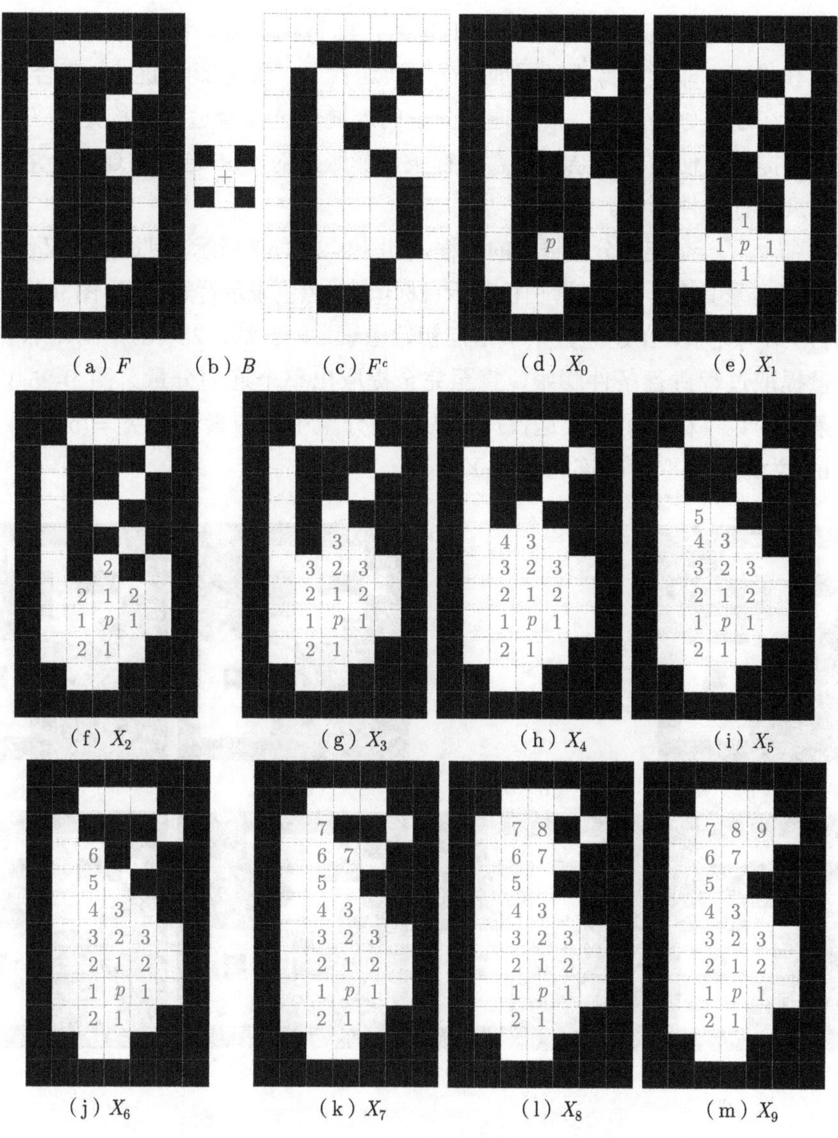

(a) F　(b) B　(c) F^c　(d) X_0　(e) X_1

(f) X_2　(g) X_3　(h) X_4　(i) X_5

(j) X_6　(k) X_7　(l) X_8　(m) X_9

图 9-24　形态学孔洞填充过程示意图

9.3.4　连通分量提取

在 2.5.2.2 节中给出了连通分量的概念，连通分量提取的形态学算法是以集合的膨胀和交集的组合形式定义的。设 Y 表示集合 F 中的连通分量，B 表示结构元素，给定连通分量 Y 中的一个点 p，初始集合 X_0 中点 p 所在位置的值为 1，其他位置的值为 0。连通分量提取的过程可表示为

$$X_k = (X_{k-1} \oplus B) \cap F, \quad X_0 = \{p\}\,; k = 1, 2, \cdots \tag{9-15}$$

当 $X_k = X_{k-1}$ 时，在第 k 步迭代终止，此时，$Y = X_k$ 为连通分量提取的最终结果。式 (9-15) 在形式上与式 (9-14) 相似，不同之处仅在于集合 F 取代了其补集 F^c，这是因为

式 (9-15) 中连通分量提取过程搜索的是 1 像素，即目标像素，而式 (9-14) 中孔洞填充过程搜索的是 0 像素，即背景像素。同理，在每次迭代中，条件膨胀通过与集合 F 的交集将膨胀集合限制在连通分量内部。根据连通分量的连通性选择合适的结构元素 B，对于 8 连通的连通分量提取，使用方形结构元素进行条件膨胀，对于 4 连通的连通分量提取，使用菱形结构元素进行条件膨胀。

图 9-25 描述了一个连通分量提取的过程，如图 9-25（a）所示，目标区域仅包含一个连通分量，且该连通分量具有 8 连通性，白色表示目标像素，黑色表示背景像素。图 9-25（b）为所用的 3×3 方形结构元素，在连通分量中指定初始像素 p，如图 9-25（c）所示，根据式 (9-15) 中连通分量提取过程进行条件膨胀，直至完全提取出整个连通分量。图 9-25（d）～（h）中白色像素上的数字标明了逐次迭代提取的连通分量中的像素，当 $k=5$ 时，达到收敛。图 9-25（h）为最终提取出的连通分量 Y。

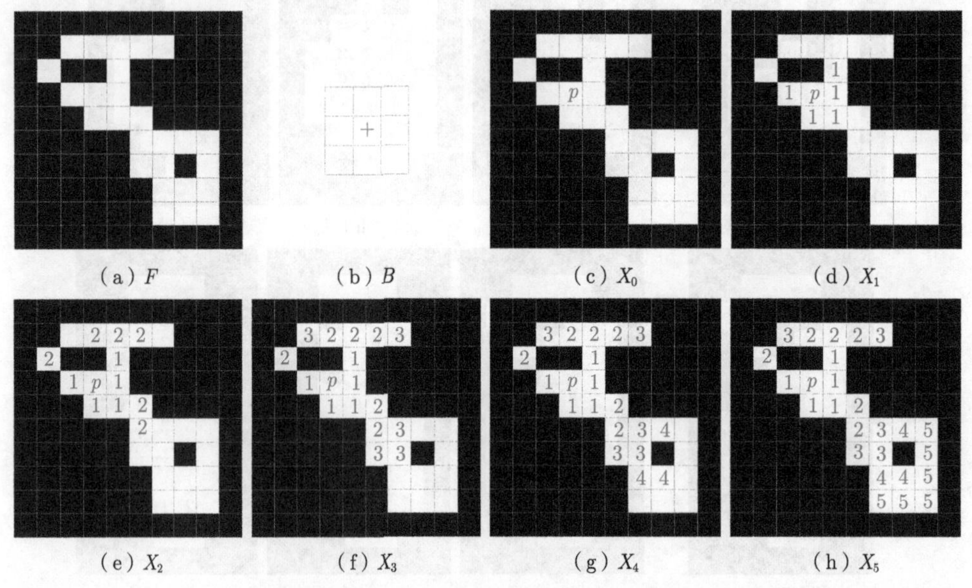

（a）F　（b）B　（c）X_0　（d）X_1

（e）X_2　（f）X_3　（g）X_4　（h）X_5

图 9-25　形态学连通分量提取过程示意图

9.3.5　骨架

在图像目标的几何形状分析中，骨架是一种重要的图像几何和拓扑特征。拓扑特征是一种对区域的全局描述有用的特征描述子。图像的骨架表示在保持图像连通性和拓扑性的前提下，利用线状结构表示目标区域，消除图像中的冗余信息，简化区域的描述。

1. 骨架的数学定义

骨架是指目标形状或二值图像的中轴表示。区域的中轴是在区域边界上具有两个或两个以上最近点的所有点的集合。中轴的定义为，对于区域内的每个点 p，在边界上搜索与它距离最小的点，若边界上同时具有两个或两个以上与 p 距离最小的点，则 p 是区域的中轴点，中轴点的轨迹构成区域的中轴。由于最小距离取决于距离度量，中轴的计算与所用的距离度量有关。欧氏距离是最常用的距离度量。

骨架有 4 种不同的数学定义方法，包括双切圆的中心、距离函数的脊、火蔓延模型的淬火点以及最大圆盘的中心。

（1）区域形状的中轴可以定义为至少有两个不相邻的点与区域边界相切时的内切圆中心的集合。如图 9-26 所示，点 x_1、x_2 和 x_3 都是中轴点，以它们为圆心的最大内切圆与边界具有两个或两个以上的相切点。中轴连同相关最大内切圆的半径函数称为中轴变换（medial axis transform, MAT）。

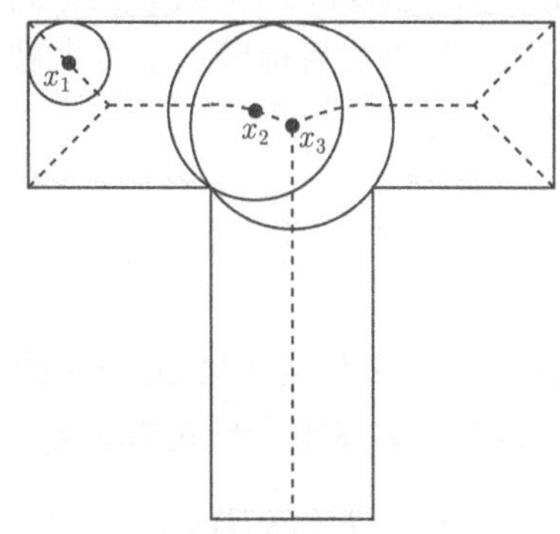

图 9-26　骨架的内切圆定义

（2）Harry Blum 使用“草原火”形象地定义目标形状的中轴。将区域看成一片草地，在它的边界点同时点起火，火焰以同样的速度向区域中心传播，两个或多个起火点产生的波阵面将交于中轴。

（3）通过距离变换模拟火焰传播，距离变换是计算像素到区域边界的距离，它为区域内的每个点到其边界上最近点的距离，距离函数的脊形成区域的中轴，如图 9-27 所示。沿最高点形成的峰顶的线，两侧地形下降，称为脊。

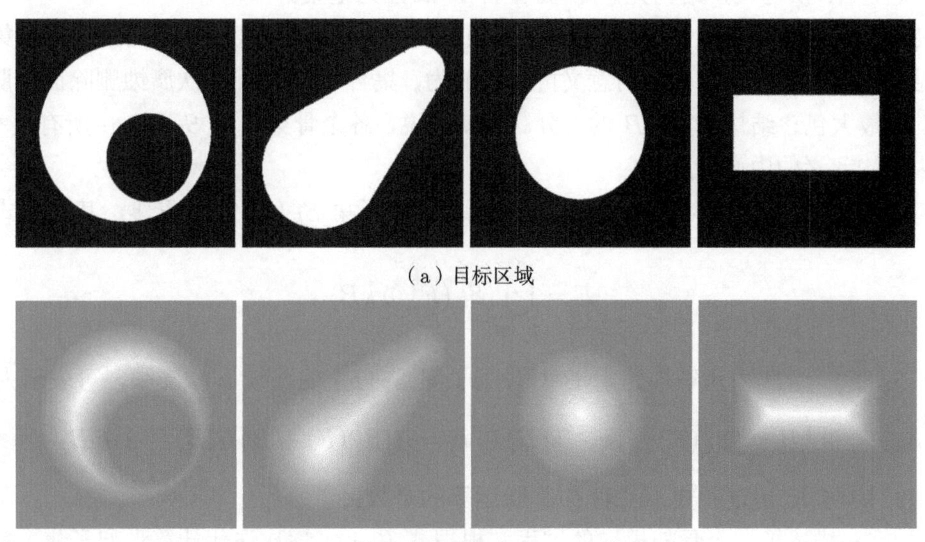

（a）目标区域

（b）距离变换

图 9-27　距离变换模拟草原火示意图

插图

(4) 目标形状 F 的骨架可以定义为 F 中所有最大圆盘的中心集合。若圆盘 B 在集合 F 中是最大的，则

① $B \subseteq F$。

② 如圆盘 D 包含 B，则 $D \not\subseteq F$。

2. 形态学骨架算法

有多种算法计算骨架，例如，中轴变换、形态学骨架（morphological skeleton）、Voronoi 图骨架等。形态学骨架是利用二值图像形态学的方法计算目标的骨架。

Lantuéjoul 的形态学骨架计算是寻找目标区域中最大圆盘的中心。设 F 表示目标集合，B 表示结构元素，其离散定义为

$$S(F) = \bigcup_{k=0}^{K} S_k(F) \tag{9-16}$$

式 (9-16) 表明，集合 F 的骨架 $S(F)$ 由骨架子集 $S_k(F)$ 的并集构成。

骨架子集 $S_k(F)$ 定义在腐蚀和开运算组合形式的基础上，其计算式为

$$S_k(F) = (F \ominus kB) - [(F \ominus kB) \circ B], \quad k = 0, 1, \cdots, K \tag{9-17}$$

式中，$F \ominus kB$ 表示结构元素 B 对集合 F 的连续 k 次腐蚀，可表示为

$$F \ominus kB = (F \ominus (k-1)B) \ominus B = (((F \ominus B) \ominus B) \ominus \cdots) \ominus B \tag{9-18}$$

$k = 0, 1, \cdots, K$ 称为结构元素 kB 的尺寸，K 为骨架子集的个数，其数学表达式为

$$K = \max_k \{F \ominus kB \neq \varnothing\} \tag{9-19}$$

由式 (9-19) 可知，K 表示结构元素 B 将集合 F 腐蚀成为空集之前的最大迭代次数。换句话说，超过 K 次迭代，结构元素 B 将集合 F 腐蚀为空集。

$S_k(F)$ 表示结构元素 B 对 $F \ominus kB$ 的顶帽变换，$F \ominus kB$ 表示结构元素 kB 对集合 F 腐蚀结果。因此，$S_k(F)$ 的几何意义可以理解为，集合 F 的 $k+1$ 次腐蚀删除而膨胀无法恢复的、最大包含结构元素 kB 的部分。也就是说，各个骨架子集 $S_k(F)$ 由所有尺寸为 k 的最大结构元素的中心组成。

骨架提取的过程是可逆的，集合 F 可以用骨架子集 $S_k(F)$ 进行重建，其计算式为

$$F = \bigcup_{k=0}^{K} (S_k(F) \oplus kB) \tag{9-20}$$

式中，$S_k(F) \oplus kB$ 表示结构元素 B 对骨架子集 $S_k(F)$ 的连续 k 次膨胀，可表示为

$$S_k(F) \oplus kB = (S_k(F) \oplus (k-1)B) \oplus B = (((S_k(F) \oplus B) \oplus B) \cdots) \oplus B \tag{9-21}$$

式 (9-19) 中的 K 决定了式 (9-21) 中膨胀运算的个数。

图 9-28 描述了一个骨架提取的过程，根据式 (9-17) 逐次迭代计算骨架子集。第一列是用图中 3×3 菱形结构元素 B 对二值图像 F 进行 k 次腐蚀的结果 $F \ominus kB$，当 $k=5$ 时

对 F 再进行一次腐蚀将产生空集，因此最大迭代次数 $K=5$。其中第一行为二值图像 F，此时 $0B=\{O\}$，O 表示原点，白色表示目标像素，黑色表示背景像素。第二列是用结构元素 B 对第一列中的集合进行开运算的结果 $(F\ominus kB)\circ B$，开运算消除了目标区域尺寸小于结构元素的外角点。第三列是第一列和第二列的差集，即为骨架子集 $S_k(F)$。顶帽变换保留开运算消除的部分。第四列是根据式 (9-16) 计算的 k 次迭代的骨架结果 $\bigcup\limits_{j=0}^{k} S_j(F)$，最后一行为二值图像 F 最终的骨架结果 $S(F)=\bigcup\limits_{k=0}^{5} S_k(F)$。需要指出的是，这种算法提取的骨架没有达到最大限度的细化，更重要的是由于在骨架提取的计算式中没有任何条件保证最终结果的连通性，因此，这种算法提取的骨架也不具备连通性。

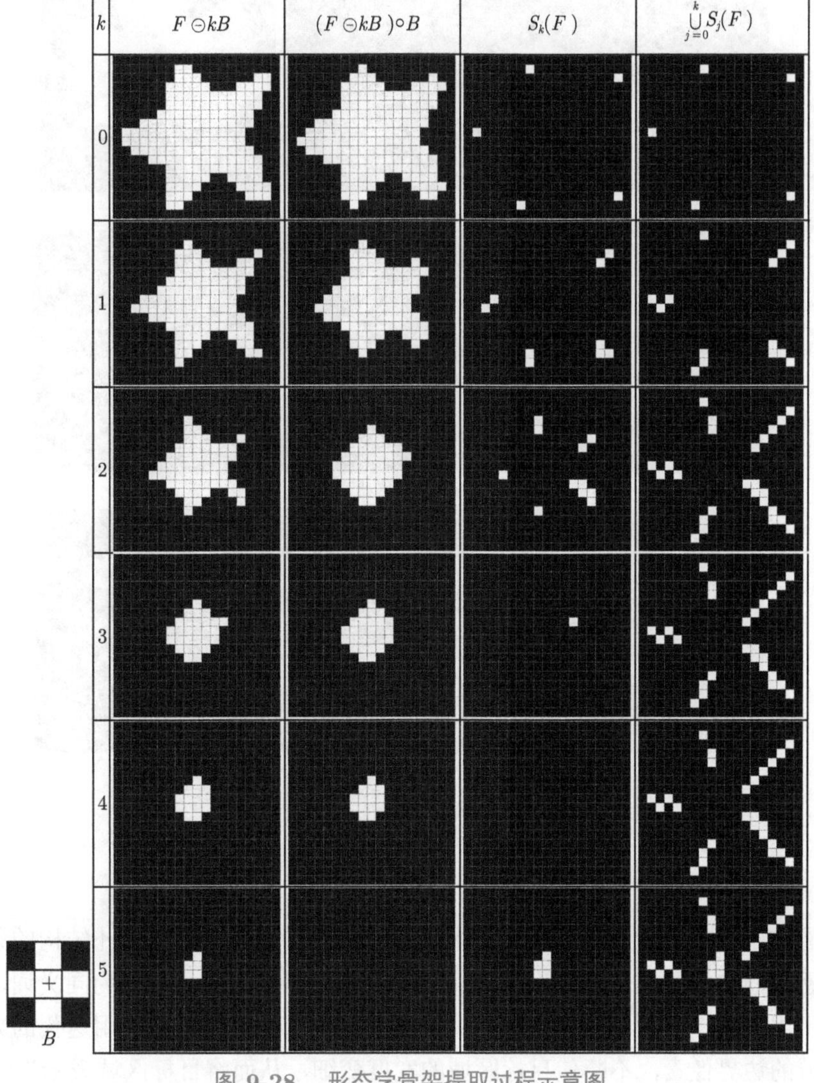

图 9-28　形态学骨架提取过程示意图

代码

例 9-10　二值图像形态学的骨架提取

对于图 9-29（a）所示的两幅二值图像，字符目标和枫叶目标具有显著不同的区域特征，前者表现为细长的形状，边界复杂；而后者表现为粗短的形状，边界简单。图 9-29（b）为 MATLAB 图像处理工具箱中的形态学运算 bwmorph 函数（skel 操作）提取二值图像中目标的骨架。图 9-29（c）为 MATLAB 图像处理工具箱中的 bwskel 函数生成的骨架，该函数使用中轴变换。由图中可以看到，骨架反映了区域的结构形状，字符目标的骨架反映了字符的拓扑结构，枫叶目标的骨架反映了枫叶的叶脉结构，同时可以观察细长目标和粗短目标的骨架差异。在图像识别或数据压缩时，经常要用到目标区域的骨架结构。形态学骨架提取算法经常会产生毛刺或分支，后面的形态学剪枝算法用于删除骨架算法产生的这些端点。

（a）二值图像

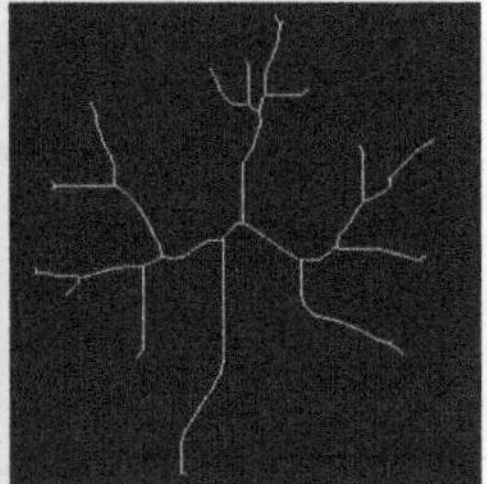

（b）bwmorph函数的结果

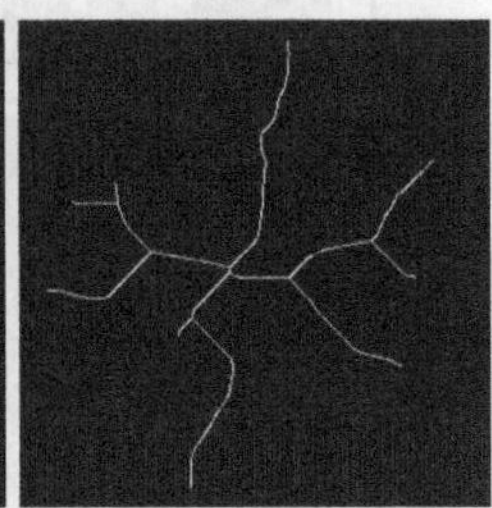

（c）bwskel函数的结果

图 9-29　骨架提取示例

9.3.6　细化

骨架通常是指中轴变换，而细化是指在不改变目标几何特征和拓扑结构的条件下，将细长形状区域简化为线状表示。近年来，细化和骨架在文献中几乎成为同义词，骨架通常指结果。常用的方法是利用细化技术计算区域的骨架。细化的过程采用迭代的方式逐次删除目标区域的边界像素，不断使目标区域的宽度变细，从而将目标区域表示为线宽为 1 的细线。

结构元素 B 对集合 F 的细化，记作 $F\otimes B$，定义在击中/击不中运算的基础上，其计算式为

$$F\otimes B=F-(F\circledast B)=F\cap(F\circledast B)^c \tag{9-22}$$

式中，$F\otimes B$ 称为一次独立的细化操作。式 (9-22) 的直观解释为，$F\circledast B$ 利用结构元素 B 匹配集合 F 的边界像素，然后从集合 F 中减去边界像素。

定义一组边界检测的结构元素 $B^n=\{B_1,B_2,\cdots,B_n\}$，结构元素组 B^n 连续作用于集合 F，可表示为

$$F\otimes B^n=(((F\otimes B_1)\otimes B_2)\cdots)\otimes B_n,\quad B^n=\{B_1,B_2,\cdots,B_n\} \tag{9-23}$$

式中，B_i 为 B_{i-1} 旋转角度的形式。整个过程依次使用结构元素 $B_1,B_2,\cdots,B_n$ 执行式 (9-22) 中的细化操作，每一次是在上一次的结果上继续执行细化操作。根据式 (9-23) 完成一组结构元素称为一次迭代。反复进行迭代，直至不再发生变化为止。

如图 9-30 所示，细化的结构元素组由 8 个结构元素组成，其中，B_i 是将 B_{i-1} 顺时针旋转 45° 而成，各个结构元素的原点在它的中心，白色表示对应位置的值为 1，黑色表示对应位置的值为 0，“×”表示对应位置无须考虑。

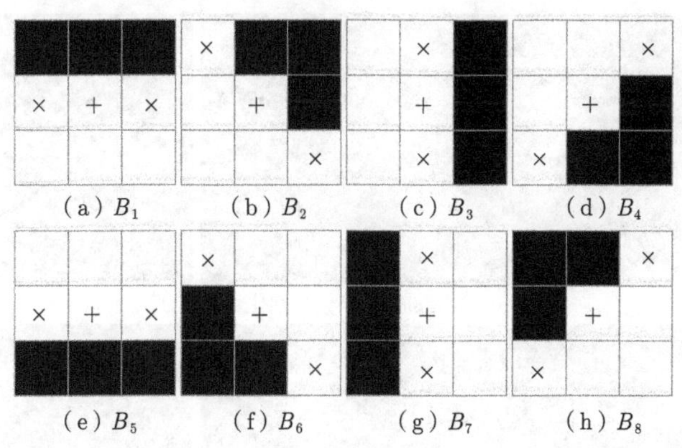

图 9-30 细化的结构元素组

图 9-31 描述了一个目标区域细化的过程。在图 9-31（a）所示的二值图像 F 中，白色表示目标像素，黑色表示背景像素。根据式 (9-22) 和式 (9-23)，使用图 9-30 所示的 8 个结构元素对二值图像 F 进行细化操作。图 9-31（b）～（g）显示了逐次迭代的细化结果 $F\otimes B^n$，$F\otimes 2B^n$，$\cdots$，$F\otimes 6B^n$，6 次迭代达到收敛，此时目标区域删减为单像素宽的细线。这里，$F\otimes kB^n$ 表示结构元素组 B^n 对集合 F 的 k 次迭代细化。最后，消除 8 连通多通路的歧义性，如图 9-31（h）所示。

例 9-11 二值图像形态学细化

对于图 9-29（a）所示的字符目标和枫叶目标的二值图像，图 9-32（a）为 MATLAB 图像处理工具箱中的形态学运算 bwmorph 函数（thin 操作）对二值图像目标进行细化。

图 9-32（b）为 Zhang 和 Suen 细化算法的结果[①]。与形态学骨架算法类似，形态学细化算法也会产生毛刺或分支。Zhang 和 Suen 细化算法不存在这样的问题。在字符识别前，通过对字符作细化处理，去除冗余信息并保持字符的拓扑结构。

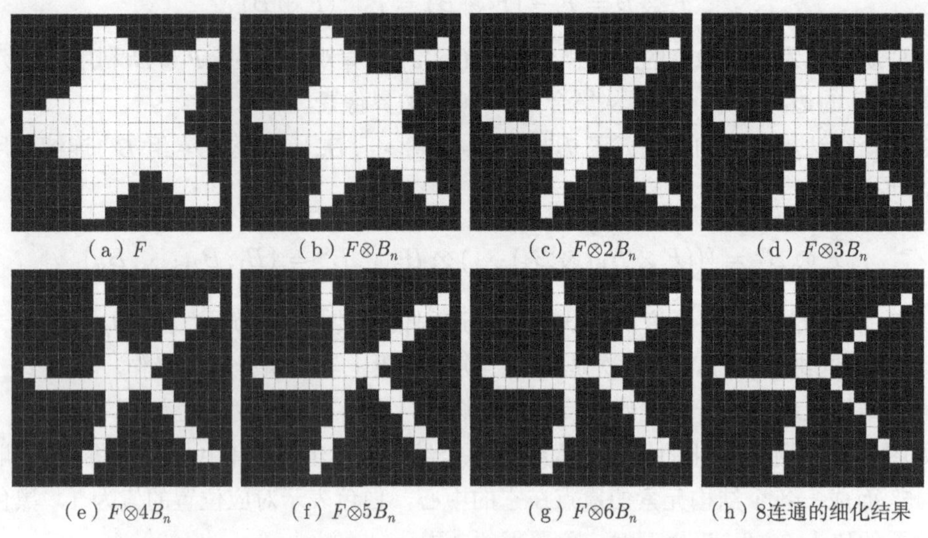

（a）F　（b）$F \otimes B_n$　（c）$F \otimes 2B_n$　（d）$F \otimes 3B_n$

（e）$F \otimes 4B_n$　（f）$F \otimes 5B_n$　（g）$F \otimes 6B_n$　（h）8连通的细化结果

图 9-31　形态学细化过程示意图

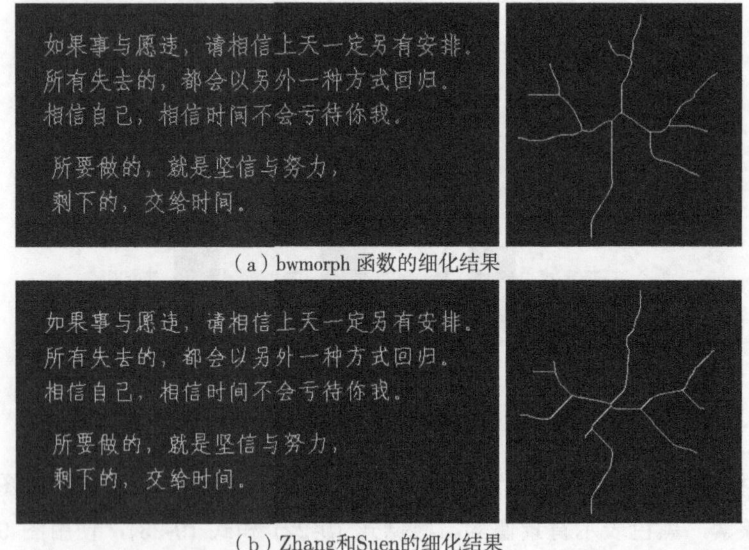

（a）bwmorph 函数的细化结果

（b）Zhang和Suen的细化结果

图 9-32　区域细化示例

9.3.7　剪枝

剪枝实际上是对骨架和细化的补充，其作用是删除骨架和细化产生的毛刺或分支。字符识别中常用的方法是分析字符的骨架，由于字符笔画的不均匀性，在腐蚀的过程中经常

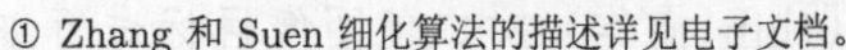

① Zhang 和 Suen 细化算法的描述详见电子文档。

文档

造成骨架存在毛刺或分支。本节中的形态学剪枝以击中/击不中运算为基础，剪枝的过程中不断删除分支的端点。定义一组端点检测的结构元素 B^n，使用结构元素序列 B^n 对集合 F 进行 k 次迭代细化 $F \otimes kB^n$ 删除端点像素，可表示为

$$X_k^1 = F \otimes kB^n \tag{9-24}$$

式中，X_k^1 表示细化集合。结构元素序列 $B^n = \{B_1, B_2, \cdots, B_n\}$ 由两组不同结构的结构元素组成，每组结构元素中，B_i 是 B_{i-1} 旋转角度的形式。结构元素序列 B^n 对集合 F 执行细化过程的次数 k 由分支的像素长度决定。

如图 9-33 所示，端点检测的结构元素序列由两组结构元素组成，每组各 4 个，共 8 个结构元素，每组结构元素中，B_i 是将 B_{i-1} 顺时针旋转 90° 而成，各个结构元素的原点在它的中心，白色表示对应位置的值为 1，黑色表示对应位置的值为 0，“×”表示对应位置无须考虑。第一组用于匹配 4 邻域像素，第二组用于匹配孤立的对角邻域像素。

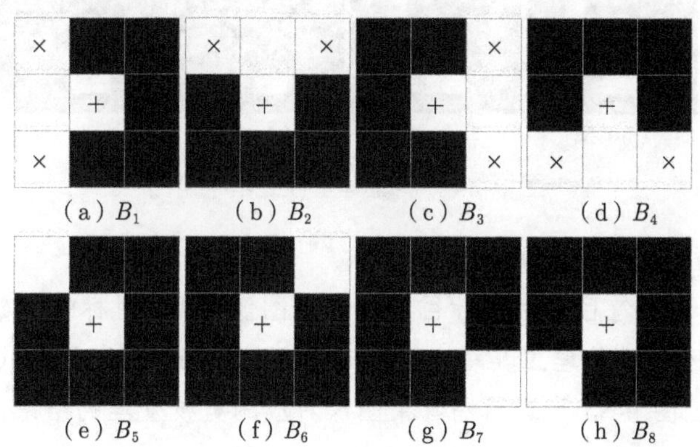

图 9-33 剪枝的结构元素序列

当分支的终点连接或接近骨架时，式 (9-24) 的细化操作可能删除集合 F 中的有效端点。使用结构元素序列 B^n 匹配删除端点像素集合 X_k^1 中的所有端点，X^2 是 X_k^1 的端点集合，其计算式为

$$X^2 = \bigcup_{i=1}^{n} \left(X_k^1 \circledast B_i\right) \tag{9-25}$$

式中，$B_i, i = 1, 2, \cdots, n$ 属于结构元素序列 $B^n = \{B_1, B_2, \cdots, B_n\}$。将骨架集合 F 作为定界符，对端点集合进行条件膨胀，条件膨胀将膨胀集合限制在骨架集合 F 中，对端点膨胀的集合 X^3 可表示为

$$X^3 = \left(X^2 \oplus S\right) \cap F \tag{9-26}$$

式中，S 为 3×3 方形结构元素。式 (9-25) 和式 (9-26) 的作用是恢复端点邻域的像素，而不会再恢复细化过程中已删除的分支。X^3 是 F 的端点像素集合。

X_k^1 和 X^3 的并集构成对集合 F 剪枝的集合 X^4，可表示为

$$X^4 = X_k^1 \cup X^3 \tag{9-27}$$

剪枝集合删除了分支，并保留了目标线状结构的有效端点。

图 9-34 描述了一个目标骨架剪枝的过程，在图 9-34（a）所示的二值图像 F 中，白色表示目标像素，黑色表示背景像素。图 9-34（b）和图 9-34（c）分别为结构元素序列 B_n 对二值图像 F 执行 1 次迭代和 2 次迭代的细化结果，经过 2 次细化过程删除了像素长度为 2 个或小于 2 个的分支。图 9-34（d）为图 9-34（c）所示细化结果的端点像素集合。对于这种分支在端点处的情况，使用 3×3 方形结构元素对端点集合执行 1 次条件膨胀运算，如图 9-34（e）所示，恢复端点邻域的像素，但没有恢复已删除的分支像素。最后，通过图 9-34（c）和图 9-34（e）的并集将字符的线状结构像素和端点像素合并，图 9-34（f）为最终的剪枝处理结果。

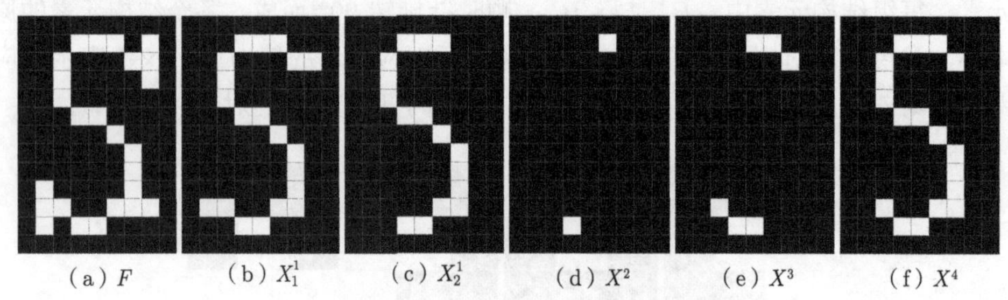

（a）F　（b）X_1^1　（c）X_2^1　（d）X^2　（e）X^3　（f）X^4

图 9-34　形态学剪枝过程示意图

例 9-12　二值图像形态学剪枝

代码

由图 9-29（b）中字符目标和枫叶目标的骨架图像可见，目标的骨架末梢存在毛刺或分支。利用 MATLAB 图像处理工具箱中的形态学剪枝 bwmorph 函数（spur 操作）对骨架图像进行剪枝处理。图 9-35 为这两幅骨架图像对应的剪枝处理的结果，经过形态学剪枝删除了这些毛刺和分支。

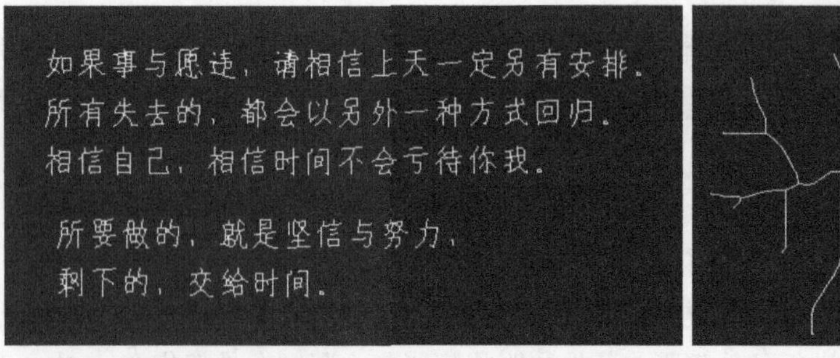

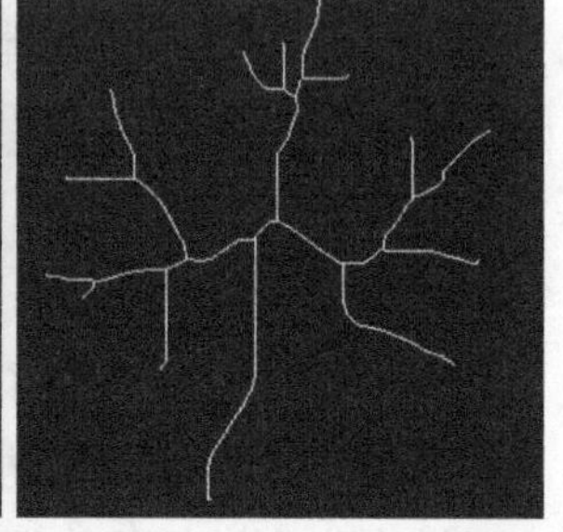

图 9-35　形态学骨架图像的剪枝示例

9.3.8　形态学重建

前面介绍的二值图像形态学操作都是利用一幅图像和一个结构元素，而形态学重建利用两幅图像来约束图像变换，其中一幅称为标记图像（marker），另一幅称为模板图像（mask）。形态学重建是在模板图像的约束下，利用结构元素对标记图像进行处理。形态学重建是一种重要的形态学变换。

设 F 和 G 分别表示标记图像和模板图像，F 和 G 都是二值图像，且 $F \subseteq G$。F 关于 G 的 1 次测地膨胀（geodesic dilation）定义为

$$D_G^{(1)}(F) = (F \oplus kB) \cap G \tag{9-28}$$

式中，$F \oplus kB$ 表示结构元素 B 对标记图像 F 的连续 k 次膨胀。1 次测地膨胀 $D_G^{(1)}(F)$ 的过程为，首先执行结构元素 B 对标记图像 F 的膨胀，然后计算膨胀结果与模板图像 G 的交集。这是条件膨胀过程，将膨胀集合限定在集合 G 内。结构元素定义连通性，3×3 方形结构元素定义 8 连通性，3×3 菱形结构元素定义 4 连通性。

F 关于 G 的 n 次测地膨胀定义为

$$D_G^{(n)}(F) = D_G^{(1)}\left(D_G^{(n-1)}(F)\right), \quad D_G^{(0)}(F) = F \tag{9-29}$$

式 (9-29) 实际上表明 $D_G^{(n)}(F)$ 是式 (9-28) 的 n 次迭代，初始值 $D_G^{(0)}(F)$ 为标记图像 F。

标记图像 F 关于模板图像 G 的膨胀式形态学重建$R_G^D(F)$ 定义为，F 关于 G 的测地膨胀经过式 (9-29) 的迭代过程直至膨胀不再发生变化为止，可表示为

$$R_G^D(F) = D_G^{(n)}(F) \tag{9-30}$$

式中，n 满足 $D_G^{(n)}(F) = D_G^{(n-1)}(F)$。

例 9-13　形态学去噪

代码

形态学图像处理中的腐蚀和膨胀运算分别能够去除孤立的噪声和填补目标区域内的孔洞，但是，形态学处理也会影响目标原本的边界和形状，特别是目标本身尺度较小时，这种去噪处理很容易破坏它的边界细节。形态学重建可以应用于连通分量提取，去除不必要的连通分量，达到后处理去噪的目的。图 9-36（a）为图像分割的前景集合，对其进行腐蚀运算，图 9-36（b）为腐蚀集合。根据实际应用条件确定腐蚀运算中结构元素的具体尺寸，保留待分割目标的连通分量。以腐蚀集合作为标记图像 F，前景集合作为模板图像 G，进行膨胀式形态学重建，如图 9-36（c）所示。区域定义 8 连通性，结构元素 B 为 3×3 方形结构元素。从图中可以看出，这种后处理方法既保持了待分割目标的形状和完整性，尤其是保持了目标的边界细节，又避免了噪声对前景的影响。

（a）初始分割集合G

（b）腐蚀集合F

（c）膨胀式形态学重建集合

图 9-36　形态学去噪示例

例 9-14　孔洞填充的自动算法

代码

由于镜面反射、光照不均匀、亮度变化等原因，在图像分割之后目标区域内部会产生孔洞。在进一步的图像分析之前，有必要填充这些孔洞。利用形态学重建可实现孔洞填充。

设二值图像 S 中目标为 1 像素，孔洞为 0 像素，设置标记图像 F 为

$$F(x,y)=\begin{cases}S^c(x,y), & (x,y)\text{在}S\text{的边界}\\0, & \text{其他}\end{cases}$$

式中，S^c 为 S 的补集。将 S 的补集 S^c 作为模板图像。如图 9-37（a）所示，二值图像 S 中有两个孔洞，图 9-37（b）为补集 S^c，在 S^c 中目标为 0 像素，背景为 1 像素。标记图像 F 为图像的边界像素，对 F［图 9-37（c）］进行膨胀式形态学重建 $R_{S^c}^D(F)$ 的过程是，从图像边界向内对背景进行条件膨胀过程，与 S^c 的交集限定膨胀过程不会扩张至目标以及由目标包围的孔洞区域，在这样的约束条件下膨胀直至收敛，如图 9-37（d）所示，目标以及由目标包围的孔洞区域均是 0 像素。由于目标边界是 8 连通的，因此结构元素定义为 4 连通性。最后对结果 $R_{S^c}^D(F)$ 求补，如图 9-37（e）所示，自动填充了图像中的所有孔洞。

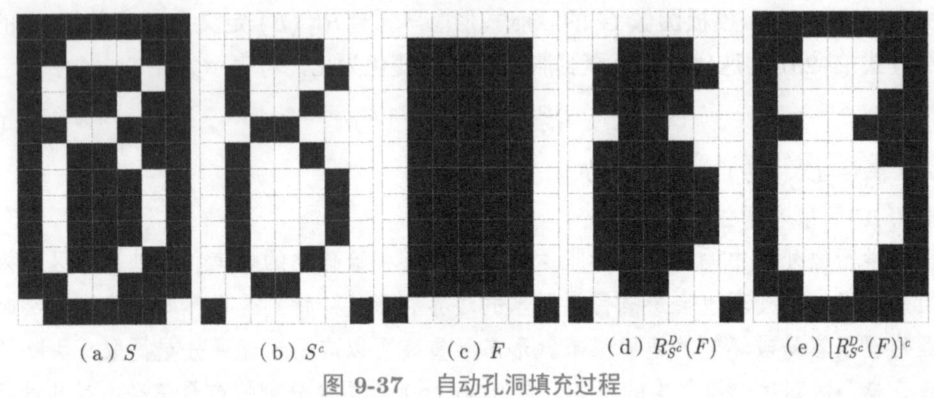

（a）S　（b）S^c　（c）F　（d）$R_{S^c}^D(F)$　（e）$[R_{S^c}^D(F)]^c$

图 9-37　自动孔洞填充过程

图 9-38 给出了一个图像孔洞填充的示例。图 9-38（a）为一幅血细胞的图像，对这幅图像选取合适的全局阈值并直接阈值化的二值图像如图 9-38（b）所示，血细胞内部因反光而产生高亮，因此二值图像中的目标区域内部产生孔洞，图中目标为 1 像素，背景为 0 像素。MATLAB 图像处理工具箱中提供的种子填充算法 imfill 函数（holes 参数）实现自动孔洞填充。图 9-38（c）为对目标区域内部的孔洞进行填充的结果。注意，与图像边界连接的目标孔洞不能填充。孔洞填充处理不会破坏目标原本的边界和形状，经常用于二值图像的后处理阶段，以便于进行后续的目标形状、面积等分析工作。

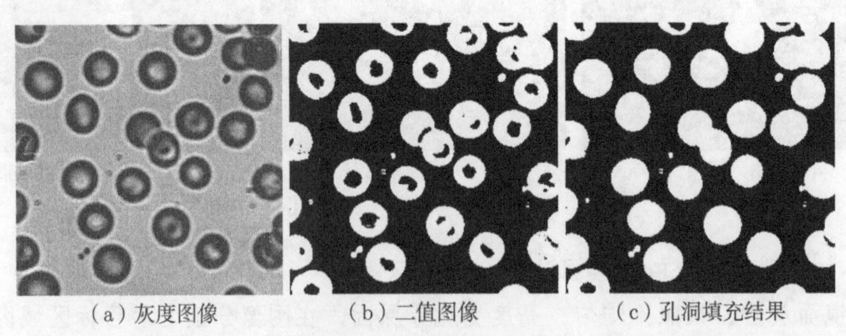

（a）灰度图像　（b）二值图像　（c）孔洞填充结果

图 9-38　孔洞填充示例

9.4 小结

数学形态学是以形状为基础进行图像处理与分析的数学工具，它以膨胀和腐蚀这两个基本运算为基础推导和组合出许多数学形态学图像处理的实用算法。二值图像形态学主要应用于图像后处理以及图像分析等。本章重点介绍了二值图像形态学的基本运算，包括膨胀、腐蚀、开运算、闭运算和击中/击不中运算，讨论了以基本运算的组合形式定义的二值图像形态学的一系列实用算法，包括去噪、边界提取、孔洞填充、连通分量提取、骨架、细化、剪枝形态学重建。

习题

1. 画出圆形结构元素对题图 9-1 所示目标的膨胀、腐蚀、开运算和闭运算的结果，并分析产生圆形角点的原因。

题图 9-1 目标区域

2. 画出下述两种情况下的膨胀和腐蚀结果：

（1）使用半径为 $r/4$ 的圆形结构元素对边长为 r 的等边三角形进行膨胀、腐蚀、开运算和闭运算的结果；

（2）使用边长为 $r/4$ 的正方形结构元素对边长为 r 的等边三角形进行膨胀、腐蚀、开运算和闭运算，结果又如何？

3. 题图 9-2 中的 F 表示 1 像素集合（目标区域），B_1、B_2、B_3 和 B_4 分别为 4 个结构元素，结构元素的原点位于中心。绘出下列形态学处理的结果图：

（1）$(F \ominus B_4) \oplus B_2$

（2）$(F \ominus B_1) \oplus B_3$

（3）$(F \oplus B_1) \oplus B_3$

（4）$(F \oplus B_3) \ominus B_2$

4. 细化算法的结果与使用的结构元素的次序是否有关？

5. 结构元素 B 对二值图像 F 的顶帽变换是将目标形状减去开运算结果 $F - F \circ B$。画出题图 9-3 中结构元素对二值图像的开运算以及顶帽变换的结果，并描述顶帽变换的作用。（注：结构元素的原点在其中心）

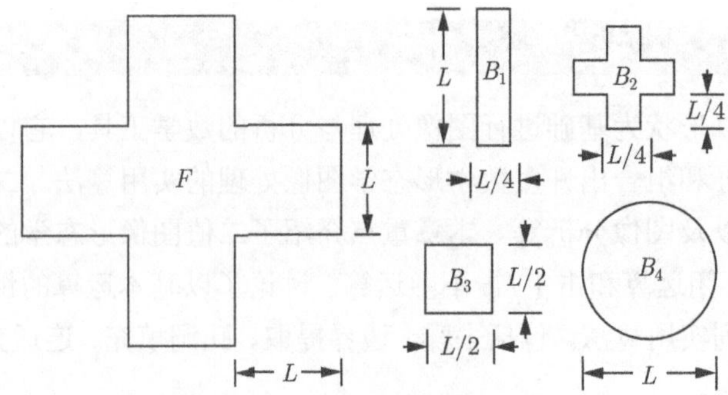

题图 9-2　目标区域与结构元素

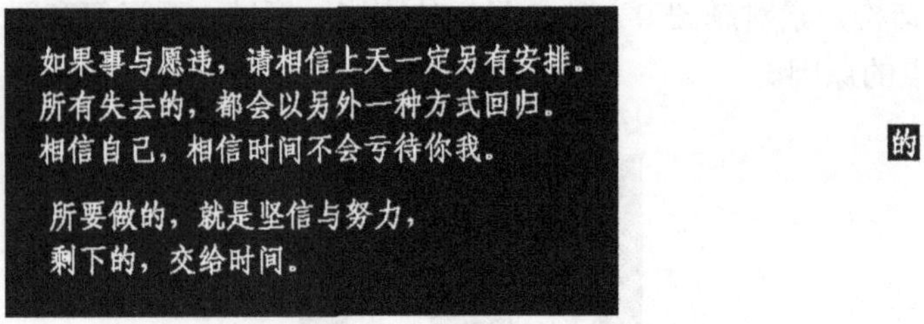

如果事与愿违，请相信上天一定另有安排。
所有失去的，都会以另外一种方式回归。
相信自己，相信时间不会亏待你我。

所要做的，就是坚信与努力，
剩下的，交给时间。

(a) F

的

(b) B

题图 9-3　结构元素与目标

6. 图 9-21(a) 所示二值图像中包含不同尺寸的正方形目标，如何设计消除最大尺寸的正方形，并保持其他尺寸不变？

7. 使用二值图像形态学的开运算分离题图 9-4 中的圆形目标和线型目标。

8. 齿轮齿检测（gear tooth inspection）是指对齿轮上的单个齿进行检查，以确保它们没有磨损、断裂或其他损坏。这种检查对于维护机械设备的正常运行非常重要。使用二值图像形态学运算设计齿轮缺齿检测的算法，检测题图 9-5 所示样本图像的断齿。

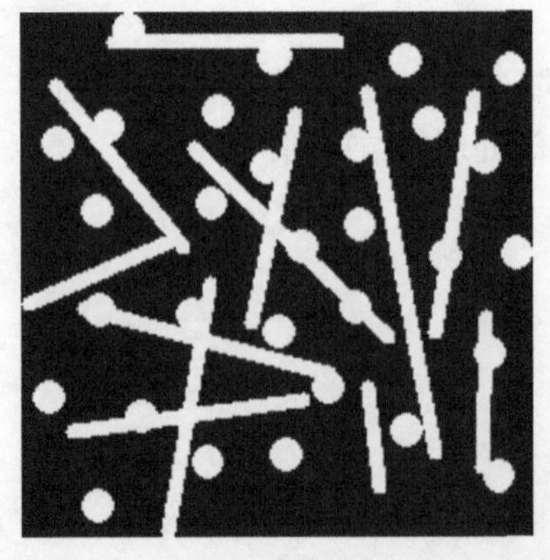

题图 9-4　包含圆形和线型目标的二值图像

题图 9-5　齿轮齿检测的样本图像

第10章 特征提取

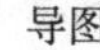

导图

微课

图像分割输出目标区域的边界或区域本身的像素，而机器学习无法直接认知这些像素，图像特征提取是从目标区域中计算出机器可识别的特征，根据这些特征进行目标的判别和决策。特征提取通常建立在图像分割的基础上，也是图像识别和图像理解的前提和基础，在图像处理领域中具有重要的作用。好的特征应该具有同类目标的不变性、不同类目标的判别性、对噪声的鲁棒性，以及尺度、平移、旋转变换、光照、摄像机视角变化的不变性。

10.1 概述

图像分割从图像中提取出目标区域或其边界，为了进一步图像分类和识别的目的，需要对图像分割的目标进行定量描述。在图像识别与分类中，特征（feature）是指图像或目标的观测，通常用可度量的数值表示。在计算机视觉中，特征是关于图像内容的信息，通常是关于图像特定区域的属性。特征可以是图像中的特定结构，如边缘、角点、斑块（blob）、脊（ridge）线等，也可以是图像局部处理或特征检测的结果（特征点）。单一特征的辨识能力有限，通常使用多个不同特征的组合，将多个特征组成一个向量，称为特征向量（feature vector），类似于统计中的自变量。特征向量所属的向量空间称为特征空间（feature space）。特征提取（feature extraction）是指对图像、目标或特征点进行定量描述的方法及过程。特征降维是特征提取的重要组成部分，其目的是减少特征的数量，同时保持特征的信息量。特征降维的方法包括特征选择（feature selection）和特征变换[①]。特征选择是指从原有特征中筛选对分类最有效的特征子集，去除无关或冗余的特征；而特征变换是从高维空间到低维空间映射，是原有特征的线性或非线性组合，消除特征的相关性或者保持空间近邻关系，形成新的降维特征。特征提取属于数字图像处理的中层操作，输入图像数据，输出图像的特征或参数。

图像是由一系列像素（数据）构成的，对于某些分类任务，数据与类别的映射关系比较简单，数据空间可以用作特征空间。例如，彩色图像分割可以将颜色向量作为特征向量。然而，大部分分类目标的映射关系是复杂的，像素级的灰度特征不仅导致维度灾难的问题，而且对尺度、平移、旋转、光照等敏感，缺乏鲁棒性。因此有必要将数据转换为一组具有物理、几何或统计意义的结构性特征。特征的评价准则包括：①可分性或可判别性，即同类样本的特征具有相似性（相近），异类样本的特征具有相异性（相远）；②对尺度、平移、旋转变换、光照、视角变化具有不变性。典型的特征提取方法一般依据不同类别目标的先验知识设计特定的颜色、形状、纹理等图像特征检测或描述子，是大量实验的经验总结。

图像特征包括全局特征和局部特征。全局特征是指图像或目标区域的整体表示，可分为边界特征和区域特征。目标区域的边界是区域的封闭轮廓，是组成目标区域的一部分，边界内的像素属于目标区域，边界外的像素不属于目标区域。边界特征是从区域外部特征出发，对图像区域的形状进行描述，而区域特征是从区域内部特征出发，对图像区域的灰度、颜色、纹理等属性进行描述。局部特征则是描述图像局部区域的特征，主要包括角点和斑块特征。若描述人造结构的城市图像，则使用角点特征；若描述细菌、细胞的图像，则使用斑块

① 模式识别中也称为特征提取，与图像领域中特征提取的概念存在交叉。

特征。局部特征描述（feature description）的主要应用包括同名特征点匹配和图像分类。常见的局部特征描述方法有方向梯度直方图（histogram of oriented gradient, HOG）特征、局部二元模式（local binary pattern, LBP）特征、尺度不变特征变换（scale invariant feature transform, SIFT）特征、加速鲁棒特征（speeded up robust feature, SURF）、KAZE[①]特征、快速视网膜关键点（fast retina keypoint, FREAK）特征、二元鲁棒不变可伸缩关键点（binary robust invariant scalable keypoint, BRISK）特征、定向 FAST 和旋转 BRIEF（Oriented FAST and Rotated BRIEF, ORB）特征[②]等。

在图像识别与分类任务中，对特征向量作出决策，判定所属类别。经典的分类器有提升级联（boosted cascade）分类器、词袋（bag of words）、支持向量机（support vector machine, SVM）、反向传播（back propagation, BP）神经网络等。目前广泛使用的卷积神经网络（CNN）通过卷积滤波器组提取特征，在样本数据集的监督训练下，自动地学习卷积核的系数，使提取的特征适应于样本数据。深度学习通过多层 CNN 由低阶特征组合生成高阶特征，复杂的结构性特征能够更好地表达非线性问题。经典的特征提取方法的设计具有可解释性和可推广性，而深度学习是一种自适应样本学习的特征提取方法。

本章讨论简单、基本的特征提取方法，为更加复杂的特征提取方法奠定理论基础。特征提取方法应在区分不同目标的基础上对目标的平移、旋转、尺度等变换不敏感，这样的描述才具有通用性。本章中讨论的多数描述子满足一种或多种不变性。特征提取是后续图像识别、分析和理解的必要前提。

10.2 二值图像分析——目标描述

图像分割输出的是目标区域的二值图像。在二值图像中，一般对目标的形状特征进行描述。形状是目标分类与识别的重要特征，形状匹配是在一定形状描述方法的基础上度量目标的相似度，形状描述是形状匹配的基础。本节介绍几种简单且实用的二值图像目标描述子，以及边界标记曲线[③]。

10.2.1 简单目标描述

本节介绍几种简单的目标描述子，包括边界描述和区域描述。边界描述是目标区域的外部表达，利用构成目标边界的像素集合进行描述来区分不同形状的目标区域。区域描述借助区域的内部特征，利用组成区域的像素集合描述目标区域。

文档

1. 周长

区域的周长定义为包围区域内部的边界长度，通过计算边界上相邻像素对之间的距离

文档

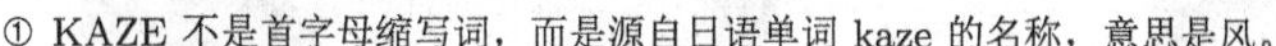

① KAZE 不是首字母缩写词，而是源自日语单词 kaze 的名称，意思是风。

② ORB 算子分为特征检测和特征描述两部分，特征检测是由 FAST（features from accelerated segment test）特征检测算子发展而来，特征描述是根据二元鲁棒独立基本特征（binary robust independent elementary feature, BRIEF）特征描述算子改进，它是将 FAST 特征点的检测方法和 BRIEF 特征描述子结合的快速二元描述子。

③ 链码和形状数以及傅里叶描述子的介绍详见电子文档。

计算周长。由于垂直和水平方向的长度为 1，对角方向的长度为 $\sqrt{2}$，边界的长度定义为垂直和水平方向的线段数与对角方向线段数的 $\sqrt{2}$ 倍之和。当使用 8 方向链码表示边界时，垂直和水平方向的编码为偶数，对角方向的编码为奇数，边界 $\mathcal{B}$ 的周长 P 可写为

$$P(\mathcal{B}) = N_{\mathrm{e}} + \sqrt{2}N_{\mathrm{o}} \tag{10-1}$$

式中，N_{e} 和 N_{o} 分别为 8 方向链码中偶数码和奇数码的个数。最简单的方法是统计边界上的像素数来大致表示边界长度。根据区域的周长可以识别简单形状和复杂形状的目标。简单区域形状的周长较短，而复杂区域形状的周长较长。

2. 面积

面积定义为组成区域的像素数。面积是区域的基本特征，描述了区域的大小。二值图像 $f(x,y)$ 中，目标区域 $\mathcal{R}$ 为 1 像素，背景区域为 0 像素。统计区域的像素数实际上是计算如下数学式：

$$A = \sum_{(x,y)\in\mathcal{R}} f(x,y) \tag{10-2}$$

式中，A 表示目标区域 $\mathcal{R}$ 的面积。

3. 直径与基本矩形

边界的直径定义为边界上相距最远的两个像素之间的距离。边界 $\mathcal{B}$ 的直径 D 的数学定义为

$$D(\mathcal{B}) = \max_{i,j} d(p_i, p_j) \tag{10-3}$$

式中，p_i 和 p_j 为边界上的点，即 $p_i \in \mathcal{B}$ 且 $p_j \in \mathcal{B}$；$d(p_i,p_j)$ 表示点 p_i 和 p_j 之间的距离。直径的长度和方向是有用的边界描述子。

连接边界上相距最远的两个点的直线段为边界的长轴或主轴，长轴的长度是直径；短轴为与长轴垂直且与边界相交的两点之间距离最长的直线段。由边界的长轴和短轴确定的矩形称为边界的基本矩形。边界的长轴（直径）与短轴长度的比值定义为边界的偏心率。图 10-1 给出了边界的长轴 ab、短轴 cd 和基本矩形的示意图，长轴与短轴相互垂直，且是两个方向上的最大距离，基本矩形为包围边界的矩形。

4. 边界框

边界框定义为区域的最小外接矩形，如图 10-2 所示，边界框恰好包围边界，W 表示边界框的宽度，H 表示边界框的高度。

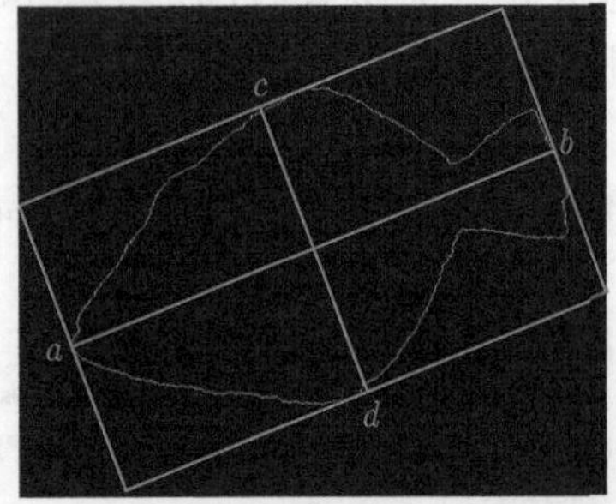

图 10-1 边界的长轴、短轴及基本矩形示意图

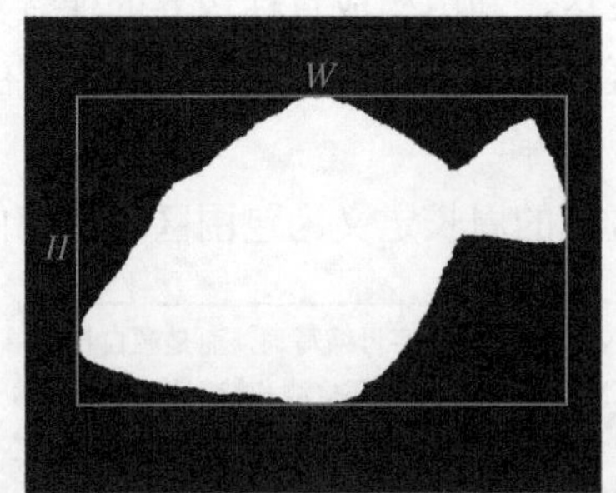

图 10-2 区域的边界框

5. 矩形度

矩形度定义为区域面积与边界框面积的比值，描述了目标区域在其外接矩形中占有的程度。矩形度 R 的计算式为

$$R = \frac{A}{HW} \tag{10-4}$$

R 为范围 $[0,1]$ 的数值。矩形区域的矩形度达到最大，R 为 1，圆形区域的矩形度为 $\frac{\pi}{4}$，细长和弯曲区域的矩形度较小。

6. 宽高比

宽高比定义为区域边界框的宽度与高度的比值。宽高比 r_a 的计算式为

$$r_a = \frac{W}{H} \tag{10-5}$$

式中，W 和 H 分别为边界框的宽度和高度。通过宽高比 r_a 可以将细长的区域与圆形或方形的区域区分开。

7. 质心

在二值图像中，区域 $\mathcal{R}$ 的质心 $(\bar{x},\bar{y})$ 的计算式为

$$\bar{x} = \frac{1}{A}\sum_{(x,y)\in\mathcal{R}} x \tag{10-6}$$

$$\bar{y} = \frac{1}{A}\sum_{(x,y)\in\mathcal{R}} y \tag{10-7}$$

式中，A 为区域 $\mathcal{R}$ 的面积，即区域 $\mathcal{R}$ 的像素数。质心是由属于区域 $\mathcal{R}$ 的所有像素计算出的。当区域本身的尺寸相对各个目标区域之间的距离而言较小时，可用质心坐标的点近似描述区域。图 10-3 包含 10 个连通分量，白色圆点标记了各个连通分量质心的位置。为了观察到叠加在区域上的质心，使用中心为白色圆点的黑色方框表示质心。

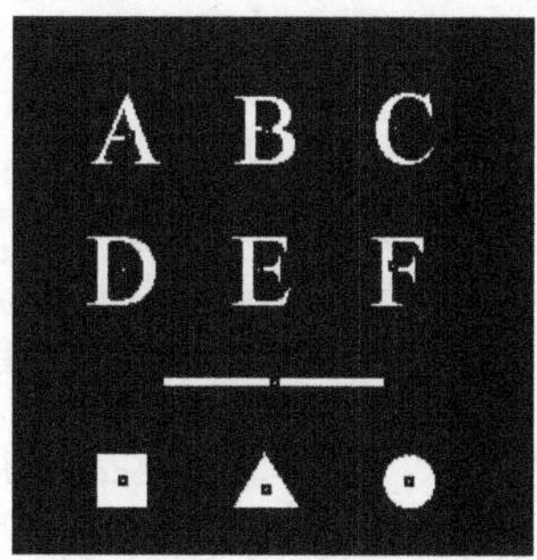

图 10-3 连通分量的质心

8. 圆形度

圆形度（Circularity）定义为区域的面积与周长平方的比值。圆形度 C 的计算式为

$$C = \frac{4\pi A}{P^2} \tag{10-8}$$

式中，A 为区域的面积，P 为区域的周长。圆形度在一定程度上描述区域的紧凑性，当区域为圆形时，圆形度 C 达到最大值，$C=1$；当区域为其他形状时，$C<1$，正方形的圆形度 $C=\dfrac{\pi}{4}$。圆形度 C 也描述了区域边界的复杂程度，随着边界复杂程度的增加，圆形度 C 减小。区域的圆形度是无量纲的量，因此对尺度的变化不敏感。除了由于离散图像的旋转变换引入误差外，圆形度对于方向性也不敏感。

9. 偏心率

区域的偏心率（Eccentricity）定义为其拟合椭圆的偏心率。设 a 和 b 分别为椭圆的半长轴和半短轴长度，椭圆的偏心率E 定义为两个焦点之间的距离（焦距）$2c$ 与长轴 $2b$ 的比值，其计算式为

$$E=\frac{c}{a}=\frac{\sqrt{a^2-b^2}}{a}=\sqrt{1-(b/a)^2},\quad a\geqslant b \tag{10-9}$$

椭圆的偏心率描述椭圆扁平的程度，或者偏离圆形的程度。该值介于 0 与 1 之间。偏心率越接近 0，椭圆越接近圆形，偏心率为 0 是圆；偏心率越接近 1，椭圆的扁平度越高，即两个焦点之间的距离越大，偏心率为 1 是线段。

对目标区域进行椭圆拟合，椭圆的形状和方向表示该区域的形状和方向。利用协方差矩阵计算椭圆的长轴和短轴以及它们的方向。协方差矩阵的特征向量和特征值分别对应于椭圆的主轴方向和轴长。图像区域与其拟合的椭圆区域具有相同的协方差矩阵。协方差矩阵的最大特征值对应的特征向量表示椭圆的长轴方向①。椭圆的方向用椭圆长轴与轴之间的角度表示。图 10-4 显示了图像区域及其拟合椭圆。

10. 紧实度

若连通集合 H 中任意两点的直线段都在 H 的内部，则 H 称为凸集合，集合 F 的凸包 H 是指包含 F 的最小凸集合。紧实度（Solidity）定义为凸包中目标区域像素所占的比例，其计算式为区域的面积 A 与其凸包面积 C 的比值：

$$S=\frac{A}{C} \tag{10-10}$$

图 10-5 给出了 10 个不同形状目标的凸包，图中白色为目标区域，蓝色为区域的凸包。由于长方形、正方形、三角形和圆形本身都是凸多边形②，因此它们的凸包实际上是其本身。由于光栅采样误差的原因，区域本身与其凸包略有差异。

例 10-1　目标区域的简单描述子

对于图 10-3 中的 10 个目标，表 10-1 给出了它们的几个简单描述子，包括周长、面积、直径、矩形度、圆形度、偏心率和紧实度。形状越接近圆形，其矩形度越小、圆形度越大。圆形的圆形度为 1。不同形状的区域可能会有相同的圆形度，如字母 F 与线状长方形的圆形度相同。形状越接近椭圆形，偏心率越大，圆形的偏心率为 0。由于受光栅采样的影响，圆形的计算结果可能会超过或未达到完美圆的度量。圆形计算的圆形度大于 1，偏

代码

文档

① 相关内容参见电子文档中的主成分分析。

② 由于多边形能够以任意精度逼近任何曲线，因此圆形可以看成多边形。

心率大于 0。凸多边形的紧实度应为 1，如长方形、正方形、三角形、圆形。三角形和圆形计算的紧实度未达到 1，这也是由光栅采样的误差导致的。

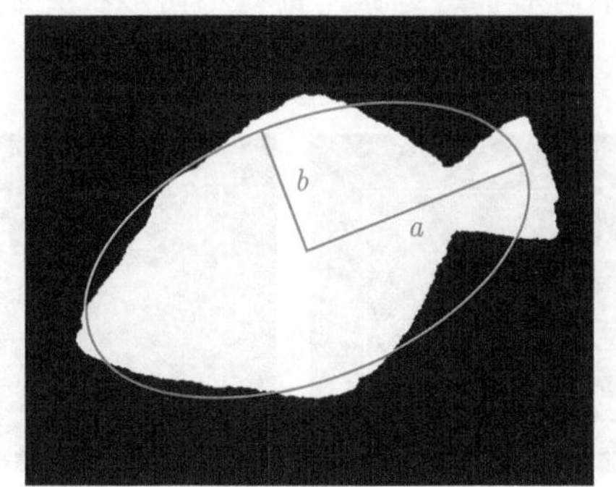

图 10-4 目标区域的拟合椭圆

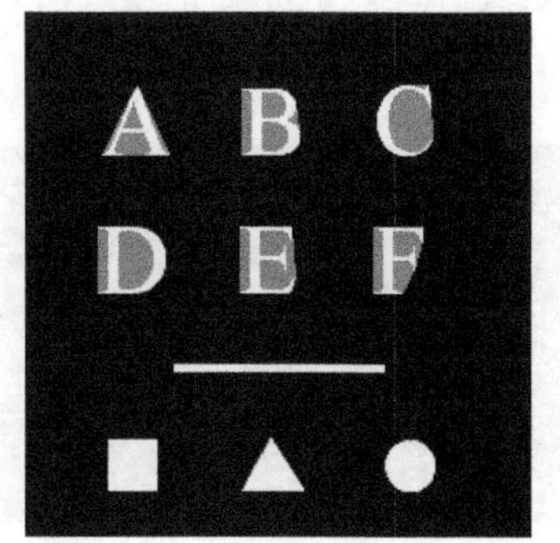

图 10-5 10 个目标区域的凸包

插图

表 10-1 图 10-3 中 10 个目标区域的简单描述子

简单描述子	周长	面积	直径	矩形度	圆形度	偏心率	紧实度
D	119.0980	396	37.7359	0.3750	0.3508	0.1615	0.4108
A	130.9000	260	36.2353	0.2388	0.1907	0.6161	0.4545
正方形	91.7560	600	33.2415	1	0.8956	0.2800	1
长方形	211.3160	424	105.0428	1	0.1193	0.9993	1
E	203.8910	301	39.8246	0.3359	0.0910	0.7627	0.3492
B	118.5520	400	38.2884	0.4310	0.3576	0.5838	0.4608
三角形	87.8130	408	30.0167	0.5062	0.6649	0.4032	0.9555
F	165.5590	260	39.2046	0.3250	0.1192	0.8494	0.3768
C	155.7940	251	35.8469	0.2637	0.1300	0.7239	0.3103
圆形	76.4250	490	24.7386	0.7840	1.0542	0.1331	0.9722

10.2.2 边界标记曲线

边界标记曲线是将二维的边界简化为一维函数表示，是一种常用的目标边界描述子。最简单的边界标记曲线是边界点到区域质心的距离 ρ 关于角度 θ 的函数，记为 $\rho(\theta)$。

边界标记曲线具有平移不变性，但是对旋转和尺度缩放具有敏感性。边界的旋转将导致边界标记曲线的起始点不同，选择距离质心最远的点，若此点唯一且与旋转误差无关，则选择此点作为起始点，实现对边界标记曲线的旋转归一化。边界的尺度缩放将导致标记曲线的度量发生变化，对距离进行归一化到 $[0,1]$ 区间，实现边界标记曲线的尺度归一化。利用边界标记曲线可以区分图像中的多个不同形状的目标。

例 10-2 边界标记曲线

图 10-6 给出了不同形状目标的边界标记曲线，利用一维曲线表示二维的边界。图 10-6（a）～（d）分别显示了圆形、矩形、正方形和三角形目标的边界以及相应的标记

曲线，其中，横轴 θ 表示与水平方向的角度，纵轴 $\rho(\theta)$ 表示角度 θ 方向上边界点到质心的距离，不考虑旋转不变性。由此可见，不同形状目标的边界标记曲线具有明显可辨别的特征。因此，通过边界标记曲线的识别可以区分不同形状的边界，例如不同形状交通标示的识别。

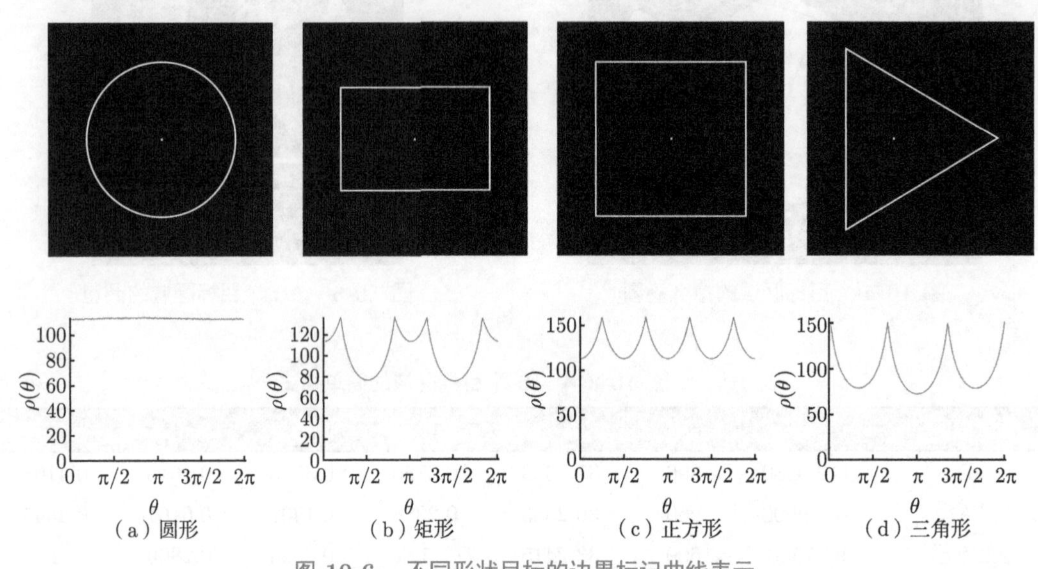

图 10-6　不同形状目标的边界标记曲线表示

10.3 全局特征——图像级描述

全局特征描述是从整体上对图像进行特征表示，特征向量用于进一步的图像分类和识别。本节介绍两种常用的图像级描述方法——Hu 的不变矩和中心投影变换方法。全局图像特征的可判别性不高，只能适用于简单的图像分类任务。

10.3.1 Hu 不变矩

数学中矩的概念源自物理学。在物理学中，矩是表示物体形状的物理量，是物体形状识别的重要参数指标。在图像分析中可以利用矩作为描述区域形状的全局特征。不变矩是图像的统计特征，是常用的区域特征描述子。

尺寸为 $M\times N$ 的数字图像 $f(x,y)$ 的 $(p+q)$ 阶矩（原点矩）定义为

$$\mu_{pq}=\sum_{x=0}^{M-1}\sum_{y=0}^{N-1}x^p y^q f(x,y) \tag{10-11}$$

$f(x,y)$ 的 $(p+q)$ 阶中心矩定义为

$$m_{pq}=\sum_{x=0}^{M-1}\sum_{y=0}^{N-1}(x-\bar{x})^p(y-\bar{y})^q f(x,y) \tag{10-12}$$

式中，$f(x,y)$ 的质心 $(\bar{x},\bar{y})$ 定义为

$$\bar{x}=\frac{\sum\limits_{x=0}^{M-1}\sum\limits_{y=0}^{N-1}xf(x,y)}{\sum\limits_{x=0}^{M-1}\sum\limits_{y=0}^{N-1}f(x,y)}=\frac{\mu_{10}}{\mu_{00}} \tag{10-13}$$

$$\bar{y}=\frac{\sum\limits_{x=0}^{M-1}\sum\limits_{y=0}^{N-1}yf(x,y)}{\sum\limits_{x=0}^{M-1}\sum\limits_{y=0}^{N-1}f(x,y)}=\frac{\mu_{01}}{\mu_{00}} \tag{10-14}$$

离散变量的各阶矩均存在。一阶原点矩为均值，表示随机变量分布的中心，任何随机变量的一阶中心矩为 0；二阶中心矩称为方差，表示随机变量分布的离散程度；三阶中心矩称为偏度（skewness），表示随机变量分布偏离对称的程度；4 阶中心矩称为峰度，描述随机变量分布的尖峰程度，正态分布峰度系数为 0。

$f(x,y)$ 的归一化 $(p+q)$ 阶中心矩定义为

$$\eta_{pq}=\frac{m_{pq}}{m_{00}^{\gamma}},\ p,q=0,1,\cdots;\gamma=\frac{p+q}{2}+1,p+q=2,3,\cdots \tag{10-15}$$

由归一化的二阶和三阶中心矩，Hu 定义了以下 7 个不变矩：

$$\phi_1=\eta_{20}+\eta_{02} \tag{10-16}$$

$$\phi_2=(\eta_{20}-\eta_{02})^2+4\eta_{11}^2 \tag{10-17}$$

$$\phi_3=(\eta_{30}-3\eta_{12})^2+(3\eta_{21}-\eta_{03})^2 \tag{10-18}$$

$$\phi_4=(\eta_{30}+\eta_{12})^2+(\eta_{21}+\eta_{03})^2 \tag{10-19}$$

$$\begin{aligned}\phi_5=&(\eta_{30}-3\eta_{12})(\eta_{30}+\eta_{12})\left[(\eta_{30}+\eta_{12})^2-3(\eta_{21}+\eta_{03})^2\right]+\\&(3\eta_{21}-\eta_{03})(\eta_{21}+\eta_{03})\left[3(\eta_{30}+\eta_{12})^2-(\eta_{21}+\eta_{03})^2\right]\end{aligned} \tag{10-20}$$

$$\phi_6=(\eta_{20}-\eta_{02})\left[(\eta_{30}+\eta_{12})^2-(\eta_{21}+\eta_{03})^2\right]+4\eta_{11}(\eta_{30}+\eta_{12})(\eta_{21}+\eta_{03}) \tag{10-21}$$

$$\begin{aligned}\phi_7=&(3\eta_{21}-\eta_{03})(\eta_{30}+\eta_{12})\left[(\eta_{30}+\eta_{12})^2-3(\eta_{21}+\eta_{03})^2\right]+\\&(3\eta_{21}-\eta_{30})(\eta_{21}+\eta_{03})\left[3(\eta_{30}+\eta_{12})^2-(\eta_{21}+\eta_{03})^2\right]\end{aligned} \tag{10-22}$$

Hu 的 7 个不变矩对平移、镜像、旋转和尺度变换具有不变性。

大于 4 阶的矩称为高阶矩，高阶统计量用于描述或估计进一步的形状参数。矩的阶数越高，估计越困难，在某种意义上讲，需要大量的数据才能保证估计的准确性和稳定性。此

外，高阶矩对于微小的变化非常敏感，因此，基于高阶矩的不变矩基本上不能有效地用于区域形状识别。

例 10-3　Hu 的 7 个不变矩的镜像、旋转和尺度不变性

通过图 10-7 所示的四幅图像验证 Hu 的 7 个不变矩具有镜像、旋转和尺度不变性。对于图 10-7（a）所示的灰度图像，图 10-7（b）～（d）分别为其水平镜像图像、逆时针旋转 30° 的图像和尺寸缩小 1/2 的图像。根据式 (10-16)～ 式 (10-22) 计算这四幅图像的 7 个不变矩，并对不变矩求对数运算和模运算。对数运算的作用是缩小数据的动态范围，模运算的作用是避免在计算负不变矩的 log 时产生复数。表 10-2 列出了这 4 幅图像的 7 个不变矩统计量。通过比较这四幅图像的各个不变矩，可以看出它们具有很好的一致性。图像的数字化以及数值计算误差都会导致这四幅不同图像的同一不变矩存在略微的差异。根据不变矩的特性，不变矩可以用于运动目标的检测与识别。需要说明的是，零值对不变矩的计算没有贡献。

（a）原图像

（b）镜像图像

（c）旋转图像

（d）缩小图像

图 10-7　图像的镜像、旋转和尺度变换

表 10-2　图 10-7 所示 4 幅图像的 7 个不变矩

不变矩（|log|）	ϕ_1	ϕ_2	ϕ_3	ϕ_4	ϕ_5	ϕ_6	ϕ_7
原图像	6.2373	16.2409	24.0786	21.7345	44.9277	29.8570	45.0558
镜像图像	6.2365	16.2371	24.0651	21.7351	44.9059	29.8554	45.0714
旋转图像	6.2373	16.2409	24.0786	21.7345	44.9277	29.8570	45.1652
缩小图像	6.2598	16.1819	24.1214	21.7973	45.1660	29.8908	45.0475

10.3.2　中心投影变换

中心投影变换是计算图像中的像素值在各个不同角度（方向）上的投影，将二维图像表示转换为一维表示。已知笛卡儿坐标系与极坐标系之间的关系为 $x = r\cos\theta$，$y = r\sin\theta$，中心投影变换的数学表达式为

$$\rho(\theta_k) = \sum_{r=0}^{M} f(r\cos\theta_k, r\sin\theta_k) \tag{10-23}$$

其中，$\theta_k = \alpha + k\dfrac{2\pi}{N} \in [\alpha, \alpha + 2\pi)$，$k = 0, 1, \cdots, N-1$ 为投影方向与 x 轴的角度，α 为区域的长轴关于 x 轴的倾斜角，$2\pi/N$ 为角间距，M 为区域 $\mathcal{R}$ 的所有像素 $\boldsymbol{x} = [x, y]^{\mathrm{T}}$ 与质心 $\bar{\boldsymbol{x}} = [\bar{x}, \bar{y}]^{\mathrm{T}}$ 之间的最大距离，可表示为

$$M = \max_{\boldsymbol{x}} d(\boldsymbol{x}, \bar{\boldsymbol{x}}), \quad \boldsymbol{x} \in \mathcal{R} \tag{10-24}$$

式中，$d(\boldsymbol{x}, \bar{\boldsymbol{x}})$ 表示像素坐标 $\boldsymbol{x}$ 与质心 $\bar{\boldsymbol{x}}$ 之间的距离，通常使用欧氏距离，即 $d(\boldsymbol{x}, \bar{\boldsymbol{x}}) = \|\boldsymbol{x} - \bar{\boldsymbol{x}}\|_2$，$\|\cdot\|_2$ 为 ℓ_2 范数。

在灰度图像中，$f(r\cos\theta_k, r\sin\theta_k)$ 表示笛卡儿坐标系中坐标为 $(r\cos\theta_k, r\sin\theta_k)$ 处像素的灰度值，$\rho(\theta_k)$ 实际上是计算在 N 个等角间距角度 θ_k 的径向上各个像素的灰度值累积。在二值图像中，由于目标区域的像素值为 1 且背景区域的像素值为 0，$\rho(\theta_k)$ 实际上是角度为 θ_k 的径向上目标区域的像素数。中心投影变换考虑了图像的长轴方向，因此具有旋转不变性。对投影向量进行归一化处理，实现对于图像尺度的不变性。

中心投影变换能够很好地表示区域的形状，并且具有平移、尺度和旋转不变性。由于考虑了区域内各个不同方向上的像素分布情况，中心投影变换也能够反映区域的全局特征，如区域的对称性、像素分布的均匀性等。

例 10-4　中心投影曲线

图 10-8 给出了不同二值字符目标区域的中心投影曲线。将笛卡儿坐标系转换为极坐标系，计算图 10-8 (a) 所示的 J、I、N、G 四个字符区域的中心投影变换，如图 10-8 (b) 所示，图中，横轴 θ 表示投影方向关于图像 x 轴的角度，纵轴 $\rho(\theta)$ 表示在角度 θ 方向上投影到中心的像素数，不考虑旋转不变性。由此可见，不同区域的中心投影曲线可以作为区域描述，用于辨识一类模式与另一类模式的不同。

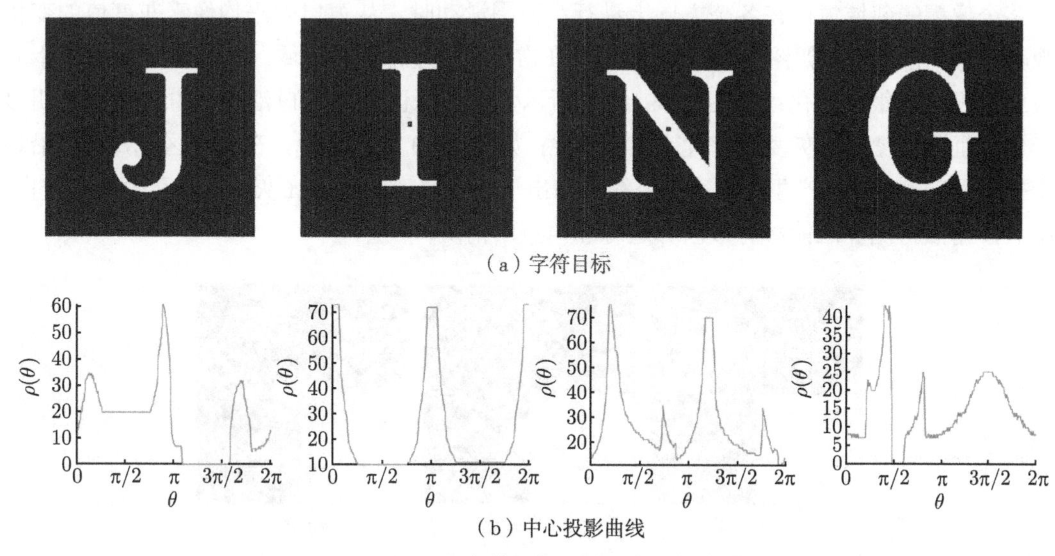

图 10-8　不同字符目标区域的中心投影曲线

10.4 局部特征检测与描述

局部特征描述是像素局部邻域的向量表示，是许多计算机视觉算法的基础，主要应用于图像配准、目标分类、检测、跟踪和运动估计，使用局部特征可以使算法更好地处理目标尺度变化、旋转和遮挡等情况。特征检测在图像中确定特征点，特征描述对特征点用特征向量表示。在计算机视觉任务中，特征检测和特征描述经常结合使用。

10.4.1 局部特征检测

局部特征是指图像中的模式或显著结构，例如点、边缘或小块，它们通常在纹理、颜色或灰度上表现出与周围区域不同。特征实际表示的内容并不重要，只是它与周围区域不同。特征检测选择图像中具有这种独特内容的图像块，角点和斑块是两种典型的局部特征。这些特征不一定对应于物理结构，如桌角。特征检测的关键是找到保持局部不变的特征，这样即使在旋转、尺度变换的情况下也能检测出这些特征。局部特征检测的评价准则为：①可重复检测——在同一场景的两幅图像中检测的大多数特征都相同，这些特征对观察视角的变化和噪声具有鲁棒性。②独特性——特征点邻域不同，特征之间也可以进行可靠的比较。③定位——特征点对应唯一位置，观察视角的变化不会改变其位置。常用的角点特征检测算子包括最小特征值、Harris、FAST、BRISK 和 ORB 等方法，斑块特征检测算子包括 SIFT、SUFT、SURF、KAZE 和 MSER（maximally stable extremal regions）等方法。利用特征检测查找特征点，用于进一步的处理。

10.4.1.1 Harris 角点检测

角点定义为两条边缘的交点，也可以定义为在该点的局部邻域内有两个主要且不同的边缘方向的点。Harris 角点检测算法是 1988 年由 Chris Harris 和 Mike Stephens 提出的，当某个像素的邻域窗口在各个方向上进行小范围滑动时，从窗口内平均像素灰度值的变化观察图像局部特征，如图 10-9（a）所示，在常值（接近常值）区域，窗口沿任意方向滑动，灰度值没有或很小变化；如图 10-9（b）所示，在边缘区域，窗口沿梯度方向灰度值明显变化，而沿边缘方向灰度值没有或很小变化；如图 10-9（c）所示，在角点区域，窗口沿各个方向滑动，灰度均产生显著变化。箭头指出了在窗口滑动时存在灰度值显著变化的方向。Harris 角点检测算法能够有效区分边缘和角点的情况。

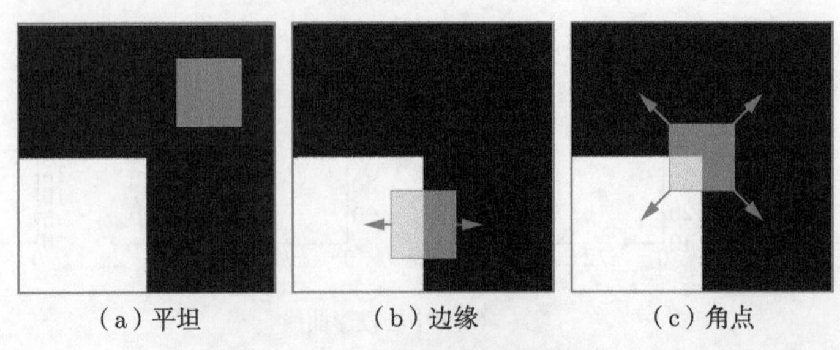

（a）平坦　（b）边缘　（c）角点

图 10-9　三种类型的局部区域

设 $f(x,y)$ 表示图像，考虑图像块 $(x,y)\in\Omega$ 并将其移动 $(\Delta x,\Delta y)$，这两个图像块之间的加权平方差分和（sum of squared difference, SSD）的数学计算式为

$$E(\Delta x,\Delta y)=\sum_{(x,y)\in\Omega}w(x,y)\left(f(x,y)-f(x+\Delta x,y+\Delta y)\right)^2 \tag{10-25}$$

式中，$w(x,y)$ 表示在图像中滑动的窗口类型。若使用矩形函数作为滤波器（权系数均为1），则响应是各向异性的；若使用高斯函数，则响应是各向同性的。式 (10-25) 可近似写为

$$E(\Delta x,\Delta y)\approx\begin{bmatrix}\Delta x & \Delta y\end{bmatrix}\boldsymbol{M}\begin{bmatrix}\Delta x\\ \Delta y\end{bmatrix} \tag{10-26}$$

其中 $\boldsymbol{M}$ 称为结构张量（structure tensor）：

$$\begin{aligned}\boldsymbol{M}&=\sum_{(x,y)\in\Omega}w(x,y)\begin{bmatrix}f_x^2(x,y) & f_x(x,y)f_y(x,y)\\ f_x(x,y)f_y(x,y) & f_y^2(x,y)\end{bmatrix}\\ &=\begin{bmatrix}\sum\limits_{(x,y)\in\Omega}w(x,y)f_x^2(x,y) & \sum\limits_{(x,y)\in\Omega}w(x,y)f_x(x,y)f_y(x,y)\\ \sum\limits_{(x,y)\in\Omega}w(x,y)f_x(x,y)f_y(x,y) & \sum\limits_{(x,y)\in\Omega}w(x,y)f_y^2(x,y)\end{bmatrix}\end{aligned} \tag{10-27}$$

式中，$f_x(x,y)$ 和 $f_y(x,y)$ 分别为 x 方向和 y 方向上的偏导数，描述以像素 (x,y) 为中心的局部邻域的变化率。在数字图像中使用差分近似导数，Harris 角点检测使用一阶中心差分。$\boldsymbol{M}$ 是实对称矩阵，它的各个元素依赖于在 (x,y) 处计算的 $f_x(x,y)$ 和 $f_y(x,y)$。

实对称矩阵必可相似对角化，且相似对角矩阵中的元素为矩阵的特征值。对实对称矩阵 $\boldsymbol{M}$ 对角化，可写为

$$\boldsymbol{M}=\boldsymbol{U}\begin{bmatrix}\lambda_1 & 0\\ 0 & \lambda_2\end{bmatrix}\boldsymbol{U}^{\mathrm{T}} \tag{10-28}$$

式中，λ_1 和 λ_2 表示特征值，矩阵 $\boldsymbol{U}$ 由特征值对应的特征向量组成。由于实对称矩阵的不同特征值对应的特征向量是正交的，因此，矩阵 $\boldsymbol{U}$ 是正交矩阵，$\boldsymbol{U}^{-1}=\boldsymbol{U}^{\mathrm{T}}$。特征向量指向最大灰度变化方向，特征值表示特征向量方向上的灰度变化量。因此，可由矩阵 $\boldsymbol{M}$ 的两个特征值 λ_1 和 λ_2 来区分图 10-9（a）中的三种情况：①在灰度几乎恒定的区域，两个特征值 λ_1 和 λ_2 均很小；②在边缘区域，一个特征值很大，另一个特征值很小；③在角点区域，两个特征值 λ_1 和 λ_2 均很大。矩阵 $\boldsymbol{U}$ 是旋转矩阵，不影响两个正交方向的灰度变化量，即特征值 λ_1 和 λ_2。因此，Harris 角点检测具有旋转不变性。

由于特征值的计算开销很大，定义角点响应函数 R 来计算角点分数：

$$R=\lambda_1\lambda_2-k(\lambda_1+\lambda_2)^2=\det(\boldsymbol{M})-\kappa\,\mathrm{tr}(\boldsymbol{M})^2 \tag{10-29}$$

其中，$\det(\boldsymbol{M}) = \lambda_1\lambda_2$ 表示矩阵的行列式；$\operatorname{tr}(\boldsymbol{M}) = \lambda_1 + \lambda_2$ 表示矩阵的迹；常数 κ 为敏感度参数，值越小，越容易找到角点。因此，并不需要实际计算矩阵 $\boldsymbol{M}$ 的特征值分解，而是计算 $\boldsymbol{M}$ 的行列式和迹来判定角点。κ 是一个经验常数，取值范围一般在 0.04~0.15。R 只与矩阵 $\boldsymbol{M}$ 有关，图 10-10 绘制了角点响应函数 R 关于矩阵 $\boldsymbol{M}$ 的特征值 λ_1 和 λ_2 的等高线图。对于角点，λ_1 和 λ_2 都很大，R 为正数且值较大，λ_1 和 λ_2 均越大，R 值越大；对于边缘，$\lambda_1 \gg \lambda_2$ 或者 $\lambda_2 \gg \lambda_1$，R 为负数且绝对值较大；对于平坦区域，λ_1 和 λ_2 都很小，R 值较小。

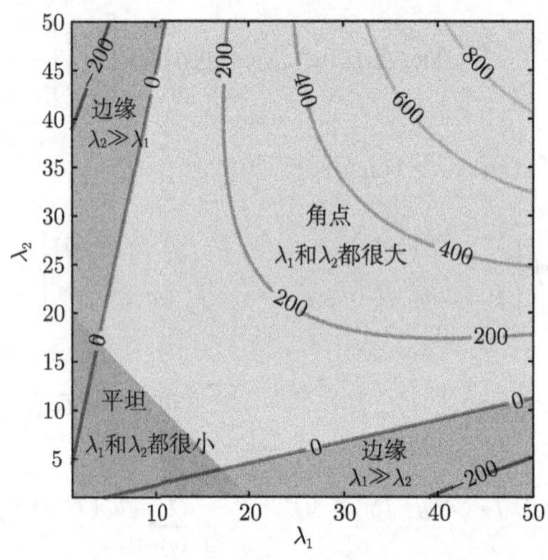

插图

图 10-10　角点响应函数 R 的等高线图

为了避免设置参数 κ，也可以使用 Noble 的角点响应函数，它相当于特征值的谐波平均值:

$$R = \frac{2}{\dfrac{1}{\lambda_1} + \dfrac{1}{\lambda_2}} = \frac{2\lambda_1\lambda_2}{\lambda_1 + \lambda_2} = \frac{2\det(\boldsymbol{M})}{\operatorname{tr}(\boldsymbol{M})} \tag{10-30}$$

最后，通过 3×3 邻域的非极大值抑制，寻找 R 大于某一阈值的局部极大值点。对于图 10-11（a）所示的棋盘图像，图 10-11（b）显示了非负值的角点分数，由图中可见，由于左侧比右侧方格的灰度差值更大，因此有更大 R 值。图 10-11（c）中符号“+”标出了通过非极大值抑制查找的角点位置。

Harris 角点检测对于平移、旋转、光照变化具有检测的不变性，但是不具有尺度不变性，例如图像尺寸增大可能会导致角点变为边缘。

例 10-5　角点检测的比较

代码

图 10-12 比较了 Harris、BRISK 和 ORB 三种常用的角点检测算法，Harris 是单尺度角点检测算法，BRISK 具有旋转和尺度不变性，ORB 特征检测部分是建立在 FAST 单尺度角点检测算法的基础上，不具有尺度不变性。图 10-12（a）～（c）分别为 Harris、BRISK 和 ORB 算法的角点检测结果，图中显示了 80 个最大响应的特征点。角点检测主要应用于街道和室内等人造场景。

插图

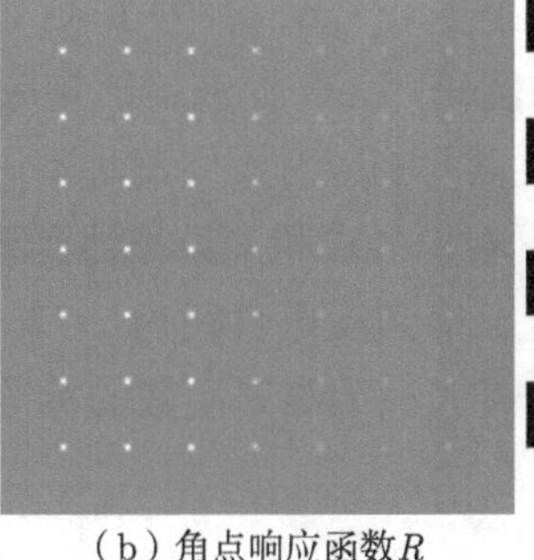
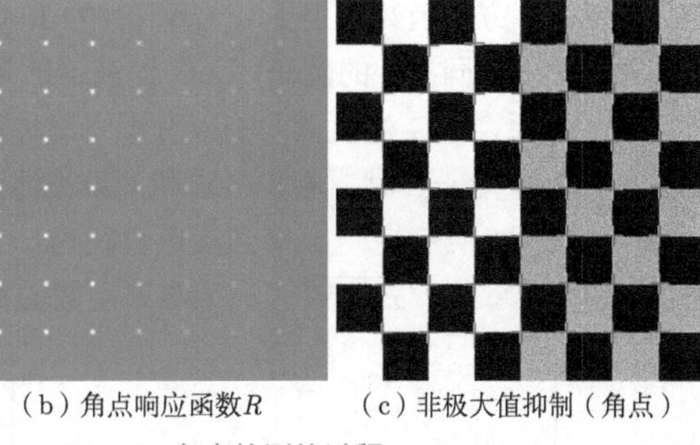

（a）棋盘图像　（b）角点响应函数R　（c）非极大值抑制（角点）

图 10-11　Harris 角点检测的过程

插图

（a）Harris　（b）BRISK　（c）ORB

图 10-12　Harris、BRISK 和 ORB 算法的角点检测结果

10.4.1.2　LoG 斑块检测

斑块是指与周围颜色或灰度不同的区域，斑块与尺度密切相关，对物体分析的粒度决定了斑块的观察尺度。最常用的斑块检测方法使用滤波器与图像作卷积，查找与滤波器具有相同模式的区域。高斯拉普拉斯（LoG）算子是二元高斯函数的二阶微分，它是边缘检测算子，也是圆对称斑块检测算子。8.2.2.3 节中 LoG 算子利用过零点检测边缘，本节利用 LoG 算子的局部极值点（极大值或极小值）或极值区域检测符合特定尺度的斑块。

图 10-13 以一元高斯二阶微分滤波器对矩形脉冲信号的响应，解释了斑块检测的原理。从左到右，高斯二阶微分滤波器的响应变化由边缘过渡到极值点。在每幅图中第一行为矩形脉冲信号，具有不同的脉冲宽度，从左到右，脉冲宽度分别为 200、100、50、20；第二行为高斯二阶微分滤波器（与信号的初始时刻对齐）；第三行为高斯二阶微分滤波器与该信号卷积的响应。高斯函数的宽度取决于其标准差 σ，即高斯函数的尺度，当信号的脉冲宽度与高斯函数的宽度一致时，产生最大响应。对正脉冲产生绝对值最大的负响应（波谷），对负脉冲产生绝对值最大的正响应（波峰）。

很容易将一维情形扩展到二维，对于二维的圆域函数，LoG 滤波器对暗底亮斑有强的负响应，对亮底暗斑有强的正响应。对于如图 10-14 所示深色背景中的浅色圆斑，第一行为过圆心的水平方向灰度级剖面曲线；第二行为 LoG 滤波器剖面曲线，横轴（虚线）上方的函数值大于 0，下方的函数值小于 0；第三行为 LoG 滤波器对圆斑图像的卷积响应。如同一维的情形，对于不同尺寸的圆斑，LoG 滤波器的响应不同。根据 LoG 滤波器的尺度与圆斑直径之间的关系，LoG 滤波器的响应有图中三种不同的情况。当圆斑直径恰好与 LoG 滤波器的零值区间宽度一致时，卷积（求和）结果达到极值。根据 LoG 函数的公式可知，当 $r=\sqrt{2}\sigma$ 时，$\nabla^2 G_\sigma(x,y)=0$，即当圆斑直径为 $2\sqrt{2}\sigma$ 时，LoG 函数对于圆域函数的响应达到极值。其中，$r=\sqrt{x^2+y^2}$，σ 为高斯函数的标准差。

动图

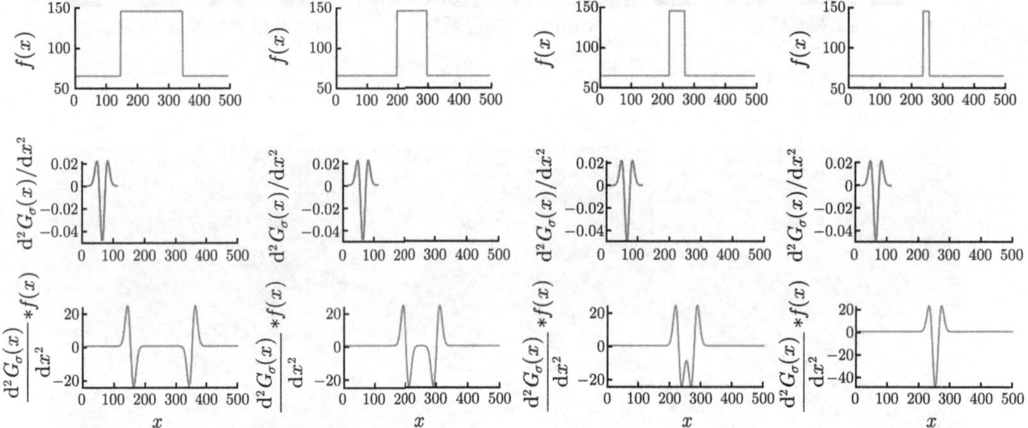

图 10-13　一元高斯二阶微分滤波器（$\sigma=2$）对不同宽度矩形脉冲信号的响应

插图

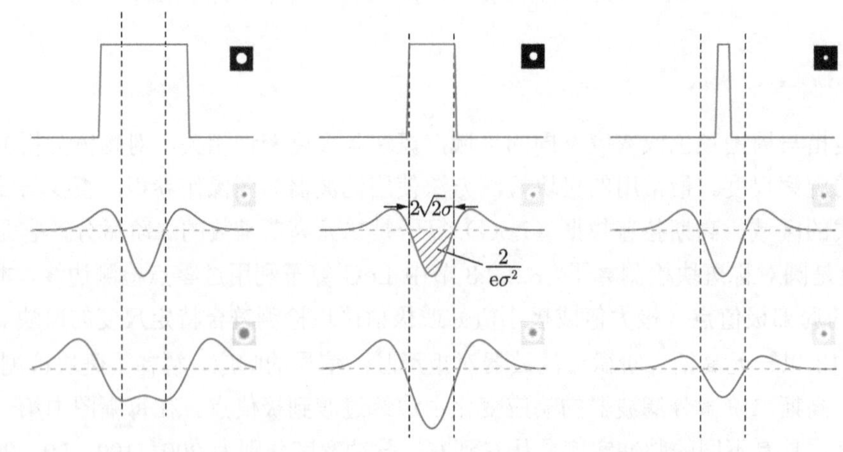

图 10-14　LoG 函数尺度与圆斑直径之间关系的三种情况

若图像中存在多个不同直径的圆斑，则需要使用多个不同 σ 取值的 LoG 滤波器。如图 10-15 所示，由于透视投影的原理，近处目标在成像平面上的成像大，远处目标在成像平面上的成像小，因此图像中的目标呈现明显的多尺度特性。图 10-15 给出了 $\sigma=2.1$、$\sigma=4.2$、$\sigma=6$、$\sigma=9.8$、$\sigma=15.5$、$\sigma=17$ 六个尺度的 LoG 滤波器对左边图像的卷积响应。当滤波器与斑块的尺度趋近一致时在相应斑块的位置产生极值响应，显然，大尺度的 LoG 滤波器对近处目标有强的响应，而小尺度的 LoG 滤波器对远处目标有强的响应。

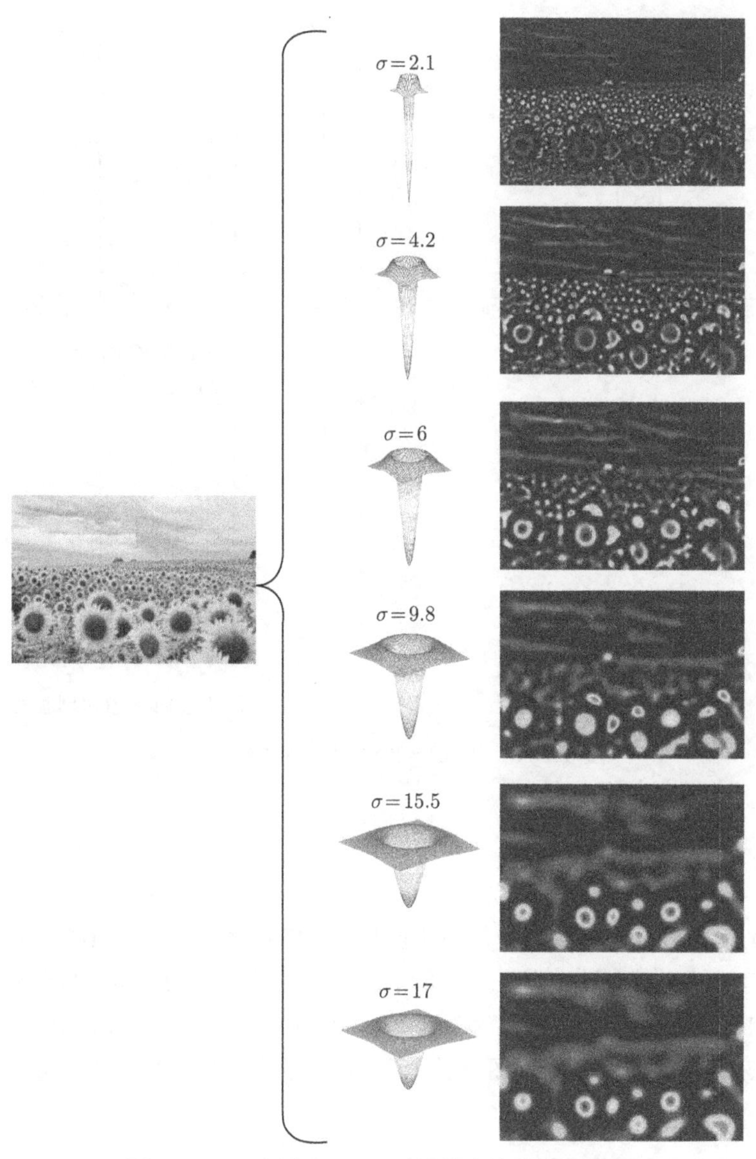

插图

图 10-15　多尺度 LoG 滤波器斑块检测的解释

对于多尺度 LoG 滤波器的极值检测，需要对响应值进行归一化处理。如图 10-16 所示，对于图 10-16（a）所示的固定宽度矩形脉冲信号，图 10-16（b）为不同尺度 LoG 滤波器与该信号的卷积结果，随着 σ 值的增大，其响应值衰减，逐渐接近 0。同一尺度下的响应值即使都很小，也可以比较，但是不同尺度的响应值的数量级显著不同，无法比较选择最匹配的尺度。由于 LoG 函数的负值之和为 σ^{-2} 的常数倍（图 10-14），因此在极小值处的响应值也是 σ^{-2} 的常数倍。对 LoG 函数乘以 σ^2，$\sigma^2\nabla^2 G_\sigma(x,y)$ 称为尺度归一化 LoG（scale normalized Laplacian of Gaussian）。图 10-16（c）为尺度归一化 LoG 与该信号的卷积结果，经过尺度归一化则可以在多个相邻尺度中寻找局部极大值，该极大值即为检测的斑块，其中斑块中心由所在极值的位置决定，斑块半径由极值点对应的尺度决定。

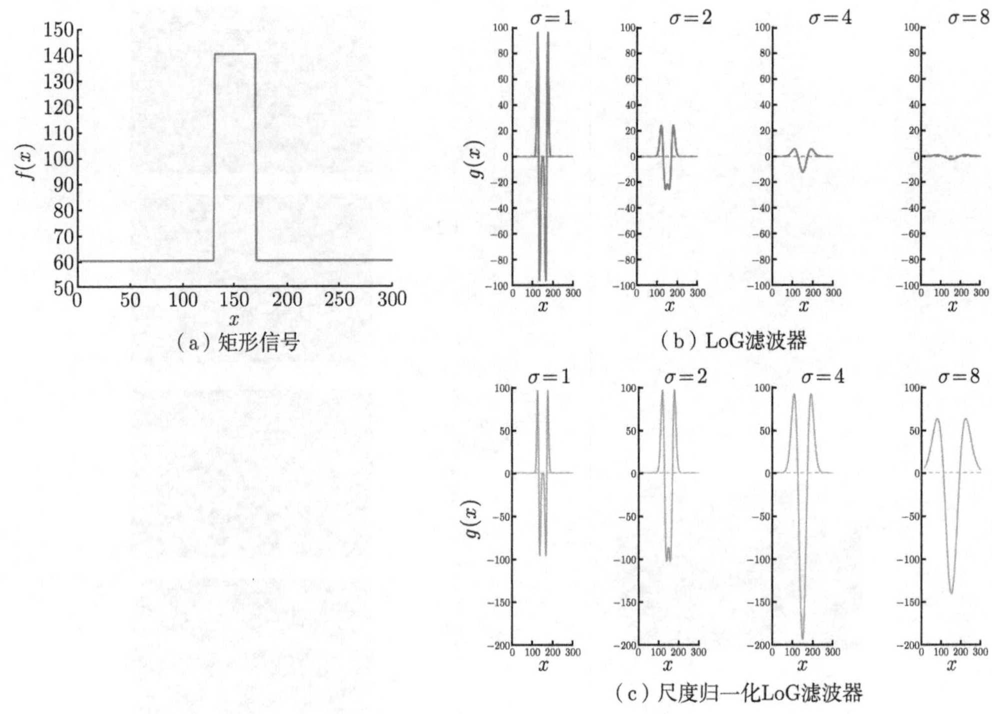

(a) 矩形信号　　(b) LoG滤波器

(c) 尺度归一化LoG滤波器

图 10-16　LoG 与归一化 LoG 的响应比较

例 10-6　斑块检测算法的比较

代码

SIFT 和 SURF 算法均包括局部特征检测和特征描述两部分，SIFT 和 SURF 特征检测是两种常用的多尺度斑块检测算法，均利用 LoG 斑块检测的原理，具有尺度和旋转不变性，其中 SURF 是在 SIFT 基础上的改进算法。图 10-17 (a) 和图 10-17 (b) 分别为 SIFT 和 SURF 算法的斑块检测结果，图中显示了 80 个最大响应的特征点，圆的尺寸表明特征的尺度。

插图

(a) SIFT　　(b) SURF

图 10-17　SIFT 和 SURF 的斑块检测结果

10.4.2 局部特征描述

局部特征提取通常是对以检测的特征点为中心的局部区域计算特征描述子，即特征描述。特征描述子将像素局部邻域用特征向量表示用于像素之间的比较，并要求特征表示具有尺度、方向的不变性。常用的局部特征描述算子包括 SIFT、SURF、KAZE、FREAK、BRISK、ORB 和 HOG 等。HOG、SIFT 和 SURF 等特征描述子依赖于局部梯度计算；二元特征描述子依赖于成对的局部灰度差分，然后将其编码为二元向量，例如 FREAK、BRISK 和 ORB。HOG、SURF 和 KAZE 特征描述子适用于分类任务，而二元特征描述子适用于在图像配准中查找图像之间的同名特征点。

方向梯度直方图是计算机视觉中一种常用的使用图像梯度的局部特征描述方法。2005 年 Navneet Dalal 和 Bill Triggs 提出了 HOG 特征描述子，将其应用于行人检测。局部梯度特征能够描述局部外观和形状，且在局部邻域对图像几何和光学形变保持不变性，这是因为这两种形变表现在更大的空间上。

HOG 特征描述子是计算图像局部区域内关于梯度方向的梯度加权直方图。在间距为 8 个像素的规则网格上对图像采样，作为特征点。以每个特征点为中心的 16×16 像素区域，使用像素差分计算这个区域内每个像素处的梯度幅值和梯度方向。如图 10-18（a）所示，箭头表示梯度，指向灰度值最速变化的方向，其中箭头的方向表示梯度方向，长度表示梯度幅值。HOG 特征描述子使用一阶中心差分计算梯度，对于彩色图像，分别对三个通道计算梯度，选择最大梯度幅值以及相应的梯度方向。特征点关联的 16×16 区域是部分重叠的，步长是 8 个像素。

若不区分梯度方向和它的相反方向，则称为无符号（unsigned）梯度。对于这种情况，将梯度方向量化为 $0 \sim 180°$ 之间的 9 个组，各个组的中心相隔 $20°$ 的方向，9 个组的中心分别为 $0, 20°, 40°, \cdots, 160°$。由于需要对特征点邻域 16×16 区域的所有像素计算梯度，所以每个特征点关联 $16^2 = 256$ 个梯度方向。将以特征点为中心的 16×16 像素区域划分为 2×2 个 8×8 像素的子区域，分别对 4 个子区域计算方向梯度直方图。每个子区域中有 9 个方向，对各个子区域统计所有梯度在 9 个方向上的梯度加权和。

HOG 特征描述子在统计各个方向的梯度时，不是将梯度幅值分配给其方向最接近的组，而是根据从梯度方向到所有组中心的距离，按照比例在直方图组中分配梯度幅值。以直方图组间隔为单位距离度量，对于每个梯度方向，若这个角度到某个组中心的最短距离为 α，则将相应的梯度幅值乘以权重 $1 - \alpha$ 累加到直方图的该组中。当这个角度正好与某组中心重合时，与该组中心达到最小距离 0，而与相邻组中心达到最大距离 1，因此将相应的梯度幅值全部累加在直方图的该组中。例如，假设某个梯度方向是 $20°$，幅值是 2，从这个角度到第二个直方图组中心的距离是 0，因此将 2 加到直方图的该组中；假设梯度方向是 $5°$，幅值是 4，该角度介于 $0 \sim 20°$ 之间，与第一个组中心的距离是 5，与第二个组中心的距离是 15，给第一个组分配权重为 $3/4$，将 $4 \times 3/4 = 3$ 加到第一个组中，给第二个组分配权重为 $1/4$，将 $4 \times 1/4 = 1$ 加到第二个组中。根据梯度方向与各个组之间的距离分配权重，距离越近，分配的权重越大。采用这种方法避免了边界效应，即梯度方向的微小变化导致梯度可能分配到不同组所引起的突变效应。如图 10-18（b）所示，4 个 8×8 像素的子区域各产生一个 9 组的直方图，图 10-18（c）为直方图的极坐标显示，称为向量图，向量关于 x 轴的角度表示梯度方向，向量的模表示梯度幅值。在极坐标系中，对于无符号梯度，方向梯度直方图是关于原点对称的。

将 4 个子区域的直方图合成一个 $9\times4=36$ 维的特征向量，为了使特征不受光照或阴影的影响，对合成的直方图进行整体归一化。归一化的特征向量称为 HOG 特征，如图 10-18（d）所示。

插图

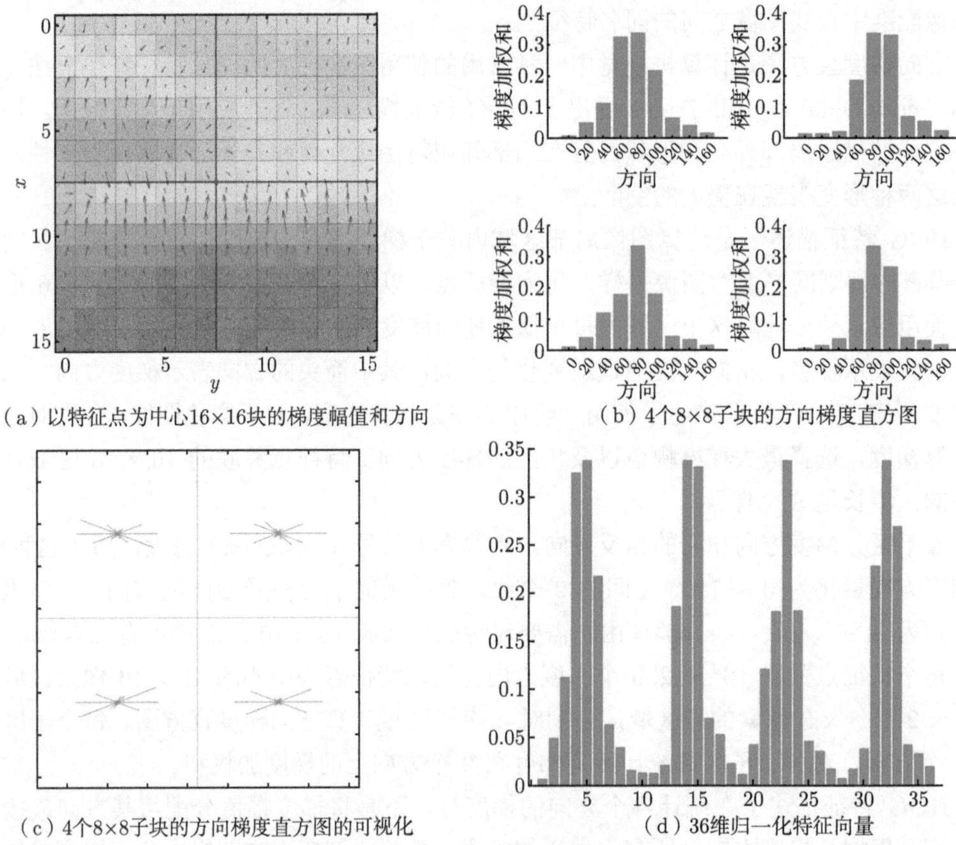

（a）以特征点为中心16×16块的梯度幅值和方向　（b）4个8×8子块的方向梯度直方图

（c）4个8×8子块的方向梯度直方图的可视化　（d）36维归一化特征向量

图 10-18　HOG 特征描述示意图

例 10-7　HOG 特征

代码

利用 HOG 特征描述子提取图 10-19（a）所示行人图像的特征。根据文献中的参数，将图像的尺寸调整为 128×64。通常画出 8×8 网格上 9 维的归一化直方图对 HOG 特征可视化，如图 10-19（b）所示。HOG 特征是图像梯度特征，边缘方向信息对图像表示具有主要贡献，由图中直观可见，直方图的主要方向有利于人物肖像外形的分辨。

若进一步进行人物检测，则将图像中所有特征点的 HOG 特征组合起来形成了整个特征向量。对于 128×64 的尺寸，行方向有 15 个，列方向有 7 个，共有 105 个特征点。每个特征点的 HOG 特征是 36 维向量，因此整体上形成一个 3780 维的特征向量，最后将特征向量输入分类器。HOG 不具有旋转和尺度不变性，SIFT 是在 HOG 基础上的改进，选取主方向旋转方向梯度直方图，实现旋转不变性。

（a）行人图像 （b）HOG特征

图 10-19　HOG 特征可视化

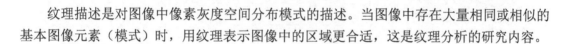

10.5 纹理描述

纹理描述是对图像中像素灰度空间分布模式的描述。当图像中存在大量相同或相似的基本图像元素（模式）时，用纹理表示图像中的区域更合适，这是纹理分析的研究内容。

10.5.1 纹理特征

纹理是图像分析中常用的概念，但目前尚无一致的定义。习惯上将图像中局部不规则而整体上有规律的特征称为纹理。另一种常用的定义是按照一定的规则对元素或基元进行排列所形成的重复模式。纹理描述是一种重要的区域描述方法。纹理是区域属性，并且与图像分辨率或尺度密切相关。纹理图像中的重复模式称为基元，它按照一定的具体规则排列。纹理基元的空间排列可能是随机的，也可能相互依赖，这种依赖性可能是有结构的，也可能是按某种概率分布排列的。

通过观察不同的纹理图像，可知构成纹理特征的两个要素：纹理基元和纹理基元分布。纹理基元是一种或多种图像基元的组合，纹理基元有一定的形状和尺寸，例如，大理石的纹理，不同种类的大理石纹理基元的形状和尺寸均不同。纹理基元排列的疏密、周期性和方向性等不同，使图像的外观具有显著的区别。例如，在植物长势分析中，即使是同类植物，由于地形、生长条件以及环境不同，植物散布形式也不同，植物生长的稀疏反映在图像中是纹理的粗细特征。

纹理是重复模式，可用于描述物体的表面。纹理特征可以用定性的术语描述，例如，规则性（regularity）、粗糙度（coarseness）、均匀性（homogeneity）、光滑性（smoothness）、图像结构方向性（orientation）和空间关系（spatial relationship）。

根据纹理基元的尺寸，纹理可分为粗糙纹理和细密纹理。粗糙纹理的纹理基元较大，而细密纹理的纹理基元较小。根据基元的空间关系，纹理可分为弱纹理和强纹理。弱纹理的基元间具有随机的空间分布，近似规则或不规则的，而强纹理的基元间具有完全规则的空间分布。根据纹理的获取方式，纹理又可分为自然纹理 [图 10-20（a）] 和人工纹理 [图 10-20（b）]。自然纹理是具有重复排列现象的自然景象，如布纹、草地、砖墙等重复性结构的图像。人工纹理由某种符号的有序排列组成，这些符号可以是线条、点等。

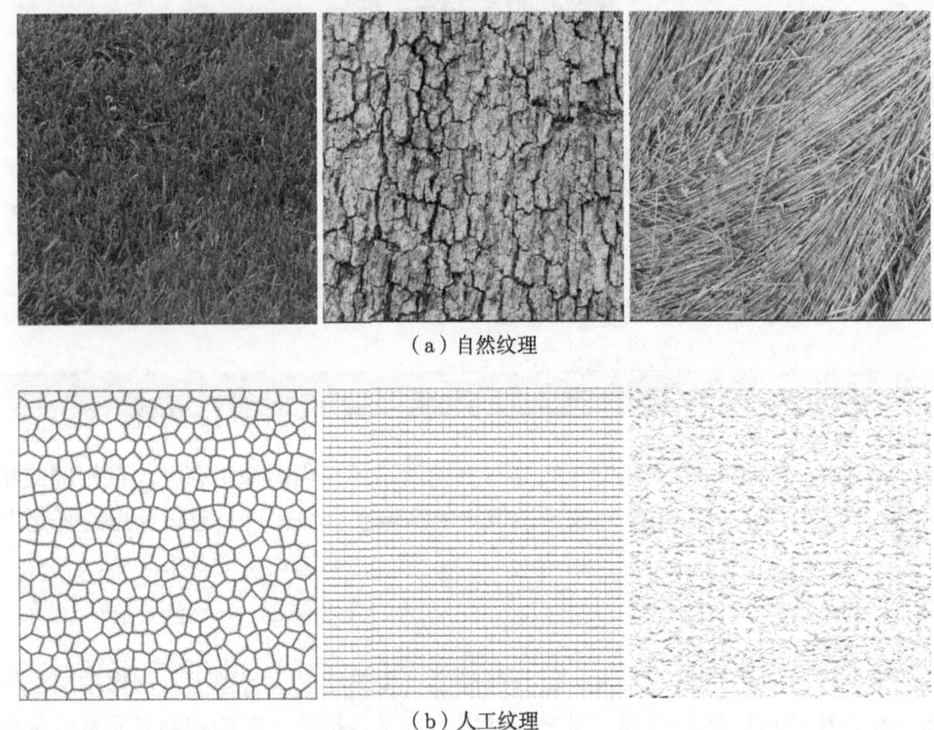

（a）自然纹理

（b）人工纹理

图 10-20　典型的纹理结构图像

纹理描述包括全局纹理描述和局部纹理描述。全局描述对整幅纹理图像提取特征，统计模型是主要的全局描述方法。局部描述使用滤波器或特征点描述子提取图像中不同尺度局部模式的特征。纹理分析通过纹理的定量描述进行纹理分类、纹理分割等任务。

10.5.2　统计分析法

文档

统计分析法是利用统计量来量化纹理的特征，不仅考虑相邻两个像素之间的灰度变化，而且考虑它们之间的空间关系。通常使用多维数据描述纹理特征，如方向、灰度变化、灰度分布等。纹理特征描述的统计量有统计矩、自相关函数等。电子文档中给出了直方图矩分析法、灰度差分统计法、自相关函数法。由于灰度直方图不能表示像素之间相对位置的信息，因此仅使用灰度直方图的统计矩描述纹理特征无法表达纹理的空间分布信息。本节讨论灰度共生矩阵矩分析方法。

文档

纹理是由局部结构在空间位置上重复出现构成的，在图像中沿一定方向、相隔一定距离的一对像素之间会存在一定的灰度关系，即图像中灰度的空间相关性。1973 年 R. Haralick

文档

等定义了灰度共生矩阵（gray-level co-occurrence matrix, GLCM）来描述纹理的空间分布特性，灰度共生矩阵又名灰度空间相关性矩阵。

灰度共生矩阵实际上是统计具有某种空间位置关系的一对像素的联合直方图，描述特定空间位置下一对像素灰度的联合分布。灰度共生矩阵中位于 (i,j) 的元素是计算在图像中指定方向（如水平、垂直、对角方向等）和距离（如一个像素、两个像素等）下，灰度值为 r_i 和 r_j 的两个像素同时出现的次数（概率）。通常使用偏移量 (δ_x,δ_y) 描述空间位置关系，偏移量明确指定了方向和距离。图 10-21 说明了偏移量定义的像素空间关系，其中 D 表示与当前像素的距离。$(0,D)$、$(D,0)$、$(D,-D)$、(D,D) 的相反方向分别是 $(0,-D)$、$(-D,0)$、$(-D,D)$、$(-D,-D)$，若原方向的灰度共生矩阵为 $\boldsymbol{A}$，则相反方向的灰度共生矩阵是转置矩阵 $\boldsymbol{A}^{\mathrm{T}}$。当一对像素考虑两个方向相对位置关系时，灰度共生矩阵是 $\boldsymbol{A}+\boldsymbol{A}^{\mathrm{T}}$，该矩阵是关于其对角线对称的。

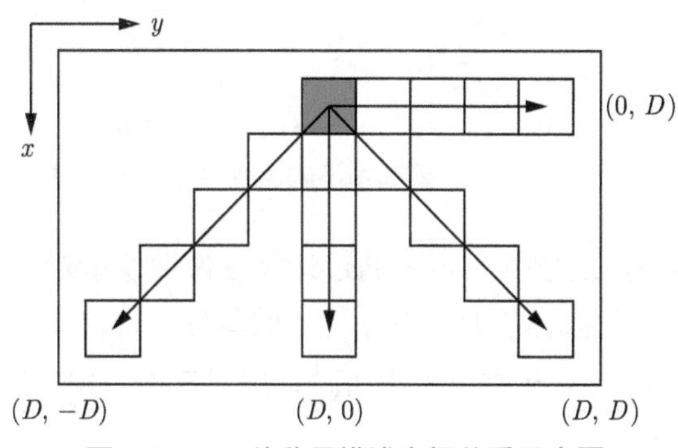

图 10-21　偏移量描述空间关系示意图

给定空间位置关系，矩阵 $\boldsymbol{A}$ 的元素 a_{ij} 统计偏移量为 (δ_x,δ_y) 且灰度值为 r_i 和 r_j 的像素对数，$0\leqslant i,j\leqslant L-1$，可表示为

$$a_{ij}=\#\{(x,y)\},\quad f(x,y)=r_i\ \ \&\ \ f(x+\delta_x,y+\delta_y)=r_j \tag{10-31}$$

式中，# 表示数目。图像的灰度级数决定灰度共生矩阵的尺寸，当图像的灰度级数为 L 时，灰度共生矩阵 $\boldsymbol{A}$ 的尺寸为 $L\times L$。

图 10-22（a）通过一个例子说明灰度共生矩阵的计算方法。设 $\boldsymbol{f}$ 为具有 4 个灰度级的图像区域，$r_i,r_j=0,1,2,3$，因此，$\boldsymbol{A}$ 为 4 阶矩阵。指定偏移量 $(1,1)$，即矩阵 $\boldsymbol{A}$ 中的元素 a_{ij} 表示灰度值为 r_j 的像素出现在灰度值为 r_i 的像素右下方的次数，例如，a_{13} 表示灰度值为 r_3 的像素出现在灰度值为 r_1 的像素右下方的次数。灰度值为 3 的像素出现在灰度值为 1 的像素右下方的次数为 1，因而矩阵 $\boldsymbol{A}$ 中元素 $a_{13}=1$，同理，$a_{30}=2$。图 10-22（b）和图 10-22（c）分别为偏移量 $(0,1)$ 和偏移量 $(1,0)$（即在水平方向和垂直方向偏移一个像素）的灰度共生矩阵。

将矩阵 $\boldsymbol{A}$ 归一化，灰度共生矩阵 $\boldsymbol{P}$ 定义为

$$p_{ij}=\frac{\#\{(x,y)\}}{N},\quad f(x,y)=r_i\ \ \&\ \ f(x+\delta_x,y+\delta_y)=r_j \tag{10-32}$$

式中，N 为满足条件的像素对的总数，即矩阵 $\boldsymbol{A}$ 中所有元素之和。

灰度共生矩阵 $\boldsymbol{P}$ 的各个元素 p_{ij} 是矩阵 $\boldsymbol{A}$ 中的对应元素除以总数 N 的比值，这样的归一化处理使灰度共生矩阵 $\boldsymbol{P}$ 的元素之和等于 1。因此，p_{ij} 可以看作给定空间位置关系下像素对 (r_i, r_j) 的联合概率。显然，灰度共生矩阵 $\boldsymbol{P}$ 依赖于空间位置关系，因此，需要选择合适的位置算子以便准确地描述纹理特征，或者检测灰度纹理模式的存在。

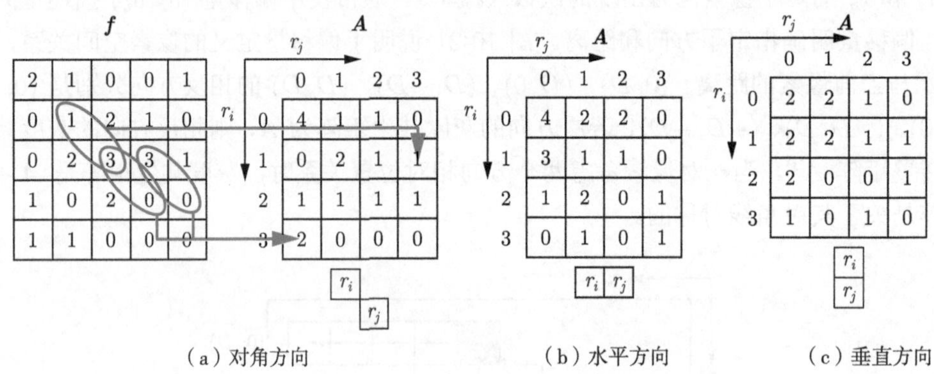

（a）对角方向　　（b）水平方向　　（c）垂直方向

图 10-22　三个空间位置关系下的灰度共生矩阵（像素对数）

在纹理的统计描述中，灰度共生矩阵通过计算图像中像素对之间的灰度值关系来描述纹理的空间信息。在灰度共生矩阵 $\boldsymbol{P} = [p_{ij}]_{L\times L}$ 的基础上，定义了 5 种常用的统计量，包括元素差异的 k 阶差异矩 μ_k、k 阶逆差矩 μ_k^{-1}、均匀性 U、熵 H 和相关系数 ρ。

（1）k 阶差异矩 μ_k：

$$\mu_k = \sum_{i=0}^{L-1}\sum_{j=0}^{L-1} |i-j|^k p_{ij} \tag{10-33}$$

k 阶差异矩 μ_k 表示灰度共生矩阵中任意两个元素绝对值差的 k 阶矩。二阶差异矩 μ_2 是方差，描述灰度共生矩阵中的局部变化，也称为对比度。

（2）k 阶逆差矩 μ_k^{-1}：

$$\mu_k^{-1} = \sum_{i=0}^{L-1}\sum_{j=0}^{L-1} \frac{p_{ij}}{1+|i-j|^k} \tag{10-34}$$

逆差矩 μ_k^{-1} 与差异矩 μ_k 的意义相反。一阶逆差矩 μ_1^{-1} 描述灰度共生矩阵中元素分布接近对角线的程度，表明图像中相似区域较大或纹理基元尺寸较大，也称为同质性（homogeneity）。

（3）均匀性 U：

$$U = \sum_{i=0}^{L-1}\sum_{j=0}^{L-1} p_{ij}^2 \tag{10-35}$$

均匀性 U 是区域灰度均匀性的量度，也称为能量。当灰度共生矩阵中元素分布接近对角线时，均匀性 U 较大，当区域灰度恒定时，灰度共生矩阵中元素集中在对角线上，此时

均匀性 U 达到最大值。

（4）熵 H：

$$H = -\sum_{i=0}^{L-1}\sum_{j=0}^{L-1} p_{ij}\log_2 p_{ij} \tag{10-36}$$

与均匀性相反，熵 H 是灰度共生矩阵中元素随机性的量度，由于熵是不确定性的量度，当概率均匀分布（所有 p_{ij} 都相等）时，熵 H 达到最大值。

（5）相关系数 ρ：

$$\rho = \frac{\sum\limits_{i=0}^{L-1}\sum\limits_{j=0}^{L-1}(i-\mu_i)(j-\mu_j)p_{ij}}{\sigma_i\sigma_j} = \frac{\sum\limits_{i=0}^{L-1}\sum\limits_{j=0}^{L-1} ijp_{ij} - \mu_i\mu_j}{\sigma_i\sigma_j} \tag{10-37}$$

其中，行均值 μ_i 和列均值 μ_j 的计算式分别为

$$\mu_i = \sum_{i=0}^{L-1}\sum_{j=0}^{L-1} ip_{ij}, \quad \mu_j = \sum_{i=0}^{L-1}\sum_{j=0}^{L-1} jp_{ij}$$

行标准差 σ_i 和列标准差 σ_j 的计算式分别为

$$\sigma_i = \sqrt{\sum_{i=0}^{L-1}\sum_{j=0}^{L-1}(i-\mu_i)^2 p_{ij}}, \quad \sigma_j = \sqrt{\sum_{i=0}^{L-1}\sum_{j=0}^{L-1}(j-\mu_j)^2 p_{ij}}$$

式 (10-37) 中，分子是像素对灰度值之间的协方差，相关系数是标准化的协方差。相关系数 ρ 度量给定偏移量的一对像素灰度值之间的线性相似性。相关系数的值域为 $[-1,1]$，完全正相关为 1，完全负相关为 -1。当 $\rho > 0$ 时，表示一对像素的灰度值同时增加或同时减小；当 $\rho < 0$ 时，表示像素对中一个像素的灰度值增加时另一个像素的灰度值减小；当 $\rho = 0$ 时，表示一对像素的灰度值之间没有线性关系。灰度恒定区域不存在灰度变化，标准差为零，相关系数无定义，此时通常将相关性设为 0。

对于细密纹理，k 阶差异矩 μ_k 较大，k 阶逆差矩 μ_k^{-1} 较小，均匀性 U 较小，熵 H 较大；反之，对于粗糙纹理，k 阶差异矩 μ_k 较小，k 阶逆差矩 μ_k^{-1} 较大，均匀性 U 较大，熵 H 较小。相关系数是与纹理周期性有关的统计量。

例 10-8　不同粗细纹理图像的灰度共生矩阵及其纹理特征

由于不同纹理图像具有不同的重复纹理模式，因此，灰度共生矩阵有很大的差别。图 10-23 比较了不同纹理图像的灰度共生矩阵，第一行为不同粗细程度的纹理图像，第二行对应为偏移量 $\delta_x = 1, \delta_y = 1$ 的灰度共生矩阵。灰度共生矩阵可以反映不同像素的空间相对位置信息。对于图 10-23（a）所示的细密纹理，相邻像素灰度值相异，灰度共生矩阵中非零元素距对角线向远处延伸。对于图 10-23（b）所示粗糙纹理，相邻像素灰度值相近，灰度共生矩阵中的非零元素接近对角线。图 10-23（c）为灰度平坦的非纹理图像，图中含有较大相似区域，灰度共生矩阵中的非零元素主要集中分布在对角线上。

表 10-3 列出了图 10-23 所示的细密纹理、粗糙纹理和非纹理这三幅图像灰度共生矩阵的纹理特征。对于细密纹理图像，二阶差异矩 μ_2 最大、均匀性 U 最小，熵 H 最大，相关系数 ρ 最小；而对于非纹理图像，二阶差异矩 μ_2 最小、均匀性 U 最大，熵 H 最小，相关系数 ρ 最大。对于粗糙纹理图像，灰度共生矩阵的纹理特征介于二者之间。

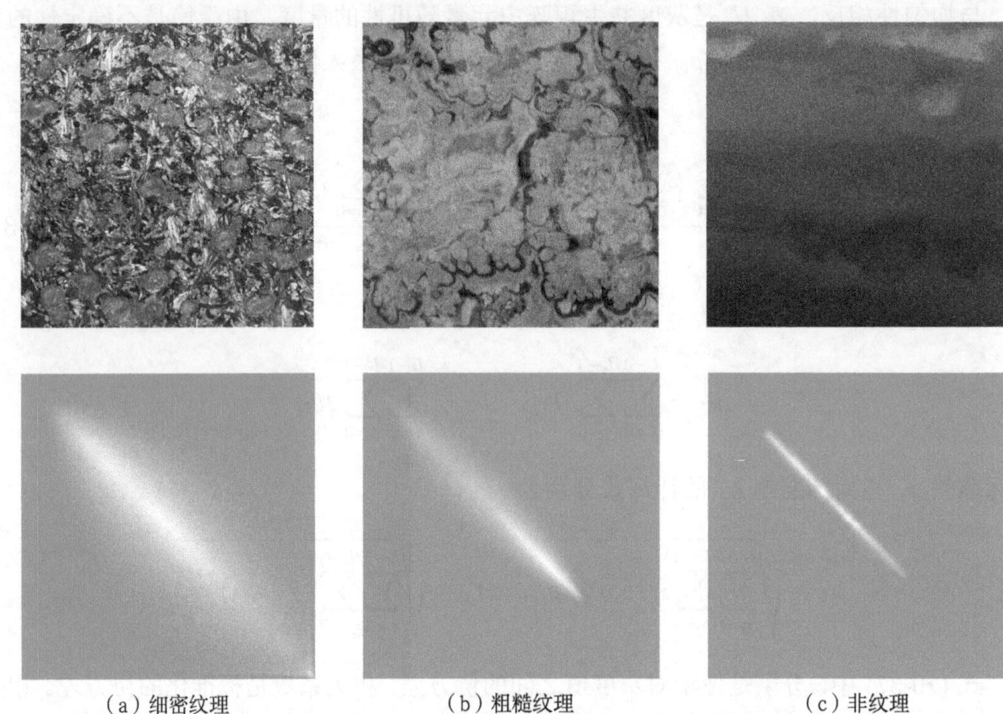

（a）细密纹理　　（b）粗糙纹理　　（c）非纹理

图 10-23　不同纹理图像及其灰度共生矩阵

表 10-3　图 10-23 所示三幅图像的灰度共生矩阵的纹理特征

图号	二阶差异矩 μ_2	一阶逆差矩 μ_1^{-1}	均匀性 U	熵 H	相关系数 ρ
（a）	497.603	0.1494	1.066×10^{-4}	13.752	0.8713
（b）	50.104	0.3163	7.742×10^{-4}	11.215	0.97
（c）	3.947	0.5291	2.110×10^{-3}	9.445	0.9966

例 10-9　强纹理图像的灰度共生矩阵及其纹理特征

代码

单个灰度共生矩阵可能不足以描述图像的纹理特征。图 10-24 通过不同偏移量的一组灰度共生矩阵说明强纹理的重复模式。由于图 10-24（a）所示电路板图像包含在水平和垂直方向上排列的各种形状和尺寸的目标，指定了一组 1~42 的水平偏移量，灰度共生矩阵如图 10-24（b）所示，从左到右，从上到下，水平偏移量依次递增，计算相关系数和对比度，图 10-24（c）绘出了相关系数和对比度关于水平偏移量的函数，图中在偏移量 7、15、23 和 30 时相关系数出现局部极值，这是由于图像中的某些垂直元素具有周期性的模式，每 7 个像素重复一次。通过检测局部极值的周期性可以获知纹理中重复模式的周期性。此外，从图中也可以看出相关系数和对比度是等价的，这一点可以从相关系数和对比度的数学公式得出结论。Haralick 等在灰度共生矩阵的基础上定义了 14 种统计量来描述图像纹理特征，这些特征之间存在冗余，其中对比度、熵和相关系数是 3 个不相关的判别特征。

10.5.3 滤波器组

纹理是由重复的局部模式组成的，使用与局部模式相关的滤波器能够提取相应的局部特征，将每个像素处滤波器响应的幅值作为特征，然后在每个局部窗口中描述它们的统计量，例如，均值、标准差、直方图等，可用于纹理分类或分割。多个滤波器的集合构成滤波器组，通常将不同类型模式的多个尺度和方向的滤波器组合。滤波器组对图像的响应组成多维的特征向量。

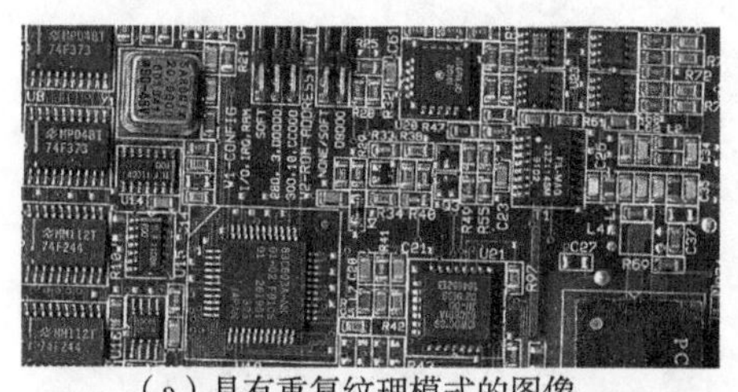

（a）具有重复纹理模式的图像

（b）不同偏移量的灰度共生矩阵

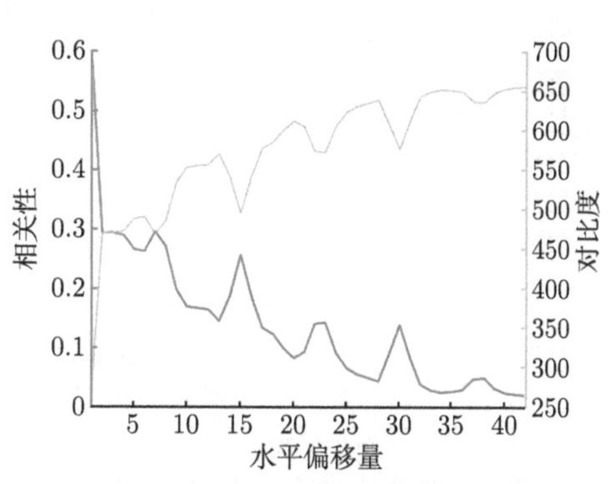

（c）对比度和相关系数与偏移量之间的关系曲线

插图

图 10-24　对比度和相关系数与偏移量之间的关系

10.5.3.1 高斯函数导出的滤波器组

根滤波器组是由多个尺度、多个方向的滤波器构成的，广泛应用于纹理分析中。根滤波器组是指组中的滤波器可以从基本滤波器函数中导出，基本滤波器函数称为根滤波器。根滤波器通常使用高斯、Gabor 或小波等数学函数。根滤波器组中的滤波器通过调整尺度和方向以匹配图像中特征的尺度和方向。RFS（root filter set）和 LM（Leung-Malik）滤波器组是两种常用的由二元高斯函数导出的滤波器组。

RFS 滤波器组由 3 个尺度、6 个方向二元高斯函数的一阶微分滤波器（18 个）和二阶微分滤波器（18 个），以及高斯函数和高斯拉普拉斯（LoG）滤波器各一个，共 38 个滤波器构成。如图 10-25（a）所示，二元高斯函数的一阶、二阶微分滤波器分别称为边缘滤波器（1~3 行）和条状滤波器（4~6 行），具有方向性；高斯函数和高斯拉普拉斯（LoG）函数称为斑状（spot）滤波器（后两个），具有径向对称性。边缘滤波器和条状滤波器是 3 个尺度 $(\sigma_x, \sigma_y) = \{(1,3),(2,6),(4,12)\}$、6 个方向 $\theta = \{0°, 30°, 60°, 90°, 120°, 150°\}$ 上二元高斯函数的一阶微分和二阶微分滤波器，这两组是方向滤波器，高斯函数的椭圆率① (ellipticity) 为 3，每个尺度有 6 个方向，对特定方向的边缘有最大响应。高斯函数的尺度 $\sigma = 10$，LoG 函数是该高斯函数的拉普拉斯变换，这两个滤波器组是各向同性滤波器。

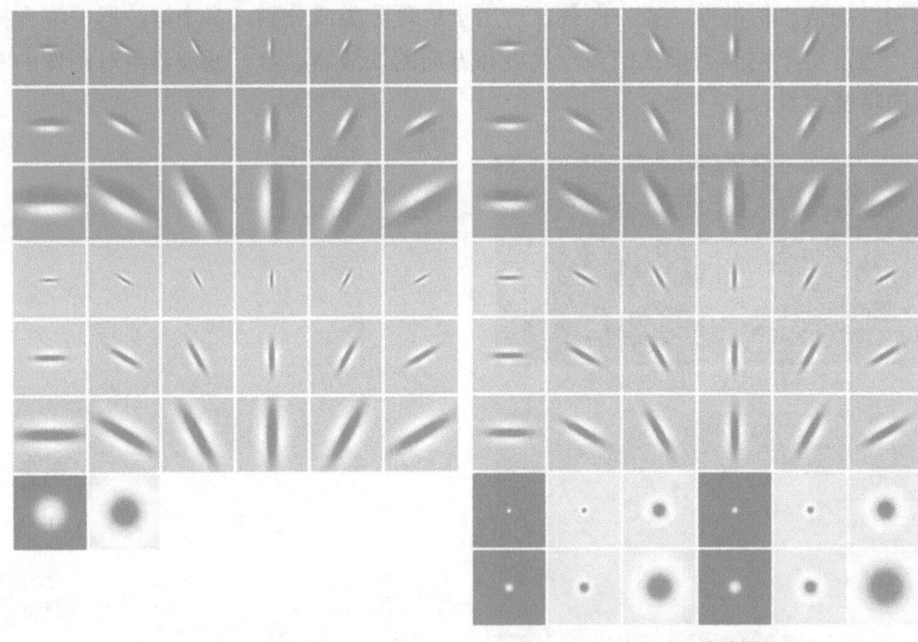

（a）RFS滤波器组　　（b）LM滤波器组

图 10-25　纹理特征滤波器组

插图

与 RFS 滤波器组类似，LM 滤波器组由 3 个尺度、6 个方向二元高斯函数的一阶微分滤波器（18 个）和二阶微分滤波器（18 个）、4 个高斯函数和 8 个 LoG 滤波器，共 48 个滤波器构成。如图 10-25（b）所示，边缘滤波器（1~3 行）是二元高斯函数的一阶微分滤波器，条状滤波器（4~6 行）是二元高斯函数的二阶微分滤波器，斑状滤波器（7、8 行）是二元高斯函数及其导出的 LoG 函数。4 个高斯函数的尺度为 $\sigma = \left\{\sqrt{2}, 2, 2\sqrt{2}, 4\right\}$，由这 4 个尺度的高斯函数分别在尺度 σ 和 3σ 上进行拉普拉斯变换，共生成 8 个 LoG 滤波器。由前 3 个尺度按照 $\sigma_x = \sigma$ 和 $\sigma_y = 3\sigma_x$ 导出 3 个尺度 $(\sigma_x, \sigma_y) = \left\{\left(\sqrt{2}, 3\sqrt{2}\right), (2,6), \left(2\sqrt{2}, 6\sqrt{2}\right)\right\}$、6 个方向 $\theta = \{0°, 30°, 60°, 90°, 120°, 150°\}$ 的 18 个二元高斯函数，分别生成 18 个高斯一阶微分滤波器和 18 个高斯二阶微分滤波器。

① 高斯函数的椭圆率定义为两个方向尺度的比例。

代码

例 10-10 LM 滤波器组的响应

纹理图像由特定模式重复组成，滤波器组对局部模式的响应表示局部纹理特征，不同的滤波器组专注于不同特征的局部结构。对于图 10-26（a）所示的图像，利用 LM 滤波器组提取局部纹理特征。图 10-26（b）～（d）分别为边缘滤波器、条状滤波器和斑状滤波器的响应幅值，分别对图像中各种尺度的斑状结构、不同方向和尺度的边缘和条状结有更大响应，且小尺度的滤波器对细尺度结构有更大响应，大尺度的滤波器对粗尺度结构有更大响应。LM 滤波器组包含 48 个滤波器，这样在每个像素处形成 48 维的特征向量，利用特征向量能够进行后续的纹理分类或纹理分割。

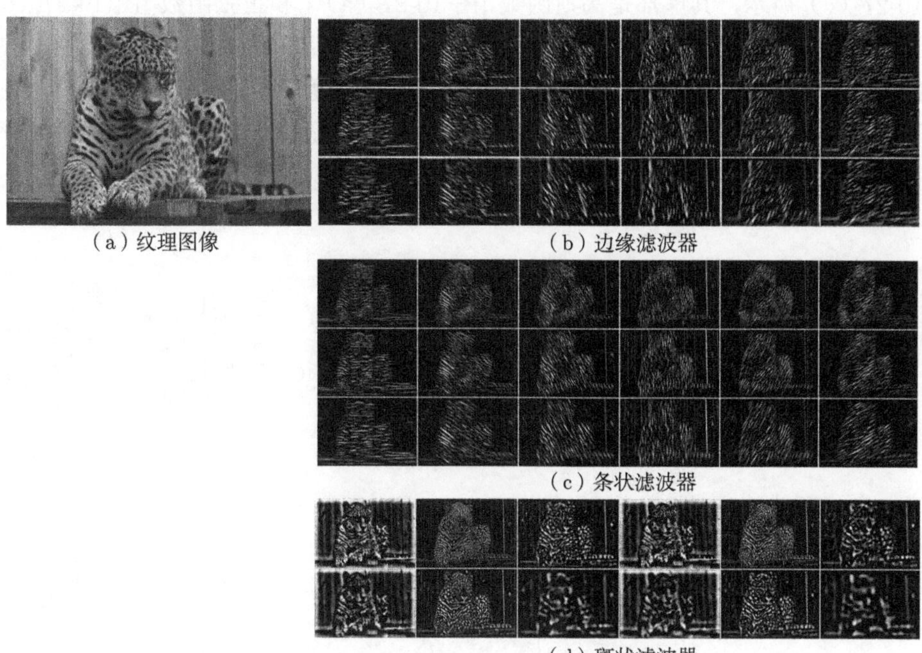
（a）纹理图像　（b）边缘滤波器　（c）条状滤波器　（d）斑状滤波器

图 10-26 LM 滤波器组对纹理图像的响应

插图

10.5.3.2 Gabor 滤波器组

Gabor 滤波器是一种常用的多采样率滤波器组，在多分辨率分析中具有广泛的应用，尤其应用于纹理分析任务的特征提取。Gabor 滤波器实际上分析了图像局部区域内是否沿特定方向上存在任何特定的频率成分。

空域中二维 Gabor 滤波器定义为高斯函数加窗的正弦波，即

$$g(x,y)=\mathrm{e}^{-\frac{1}{2}\left(\frac{w^2}{\sigma_x^2}+\frac{z^2}{\sigma_y^2}\right)}\mathrm{e}^{\mathrm{j}\left(2\pi\frac{w}{\lambda}+\psi\right)} \tag{10-38}$$

式中，$w=x\cos\theta-y\sin\theta$，$z=x\sin\theta+y\cos\theta$；$\theta$ 为 Gabor 函数的方向；σ_x 和 σ_y 为 x 和 y 方向上高斯函数的标准差，$\gamma=\sigma_x/\sigma_y$ 表示高斯函数的椭圆率；λ 为正弦函数的波长

（反比于频率）；ψ 为相位偏移。Gabor 滤波器为复数，由实部和虚部组成：

$$\mathrm{Re}\left[g\left(x,y\right)\right]=\mathrm{e}^{-\frac{1}{2}\left(\frac{w^2}{\sigma_x^2}+\frac{z^2}{\sigma_y^2}\right)}\cos\left(2\pi\frac{w}{\lambda}+\psi\right)$$

$$\mathrm{Im}\left[g\left(x,y\right)\right]=\mathrm{e}^{-\frac{1}{2}\left(\frac{w^2}{\sigma_x^2}+\frac{z^2}{\sigma_y^2}\right)}\sin\left(2\pi\frac{w}{\lambda}+\psi\right)$$

Gabor 滤波器本质上是高斯函数与正弦波调制的结果。图 10-27 直观说明了 Gabor 滤波器的定义，Gabor 滤波器的实部是高斯函数 [图 10-27（a）] 与余弦函数 [图 10-27（b）] 的乘积，如图 10-27（c）所示，其虚部是高斯函数 [图 10-27（a）] 和正弦函数 [图 10-27（d）] 的乘积，如图 10-27（e）所示，图中 $\sigma_x=2.25$、$\sigma_y=2\sigma_x$、$\theta=30°$、$\lambda=4$、$\psi=0$。从傅里叶变换的角度来看，Gabor 变换是窗函数为高斯函数的短时傅里叶变换，在空域和频域中对信号进行加窗，从而能够描述信号的局部频率信息。Gabor 变换是非正交的，不同特征表示之间存在冗余。

动图

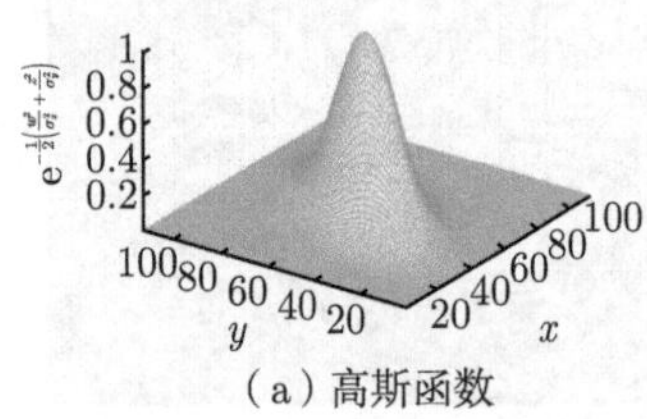
（a）高斯函数

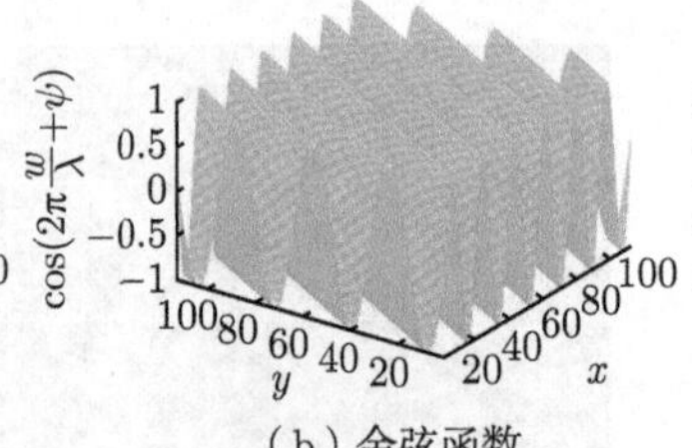
（b）余弦函数

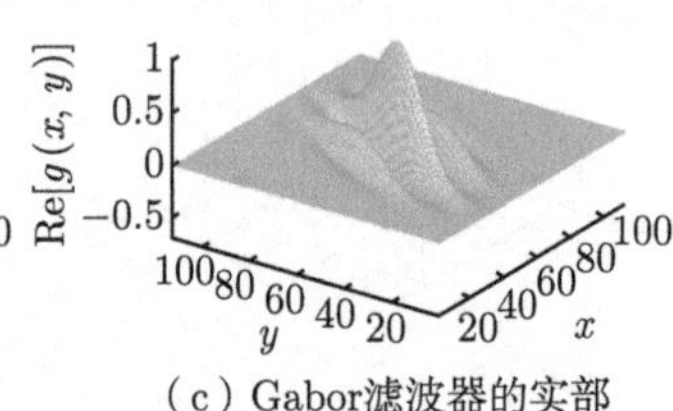
（c）Gabor滤波器的实部

动图

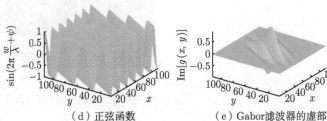

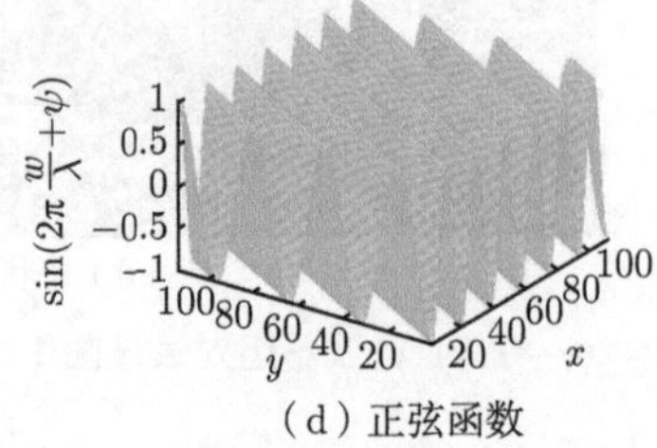
（d）正弦函数

（e）Gabor滤波器的虚部

图 10-27　Gabor 滤波器的定义

Gabor 滤波器是线性滤波器，它与图像的卷积能够对图像中相应频率和方向的局部区域产生响应，其输出响应可以看成图像的特征。正弦波的多个不同频率和多个不同方向的旋转构成 Gabor 滤波器组，Gabor 滤波器组的频率和方向表示适用于描述图像纹理特征。图 10-28（a）和图 10-28（b）分别给出了 4 个频率、6 个方向的 Gabor 滤波器组的实部和虚部，从上到下，频率减小，尺度增大，从左到右方向角度分别为 0°、30°、60°、90°、120°、150°。根据纹理的特征选取 Gabor 滤波器的参数，λ 由纹理的频率决定，θ 由纹理的方向决定，σ_x 和 σ_y 定义了高斯函数的支撑域，由待分析局部区域的尺寸决定。

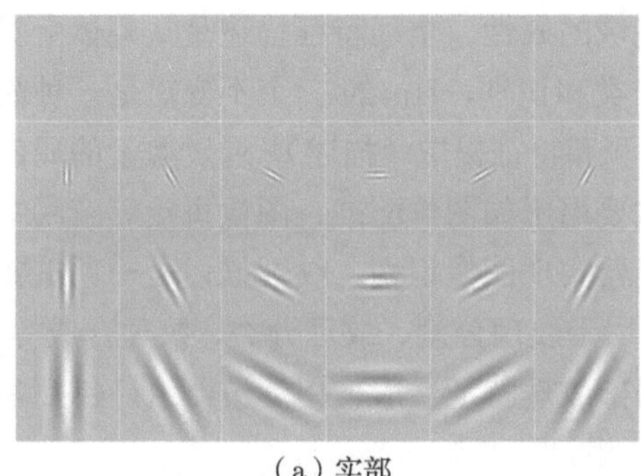

(a) 实部

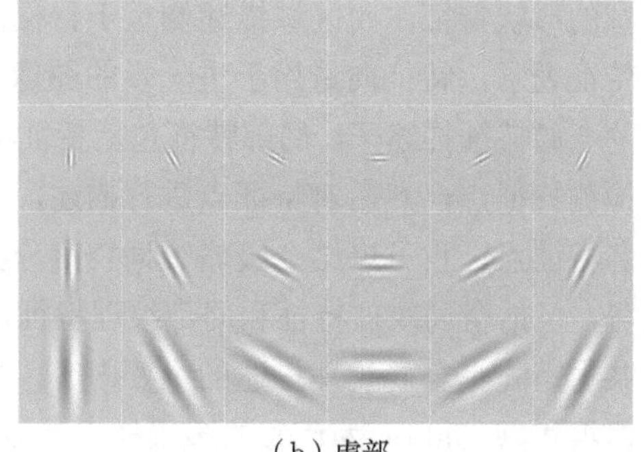

(b) 虚部

插图

图 10-28 Gabor 滤波器组

例 10-11 Gabor 滤波器组的特征提取

一组不同频率和不同方向的 Gabor 滤波器可以从图像中提取多种纹理特征。在文本图像处理中，因为文本具有高频成分，而图像相对平坦，Gabor 滤波器常用于从复杂的文本图像中定位和提取纯文本区域。对于图 10-29（a）所示的灰度图像，利用图 10-28 所示的 Gabor 滤波器与该图像作卷积，提取不同频率和不同方向的 Gabor 特征，如图 10-29（b）所示。由图中可见，不同频率和不同方向的 Gabor 滤波器对相应频率和方向的图像内容有最大响应，高频滤波器适合提取具有高频成分文本的特征表示，而低频滤波器适合粗尺度图像内容的描述。

代码

(a) 文本图像

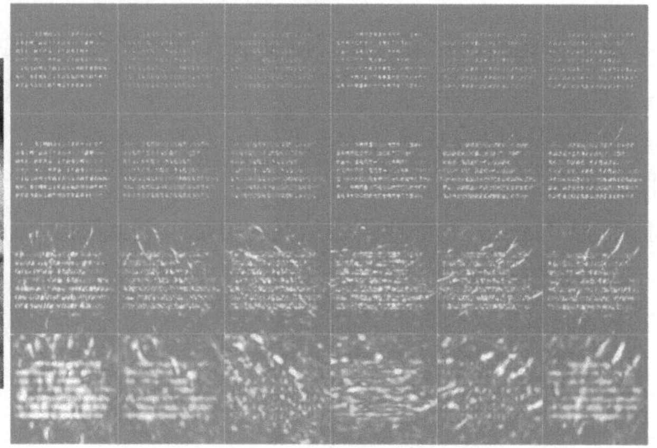

(b) Gabor特征（幅值）

插图

图 10-29 Gabor 滤波器组对文本图像的特征提取

10.6 小结

特征提取是图像的全局或局部特征表示，属于数字图像处理的中层操作，是图像识别和图像理解的前提和基础。二值图像分析是对图像分割输出的目标区域进行目标表示与描述，主要目的是目标的分类和识别，包括边界和区域两个方面的内容。边界描述侧重于目

标区域的形状特征，而区域描述侧重于目标区域的属性。全局特征描述是从整体上对图像进行特征表示，特征向量用于进一步的图像分类和识别，Hu 的 7 个不变矩是一种简单且实用的全局特征描述子。局部特征包括特征检测和特征提取（描述），通过像素的局部邻域分析检测特征点，然后对特征点进行描述，主要用于如图像配准、图像拼接等应用中的查找同名特征点，也可以结合级联、词袋等分类器实现图像识别。纹理描述是一项重要的视觉任务，包括全局纹理特征和局部纹理特征，用于纹理分割、纹理分类、纹理合成等任务。灰度共生矩阵是全局纹理描述的主要内容，局部纹理特征一般使用滤波器组，包括多特征滤波器组和以 Gabor 为代表的多采样率滤波器组。

习题

1. 题图 10-1 所示边界的偏心率为 3.56，写出该边界的 26 阶形状数。

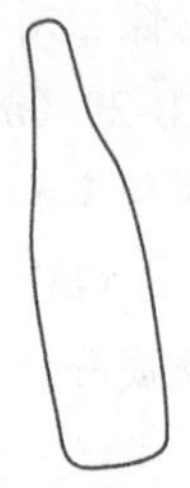

题图 10-1 目标边界

2. 边界标记曲线对旋转和尺度缩放具有敏感性，提出改进方案使其具有旋转和尺度不变性。

3. 若空间位置关系定义为“向右下方的一个像素”，则灰度共生矩阵是对角矩阵，画出原图像的形式。

4. 推导 Harris 角点检测中从式 (10-25) 到式 (10-26) 的过程。（提示：二维泰勒级数展开，取一阶近似）

5. 证明 LoG 函数的负值之和为 $2\mathrm{e}^{-1}\sigma^{-2}$。

后　　记

廖庆敏教授是我的博士生导师。在书稿的撰写过程中，我和廖老师经常讨论数字图像处理相关的专业问题，廖老师鼓励我畅所欲言、直抒己见，我们总是各执一词、据理力争，不论长幼、不分师生，只有专业和探讨。

Rafael C. Gonzalez 和 Richard E. Woods 所著的《数字图像处理》是国外引进的经典教材，国内的课程大多使用该书作为教材。廖老师在三十年的教学和科研工作中发现了该书中的多处问题，为我们教材的编著积淀知识储备。

关于直方图均衡化，廖老师指出了直方图均衡化不是对累积直方图的灰度级量化，而是从原累积直方图到均匀分布累积直方图的映射，而直方图规定化是从原累积直方图到指定函数的映射。因此，直方图均衡化是直方图规定化的特例，而并非直方图规定化以直方图均衡化作为桥梁。按照廖老师的思路，我修正了直方图均衡化和直方图规定化的内容。这部分的内容我已经讲授了多年，从表现上看完全合理，最初他指出问题时，我固执地坚持己见，后来证明他都是正确的。

关于图像频域滤波，这自然是数字信号处理中数字滤波器设计从一维信号到二维信号的扩展。信号与通信是廖老师的专业领域，他从数字信号处理的角度给我讲解了数字滤波器设计的内容。频域滤波器设计包括 IIR 数字滤波器和 FIR 数字滤波器。IIR 数字滤波器是由模拟滤波器映射为数字滤波器，巴特沃斯滤波器是典型的模拟低通滤波器，由幅值平方函数定义，在截止频率处幅值从最大值下降到它的 0.707，高通、带通、带阻滤波器可以由低通滤波器通过频率变换生成。Gonzalez 介绍的巴特沃斯和高斯滤波器是模拟滤波器，直接通过频率采样应用于数字图像。一方面利用全通带减去低通滤波器转换为高通滤波器，这种频率变换方法会引入脉冲信号，而在数字信号处理中脉冲信号是强干扰。另一方面利用频率采样设计 FIR 数字滤波器通常对理想滤波器直接采样，常用的方法是在过渡带增加采样点来降低振铃效应（我认为对典型的模拟滤波器频率采样可以是一种简单的解决方案，通常不采用这样的做法）。二维 FIR 数字滤波器设计是对理想滤波器频率特性的直接逼近，不仅有圆对称滤波器，而且包括可分离滤波器。本书中重点在于解释滤波的频域效果，在后续的版本中将会修正和完善数字滤波器设计的内容。

关于图像复原的内容，我们的争议最大。图像复原也称为盲解卷积，不处理点扩散函数（光学传递函数）的都不是图像复原。几何校正不属于图像复原，图像投影重建也不属于图像复原，都不能归入图像复原。由于图像复原是图像降质模型的求逆过程，其目的是使估计图像逼近原图像，我和廖老师讨论的结论是按照最优性准则对图像复原进行分类，将其分为最小均方误差复原、极大似然复原和最小二乘复原。以频域和空域的分类不合理，频域只是实现方式，最小均方误差复原和最小二乘复原都有频域和空域解。逆滤波可认为是最小二乘复原的频域解，假设噪声不存在的情况下推导逆滤波的思路不合理。维纳滤波是线性最小均方复原的频域解，它是最小均方误差估计，不是最小二乘估计。MATLAB 也认为维纳滤波是最小二乘解。廖老师认为最小均方估计和最小二乘估计是两个完全不同的概念，最小均方估计假设已知信号的分布，线性最小均方误差估计假设已知信号的一、二阶矩，最小二乘估计无须已知信号的统计知识。廖老师反复解释，我最终与他达成共识，对这部分内容作了修正。另外，维纳滤波的推导建立在零均值平稳随机过程的基础之上，因此在频域滤波之前需要减去均值，滤波之后再加回均值。MATLAB 图像处理工具箱中的维纳滤波函数有误，本书在二维码提供的代码中修正了相关部分。

关于图像去噪的滤波器，不考虑降质过程的滤波都不是逆问题。Gonzalez 将自适应中值滤波和自适应局部降噪滤波归并为自适应图像去噪滤波器。尽管它们都是滤波器，然而从本质上讲，自适应中值滤波属于图像增强，自适应局部降噪滤波是维纳滤波，维纳滤波是在线性最小均方准则下推导的，因此，它属于图像复原。本书指明了自适应局部降噪滤波器是在维纳-霍夫方程的基础上推导的局部空域形式的维纳滤波器，并称其为自适应维纳滤波器。从严格意义上来讲，通过求逆的图像去噪不属于图像复原，本质上应归入图像重建，但是由于都是建立在降质模型基础上的逆问题，不严格来讲可以与图像复原合并。此外，均值滤波器、统计排序滤波器和陷波滤波器都不属于图像复原。关于脉冲噪声的统计模型，Gonzalez 的前两版中脉冲噪声分布律的概率之和不为 1，后两版的问题在于，随机变量取其他值是指任何一个可能值，而不是指其他任何情况之和。另外，像素值也有极小值和极大值的可能，不是只有脉冲噪声是极大值或极小值。正确建立脉冲噪声的概率模型需要明确区分描述噪声还是图像的分布律。廖老师指导我修改了数稿，最终敲定了现在的模型。

关于边缘检测，廖老师指出了普遍上边缘和边缘检测的定义存在的问题，边缘检测描述为灰度不连续性检测。他问我不连续定义时，我才意识到不连续存在二义性，一方面可以理解为不同区域之间的不连续，另一方面是数学分析中的不连续点（间断点）的概念。从描述来看，这个定义指前者。因此，这样的定义不具有一般性，而且产生混淆。边缘实际上是一阶导数的极值点，二阶导数的过零点。廖老师给出的定义是视觉的突变，我在这个定义的基础上对边缘和边缘检测作出了具体的描述。

关于有限差分，Gonzalez 在计算差分时不考虑两个像素的距离，始终是两个像素值相减；且在链码相关部分，差分链码使用前向差分，形状数使用后向差分，不统一。我和廖老师讨论之后，修正了差分的计算公式。在拉普拉斯变换、图像插值和中心差分（边缘检测的一阶差分方法）中统一为数学的差分计算公式，即变化率是指单位步长下的变化量，并统一计算前向差分。由于差分链码不常用，书中删除了这部分内容，保留在电子文档中。

在廖老师的指导下，我力求对书稿做到最好，也是对他最好的交代。

从攻读博士期间的学术讨论，到关于书稿的讨论，再到人生、哲理、工作、生活等各个方面的探讨，一路走来，廖老师指引着我的方向，疏导我的情绪，监督我的言行，引导我积极向上的人生态度。廖老师有稳定的心态、也有足够的耐心，始终教导我、帮助我，陪我成长。好的导师引导一生，他是我一生的导师——人生导师。

十五年前我调剂为廖老师的博士研究生，这是天意给我人生最幸运的安排。由衷地感谢他十五年来一直以温柔且包容的处理方式对待我的任性和骄纵。认知、见识远比我高的导师，愿意俯下身来主动和我沟通，尊重、鼓励、引导，这便是温柔；能站在我的角度，替我考虑，为我着想，也能认知自己的错误，反省自己的不足，这便是包容。

今年廖老师走过了他的六十岁人生，迎来了他的第一个甲子——癸卯年，在此送上我诚挚的祝福，谨以此书答谢桃李之教。

禹　晶

2023 年 9 月

参 考 文 献

[1] Gonzalez R C, Woods R E. Digital image processing[M]. Pearson Education Inc., 2010.

[2] Gonzalez R C, Woods R E. 数字图像处理 [M]. 阮秋琦, 阮宇智, 译. 3 版. 北京: 电子工业出版社, 2011.

[3] Gonzalez R C, Woods R E, Eddins S L. 数字图像处理（MATLAB 版）[M]. 阮秋琦, 译. 2 版. 北京: 电子工业出版社, 2014.

[4] 章毓晋. 图像工程: 全 3 册 [M]. 3 版. 北京: 清华大学出版社, 2013.

[5] Petrou M, Bosdogianni P. 数字图像处理疑难解析 [M]. 赖剑煌, 冯国灿, 译. 北京: 机械工业出版社, 2005.

[6] Cover T M, Thomas J A. 信息论基础 [M]. 阮吉寿, 张华, 译. 2 版. 北京: 机械工业出版社, 2005.

[7] 林福宗. 多媒体技术基础 [M]. 3 版. 北京: 清华大学出版社, 2009.

[8] 张学工. 模式识别 [M]. 3 版. 北京: 清华大学出版社, 2010.

[9] 郑君里, 应启珩, 杨为理. 信号与系统. 下册 [M]. 北京: 高等教育出版社, 2011.

[10] 郑君里, 应启珩, 杨为理. 信号与系统. 上册 [M]. 北京: 高等教育出版社, 2011.

[11] Oppenheim A V, Willsky A S, Nawab S H. 信号与系统 [M]. 刘树棠, 译. 2 版. 西安: 西安交通大学出版社, 1998.

[12] Oppenheim A V, Schafer R W, Buck J R. 离散时间信号处理 [M]. 刘树棠, 黄建国, 译. 2 版. 西安: 西安交通大学出版社, 2001.

[13] Proakis J G, Manolakis D G. 数字信号处理: 原理、算法与应用 [M]. 张晓林, 肖创柏, 译. 3 版. 北京: 电子工业出版社, 2004.

[14] Sonka M, Hlavac V, Boyle R. 图像处理, 分析与机器视觉 [M]. 艾海舟, 苏延超, 译. 3 版. 北京: 清华大学出版社, 2011.

[15] Beck A. Introduction to nonlinear optimization: Theory, algorithms, and applications with MATLAB[M]. SIAM, 2014.

[16] Stephen B, Neal P, Eric C, et al. Distributed optimization and statistical learning via the alternating direction method of multipliers[J]. Foundations Trends in Machine Learning, 2011, 1(3): 1-122.

[17] Canny J. A computational approach to edge detection[J]. IEEE Transactions on Pattern Analysis and Machine Intelligence, 1986, 8(6): 679-698.

[18] Chan T F, Wong C K. Total variation blind deconvolution[J]. IEEE Transactions on Image Processing, 1998, 7(3): 370-375.

[19] Meyer C D. Matrix analysis and applied linear algebra[M]. Philadelphia, PA: Society for Industrial and Applied Mathematics (SIAM), 2000.

[20] Duda R O, Hart P E, Stork D G. Pattern classification[M]. 2nd Edition. Wiley-Interscience, 2000.

[21] Goodfellow I, Bengio Y, Courville A. Deep learning[M]. MIT Press, 2016.

[22] Hansen P C. Rank-deficient and discrete ill-posed problems: numerical aspects of linear inversion [M]. Philadelphia, PA: SIAM, 1998.

[23] Hansen P C. Regularization tools: A MATLAB package for analysis and solution of discrete ill-posed problems[J]. Numerical Algorithms, 1994, 6(1): 1-35.

[24] Hansen P C. Regularization tools version 4.0 for MATLAB 7.3[J]. Numerical Algorithms, 2007, 46(2): 189-194.

[25] Lucy L B. An iterative technique for the rectification of observed distributions[J]. The Astronomical Journal, 1974, 79(6): 745-754.

[26] Otsu N. A threshold selection method from gray-level histograms[J]. IEEE Transactions on Systems, Man, and Cybernetics, 1979, 9(1): 62-66.

[27] Porter T, Duff T. Compositing digital images[J]. ACM SIGGRAPH Computer Graphics, 1984, 18(3): 253-259.

[28] Richardson W H. Bayesian-based iterative method of image restoration[J]. Journal of the Optical Society of America, 1972, 62(1): 55-59.

[29] Sauvola J, Pietik Inen M. Adaptive document image binarization[J]. Pattern Recognition, 2000, 33(2): 225-236.

[30] Stefan W, Prof T, Lasser R. Image restoration by blind deconvolution[D]. Technische Universitat Munchen and Arizona State University, 2003.

[31] Wang Z, Bovik A C, Sheikh H R, et al. Image quality assessment: From error visibility to structural similarity[J]. IEEE Transactions on Image Processing, 2004, 13(4): 600-612.

[32] Wolf C, Jolion J M. Extraction and recognition of artificial text in multimedia documents[J]. Pattern Analysis & Applications, 2004, 6(4): 309-326.

[33] Niblack W. An introduction to digital image processing[M]. Strandberg Publishing Company, 1985.

[34] You Y-L, Kaveh M. A regularization approach to joint blur identification and image restoration[J]. IEEE Transactions on Image Processing, 1996, 5(3): 416-428.

[35] Hearn D, Baker M P. 计算机图形学 [M]. 蔡士杰, 宋继强, 蔡敏, 译. 3 版. 北京: 电子工业出版社, 2010.

[36] 张贤达. 现代信号处理 [M]. 3 版. 北京: 清华大学出版社, 2015.

[37] Zhang Y. Improving the accuracy of direct histogram specification[J]. Electronics Letters, 1992, 3(28): 213-214.